Journal
für
die Baukunst.

In zwanglosen Heften.

Herausgegeben

von

Dr. A. L. Crelle,

Königlich-Preufsischem Geheimen-Ober-Baurathe a. D., Ritter des rothen Adler Ordens dritter Classe mit der Schleife, Mitgliede der Königlichen Akademie der Wissenschaften zu Berlin, Correspondenten der Kaiserlichen Akademie der Wissenschaften zu St. Petersburg und der Königlichen Akademieen der Wissenschaften zu Neapel und Brüssel, auswärtigem Mitgliede der Königlichen Akademie der Wissenschaften zu Stockholm, Ehrenmitgliede der Hamburger Gesellschaft zur Verbreitung der mathematischen Wissenschaften.

Dreifsigster und letzter Band.

In vier Heften.

Mit sieben lithographirten Tafeln.

Berlin.

Bei G. Reimer.

1851.

Inhalt des dreifsigsten und letzten Bandes.

Erstes Heft.

Zweites Heft.

Drittes Heft.

Viertes Heft.

Journal

für

die Baukunst.

In zwanglosen Heften.

Herausgegeben

von

Dr. A. L. Crelle,

Königlich-Preufsischem Geheimen-Ober-Baurathe a. D., Ritter des rothen Adler Ordens dritter Classe mit der Schleife, Mitgliede der Königlichen Akademie der Wissenschaften zu Berlin, Correspondenten der Kaiserlichen Akademie der Wissenschaften zu St. Petersburg und der Königlichen Akademieen der Wissenschaften zu Neapel und Brüssel, auswärtigem Mitgliede der Königlichen Akademie der Wissenschaften zu Stockholm, Ehrenmitgliede der Hamburger Gesellschaft zur Verbreitung der mathematischen Wissenschaften.

Dreifsigster Band.

Erstes Heft.

Berlin.

Bei G. Reimer.

1851.

1.
Über die byzantinische Bauart in Italien.

(Von dem Herrn Oberbaumeister *Engelhard* zu Cassel in Hessen.)

V o r b e m e r k u n g.

Der Anfang dieser Bauart wird gewöhnlich in die Regierung des ersten christlichen römischen Kaisers *Constantin d. Gr.* gesetzt. Sie erhielt sich bis zur Theilung des byzantinischen Reichs.

Ich habe schon an anderem Orte mich erklärt, weshalb ich die zuerst von *B. v. Rumohr* (in seinen italienischen Forschungen) angefochtene Benennung „*byzantinische Bauart*" beibehalte; denn, „obgleich es ganz richtig „ist, dafs die Bauart, welche man bezeichnen will, nicht in *Byzanz* ihren „Ursprung nahm, sondern vielmehr aus der ältern römischen abzuleiten ist, „so schliefst Dies doch nicht aus, dafs die Epoche, wo sich das Charakteristische „ihrer Erscheinung zuerst offenbarte, mit der Entstehung des byzantinischen „Kaiserthums zusammenfällt. Von da blühte die Bauart im ganzen römischen „Reiche, und zunächst im byzantinischen Theile desselben." Dazu kommt, dafs andere vorgeschlagene Benennungen zu wenig bezeichnend sind. Dafs z. B. irgend eine Abart der lateinischen Sprache, deren es so viele giebt, von Denen, die sie reden „die *romanische*" genannt wird, möchte schwer zu rechtfertigen sein: eben so wenig, wie, wenn man eine, etwa jetzt entstehende Abart der deutschen Sprache „die *germanische*" nennen wollte; ich kann deshalb auch den Ausdruck „*romanische Bauart*" nicht passender finden, als „*byzantinische*." Der byzantinische Baustyl beginnt und endigt mit dem byzantinischen Kaiserthum selbst; die Benennung hat einmal das Bürgerrecht, und auch *Göthe* hat sie gebraucht.

Constantin war im Jahre 274 geboren und starb 337. Im Jahre 306 trat ihm der Kaiser *Diocletian*, der ihn zum Mitregenten angenommen hatte, die Regierung ab und zog sich in seinen Palast zu *Salona (Spalatro)* zurück.

Die Theilung des byzantinischen Kaiserthums erfolgte, nachdem die Franzosen und Venetianer Constantinopel im Jahre 1204 mit Sturm genommen hatten. Merkwürdig genug, dafs das Ende dieses grofsen Reichs mit dem

Ende dieser Bauart und der Entstehung der Spitzbogengewölbe-Bauart zusammenfällt.

Von 306 bis 1204 sind neun Jahrhunderte: eine lange Kunst-Epoche.

Die byzantinische Bauart verbreitete sich über ganz Europa und einen grofsen Theil des Orients; die christliche Religion brach ihr überall die Bahn; denn, wenn gleich diese Architektur, eben so wenig wie irgend eine andere, etwas bezeichnend *Christliches* hat, so verbreitete sich doch das Christenthum von dem byzantinischen Reiche aus nach allen Seiten; und in den fernsten Einöden wurden Kirchen und Klöster, oft mit Pracht und Aufwand und immer sehr solid, nach dieser Bauart aufgeführt.

Nach den verschiedenen Gegenden nahm sie wohl manche Modificationen an und man könnte einen neugriechischen, einen italienischen, einen deutschen, englischen, spanischen, russischen, syrischen, byzantinischen Baustyl unterscheiden: aber alle sind nahe verwandt, und in einem und demselben Lande vergingen Jahrhunderte ohne sehr wesentliche Veränderungen in diesem Baustyle.

Dem neugriechischen Zweige hat *v. Rumohr* ausschliefslich die Benennung „byzantinisch" vorbehalten wollen. Ich kenne eine Anzahl neugriechischer Kirchen aus den Zeichnungen, die vor einigen Jahren mein ältester Sohn (der Hof-Bau-Inspector *Engelhard* zu Wilhelmshöhe) in Griechenland davon aufgenommen hat und welche, wenn auch sichtlich der byzantinischen Bauart verwandt, doch soviel Charakteristisches haben, dafs man ihren Styl füglich „*neugriechischen* Baustyl" nennen könnte.

Wenn nun schon *Constantin d. Gr.* mit Recht an der Spitze dieser Kunstperiode steht, so ist doch keins von den durch ihn erbauten ansehnlichen Werken mehr erhalten. Die *Sophienkirche*, die er in *Constantinopel* erbaute, existirt nicht mehr; die noch vorhandene *Sophienkirche* hat *Justinian* im Jahre 537, also zwei Jahrhunderte später erbaut. Eben so ist es mit der *Paulskirche*, aufserhalb *Rom*. Man schreibt *Constantin* ihre Gründung zu, aber die Kirche über dem Grund und Boden war von späterem Datum; sie brannte 1823 ab und ist jetzt wieder erbaut; so viel ich weifs in der frühern Gestalt. Neuerdings hat man die schöne Ruine auf dem *Campo vaccino* in *Rom*, die unter dem Namen des *Friedenstempels* bekannt ist, für eine Basilica des *Constantin* gehalten, welche von *Maxentius* erbaut und von *Constantin* geweiht worden sei. Auch *Kugler* folgt in seinem Handbuche der Kunstgeschichte dieser Meinung, S. 306, während er doch an einer andern Stelle, S. 344, die Basilica, die an der Stelle stand, wo sich heute zu Tage *San*

Giovanni im *Lateran* befindet, *Basilica Constantinia* nennt. Ich sehe in diesem Friedenstempel nichts anderes, als den Hauptsaal, die *Cella solearis,* eines grofsen Thermengebäudes. Man vergleiche nur damit z. B. die Cella solearis in den Bädern des *Diocletian* (die Kirche *Santa Maria degli Angeli* in der *Certosa* zu *Rom*), oder den Hauptsaal der Bäder des *Caracalla:* sie geben sogleich den vollständigen Grundrifs und Durchschnittsrifs des Friedenstempels, den ich, auch nach seinem Architekturstyle, für älter als *Constantin* halten möchte. Der sogenannte *Janusbogen* am *Campo Vaccino* wird auch in die Zeit *Constantin's* gesetzt; ich glaube, dafs er in eine spätere Periode gehört, weil der Baustyl darauf hindeutet; was auch dadurch bestätigt wird, dafs er, wie man neuerdings entdeckt hat, theilweise aus Fragmenten antiker römischer Gebäude aufgeführt ist; und zwar in einer so rohen Weise, wie es wohl noch nicht zu *Constantin's* Zeiten geschah: die Fragmente der Verzierungen sind *so* vermauert, dafs die verzierten Seiten derselben nach Innen gekehrt, also nicht sichtbar sind.

Aufserdem wäre auch noch des *Battisteriums* des *Constantin* bei *San Giovanni* im *Lateran* und des Triumphbogens dieses Kaisers *zu gedenken. Palladio* ist der Meinung, ersteres sei ein modernes, aus antiken Fragmenten errichtetes Gebäude. Andere halten es theilweise für antik, theilweise für modern; es ist von keiner wesentlichen Bedeutung für die spätere byzantinische Bauart (ich werde jedoch weiter unten darauf zurückkommen); was auch von dem genannten Triumphbogen gilt, der sich mehr der kurz vorhergehenden Periode anschliefst und dieselbe characterisiren hilft, da er die nachfolgende Epoche nicht irgend besonders bezeichnet und einleitet. Die Haupt-Anordnung und Form, so wie die Verzierung, stimmt mit den ältern Bögen des *Titus* und des *Septimius Severus* überein; nur dafs die Verzierung weniger sorgfältig und elegant ausgeführt ist, wie an jenen.

Der Palast des Kaisers *Diocletian* zu *Salona* in Dalmatien.

Es möchte demnach keines von allen jenen Gebäuden als besonders bedeutsam für die byzantinische Bauart zu betrachten und in den Anfang ihrer Periode zu setzen sein; wohl aber möchte ich ein Gebäude, welches der nächste Vorgänger und Mitkaiser *Constantins* aufführen liefs, dahin stellen: nemlich den Palast des Kaiser *Diocletian* zu *Salona* (oder *Spalatro,* wie der Ort jetzt heifst). Dieser Palast enthält viele für die byzantinische Bauart characteristische Motive und überhaupt manches Bedeutende und Instructive.

Zunächst verdanken wir hauptsächlich englischen Architekten die Kenntnifs dieses grofsen Bauwerks. Man sehe: „Ruins of the Palace of the Em„peror *Diocletian* etc. by *Adam*." In *Durands* „Recueil et Parallele des „Edifices anciens et modernes" befinden sich ebenfalls S. 46 mehrere Aufrisse, ein Grundrifs und ein Durchschnitt dieses Gebäudes, welche wohl aus *Adam's* Werk entlehnt, aber etwas frei behandelt sind. *D'Agincourt* hat in seinem bekannten Werke „Histoire de l'Art par les monumens" Abbildungen davon gegeben.

Diocletian war etwa im Jahre 245 geboren, trat seine Kaiserregierung im Jahre 284 an, übertrug dieselbe 306 an *Constantin* und zog sich nach *Salona* zurück; wo er ungefähr 325 starb.

Salona liegt (oder lag) in einer schönen Gegend von Dalmatien, unmittelbar am Meere und ungefähr unter gleichem Breitengrade wie *Florenz;* gegen Norden schirmen den Ort Gebirge, gegen Süden das Meer.

Das Gebäude war, so zeigt es der erste Anblick, eine *Festung;* wenigstens ein *Castell*, eine römische *Burg*.

Es bildet ein nicht genaues Rechteck, welches an der Haupt-Eingangsseite etwa 157½ Meter, an der entgegengesetzten Fronte 162½ Meter breit und an den beiden Seiten 195 Meter lang ist. Die vier Ecken sind durch quadratische Thürme geschützt, welche 9 Meter an jeder Seite über das Rechteck vortreten. Aufserdem werden die in der Mitte der drei Landseiten liegenden grofsen Eingänge durch je zwei achteckige Thürme vertheidigt, und zwischen diesen Thürmen und denen an den Ecken liegen kleinere viereckige Thürme. Die vierte Seite, ohne Zweifel die nach dem Meere liegende, hat nur an den Ecken Thürme und zwischen denselben eine an der ganzen Seite fortlaufende Arcade, welche, 15 Meter hoch über dem Boden, einen prächtigen Gang, eine Art bedeckten Xystus bildete.

Im untern Raume des Gebäudes sind nur vier Haupt-Eingangsthüren, oder vielmehr Thore, und einige Thüren in den mittleren Wartthürmen: keine Fenster, die erst, so wie die Arcade, in beträchtlicher Höhe über dem Boden anfangen; offenbar um die Vertheidigung zu erleichtern.

Diese Einrichtung erforderte also eine *Garnison*, und zwar eine beträchtliche Garnison; denn es mufsten im Fall eines Angriffs sechszehn Thürme und die vier langen Fronten besetzt werden.

Die Garnison mufste Wohnungen haben, und daraus erklärt sich die grofse Menge zellenartiger Zimmer, die unmittelbar inwendig an den drei Landseiten des Gebäudes liegen. Es sind deren im Stockwerke 68 kleinere, von 4 Meter im Lichten im Quadrat, und 10 etwas gröfsere. Die Soldaten mufsten sich bei schlechter Jahreszeit und Witterung in bedeckten Räumen bewegen können; dazu waren die Arcaden dienlich, welche das Gebäude nach allen Richtungen durchschneiden. Solche Arcaden liegen unmittelbar vor den Zellen, und ihre Thüren gehen in diese Arcaden. Solcher Zellen hatten drei Reihen übereinander Raum; die untersten mögen Pferdeställe gewesen sein.

Die innere Einrichtung dieser Kaiserburg beruht im Allgemeinen auf zwei Strafsen, welche sich rechtwinklig durchkreuzen. Die eine Strafse geht vom Haupt-Eingange von der Landseite (der Gebirgsseite) mitten durch das Gebäude, rechtwinklig auf die Seeseite hin, wo sie vor dem Haupttheile aufhört, der die grofsen Zimmer und Säle enthält, die ohne Zweifel der Kaiser selbst benutzte. Sie ist 11 Meter breit und gröfstentheils an beiden Seiten mit Arcaden eingefafst. Sie wird von einer andern, ebenfalls mit Arcaden eingefafsten und eben so breiten Strafse rechtwinklig durchschnitten, welche von dem einen Seiten-Eingange zu dem gegenüberstehenden andern führt.

Diese einfache Einrichtung machte, dafs man von den Thoren zu allen Gebäudetheilen bedeckt kommen konnte. Strafsen laufen übrigens auch vor den Arcaden her, die an den Soldatenzellen liegen. Durch die Strafsen wird die Burg in drei Hauptgruppen von Gebäuden getheilt. Die gröfste derselben liegt an der Seeseite, dem Eingange vom Gebirge her gerade symmetrisch gegenüber, so dafs die zuerst beschriebene Strafse gerade mitten vor denselben stöfst und am Schlufs derselben den Haupt-Eingang dazu ausmacht, welcher sich, als ein Prostylon mit zwei corinthischen Säulen, über eine Freitreppe erhebt. Dieser Theil des Gebäudes enthält die zur Wohnung des Kaisers gehörigen Säle, Bäder und Zimmer; auch ein isolirtes, grofses, mit einer Säulenstellung umgebenes von aufsen achteckiges, innen rundes Gebäude, welches in einem Vorhofe steht, der von der Strafse nur durch eine Säulenreihe getrennt ist und gegenüber einen auf gleiche Weise von der Strafse gesonderten Vorhof mit einem kleinen Tempel hat, den ein viersäuliges Prostylon schmückt. Die beiden andern Gebäudegruppen liegen nahe am Eingange, links und rechts von der Strafse, und enthielten wahrscheinlich, die eine Thermen für die Garnison und die Bewohner der Burg, die andere mag Fremdenwohnungen enthalten haben, welche einen rechteckigen Vorhof umgaben, an zwei Seiten mit Arcaden.

Um zur nähern Beschreibung zu kommen, ist zu bemerken, dafs die Bestimmung der Räumlichkeiten der Hauptgruppe, die zum unmittelbaren Gebrauch des Kaisers dienten, ziemlich deutlich aus ihren Formen hervorgeht. Ihre Anordnung ist aber von derjenigen der ältern römischen Paläste wesentlich verschieden und erinnert sehr an die Bauart der Thermen der römischen Kaiser. Es ist auch natürlich, dafs die weitläuftigen Höfe der ältern Paläste hier in einer *Burg* keinen Raum finden konnten. Ist der Grundrifs, den ich vor mir habe, richtig, so war die Anordnung dieses Hauptgebäudes vollkommen regelmäfsig und symmetrisch; mit Ausnahme etwa der Stellung jenes achteckigen Gebäudes; von welchem später.

Unmittelbar hinter dem Prostylon oder der kleinen Säulenhalle, die den Eingang bildete, lag ein runder, mit einer Kuppel überwölbter Saal, von 11 Meter im Durchmesser. Ich halte denselben für das eigentliche Vestibulum, dessen Begriff ich von Dem, was die Griechen Prothyron nannten, wesentlich unterscheide, und welches Prothyron hier von dem Prostylon gebildet wird. Von der Auszierung dieses Vestibulums ist aus den Zeichnungen nichts weiter zu sehen, als vier Nischen, in welchen wahrscheinlich Statuen standen.

Regelmäfsig hinter dem Vestibulum lag der gröfste Saal der Burg, der im Lichten 30 Meter lang und 23 Meter breit war und zu beiden Seiten Säulengänge hatte. Die vier Ecken desselben sind, äufserlich quadratische, innerlich runde Räume, in welchen sich wahrscheinlich Treppen zu den Tribünen über den Säulen befanden. Ich halte diesen Raum für den eigentlichen Festsaal des Palastes, habe aber auch nichts dagegen, wenn man ihn eine Basilica nennen will; denn gewifs hatte sich *Diocletian* die Jurisdiction über die Nachbarschaft, so wie über seine Diener vorbehalten; und so konnte in diesem Saale auch Gericht gehalten werden. Gewifs diente der Saal zur Repräsentation, und die Fremden, die der Kaiser sehen wollte, wurden durch ihn eingeführt. In der Restauration des Baues hat man vorausgesetzt, dafs nur der mittlere Raum zwischen den beiden Säulengängen mit einem Tonnengewölbe (mit viereckigen Cassaturen) bedeckt war, so dafs sich über den Säulengängen keine Galerieen oder Tribünen befinden konnten. Ich weifs nicht in wiefern der restaurirende Architekt, in *Durand's* Abbildung, durch die Ruine zu dieser Annahme berechtigt sein konnte; die Berechtigung ist sehr unwahrscheinlich, und ich glaube, dafs die Decke des Saales, sie mag nun eine Wölbung, oder auch nur ein flaches Dach, etwa wie die Dächer der alten Basiliken gewesen sein, über den ganzen Saal reichte; so dafs sehr wohl Tribünen über den Säulengängen sein konnten und dieselben von der Decke auch umschlossen wurden. Seine Erleuchtung bekam der Saal, der Restauration zufolge, durch ein grofses halbrundes Fenster in der Stirnmauer, die nach Aufsen gerichtet ist, und durch eine rechteckige Öffnung in der Mitte der Wölbung. Letztere ist etwas unwahrscheinlich, weil sie so schwierig zu verschliefsen war; besonders in einer Zeit, wo Glasfenster noch selten, oder wenigstens sehr kostspielig waren; das halbrunde Fenster möchte aber vorhanden, jedoch anders construirt gewesen sein, als die Restauration es annimmt. (Ich werde dies weiter unten bei der S. Marcuskirche zu Venedig näher begründen.) War der Saal im Ganzen überwölbt, oder überdacht, so erhob er sich über das ganze übrige Gebäude; was der Schönheit der Façade nach der Meerseite keinen Eintrag thun, sondern sie nur erhöhen konnte.

Wenn man die Symmetrielinie des Gebäudes verfolgt, die sich von dem Haupt-Eingange von der Gebirgsseite mitten durch die Strafse, durch das Prostylon, das runde Vestibulum und der Länge nach durch den Festsaal erstreckt, so trifft man auf eine Hauptthüre dieses Saals, die in jene prächtige Arcade führte, deren ich oben gedacht habe. Diese Arcade durchschneidet die Symmetrielinie rechtwinklig in einer Länge von 158 Metern und einer Breite von 8 Metern im Lichten, welche 51 Bogen-Öffnungen nach Aufsen hat. Sie zieht sich vor der ganzen kaiserlichen Wohnung her, und sieben Zimmer und Gemächer derselben haben Thüren nach der Arcade.

Ohne Zweifel berührte den Fufs der Mauer, auf welcher die Vorderwand der Arcade steht, unmittelbar das Meer, und die Schiffe des Kaisers, hier kreuzend und vor Anker liegend, schützten und deckten den an dieser Seite offenen Palast, statt der daselbst weggelassenen vier mittleren Warthürme.

Welch' ein reizendes Motiv für einen Kaiserpalast! Man stelle sich eine prachtvolle Aussicht auf das Meer vor, welches hier mit Inseln und Vorgebirgen bedeckt sein mufste, über denen man, nach der Lage der Arcade, die Sonne auf- und untergehen und auch am höchsten Mittage stralen sehen konnte. Wie wohlthuend mufste hier die frische Seeluft des Morgens und die Kühle des Abends sein! Im Winter, um Mittag, waren die schräg einfallenden milden Strahlen der Sonne erquickend, während im Sommer das Gewölbe gegen ihre senkrechte Richtung Schutz gab. Und wie schön mag dieses Gewölbe, mit farbigen und zierlichen Arabesken, wie sie diese oder die etwas frühere Zeit in den kaiserlichen Bädern aufzuweisen hat, geschmückt gewesen sein! Welche prächtige historische Frescomalereien oder enkaustische Bilder mögen endlich an der 158 Meter langen, nur durch sieben Thüren unterbrochenen Rückwand befindlich gewesen sein, während ohne Zweifel ein musivischer Fufsboden, aus den prächtigsten Marmor-Arten, glänzend die Helle der Luft in diesem schönen Clima zurückstrahlte! Man sieht im Geiste den philosophischen Kaiser mit seinen gelehrten Freunden in der Friedenstoga auf- und abwandeln, irgend eine Stelle des Plato oder Aristoteles besprechend.

Es war gewifs etwas Grofses, ein Reich zu beherrschen, welches sich zu *Diocletians* Zeiten noch über den Orient und Occident erstreckte: aber es war auch eine erhabene Resignation, einer solchen Herrschaft zu entsagen, dieselbe in die Hände eines grofsen Mannes wie *Constantin* zu legen und nach einem thatenvollen Leben sich in die Einsamkeit zurückzuziehen, um sich den Künsten und den Wissenschaften zu widmen. Der Geist eines solchen Mannes zeigt sich in der Architektur dieses Palastes.

Die beschriebene Halle ist auch kunstgeschichtlich bedeutend geworden; denn sie scheint das Vorbild vieler anderer kleinerer Hallen an byzantinischen Kirchen und Klöstern, Burgen und Palästen zu sein, da man, nachdem man das Motiv einmal kannte, dasselbe nicht wieder aufgab, und die eine Nachahmung die andere erzeugte. Die auffallendste und wahrscheinlich unmittelbarste Nachbildung war ohne Zweifel die am Palast des *Dogen zu Venedig*. Aber nicht allein in die byzantinische und die Spitzbogengewölbe-Bauart ist dieses Motiv übergegangen: es findet sich auch sehr oft in der Zeit der Renaissance; zum eminenten Beispiel in *Raphael's* Loggien und in den Galerien der Lustschlösser der französischen Könige und deren Nachahmungen; wo freilich überall die Verhältnisse verschieden sind, die Grund-Idee aber dieselbe ist. Hatte man auch nicht überall eine Aussicht auf das Meer, wie noch beim Dogenpalast zu Venedig, so ersetzte die Aussicht doch entweder der Anblick einer Weltstadt, wie im *Vatican*, oder der eines blühenden und grünenden Gartens, mit duftenden Orangen-Alléen und kühlen Springbrunnen, wie in *Versailles*.

Das Prostylon, das Vestibulum, der Festsaal und die Arcaden sind in der Kaiserwohnung jedes einmal, alle andern Zimmer, Säle und Räumlichkeiten aber, der Restauration des Grundrisses zufolge, zweimal vorhanden, indem der Grundrifs auch in den kleinsten Räumlichkeiten vollkommen symmetrisch ist. Ob dies etwa eine Licenz des Restaurators sei, mufs ich dahin gestellt sein lassen; unmöglich ist die Symmetrie natürlich nicht, aber unwahrscheinlich.

Von dem Festsaale führten an jeder der langen Seiten unter den Säulengängen je zwei Thüren, die eine in einen geräumigen, mit Säulengängen umgebenen Saal, die andere in einen engen Gang, wie sie in den römischen Häusern oft vorkamen und welche man *fauces* nannte. Solche Gänge waren wohl hauptsächlich für die Bedienung durch Sclaven bestimmt. Die Säle mögen Speisesäle (Triclinien) gewesen sein; es läfst sich Dies einmal aus den zu ihnen führenden engen Gängen schliefsen, und dann daraus, dafs sie, wiewohl der Länge nach an der Arcade liegend, doch keine unmittelbare Verbindung mit derselben haben, durch welche die Zugluft den Speisenden hätte lästig werden müssen. Die Säle müssen beide von oben erleuchtet gewesen sein; ihre Länge betrug 27 Meter, ihre Breite 17 Meter; beides im Lichten gemessen. Neben jedem Saal, ebenfalls unmittelbar an der Arcade und mit einem Eingange nach derselben, lag an jeder Seite ein Badezimmer, dessen Bestimmung, der ganzen Form und Anordnung nach, unverkennbar ist; es war das kalte Bad. Es war 17 Meter im Lichten breit und ohne die Nische 20 Meter lang, also geräumig genug, um auch ein gemächliches Schwimmbad zu enthalten. Hinter jedem Triclinium, also von der Arcade abwärts, lag an jeder Seite ein länglicher Saal (zweimal so lang als breit), der mit anliegenden halben runden Säulen verziert war und zu welchem man aus dem Triclinium, dem nächst-liegenden engen Gange, und von einer kleinen Treppe kommen konnte, die zugleich mit dem Badezimmer Zusammenhang hatte. Ich halte diese schmalen Säle für Apodyterien (Ankleidezimmer zu den Bädern) auf welche die Römer viel verwendeten, weil sie zum Ankleiden und Auskleiden nicht allein, sondern auch zu Leibes-Übungen und andern körperlichen Erholungen dienten.

Hinter dem kalten Bade befanden sich noch einige andere Zellen, die ohne Zweifel zum *Tepidarium* (dem lauwarmen Bade), und zum *Sudatorium* (dem Schwitzbade) benutzt wurden.

Nun folgten an jeder Seite, neben dem kalten Bade, zwei gröfsere und zwei kleinere Zimmer: die gröfsern von rechteckiger Form, die kleinern theilweise rund und von complicirter Form; welche Zimmer man denn wohl für die eigentlichen Wohnzimmer des Kaisers halten könnte.

Alle vorbeschriebenen Räume wurden von oben her erleuchtet; nur ein gröfseres und ein kleineres der letztgedachten Zimmer haben schiefsschartenähnliche Fenster nach Aufsen. Noch liegen an jeder Seite des Vestibulums zwei quadratische Säle, welche durch weite Öffnungen, jede mit zwei Säulen, mit den Tempelvorhöfen zusammenhangen. Jeder dieser Säle ist 14 Meter lang und breit, und in dem einen ist an jeder Seite die Decke nach der Vitruvischen Vorschrift mit vier Säulen (Tetrastylon) unterstützt. Es können diese Säle Museen, Pinacotheken für Statuen, für Gemälde und andere Kunstwerke gewesen sein, falls sie nicht etwa für häusliche Verrichtungen und Beschäftigungen der Diener und Hausgenossen bestimmt waren.

Neben diesen Sälen, hinter den Badezimmern, lagen noch an jeder Seite fünf Zellen, mit ihren Eingängen nach der innern Seite des Palastes gewendet, die für die Diener des Kaisers bestimmt gewesen sein mögen. Zu bemerken ist, dafs, während alle übrigen Wartthürme in dem Stockwerke nur einen unabgetheilten Raum enthielten, doch die beiden an der Arcade liegenden Eckthürme in mehrere kleine Zimmer getheilt waren, die durch sehr enge (kaum einige Fufs breite) Gänge mit der Arcade in Verbindung standen. Die ungemein schöne Lage dieser Thürme, die nach allen vier Himmelsgegenden Fenster hatten und von denen man Meer und Land, Gebirg und Thal, das Innere und das Äufsere des Palastes überschauen konnte, mag es veranlafst haben, dafs man hier einige Zimmer für den Kaiser einrichtete, die ihm auch bei etwaigen äufsern oder innern Unruhen gröfsere Sicherheit gewähren konnten; möglicherweise können sie auch als Wohnungen des Befehlshabers der Garnison oder der Flotte gedient haben.

Beim Schlufs der Beschreibung dieses Stockwerks der kaiserlichen Wohnung ist zu bemerken, dafs nirgend von *Frauengemächern* und von den zur innern *Ökonomie* des Haushalts gehörigen Räumen, Küchen, Vorrathskammern u. s. w. die Rede war.

Betreffs des Erstern ist es zwar nicht bekannt (wenigstens mir nicht), ob der Kaiser *Diocletian*, als er den Palast zu *Salona* erbaute, vermählt war: aber war er es auch nicht, so läfst sich doch annehmen, dafs er berücksichtigte, der Palast werde nach seinem Tode noch fortdauern, und dafs derselbe also auch für die Bequemlichkeit Derer, denen er ihn vererbte, passen und folglich Räumlichkeiten für eine *Familie* enthalten mufste. (Ich erinnere mich dunkel, von einer *Tochter* Diocletians gelesen zu haben, weifs aber nicht, woher ich die Erinnerung habe und kann mich also nicht darauf beziehen. Gern möchte ich es, da mir die Benutzung dieses Palastes durch eine schöne römische Kaisertochter, welche die prächtige Arcade mit Orangen, Granaten und Myrthen füllte, gar nicht phantasielos erscheint.)

Bekanntlich wohnten bei den Römern die Frauen nicht, wie bei den Griechen, in einem ganz abgesonderten Theile des Hauses; ihre Wohnung schlofs sich der der Männer an; und so wäre es nicht unpassend, anzunehmen, dafs, während der Kaiser die eine Hälfte des beschriebenen Gebäudes bewohnte, die ähnlichen Zimmer in der andern Hälfte von seiner Familie benutzt wurden. Aus dieser grofsen Wahrscheinlichkeit läfst sich dann vermuthen, dafs die beiden Hälften nicht vollkommen gleichförmig, sondern nach den Bedürfnissen der Bewohner verschieden waren.

Die für die *Ökonomie* des Haushalts fehlenden Räumlichkeiten befanden sich wahrscheinlich in dem vorhandenen Kellergeschosse, aus welchem Treppen und Gänge in das grofse und alleinige Hauptstockwerk führten, mittels welcher dann z. B. die Speisen und Getränke in die Triclinien geschafft wurden, auch die Heizung und sonstige Versorgung der Badezimmer geschehen konnte. Die Treppen lagen nahe bei den Zellen, die ich als die wahrscheinliche Wohnung der nächsten Diener der kaiserlichen Familie bezeichnet habe.

Aufserdem wurde oben zweier Vorhöfe gedacht, die unmittelbar vor der kaiserlichen Wohnung, rechts und links von der zu dem Prostylon führenden Hauptstrafse sich befanden. In dem einen derselben steht, in gewöhnlicher Form und Stellung, nichts als ein kleiner viersäuliger Tempel, dessen Tempel-Eigenschaft unzweifelhaft ist und der für einen Tempel des *Aesculap* gehalten wird. Von diesem Vorhofe erhalten auch zwei der beschriebenen quadratischen Säle Licht und Eingang. In dem andern Vorhofe, symmetrisch dem ersten gegenüber, ist dagegen ein durch Gestalt und Verhältnisse, so wie durch seine Stellung, sehr auffallendes Gebäude.

Ehe ich solches beschreibe, will ich bemerken, dafs sich in der Geschichte der Baukunst, besonders in der des Mittel-Alters, viele und bedeutende Irrthümer dadurch eingeschlichen haben, dafs man zu leicht bei der Beurtheilung baulicher Monumente annahm, alle Theile derselben seien *gleich alt* und gleichsam aus einem Gusse. Dergleichen Irrungen entstehen leicht; besonders, wenn der Beurtheiler nur *Abbildungen* der Gebäude, nicht die Gebäude selbst vor Augen hat; so wie, wenn er kein practischer Architekt ist. In der Wirklichkeit öffnen die Verschiedenheit der Baustoffe und der Bearbeitung und Anwendung derselben dem Beschauer leicht die Augen; und selbst die

Verschiedenheit des Baustyls tritt in der Willkürlichkeit schärfer hervor, als in Abbildungen.

Das fragliche achteckige Gebäude wird ***Tempel des Jupiter*** genannt. (***Durand*** hat dasselbe in seinem „Recueil" S. 3 noch einmal im Aufrisse, Durchschnitte und Grundrisse abgebildet und hat es unter die runden Tempel gezählt.) Es ist, einschliefslich des Säulenganges, der es umgiebt, 26 Meter breit, und da der Säulengang vor dem Eingange durch vier Säulen verdoppelt ist, mit denselben 29 Meter tief. Der innere runde Raum hat zwischen den Mauern 14 Meter im Durchmesser. Da nun der Vorhof, in welchem das Gebäude steht, im Lichten nur 29 Meter breit ist, so lassen die 26 Meter Breite des Gebäudes an jeder Seite nur einen schmalen Gang von $1\frac{1}{2}$ Meter breit übrig; eben so in der Länge. Wozu nützt nun dieser Vorhof? Das ist die erste Unzweckmäfsigkeit. Eine andere besteht darin, dafs dieses Gebäude, welches höher und massiver ist als alle andern, auch den vornehmsten Gebäudetheilen des Palastes, den an dem Vorhofe liegenden beiden quadratischen Sälen, Licht, Luft und Zugang nimmt. Dies sind beides Fehler, welche von den Talenten und der Geschicklichkeit des Architekten, wie sie in der grofsen Zweckmäfsigkeit der Anordnung aller andern Gebäudetheile sich zeigt, nicht zu erwarten sind. Aufserdem ist es bekannt, wie streng sich die Tempel-Architektur der Griechen und Römer an bestimmte Normen band. Wie unähnlich ist aber dieser achteckige Bau einem Tempel des Jupiter! Dazu finden sich noch im constructiven Systeme des Gebäudes wesentliche Abweichungen von dem der übrigen Palasttheile. Diese haben z. B. entweder Plateformen, oder doch sehr flache Dächer zur Bedeckung, während dies Gebäude ein fast steiles, pyramidales Dach hat, mit einem Neigungswinkel, der den Dächern der späteren byzantinischen Gebäude eigenthümlich ist. Unter dem Fufsboden desselben ist ein Gewölbe mit 7 nischenartigen Vertiefungen, während die achte sich in einen ziemlich langen Gang ausdehnt. Eine Verbindung dieses Gewölbes mit dem obern Theile des Gebäudes ist aus den Rissen nicht ersichtlich.

Aus allen Diesem schliefse ich, dafs dieser achteckige Bau nicht zu dem ersten Plane des Palastes gehörte, dafs derselbe *kein* Tempel des Jupiter, noch einer andern heidnischen Gottheit war, und dafs nur ein besonderer, sehr bedeutender und wesentlicher Grund die Aufführung dieses, den übrigen Palast entstellenden und benachtheiligenden Gebäudes veranlafste.

Zu welchem Zwecke konnte aber das Gebäude dienen?

Die Zeit des *Diocletian* und des *Constantin* ist diejenige, wo sich das Christenthum mit Macht ausbreitete; die Kaiser selbst wurden Christen; die auf *Diocletian* folgenden Bewohner des Palastes waren höchst wahrscheinlich ebenfalls Christen; was fehlte da noch dem Palaste, als *eine christliche Kirche*, zur Ausübung des Gottesdienstes und zur Verrichtung der heiligen Handlungen für alle christlichen Bewohner des Schlosses. Ich halte daher diesen achteckigen Bau geradezu für eine *christliche Kirche*, die von den spätern Besitzern und Bewohnern des Palastes sogleich als Kirche erbaut wurde, und welche nun keinen passenderen Platz in dem Umfange des Palastes zu finden wufsten und die, wegen der Wichtigkeit des Zwecks, die Nachtheile, die das Gebäude brachte, nicht berücksichtigten. *Diesem* Zwecke entspricht auch die innere Einrichtung des Gebäudes. Es sind Nischen und Vertiefungen für Bildsäulen der Heiligen und für Altäre in demselben; das unterirdische Gewölbe konnte die Familiengruft der Besitzer abgeben, und durch seine Bestimmung erklärt sich auch, warum dasselbe fast gar keine Erhellung durch Tageslicht hatte; denn beim Gottesdienst wurde es ohne Zweifel durch Kerzen erleuchtet, und das Vorbild seiner Formen und Verhältnisse waren gewifs jene im Grundrisse ganz ähnlichen runden Capellen in den Katakomben, in welchen die ersten Christen ihren Gottesdienst hielten. Zu der Gebäudeform stehen auch mehrere andere frühe christliche Kirchen, z. B. *San Vitale* in *Ravenna*, *Santa Sophia* in *Constantinopel* u. a. in Beziehung; wovon weiter unten ein Mehreres.

D'Agincourt giebt dieses Gebäude Taf. II. 4 als den sogenannten Tempel des Jupiter; ich sehe aber, nachdem ich Obiges niedergeschrieben habe, dafs er es Taf. LXIII. 6 noch einmal berührt, und zwar unter den ersten Battisterien; wie er sagt, wegen der grofsen Ähnlichkeit mit denselben.

Hinter dem achteckigen Gebäude sind drei Zimmer, ein mittleres gröfseres und zwei kleinere, von dem Vorhofe abgetheilt. Sie können die Wohnung eines christlichen Priesters gewesen sein. Die einzelnen Reihen von Säulen, die, mit halbkreisförmigen Bogen überwölbt, die Vorhöfe von der Strafse absondern, waren vielleicht ursprünglich nicht vorhanden; denn nicht nur diese Art, durch einfache Säulenreihen unbedeckte Räume abzusondern, ist etwas ganz Ungewöhnliches, sondern es stimmt auch der Architekturstyl der Säulenreihen nicht mit der übrigen Architektur des Palastes, indem die andern Säulenstellungen unmittelbar über den Bogen mit horizontalen Gesimsen bedeckt sind.

Für die beiden andern Gebäude-Abtheilungen, deren eine ich für ein öffentliches Bad, die andere für eine Fremdenwohnung halte, folgt die erste Bestimmung aus dem in der Abtheilung mitten Innen befindlichen grofsen Saale, der, wenn auch kleiner, doch dem mittleren grofsen Hauptsaale der grofsen kaiserlichen Bäder zu *Rom* im Grundrisse völlig entspricht. Die ihn umgebenden kleineren Säle dienten wohl zu Auskleidezimmern (*Apodyterien*), zu Spielen und Leibes-Übungen, insofern sie nicht selbst noch Bäder waren. Über denselben war ein zweites Stockwerk, worin sich vielleicht Wohnungen befanden. Vier verschiedene Treppen ersetzten die Verbindung, welche durch den mittleren grofsen Saal, der durch beide Stockwerke reichte, abgeschnitten war.

In der Fremdenwohnung (es kann hier auch die Wohnung der Officiere der Garnison und der höheren Diener und Beamten der Burg gewesen sein) war ein Hof in der Mitte, welchen viele Zimmer und Säle umgaben, von denen der gröfste, der an den Arcaden der mittleren Strafse lag, ein Triclinium gewesen sein kann. Auch dieses Gebäude hatte zwei Stockwerke, und eben wie in der vorhin beschriebenen Abtheilung sollte auch hier durch vier verschiedene kleine Treppen die Zugänglichkeit der einzelnen Zimmer des obern Stockwerks erlangt werden.

Ich schliefse die Beschreibung des Palastes mit der Andeutung Dessen, was in der Bauart dieses merkwürdigen Gebäudes besonders charakteristisch und eigenthümlich ist.

Zunächst ist zu bemerken, dafs in der Überwölbung aller Fenster- und Arcaden-Öffnungen der halbkreisförmige Bogen vorherrscht. Dies gilt nicht blofs von den gröfseren Bogen-Öffnungen, sondern selbst von den engsten. Dagegen sind alle diejenigen Thor- und Thür-Öffnungen, welche von der Art sind, dafs man annehmen mufs, sie wurden mit Thürflügeln geschlossen, rechteckig. Sogar die grofsen, 5 Meter weiten Haupt-Eingangsthore haben horizontale Sturze und Überwölbungen, über denen sich dann ein halbkreisförmiges Oberlicht befindet. Nur die Thüren, welche aus den Sälen der kaiserlichen Wohnungen in jene prächtige Arcade führten, sind, den Zeichnungen zufolge, oben halbrund überwölbt; vielleicht ist dies aber ein Irrthum des Restaurators; oder es wurden diese Thüren auf eine andere Weise wie die übrigen geschlossen; denn ich nehme an, dafs die Thüren rechteckig waren, um ihren Verschlufs durch Flügelthüren zu erleichtern. Glasfenster waren zu des jüngeren ***Plinius*** Zeiten noch selten und es befanden sich deren wahrscheinlich in diesem Palaste nur wenige; die übrigen wurden wohl mit Tüchern und Matten geschlossen; wobei die runde Überwölbung nicht diejenige Schwierigkeit machte, welche mit der Öffnung runder Thürflügel nothwendig verbunden ist, wenigstens wenn die Flügel in der Mauer auf- und zugehen und weder auswendig noch inwendig bündig anschlagen sollen. Diejenigen Fenster-Öffnungen endlich, welche mit durchsichtigen Alabastertafeln oder Glasscheiben ausgesetzt waren, möchten nicht zum Öffnen und Verschliefsen eingerichtet gewesen sein; es sei denn etwa in einem kleinen Theil, zur Luftgebung. Ich führe diese Art der Anwendung des halbkreisförmigen Bogens vor allem anderen als characteristisch an, da er in der ganzen byzantinischen Bauart vorherrscht. Weiter unten werde ich noch auf eine besondere Form aufmerksam machen, die durch rechteckige Thür-Öffnungen von beträchtlicher Weite hervorgerufen wurde, da es nicht überall Quadersteine gab, die auf eine solche Weite frei trugen.

Dafs Säulenreihen mittels auf ihnen ruhender halbkreisförmiger Bogen, statt durch horizontale Gesimse vereinigt sind, ist der byzantinischen Bauart ebenfalls eigenthümlich, hier aber eigentlich noch nicht vorherrschendes System; denn es kommt nur bei den die Vorhöfe der Kirche und des Tempels absondernden Säulenreihen und dann in einer architektonischen Verzierung über dem Haupt-Eingange von der Landseite her vor. Dort ist die Öffnung im obern Stockwerke über dem Thore durch vier Säulen in fünf Abtheilungen geschieden, welche mit fünf halbkreisförmigen Bogen überwölbt sind. Die Säulen stehen auf Kragsteinen, welche so weit aus den Mauern hervortreten, dafs sie den Säulen, sowohl für den Fufs als Knauf, hinreichenden Raum geben. In der mittelsten und den beiden äufsersten Abtheilungen sind kleine halbrunde Nischen, in welchen Statuen mögen gestanden haben. Weshalb zwei Bogen-Abtheilungen leer sind, erklärt sich vielleicht daraus, dafs sie eine andere Art von Ausschmückung, z. B. Trophäen oder Inschriften oder Dergleichen enthielten. Wenn man, wie so häufig an byzantinischen Gebäuden, ein Paar Kragsteine aus einer Mauer hervortreten sieht, um ein Paar Säulchen zu tragen, über denen sich ein Bogen wölbt, welchen ein kleines Verdachungsgesims deckt, so dafs unter diesem Schutze, im Gesichtspuncte einer Strafse, eines Ganges, oder einer Allée, eine Statue oder ein Bild eines Heiligen aufgestellt werden konnte, vor welches die Frömmigkeit eine immer brennende Lampe stellte und welches sie mit frischen Blumen schmückte: so ist dieses ein schönes, liebliches Motiv dieser Bauart, und man söhnt sich selbst mit der den strengen Constructionsprincipien widerstrebenden Stellung der Säulen auf Kragsteine aus. Da man aber hier eine Anblendung vor einer dicken Mauer sieht, die noch dicker sein und in welche man die ganze Decoration recht wohl vertieft anbringen konnte: so ist man versucht, entweder zu glauben, dafs die Decoration erst später angebracht worden sei, oder dafs man in der scheinbaren Kühnheit der Construction eine gewisse Schönheit gefunden habe, die, ich gestehe es, auch nicht ganz abzuläugnen ist. Noch auffallender ist aber eine ähnliche Construction an der grofsen Arcade der kaiserlichen Wohnung, wo die 44 kleinen Säulen derselben auf Kragsteinen schweben. Dies kann nicht später als die erste Anlage gemacht sein. Was man zur Rechtfertigung sagen könnte, ist zunächst ein Wohlgefallen an dem kühnen Aussehen, und dann, dafs man auf diese Weise den Widerstand der vordern Arcadenwand gegen den Druck der Wölbung derselben verstärkte, ohne die Mauer des untern Stockwerks dicker machen zu dürfen. Auch sparte man bei den langen Sohlbänken zwischen den Säulen wesentlich an der Breite der Sohlbänke, und Das, was von denselben übrig blieb, war, weit zurückstehend, der Witterung nicht ausgesetzt und hinderte wenig den Blick aus der Arcade in das Freie.

Die Architektur dieser Arcade hat noch einige andere bezeichnende Eigenthümlichkeiten. Nach dem älteren, wenn man will, strengeren römischen Style würde die Arcade, von einem Eckthurme zum andern, in einer und derselben Form, ohne Unterbrechung und Veränderung, durchgeführt worden sein; aber das wäre hier langweilig, geistlos und casernenartig gewesen. Sie ist daher durch eine fünfmalige Unterbrechung in vier Abtheilungen geschieden. Diese Unterbrechungen bestehen in der Mitte und an den beiden Enden aus einer Gruppe von drei gröfseren Öffnungen, mit zwei grofsen Säulen; die Architektur dieser Gruppen ist aber, so wie sie sich in der Restauration angegeben findet, so sehr wenig römisch oder byzantinisch, und dagegen so sehr neuenglisch, dafs ich unmöglich glauben kann, sie sei richtig; auch ist sie constructiv nicht wohl ausführbar. Ich vermuthe vielmehr, dafs das Tonnengewölbe an diesen drei Stellen von Kreuzgewölben unterbrochen war, so dafs die Gruppen drei abgesonderte Pavillons bildeten. Eine andere Unterbrechung entstand dadurch, dafs zwischen dem Pavillon in der Mitte und demjenigen an den Ecken eine gröfsere Säulenweite und diese, der Restauration zufolge, mit einem flachen Segmentbogen überwölbt war. Ich glaube an diesen flachen Bogen ebenfalls nicht. Eben so ist es etwas unwahrscheinlich, dafs über den kleinen Säulen der Arcaden 40 Statuen standen, die man nirgends als nur vom Meere aus hätte sehen können. Die Restauratoren antiker Gebäude sind überhaupt gewöhnlich gar zu freigebig mit Statuen auf den Dächern. Die vielen an den Gebäuden vorkommenden Nischen und sonstige, zur Aufstellung von Statuen geeignete bedeckte Räume beweisen zur Genüge, dafs die Alten wohl wufsten, dafs ganz freistehende Statuen sehr von der Witterung leiden und bald unscheinlich werden. Sollen aber einmal an dieser Fronte Statuen gewesen sein, so standen sie weit besser auf der Brüstungsmauer der Plateform, über den Arcaden, wo man sie doch auch auf der Plateform sehen konnte.

Über der Mitte der Fronte, nach der Seeseite hin, erhob sich der Festsaal oder die Basilica, aber, wie ich glaube, höher, als die Restauration es angiebt, da anzunehmen ist, dafs das Tonnengewölbe des Saales nicht blofs dessen mittleren Raum, sondern den ganzen Saal überdeckte. Diese Erhöhung verbessert dann die Façade der Restauration wesentlich. Gewifs war auch die Bogen-Öffnung, welche der Basilica das Tageslicht gewährte, nicht so, wie in der Restauration gezeichnet, mit zwei senkrechten Stelzen unterstützt. Ich habe schon an andern Orten gesagt, dafs ich Constructionen dieser Art, die *noch an* antiken römischen Gebäuden, z. B. an den Bädern des *Diocletian,* vorhanden sind, untersucht und gefunden habe, dafs dergleichen Stelzen, wo sie sich finden, spätere rohe Zusätze sind, die gemacht wurden, um die schadhaft gewordenen Bogen zu unterstützen. Dieser Bogen hier war wahrscheinlich mit durchsichtigen Alabastertafeln in zierlichen, dem Halbrund entsprechenden Formen ausgesetzt.

Der Palast zu *Salona* ist gewifs in Vielem, aber allerdings mehr in einzelnen Theilen, als im Ganzen, das Vorbild der spätern byzantinischen Bauart in Italien gewesen, und ich werde Gelegenheit finden, öfters darauf hinzudeuten.

Ich wende mich nun zunächst zu einer etwas spätern Epoche der byzantinischen Bauart in Italien, welche in *Ravenna* begann.

Die byzantinischen Gebäude zu *Ravenna.*

Der gothische und italische König *Theodorich d. Gr.*, der vom Jahre 455 bis 526 lebte, wird für den Gründer und Erbauer einer Menge bedeutender Gebäude in Italien gehalten, die man allenfalls *gothische* Gebäude nennen könnte; wenigstens würde diese Benennung besser darauf passen, als die Benennung Spitzbogengewölbe-Bauart. Indessen ist der Styl dieser Gebäude so wenig von dem der ältern byzantinischen und römischen Bauwerke verschieden, dafs sich dreist behaupten läfst, die Gothen hätten, als *Gothen,* keine eigene Bauart gehabt. Es zeigt sich auch, dafs die byzantinische Bauart, weil eine Zeit lang wirkliche Gothen nach derselben bauten, nicht *vorgothisch* genannt werden kann.

Theodorich, der als Geifsel in *Byzanz* erzogen wurde, war arianischer Christ und hatte eine sorgfältige Bildung erhalten.

Der Palast des Königs *Theodorich* zu *Ravenna.*

Zunächst ist von *Theodorichs* Gebäuden der Überrest seines Palastes zu *Ravenna* zu nennen, weil derselbe zu ihm in persönlicher Beziehung steht. Bei dem Namen der Stadt *Ravenna,* die mit ihren Gebäuden im Nächstnachfolgenden sehr oft vorkommen wird, ist zu erinnern, dafs *Ravenna* seit dem Anfange des vierten Jahrhunderts die Residenz der abendländischen römischen Kaiser war; dann der Sitz der ostgothischen Könige, und nach Diesem, von 540 bis ins achte Jahrhundert, der Sitz der griechischen Statthalter. *Ravenna* ist daher für die byzantinische Bauart wichtiger, als *Rom.* Leider ist von dem Palaste des *Theodorich* wenig mehr übrig, als die vordere Haupt-Eingangsfronte; von dem Grundrifs ist fast nichts mehr zu erkennen, da das Gebäude nach Innen zu zerstört, verändert und so sehr verbaut ist, dafs man Vieles niederreifsen und wegnehmen müfste, um Einiges von seiner ursprünglichen innern Einrichtung zu ergründen. Die Fronte, welche sich erhalten hat, liegt jetzt in der Linie der Hauptstrafse von *Ravenna;* auf dem sogenannten *Corso.* Sie ist zweistöckig. Das untere Stockwerk, welches wahrscheinlich inwendig überwölbt war, ist hoch, das obere, welches von dem Dachgewölbe bedeckt wurde, ist minder hoch. Ich richte mich bei der folgenden Beschreibung des Gebäudes nach einer Zeichnung, die ich selbst in *Ravenna* verfertigte; es ist aber auch in *d'Agincourt* „Histoire de l'art etc. Pl. XVII. Architecture" eine kleine Abbildung davon zu finden. Das ganze Gebäude ist nicht länger, als etwa ein gewöhnliches Haus von sieben Fenstern, und seine Verhältnisse sind nicht colossal, jedoch ziemlich grofsartig.

Man gelangt in dasselbe durch ein geräumiges Eingangsthor in der Mitte, welches von zwei Pilastern eingefafst wird, deren Knäufe mit Acanthusblättern und ihren volutenartigen Stengeln verziert sind, während in der Mitte des Knaufs, an der Fronte, ein Kreuz und an der Seite ein Pfeil oder Wurfspiefs steht. Sie tragen Kämpfergesimse, welche wie umgekehrte attische Basen aussehen, und über den Kämpfern erhebt sich ein aus Backsteinen gewölbter halbkreisförmiger Bogen, unter welchen die Kämpfergesimse nicht durchgehen. Dieser Eingang liegt in einem mittleren Gebäude-Vorsprunge, der ungefähr ein Drittheil der ganzen Fronte wegnimmt und nach meiner Erinnerung nicht um viel mehr als einen Fufs heraustritt. Die Kämpfer unter dem Bogen reichen bis an die Kanten dieses Vorsprunges. Durch dieses Thor fanden Wagen und Pferde einen bequemen Eingang; ganze Reiterzüge konnten durch dasselbe hindurch kommen. Rechts und links von dem vorspringenden Theile des Gebäudes lag ein doppelter Bogen, der in der Mitte von einer freistehenden, bis auf den Fufsboden reichenden Säule getragen wurde. Die Säulen sind jetzt vermauert, aber die Construction ist noch kenntlich.

An der einen Seite ist in diesen doppelten Bogen ein antiker Wasserkumpf von dunkelrothem Porphyr eingemauert, von welchem man in *Ravenna* glaubt, er sei der Sarkophag des Königs *Theodorich* und habe auf dessen Grabmonument, von welchem weiter unten die Rede sein wird, gestanden. Die ursprüngliche Bestimmung des Kumpfs ist aufser Zweifel; es ist sogar ein wasserausspeiender Löwenkopf an demselben abgebildet. Obgleich nun schon damals eine Benutzung antiker Überreste zu manchmal nicht passenden Zwecken nichts Ungewöhnliches war, so läfst sich doch nicht wohl annehmen, dafs nach dem Tode des grofsen Königs ein Baumeister, der so einsichtig war, wie der, welcher das Grabmal *Theodorichs* erbaute, den Leichnam in einen Wasserkumpf habe legen und diesen auf das Dach seines Grabmales stellen wollen.

Über dem beschriebenen Eingangsthore ist, mitten in dem durch beide Stockwerke gehenden Vorsprunge, eine architektonische Anordnung von besonderer Bedeutsamkeit: nemlich eine sehr breite und auch hohe Nische; mit einer Halbkuppel überwölbt. Die Widerlagen, die an den Ecken mit runden Säulen verziert sind, haben etwa Dreifünftel der Höhe der Nische, so dafs auf die Halbkuppel selbst Zweifünftel der Höhe kommen. Die Nische hat ungefähr Einfünftel der Breite des ganzen Gebäudes zum innern Durchmesser und Eindrittel der Höhe desselben zur Höhe. Eine Thüre von eigenthümlicher Form (sie sieht aus wie eine gewöhnliche, halbkreisförmig überwölbte Thüre, aus deren Bogen die Schlufssteine genommen wären) führt aus dem Innern des Gebäudes in diese Nische. Es mag dahin gestellt bleiben, ob die Form nicht dadurch entstanden sei, dafs die mittleren Schlufssteine wirklich herausgefallen sind. Vor der Nische, deren Fufsboden demjenigen des obern Stockwerks gleich gewesen sein dürfte, war vermuthlich ein Balcon; man sieht nemlich noch in der Mitte ein gröfseres Loch und, symmetrisch zu beiden Seiten, auch eine kleinere Öffnung, in welcher höchst wahrscheinlich Kragsteine, die diesen Balcon trugen, befestigt waren. Über dem Bogen der Wölbung sind auch zwei kleinere Öffnungen, in welchen eine Querstange befestigt sein konnte, die zu dem Anhalt eines über den Balcon zu spannenden Segels diente.

Dem mittleren Vorsprunge des Gebäudes entsprechen zwei an den Ecken desselben ebensoweit heraustretende Strebepfeiler. Der Raum zwischen diesem Vorsprunge und dem Strebepfeiler ist aber an jeder Seite mit vier Säulenbogen ausgefüllt; die drei Säulen, welche eine solche Abtheilung tragen, stehen, wie an der Arcade der kaiserlichen Wohnung zu *Spalatro,* auf Kragsteinen, und die vier Bogen, welche sie tragen, entsprechen mit ihren äufsern Stirnen nicht etwa den reinen Mauern unter denselben (welches unmöglich wäre, da die Säulen vorstehen), sondern dem mittleren Vorsprunge und den Strebepfeilern.

Unmittelbar auf diesem Stockwerke liegt nun jetzt ein aus Backsteinen rohbauartig construirtes Gesims, und über dem Gesims ein nach hinten schräg abfallendes Ziegeldach, welches unmöglich die ursprüngliche Bedeckung gewesen sein kann, weil sie das obere Stockwerk abschneidet, dessen Fronte nur eine Maske gewesen wäre.

Das Gebäude hat eine merkwürdige Beziehung zu *Friedrich Barbarossa's* Haus in der Burg zu *Gelnhausen,* und zu der Kaiserburg zu *Goslar*. Diese drei Gebäude restauriren und erklären sich gleichsam gegenseitig; und namentlich erklärt die letztere, die am besten erhalten ist, die beiden andern. In allen drei Façaden sind ähnliche Motive; namentlich ist im Hauptstockwerke in der Mitte eine grofse Bogen-Öffnung und zu beiden Seiten sind Reihen von Säulenbogen. Hinter denselben war zu *Goslar* der noch erhaltene grofse Rittersaal, und ich glaube, dafs auch in *Ravenna* in dem beschriebenen obern Hauptstockwerke nur ein durchgehender Saal war. Der Balcon mit der Nische war ohne Zweifel für die königliche Familie bestimmt, um von demselben Festzüge und andere Feierlichkeiten anzuschauen, sich dem Volke zu zeigen u. s. w. Ich bin der Meinung, dafs, wohl ausgebildet und besonders in und an der grofsen Nische reich verziert, diese architektonische Zusammenstellung ein schönes Motiv für einen modernen Königspalast geben würde. Die beiden neben dem Eingangsthore befindlichen Hallen, die mittels doppelter Bogen unmittelbar nach aufsen offen waren, mögen zum Aufenthalts-Orte für Krieger und Diener des Königs gedient haben; also zu einer Art von Wachtstuben. Wo die eigentlichen Wohnzimmer der königlichen Familie waren: ob in einem dritten, nicht mehr vorhandenen Stockwerke, oder hinten hinaus, etwa nach einem Garten zu gelegen, oder in besondern Flügelgebäuden: darüber läfst sich nichts sagen, weil die Reste des Palastes keine Andeutung davon liefern.

Übrigens ist das ganze Gebäude, mit Ausnahme der Säulen und Gesimse, aus Backsteinen erbaut. Die Säulen haben Knäufe, welche etwas an die corinthischen erinnern, aber viel einfacher sind. Im obern Stockwerk sind vier Säulen der beiden mit Säulenbogen ausgefüllten Abtheilungen, ziemlich von gleicher Stärke, die, zwischen zwei in der Mitte stehenden, fünfte und sechste Säulen sind, aber sie sind dünner als die übrigen, und eine derselben ist ohne Knauf; die Knäufe der übrigen sind verschieden, wenn auch in der Haupt-Anordnung ähnlich. Die Säulen scheinen andern Gebäuden angehört zu haben und hier zum zweitenmal benutzt worden zu sein. Eigentlich deuten ihre Verzierungen auf eine mehrere Jahrhunderte spätere Zeit, da sie den dem zehnten Jahrhundert angehörigen Säulenverzierungen der S. *Marcus*-kirche zu *Venedig* ähnlich sind; wodurch die Meinung, dafs dieser Palast nicht dem gothischen Könige *Theodorich d. Gr.*, sondern dem deutschen Kaiser *Otto d. Gr.*, der im Jahre 912 geboren wurde, angehört habe, einige Wahrscheinlichkeit gewinnen würde; indessen läfst sich aus solchen Verzierungen allein nicht bestimmt urtheilen; sie sind auch den ravennatischen Säulen, die eben so alt sind als die Zeit *Theodorichs*, ähnlich.

Das Grabmal des Königs *Theodorich* zu *Ravenna.*

Aufser dem Palaste *Theodorichs* wird zu *Ravenna* auch sein *Grabmal* gezeigt: ein sehr bekanntes, oft ausgemessenes und abgebildetes Gebäude. Am deutlichsten und vollständigsten möchte noch die Abbildung in *d'Agincourt* „Histoire de l'art Pl. XVIII." sein. Es möge hier die Beschreibung folgen, wie ich sie an Ort und Stelle aufgeschrieben habe.

Man nennt in *Ravenna Rotunde des Theodorich* ein schönes, nahe bei der Stadt liegendes Grabmal, welches in der Gestalt eines kleinen runden Tempels erbaut und mit einer flachen Kuppel aus *einem einzigen Steine* bedeckt ist. Die Meinungen über das Alter und die Entstehung desselben sind sehr verschieden. Viele meinen, es sei ein älteres römisches Monument; und es ist auch wahr, dafs der Styl desselben mit dem der Kirchen aus der Zeit *Theodorichs* nicht ganz übereinstimmt; aber es ist zu erwägen, dafs dies *Kirchen* waren, und dies ein *Grabmal* ist: dafs überhaupt zu *Theodorichs* Zeiten immer noch Römer bauten, und dafs das massive, etwas schwerfällige Ansehen und die Einfachheit der Massen hier gut angebracht waren; womit in Verbindung steht, dafs Alles aus Quadern errichtet ist, während die Kirchen in *Ravenna* und in den umliegenden Gegenden aus Backsteinen sind. Man hat kürzlich in der Nähe dieses Gebäudes, in der Erde, einen Pilaster gefunden, der eine völlig in dem Style der Zeit gearbeitete Arabeske und an einer Seite ein sechsarmiges, so wie an zwei Seiten je ein vierarmiges Kreuz zeigte. Wären die Säulen noch vorhanden, welche ehemals die obere Halle umgaben, so liefse sich sicherer urtheilen. Das Gebäude besteht aus zwei Rotunden oder Hallen über einander; die untere steht aber jetzt gänzlich im Wasser und ist unzugänglich. Der obere Raum ist ganz einfach und hat innen rauhe, unverzierte Wände und ein Gesims, das dem äufsern gleicht. Er wird durch kleine Löcher oder Fenster von mancherlei Gestalt, welche durch das Mauerwerk gebrochen sind, sparsam erleuchtet. Eins derselben, welches jetzt durch ein Altarblatt verdeckt ist, hat die Gestalt eines Kreuzes mit vier Armen. Es ist mir übrigens wahrscheinlich, dafs ein Sarkophag des Königs in einem engen Gewölbe dem Eingange gegenüber stand; wenigstens kann das Gewölbe sonst zu nichts gedient haben, da man auch noch an dieser Stelle, (wo jetzt ein Altar steht) einen Bogen sieht, der das Gewölbe öffnete und der jetzt vermauert ist. Der innere obere Raum ist ungefähr 32 Cassler Fufs [etwa $29\frac{2}{3}$ F. Pr.] weit.

Ich bin jetzt der Meinung, dafs dieses Gebäude nichts anderes war, als eine kleine christliche *Kirche* mit einem Grabgewölbe. Will man es eine Taufcapelle, ein *Battisterium* nennen, so habe ich auch nichts dagegen; denn die ersten christlichen Kirchen waren nichts anderes als Tauf-, Copulations- und Begräbnifscapellen. Betreffs der Zeit der Erbauung frage ich, ob denn *Theodorich d. Gr.* nicht eine solche Capelle und ein Mausoleum in *Ravenna* unumgänglich nöthig hatte? Dieses Bedürfnifs möchte schon einige günstige Vermuthung für die Zeit *Theodorichs* geben; allein ich kann nicht umhin, die Architektur dieses Gebäudes für ziemlich viel älter, als die des oben erwähnten Palastes des *Theodorich* zu halten, so dafs entweder dieser oder jenes in eine andere Zeit gehören möchte; und so bin ich denn nicht abgeneigt, die Rotunde wirklich der Zeit des gothischen Königs, den Palast aber *Otto d. Gr.* zuzuschreiben. Wer mag wissen, ob nicht eben die Säulen des Palastes von der Rotunde genommen sind. Der deutsche Kaiser und sein Architekt hatten vor dem Monument eines gothischen Königs schwerlich grofsen Respect.

Übrigens giebt das vorhandene Gebäude eine gar interessante Restaurations-Aufgabe für einen geschickten Architekten, oder für eine Bau-Akademie ab, welche die Baukunst nicht blofs in den fünf Säulen-Ordnungen der Alten sucht; und *d'Agincourts* Abbildungen sind dazu genügendes Material. Man stelle sich das aus schönen Quadern errichtete Gebäude (wenn mich mein Gedächtnifs nicht täuscht, ist Alles aus weifsem Marmor, oder doch aus einem sehr feinkörnigen weifsen Steine) mit Gliederungen und Ornamenten vor, die nicht ohne Geschmack erfunden sind, letztere sehr eigenthümlich (sie haben etwas Altgriechisches und es wäre möglich, dafs sie wirklich von eigentlichen gothischen Verzierungen, gothischen Waffen, Costümen oder Dergleichen entlehnt waren); ferner wahrscheinlich mit sehr kräftigen Farben, Scharlach, Ultramarin und Gold polychromisirt; dann vor jeder der zehn Seiten einen doppelten Bogen, von Säulen getragen, die wahrscheinlich aus polirtem kostbaren Stoff bestanden; unter den dadurch gebildeten Räumen, die zu eng für einen Umgang waren, vielleicht Statuen von Heiligen; dazu eine regelmäfsige Umpflanzung von Pinien und Cypressen: so wird dies gewifs eine prächtige und ungewöhnliche Erscheinung gemacht haben.

Restaurirt man nun so das Gebäude in Gedanken, so wird man die schon aufserdem vorhandene Ähnlichkeit mit der christlichen Capelle im Palaste des *Diocletian* nicht verkennen, und somit die Meinung, dafs die ravennatische Capelle eine gleiche Bestimmung hatte, gerechtfertigt finden. Die untere Capelle mag recht wohl Grabgewölbe gewesen sein; eben wie in *Salona.* Die Nische oder Vertiefung, dem Eingange gegenüber, war dann der absichtlich für den Altar erbaute Raum: gleichsam der Anfang, der erste Keim der Idee des Kirchenchores.

Eine sehr grofse constructive Merkwürdigkeit dieses Gebäudes ist, dafs seine Kuppel *aus einem einzigen Steine besteht.* Der bekannte französische Architekt *Soufflot,* der sie untersucht hat, berechnet das Gewicht des rauhen Steinblocks, aus welchem sie gebauen ist, auf 2 280 000 Pfund, und das der bearbeiteten Kuppel, die auf vierzig Fufs hoch über den Boden hinaufgehoben ist, auf 940 000 Pfund. Wenn nun auch diese Angaben nicht ganz richtig sein dürften (denn ich bringe nach den Zeichnungen *d'Agincourts* für das letztere Gewicht nur ungefähr halb so viel heraus), so ist doch auch schon diese Hälfte ungeheuer; indessen war es doch am Ende nicht so bedeutend, einen einzelnen grofsen Stein von diesem Gewichte zu heben, was auf einer gemauerten Pritsche mittels Erdwinden mit Flaschenzügen geschehen konnte, als dafs man beim Bau des Colosseums zu Rom mit 6 Fufs langen, 3 Fufs hohen und 3 Fufs dicken Quadern, die freilich kaum den funfzigsten Theil so schwer waren, deren aber dort unzählige sind, wahrhaft spielte.

Gehört das Gebäude zu ***Ravenna*** in die Zeiten ***Theodorichs***, so ist es am Ende des fünften oder im Anfange des sechsten Jahrhunderts erbaut.

Das *Battisterium* des *Constantin* zu *Rom.*

In das fünfte Jahrhundert rechnet man auch das sogenannte ***Battisterium*** des ***Constantin*** bei ***San Giovanni*** im ***Lateran*** zu ***Rom,*** welches nach ***d'Agincourts*** Meinung noch die ursprüngliche Gestalt haben soll, die ihm ***Constantin*** gab, der darin (nach *Vasi* „Itinerario di Roma" S. 128) vom Papst ***Sanct Sylvester*** getauft worden sein soll. Nach Andern (***Kuglers*** Kunstgeschichte S. 345) wäre seine untere Hälfte aus dem fünften, die obere aus dem zwölften Jahrhundert. Ich halte es, wenigstens in seiner Hauptgestalt, wirklich für sehr alt. Es ist ein achteckiges Gebäude, dessen Decke von je acht Säulen, in zwei Stockwerken über einander, unterstützt wird, so dafs auf dem dadurch gebildeten innern Achteck eine über das Dach vorstehende sogenannte Laterne mit acht Fenstern ruhet. Der innere Raum zwischen den Aufsenmauern ist, von Fläche zu Fläche gemessen, 58 fr. Fufs, das innere Achteck, eben so gemessen, 29 fr. Fufs weit. Es findet sich auch zwischen diesem Gebäude und dem christlichen Gotteshause zu ***Salona*** eine gewisse Ähnlichkeit.

S. Giovanni in fonte zu *Ravenna.*

Noch mehr aber findet sich eine solche zwischen dieser letztern Kirche und derjenigen, welche *d'Agincourt,* Taf. LXIII. 18 und 19, als zu ***Ravenna*** unter dem Namen ***San Giovanni in fonte*** befindlich, abgebildet hat und deren Erbauung er dem König ***Theodorich*** zuschreibt. ***D'Agincourt*** bildet auf der erwähnten Tafel mehrere Taufcapellen ab, von den frühesten Zeiten an, bis zu denen der sogenannten Wiedergeburt der Künste, unter welchen auch das merkwürdige, in gemischter Bauart aufgeführte runde ***Battisterium*** zu ***Pisa*** und das im Renaissancestyl erbaute grofse ***Battisterium*** zu ***Florenz*** sind. Man sieht deren acht auf dieser Tafel: sieben achteckige und das genannte runde, alle im innern Systeme einander ähnlich. Aufserdem giebt es noch manche andere ähnliche Kirchen in Italien. Ich möchte besonders noch die Kirche der heiligen ***Constantia*** bei ***Rom,*** die man gewöhnlich für einen Tempel des ***Bacchus*** ausgiebt, und ein sehr ähnliches Gebäude zu ***Nocera*** bezeichnen. Beide halte ich für ursprünglich christliche Kirchen oder Capellen, nicht für altrömische Tempel; welche Meinung auch durch die Einzelheiten der Bauart, z. B. dadurch bestärkt wird, dafs man eine Zusammensetzung aus ältern Gebäuden und deren Fragmenten sieht.

S. Vitalis in *Ravenna.*

Kein Gebäude dieser Art ist aber bedeutender, als ***S. Vitalis*** zu ***Ravenna***, welches in Absicht auf Construction, geistreiche Erfindung der Anordnung, Pracht der Stoffe und Schönheit der Formen und Verhältnisse so hoch steht, als irgend ein Gebäude irgend einer Zeit.

Ich kann nicht umhin, ehe ich dessen Beschreibung folgen lasse, hier das Bekenntnifs abzulegen, dafs ich griechische und römische Formen und Verhältnisse nicht ***für allein schön*** halte und, bei aller Hochachtung für die grofse architektonische Intelligenz ***Vitruv's***, nicht zugeben kann, dafs sein System der Baukunst, in seinen unwesentlichen Theilen, z. B. in der Schematisirung der Säulen-Ordnungen, durch alle Jahrhunderte dauern mufste. Die Geschichte der Künste sträubt sich gegen eine solche Schematisirung; und gerade, wenn dieselbe am meisten durchgeführt zu sein scheint, ist eine gänzliche Revolution in der Kunst am nächsten. Ich bestreite daher auch jene Phrasen vom Verfall der Künste, vom verdorbenen Geschmack u. s. w., die man über ganze Jahrhunderte, ja selbst Jahrtausende ausspricht. ***Jede*** Zeit hat ihr Verdienst; jede Zeit hat sowohl geringe und mittelmäfsige, als ausgezeichnete und vortreffliche Werke geliefert. Jedoch möchte ich nicht, dafs man daraus ableite, es sei thunlich und gut, in gegenwärtiger Zeit die Bau-Arten ***aller*** Zeiten nachzuahmen und so etwa eine Mustercarte der Architektur aufzustellen: vielmehr glaube ich, dafs Alles, was man jetzt baut, sich an die am Ort befindliche Architektur ***anschliefsen*** müsse; was dann Verbesserungen, Modificationen, neue Erfindungen, und überhaupt Fortschritte nicht ausschliefst. Möge man in den Bau-Arten aller Zeiten deren innern Geist studiren und das Vortreffliche davon nachahmen; nicht etwa durch unmittelbare Wiederholung der Formen, Verhältnisse und Verzierungen, sondern indem man sie in der Architektur der Zeit in eben dem Sinne und Geiste hervorruft, in welchem sie in einer andern Zeit ursprünglich erfunden waren. Alles in harmonischen Einklang zu bringen, sei das erste Gesetz.

Die Kirche von ***S. Vitalis*** zu ***Ravenna*** ist ein vorzüglich interessantes und schönes Gebäude. ***d'Agincourt***, welcher Taf. 1 bis 9 Abbildungen davon giebt, setzt ihre Erbauung in den Anfang des *sechsten* Jahrhunderts, also noch in die Zeit der Regierung ***Theodorichs d. Gr.***, ***Kugler*** sagt bestimmt, S. 347, die Kirche sei im Jahre 547 vollendet, also unter den griechischen Exarchen (die Quelle dieser Alters-Angabe ist nicht angegeben). ***D'Agincourt*** sagt auch noch, die Zeichnung zu dem Gebäude sei von ***Byzanz*** gekommen.

Die Hauptform dieser Kirche ist ein Achteck, welches auswendig, von Seite zu Seite, 112½ fr. Fufs mifst. Acht starke Pfeiler bilden ein inneres Achteck von 54 fr. Fufs Weite im Lichten. Von einem Pfeiler zum andern sind Kreisbogen gewölbt, welche sich, mit den Pfeilern, 59 fr. Fufs hoch erheben, wo dann das Achteck, mittels kleiner Bogen in den innern Kanten, in einen Kreis übergeht und eine schöne Kuppel trägt, welche durch acht zierliche Bogenfenster, jedes mit einem doppelten Bogen, mit einer Säule in der Mitte, unterbrochen ist, so dafs durch dieselben der innere Raum der Kirche erleuchtet wird. Zwischen den acht überwölbten Pfeilern öffnen sich sieben Emporbühnen-Abtheilungen und das Chor. Die Emporbühnen-Abtheilnngen sind aber auf eine durchaus ungewöhnliche und in der Ausführung schwierige, aber in ungemein schöner Art, in halbrunde Nischen zurückgezogen. Jede dieser Nischen wird durch drei Rundbogen gebildet, die von zwei Säulen getragen werden. Das untere Stockwerk entspricht dieser Anordnung auf gleiche Weise; so dafs der Plan des mittleren Raums eine achtblättrige Blume vorstellt, deren eines Blatt zur Bildung des Chors der Kirche bedeutend verlängert ist. Dieser Plan ist mit den schönsten polirten Marmor- und Porphyr-Arten in sehr mannichfachen, geschmackvollen Mustern eingelegt. Auch fehlt es nicht an den prächtigsten, polirten Marmor-Incrustirnngen und dergleichen Säulen. Zum Beispiel, die vier Säulen im untern Raume zu beiden Seiten des Chores sind aus massivem verde antico, jenem wunderschönen dunkelgrünen flufsspathartig geflammten Marmor, der so sehr selten ist. Drei Säulen sind aus eigentlichem verde antico, die vierte aus breccia di verde antico, welche eine noch gröfsere Seltenheit ist. Ich habe nirgends in Italien, selbst nicht in ***Florenz***, in der Capelle der Medicäer, schönere Marmor-Arten gesehen. Dazu kommt, dafs sie trefflich polirt sind. Gleich bei dem gewöhnlichen Eingange ist ein Fries von wunderschönem und höchst seltenem rothen africanischen Marmor, welcher jaspis- und achatartig geflammt ist.

Das Chor verlängert sich, in der Höhe der oben beschriebenen Pfeilerbogen, von dem mittleren achteckigen Raume bis über das äufsere Achteck der Umfassungswände und schliefst mit einem Halbrund oder einer sogenannten ***absida***, die mit einer Halbkuppel bedeckt ist. Ehemals waren vielleicht alle innern Wandflächen mit Mosaiken verziert; jetzt sind es nur noch die Mauern und Wölbungen des Chors. Daselbst ist in der Halbkuppel Christus zwischen zwei Engeln abgebildet: auf der einen Seite *S. Vitalis*, der die Märtyrer-Krone empfängt, auf der andern ein Bischof, der die Abbildung der Kirche trägt; sonst sind im Chore noch viele andere Vorstellungen und Arabesken.

Die Knäufe der Säulen des zweiten Stockwerks sind römisch, aber recht schön variirt und gut gearbeitet. Die Knäufe der Säulen im Chore sind in beiden Stockwerken verschieden. Im untern Stockwerke stehen an dem obern Theile des Knaufs zwei Lämmer und ein Kreuz zwischen ihnen; an der hintern Seite zwei Pfauen, die aus einer Urne zu trinken scheinen.

Höchst bedeutend sind auch die *Constructionen* dieses Gebäudes, welches noch wohl erhalten und in täglichem Gebrauch ist. Die Masse des Mauerwerks ist aus Backsteinen. Säulen, Gesimse, Gliederungen sind von Marmor und Quadern; die Kuppel ist die berühmte Construction *aus Krügen und Röhren von gebranntem Thone.* Überhaupt zeichnet sich die Architektur dieser Kirche durch eine Leichtigkeit in der Construction der schwierigsten Wölbungen aus, von welcher sich im Alterthum kein gleiches Beispiel findet, wenn gleich in den Ruinen der prächtigen Kaiserbäder zu *Rom* Andeutungen genug vorhanden sind, dafs man schon damals in der Kunst zu wölben sehr weit gekommen war. Die Construction der Kuppel ist in mehreren Lehrbüchern der Baukunst (in *Rondelets* „L'art de batir" u. a.) beschrieben. Ich will also hier nur kurz sagen, dafs zunächst der untere Theil der Kuppel, welche, mit einem Zusatz von ungefähr 3 fr. Fufs in der Höhe, halbkreisförmig ist, auf 12 fr. Fufs in der Rundung gemessen, aus sechs Reihen aufrecht stehender irdener Krüge besteht. Dies ist die Höhe der innern Fensterbogen, welche die Kuppel erleuchten. Über dieser Fensterhöhe fangen funfzehn fast horizontale Reihen auswendig schraubenförmiger Röhren an, die am einen Ende offen, am andern trichterförmig zugespitzt und mit den Spitzen in einander gesteckt sind. Diese Reihen sind nicht abgetheilt, sondern bilden gleichsam eine Schneckenlinie, von den Krügen an bis zum Scheitel der Kuppel, die aber nur sehr allmälig ansteigt. Auf etwa acht Fufs Höhe sind die Röhren von hinten verdoppelt; im obern Theil der Kuppel sind sie einfach.

Es ist klar, dafs die Festigkeit dieser Construction auf der Cohäsion des Mörtels beruht, mit welchem man die Krüge und Röhren von beiden Seiten ausgefüllt hat. Die Röhren sind nicht viel über 1 fr. Fufs dick, und etwa noch einmal so lang; die Krüge sind etwa $2\frac{1}{2}$ fr. Fufs hoch und $1\frac{1}{2}$ fr. Fufs dick.

Aus dem Alterthum haben sich wenige ***Kuppeln erhalten***, z. B. die vom ***Pantheon*** zu ***Rom***, oder von der schönen kleinen Rotunde, die ehemals zu den Bädern des ***Diocletian*** zu ***Rom*** gehörte und jetzt die Kirche von ***San Bernardino*** ist; allein diese Kuppeln sind sehr massiv, so dafs man sieht, sie waren für eine beständige Dauer gebaut: um so mehr ist es zu verwundern, dafs die Kuppel von ***S. Vitalis***, die nur gleichsam zusammengeklebt ist und nur auf acht Pfeilern ruht, sich nun schon dreizehn Jahrhunderte erhalten hat. Es ist dies um so wunderbarer, wenn man bedenkt, dafs die Dachbedeckung der Kuppel in dieser langen Zeit, in welcher so viele Kriege und Unruhen vorkamen, schwerlich stets in gehörigem Stande erhalten wurde, dafs die Einwirkung der Sonnenstralen im hohen Sommer in diesem südlichen Clima sehr zerstörend ist, und dafs es in Italien nicht an ***Erdbeben*** fehlt. Rücksichtlich der letztern scheint sich an diesem Beispiel die Erfahrung zu bestätigen, dafs runde Gebäude weniger durch Erdbeben leiden, als rechteckige.

In dieser Kirche möchte ich die höchste Entwickelung der ältesten Form der christlichen Kirchen oder Capellen sehen, deren Ursprung ich, wie oben erwähnt, in den Katakomben zu finden glaube, wo die ersten römischen Christen ihren verbotenen und verfolgten Gottesdienst hielten. Zwei oder mehrere sich durchkreuzende Katakombengänge brachten nothwendig eine ähnliche vieleckige oder runde Form hervor, indem man die Kanten der so entstandenen Ecken abstumpfte und die Wölbung der Decke erhöhte, um sie steiler und dadurch tragbarer zu machen; wie dies der Augenschein an den vorhandenen Räumen solcher Art in den Katakomben lehrt. Dieselben boten sich von selbst zu den gottesdienstlichen Verrichtungen, namentlich zur Taufe und zu den Begräbnifsfeierlichkeiten dar. Sie waren nicht grofs; denn ein verbotener Gottesdienst gestattete keine grofsen Versammlungen. So waren denn auch ihre Nachahmungen über der Erde ursprünglich klein, indem die Feierlichkeiten, wie die erwähnten gewohnten, die Anwesenheit vieler Personen nicht erforderten.

Aber die spätere Freiheit des Gottesdienstes, die Öffentlichkeit desselben, vergröfserte natürlich die Versammlungen; man brachte nun Umgänge um den vieleckigen oder runden Raum an; man erhöhte diesen mittleren Raum zu Emporbühnen über den Umgängen und gab endlich der einen Seite des Vielecks eine gewisse Ausdehnung, um darin den Haupt-Altar aufstellen zu können. Dieses alles sieht man in der Kirche von *S. Vitalis* ausgeführt.

Wenn man aber deshalb sagen wollte, die Architektur dieser Kirche sei eine rein christliche, eine lediglich aus der christlichen Religion *hervorgegangene* Bauart, so möchte dies wohl eine irrige Meinung erzeugen und überhaupt ein Mifsbrauch des Sprach-Ausdrucks sein. Jede specielle Bestimmung eines Gebäudes hat natürlich auf seinen Grundrifs und seine innere Einrichtung wesentlichen Einflufs: bei einem Palast, einem Theater, einer Kirche, sind Grundrifs und innere Einrichtung natürlich höchst verschieden: aber deshalb läfst sich noch nicht von einer Palast-, einer Theater-, einer Kirchen-Bauart reden; alle drei können vielmehr nach derselben Bauart ausgeführt sein; wie es alle Tage vorkommt. Zu einer *eigenthümlichen* Bauart gehören auch *eigenthümliche* Formen, Verhältnisse und Verzierungen; in allen Diesem ist aber bei *S. Vitalis* nichts *Christliches*, da man unmöglich ein spärlich vorkommendes Kreuzchen, oder die Abbildung eines Lammes, als generisches Kennzeichen der Verzierungskunst dieser Bauart wird betrachten wollen. Die Bauart von *S. Vitalis* ist vielmehr, so wie die ganze byzantinische Bauart, nichts anders als eine fortgesetzte Entwicklung der alt-römischen, bei welcher man den Vitruvischen Schematismus abgeschüttelt hatte und bei welcher besonders die weitere Ausbildung der Kunst des Wölbens auf Formen, Verhältnisse und Verzierungen den entschiedensten Einflufs hatte.

Der nächst verwandte Architekturstyl des römischen Alterthums war der der *Kaiser-Thermen*, von denen die Kirchen mannichfache Einzelnheiten entlehnten; namentlich von den Rotunden und vieleckigen Räumen, die sich darin häufig finden, so dafs man z. B. im Allgemeinen nicht mit Unrecht die Bauart von *S. Vitalis* als einen Anklang an die Bauart des sogenannten Tempels der *Minerva medica* (*Galluzzo*, wie er auch genannt wird), der schwerlich etwas anderes als Theil eines Kaiser-Bades war, betrachtet.

Eben so wenig läfst sich die Bauart von *S. Vitalis* als eine von der der übrigen Gebäude der Zeit wesentlich verschiedene, als eine eigenthümlich neugriechische oder byzantinische, in engerem Sinne des Worts ansehen: sie ist vielmehr durchaus mit der Bauart der architektonischen Monumente der Zeit, und zwar nicht blofs derer zu *Ravenna*, sondern auch der ganzen benachbarten Gegend, z. B. mit der Bauart von *S. Marcus* in *Venedig*, eng verwandt, ja identisch.

Es war natürlich, dafs die Mittel, welche bei *S. Vitalis* zur Vergröfserung der Räumlichkeit der Kirche angewendet wurden, anfänglich zureichend schienen: aber man erwäge, mit welcher Macht, mit welchem Glanze damals der christliche Glauben, zu welchem Kaiser und Könige übergetreten waren, sich ausbreitete. Dies mufste nothwendig das Bestreben nach grofsen, feierlichen Handlungen in den Kirchen erregen, an welchen nunmehr nicht allein zahlreiche Gemeinden, sondern auch ein ganzer Chor von Priestern, mit ihren eigenthümlichen Functionen, Theil nehmen sollten. Hiezu pafste die centrale Form der ältern Kirchen nicht mehr; auch nicht die Stellung des Haupt-Altars und der Priester in einem engen Chore, wo sie nur von einem Theile der Anwesenden gesehen werden konnten.

Um nun hier zum Zweck zu kommen, hatte man aber nicht die Entschlossenheit, eine neue Anordnung zu erfinden, sondern man sahe sich in den vorhandenen Gebäuden des Alterthums nach einer passenderen um. Die engen Tempel der alten Götter konnten sie nicht gewähren, wohl aber fand sie sich in den alten römischen ***Basiliken*** und späterhin in den prächtigen Riesensälen der ***Kaiser-Thermen.***

Es mochte auch von den Christen eine Art von Triumph in der Benutzung eben der Basiliken gefunden werden, in welchen sie früherhin vom Prätor gerichtet, gemartert und verurtheilt worden waren. Die Form der Basiliken gewährte zunächst die Möglichkeit einer hinreichenden Ausdehnung für alle Erfordernisse. Sie war aber durch dieselben nicht hervorgerufen, vielmehr wurde die Form ihnen angepafst. Als man die Basiliken bald nicht mehr genügend fand, gerieht man auf die Nachahmung der grofsen Prachtsäle der ***Kaiserbäder,*** und als auch diese nicht mehr für hinreichend gehalten wurden, auf eine Combination derselben mit der älteren ***Domform*** (denn wie in ***S. Vitalis*** und andern vieleckigen Kirchen waren aus den Katakombencapellen ***Dome*** geworden). Man liefs gleichsam zwei Basiliken sich rechtwinklig kreuzen und setzte nun über den Mittelpunct des Kreuzes einen Dom. Diese Erfindung, die sich in der Zeit der sogenannten Wiedergeburt der Künste in der ***Peterskirche*** zu ***Rom,*** so wie in allen ihr verwandten Kirchen entschieden offenbart, dämmert schon, wie ich weiter unten zeigen werde, in viel älteren byzantinischen Kirchen hervor.

Anfangs ist man vielleicht auch dadurch auf die Basilikenform geleitet worden, dafs vorhandene Basiliken, deren es in Rom, so wie in den kleineren Städten, sehr viele gab, von den christlichen Kaisern dem christlichen Cultus übergeben wurden. Aber bald baute man auch von Grund auf christliche Kirchen in Basilikenform.

S. Appolinaris bei *Ravenna,* classe di fuori genannt.

Eins der ältesten Beispiele davon, vielleicht das älteste von allen, ist eine Kirche der *Camaldulenser* bei *Ravenna,* die ich überall als die Kirche von *S. Apollinaris* aufgeführt finde, die aber zu *Ravenna* gewöhnlich *classe di fuori* genannt wird: ein Namen, der an die ehemalige Nähe eines Seehafens, in welchem eine Flotte lag, erinnert. Bekanntlich hat sich das adriatische Meer an dieser Küste bedeutend zurückgezogen; oder aber das Ufer hat sich gehoben. *D'Agincourt* nennt die Kirche *S. Appollinaire in classe* und giebt Taf. LXXIII, 35 nur einen sehr kleinen Grundrifs von derselben. Ich richte mich bei der nachfolgenden Beschreibung nach meiner Erinnerung und einer von mir in der Kirche selbst verfertigten Handzeichnung und Beschreibung.

Diejenigen, welche die byzantinische Bauart so sehr verachten, dafs sie nur als einen verdorbenen Geschmack sie gelten lassen wollen, mögen doch nur diese Kirche kennen lernen und die Anmuth und Zweckmäfsigkeit ihrer Verhältnisse, die Harmonie ihrer Formen, die bewundernswerthe Symmetrie ihrer innern Anordnung und die geschmackvolle Einfachheit ihrer Verzierungen sehen.

Das Äufsere der Kirche ist sehr einfach. Es hat an der Eingangsseite die bekannte Basilikenform; nemlich über der Giebelmauer des Baues ein mittleres flaches Satteldach und niedrigere Pultdächer an jeder Seite, hier mit ganz einfachen, halberhabenen Schwibbogen verziert. Man bekommt durch dieses Äufsere keine sehr grofse Meinung von dem Innern; um so weniger, da das Äufsere zum Theil verbaut ist. Man tritt aber nun in eine Vorhalle und erblickt von da aus die schöne innere Kirche. Ihre Hauptform ist ein viereckiges Schiff, mit zwei Seitenschiffen, welche durch die beiden, das Hauptschiff von den langen Seiten her begrenzenden Colonnaden von demselben getrennt werden. Jede dieser Colonnaden besteht aus 12 Säulen und zwei Mauervorsprüngen (Anten), die zusammen 13 Bogenwölbungen tragen, auf welchen das Mauerwerk des obern Stockwerks ruhet. Diese Säulen, deren Schäfte etwas über 16 Cassler Fufs hoch und unten 27 bis 28 Zoll dick sind, bestehen aus sehr schönem, grau- und weifsgeflammtem, polirtem Marmor. Sie haben attische Basen und darunter kleine Piedestale, die etwas in den Fufsboden zu stecken scheinen.

Der Hintergrund des mittleren Schiffs der Kirche ist, wie gewöhnlich bei den Basiliken, ein Halbrund, mit einer Halbkuppel, welche durch 5 Bogenfenster, die unter dem Anfange der Wölbung in deren Widerlagsmauer sich befinden, erhellet wird. Eben so werden die unteren Theile der Kirche, und zunächst die Seitenschiffe, an jeder Seite durch drei regelmäfsig und symmetrisch geordnete Bogenfenster erleuchtet, welchen an jeder Seite über den Colonnaden drei gröfsere Bogenfenster, mit doppelten Bogen und Säulen in der Mitte, entsprechen. Diese obern und untern Fenster treffen regelmäfsig auf Säulenzwischenräume. Die Kirche hat eine angenehme, nicht übermäfsige Helligkeit. Die Fenster sind übrigens ganz schlicht und ohne alle Verzierung. Ehemals sollen alle Wände, unten mit Marmor, oben mit Mosaiken verziert gewesen sein; jetzt ist es nur noch das Halbrund und die Halbkuppel. An dieser ist in einem Kreise auf azurnem Grunde zwischen goldenen Sternen ein prächtiges Kreuz abgebildet; über dem Kreise schweben Wolken, aus welchen eine Hand reicht; zu beiden Seiten sieht man *Moses* und *Elias*. Unter dem Kreise steht *S. Appollinaris* auf einer Wiese mit Schafen, Blumen und Bäumen. Unten an der Widerlagsmauer, zwischen den fünf Fenstern des Chors, sind Heilige abgebildet.

Unter der Halbkuppel steht auf dem jetzt durch Stufen erhöheten Boden ein neuerer Haupt-Altar. Aufserdem findet sich in der Mitte des Hauptschiffs, aber dem Eingange etwas näher, ein alter Altar, unter welchem im Jahre 599 zuerst der Leichnam des heiligen *Appollinaris,* der im Jahre 74 begraben war (ad muros Classis conditum), beigesetzt wurde. Aufserdem sind noch zwei alte, mit Säulen verzierte Altäre am Ende der Seitenschiffe, die aber jetzt nicht mehr in der Mitte der Endwand liegen, sondern etwas zur Seite gerückt sind, um den Thüren zweier Capellen, die man hier später angebaut hat, Platz zu machen. An der Wand des Eingangs der Kirche steht, rechts und links von derselben, je ein Sarkophag aus weifsem Marmor, und an den langen Wänden der Seitenschiffe befinden sich an jeder Seite vier dergleichen in regelmäfsigen Zwischenräumen aufgestellt. Die Knäufe der Säulen nähern sich in ihrer Verzierung denjenigen der altrömischen Säulen-Ordnungen; sie haben jonische Voluten. Da man aber die Last der Bogen, die sie tragen, nicht unmittelbar auf ihre Verzierungen setzen wollte, so hat man eine Art von Architrav, dessen Fronte mit der Stirn der Bogen, die Tiefe mit deren Tiefe correspondirt, erfunden, dessen Zwecke seine Schwerfälligkeit zwar entspricht, der aber etwas zierlicher und geschmackvoller geformt sein könnte. Dieser Architrav findet sich auch an andern Gebäuden von dieser Bauart; sowohl in ***Ravenna*** (z. B. am Palaste des ***Theodorich*** und in der Kirche von *S. Vitalis*), als auch an andern byzantinischen Gebäuden, und er ist für dieselben characteristisch.

Noch ist zu bemerken, dafs an der Stirnmauer der Halbkuppel, deren Verzierung vor allen andern in der Kirche bemerklich sein mufste, ebenfalls Mosaiken sind. Oben über dem Scheitel des Bogens ist ein Brustbild Jesu Christi in einer Glorie, von vier Erzengeln umschwebt; zu ihm steigen, an den Bogen hinauf, an jeder Seite zwölf Schafe; unter den Schafen sind Palmenbäume und unter den Palmenbäumen ist an jeder Seite ein Erzengel (*Gabriel* und *Michael*, wenn ich nicht irre,) in ganzer Figur abgebildet. Unter diesen endlich sind die Brustbilder von zwei Evangelisten.

Über die Construction ist noch zu bemerken, dafs das Dachwerk so gezimmert ist, wie die bekannten Basilikendächer. Es hat einen liegenden Dachstuhl mit der gewöhnlichen Sparrenverdoppelung; an beiden Seiten zwei Hängesäulen, an denen die Haupt-Balken durch Eisen und ihnen untergelegte Keile befestigt sind, und einen Spannriegel zwischen denselben und an dem Auflager des Dachs auf den Mauern, auf vorstehenden Kragsteinen zur Verstärkung der Mauern. Die Dachgebinde mögen etwa 4 Fufs von Mitte zu Mitte von einander entfernt sein.

Für das Alter des Gebäudes wird angegeben, dafs es im Jahre 549, also fast gleichzeitig mit *S. Vitalis* vollendet sein soll. Das Kloster, vor die Façade der Kirche gebaut, ist ohne Zweifel aus neuerer Zeit.

Das Grabmal der Kaiserin *Galla Placidia* zu *Ravenna.*

Es giebt in *Ravenna* noch mehrere Kirchen und andere Gebäude von byzantinischer Bauart. Aber es kann hier nicht meine Absicht sein, alle Bauwerke dieses Styls, die sich in Italien finden, aufzuzählen und zu beschreiben; ich mufs mich darauf beschränken, derjenigen, welche die verschiedenen Epochen wesentlich characterisiren, zu erwähnen. Indessen möchte ich noch der Capelle der beiden Heiligen *Nazarius* und *Celsus* oder, wie sie gewöhnlich genannt wird, des Grabmals der *Galla Placidia* zu *Ravenna* gedenken, welches *d'Agincourt* auf der 15ten Tafel ausführlich dargestellt hat.

Galla Placidia war die Tochter *Theodosius d. Gr.* und die Mutter *Valentinian III.*, für welchen sie regierte. Sie lebte in der ersten Hälfte des *fünften* Jahrhunderts und soll einen wesentlichen Einflufs auf die Erbauung der bedeutenden architektonischen Werke, die damals zu *Ravenna* errichtet wurden, gehabt haben.

Der Grundrifs dieses Grabmals ist ein lateinisches Kreuz, dessen Arme mit Tonnengewölben bedeckt sind. Die Mitte ist mit einer Kuppel über viereckigem Plane, also mit Hängebogen (pendentifs) überwölbt. Der Eingang befindet sich in der vordern Seite der langen Abtheilung des Kreuzes. Man steigt nach dem Eintritte einige Stufen hinab. Vor der Abtheilung, dem Eingange gegenüber, steht ein kleiner Altar, und hinter demselben, in dem Haupte des Kreuzes unter dem Tonnengewölbe, ist der Sarkophag der Kaiserin, welcher von weifsem Marmor, aber ganz rauh und ohne Verzierung ist. In den beiden Armen des Kreuzes stehen zwei, etwas mehr verzierte Sarkophage der nächsten Verwandten der Kaiserin; so wie in der langen Abtheilung, rechts und links von dem Eingange, zwei Sarkophage ihrer Diener. Lämmer und Kreuze sind die Embleme dieser Särge, so wie des Altars. Die untern Wände sind bis an das Gesims mit weifs- und graugeflammtem Marmor incrustirt; oben sind die Wölbungen mit Mosaiken bedeckt. Die Kuppel ist mit goldnen Sternen auf dunkelblauem Grunde verziert; in der Mitte ist ein goldnes Kreuz; unter der Kuppel, in den Bogen-Ausschnitten neben dem kleinen rechteckigen Fenster in der Mitte, sind je zwei weifsgekleidete Priester; das Übrige ist meistens mit Arabesken verziert. Der mittlere, von der Kuppel bedeckte Raum ist ein Stockwerk höher als die Kreuzes-Arme, so dafs Fenster unter der Kuppel möglich waren. Übrigens ist das Gebäude nicht grofs; die gröfste innere Länge des Kreuzes beträgt 33 fr. Fufs, die geringere der beiden Seiten-Arme, mit der Kuppel, 27 fr. F. und die Weite der Abtheilungen des Kreuzes nicht völlig 10 F. Es ist ein schönes *Modell* eines Familienbegräbnisses, welches sich in unserer Zeit nachahmen liefse, ohne etwas Wesentliches daran zu verändern.

Wer, Italien bereisend, die byzantinische Bauart kennen lernen will, sollte jedenfalls *Ravenna* als den Hauptort für dieses Studium betrachten.

Anmerkung.

Ravenna hat eine ansehnliche öffentliche Bibliothek. Wegen der grofsen Wichtigkeit seiner ältern Gebäude für das Studium der Baukunst habe ich mich bemüht, diejenigen Werke daselbst aufzusuchen, welche darüber Aufschlufs geben. Es sind folgende:

Monumenti Ravennati dei secoli di mezzo. Venezia 1803.

Degli antichi edifizi profani di Ravenna; di ***Antonio di Zirardini,*** ravenato giureconsulto, in Faenza CIƆIƆCCLXII presso l'archi, impressa camerale.

Ravenna liberata dei Gothi.

Hieronymi Rubei Historiarum Ravennatum libri decem.

Das älteste Buch ist:

Agnelli Liber pontificalis. Mutinae 1708.

Die meisten, aber sehr fehlerhaften Zeichnungen finden sich in:

Ravenna ricercata da *Coronelli*.

d'Agincourt giebt aufserdem folgende Werke an:

Memorie sagre di Ravenna antica, in 4°. 1664.

Tiraboschi Storia letteraria d'Italia. Modena 1787. tom. III. pag. 77.

Das neueste Werk über die Ravennatischen Gebäude ist:

von Quast, Al. F. Die altchristlichen Bauwerke von Ravenna. Berlin bei Reimer. 1842. Fol.; mit 10 zum Theil colorirten Abbildungen, worunter besonders ausführliche und colorirte Abbildungen von dem Grabmale der Galla Placidia sind.

Indem ich die Beschreibung der hierhergehörigen Ravennatischen Gebäude schliefse, würde mich die Zeitfolge, nach der Wichtigkeit der Gebäude, zunächst zu den christlichen Basiliken in *Rom* führen, indem ich mich hier auf die byzantinischen Gebäude *in Italien* zu beschränken habe. Indessen möchte ich mir erlauben, wegen der häufigen Beziehung der Bauart der *Sophienkirche* zu *Constantinopel* zu byzantinischen Bauwerken in Italien, einige Worte über dieselbe einzuschalten: um so mehr, da die Erbauung dieser Kirche in die Zeit der eben beschriebenen Ravennatischen Gebäude fällt; denn die heut noch vorhandene Sophienkirche wurde vom Kaiser *Justinian* aufgeführt und im Jahre 537 vollendet; die von *Constantin* erbaute Sophienkirche war im Jahre 530 abgebrannt.

Man hält die *Sophienkirche* häufig für ein Vorbild der *S. Marcuskirche* in *Venedig*, und da deren Architektur wieder das Vorbild so vieler andern byzantinischen Gebäude ist, für das eigentliche Muster der ganzen byzantinischen Bauart.

Ich glaube bereits an anderem Orte diese Meinung ausführlich widerlegt zu haben. (Allgemeine Bauzeitung. Wien 1844, S. 141.) Indem ich mich daher specieller hierauf beziehe, bemerke ich nur kurz das Hauptresultat. Es besteht darin, dafs die *S. Marcuskirche* zu *Venedig nicht* eine Nachahmung der *Sophienkirche* zu *Constantinopel* ist, sondern dafs Beide Nachahmungen der schönsten und bedeutendsten Gebäudetheile der prächtigen altrömischen *Kaiserthermen* sind.

Es thut mir leid, dafs ich hierin Denjenigen, welche einen Ausdruck christlicher Religions-Gefühle oder -Maximen in diesen Kirchenformen finden und sie von dergleichen ableiten wollen, widersprechen mufs. Auf *solche* Weise *erfindet* der Architekt nicht, und *kann* nicht so erfinden; denn er würde dadurch zu einer Art idealer Architektur gelangen, die man schwerlich verstehen, jedenfalls hyperboräisch finden und zu deren Ausführung Niemand das Geld hergeben würde. Er mufs sich durchaus mit seinen Productionen an Vorhandenes, anerkannt Vortreffliches anschliefsen. Dafs dabei Muster gewählt werden, deren Zweck mit der Bestimmung der Nachahmung nicht im Einklange steht, ist allerdings in allen Zeiten so häufig, dafs es sich nicht in Abrede stellen läfst. Man möge jedoch Obiges nicht mifsverstehen und überall nur blinde Nachahmung von ganz unpassenden Formen, Verhältnissen und Verzierungen voraussetzen: allerdings finden Aneignungen und bezügliche Modificationen dabei Statt; besonders in den eigentlichen Verzierungen, wie z. B. in den musivischen Gemälden der alten christlichen Kirchen, die immer christliche Gegenstände darstellen. Ich habe auch nichts dagegen, dafs man die *Kreuzesform* der ausgebildeteren christlichen Kirchen, deren Entstehung ich oben aus den Formen des festlichen christlichen Gottesdienstes abgeleitet habe, um so lieber zu der Kirchenform gewählt haben mag, weil sie an das Kreuz Christi erinnerte. Aber alles Dergleichen begründet keine besondere Bauart, keinen Baustyl, den man überhaupt nicht *erfinden* kann; so wenig wie eine neue Sprache.

Soll nun die *Sophienkirche* von *Constantinopel* zu irgend italienischen Gebäuden von byzantinischer Bauart in Beziehung gebracht werden, so müfste es namentlich in ihren Einzelnheiten zu den gleichzeitigen Ravennatischen Kirchen geschehen, besonders zu *S. Vitalis,* welche, wie oben gesagt, im Jahre 547, also ebenfalls während *Justinians* Regierung vollendet wurde. Solche Beziehungen und Verwandtschaften sind auch um so auffallender, da, wo sie sich in minder wesentlichen Anordnungen und Gebäudetheilen finden. So sieht man z. B. in der Sophienkirche dieselbe ungewöhnliche Stellung von Säulen in einem Halbkreise, um dadurch nischenartige Zurückziehungen von dem mittleren Hauptraume der Kirche zu bilden, wie ich sie bei S. Vitalis beschrieben habe. Dergleichen beweiset allerdings einen gewissen innern Zusammenhang der Bauart beider Gebäude, bestätigt ihre Gleichzeitigkeit und könnte auch die Angabe *d'Agincourts,* dafs die Zeichnung zu der erwähnten Ravennatischen Kirche aus *Byzanz* gekommen sei, wahrscheinlich machen. Aber schon in vielen andern wesentlichen Dingen weicht S. Vitalis von der Sophienkirche sehr ab, und es ist keineswegs in derselben eine byzantinische Bauart, im engeren Sinne des Worts, die sich von der gleichzeitigen übrigen italienischen Bauart unterschiede, characterisirt. Dies anzunehmen ist ein Irrthum, in welchem kein Architekt befangen sein kann, der eine lebendige, wirkliche Anschauung von der Bauart hat, welche während der Dauer des byzantinischen Kaiserthums, also vom Anfange des vierten bis zum Anfang des dreizehnten Jahrhunderts, neun Jahrhunderte lang, im ganzen gebildeten Europa herrschte, und die dabei in den verschiedensten Ländern so sehr übereinstimmte, dafs man z. B. in einem höchst einsam gelegenen kurhessischen Dorfe (ich denke im Augenblick an eine schöne und grofse byzantinische Kirche in dem Dorfe *Lippoldsberg* an der Weser) eben denselben Architekturstyl findet, der zu gleicher Zeit tief in Italien, oder in Spanien, Frankreich und England anzutreffen ist. Dafs Engländer, und neuerdings auch Deutsche, bemüht sind, die Meinung zu fördern, es gebe eine eigenthümlich englisch-sächsische und eine eigenthümlich romanisch-christlich-deutsche Bauart, ist wohl eben so unrecht, als nicht abzusehen ist, was damit der Kunst, oder gar der christlichen Religion genützt werden solle. Streng genommen läfst sich kaum behaupten, dafs die christliche Religion das unmittelbare Vehikel der Verbreitung dieser Bauart gewesen sei, da diese Verbreitung nicht mit dem innern Geist und der Seele des Christenthums, sondern mit Etwas, das sich nicht als einen wesentlichen und integrirenden desselben betrachten läfst, nemlich mit den ***Mönchs-Orden*** und den ***Klöstern,*** in enger Verbindung steht. Die Klöster wurden zweimal die Quellen der Verbreitung einer ganz verschiedenen Bauart durch Europa: einmal der ***byzantinischen,*** das anderemal der ***Spitzbogengewölbe-Bauart,*** bei der es aber sehr merkwürdig ist, dafs sie, noch zwei Jahrhunderte vor der Reformation, Italien ausschlofs. Deutschland, England, Frankreich und Spanien nahmen die Spitzbogengewölbe-Bauart an, und ein deutlich ausgesprochenes, bis in die kleinsten Einzelnheiten durchgeführtes System schuf dort wie mit Blitzesschnelle eine grofse Zahl von Prachtgebäuden; aber in Italien nahm man das System *nicht* an; es ging also in den übrigen Ländern auch nicht von der obersten Kirchengewalt in Rom aus; in Rom giebt es keine Kirchen und Gebäude von der Spitzbogengewölbe-Bauart; selbst was sich diesem Baustyl Annäherndes im übrigen Italien findet, ist nur eine Nachahmung, eine Mischung von byzantinischer und jener Bauart, die von Architekten, welche das innere System der letztern nicht kannten, nach Reminiscenzen derselben componirt wurde.

Allerdings hat der Zweck eines Gebäudes auf seine Einrichtung Einflufs; der Zweck macht aber, wie schon oben gesagt, nicht die Bauart; sonst würde jeder bauliche Zweck eine Bauart begründen. Eben so wenig haben dies christliche *Zwecke* gethan, denn wir haben gesehen, dafs die christliche Kirche die Form der altrömischen Basiliken, also von Gebäuden annahm, die zu ganz andern Zwecken bestimmt waren, wenn gleich schon einmal die Grundform der Battisterien an die Taufcapellen in den Katakomben erinnerte.

Die byzantinischen Basiliken zu *Rom.*

Die chronologische Folge bedeutender byzantinischer Gebäude führt uns jetzt wieder von *Ravenna* nach *Rom*, wo sich eine Reihe von Basiliken von byzantinischer Bauart befindet, die vom *sechsten* bis in das *dreizehnte* Jahrhundert reicht. Zu den ältesten rechnet man gewöhnlich *S. Agnese* und *S. Lorenzo;* die eine und die andere aufserhalb der Stadt. *d'Agincourt* setzt die Erbauung von *Santa Agnese* in das *vierte* Jahrhundert; *Kugler* sagt, es scheine, dafs *S. Agnese* im Jahre 626, an der Stelle einer ältern Kirche, völlig neu gebaut wurde, und der Bau von *S. Lorenzo* falle in die Zeit um das Jahr 580; nemlich der Bau des ältern Theils, der jetzt das Chor der Kirche bildet. Ich glaube, dafs die Angabe des höhern Alters der Bauart dieser Basiliken am meisten entspreche.

Die Basilica von *S. Agnese* bei *Rom.*

S. Agnese ist eine Kirche von schöner innerer Einrichtung und Anordnung, die besonders für den *protestantischen* Cultus der gegenwärtigen Zeit ganz geeignet sein würde. Sie ist von *d'Agincourt* A. Pl. VIII, 1, 2, 3 und 4 ausführlich dargestellt, und *Gutensohn* und *Knapp* haben ihr in ihren „Denkmalen der christlichen Religion" im zweiten Hefte drei Blätter gewidmet.

Die Kirche ist im Lichten 50 Par. Fufs breit und 78½ lang, ohne die halbrunde Chor-Nische, welche 24 F. weit und 12 F. tief ist. Von dem Kirchenschiffe sind durch 7 Säulen an jeder Seite die Seitengänge in der Art abgesondert, dafs für das mittlere Schiff 29½ F., für jeden Seitengang 8¼ F. und für jede Säulenreihe, unten im Schafte gemessen, 2. F. bleiben. Gleich am Eingange ist eine Säulenhalle durch zwei Säulen abgetheilt, welche drei Bogen tragen; die Säulen sind so stark wie die andern; die Vorhalle ist zwischen den Säulen und der Front-Aufsenmauer 11¼ F. weit. Die Aufsenmauern sind 3 F. dick.

Über den Seitengängen und der Vorhalle sind Emporbühnen, und es ist unrichtig, wenn behauptet wird, diese Emporbühnen seien ein eigenthümlich byzantinisches Element; sie gehören vielmehr zu der Normalform der altrömischen Basiliken; wie aus *Vitruv* zu sehen ist; sie sind dagegen in den spätern, für den christlichen Gottesdienst erbauten Basiliken selten.

Das grofse Mittelschiff erhebt sich über den Säulenreihen der Emporbühnen hinreichend, um an jeder Seite, in den langen Mauern, für 8 Bogenfenster Raum zu lassen, durch welche, so wie durch die Fenster der Stirnwand, die Kirche allein erleuchtet wird. Das Mittelschiff wird von einem gewöhnlichen italienischen Satteldache mit 7 Dachbindern bedeckt, die den Säulen der Seitengänge entsprechen. Ein liegender Dachstuhl, mit einer Hängesäule in der Mitte, nebst dem Gebälk und Sparrenwerk, ist, wie an den alten Basiliken gewöhnlich, von unten offen und sichtbar. Die Emporbühnen sind mit einfachen Pultdächern bedeckt; die darunter befindlichen Seitengänge, so wie die Vorhalle, haben Kreuzgewölbe, die also den Fufsboden der Emporbühnen tragen. Die Chor-Nische ist wie gewöhnlich mit einer Halbkuppel überwölbt, die mit Mosaiken verziert ist.

Die Säulen sind sämmtlich corinthischer Art: die untern 18 F., die obern nur 11 F. hoch und deshalb nur 1¼ F. dick, weil man sich nicht von dem antiken Verhältnifs dieser Säulen-Art entfernen wollte; was mehr der altrömischen als der byzantinischen Bauart entspricht. Hier entsteht der Nachtheil, dafs diese, unten 1¼ F. und oben wenig über 1 F. dicken Säulen 2 F. dicke Mauern auf den sie überstehenden Bogen zu tragen bekommen. Es ist gerade in der byzantinischen Bauart characteristisch, dafs sie sich in solchen Fällen über die antike Schematisirung hinwegsetzt und das Recht der Construction vorwalten läfst, d. h. die Säulen verstärkt, worüber und über Dergleichen dann die sogenannten architektonischen Puristen so sehr erzürnt werden, dafs sie die ganze Bauart, die doch neun Jahrhunderte gewährt hat, mit Verachtung behandeln und als einen unreinen, geschmacklosen Baustyl verwerfen. In der modernen Baukunst würde man eine dritte Auskunft wählen: nemlich die Säulen der Emporbühnen höher machen, damit sie auch stärker werden könnten; was aber die Kosten des Baues wesentlich vermehren und wodurch das Mittelschiff übermäfsig hoch werden würde. Auch ich bin in diesem Falle nicht für das byzantinische Princip, sondern würde die obern verstärkten Säulen nicht corinthisch, sondern in ganz verschiedener Art verzieren.

Auf den Knäufen der Emporbühnensäulen befindet sich jener, der byzantinischen Bauart eigenthümliche architravartige Stein, der weder schön geformt, noch schön verziert, hier aber freilich motivirt ist, indem er offenbar dazu dient, die Säule, die so sehr dünn ist, in den Stand zu setzen, die stärkere Mauer zu tragen.

Ich habe oben gesagt, dafs ich die älteste Angabe der Erbauungszeit dieser Kirche für am meisten ihrer Bauart entsprechend halte. Dies gründet sich hauptsächlich darauf, dafs sich in derselben noch eine gewisse antike, sogenannte Formenreinheit findet: der Vitruvische Schematismus ist noch nicht ganz abgeschüttelt; indessen ist dabei zu bedenken, dafs in Rom, wo man so viele antike Muster vor Augen und so viele antike Fragmente hatte, die man wieder anwenden konnte und wollte, das Festhalten am Alterthume länger dauern mufste, als an andern Orten.

Die Basilica von *S. Lorenzo* bei *Rom.*

Von der Benutzung antiker Fragmente zu neueren Bauwerken giebt die oben erwähnte Basilica von *S. Lorenzo* das auffallendste Beispiel. Man sieht sie hier mit solcher Rücksichtslosigkeit auf Harmonie der Verhältnisse und Verzierung, und so ohne alles Ebenmaafs, wie sie wohl nie zuvor oder nachher vorkam.

d'Agincourt hat diese Kirche auf der 28ten Tafel der Architektur 29, 30, 31, 32 und 33 abgebildet; aber nicht ganz richtig. Bessere Abbildungen sind in dem obengenannten Werke von *Gutensohn* und *Knapp*, im dritten Hefte, so wie auch in dem bekannten Werke von *Percier* und *Fontaine* „Palais et maisons de Rome" zu finden. Das letztgenannte Werk giebt auf Taf. 100 eine innere Ansicht der Kirche, in welcher aber die Verfasser zugesetzt und verändert haben. Derjenige Theil der Kirche, den man für den ältesten hält, hat auch Emporbühnen, wie *S. Agnese*, und es sind hier die obigen Bemerkungen hinsichtlich der Säulen und Verhältnisse zu wiederholen; besonders aber ist zu bemerken, dafs die untern Säulengänge dieser Abtheilung, nebst den über denselben befindlichen horizontalen Hauptgesimsen, aus antiken Fragmenten so wenig harmonisch zusammengesetzt sind, dafs die Säulen nicht nur, über alles Verhältnifs hinaus, aus Stücken alter, sehr starker Säulen bestehen, sondern auch die Gesimse von ganz verschiedener Art sind; so dafs sie nicht zusammenpassen. Dergleichen ist mit Recht eine Barbarei in der Kunst zu nennen, die sich auf keine Weise rechtfertigen läfst; auch sind die angewendeten Fragmente theilweise verstümmelt; besonders die Säulenknäufe, welche corinthischer Art sind. Obgleich Dies in der architektonischen Zusammensetzung höchst widerwärtig auffällt, so hat es doch wenigstens für das Studium der antiken römischen Baukunst noch den Gewinn, dafs die schönen Bruchstücke derselben *erhalten* sind und gegenwärtig von den Künstlern bewundert und nachgeahmt werden können.

Dafs die Überbauung der Hoch-Altäre in *S. Agnese,* so wie in *S. Lorenzo,* modern ist, fällt in die Augen. Sehr selten sind überhaupt in den ältern Kirchen die Hoch-Altäre und ihre Verzierung aus der ersten Erbauungszeit der Kirchen.

Die *Paulskirche* bei *Rom.*

Obgleich ich *S. Lorenzo* mit *S. Agnese* wegen ihrer architektonischen Verwandtschaft zugleich genannt habe, gehört doch nach der Zeitfolge eigentlich die gröfste und berühmteste Basilica dieser Zeit *zwischen,* oder selbst *vor* beide: es ist dieses die *Paulskirche* nahe bei *Rom* (San Paolo fuori le mura). Man glaubt, dafs sie an der Stelle einer kleinen, von *Constantin* erbauten Kirche im Jahre 386 neu gegründet und im *fünften* Jahrhundert vollendet sei.

Ihr Hauptschiff ist in eine mittlere grofse Abtheilung und an jeder Seite in zwei Seitenschiffe durch je zwei Säulenreihen, also im Ganzen in fünf Abtheilungen geschieden. Dieselben schliefsen sich an ein Querschiff an, welches in der Mitte die grofse Chor-Nische (absida) hat, deren innerer Ausbau aber einer spätern Periode angehört. *Knapp* und *Gutensohn* haben dieser Basilica im ersten Hefte vier Blätter und im zweiten Hefte noch ein Blatt gewidmet. Bei *d'Agincourt* ist sie Taf. IV. in Grundrissen, Durchschnitten und Ansicht dargestellt. Es war dies wohl eins der prächtigsten Gebäude aller Länder; ich sage „*es war,*" denn die Kirche wurde im Jahre 1823 durch einen Brand zerstört; ich sahe sie noch im Jahre 1811 in ihrem vollen Glanze, und es ist zu hoffen, dafs derselbe der Nachwelt nicht verloren gehen werde, da sie nach dem ursprünglichen Plane wieder erbaut werden soll und jetzt, wo nicht vollendet, doch der Vollendung nahe sein mufs.

Jede der vier Säulenreihen hatte 20 corinthische Säulen, von denen die am Mittelschiff cannelirt, 31½ Par. F. hoch und unten am Schafte 3½ F. dick, die andern aber glatt, 26½ F. hoch und unten 3 F. dick waren; 24 der gröfseren Säulen waren von dem kostbaren Marmor, den man pfauenartig (paonazetto) nennt; und zwar aus *einem* Stücke. Man glaubt, dafs sie vom

Mausoleum des Kaiser *Hadrian* entlehnt waren. Die andern Säulen waren aus parischem Marmor.

Man kann in der Bauart dieser Kirche recht eigentlich einen Übergang von dem altrömischen zu dem byzantinischen Style sehen. Die Säulen sind noch ganz antik römisch, aber sie tragen nicht horizontale Gesimse, sondern Bogen, von byzantinischer Art. Die Dicke der Bogen und der von ihnen getragenen Mauern übertrifft nicht die mittlere Dicke der Säulen. Wegen des fortlaufenden Abhanges der Pultdächer mufsten nothwendig die zweiten Säulenreihen weniger hoch werden, als die ersten. Diese Pultdächer sind auch die natürliche Ursache, dafs der Zwischenraum zwischen den Säulenbogen und den obern, die Kirche erleuchtenden Bogenfenstern sehr grofs war. Derselbe war deshalb mit bildlichen Vorstellungen ausgefüllt; unter denselben war an jeder Seite eine Reihe runder Medaillons, mit den Bildnissen der Päpste.

Das Schiff der Kirche ist im Ganzen, im Lichten 200 Par. F. weit und 274 F. lang. Hievon hat die mittlere Abtheilung zwischen den Säulen 74 F., die nächsten Gänge jeder 27½ F. und die äufsern Gänge jeder 28½ F. Die Aufsenmauern sind 4½ F. dick. Das Querschiff ist 221½ F. lang und mit seinen beiden, gleich grofsen Abtheilungen 74½ F. tief, bis zu der Absida; die Dicke der mittleren Scheidung beträgt 6½ F. Die Absida hat 77 F. vordern Durchmesser und 39 F. Tiefe. Die Aufsenmauern der Absida sind 6½ F. dick. Die mittlere Abtheilung des Hauptschiffs war von dem Fufsboden bis unter die Balken 93 F. hoch. Die Mauern über den Säulen, die das Gebälk und das Dach trugen, waren 3¼ F. dick.

Die Dachconstruction, die sich auf 74 F. frei trug, bestand aus liegenden Dachstühlen, mit drei Hängesäulen in der Mitte. Die Höhe des Dachs verhielt sich zur Grundlinie wie 3 zu 14. Die Hauptbalken waren 1½ F. dick. Es war die ganz gewöhnliche, von den ältesten Zeiten bis in die neuesten in Italien übliche Construction, die sich an diesem Gebäude, bevor das Dach abbrannte, 14 Jahrhunderte lang bewährt hatte.

Ich kann nicht umhin, hier bei dieser Gelegenheit eine Bemerkung über Holzconstructionen, und namentlich über Holz-Ersparung im Allgemeinen, einzuschalten.

Wenn man solche dauerhafte Constructionen mit den deutschen Dachverbindungen neuerer Zeit vergleichen wollte, nicht mit den unmäfsig hohen und deshalb holzverschwenderischen Dächern der Spitzbogengewölbe-Bauart, noch mit den immer noch sehr steilen und mit Holz angefüllten Dächern aus dem sechszehnten, siebenzehnten und theilweis achtzehnten Jahrhunderte, sondern mit dem jetzt gewöhnlichsten und in Deutschland üblichsten Sparrensystem, welches oft in eine wahre Schwefelholzstructur ausartet, so würde freilich die cubisch berechnete Quantität des Holzes in der deutschen Construction geringer sein, als in jenen italienischen Dachverbindungen: aber wie steht es mit der Dauer, im Verhältnisse der einen zu der andern?

Es sind jetzt 40 bis 50 Jahre, dafs die Forstbeamten über die unverantwortliche Holzverschwendung bei Gebäuden die heftigsten Klagen erhoben, und behaupteten, man werde in Kurzem gar kein Bauholz mehr haben; das Bauholz in den Waldungen sei zu Ende. Die untern Forstbeamten wurden zu einer Art Opposition gegen die Baubeamten instruirt, und man fand nun, leider! die Ersparung in der Verminderung der *Dicke* aller Bauhölzer, die seither unnöthig stark gewesen sein sollten. Hätte man die Verwendung von Bauholz im Allgemeinen, da wo das Holz durch andere dauerhaftere Stoffe ersetzt werden kann, energisch gehindert, so wäre dies sehr zu loben gewesen; statt dessen aber drang man auf die leichte Fachwerksbauart, die sich nun seitdem so weit verbreitet hat. Nicht blofs die landwirthschaftlichen Gebäude des wenig bemittelten Landmannes, sondern auch die Wohngebäude des wohlhabenderen Bürgers wurden nach diesem Systeme, in Gegenden, wo überhaupt mit Fachwerk gebaut wurde, eingeführt. Ich sah viele Gebäude der Art aufführen, ohne Etwas dagegen thun zu können; erstreckte sich aber mein Einflufs so weit, um Etwas dauerhafter construiren zu lassen, so mufste ich den bittersten Tadel über Holzverschwendung erfahren.

Meine Verhältnisse im Staatsdienste brachten mich aus einer Gegend, wo ich viele solche Gebäude hatte aufführen sehen, in einen andern Wirkungskreis, an welchen mich eine grofse Geschäftsthätigkeit fesselte. Erst nach vielen Jahren, es mögen deren wohl zwanzig und mehr gewesen sein, führte mich ein zufälliges Geschäft wieder in die alten Bezirke. Als ich so einen Hügel hinanritt, wo ich ein grofses schönes Thal, das zu demselben gehörte, überblickte, konnte ich mich eines wehmüthigen Gefühls über so manches mühselige und wie es mir schien vergebens mühselige Jahr, welches ich hier gewirkt hatte, nicht erwehren; indessen wurde ich doch bald durch Manches angenehm überrascht, indem ich mich überzeugte, das Resultat meiner Arbeiten sei nicht lediglich finanzielle Ersparung, Verhinderung von Betrügereien u. dergl. gewesen: ich sah auch z. B., dafs manche Verbesserung baulicher Constructionen, die ich an den von mir abhängigen Gebäuden gemacht hatte, bei andern Nachahmung gefunden und in so weit die Bauart der Gegend sich wirklich verbessert hatte. Dagegen mufste ich mit Schrecken das Schicksal jener leichten Fachwerks-Architektur sehen. Häuser, Scheunen und Ställe, die ich vor weniger als 30 Jahren hatte aufrichten sehen, waren aus dem Loth gewichen und in dem baufälligsten Zustande; besonders sahen die Dächer, die aus aller Richtung gewichen waren, übel aus. Wenn ich nun damit alte Fachwerksgebäude, die 300 Jahre und länger standen und noch in ziemlich gutem Zustande waren, verglich, so konnte ich, obgleich man denselben die unverständigste Holzverschwendung mit einer Art Leidenschaft vorgeworfen hatte, und man auch einräumen mufste, dafs sie verhältnifsmäfsig wohl den doppelten Holz-Aufwand wie jene schwachen Structuren erfordert hatten, dennoch in den letzteren keine Ersparung, vielmehr nur eine Verschwendung sehen; um so mehr, da mit dem Gehölze der Gebäude auch so vieles Andere zu Grunde ging.

So sehe ich denn jene alten italienischen Dachconstructionen mit Bewunderung an, und finde darin, dafs man sie, unter dem Namen des sogenannten *Knotensystems,* auch bei uns einzuführen und zu verbreiten gesucht hat, einen Fortschritt der Baukunst.

Noch ist zu erwähnen, dafs der obere Theil der Eingangsfaçade der *Paulskirche* aus dem vierzehnten Jahrhundert herrührte und in jenem gemischten Styl der byzantinischen und Spitzbogengewölbe-Bauart aufgeführt war, in welchem die wunderlichsten Formen und Verzierungen vorkommen. Es war dieser Theil der Façade mit musivischen Bildern von *Pietro Cavallini* verziert. Der untere Theil der Façade ist modern.

Die Basilica von *S. Clemente* in *Rom.*

Die Basilica von *S. Clemente,* im Jahre 860 vom Papst *Nicolaus I.* erneuert, ist von einfacher, schöner Bauart und besonders dadurch merkwürdig, dafs sich in derselben noch eine alte Chor-Einrichtung findet, die, wenn nicht gleichzeitig, so doch bald nach der Erbauung der Kirche gemacht wurde. Sie steht nahe vor der Chor-Nische, liegt eine Stufe höher als der Fufsboden der Kirche und ist mit einer musivisch verzierten Brüstung umgeben, welche 17 Par. F. breit und 42 F. lang ist. Der auf diese Weise abgeschlossene Raum war das eigentliche Chor. Rechts und links, an den langen Wänden der Brüstung, stehen zwei erhöhete Pulte, an welchen die Evangelien und die Episteln verlesen wurden; vorn, dem Eingange in die Kirche gegenüber, ist in einer Öffnung der Brüstung der Eingang zu dem Chore; demselben gegenüber, nach der Chor-Nische hin, ist eine dergleichen Öffnung, die zu dem Haupt-Altare führt; rechts und links von dieser Öffnung sind dergleichen Ausgänge. Der Altar steht fast unmittelbar vor der Nische, in welcher noch eine Altarblendung unmittelbar an der Rückwand der Nische ist. Vor der Kirche ist ein fast quadratischer Vorhof; an drei Seiten mit Colonnaden, an der vierten mit Arcaden eingefafst. Diese Basilica ist vielfach abgebildet. *Gutensohn* und *Knapp* haben im ersten Hefte ihres oben genannten Werks auf zwei schönen Blättern einen Grundrifs, Durchschnittrifs und eine innere Ansicht davon gegeben. *D'Agincourt* hat das Gebäude auf der XVI. Tafel der „Architektur" abgebildet.

Der Fufsboden der Kirche ist überall, auch im Chore, mit Mosaiken von Marmor verziert: eine Ausschmückung, welche viele Basiliken aus jener Zeit, und auch noch später erbaute Kirchen haben und die eine Pracht gewährt, welche Zeichnungen nicht darstellen können. Gewöhnlich ist der ganze Fufsboden durch Friese von einem hellen Marmor, von 6 bis 9 Zoll breit, in Felder, die einige Fufs breit und etwa noch einmal so lang sind, eingetheilt; die Felder selbst sind aus ganz kleinen regelmäfsigen Stücken der härtesten Marmor- und Porphyr-Arten nach den mannichfachsten Mustern zusammengesetzt und glänzend polirt, und die Stücke sind so genau verbunden, dafs die Fugen nur Linien bilden. Dabei sind diese Mosaiken ungemein dauerhaft. Möglicherweise thut eine gute Erhaltung dazu das ihrige; aber ich erinnere mich nicht, diese mehr als Tausend Jahr alten Mosaikfufsboden jemals *schadhaft* gesehen zu haben, und ich habe besonders die Sorgfalt bewundert, mit welcher die Marmor- und Porphyr-Arten von gleicher Härte zusammengesetzt waren. Rother Porphyr, sogenannter rosso antico, ein einfarbiger dunkelrother Marmor, verde antico, grüner Marmor u. a. kommen neben helleren Arten am häufigsten vor. Die Hauptstützen der Festigkeit sind die starken Einfassungen der musivischen Felder mit Marmor, die ohne Zweifel auf festen Cementlagen liegen.

Es giebt in *Rom* noch eine beträchtliche Zahl anderer Basiliken aus diesem Zeit-Alter; aber ich wiederhole, dafs es nicht meine Absicht ist, hier eine Beschreibung *aller* byzantinischen Gebäude zu geben; ich wollte nur das Charakteristische dieser Bauart durch die bedeutenderen Monumente derselben nachweisen.

Doch eines *Privatgebäudes* von byzantinischer Bauart, das in *Rom* fast das einzige Beispiel solcher profanen Gebäude ist, will ich noch gedenken.

Das Haus des *Nicolaus Crescentius* zu *Rom.*

Es ist dies das Haus des *Nicolaus Crescentius,* gewöhnlich das Haus des *Pilatus,* oder auch das Haus des *Cola Rienzo* genannt. Für die erstere Benennung spricht eine Inschrift, und die letztere scheint eine italienische Corruption des ersten Namens zu sein; woraus die Verwechselung mit einer ganz andern Person entstand. Nach *Kugler* starb *Nicolaus Crescentius* im Jahre 998; nach *d'Agincourt* lebte er im 14ten Jahrhundert. Die Reste der an dem Hause befindlichen Fenster haben offenbar byzantinische Formen (doppelte Rundbogen; wahrscheinlich mit Säulen in der Mitte), die nicht aus dem 14ten Jahrhundert sein können. Das Haus macht in seiner wirklichen Erscheinung den sonderbarsten Eindruck. Von weitem sieht es aus wie ein Fachwerksgebäude des 15ten Jahrhunderts, mit übergebautem Stockwerke und vorstehenden Balkenknöpfen: in der Nähe erregen die Schönheit und Mannichfaltigkeit der antiken Fragmente, aus welchen die Verzierungen zusammengesetzt sind, so wie die schöne Backstein-Arbeit, Bewunderung. Aber die Motive der Composition des ganzen Gebäudes aus der vorhandenen Ruine zu ergründen, möchte eine vergebene Bemühung sein. Es scheint hier in der That etwas ganz Phantastisches, wo nicht Schlimmeres gebaut worden zu sein; wie denn auch aus der ruhmredigen Inschrift des Gebäudes hervorgehen dürfte, die *Kugler* folgendermafsen deutsch giebt, „Nicolaus der Grofse, der Erste von den Ersten „stammend, erbaute dieses himmelhohe Haus, nicht aus eitler Ruhmbegier, sondern „um Roma's alten Ruhm zu erneuern!" *D'Agincourt* hat auf der 34ten Tafel der „Architektur" ausführliche Darstellungen dieser Ruine gegeben.

Rom hat also, aufser den Basiliken, Weniges von byzantinischer Bauart. Die mannichfachen Zerstörungen durch Krieg und Feuersbrünste mögen daran Schuld haben. Dagegen zieht im neunten und zehnten Jahrhundert die Baukunst des aufblühenden *Venedig* die Aufmerksamkeit auf sich. Allerdings haben auch die mittelalterlichen Basiliken *Roms* wesentliche Motive zu der im cultivirten Europa damals allgemein gewordenen byzantinischen Bauart geliefert, aber die meisten Vorbilder derselben stammen aus *Ravenna* und *Venedig;* manche auch aus *Pisa.*

Die *S. Marcuskirche* zu *Venedig.*

In *Venedig* steht die *S. Marcuskirche* oben an, als ein Musterbild, sowohl in ihrer Haupt-Anordnung, als in ihren mannichfachen Einzelnheiten. Es giebt von derselben zahlreiche Abbildungen. *D'Agincourt* hat auf der

26ten Tafel der „Architektur" einen dürftigen Grundrifs und Durchschnittrifs davon gegeben; in *Durands* „Recueil und Paralelle" sind diese Risse noch unbedeutender; die Architekten *Antonio Visentini* und *Vicenzo di Santa Maria* haben aber eine Reihenfolge von Abbildungen der Kirche in grofsem Maafsstabe herausgegeben, die man in *Venedig* haben kann und die im Wesentlichen, nur nicht in den kleineren Verzierungen, richtig sind. Aufser hierauf, beziehe ich mich auf die, meiner Abhandlung über die ursprüngliche Gestalt der *S. Marcuskirche* zu *Venedig* beigegebene Zeichnung derselben, in der allgemeinen Bauzeitung von 1844.

Die Erbauungszeit der Kirche wird gewöhnlich in eine spätere Periode gesetzt, als richtig ist. Nach den von mir in *Venedig* benutzten Geschichtsquellen ist zuerst im Jahre 828, unter dem Dogen *Johann Partipazio*, auf Kosten seines Bruders *Justinian*, der den Bau in seinem Testamente verordnet hatte, der Anfang an derselben Stelle gemacht worden, wo die heutige S. Marcuskirche steht. Nach einem Brande in Jahre 976 soll sie in erweiterter Gestalt und jetziger Gröfse von dem Dogen *Pietro Orseola* wieder erbaut sein. Im Jahre 1071, unter dem Dogen *Domenico Selvo,* fing man an, die Kirche mit Mosaik zu verzieren und sie mit Marmor, Säulen und den feinsten Steinen, welche aus Athen und andern Gegenden des Orients herbeigebracht wurden, zu schmücken; worauf sie im Jahre 1085, unter dem Dogen *Vitale Faliero*, eingeweiht wurde.

Bei diesen Zeit-Angaben ist eine merkwürdige Beziehung zu *S. Vitalis* in *Ravenna.* Diese letztere Kirche soll im Jahre 547 vollendet worden sein: es finden sich aber in der Verzierung derselben so grofse Verwandtschaften mit derjenigen der S. Marcuskirche, dafs ein- und dieselben Ornamente, z. B. Säulenknäufe von ganz zufälliger Form, bei dem einen und dem andern Gebäude vorkommen. Nun kennt aber die byzantinische Bauart keine bestimmten Säulen-Ordnungen; die Verzierung der Säulen wird vielmehr so sehr und so oft variirt, dafs dicht neben einander stehende Säulen verschiedene Knäufe haben. In *v. Quasts* „Ravenna" ist z. B. auf der achten Tafel, in der zweiten Figur, ein Säulenknauf dargestellt, dessen Gegenstück sich in *S. Marcus* findet; wenn ich nicht irre in der Vorhalle der Kirche. Der Ravennatische soll sich an den Säulen der nördlichen Emporbühne von *S. Vitalis* finden, wohin er nicht später gekommen sein kann, als die Kirche gebaut wurde.

Es läfst sich aber gar nicht denken, dafs solche Ähnlichkeiten vier Jahrhunderte auseinander liegen sollten; man müfste daher annehmen, dafs die fraglichen Säulenknäufe der S. Marcuskirche von ältern zerstörten Gebäuden von byzantinischer Bauart herrührten; was den obigen geschichtlichen Notizen nicht widerspricht.

In meiner oben angeführten Abhandlung glaube ich hinreichend nachgewiesen zu haben, dafs die Architektur der S. Marcuskirche nichts anderes als eine Nachahmung der Bauart der Kaiserbäder zu *Rom* gewesen sei, und es geht dies auch wohl aus einer unbefangenen Anschauung, nicht nur der äufsern Ansicht des Gebäudes, in seiner ursprünglichen Gestalt, sondern noch mehr aus dessen innerer Einrichtung hervor. Hierbei mufs ich besonders dagegen protestiren, dafs die innern Kuppeln der Marcuskirche, mit ihrer Construction über vier Hängebogen, orientalischen, oder gar muhamedanischen Ursprungs seien; sonst müfsten die römischen Kaiser in ihren Thermen muhamedanische Vorbilder gehabt haben; was unmöglich ist, da *Muhamed* erst um das Jahr 569 geboren wurde.

Die innere Hauptform, nemlich die Gruppirung der fünf Kuppeln ins Kreuz, habe ich schon oben abgeleitet und begründet. Eben so habe ich in jener Abhandlung erklärt, wie die hohen, aus Holz construirten äufsern Kuppeln der S. Marcuskirche motivirt sind. Sie waren nemlich zum Schutz der innern reichverzierten steinernen Kuppeln nöthig, da die flache Kuppel nicht leicht der Witterung genügend widersteht; weshalb denn deren auch nur wenige aus dem Alterthume erhalten sind.

Die Eingangsseiten der Kirche, nemlich die Fronte und ein Theil der Seite rechts, haben schöne Vorhallen, deren untere Überwölbungen aber aus späterer Zeit sind, als die eigentliche Bauperiode der Kirche; in welche spätere Zeit denn auch alle innern und äufsern, der Spitzbogengewölbe-Bauart sich nähernden Verzierungen und Architekturtheile gehören. Eben so sind auch im Innern der Kirche viele Altäre, Säulenstellungen und Monumente aus neuerer Zeit.

Die Kirche ist, vom Haupt-Eingange bis in die Chor-Nische, 352 venetianische Fufs [387 Pr. F.] und im Querschiffe, im Lichten, 294 F. [324 Pr. F.] lang. Die gröfste Kuppel, zunächst dem Eingange, hat 76 venetianische Fufs Durchmesser, die mittlere 74 F., die beiden kleineren des Querschiffs, jede 58 F.; die Chorkuppel mifst 63 F. und die Chor-Nische eben so viel. Das untere Stockwerk der Kirche, welche Emporbühnen hat, ist mit griechischem Marmor (der ursprünglich braungeflammt auf weifsem Grunde war, jetzt überall hell catechubraun angelaufen ist) incrustirt; die Säulen sind auch von Marmor. Aber über diesem untern Stockwerk sind nun alle Wände und Wölbungen mit musivischen Bildern von sehr lebhaften Farben auf Goldgrund bedeckt: welches eine unglaublich prächtige Wirkung macht.

Die *S. Marcuskirche* ist eine wahre Schule der byzantinischen Bauart. Man findet in derselben alle Arten von Architekturtheilen, so dafs man von dieser Kirche allein ein Compendium der byzantinischen Bauart abstrahiren könnte. Ich behalte mir vor, am Schlusse einiges Allgemeine über die Architekturmotive dieser Bauart zu sagen und dabei die S. Marcuskirche wesentlich zu berücksichtigen.

Byzantinische Bauwerke auf dem *venetianischen Festlande.*

Schon in *Venedig* sind mehrere Kirchen, die, besonders in ihren Einzelnheiten, Nachahmungen der S. Marcuskirche enthalten; aber noch mehrere finden sich auf der sogenannten *Terra firma*, dem venetianischen Festlande. in den schönen kleinen Städten des venetianischen *Friaul*, und in den gröfsern der *Lombardei*. Im *Friaul* ist die byzantinische Bauart eben recht einheimisch geworden; es giebt daselbst auch viele profane Gebäude von dieser Bauart. Auch in *Venedig* giebt es deren; nur mufs man sich hüten, den Rundbogenstyl der venetianischen Paläste, der in die Zeit der Wiedergeburt der Künste gehört und dem florentinischen Baustyl verwandt ist, für byzantinisch zu halten.

Die byzantinischen Gebäude zu *Pisa.*

Bedeutende Gebäude in Italien, die später als die *S. Marcuskirche* erbaut sind, giebt es unter andern in *Pisa;* wo der *Dom* im eilften Jahrhundert, das *Battisterium* im Jahr 1153 und der bekannte *schiefe Thurm* im Jahre 1174 erbaut worden sein sollen. Vom Battisterium kann nur das untere Stockwerk so alt sein; die obern Stockwerke und die Kuppel gehören einer spätern Zeit an. Ich habe dieser Gebäude in meiner Instruction für junge Architekten zu Reisen in Italien in dem XI. und XII. Band dieses Journals S. 138 näher gedacht. Der schiefe Thurm ist ohne Zweifel gegen den Willen seines Architekten durch den schlechten Baugrund schief geworden; die nahe dabei stehende Domkirche und das Battisterium stehen auch nicht völlig im Lothe.

Die byzantinische Bauart der Pisanischen Gebäude ist Das geworden, was man in der Kunst *manierirt* nennt: eine geistlose, vielfältige Wiederholung von Dem, was der Architekt effectvoll fand; z. B. eine unendliche

Zahl angeblendeter Säulen, mit Bogen, müssen hier als Blendungen Verzierungen abgeben, während sie eigentlich wesentliche Gebäudetheile vorstellen.

Die Klosterhöfe von *S. Giovanni* im *Lateran* und von der *Paulskirche*, in und bei *Rom*.

Zu den jüngsten Denkmälern der byzantinischen Bauart rechnet man gewöhnlich einige Klöster mit schönen Kreuzgängen; namentlich die von *S. Giovanni* im *Lateran* und von *S. Paolo* aufserhalb *Rom*. *D'Agincourt* hat von den Kreuzgängen derselben auf den Tafeln 30, 31, 32 und 33 Abbildungen gegeben. Es ist schwer, sich von dem wunderbar angenehmen Eindruck, den sie machen, nach Zeichnungen eine Vorstellung zu bilden. Der innere Raum dieser Klosterhöfe ist, der bei *S. Giovanni* 77½ Pr. F. lang und 63 F. breit, der von *S. Paolo* 79 F. lang und 65 F. breit, und umfafst wie gewöhnlich einen Garten, mit Orangenbäumen, Oleandern, Granaten, Myrthen und andern südlichen schönen Gewächsen reichlich angefüllt und wohl erhalten, so dafs die Gewächse in der reichsten und üppigsten Vegetation grünen und blühen. Die ins Gevierte um die Höfe laufenden Gänge sind überwölbt; nach den innern Gärten hin bilden stärkere Pfeiler unter den Widerlagspuncten der Kreuzgewölbe die Hauptstützen der obern Mauern; zwischen denselben sind Arcaden, die von kleinen, höchst mannichfaltigen und zierlichen Säulen getragen werden. Da von diesen Arcaden die obern starken Mauern des Klosters getragen werden müssen, so kam man auf den Gedanken, die Säulen nach der Dicke der Mauern zu verdoppeln, d. h. sie paarweise zu stellen. Diese Säulen sind aus kostbaren Stoffen, oft mit musivischen Arbeiten an den Schaften verziert, bald glatt, bald cannelirt; auch gewunden, aus zwei Theilen gleichsam zusammengeflochten; ja es kommen Säulen vor, deren Flechtungen in Knoten geknüpft scheinen. Unstreitig ist diese architektonische Anordnung im Ganzen etwas kleinlich, aber die Arcaden sind eine Schatzkammer von Verzierungen; besonders für das Innere der Gebäude, so wie auch für Hausgeräthe.

Es ist in der byzantinischen Bauart characteristisch, dafs sie die Überladung mit horizontalen Gliederungen und Gesimsen vermeidet; aber in ihrer spätern Periode, in welcher die Klosterhöfe erbaut sind, ist man diesem Princip nicht treu geblieben; wenigstens sind diese Arcaden mit ganz zwecklosen Gesimsen, die reichlich mit Mosaiken bedeckt sind, überladen.

Man setzt die Erbauungszeit der Klosterhöfe von ***San Giovanni*** und ***San Paolo***, die in Deutschland häufige Nachahmungen gefunden haben, in das zwölfte und in den Anfang des dreizehnten Jahrhunderts; und so wären wir denn an der Zeitperiode angekommen, wo sich die Spitzbogengewölbe-Bauart im gebildeten Europa erhebt und die byzantinische verdrängt, während sie in Italien durch Vermischung mit der letztern eine neue Bauart schaffen hilft.

Die Characteristik der byzantinischen Bauart.

Ich schliefse mit einer Darstellung des Characteristischen und Eigenthümlichen dieser neunhundertjährigen Bauart, indem ich es unter übersichtliche Rubriken bringe und so die wesentlichsten Architekturmotive zu entwickeln versuche.

Mauerwerks-Construction. Dieselbe ist in der byzantinischen Bauart durchaus nicht unvollkommen; vielmehr oft musterhaft; sowohl wenn man Bruchsteine, als wenn man Backsteine vermauerte.

Für die Bruchsteine findet die Neigung, sehr grofse Stücke zu verwenden, wie sie sich an den antiken Gebäuden so oft zeigt, nicht Statt; wenigstens nur ausnahmsweise; wie z. B. bei dem Grabmale ***Theodorichs.*** Man findet niemals eine Verschwendung der Masse: im Gegentheil sind die Mauern und tragenden Gebäudetheile gewöhnlich nur gerade so stark, wie sie sein müssen. Die grofse Menge von Erfahrungen, welche die antiken Gebäude gaben, mag diese Auffindung des rechten Maafses erleichtert haben. Manche Ähnlichkeiten in den Verhältnissen lassen vermuthen, dafs man dafür practische Regeln hatte.

Die Backstein-Constructionen sind sehr häufig mit Marmor incrustirt; und zwar dauerhaft und geschmackvoll.

Säulen. Die Säulen sind nie höher als *ein* Stockwerk, oft weniger. Ihre Schafte sind immer aus *einem* Stück, und oft aus den härtesten Steinen, z. B. dunkelrothem Porphyr. Da nun Säulen von geringer Höhe, ohne in ein dem Auge unangenehmes Verhältnifs zu kommen, nicht sehr dick werden konnten, so fand man ein Mittel, um sie dennoch für beträchtliche Lasten tragfähig zu machen, darin, dafs man sie, entweder nach der Länge, oder nach Dicke der Mauern paarweise zusammenstellte oder gruppirte. Es kommt sogar vor, dafs *vier* Säulen zusammengestellt wurden, wenn eine besonders bedeutende Last zu tragen war. Die so paarweise zusammenstehenden Säulen sind durch Architrave und mit den nächsten Paaren durch halbkreisförmige

Bogen verbunden, die zuweilen noch über den Halbkreis hinaus vertical bis zu den Säulen fortgesetzt sind. Horizontale Vereinigungen entfernter stehender Säulen kommen nur in der ersten Periode der byzantinischen Bauart und nur zuweilen vor.

Fenster- und Thür-Öffnungen. Überhaupt ist die halbkreisförmige Überwölbung aller Mauer-Öffnungen eine Regel dieser Bauart. Für die Fenster-Öffnungen herrscht der doppelte Bogen vor, mit einer Säule in der Mitte; hie und da haben die Fenster auch mehr als zwei solcher Bogen. Gröfsere und kleinere Thür- oder Thor-Öffnungen sind ebenfalls halbkreisförmig überwölbt, haben aber unter dieser Wölbung gerade Sturze, die zuweilen in den Ecken zwischen Sturz und Gewölbe durch Kragsteine unterstützt sind. Dafs die Bogen auf den Säulen über dieselben vorstehen und deshalb zwischen die Bogen und Säulen stark ausgeladene Architravstücke oder kragsteinartige Platten geschoben sind, kommt zwar häufig vor: oft ist aber auch dieser Übelstand vermieden. Wollte man denselben nachahmen, wozu nicht zu rathen, so sollte man wenigstens den Zwischenschub angemessen verzieren.

Wölbungen. In der Kunst zu wölben war schon die antike römische Baukunst sehr weit; wie es die Reste der Kaiserbäder beweisen. Die byzantinische Bauart erbte diese Kunst und bildete sie noch weiter aus. Immer ist der *Halbkreis* die Grundlage der verschiedenen Arten von Wölbungen. Es kommen nicht allein die einfacheren Tonnengewölbe und Kuppeln, sondern auch die künstlicheren, auf vier Puncten mittels Hängebogen ruhenden Kuppeln und Kreuzgewölbe oft vor. Ich habe oben die schöne Kuppelconstruction von *S. Vitalis* beschrieben; und manche andere schöne Construction der byzantinischen Bauart ist wahrscheinlich noch verborgen; denn es giebt, was eben die Trefflichkeit derselben beweiset, sehr wenige byzantinische *Ruinen:* fast alle byzantinischen Gebäude in Italien sind noch gut erhalten, und werden benutzt, so dafs man ihre innern Constructionen nicht überall sehen kann. Dafs in den Bogenconstructionen selten die horizontalen eisernen Anker fehlen, darf man um so weniger übersehen, da es eine üble Gewohnheit ist, diese Eisenconstructionen in den Abbildungen nicht anzugeben, so dafs Der, welcher die Ausführung ohne dieselben für thunlich hält, zu unrichtigen Resultaten kommen kann. Es sind nicht nur die Bogen unter sich, sondern auch mit den nächsten Wänden des Gebäudes durch Eisen verbunden: in der Art, wie ich es bei der Abbildung des Dogenpalastes zu *Venedig* in diesem Journale beschrieben habe.

Dach-Constructionen. Ich habe oben mehrere Dächer von Basiliken beschrieben. Von dieser Art sind sie alle. Die gewöhnliche Construction des italienischen Daches besteht aus starken, ziemlich entfernt stehenden Dachbindern, aus zahlreichen Dachfetten darüber, aus leichten, aber nahe liegenden Sparren, dem Bohlenbelage, der Backsteinbeplattung und der Bedeckung mit italienischen Hohlziegeln. Einige vorzüglichere Gebäude, z. B. die ***S. Marcuskirche***, sind auch mit Blei bedeckt. Die Dachbinder, welche eigentlich die Dachstühle sind, haben da, wo das Freisichtragen der Dachbalken auf einige Entfernung nothwendig war, liegende Dachstühle, mit einer oder mehreren Hängesäulen. Das Verhältnifs der Höhe zur Breite des Dachs war, wie oben angegeben, bei der ***Paulskirche*** unweit ***Rom*** wie 3 zu 14, und ungefähr eben das ist es bei den meisten italienischen Dächern von dieser Bauart.

Verhältnisse. Im Ganzen genommen sind dieselben in der byzantinischen Bauart etwas *schwerfällig*, weil Thüren und Fenster gewöhnlich klein sind; was wohl fortificatorische Ursachen haben mochte. Dieses zeigt sich demnach besonders in dem Äufsern der Gebäude; im Innern sind sie dagegen grofsartig geräumig; wie z. B. die ***S. Marcuskirche*** in ***Venedig***, ***S. Vitalis*** in ***Ravenna***; und selbst kleinere Gebäude, wie das Grabmal der Kaiserin ***Galla Placidia***, machen einen gewissen grandiosen Effect, dessen Ursach besonders in den schönen Wölbungen von harmonischer Form liegen dürfte. Bei dem Eindruck der Verhältnisse beruhet Vieles auf Dem, woran das Auge gewöhnt ist. Deshalb machen die durchweg üblichen kleinen Säulen, im Verhältnifs zu den gar nicht zu starken Mauern, einen so sehr schwerfälligen Eindruck, der aber bei der Nachahmung der byzantinischen Bauart nicht ganz vermieden werden kann, weil er characteristisch ist.

Formen. Es ist eine der besten Eigenschaften der byzantinischen Bauart, dafs ihre Formen so sehr harmonisch sind. Alle entsprechen dem halbkreisförmigen Bogen und sind demselben angemessen. Nur die Dächer sind in der italienisch-byzantinischen Bauart eigentlich nicht harmonisch mit der Bogenform; die harmonische Dach-Form wäre das rechtwinklige Dreieck (den rechten Winkel im Dachscheitel), und es ist merkwürdig, dafs an byzantinischen Gebäuden in Deutschland die Dächer gewöhnlich diese rechtwinklige Form haben; in Italien sind sie viel flacher; was aber durchaus nicht störend für das Auge und Formengefühl ist.

Verzierung. Dieselbe ist höchst mannichfach und sehr reich an Motiven; aber in der Ausführung selten sorgfältig, oder besonders graziös. Meistens sind die Verzierungen aus dem Alterthume abgeleitet, aber oft so sehr verändert, dafs man sie nicht wieder erkennt. Characteristisch ist besonders die Verzierung gröfserer und kleinerer Thore und Thüren durch viele bandartige Verzierungen, die um Bogen und Gewände laufen. Häufig sind auch an diesen Einfassungen dicht aneinanderstehende Säulen, welche kleine Statuen, oder auch Gliederungen tragen. Da, wie schon erwähnt, in den Thoren und Thüren gewöhnlich unter den Bogen horizontale Sturze liegen, so entsteht dadurch ein halbrundes Feld zwischen dem untern Rande des Bogens und dem Sturze, der gewöhnlich mit halberhabenen Arbeiten, welche historische Gegenstände vorstellen, verziert ist. In den Ecken zwischen den Sturzen und den Gewänden findet man öfters verzierte Kragsteine, die den Nutzen haben, dafs sie den Sturz unterstützen und der Thür-Öffnung eine angenehme Form geben. Da die Fenster meistens von doppelten Bogen gebildet werden, so würden breite Verzierungen ihrer Einfassungen sich über den Säulen begegnen; was auch bei den ältesten byzantinischen Gebäuden wirklich vorkommt, und nicht gut aussieht; bei den spätern sind die Einfassungen der Fenster gewöhnlich ganz weggelassen, oder sie sind nur schmal und hören in einiger Entfernung über den Knäufen mit einem schrägen Abschnitte auf. Dieses letztere läfst sich mit Zierlichkeit ausführen, und ich bin dann der Meinung, dafs von den Ausladungen der Bogen der untere Rand abgekantet und verziert sein, über den Knäufen aber der Bogen mit einer horizontal anschliefsenden Verzierung aufhören sollte. Eigenthümlich sind in der byzantinischen Bauart die Brüstungs- und Geländer-Verzierungen, deren besonders mannichfache an der *S. Marcuskirche* zu *Venedig* vorkommen. Sie bestehen aus langen achteckigen Feldern, die mit kleinen Postamenten abwechseln. Die Felder sind mit durchbrochenen Verzierungen, welche bald geometrische Formen, bald Arabesken vorstellen, ausgefüllt; oder sie enthalten auch Reihen kleiner Säulenbogen. Die Säulenfüfse (Basen) haben meistens die durch alle Zeiten gehende Form der attischen Base. Die Knäufe sind aber ungemein mannichfach in Form und Verzierung. Bildhauerei und Malerei thun aufserdem das Mögliche zur Verzierung der byzantinischen Gebäude; denn kleine Statuen und Darstellungen in hocherhabener Arbeit (Hautreliefs) kommen häufig vor. Musivische Malerei an Gewölben, Wänden und Fufsboden ist ein unentbehrlicher Theil der Pracht byzantinischer Bauart. Goldgrund ist angebracht, wo es nur sein kann. Eine unvollkommene Verzierungsart ist diejenige der spätern byzantinischen Gebäude, welche wesentliche Gebäudetheile an Orten, wo sie nicht hingehören, als Verzierungen darstellt;

wie z. B. die unzähligen Anblendungen von Lisenen, Säulen und Bogen; wie an dem Dom und dem Battisterium zu ***Pisa***. Solche Ausschweifungen zeigen immer den nahen Untergang einer Bauart an. Die Erfindungsgabe der Architekten der Zeit ist dann erschöpft und ihre Baukunst zu einem mechanischen Handwerk geworden: sie ist ***schematisirt***. Man sieht dies am Ende der altrömischen Bauart, am Ende der byzantinischen und, vor allen, der Spitzbogengewölbe-Bauart, der wiedereingeführten antiken Architektur (Renaissance), so wie der Rococco-Zeit; und vielleicht ist die Zeit nahe, wo der gegenwärtig herrschende Baustyl ein Gleiches erlebt.

Wenn die Leistungen einer Bauart so vollendet sind, dafs sie keine weitern Fortschritte zu gestatten scheint, sehnt man sich nach etwas Neuem, und nimmt gern auf, was mit Muth und Talent geboten wird. Zuweilen ist schon der Genius eines einzelnen Architekten hinreichend, um einen solchen Umschwung hervorzubringen.

Cassel im April 1850.

2.

Über Leuchtthürme.

(Nach englischen, französischen und deutschen Quellen bearbeitet vom Herrn Ingenieur *A. Hefs* zu Göttingen.)

(Schlufs der Abhandlung No. 4. im ersten, No. 5. im zweiten, No. 7. im dritten und No. 14. im 4. Hefte des 29. Bandes.)

Die Einrichtung des Leuchtthurms ist (Taf. No. 2. Fig. 2) zu sehen. Vom Felsen bis zur Aufsenthür führt eine 26 F. hohe Leiter aus Kanonenmetall. Das erste Zimmer ist hauptsächlich zur Aufnahme der eisernen Wasserbehälter bestimmt, welche 1251 Gallonen Wasser halten können. Der obere Raum ist zur Niederlage der Kohlen in grofsen eisernen Gefäfsen bestimmt; der dritte ist eine Werkstätte, der vierte ein Vorrathsraum und der fünfte die Küche. Über diesen Räumen befinden sich zwei andere, welche den Bewohnern zu Schlafkammern dienen und von denen jeder in zwei Theile getheilt ist, so dafs jeder Wächter ein besonderes Zimmer hat; darauf folgt das Zimmer des Aufsichts-Beamten, der Ölvorrathsraum und der Leuchtraum. Die geringe Entfernung des Ölvorrathsraums vom Leuchtraum ist eine grofse Bequemlichkeit für die Wächter, welchen dadurch die Mühe erspart wird, den täglichen Ölbedarf mehrere Treppen hoch hinaufzubringen.

Das Licht auf dem *Skerryvore* Felsen wurde am 1ten Februar 1844 angezündet. Es ist ein Drehfeuer, welches einmal in jeder Minute in seinem hellsten Glanze sich zeigt, 150 F. hoch über dem Meere erhaben ist und so weit gesehen werden kann, als es die Krümmung der Erde erlaubt. Der Apparat besteht aus acht ringförmigen Linsen von 36,22 Zoll Focal-Distanz, welche sich um eine Lampe mit vier concentrischen Dochten drehen und einen hellen Blick hervorbringen, wenn die Axe einer derselben zwischen das Auge des Beobachters und die Flamme kommt. Oberhalb sind acht pyramidale Linsen von 19,68 Z. Focal-Distanz angebracht, 50 Gr. gegen den Horizont geneigt, und, entgegengesetzt, ebenfalls unter 50 Gr. gegen den Horizont geneigt, befinden sich acht Planspiegel; durch welche Anordnung das Licht, welches sonst, bei den verticalen Linsen vorbeigehend, nutzlos geblieben wäre, horizontal hinausgeworfen und die Wirkung verstärkt wird. Statt der Hohlspiegel, durch welche man gewöhnlich die unter die Hauptlinsen hinabgehenden Strahlen horizontal zurückwirft, sind vollkommen reflectirende Gürtel angebracht. Nach der Einrichtung des Thurms fanden sich noch verschiedene kleine Mängel. Die Baracke leistete noch sehr gute Dienste, indem sie den Arbeitern eine Wohnung gewährte, bis im Sommer 1843 alle Arbeiten vollendet waren und der vorläufige Bau abgetragen wurde.

In Folgendem sind die Kosten des Leuchtthurmbaues auf dem *Skerryvore* möglichst kurz angegeben.

Kosten der Errichtung des Skerryvore-Leuchtthurms und der Hülfswerke.

Etablissement zu *Hynisch.*

Es waren dies gröfstentheils ursprünglich nur Hülfsbauten; sie wurden aber so angeordnet, dafs der gröfsere Theil derselben bei der permanenten Einrichtung für den Leuchtthurmdienst bleiben konnte.

	Thlr.	Ggr.	Pf.	Thlr.	Ggr.	Pf.
Lohn für die verschiedenen Arbeiter, als Steinbrecher, Steinhauer u. s. w., zur Errichtung der Häuser und Baracken, Aufwerfen der Deiche u. s. w.	19975	18	8			
Baustoffe: Holz, Backstein, Eisenwerk, Glas u. s. w.	12081	-	4			
Dem Pachter von *Hynish* für den Gebrauch einer Scheune zum ersten Unterkommen der Arbeiter	86	16	-			
				32148	11	-

Erste Baracke auf dem *Skerryvore.*

	Thlr.	Ggr.	Pf.	Thlr.	Ggr.	Pf.
Material und Herstellung der Baracke .	5269	10	-			
Blei zum Befestigen derselben	97	4	4			
Eine Schmiede mit den dazu gehörigen Werkzeugen	219	17	-			
				5269	10	-
Bis hierher				37417	21	-

	Thlr.	Ggr.	Pf.	Thlr.	Ggr.	Pf.
Zweite Baracke auf dem *Skerryvore*. Bis hierher				37417	21	-
Material und Herstellung der Baracke, so wie für 4 Schreiner und 1 Schmied, welche von dem Unternehmer zur Errichtung der Baracke gestellt wurden	6078	2	8			
Zu der Baracke verwendetes Eisenwerk .	2463	21	4			
Blei zur Befestigung der Baracke und zum Schutz des Holzwerks der Küche	197	6	8			
Koch-Apparate	365	12	-			
Bettzeug	603	-	8			
Erhaltungskosten der Baracke	152	20	-			
				9860	15	8
Einrichtung der verschiedenen Wohnhäuser, Baracken u. s. w.				5539	17	11
Etablissement zu *North-Bay*.						
Lohn der Steinbrecher, Maurer, Schreiner u.s.w., welche bei dem Bau der Schuppen, Vorrathshäuser u. s. w. beschäftigt waren, . . .	2523	22	-			
Umwandlung der zweiten Baracke in eine einstweilige Wohnung für die Arbeiter . . .	2408	4	8			
Verschiedenes Hausgeräth u. s. w. . . .	87	11	4			
				5019	14	-
Steinbrüche zu *North-Bay*.						
Schienen und Holz zur Eisenbahn; so wie Holz und Eisenwerk zum Landungsdamm . .	875	-	8			
Lohn für das Brechen der Werkstücke, Verfertigung des Dammes, der Dienstbahn u.s.w. .	11681	18	-			
				12556	18	8
Einstweilige Eisenbahn und Quai auf dem *Skerryvore* Felsen.						
Zu diesen Bauten verwendetes Holz . .	692	20	-			
Eisenwerk zum Befestigen des Holzes, der Schienen u. s. w., und ein Apparat, um unter Wasser zu sprengen	795	20	-			
Bis hierher	1488	16	-	70394	15	3

	Thlr.	Ggr.	Pf.	Thlr.	Ggr.	Pf.
Bis hierher	1488	16	-	70394	15	3
Lohn für den Bau der Eisenbahn und Befestigung der Hölzer am Quai	230	3	4			
				1718	19	4
Aushöhlung der Baugrube auf dem *Skerryvore* Felsen, und Herstellung der Plateform zu *Hynish*.						
Lohn für die Aushebung der Fundamentgrube des Leuchtthurms	4060	18	4			
Eine tragbare Schmiede, und Werkzeuge zum Schmieden	145	6	8			
Bau der Plateform zu *Hynish*	883	11	4			
				5089	12	4
Bearbeitung der Werkstücke.						
Lohn für die Bearbeitung der Werkstücke und für die verschiedenen Transporte der Steine auf dem Werkplatz zu *Hynish*	57262	21	-			
Holz zu Chablonen, und Lohn für die Bearbeitung derselben	2566	6	8			
Kosten des Holzes u. s. w., und Lohn für die Errichtung der Schuppen für die Maurer .	6368	3	4			
				66197	7	-
Lebensmittel für die auf dem Felsen beschäftigten Leute während der ganzen Dauer der Arbeit	. .	. .	.	10026	4	-
Maschinen, Geräthe und Werkzeuge, so auf den Felsen zu *Hynish* und *North-Bay* gebraucht wurden.						
Für Geräthschaften und Werkzeuge, die von den verschiedenen Arbeitern gebraucht wurden .	7843	4	4			
Lohn der Schmiede und ihrer Gesellen für die Instandhaltung dieser Werkzeuge und Anfertigung neuer	6058	19	4			
Banlancierkrahn	3566	16	4			
Kosten d. Krahne, Winden, Ketten, Karren u. s. w.	10988	23	4			
				28447	15	4
Kosten des Transports der Werkstücke und anderer Gegenstände zu Lande.						
Drei grofse Zugpferde und ein Pony . .	849	23	-			
Bis hierher	849	23	-	121874	1	3

	Thlr.	Ggr.	Pf.	Thlr.	Ggr.	Pf.
Bis hierher	849	23	-	121874	1	3
Geschirr, Erhaltung desselben und andere Geräthschaften	785	12	-			
Pferdefutter für 7 Jahre	5724	21	4			
				7360	8	4
Mörtel.						
Kalk zu den verschiedenen Bauten . .	2209	21	4			
Puzzolane zum Bau des Leuchtthurms und des Hafens	2512	2	8			
Cement, Kitt und Gipsmörtel	262	6	8			
Lohn für das Zermahlen und Sieben der Puzzolane	812	21	8			
Gefäfse, um die Puzzolan-Erde am Bord der Schiffe abgesondert von andern Gegenständen zu transportiren	133	8	8			
				5932	13	-
Signalthurm zu *Hynish.*						
Brechen, Behauen, Versetzen der Steine und Ausführung der Tischler-Arbeiten . . .	2471	1	4			
Für Stein, Holz, Eisen und Blei . . .	3088	7	4			
Ein fünffüfsiges achromatisches Fernrohr mit Stativ	236	16	-			
Signale, Flaggen u. s. w.	76	20	-			
Apparate zur Beleuchtung des Landungsdammes und des Signalthurms zu *Hynish;* mit den Aufstellungskosten	442	8	-			
Öl und Anderes zur Beleuchtung . . .	908	13	8			
Besoldung der Wächter	877	4	8			
				8100	23	-
Skerryvore Dampfboot.						
Anschaffungskosten und vollständige Ausrüstung des Dampfboots	39533	15	4			
Veränderung der Maschinen	2821	16	-			
Ausbesserungen am Schiff und den Maschinen während des Gebrauchs	7048	1	4			
Bis hierher	49403	8	8	143267	21	4

	Thlr.	Ggr.	Pf.	Thlr.	Ggr.	Pf.
Bis hierher	49403	8	8	143267	21	4
Kosten der verschiedenen Fahrten, mit Ausnahme der Kosten für die zu *Hynish* eingenommenen Kohlen, und verschiedene kleinere Ausgaben	36923	15	6			
				86327	-	2
Das Fahrzeug „*The Queen.*"						
Anschaffungskosten und vollständige Ausrüstung desselben	6237	18	-			
Kosten der verschiedenen Fahrten und andere kleinere Ausgaben	6735	22	-			
Ausbesserungen	517	13	6			
				13491	5	6
Leichterschiffe zum Steintransport.						
Anschaffungs- und Ausrüstungskosten für 4 Leichterschiffe zum Transport der Werkstücke von *Hynish* nach dem *Skerryvore* Felsen	11111	20	4			
Für Zugleinen, Stricke u. s. w., so während des Baues verbraucht sind	1660	8	4			
Ausbesserungen und verschiedene kleine Ausgaben	1189	22	4			
Transport der Schiffe bei verschiedenen Gelegenheiten	391	22	8			
Unkosten beim Verkauf der Fahrzeuge	129	23	-			
				14484	-	8
Anker und Zubehör.						
Bojen zur Festlegung der Fahrzeuge in der *Hynish* Bay und in der Nähe des *Skerryvore* Felsens	1600	10	-			
Verschiedene gufseiserne und schmiedeeiserne gröfsere und kleinere Anker	1114	11	4			
Ketten, eiserne Ringe u. s. w.	2360	20	8			
Instandhaltung der Bojen	32	8	8			
				5108	2	8
Boote u. s. w.						
Acht Boote mit Rudern, Segeln u. s. w.	1386	15	6			
Bis hierher	1386	15	6	262678	6	4

	Thlr.	Ggr.	Pf.	Thlr.	Ggr.	Pf.
Bis hierher	1386	15	6	262678	6	4
Ausbesserungen	190	6	-			
Ausgaben für den Gebrauch mehrerer Boote mit Bemannung, um Materialien u. s. w. zu landen, ehe der Damm gebaut war	793	-	-			
				2369	21	6
Dem Eigenthümer der Fahrzeuge, welche die Werkstücke von *Mull* nach *Hynish* führten				8671	13	6
Fracht- und andere Kosten, den Eigenthümern gemietheter Fahrzeuge, welche Materialien u. s. w. herbeiführten				26969	21	-
Lohn der Arbeiter für das Entladen der Fahrzeuge am Damm zu *Hynish*, und für das Brechen der Steine zum Ballast und Transport derselben an Bord der Schiffe				6224	6	8
Reisekosten und andere Ausgaben, für den Transport der Arbeiter, einschliefslich der Reisediäten für die Beamten				11410	4	8
Kohlen für das Dampfschiff auf den Fahrten zwischen *Hynish* und dem Felsen; für häusliche Zwecke, für die Schmieden u. s. w.				9753	15	-
Schiefspulver zum Sprengen				2504	17	8
Der Leuchtthurm.						
Lohn der Arbeiter bei dem Bau des Leuchtthurms und beim Einschiffen der Werkstücke und Materialien zu *Hynish*	15877	4	8			
Bekleidungen und andere Tischler-Arbeiten für das Innere des Thurms	9435	-	8			
Holzpflöcke zur Sicherung der untern Schichten	270	2	8			
Fensterglas	562	10	8			
Angeln, Schlösser u. s. w. zu den Thüren und Fenstern	1458	9	8			
Bis hierher	27613	4	4	330582	10	4

	Thlr.	Ggr.	Pf.	Thlr.	Ggr.	Pf.
Bis hierher	27603	4	4	330582	10	4
14 kupferne Ölcisternen, eine Pumpe von Kupfer, Mafsstäbe u. s. w.	1843	6	-			
Gufseiserne Wasser- und Kohlenbehälter .	1071	6	-			
Ein grofser Koch-Apparat für die Küche, ein Ofen zur Erwärmung der untern Zimmer und gufseiserne Rauchröhren	785	20	8			
Ein Geländer von Glockenmetall zum Balcon	2277	16	8			
Eine Leiter von Glockenmetall, von dem Felsen zur Aufsenthür führend, ...	1297	18	8			
Ein gufseiserner Pfeiler, um den Boden des Leuchtraums zu unterstützen	116	4	8			
Ein Blitz-Ableiter von Glockenmetall, mit der Befestigung, ...	437	16	-			
Eine bleibende Eisenbahn von dem Landungsplatze bis zum Thurme, eine gufseiserne Plateform in der Nähe des Thurms und eine Landungstreppe	3290	13	4			
Ein Krahn am Landungsplatz	657	17	4			
Ein kupferner Flaggenstab und eine Kugel auf der Spitze des Thurms	443	13	4			
Eine Pumpe von Messing, um das Wasser aus dem Behälter in die Küche zu pumpen .	212	11	4			
Prämien der Seeleute für Dienste auf den Schiffen aufser der gewöhnlichen Zeit . . .	3027	12	-			
Prämien den aufser der gewöhnlichen Arbeitszeit auf dem Felsen beschäftigten Seeleute .	810	8	-			
Prämien dem Aufseher am Landungsplatze, dem Obmann der Maurer u. s. w.	644	-	-			
Hausgeräthschaften, Betten, Bücher u. s. w.	2032	-	-			
Verschiedene Ausgaben beim Bau des Leuchtthurms; Lohn der Arbeiter, welche zu ***Hynish*** Steine brachen, vor Eröffnung der Brüche zu ***North-Bay*** u. s. w.	9249	8	-			
Bis hierher	55800	8	4	330582	10	4

	Thlr.	Ggr.	Pf.	Thlr.	Ggr.	Pf.
Bis hierher	55800	8	4	330582	10	4
Kosten dreier Modelle vom Leuchtthurme .	148	4	-			
Gufseiserne Wasserbehälter, welche auf dem Felsen angebracht wurden	115	7	4			
Kosten des Grund und Bodens für das Etablissement zu ***Hynish***	955	10	8			
				57013	7	-
Eisen und Stahl zu den verschiedenen Bauten				8661	3	6
Leuchtraum und Leucht-Apparat.						
Kosten der gufseisernen Laterne, deren äufsere Seiten von Glockenmetall sind; Stiegen zum Reinigen und Putzen des Apparats; äufsere Leiter von Glockenmetall, und Lohn für die vom Unternehmer zum Aufrichten der Laterne gestellten Arbeiter	5761	4	-			
Glas zur Laterne	1788	4	-			
Kupfernes Dach der Laterne, mit dem innern Rahmenwerk und sonstigen Zubehör, so wie Lohn für die vom Unternehmer zum Aufrichten gestellten Arbeiter	2325	14	-			
Maschinerie des Dreh-Apparats, mit dem umschliefsenden Kasten von Messing; drei Pumpen, um den Brenner mit Öl zu versorgen, Ausgaben für Lampen u. s. w.; Rahmen von Glockenmetall für die ringförmigen Linsen, so wie Lohn für die vom Unternehmer zum Aufrichten gestellten Arbeiter	8296	20	-			
Herrn ***Francois*** zu ***Paris*** für 8 ringförmige Linsen, so wie 2 Linsen derselben Art zur Reserve; 8 pyramidale Linsen mit Spiegeln für den obern Theil, und ein katadioptrischer						
Bis hierher	18171	18	-	396256	20	10

	Thlr.	Ggr.	Pf.	Thlr.	Ggr.	Pf.	Thlr.	Ggr.	Pf.
Bis hierher				18171	18	-	456582	9	5
Apparat, um die untern Strahlen aufzufangen	5080	-	-						
Transport des Apparats nach *Leith*	527	6	8						
				5607	6	8			
Zwei Glocken nebst Reserveglocke zum Gebrauch bei nebligem Wetter, nebst dem Apparat, um dieselben mit der Maschinerie in Verbindung zu bringen				1140	4	8			
Ventilation des Leuchtraums, Glocken zum Verkehr des Leuchtraums mit den untern Räumen, hölzerne und messingne Modelle für die optischen Apparate u. s. w.				757	1	4			
							25676	6	8
Besoldungen, Agenturen und Bureaukosten.									
Besoldungen des Ingenieurs, Aufsehers, Verwalters u. s. w.				21750	3	4			
Besoldung der Agenten zu *Aberdeen* und *Greenock*				1964	15	4			
Bücher, Schreibmaterialien u. s. w. . .				663	14	8			
							24378	9	4
Verschiedene Ausgaben							2055	22	-
Wohnungen der Leuchtthurmwächter auf *Tyree*.									
Lohn der Arbeiter, welche die Steine für diese Gebäulichkeiten brachen, bearbeiteten und den Bau ausführten; so wie Lohn der bei diesen Bauten beschäftigten Schreiner				12622	1	4			
Holz und andere Stoffe zur Schreiner-Arbeit				3086	14	-			
Blei zu den Dächern, und Kosten um die Häuser mit Wasser zu versorgen				6426	4	-			
Backsteine zu Scheidewänden				490	-	-			
Pflasterung, Wasser-Cisternen u. s. w. .				602	23	4			
Fensterglas				137	10	-			
Bis hierher				23365	4	8	508692	23	5

	Thlr.	Ggr.	Pf.	Thlr.	Ggr.	Pf.
Bis hierher	23365	4	8	508692	23	5
Schlösser, Angeln u. s. w. an Thüren und Fenstern	742	19	4			
Hausgeräthe u. s. w.	1993	10	8			
				26101	10	8
Landungsdamm zu *Hynish.*						
Lohn der Maurer, Steinbrecher, Arbeiter u. s. w. für das Brechen, Behauen und Setzen der Steine	15339	1	-			
Schutzhölzer u. s. w.	1939	10	8			
				17278	11	8
Docke oder Hafen zu *Hynish.*						
Lohn der Arbeiter für das Brechen, Behauen und Setzen der Steine zu einer Brustwehr auf dem Landungsdamme; Erhöhung desselben um eine Lage, und sonstige Veränderungen; Aushöhlung des Felsens im Umfange des Hafens und Aushöhlung des Wasserbehälters, so wie Anlage der Gräben, um das Reservoir zu speisen; Brechen, Behauen und Versetzen der zum Bau des Hafens nöthigen Werkstücke u. s. w.	44510	4	-			
Material zu zwei Balkenthoren, und Holz zum Bau des Hafens.	1580	4	-			
Zwei Schützen mit Vorrichtung zum Heben der Thore	544	16	-			
Zwei eiserne Leitern für den Landungsdamm und den Hafen	87	6	-			
Boote, welche zu den Arbeiten gebraucht wurden; so wie Erhaltung derselben . . .	177	8	-			
Schlammpumpen, Erhaltung derselben u. s. w.	63	8	-			
Entschädigung der Pächter zu *Hynish* für die Gestattung der Gräben	33	8	-			
Zwei Signallampen, zwei Fackeln u. s. w.	38	5	4			
				47034	11	4
Zusammen				598782	7	4

	Thlr.	Ggr.	Pf.	Thlr.	Ggr.	Pf.
Bis hierher				598782	7	4
Davon geht ab:						
Für das verkaufte Dampfschiff ***Skerryvore*** .	10773	12	-			
Desgleichen für das Fahrzeug ***The Queen*** .	1333	8	-			
Für vier Transportschiffe	1500	-	-			
Für Pferde und Karren	400	-	-			
Für Geräthschaften, so verkauft oder zu andern Bauten benutzt sind	4922	22	8			
				18929	18	8
Bleibt an Gesammtbetrag der Kosten				579852	12	8

Schliefslich möge noch die ***Instruction für die Schottischen Leuchtthurmwächter***, so wie sie im Juni 1847 von der Leuchtfeuer-Commission angenommen wurde, mitgetheilt werden, da sie die beste Auskunft über den Dienst der Wächter giebt.

Instruction für die Wächter der Schottischen Leuchtthürme.

1. Die Lampen sollen von Sonnen-Untergang bis Sonnen-Aufgang immer hell und klar brennen. Damit möglichst helles Licht erlangt werde, müssen die Dochte von vier zu vier Stunden, oder wenn es nöthig ist noch öfter geputzt werden. Der Wächter, welcher die erste Wache hat, soll Sorge tragen, das Öl hinreichend lange vor dem Anzünden in die Brenner treten zu lassen.

2. Die Wächter sollen während der Nacht in dem Leuchtraum regelmäfsig und beständig Wache halten. Die erste Wache beginnt mit Sonnen-Untergang; die Wächter wechseln, so dafs Jeder einen Tag um den andern die erste Wache hält. Die Dauer einer Wache soll nicht vier Stunden übersteigen. Von October bis März, beide Monate eingeschlossen, soll die erste Wache um acht Uhr wechseln, immer aber mufs um Mitternacht der Wechsel Statt finden.

3. Auf den Stationen, welche nur einen Leuchtraum haben, soll die tägliche Arbeit in zwei Geschäftskreise getheilt werden und die Wächter wechseln mit denselben jeden Samstag Abend.

4. Der eine Wächter mufs unmittelbar nach der Morgen-Wache die Reflectoren und Refractoren poliren und reinigen, bis sie sich glänzend zeigen. Er mufs die Lampen reinigen und den Brennern Dochte geben, Öl aufgiefsen; überhaupt den ganzen Apparat für den Abend in Stand setzen.

5. Der andere Wächter hat das Glas der Laterne, die Lampengläser, das Kupfer- und Messingwerk, die Wände, den Boden und den Balcon des Leuchtraums zu reinigen; so wie die Maschinerie und die andern Apparate, welche zur Beleuchtung gehören; die Treppen, Thüren und Fenster vom Leuchtraum bis zum Ölkeller.

6. Zur bessern Reinigung des Glases der Laterne und zur bessern Handhabung der Lampen beim Anzünden sollen vom ersten October bis letzten März, während der ersten Stunde der Wache, *beide* Wächter im Leuchtraume den Dienst haben. In den monatlichen Berichten soll angegeben werden, dafs diese doppelten Wachen begonnen oder aufgehört haben.

7. Auf den zwei Leuchträume enthaltenden Stationen soll jeder Wächter die sämmtliche Arbeit in dem Leuchtraume verrichten, welcher demselben speciell überwiesen ist. Nach der ersten Stunde der ersten Wache mufs der Wachthabende den ganzen Dienst des Putzens der Dochte und der Beobachtung des Lichts in beiden Leuchträumen versehen, bis seine Wache abgelaufen ist.

8. Der Wachthabende soll unter keinem Vorwande den Leuchtraum, den Balcon, oder, auf Stationen wo sich zwei Leuchtfeuer befinden, den Gang zwischen denselben verlassen. In jedem Leuchtraume ist eine Glocke angebracht, um den abwesenden Wächter herbeizurufen. Hält der Wachthabende die Gegenwart oder den Beistand des abwesenden Wächters nothwendig, so läutet er; der andere Wächter mufs dasselbe Signal zurückgeben und sogleich erscheinen. Beim Wechsel der Wache werden auf gleiche Weise die Glocken geläutet; der Wachthabende mufs, auf seine Gefahr, so lange im Leuchtraume bleiben, bis die Ablösung erfolgt.

9. Sollte die Glocke des Wachthabenden den Dienst versagen, so soll er die Hausglocke ziehen, um einige Bewohner aufzuwecken, welche den zweiten Wächter hinaufzusenden haben.

10. Der erste Wächter ist für die Sicherheit und die gute Ordnung der Vorräthe, Werkzeuge und Apparate verantwortlich; so wie dafür, dafs Jedes zum rechten Zwecke verwendet und an seinem rechten Platze gehalten werde. Er hat Sorge zu tragen, dafs Vorräthe und Materialien nicht ver-

schwendet werden; er soll die gröfste Sparsamkeit beobachten und die beste Anordnung treffen, um in jeder Hinsicht das vollkommenste Licht zu erzielen.

11. Der erste Wächter soll täglich die Bedürfnisse an Öl und andern Dingen zum Gebrauch im Leuchtraume verabfolgen lassen. Das Öl wird von dem Gehülfen unter seiner Aufsicht gemessen.

12. Die Wächter sollen in das Journalbuch, welches auf jeder Station offen liegt, den täglichen Verbrauch an Öl, die Witterung und andere Ereignisse eintragen; und zwar sogleich nachdem sie Statt gefunden haben. An dem ersten Tage jedes Monats müssen die Wächter eine genaue Abschrift des Journals für den vorhergehenden Monat aufsetzen und dem Ingenieur übersenden.

13. Die Wächter sind verbunden, Kunde von Schiffbrüchen zu nehmen, welche etwa in dem District des Leuchtthurms vorkommen, und solche in ein zu diesem Zwecke auf jeder Station niedergelegtes Buch einzutragen. Es ist anzugeben, ob das Licht von Jemand am Bord des verunglückten Fahrzeuges gesehen und erkannt wurde, und wie lange vorher man es sah, ehe das Schiff scheiterte. Eine Abschrift dieser Angaben ist dem Ingenieur sogleich zu übersenden.

14. Es soll ein Buch, welches das Verzeichnifs der den Leuchtthurm passirenden Schiffe enthält, geführt werden. Im Januar ist das Verzeichnifs der in jedem Monat des vergangenen Jahres vorbeigekommenen Schiffe dem Ingenieur zu übersenden.

15. Die monatlichen- und Schiffbruch-Nachrichten sind von dem Gehülfen zu schreiben, die sie begleitenden Briefe von dem ersten Wächter; die Abschriften sind sorgfältig mit dem Original zu vergleichen, von beiden Wächtern zu unterzeichnen und dem Ingenieur baldmöglichst zu übersenden.

16. Um den in Reserve gestellten Wächter in Übung zu erhalten, soll derselbe von dem ersten Wächter im Januar auf 14 Tage zum Dienste berufen werden, und es ist dies in den monatlichen Berichten zu bemerken.

17. Der erste Wächter ist verantwortlich für die Regelmäfsigkeit der Nachtwachen, für die Reinheit und gute Ordnung der Reflexions- und Refractions-Apparate, der Maschinen und Geräthschaften, und für die treue Verrichtung des gesammten Dienstes im Leuchtraume.

18. Der erste Wächter ist ferner verantwortlich für die gute Ordnung der gelieferten Möbel, sowohl im eigenen, als im Hause des Gehülfen. Er hat

ferner für die Reinlichkeit der verschiedenen Zimmer, Gänge, Treppen, Wasser-Cisternen, Vorrathsräume, Zugänge zu dem Leuchtthurm u. s. w. zu sorgen.

19. Die Wächter sollen trachten, die den Leuchtthurm umgebenden Dämme in guter Ordnung zu halten und auszubessern, so wie auch die Landungsplätze und die Strafsen, welche von denselben nach dem Leuchtthurme führen.

20. Wenn Materialien und Anderes gelandet werden, müssen die Wächter Beistand leisten. Der erste Wächter mufs sich dabei so viel möglich von der Quantität und Beschaffenheit der Vorräthe überzeugen.

21. Auf allen Stationen, wo Torf gebrannt wird, mufs für einen solchen Vorrath gesorgt werden, dafs immer der Rest aus dem vorhergehenden Jahre noch bis zum Ende des laufenden reicht.

22. Sollte irgend ein Vorrath den Wächtern unzureichend scheinen, so dafs dadurch möglicherweise die regelmäfsige Erscheinung des Lichts gefährdet werden könnte, so haben sie dem Ingenieur sogleich Nachricht davon zu geben und nöthigenfalls auf einige Zeit die Anzahl der brennenden Dochte zu vermindern.

23. Es ist den Wächtern verboten, Handel oder sonst ein Gewerbe zu treiben. Sie dürfen keine Kostgänger oder Miether in ihren Wohnungen haben; auch ist es ihnen verboten, Hunde zu halten.

24. Die Wächter haben darauf zu achten, dafs nicht Schmuggelgüter in und um den Leuchtthurm niedergelegt oder irgendwie verborgen werden.

25. Die Wächter haben die Erlaubnifs auszugehen, um ihren Gehalt einzuziehen und, wenn es möglich, zur Kirche zu gehen; der Gehülfe mufs, wenn er ausgehen will, den ersten Wächter um Zustimmung und Angabe der geeigneten Zeit bitten; der erste Wächter hat seine Absicht, das Haus zu verlassen, dem Gehülfen anzuzeigen. In keinem Falle dürfen aber *beide* Wächter das Gebäude verlassen.

26. Wenn der erste Wächter abwesend ist, oder durch Krankheit an Wahrnehmung seines Dienstes verhindert wird, fällt die ganze Last des Dienstes auf den Gehülfen, welcher in diesem Falle Zutritt zu den Vorräthen bekommt und die Verantwortlichkeit des ersten Wächters übernehmen mufs. Der Reserve-Wächter wird dann sofort einberufen und in den monatlichen Berichten, oder durch einen besondern Brief, sollten die Umstände es erfordern, wird der Ingenieur davon benachrichtigt.

27. Die Wächter sollen nüchtern und fleifsig, reinlich am Körper, wie an Kleidung, und ordentlich in ihren Familien sein; sie sollen höflich

gegen Fremde sein und das Gebäude in Stunden zeigen, an welchen es ihnen die Dienstpflichten erlauben. Nach Sonnen-Untergang darf aber kein Fremder in den Leuchtraum eintreten. Es darf unter keinem Vorwande weder Geld noch eine sonstige Belohnung von den Fremden genommen werden.

28. Die Wächter müssen in Uniform erscheinen, sowohl wenn ein Vorgesetzter die Station besucht, als auch an Sonn- und Feiertagen. An den letzteren Tagen soll von Mittag bis Abend, wenn das Wetter es gestattet, durch den Gehülfen die Leuchtthurmflagge aufgezogen werden. Ist derselbe abwesend, so thut es der erste Wächter.

29. Diese Instructionen sollen in dem Leuchtraume von dem ersten Wächter dem Gehülfen vorgelesen werden, bevor der Lohn ausgezahlt wird, und es ist solches in den monatlichen Berichten zu erwähnen.

30. Im Fall einer Vernachlässigung der Pflichten, welche von den Wächtern verlangt werden, hat der schuldige Theil, in Verbindung mit den übrigen Wächtern der Station, sofort dem Ingenieur Anzeige davon zu machen, Im Fall ein Theil diese Benachrichtigung versäumt, oder verweigert, hat der andere die Anzeige in seinem eigenen Namen zu machen.

31. Die Nichtbeachtung dieser Instruction zieht dem Wächter Entlassung, oder eine Strafe zu, welche der Art des Vergehens angemessen ist.

32. Man wünscht, dafs der erste Wächter für die Bewohner jeden Sonntag Gottesdienst halte, indem er aus der Bibel und andern religiösen Büchern, welche geliefert werden sollen, ihnen vorlieset. Der erste Wächter wird zu diesem Zwecke die Bewohner des Leuchtthurms einladen, am Mittag in dem Zimmer des inspicirenden Vorgesetzten sich zu versammeln.

33. Diese allgemeinen Bestimmungen schliefsen nicht die Ausgabe einzelner Befehle oder besonderer Instructionen aus, für einzelne Leuchtthürme.

Namen der Leuchtthürme.	Art der Feuer.	Zeitdauer einer Umdrehung der Drehfeuer.	Sichtbarkeit bei hellem Wetter. Geogr. Meilen.
Leuchtthurme am Schwarzen, Asovschen und Mittelländischen Meere (mit Ausnahme der französischen Küste).			
Leuchtthurm von *Odessa*	festes Feuer	. . . .	4,5
Leuchtthurm von *Tendra*	Drehfeuer	1 Min. 10 Sec.	4
Leuchtthurm von *Tarkhankoute* . . .	festes Feuer	. . . .	. .
Leuchtthurm des Cap *Chersonesus* . . .	Drehfeuer	weifs während 3 Min., roth während 1 Min.	. .
Leuchtthurm auf der Insel *Candia* . . .	festes Feuer	. . . .	. .
Leuchtthurm der Insel *Paxo*	festes Feuer	. . . .	. .
Leuchtthurm von *Corfu*	festes Feuer	. . . .	. .
Leuchtfeuer am Hafen von *Marsala* in Sicilien	. . . . . .	. . . .	. .
Leuchtthurm von *Triest*	Drehfeuer	50 Sec.	3
Leuchtthurm auf der *Punte Bianche* auf der Insel *Grossa* in *Dalmatien*	festes Feuer	. . . .	4
Leuchtthurm auf der Insel *Tino*	festes Feuer	. . . .	$3\frac{3}{4}$
Leuchtthurm von *Villefranche* in *Piemont*	Drehfeuer	. . . .	$4\frac{1}{2}$
Leuchtthürme am Weifsen Meere und der Ostsee.			
Leuchtthurm der Insel *Mondjonet* bei *Archangel*	festes Feuer	. . . .	4
Leuchtthurm von *Porkala-Udd* im finnischen Meerbusen	festes Feuer	. . . .	$4\frac{3}{4}$
Leuchtthurm von *Pakolanizk*	Drehfeuer	3 Min.	. .
Leuchtthurm von *Hango-Udd* an der Mündung des fiinnschen Meerbusens	Drehfeuer	3 Min.	3,75
Leuchtthurm von *Hulte*	festes Feuer	. . . .	. .
Leuchtthurm der Insel *Enscar*	festes Feuer	. . . .	4,5
Leuchtthurm von *Vielsand*	festes Feuer	. . . .	. .
Leuchtthurm von *Svartklubben* in Schweden	Drehfeuer	2 Min.	. .

Jahr der Errichtung.	Art des Beleuchtungs-Apparats.	Bemerkungen.
. . .	. . . .	Das Licht ist 10 Minuten sichtbar, die Verfinsterung dauert 1 Minute.
1839		
1831	katoptrischer Apparat	Das Feuer besteht aus 60 gewöhnlichen Lampen.
1830		
den 1 Oct. 1848 in Wirksamkeit getreten	*Argand*scher Apparat mit 4 parabol. Reflect.	
1833	katoptrischer Apparat	Das Feuer besteht aus 42 Lampen.
d. 1 Jan. 1849 in Wirksamkeit getreten	*Fresnel*scher Apparat dritter Classe	Lage des Thurms 44 Gr. 9 Min. NB. und 12 Gr. 29 Min. 30 Sec. O.L. von Paris. Das Licht wird alle 3 Minuten von einem hellen Blick unterbrochen, dem eine kurze Verfinsterung vorangeht und nachfolgt.
1839	Lentillenfeuer	
1839	Lentillenfeuer	
1839	. . . .	Das Feuer wird nur von August bis October angezündet.
1838	katoptrischer Apparat	Der Beleuchtungs-Apparat besteht aus 13 Lampen.
1828		
1838	katoptrischer Apparat	Der Beleuchtungs-Apparat besteht aus 9 Lampen.
1828		
1828	katoptrischer Apparat	Der Beleuchtungs-Apparat besteht aus 9 Lampen.
1838		
. . .	. . . .	Das Feuer zeigt während einer Umdrehung 3 helle Blicke. Erst im Mai 1844 wurde das Drehfeuer eingerichtet.

Namen der Leuchtthürme.	Art der Feuer.	Zeitdauer einer Umdrehung der Drehfeuer.	Sichtbarkeit bei hellem Wetter. Geogr. Meilen.
Leuchtthurm von ***Robert Houst***	Drehfeuer	6 Min.	4
Leuchtthurm von ***Riga,*** an der Mündung der ***Düna***	2 feste Feuer	. . . .	4 1,75
Leuchtthurm von ***Zirlich*** auf der Insel ***Egel***	2 feste Feuer	. . . .	. .
Leuchtthurm der Insel ***Runo***	. . . . . .	. . . .	. .
Leuchtthurm der Insel ***Filgand***	2 Drehfeuer	1 Min.	3,75
Leuchtthurm der Insel ***Eckholm***	festes Feuer	. . . .	. .
Leuchtthurm von ***Seskar***	festes Feuer	. . . .	. .
Leuchtthurm von ***Talbeacon***	festes Feuer	. . . .	. .
Leuchtthurm auf ***Ostergarns Holm*** (Ostseite Gothlands)	festes Feuer	. . . .	3,5
Leuchtthurm von ***Filsand***	Drehfeuer	. . . .	. .
Leuchtthurm von ***Arcona*** (Rügen) . . .	. . . . . .	. . . .	. .
Schottische Leuchtthürme.			
Leuchtthurm von ***Inchkeith***	Drehfeuer	. . . .	4,5
Leuchtthurm der Insel ***May***	2 feste Feuer	. . . .	5,25 3,75
Leuchtthurm von ***Bell-Rock***	Drehf., abwechselnd ein rothes und weifses Licht	2 Min.	3,5
Leuchtthurm von ***Girdleness***	zwei feste Feuer über einander	. . . .	4,75 4
Leuchtthurm von ***Buchaness***	Drehfeuer, jede 5 Sec. ein Blick	5 Sec.	4
Leuchtthurm von ***Kinnairdhead***	festes Feuer	. . . .	3,75
Leuchtthurm von ***Covesea Skerries*** . .	Drehfeuer, jede Minute einmal in hellstem Glanz erscheinend	. . . .	4,5
Leuchtthurm von ***Chanoury Point*** . . .	festes Feuer	. . . .	2,75

…es …von …te …rne …sis.	Jahr der Errichtung.	Art des Beleuchtungs-Apparats.	Bemerkungen.
	1838	katoptrischer Apparat	Die 15 Reflectoren des Apparats haben 1,7 F. im Durchmesser, 0,7 F. Tiefe und sind in 5 Gruppen vertheilt. Bei jeder Umdrehung wechselt das Licht dreimal mit der Dunkelheit; das Licht ist 70 Sec. sichtbar, die Verdunkelung dauert 50 Sec.
.	1818	katoptrischer Apparat	
.	1821		
.	1821		
.	1821		
.	1821		
.	1821		
.	1821		
.	. . .	Lentillenfeuer 3. Classe	Die jetzige Einrichtung besteht erst seit dem ersten October 1848; früher geschah die Beleuchtung durch ein Steinkohlenfeuer.
.	in Wirksamkeit getreten den 1. Febr. 1850. 1827	. . . .	Dieser Leuchtthurm wurde 1849 an der Stelle zweier hölzerner Leuchtthürme, die wegen Baufälligkeit abgebrochen werden mufsten, errichtet. Der Apparat giebt einen hellen Schein, der 2 Minuten dauert, worauf die Verdunkelung von 1 Minute erfolgt.
.	1804	. . . .	Lage: 56 Gr. 2 Min. NL. und 3 Gr. 8 Min. WB.
. .	1816 1844	. . . .	Lage: 56 Gr. 11 Min. NL. und 2 Gr. 33 Min. WB.
.	1811	. . . .	Lage: 56 Gr. 26 Min. NL. und 2 Gr. 23 Min. WB.
.	1833	. . . .	Lage: 57 Gr. 8 Min. NB. und 2 Gr. 3 Min. WL.
.	1827	. . . .	Lage: 57 Gr. 28 Min. NB. und 1 Gr. 46 Min. WL.
.	1787	. . . .	Lage: 57 Gr. 42 Min. NB. und 2 Gr. WL.
.	1846	. . . .	Lage: 57 Gr. 43 Min. NB. und 3 Gr. 20 Min. WL. In südöstlicher Richtung erscheint das Licht roth.
.	1846	. . . .	Lage: 57 Gr. 35 Min. NB. und 4 Gr. 5 Min. WL.

Namen der Leuchtthürme.	Art der Feuer.	Zeitdauer einer Umdrehung der Drehfeuer.	Sichtbarkeit bei hellem Wetter. Geogr. Meilen.
Leuchtthurm von *Cromarty Point* . . .	festes Feuer	. . . .	2,25
Leuchtthurm von *Tarbetness*	Intermittirendes Feuer. Das plötzlich hervortretende Licht hält $2\frac{1}{2}$ Minuten an und tritt darauf eine Verdunkelung von einer halben Minute ein.	. . . .	4,5
Leuchtthurm von *Nosshead*	Drehfeuer	. . . .	3,45
Leuchtthurm von *Dunnethead*	festes Feuer	. . . .	5,75
Leuchtthurm von *Pentland Skerries* . .	2 feste Feuer	. . . .	{ 4,5 4
Leuchtthurm von *Start Point*	Drehfeuer, jede Minute im höchsten Glanz erscheinend.	1 Min.	3,75
Leuchtthurm von *Sumburgh Head* . . .	festes Feuer	. . . .	5,5
Leuchtthurm von *Cape Wrath*	Drehf., jede 2 Min. 1 rothes u. weifses Licht zeigend.	. . . .	6,25
Leuchtthurm von *Island Glass*	festes Feuer	. . . .	4
Leuchtthurm von *Barrahead*	Intermittirendes Feuer. Das plötzlich sich zeigende Licht hält $2\frac{1}{2}$ Min. an und wird dann eine halbe Min. verdunkelt.	. . . .	8
Leuchtthurm von *Andramurchan* in der Grafschaft *Argyle*	festes Feuer	. . . .	4,5
Leuchtthurm auf den *Sanda*-Klippen in der Grafschaft *Argyle*	festes Feuer	. . . .	$3\frac{3}{4}$

Jahr der Errichtung.	Art des Beleuchtungs-Apparats.	Bemerkungen.
1846	. . . .	Lage: 57 Gr. 41 Min. NB. und 4 Gr. 2 Min. WL. Das Feuer erscheint roth.
1830	. . . .	Lage: 57 Gr. 51 Min. NB. und 8 Gr. 48 Min. WL. In südlicher und südwestlicher Richtung ist das Feuer immer sichtbar.
in Wirksamkeit getreten den 18. Juni 1849.	. . . .	Lage: 58 Gr. 28 Min. 38 Sec. NB. und 3 Gr. 3 Min. 5 Sec. WL. Jede halbe Minute zeigt der Apparat einen hellen Blick. Von SW. $\frac{1}{4}$W. — NO. $\frac{3}{4}$N., in südöstlicher Richtung, zeigt sich das Feuer in gewöhnlicher Farbe; NO. $\frac{3}{4}$N. — WNW. in nördlicher Richtung aber roth.
1831	. . . .	Lage: 58 Gr. 40 Min. NB. und 3 Gr. 21 Min. WL.
1794	. . . .	Lage: 58 Gr. 41 Min. NB. und 2 Gr. 55 Min. WL.
1806	. . . .	Lage: 59 Gr. 17 Min. NB. und 2 Gr. 23 Min. WL.
1821	. . . .	Lage: 59 Gr. 51 Min. NB. und 1 Gr. 16 Min. WL.
1828	. . . .	Lage: 58 Gr. 37 Min. NB. und 5 Gr. WL.
1789	. . . .	Lage: 57 Gr. 52 Min. NB. und 6 Gr. 33 Min. WL.
1833	. . . .	Lage: 56 Gr. 48 Min. NB. und 7 Gr. 38 Min. WL.
in Wirksamkeit getreten den 1. Dec. 1849.		
in Wirksamkeit getreten den 1. Jan. 1850.	. . . .	Das Licht erscheint roth.

Namen der Leuchtthürme.	Art der Feuer.	Zeitdauer einer Umdrehung der Drehfeuer.	Sichtbarkeit bei hellem Wetter. Geogr. Meilen.
Leuchtthurm von *Lismore*	festes Feuer	. . . .	3,75
Leuchtthurm auf den *Skerryvore* Klippen .	Drehfeuer, einmal in jeder Minute im höchsten Glanz erscheinend	. . . .	4,5
Leuchtthurm von *Rhins of Islay* . . .	jede 5 Sec. einen Blick zeigend	12 Min.	4,25
Leuchtthurm von *Mull of Kyntyre* . .	festes Feuer	. . . .	5,5
Leuchtthurm von *Pladda*	zwei feste übereinander liegende Feuer	. . . .	4 3,25
Leuchtthurm von *Corsewall*	Drehf., jede 2 Min. abwechselnd ein rothes und ein weifses Licht zeigend	2 Min.	3,75
Leuchtthurm von *Loch Ryan*.	festes Feuer	. . . .	2,5
Leuchtthurm von *Mull of Galloway* . .	Intermittirend. Das plötzlich erscheinende Licht hält 2½ Min. an u. wird dann ½ Min. verdunkelt	. . . .	5,75
Leuchtthurm von *Little Ross*	jede 5 Sec. einen Blick zeigend	. . . .	4,5
Leuchtthurm des *Point of Ayre* . . .	Drehfeuer mit abwechselnd rothem u. weifsem Lichte	. . . .	3,75
Leuchtthurm von *Calf of Man*	2 Drehfeuer	2 Min.	6 5,5
Englische und Irische Leuchtthürme.			
Feuer von *Harwick*	2 feste Feuer	. . . .	. .
Feuer auf dem *Spurn Point* (*Humber* Flufs)	2 feste Feuer	. . . .	. .
Leuchtthurm auf dem *Edystone*	. . . . . .	. . . .	. .

...es von ...te ...ne ...sis.	Jahr der Errichtung.	Art des Beleuchtungs-Apparats.	Bemerkungen.
.	1833	. . . .	Lage: 56 Gr. 30 Min. NB. und 5 Gr. 38 Min. WL.
	1844	. . . .	Lage: 56 Gr. 19 Min. NB. und 7 Gr. 7 Min. WL.
.	1825	. . . .	Lage: 55 Gr. 41 Min. NB. und 6 Gr. 29 Min. WL.
.	1787	. . . .	Lage: 55 Gr. 1 Min. NB. und 5 Gr. 49 Min. WL.
.	1790	. . . .	Lage: 55 Gr. 26 Min. NB. und 5 Gr. 7 Min. WL.
.	1817	. . . .	Lage: 55 Gr. 1 Min. NB. und 5 Gr. 9 Min. WL.
.	1847	. . . .	Lage: 54 Gr. 58 Min. NB. und 5 Gr. 2 Min. WL.
.	1830	. . . .	Lage: 54 Gr. 38 Min. NB. und 4 Gr. 51 Min. WL.
.	1843	. . . .	Lage: 54 Gr. 46 Min. NB. und 4 Gr. 5 Min. WL.
.	1818	. . . .	Lage: 54 Gr. 25 Min. NB. und 4 Gr. 22 Min. WL.
.	1818	. . . .	Lage: 54 Gr. 3 Min. NB. und 4 Gr. 49 Min. WL.
}	1818		
}	1776		
	1758	seit 1807 geschieht die Beleuchtung durch *Argand*sche Lampen und parabol. Reflectoren	

Namen der Leuchtthürme.	Art der Feuer.	Zeitdauer einer Umdrehung der Drehfeuer.	Sichtbarkeit bei hellem Wetter. Geogr. Meilen.
Leuchtthurm von ***Leasowe***	Drehfeuer	. . . .	4
Leuchtthurm auf dem ***Black Rock*** bei ***Liverpool***	Drehfeuer wechselnd roth und weifses Licht zeigend	3 Min.	3,75
Leuchtthurm von ***Hocktower***	festes Feuer	. . . .	4,25
Leuchtthurm von ***Tuskar***	Drehfeuer	2 Min.	3,75
Leuchtthurm von ***Carlingford***	2 feste Feuer	. . . .	3,75
Französische Leuchtthürme.			
Leuchtthurm von ***Dünkirchen*** (erster Classe)	Drehfeuer	. . . .	. .
Leuchtthurm von ***Gravelines*** (3. Cl.) . .	festes Feuer	. . . .	. .
Leuchtthurm von ***Cayeux*** (3. Cl.) . . .	Drehfeuer	es zeigen sich Blicke in Zwischenräumen von 4 Min.	3,75
Leuchtthurm von ***Ailly***	Drehfeuer	80 Sec.	4,5
Zwei Leuchtthürme von ***La Hève***, nördlich von ***Havre***	feste Feuer	. . . .	4,5
Leuchtthurm von ***Barfleur*** (1. Cl.) . . .	Drehfeuer	Verdunkelungen von 30 zu 30 Sec.	5,25
Leuchtthurm des Cap ***Hogue***	festes Feuer	. . . .	4,5
Leuchtthurm des Cap ***Frehel***	Drehfeuer	Verdunkelungen von 165 zu 165 Sec.	4,5
Leuchtthurm von ***Bréhat*** (1. Cl.) . . .	festes Feuer	. . . .	4,5
Leuchtthurm der Insel ***Batz*** (1. Cl.) . .	Drehfeuer	Verdunkelungen von 1 zu 1 Min.	6
Leuchtthurm der Insel ***Ouessant*** (1. Cl.) .	festes Feuer	. . . .	4,5
Leuchtthurm von ***Saint-Matthieu*** (2. Cl.)	Drehfeuer	Verdunkelungen von 30 zu 30 Sec.	4,5

s on e ne sis.	Jahr der Errichtung.	Art des Beleuchtungs-Apparats.	Bemerkungen.
	1830		
	1830	katoptrischer Apparat	Das Feuer besteht aus den Flammen von 30 *Argand*schen Lampen. Bei nebligem Wetter läfst man eine Glocke ertönen. Eine schwarze Kugel auf dem Balcon bei Tage und ein im untern Theil des Thurms angebrachtes Licht bei Nacht, zeigen 11,5 F. Wassertiefe in der Passage an.
	1791	katoptrischer Apparat	
	1815	katoptrischer Apparat	Bei nebligem Wetter läfst man jede halbe Minute eine Glocke ertönen.
	1823	katoptrischer Apparat	
90	. . .	Lentillenfeuer	
	. . .	. . . .	Die Kosten für den Thurm betrugen 7500 Thlr.
	1835	. . . .	Die Kosten für den Thurm betrugen 6000 Thlr.; jährlicher Ölverbrauch 1808 Pfd.; jährliche Ausgaben, den Gehalt des Wächters, so wie bei den folgenden Angaben eingeschlossen, 620 Thlr.
.	. . .	katoptrischer Apparat	
.	. . .	katoptrischer Apparat	Jährlicher Verbrauch an Öl 10850 Pfd.; jährliche Ausgaben 1464 Thlr. Jeder Thurm enthält 10 grofse Reflectoren.
	1835	Lentillenfeuer	Kosten für den Thurm 121900 Thlr.; jährlicher Ölverbrauch 6773 Pfd.; jährl. Ausgaben 1000 Thlr.
	1837	Lentillenfeuer	Kosten für den Thurm 83750 Thlr.; Kosten für den Beleuchtungs-Apparat 9750 Thlr.; jährlicher Ölverbrauch 6773 Pfd.; jährliche Ausgaben 1108 Thlr.
.	. . .	katoptrischer Apparat	Jährlicher Ölverbrauch 4387 Pfd.; jährliche Ausgaben 940 Thlr.
	1840	Lentillenfeuer	Die Gesammtkosten beliefen sich auf 132 000 Thlr.
	1836	Lentillenfeuer	Die Kosten für den Thurm betrugen 26930 Thlr.; jährlicher Ölverbrauch 6773 Pfd.; jährliche Ausgaben 946 Thlr.
.	. . .	Lentillenfeuer	
.	. . .	Lentillenfeuer	

Namen der Leuchtthürme.	Art der Feuer.	Zeitdauer einer Umdrehung der Drehfeuer.	Sichtbarkeit bei hellem Wetter. Geogr. Meilen.
Leuchtthurm der Insel *Sein* (1. Cl.) . .	Blinkfeuer	Blicke zeigend in Zwischenräumen von 4 Min.	5,25
Leuchtthurm von *Penmark* (1. Cl.) . . .	Drehfeuer	Verdunklungen von 30 zu 30 Sec.	5,25
Leuchtthurm der Insel *Groix* (1. Cl.) . .	festes Feuer	. . . . . .	4,5
Leuchtthurm von *Belle-Isle* (1. Cl.) . .	Drehfeuer	Verdunklungen von 1 zu 1 Min.	6
Leuchtthurm von *Pilier* (2. Cl.) in der Nähe von *Noirmoutiers*	Blinkfeuer	Blicke zeigend in Zwischenräumen von 15 Min.	4,5
Leuchtthurm auf der Insel *Yeu* (1. Cl.) .	festes Feuer	. . . . . .	4,5
Leuchtthurm von *Charme*	festes Feuer	. . . . . .	. .
Leuchtthurm auf der Insel *Ré*	Drehfeuer	Verdunklungen von 1 zu 1 Min.	. .
Leuchtthurm von *Chassiron* (1. Cl.) . .	festes Feuer	. . . . . .	4,5
Leuchtthurm von *Cordouan* (1. Cl.) . .	Drehfeuer	Verdunklungen von 1 zu 1 Min.	6
Leuchtthurm von *Arcachon* (1. Cl.) . .	festes Feuer	. . . . . .	6,75
Leuchtthurm von *Biarritz* (1. Cl.) . . .	Drehfeuer	Verdunklungen von 30 zu 30 Sec.	5,25
Leuchtthurm auf der Mole *St. Louis* zu *Cette*	festes Feuer	. . . . . .	2,25
Leuchtthurm von *Faraman* (1. Cl.) . .	festes Feuer	. . . . . .	4,5
Leuchtthurm auf dem *Planier*-Felsen (1. Cl.)	Drehfeuer	Verdunklungen von 30 zu 30 Sec.	5,25
Leuchtthurm des Cap *Camarat* (1. Cl.) .	Drehfeuer	Verdunklungen von 1 zu 1 Min.	. .
Leuchtthurm von *Antibes* (1. Cl.) . . .	festes Feuer	. . . . . .	4,5
Leuchtthurm von *Algier*	Drehfeuer	Verdunklungen von 30 zu 30 Sec.	3,75
Niederländische Leuchtfeuer.			
Feuer von *Terschelling*	Drehfeuer	1 Min.	5
Feuer der Küste von *Vieland*	festes Feuer	. . . . . .	3

…es …on …te …ne sis.	Jahr der Errichtung.	Art des Beleuchtungs-Apparats.	Bemerkungen.
	1839	Lentillenfeuer	Gesammtkosten 32 530 Thlr.; jährlicher Ölverbrauch 6773 Pfd.; jährliche Ausgaben 1190 Thlr.
	1835	Lentillenfeuer	Gesammtkosten 25 910 Thlr.; jährlicher Ölverbrauch 6773 Pfd.; jährliche Ausgaben 930 Thlr.
	1839	Lentillenfeuer	Gesammtkosten 28 000 Thlr.; jährlicher Ölverbrauch 6773 Pfd.; jährliche Ausgaben 950 Thlr.
	1836	Lentillenfeuer	Gesammtkosten 126 000 Thlr.; jährlicher Ölverbrauch 6773 Pfd.; jährliche Ausgaben 1050 Thlr.
	. . .	Lentillenfeuer	Jährlicher Ölverbrauch 4579 Pfd.; jährliche Ausgaben 1100 Thlr.
	. . .	Lentillenfeuer	Jährl. Ölverbr. 6773 Pfd.; jährl. Ausg. 1094 Thlr.
	. . .	katoptrischer Apparat	Jährl. Ölverbr. 3188 Pfd.; jährl. Ausg. 600 Thlr.
	. . .	katoptrischer Apparat	Jährlicher Ölverbrauch 5446 Pfd.; jährliche Ausgaben 1000 Thlr.
	1836	Lentillenfeuer	Gesammtkosten 49 000 Thlr.; jährlicher Ölverbrauch 6773 Pfd.; jährliche Ausgaben 960 Thlr.
	1810	Lentillenfeuer	Jährlicher Ölverbrauch 6773 Pfd.; jährliche Ausgaben 1870 Thlr. Der katoptrische Apparat wurde 1826 mit dem dioptrischen vertauscht.
	1840	Lentillenfeuer	
	1834	Lentillenfeuer	Gesammtkosten 61 700 Thlr.; jährlicher Ölverbrauch 6773 Pfd.; jährliche Ausgaben 960 Thlr.
.	. . .	katoptrischer Apparat	Jährlicher Ölverbrauch 2500 Pfd.; jährliche Ausgaben 450 Thlr. Der Beleuchtungs-Apparat besteht aus 17 cylindrischen Reflectoren, die Dochte sind platt.
	1842	Lentillenfeuer	
	. . .	Lentillenfeuer	Jährlicher Ölverbrauch 6773 Pfd.; jährliche Ausgaben 1550 Thlr.
	1837	Lentillenfeuer	Gesammtkosten 12 300 Thlr.; jährlicher Ölverbrauch 6773 Pfd.; jährliche Ausgaben 960 Thlr.
	1837	Lentillenfeuer	Gesammtkosten 12 500 Thlr.; jährlicher Ölverbrauch 6773 Pfd.; jährliche Ausgaben 890 Thlr.
.	1834		
.	nach 1834	Lentillenfeuer	
.	nach 1834	Lentillenfeuer	

Namen der Leuchtthürme.	Art der Feuer.	Zeitdauer einer Umdrehung der Drehfeuer.	Sichtbarkeit bei hellem Wetter. Geogr. Meilen.
Feuer der Küste von *Kykduin*	festes Feuer	. . . .	4
Leuchtfeuer der Küste *Egmont sur Mer* .	festes Feuer festes Feuer	. . . .	4,5 4,5
Feuer der Küste von *Schouwen*	Drehfeuer	1 Min.	5
Feuer der Küste von *Westkappel* . . .	festes Feuer	. . . .	3,4
Aufser-europäische Leuchtthürme.			
Leuchtthurm von *Walesbach* im Staate *New-hampshire*	2 feste Feuer	. . . .	65 33
Leuchtthurm des Cap *Elisabeth* in *Maine* .	1 Drehfeuer 1 festes Feuer	1,5 Min.	. . . .
Leuchtthurm von *Pensacola*	Drehfeuer	5 Min.	4,5
Leuchtthurm der Insel *Sapelo*	Drehfeuer	5 Min.	2,25
Leuchtthurm der Insel *Rhode-Island* . .	Drehfeuer	5 Min.	. .
Leuchtthurm auf *Black-Rock Point,* am südlichen Ufer der *Fundy-Bay* . . .	festes Feuer	. . . .	. .
Leuchtthurm auf dem *Hetty Point* (*Cumberland-Bay*)	2 feste Feuer	. . . .	. .
Leuchtthurm auf *Minots Ledge* unweit *Boston*	festes Feuer	. . . .	. .
Leuchtthurm auf *Sankaty Head,* auf der Insel *Nantucket*	festes Feuer mit hellen Blinken	. . . .	. .
Leuchtthurm des Berges *Itacolumin* . .	Drehf. abwechselnd weifse und rothe Farbe zeig.	4 Min.	. .
Leuchtthurm der Insel *St. Anna* . . .	Drehfeuer	40 Sec.	. .
Leuchtthurm der Insel *Flora* (*Montevideo*)	Drehfeuer	. . . .	. .
Leuchtthurm des Cap *Coast* (*Guinea*) .	festes Feuer	. . . .	5,25
Leuchtthurm von *Agulhas* in der Nähe der südlichsten Spitze von Afrika . . .	festes Feuer	. . . .	4,5

Jahr der Errichtung.	Art des Beleuchtungs-Apparats.	Bemerkungen.
1822	katoptrischer Apparat	Der Beleuchtungs-Apparat besteht aus 26 *Argand*-schen Lampen mit versilberten Reflectoren.
nach 1830	Lentillenfeuer	
. . .	Lentillenfeuer	
1839	Lentillenfeuer	
nach 1830	katoptrischer Apparat	Der Beleuchtungs-Apparat besteht aus 15 *Argand*-schen Lampen.
1830	katoptrischer Apparat	Der Beleuchtungs-Apparat des obern Feuers wird von 10, der des unteren von 5 Lampen mit Reflectoren gebildet.
1828	katoptrischer Apparat	
1828	katoptrischer Apparat	
1825	katoptrischer Apparat	Der Beleuchtungs-Apparat besteht aus 32 Lampen.
1820	katoptrischer Apparat	
. . .	katoptrischer Apparat	
in Wirksamkeit getreten Anfangs 1849	. . . .	Lage: 45 Gr. 12 Min. NB. 64 Gr. 39 Min. WL. Der Thurm ist viereckig und weifs angestrichen.
in Wirksamkeit getreten Anfangs 1849	. . . .	Lage: 45 Gr. 35 Min. NB. und 64 Gr. 42 Min. WL. Der Thurm ist viereckig und weifs angestrichen.
in Wirksamkeit getreten den 1. Jan. 1850.		
in Wirksamkeit getreten d. 1. Febr. 1850	Lentillenfeuer	Der Thurm ist angestrichen, der obere und untere Ring weifs, der mittlere roth.
1829	katoptrischer Apparat	
1831	katoptrischer Apparat	
1828	katoptrischer Apparat	
1835		
in Wirksamkeit getreten den 1. März 1849	. . . .	Lage: 39 Gr. 49 Min. 45 Sec. SB. 20 Gr. 0 Min. 40 Sec. OL. von *Greenwich*. Der Thurm ist weifs und roth in horizontalen Streifen angestrichen.

Namen der Leuchtthürme.	Art der Feuer.	Zeitdauer einer Umdrehung der Drehfeuer.	Sichtbarkeit bei hellem Wetter. Geogr. Meilen.
Leuchtthurm von ***Sierra Leona*** (***Africa***) .	. . . . . .	. . . .	. .
Leuchtthurm von ***Falsepoint*** im Busen von ***Bengalen***	festes Feuer	. . . .	4,5
Leuchtthurm von ***Pondichery*** in ***Indien*** .	festes Feuer	. . . .	3,75
Leuchtthurm auf dem Cap ***Otway*** in der ***Bassestrasse***	Drehfeuer	2 Min. 39 Sec.	6

Göttingen im März 1850.

es von te rne sis.	Jahr der Errichtung.	Art des Beleuchtungs-Apparats.	Bemerkungen.
	. . .	. . . .	Lage: 8 Gr. 30 Min. NB. 13 Gr. 17 Min. 40 Sec. WL.
.	1838		
.	1830		
	vollendet den 29. Aug. 1848	katoptrischer Apparat	Lage: 38 Gr. 51 Min SB. 143 Gr. 29 Min. OL. Das Feuer besteht aus drei Lampengruppen, jede 7 Lampen enthaltend; bei der Umdrehung wechseln helle Blicke von 3 Sec. Dauer mit Verdunklungen von 50 Sec.

3.

Zur Theorie der Gewölbe.

(Von dem Herrn Bau-Conducteur *Scheffler* zu Braunschweig.)

(Fortsetzung der Abhandlung No. 10 und 13 im 29. Bande.)

B. Unsymmetrische Bogen.

Versuchen wir jetzt, die früheren Betrachtungen über die Stabilität eines Gewölbes auf den allgemeineren Fall auszudehnen, wo dasselbe ***nicht*** aus zwei, durch die Scheitelfuge von einander getrennten congruenten Bogenhälften mit symmetrischen Belastungen zu beiden Seiten des Scheitels besteht.

Die Incongruenz der beiden Gewölbschenkel möge darin bestehen, dafs ihre Querschnitte verschiedene Gestalten haben, oder dafs bei congruenten Figuren die Belastung zu beiden Seiten des Scheitels unsymmetrisch vertheilt ist; wobei es auch kommen kann, dafs überhaupt keine verticale Scheitelfuge vorhanden ist, also das Gewölbe nur eine unvollständige Hälfte der vorhin betrachteten Bogen bildet.

AB und CD (Fig. 49) seien die beiden festen Widerlagsflächen, gegen welche sich ein solcher Bogen $ABDC$ stützt; I und K seien die Angriffspuncte der Widerstände $R'I = R'$ und $R''K = R''$ jener Flächen, Q' und Q'' die horizontalen, P' und P'' die verticalen Componenten resp. der Kräfte R' und R''; endlich sei P das Gesammtgewicht des ganzen Bogens $ABDC$, mit seiner Belastung.

Es ist klar, dafs, wie auch die Lage der Angriffspuncte und die Richtung und Stärke der Kräfte R' und R'' beschaffen sein mögen, nothwendig

$$Q' = Q'' \quad \text{und} \quad P' + P'' = P$$

sein mufs.

Das Princip des kleinsten Widerstandes fügt aber zu diesen beiden Bedingungen noch die dritte hinzu: dafs die horizontalen Componenten Q' und Q'' von allen möglichen die ***kleinsten*** sein müssen.

a. Gleichgewicht gegen die Drehung.

Die punctirte Curve IGK sei die Mittellinie des Drucks, welche nach der früheren Definition die Durchschnittspuncte der auf die verschiedenen Fugenschnitte wirkenden Pressungen mit diesen Fugen selbst enthält. Stellt man sich z. B. den Angriffspunct, die Richtung und die Gröfse der Kraft $R''K = R''$ als gegeben vor, so würde man den Punct G der Mittellinie des Drucks, welcher der Fuge EF entspricht, finden, wenn man den Durchschnittspunct der Resultante von R'' und dem Gewichte P_1 des Bogenstücks $CDFE$, nebst dessen Belastung, mit der Fugenrichtung EF suchte. Wäre demnach NP_1 die durch den Schwerpunct des Gewichts P_1 gehende Verticale, H der Durchschnittspunct der verlängerten $R''K$ mit jener Verticalen, ferner $MH = R''$, $NH = P_1$ und $MHNO$ ein Parallelogramm über MH und NH, so würde die Diagonale OH, genugsam verlängert, zu dem gesuchten Durchschnittspuncte G mit der Fuge EF, also zu einem Puncte der Mittellinie des Drucks führen. Sobald das Gewölbe als aus lauter unendlich dünnen Wölbsteinen bestehend angesehen wird, was hier geschehen soll, nimmt jene Linie IGK die Gestalt einer stetigen Curve an.

Wir schicken der spätern Untersuchung folgende Angabe der allgemeinen Eigenschaften der nach Anleitung des eben beschriebenen Verfahrens construirbaren Mittellinien des Drucks voraus, welche die Aufsuchung des Minimums von Q' oder Q'' erleichtern wird.

Es sei in (Fig. 50) KMI irgend eine Mittellinie des Drucks, welche in der festen Stückfläche CD des Gewölbbogens bei K anfängt, indem R den in der Richtung RK geneigten Widerstand der Fläche CD darstellt. Es soll jetzt mit der Lage der Curve KMI die Lage einer andern Mittellinie des Drucks, wie $K'M'I'$, verglichen werden, welche in der Fläche CD bei K' anhebt und welcher der in der Richtung $R'K'$ liegende Widerstand R' entspricht.

Zu diesem Ende sei R'' die in der Richtung $R''K''$ wirkend angenommene Kraft, welche, wenn sie mit der Kraft R *zusammengesetzt* wird, die Kraft R' als mittlere Resultante giebt. Die Ermittelung der Gröfse und Richtungslinie der gesuchten Componente R'' kann einfach nach dem Principe des Parallelogramms der Kräfte geschehen, wenn R und R' irgend einen Winkel mit einander einschliefsen. Offenbar wird, wenn die beiden Puncte K und K' in der Fläche CD zusammenfallen, auch die Richtung der Kraft R'' durch denselben Punct gehen, also auch K'' mit K zusammenfallen. Wären die Richtungen der letzteren beiden Kräfte parallel, in welchem Falle dann auch R'' parallel mit R und R' sein würde, so fände auf die Bestimmung der Gröfse und Lage von R'' das einfache Princip des Hebels Anwendung; wobei nur zu bemerken wäre, dafs, wenn R' nicht allein parallel mit R, sondern auch gleich R wäre, der Werth der gesuchten Kraft R'' gleich Null, der Abstand ihrer Richtungslinie $R''K''$ von RK aber unendlich grofs gesetzt werden müfste.

Man weifs, dafs irgend ein Punct der Curve KMI, z. B. der Punct M, den Durchschnitt der Gewölbfuge MM' mit einer Resultante darstellt, welche aus dem auf dem Gewölbstücke KM ruhenden Gewichte P und dem Widerstande R zusammengesetzt ist. Um nun den in der Fuge MM' liegenden Punct M' der Curve $K'M'I'$ zu finden, brauchte man offenbar nur jene Resultante aus P und R nochmals mit der in der Linie $R''K''$ wirkenden Kraft R'' zusammenzusetzen; wodurch sich keine andere als die Resultante aus P und R' ergeben würde.

Aus diesem Verfahren sieht man aber leicht, dafs wenn die unbegrenzte Richtungslinie $R''K''GH$ die ursprüngliche Curve KMI entweder gar nicht, oder in beliebig vielen Puncten, wie etwa in G und H, durchschneidet, auch zwischen den beiden Curven KMI und $K'M'I'$ entweder gar kein Schnitt, oder in allen jenen Puncten G, H, sonst aber nirgends, ein Schnitt Statt finden wird. Hierbei wird die letztere Curve $K'M'I'$ überall zwischen der ersteren KMI und der geraden Linie $K''L$ liegen, sobald der Anfangspunct K' zwischen K und K'' liegt, oder es wird die ursprüngliche Curve KMI überall zwischen der neuen Curve $K'M'I'$ und der geraden Linie $K''L$ sich befinden, wenn der Punct K zwischen K' und K'' liegt; was ebenfalls leicht kommen kann, da die Richtung der Componente R'', welche bei ihrer Zusammensetzung mit R die neue Kraft R' als Resultante erzeugen soll, alle möglichen Neigungen in der Ebene der Figur anzunehmen vermag; endlich wird jedoch die gerade Linie $K''L$ überall zwischen den beiden Curven KMI und $K'M'I'$ liegen, sobald der Punct K'' seine Stelle zwischen K und K' einnimmt. Aus dem Vorstehenden folgt auch, dafs Berührungen zwischen den fraglichen beiden Curven nur dann möglich sind, wenn Berührungen zwischen der ersten Curve KMI und der Graden $K''L$ Statt finden.

In dieser allgemeineren Beziehung zwischen der relativen Lage zweier Mittellinien des Drucks sind, wie leicht zu sehen, sämmtliche speciellen Eigenschaften eingeschlossen, welche früher von den Mittellinien des Drucks in jeder Hälfte eines aus zwei symmetrischen Theilen bestehenden Gewölbes nachgewiesen wurden, indem dort die Variation des Drucks Q im Scheitel, nur auf dessen Gröfse und Angriffspunct eingeschränkt war, während hier gleichzeitig die Gröfse, der Angriffspunct und die *Richtung* des Widerstandes R variabel sind.

Behielte man z. B. den Angriffspunct und die Richtung der Kraft RK bei, indem man blofs deren *Gröfse* R in R' verstärkte, oder verminderte, so würde die Richtung $R''L$ der oben erwähnten Componente R'' mit der Richtung RK der ursprünglichen Kraft R zusammenfallen. Die neue, gleichfalls in K beginnende Mittellinie des Drucks KI' würde mithin die frühere KI in eben den Puncten schneiden, in welchen die Richtung RK die Curve KI schneidet, oder dieselbe würde, vom Puncte K aus gerechnet, ganz über, oder ganz unter die KI fallen, wenn die Richtung RK die Curve KI nirgends schneidet, sondern resp. ganz über, oder ganz unter dieser Curve liegt.

Liefse man, unter Beibehaltung der Gröfse und Richtung der Kraft RK, blofs deren *Angriffspunct* K in der Linie CD sich ändern, so könnte, weil alsdann die Componente R'' der Gröfse nach zwar gleich Null, der Richtung nach aber parallel mit RK sein und dem Angriffspuncte K'' nach unendlich weit von K über K' hinaus entfernt liegen würde, die Richtung $R''L$ nirgend die Curve KMI treffen; woraus folgt, dafs alsdann auch die neue Mittellinie des Drucks $K'M'I'$ nirgend einen Punct mit der KMI gemein haben kann, sondern in allen Theilen über oder unter dieser Curve liegen mufs, je nachdem der neue Anfangspunct K' von K gegen D, oder von K gegen C genommen ist.

Diese speciellen Eigenschaften der Mittellinie des Drucks stimmen mit den früher bezeichneten, wo die Kräfte R, R', R'' nothwendig horizontal sein mufsten, genau überein. Es hat keine Schwierigkeit, aus dem vorangehenden allgemeinen Satze noch mehr Specialitäten abzuleiten, welche für die Theorie der Mittellinien des Drucks von Interesse sind. Wir beschränken uns jedoch darauf, nur noch eine Eigenschaft zu erläutern, welche zur Vereinfachung der spätern Untersuchungen wesentlich beiträgt.

Wenn nemlich RK und $R'K'$ (Fig. 50) die positiven Richtungen zweier möglicher Widerstände R und R' der festen Widerlagsfläche CD sind, so leuchtet ein, dafs sie *rechts* von der Linie CD liegen werden, während die zugehörigen Mittellinien des Drucks KMI und $K'M'I'$, links von CD liegend, sich von rechts nach links hinüberziehen. Dagegen kann die positive Richtung $R''K''$ der Kraft R'' in jedem Quadranten rechts oder links von CD liegen. Da aber R' die Resultante von R und R'' sein soll, so sieht man leicht, dafs der Angriffspunct K'' der letzten Kraft in der Linie CD, niemals *zwischen* die beiden Puncte K und K' fallen kann.

Hieraus und aus der weitern Betrachtung der möglichen geometrischen Verhältnisse in der obigen Figur folgt ferner, wenn **$K''L$** die Verlängerung der Richtung **$R''K''$** nach der *positiven* Seite der Kraft **R''** hin vorstellt und ein Fortschritt von **K** aus gegen **I** in der Curve **$K'M'I'$** so wie ein Fortschritt von **K'** aus gegen **I'** in der Curve **$K'M'I'$** als die *positive* Richtung dieser Curve angesehen wird: dafs dann von irgend einem Durchkreuzungspuncte *G*, oder, wenn ein solcher Durchkreuzungspunct gar nicht vorhanden sein sollte, von irgend einem Fugenschnitte, wie **CD**, an gerechnet, die *positive* Richtung der Curve **$K'M'I'$**, welche der ***Resultante*** **R'** der beiden Kräfte **R** und **R''** entspricht, stets zwischen die *positive* Richtung der andern Curve **KMI** und die *positive* Richtung **$K''L$** der Kraft **R''** fällt. Wenn sich die beiden Curven nirgend kreuzen und die Kraft **R''** links von **CD** liegt, so spricht sich das vorstehende Criterium deutlicher dadurch aus, dafs, von irgend einem Fugenschnitte an gerechnet, die *positive* Richtung der letztern Curve **KMI** zwischen die *positive* Richtung der erstern **$K'M'I'$**, welche der Resultante **R'** der beiden Kräfte **R** und **R''** entspricht, und die *negative* Richtung **LK''** der Kraft **R''** fällt.

Sobald die positive Richtung **$R''K''$** der Kraft **R''** sich von der *rechten* Seite her gegen die *Verticale* neigt, hat sie eine horizontale Componente, deren positive Richtung von rechts nach links gekehrt ist, und es erhellet, dafs alsdann die horizontale Componente von **R'** *gröfser* sein wird, als die von **R**, oder dafs die Mittellinie des Drucks **$K'M'I'$** einem *gröfseren horizontalen Schube* entsprechen werde, als die **KMI**. Sobald sich hingegen die positive Richtung **$R''K''$** der Kraft **R''** von der *linken* Seite her gegen die *Verticale* neigt, entspricht die Curve **$K'M'I'$** einem *kleineren horizontalen Schube*, als die **KMI**.

Hieraus und aus dem Vorhergehenden ergiebt sich folgender wichtige Satz. Es sei **$K''L$** derjenige Theil der unbegrenzten Richtung **$R''K''$**, welcher sich *von rechts nach links* erstreckt, gleichviel, welche seine sonstige Neigung gegen den Horizont sei und ob dadurch die positive oder die negative Richtung der Kraft **R''** dargestellt werde: eben so seien die beiden Curven **KMI** und **$K'M'I'$** in der Richtung *von rechts nach links angenommen*. Alsdann liegt, von irgend einem Durchkreuzungspuncte *G*, oder von irgend einem Fugenschnitte **CD** an gerechnet, stets diejenige der ebengenannten beiden Curven, welche dem *gröfseren horizontalen Schube* des Gewölbes entspricht, zwischen der andern Curve und der geraden Linie **$K''L$**. Hätten beide Curven einen *gleichen* horizontalen Schub, so würde die Kraft **R''** nothwendig *vertical* gerichtet sein müssen, und die Unbestimmtheit, ob unter solchen Umständen die verticale Linie **$K''L$** von unten nach oben, oder von oben nach unten zu nehmen sei, ist der geometrische Ausdruck für das Factum, dafs alsdann der horizontale Schub der einen Curve weder gröfser, noch kleiner ist, als der der andern.

Um jetzt dem Ziele der Bestimmung derjenigen Mittellinien des Drucks in einem gewölbten Bogen, welche einem *Minimum* oder *Maximum* des horizontalen Schubes entsprechen, näher zu kommen, ist zuvörderst zu bemerken, dafs eine solche Curve nicht weniger als *zweimal* die ganze Bogendicke durchkreuzen mufs, ohne dabei, wie es sich von selbst versteht, irgendwo aus ihr herauszutreten.

Denn, angenommen die Mittellinie des Drucks **KMNI** (Fig. 51) durchkreuzte die Gewölbdicke nur einmal, zwischen **M** und **N**, oder gar nicht, so sei **GH** eine gerade Linie, welche einen Punct **G** des Curventheils **KM** mit einem Puncte **H** des Curventheils **MN** verbindet. Setzt man nun die in **K** wirkende Kraft **R** mit einer nicht zu grofs angenommenen Kraft **R''** zusammen, welche in der Linie **GH** wirkt, so läfst sich, je nachdem die Kraft **R''** nach der Seite **GH**, oder nach der entgegengesetzten Seite **HG** wirksam angenommen wird, immer eine neue Mittellinie des Drucks, wie **$K'GHI'$** zeichnen, welche ganz innerhalb der Gewölbdicke liegt; so dafs jedoch die vorige Curve **KGHI** zwischen die neue **$K'GHI'$** und die Gerade **GH** fällt. Es läfst sich also eine neue Mittellinie des Drucks mit *kleinerem* horizontalen Schube angeben. Auf ähnliche Weise läfst sich zeigen, wenn die gerade Linie **Hg** einen Punct **H** des Curventheils **MN** mit einem Puncte **g** des Curventheils **NI** verbindet, dafs eine neue, ganz in der Gewölbdicke liegende Mittellinie des Drucks, wie **$k'Hgi'$** möglich ist, welche zwischen die ältere Curve **KHgI** und die Gerade **Hg** fällt, und welche also einem *gröfseren* horizontalen Schube entspricht. Daraus folgt, dafs der horizontale Schub der gegebenen Mittellinie des Drucks **KMNI**, mit blofs einem Übergange, weder ein Minimum, noch ein Maximum sein kann.

Die Bedingung, dafs die gesuchte Curve wenigstens *zwei* Übergänge von der einen Wölbungslinie nach der andern haben müsse, kommt darauf hinaus, dafs sie wenigstens *drei* Puncte mit den beiden Wölbungslinien, und zwar *zwei* Puncte mit der einen, und den *dritten,* als den zwischen liegenden Punct, mit der andern Wölbungslinie gemein haben müsse. Es ist damit nicht gesagt, dafs in allen diesen drei Puncten *Berührungen* zwischen der fraglichen Curve und den Wölbungslinien Statt finden müssen; vielmehr leuchtet ein, dafs einer, oder dafs zwei jener gemeinschaftlichen Puncte auch in den festen Widerlagsflächen *AB* und *CD* liegen können, und dafs alsdann eine Berührung zwischen jener Curve und der betreffenden Wölbungslinie kein wesentliches Erfordernifs ist.

Durch die Annahme dreier fester Puncte oder dreier Berührungen mit den Wölbungslinien, oder überhaupt dreier dieser sechs Elemente, beschränkt sich die unendliche Anzahl der construirbaren und zuläfslichen Mittellinien des Drucks auf eine *endliche* Menge; meistens sogar auf eine *einzige* Curve; was man leicht sehen wird, wenn man beachtet, dafs bei einer jeden solchen Curve nur die *drei* veränderlichen Gröfsen: *Stärke, Richtung* und *Angriffspunct* des Widerstandes *R* in der Widerlagsfläche *CD*, vorkommen.

Demnach stellt sich als allgemeine Bedingung für eine Mittellinie, welche einem *Maximum oder Minimum* des horizontalen Schubes entsprechen soll, die bestimmte Forderung heraus, *dafs eine solche Curve zweimal die ganze Gewölbdicke durchkreuzen müsse.*

Diese Bedingung kann auf zweierlei Art erfüllt werden: die fragliche Mittellinie des Drucks hat entweder zwei Puncte mit der innern und den dritten, zwischenliegenden Punct mit der äufsern Wölbungslinie gemein: oder sie hat zwei Puncte mit der äufsern und den dritten Punct mit der innern Wölbungslinie gemein.

Erster Fall. Die ganz in der Gewölbdicke sich hinziehende Mittellinie des Drucks KMI (Fig. 52.) *hat die beiden Puncte L und N mit der innern Wölbungslinie und den im Curvenbogen LN liegenden dritten Punct M mit der äufsern Wölbunglinie gemein;* wobei es kommen kann, dafs der eine oder der andere der Puncte *L* und *N*, oder beide, resp. mit den Endpuncten *C* und *A* der innern Wölbungslinie in der Widerlagsfläche zusammenfallen, ohne eigentliche Berührungen daselbst. *Eine solche Mittellinie des Drucks entspricht immer einem Minimum des horizontalen Schubes des Gewölbes gegen die Widerlagen.*

Dem zuvörderst ist klar, dafs jede andere zuläfsliche, d. h. ganz in in der Gewölbdicke liegende Mittellinie des Drucks, wie etwa die *K'M'I'*, jeden der beiden Curventheile *LM* und *MN* in nur *einem*, oder allgemein in einer *ungeraden* Zahl von Puncten, wie resp. *G* und *H*, durchschneiden mufs; ferner, dafs alle diese und auch etwaige andere Durchschnittspuncte der beiden Curven *KMI* und *K'M'I'* in einer und derselben geraden Linie *GH* liegen müssen, und endlich, dafs der Widerstand ***R'*** der Widerlagsfläche ***CD*** für die Curve ***K'M'I'***, aus dem Widerstande ***R*** für die Curve ***KMI*** und einer in der Linie ***GH*** wirksam angenommenen Kraft ***R''*** zusammengesetzt sein mufs. Es leuchtet ein, dafs unter solchen Umständen nothwendig der Punct ***M*** auf der einen Seite der geraden Linie ***GH*** liegen mufs, während die beiden Puncte ***L*** und ***N*** auf der entgegengesetzten Seite sich befinden. Auch sieht man ohne Schwierigkeit, dafs, welches auch die Form der Curve ***KMI*** sein möge, stets der Curvenbogen ***GMH*** in der Nachbarschaft des Puncts ***M*** zwischen der äufsern Wölbungslinie und der Geraden ***GH***, so wie, dafs die Curvenbogen ***KLG*** und ***HNI*** in der Nachbarschaft der Puncte ***L*** und ***N*** zwischen der innern Wölbungslinie und der Geraden ***GH*** liegen werden.

Hieraus folgt, dafs jede andere zuläfsliche Mittellinie des Drucks, welche, wie etwa die ***K'GM'HI'***, ganz in der Gewölbdicke sich hinzieht, nur zwischen die Curve ***KMI*** und die nach beiden Seiten verlängerte gerade Linie ***GH*** fallen kann. Eine solche Mittellinie des Drucks entspricht aber immer einem *gröfseren* horizontalen Schube, als die ***KMI***; woraus hervorgeht, dafs der horizontale Schub für die letztere Curve ***KMI*** ein *Minimum* ist.

Zweiter Fall. Die ganz in der Gewölbdicke sich hinziehende Mittellinie des Drucks KMI hat die beiden Puncte L und N mit der äufsern Wölbungslinie, und den im Curvenbogen LN liegenden dritten Punct mit der innern Wölbungslinie gemein; wobei es kommen kann, dafs der eine oder der andere der beiden Puncte ***L*** und ***N***, oder beide, mit den Endpuncten ***D*** und ***B*** der äufsern Wölbungslinie in den Widerlagsflächen zusammenfallen, ohne eigentliche Berührung daselbst. Eine solche Curve kann einem Minimum oder einem Maximum des horizontalen Schubes entsprechen, je nachdem sie der ersten oder der zweiten der beiden folgenden Bedingungen ein Genüge leistet.

a. ***Wenn der Curvenbogen LMN in der Nachbarschaft des Puncts M zwischen der innern Wölbungslinie und der geraden Verbindungslinie der beiden Puncte L und N liegt,*** wie in (Fig. 53), ***so gehört die Curve KMI einem Minimum des horizontalen Schubes an.***

Denn alsdann läfst jede gerade Linie ***GH***, welche eine ungerade Zahl von Puncten des Curventheils ***LM*** mit einer ungeraden Anzahl von Puncten des Curventheils ***MN*** verbindet, und welche also geeignet ist, die gemeinschaftlichen Durchschnittspuncte der Curve ***KMI*** mit irgend einer andern zuläfslichen Mittellinie des Drucks, wie ***K'M'I'***, zu enthalten, die Curvenbogen *KLG, GMH, HNI* in der Nachbarschaft der Puncte *L, M, N* stets zwischen sich und der betreffenden Wölbungslinie. Hieraus folgt, dafs jede andere zulässliche Mittellinie des Drucks, wie *K'M'I'*, nur zwischen die *KMI* und die Gerade *GH* fallen, mithin nur einem *gröfseren* horizontalen Schube, als die *KMI* angehören kann. Demnach entspricht die in Rede stehende Curve *KMI* einem *Minimum* des horizontalen Schubes.

b. Wenn die innere Wölbungslinie in der Nachbarschaft des Puncts M zwischen dem Curvenbogen LMN und der geraden Verbindungslinie der beiden Puncte L und N liegt, wie in (Fig. 54), *so gehört die Curve KMI einem Maximum des horizontalen Schubes an.*

Denn alsdann fallen die Curvenbogen *KLG, GMH, HNI* in der Nachbarschaft der Puncte *L, M, N* stets zwischen irgend eine andere zuläfsliche Mittellinie des Drucks, wie *K'M'I'*, und die mehr erwähnte Gerade *GH*, welche die gemeinschaftlichen Durchschnittspuncte dieser beiden Curven enthalten mufs, und es folgt, dafs jede derartige Mittellinie des Drucks, wie *K'M'I'*, einem *kleineren* horizontalen Schube angehört, als die *KMI*, oder dafs der horizontale Schub der letzteren ein *Maximum* ist.

Es ist kaum nöthig zu sagen, dafs von den beiden vorstehend bezeichneten Arten der Mittellinien des Drucks, welche beide ein *Minimum* des horizontalen Schubes characterisiren, stets nur eine einzige, oder gar keine existirt, d. h. ganz innerhalb der Gewölbdicke liegt.

Es kann sich zufällig treffen, dafs eine nach den obigen Merkmalen gezeichnete, einem Minimum oder Maximum des horizontalen Schubes angehörige Mittellinie des Drucks, aufser den *drei* ihr nothwendig zukommenden Puncten, noch einen vierten Punct in den Wölbungslinien enthält. Alsdann verbindet sich in einer solchen Curve entweder zweimal das Merkmal eines Minimums, oder zweimal das Merkmal eines Maximums, oder das Merkmal eines Minimums und eines Maximums mit einander. Der erste und zweite Fall giebt zu keiner besondern Bemerkung Anlafs; der dritte lehrt, dafs unter den gegebenen Umständen nur eine einzige Mittellinie des Drucks, welche ganz zwischen den Wölbungslinien liegt, möglich ist, und dafs dies die gegenwärtige ist; worin sich gleichzeitig die Eigenschaft des Minimums und Maximums des horizontalen Schubes vereinigt.

Unmögliche Fälle des Gleichgewichts eines gewölbten Bogens sind wie folgt zu erkennen.

Wenn irgend eine construirbare Mittellinie des Drucks, wie etwa die

KMI in (Fig. 55), wenigstens ***drei*** Übergänge von der einen Wölbungslinie zur andern hat, ohne dabei ganz innerhalb der Gewölbdicke sich hinzuziehen, und wenn gleichzeitig die drei Curvenbogen ***LM, MN, NO,*** welche die Übergänge bilden, eine solche Form oder Lage haben, dafs nicht ein Punct oder eine ungerade Zahl von Puncten aus jedem dieser drei Curvenbogen durch eine einzige gerade Linie sich verbinden läfst, so kann es keine Mittellinie des Drucks geben, welche ganz innerhalb der Gewölbdicke sich hinzöge, weil eine solche Curve jedenfalls die ***KMI*** in Puncten schneiden müfste, welche die eben erwähnte Beschaffenheit haben. Das Gleichgewicht des Gewölbes ist demnach unter solchen Umständen ***unmöglich,*** und das Gewölbe mufs zusammenbrechen, indem sich die Wölbsteine um gewisse innere und äufsere Kanten drehen. Gewifs findet diese Instabilität des Gewölbes dann Statt, wenn die nicht ganz in der Gewölbdicke liegende Curve ***KMI,*** mit drei Übergängen, in allen Theilen zwischen den Puncten ***L*** und ***O*** concav ist.

Bei einem nicht im Gleichgewichte stehenden Gewölbbogen bezeichnet diejenige Curve (wie die ***KMI*** in der obigen Figur), welche nach der Beschaffenheit der drei Puncte ***L, M, N*** das Minimum des horizontalen Schubes characterisiren würde, falls sie nicht an irgend einer oder an mehreren Stellen, wie bei ***OI,*** aus der Gewölbdicke herausträte, die Art des erfolgenden Einsturzes des Gewölbes; auf die Weise, dafs in allen Puncten, wie ***L, M, N, O,*** welche die Curve mit den Wölbungslinien gemein hat, so wie in allen Puncten zwischen ***O*** und ***B,*** wo die Curve aufserhalb der Gewölbdicke liegt, Drehungen der Wölbsteine um die innern oder äufsern Kanten erfolgen. In dem durch die obige Figur dargestellten Falle würde das Gewölbstück ***DL*** beim Einsturze des Bogens unverschoben stehen bleiben, die drei Stücke ***LM, MN, NO*** würden sich im innern Zusammenhange ihrer Wölbsteine um die Kanten ***L, M, N, O,*** und in dem Bogenstücke ***OA*** würden alle Wölbsteine um die äufsern Fugenkanten sich drehen. Es versteht sich, dafs sich beim Einsturze dieses Gewölbes in jeder zwischen ***O*** und ***B*** liegenden ***Kante*** ein gewisser Druck äufsern wird, ohne dafs deshalb die Mittellinie des Drucks ***KMI*** durch alle jene Kanten gehen darf. Der bei der Bewegung des Gewölbes in einer Kante zwischen ***O*** und ***B*** sich äufsernde Druck ist von der Pressung, welche der Curve ***KMI*** in der betreffenden Fuge angehört, völlig verschieden, und steht mit derselben in ähnlicher Beziehung, wie der in der Drehungskante eines einzelnen, nicht gehörig unterstützten und deshalb in Umdrehungsbewegung übergehenden Körpers sich äufsernde Druck zu dem Gewichte dieses Körpers.

Die ***Fuge EF*** (Fig. 56), in welcher bei einem stabilen Gewölbe die Pressung zwischen den Wölbsteinen ***horizontal,*** also gleich dem horizontalen Schube des Gewölbes ist, findet sich offenbar da, wo das Gewölbe dergestalt in zwei Theile ***ABFE*** und ***CDFE*** getheilt wird, dafs die Gewichte der beiden Theile, mit ihren Belastungen, den ***verticalen*** Componenten P_1 und P_2 der in den Endpuncten ***I*** und ***K*** der Curve vom kleinsten Schube ***IMK*** wirkenden Widerstände R_1 und R_2 der festen Widerlagsflächen gleich sind. Es ist leicht zu zeigen, dafs die Curve ***IMK*** nothwendig in dem Durchschnittspuncte mit jener Fuge ***EF*** eine ***horizontale Tangente*** haben mufs; woraus jedoch keineswegs folgt, dafs in allen andern Puncten, wo die Curve ***IMK*** etwa ebenfalls horizontale Tangenten hätte, auch die Pressung zwischen den Wölbsteinen horizontal und demnach dem horizontalen Schube des Gewölbes gleich sein müsse.

Wenn man jeden der Widerstände R_1 und R_2 in zwei Componenten, P', Q' und P'', Q'' zerlegt, von welchen die P', P'' vertical sind und die Q', Q'' in die Verbindungslinie ***IK*** der beiden Endpuncte der Curve ***IMK*** fallen, so werden die beiden Componenten Q' und Q'' einander gleich und grade entgegengesetzt sein; die vertical von unten nach oben gerichteten Componenten P' und P'' sind dagegen so grofs, als die Componenten, welche man erhält, wenn man das in seinem Schwerpuncte concentrirt gesetzte Gesammtgewicht des Gewölbes nach dem Principe der Gleichheit der Momente in verticalen Richtungen auf die beiden Puncte ***I*** und ***K*** zerlegt. Theilt nun die Fuge ***E'F'*** das Gewölbe dergestalt, dafs das Gewicht des Theils ***ABF'E'*** gleich P' und das Gewicht des Theils ***CDF''E'*** gleich P'' ist, so wird die in der Fuge ***E'F'*** Statt findende Pressung zwischen den Wölbsteinen parallel mit der geraden Verbindungslinie ***IK*** und gleich Q' oder Q'' sein, ohne dafs jedoch die Tangente der Curve ***IMK*** in jener Fuge mit der geraden Linie ***IK*** parallel zu sein brauchte. In den meisten Fällen wird die Fuge ***E'F'*** (welche jedenfalls links von der Fuge ***EF*** liegt, sobald der Punct ***I*** tiefer liegt als ***K***) näher an den Berührungspunct ***M*** der Curve ***IMK*** mit der äufsern Wölbungslinie heranrücken, als die vorhin erwähnte Fuge ***EF,*** in welcher die horizontale Pressung Statt findet.

(Der Schlufs folgt im nächsten Hefte.)

Die hierzu gehörigen drei Figurentafeln beim nächsten Heft.

Inhaltsverzeichnifs des ersten Hefts dreifsigsten Bandes.

Berlin, gedruckt bei G. Reimer.

Journal
für
die Baukunst.

In zwanglosen Heften.

Herausgegeben

von

Dr. A. L. Crelle,

Königlich-Preufsischem Geheimen-Ober-Baurathe a. D., Ritter des rothen Adler Ordens dritter Classe mit der Schleife, Mitgliede der Königlichen Akademie der Wissenschaften zu Berlin, Correspondenten der Kaiserlichen Akademie der Wissenschaften zu St. Petersburg und der Königlichen Akademieen der Wissenschaften zu Neapel und Brüssel, auswärtigem Mitgliede der Königlichen Akademie der Wissenschaften zu Stockholm, Ehrenmitgliede der Hamburger Gesellschaft zur Verbreitung der mathematischen Wissenschaften.

Dreifsigster Band.

Zweites Heft.

Mit vier lithographirten Tafeln.

Berlin.

Bei G. Reimer.

1851.

4.

Zur Theorie der Gewölbe.

(Von dem Herrn Bau-Conducteur *Scheffler* zu Braunschweig.)

(Schlufs der Abhandlung No. 10 und 13 im 29ten und No. 3 in diesem Bande.)

Aus dieser Betrachtung läfst sich ein Verfahren ableiten, welches als bequeme Näherungsmethode dazu dienen kann, um in der Ausübung die dem Minimum des horizontalen Schubes zugehörige Mittellinie des Drucks zu finden.

Die blofse Anschauung des Gewölbes $ABDC$, (Fig. 57), mit seiner Belastung, wird schon verrathen, welche allgemeine Form die gesuchte Mittellinie des Drucks annehmen werde; namentlich, ob sie zu der ersten der obigen beiden Classen gehöre, also zwei Puncte mit der innern und den dritten Punct mit der äufsern Wölbung gemein habe, oder zu der zweiten Classe, die zwei Puncte mit der äufsern und den dritten mit der innern Wölbung gemein hat; desgleichen, ob die Endpuncte I und K der fraglichen Curve resp. näher an den Puncten A und C, oder näher an B und D liegen werden.

Wäre zu vermuthen, dafs die gesuchte Curve zur ersten Classe gehöre, und ihre Endpuncte lägen näher an A und C: so sehe man zuvörderst A und C als die beiden Endpuncte der Curve an. Zerlegt man dann das in der Verticalen GP wirkend angenommene Gesammtgewicht P der Gewölbmasse, nach dem Principe der Gleichheit der Momente auf die Puncte A und C, in die beiden verticalen Componenten P' und P'', und ist $E'F'$ die Fuge, welche das Gewölbe dergestalt theilt, dafs das Gewicht von $ABF'E'$ gleich P' und das Gewicht von $CDF'E'$ gleich P'' ist: so nehme man weiter F' als den dritten Punct der Curve an, und construire die durch die drei Puncte A, F', C bedingte Mittellinie des Drucks $AF'C$.

Träte diese Curve $AF'C$ nirgends aus der Gewölbdicke heraus, so würde sie die gesuchte, einem Minimum des horizontalen Schubes entsprechende Curve sein. Andernfalls seien N, M, L die Puncte in den Wölbungslinien, bei denen sich die aufserhalb der Gewölbdicke fallenden Theile der Curve $AF'C$ am weitesten von diesen Wölbungslinien entfernen. Zeichnet man alsdann eine zweite Mittellinie des Drucks *INMLK*, welche durch die drei Puncte *N, M, L* bedingt ist, so wird dieselbe der gesuchten Curve schon bedeutend näher kommen, als die *AF'C*, und man könnte sie, falls sie noch nicht dem Zwecke genügen sollte, durch ein ähnliches Verfahren, oder auch nach dem Augenschein berichtigen, wenn man es nicht etwa vorzöge, die Form der Wölbungslinie selbst nach der Curve *INMLK* um ein Geringes zu ändern.

Zur Ausführung des beschriebenen Verfahrens ist es nöthig, eine Mittellinie des Drucks zu construiren, welche durch drei gegebene Puncte geht. Dies würde, den bekannten Eigenschaften solcher Linien gemäfs, leicht sein. sobald man die Gröfse und Richtung, oder die horizontale und verticale Componente der in irgend einem dieser drei Puncte Statt findenden Pressung kennte. weil alsdann durch Zusammensetzung dieser Pressung mit dem verticalen Gewichte irgend eines rechts oder links angrenzenden Gewölbtheils eine Resultante dargestellt werden könnte, deren Durchschnitt mit der andern Grenzfuge dieses Gewölbtheils den dieser Fuge entsprechenden Punct der Mittellinie des Drucks angäbe und deren Gröfse und Richtung die in der letzteren Fuge Statt findende Pressung bezeichnete.

Es seien *I, M, K* (Fig. 58) drei solche Puncte, durch welche eine Mittellinie des Drucks *IMK* gelegt werden soll, Ia_2 eine durch *I* gezogene Horizontale, und dann seien:

Q die horizontale Componente der in den Puncten *I, M, K* Statt findenden Pressungen;

P_1, P_2 die verticalen Componenten der Pressungen bei *I* und *K;*

P', P'' die Gewichte der beiden Gewölbtheile *ABFE* und *CDFE*, einschliefslich deren Belastungen;

P das Gesammtgewicht $P'+P''$ des Gewölbtheils *ABDC;*

$P_2 - P''$ die verticale Componente der Pressung bei *M;*

a_1, a_2 die horizontalen Abstände Ia_1 und Ia_2 der Puncte *M* und *K* von dem Puncte *I;*

b_1, b_2 die verticalen Höhen a_1M und a_2K der Puncte *M* und *K* *über* der horizontalen Ia_2, von denen die eine, oder die andere, oder beide negativ zu nehmen sind, sobald die Puncte *M* und *K* *unter* der horizontalen Ia_2 liegen;

p', p die horizontalen Abstände Ip' und Ip der Schwerpuncte der Gewichte P' und P vom Puncte *I.*

Alsdann hat man, um auszudrücken, dafs die Kräfte an dem Gewölbtheile $ABFE$ und an dem Gewölbtheile $ABDC$, jede für sich, im Gleichgewichte sind, die beiden Gleichungen

$$b_1 Q + a_1(P_2 - P'') - p'P' = 0 \text{ und}$$

$$b_2 Q + a_2 P_2 - pP = 0.$$

Hieraus folgt zur Bestimmung der horizontalen und verticalen Componenten Q und P_2 der bei K Statt findenden Pressung:

$$Q = \frac{a_2(p'P' + a_1 P'') - a_1 pP}{a_2 b_1 - a_1 b_2},$$

$$P_2 = \frac{b_1 pP - b_2(p'P' + a_1 P'')}{a_2 b_1 - a_1 b_2}.$$

Wenn man genöthigt ist, den Zug einer Mittellinie des Drucks, welche einem gegebenen Widerstande einer Widerlagsfläche entsprechen soll, durch das ganze Gewölbe zu verfolgen, und dies vielleicht gar mehrmals für verschiedene Widerstände zu wiederholen, so wird man eine möglichst einfache näherungsweise Construction dieser Curven wünschen, indem das strenge Verfahren, auf geometrischem, wie auf analytischem Wege, zu schwierig sein würde. Es dürfte daher nicht unnütz sein, ein solches Verfahren hier anzudeuten.

Man stelle sich eine Gewölbschicht vor, deren verticaler Durchschnitt $ABDC$ (Fig. 59) ist, und deren Dimension, perpendicular auf die Ebene dieses Durchschnitts, eine der Längen-Einheiten beträgt; FF_4... sei die obere Grenze der Belastung dieses Gewölbes, insofern die Masse der Belastung mit der Wölbsteinmasse das gleiche specifische Gewicht hat; andererseits sei FF_4... die eingebildete Grenze einer mit den Wölbsteinen gleichartigen Masse, welche denselben Druck auf das Gewölbe hervorbringen würde, wie die wirkliche Belastung. Alsdann werden die Flächenräume des Querschnitts $BACDFF_4$... und deren Schwerpuncte die Gewichte der entsprechenden Massen und deren Schwerpuncte vorstellen. Sollte in irgend einem Puncte T ein isolirtes Gewicht aufgelegt, oder eine einzelne verticale Kraft angebracht sein, so würde dieselbe durch eine besondere Flächengröfse S zu versinnlichen sein, deren Inhalt gleich dem fraglichen Gewichte wäre, dividirt durch das Gewicht der Volum-Einheit der Wölbsteinmasse.

DF sei die durch den äufsersten Punct D des Gewölbes an der rechten Seite gelegte Verticale. Man zeichne derartiger Verticalen, wie DF, E_1F_1, E_2F_2, ... beliebig viele, jedoch wo möglich in gleichen Abständen und einander so nahe, dafs sich ohne erhebliche Fehler die Figuren FDE_1F_1, $F_1E_1E_2F_2$, $F_2E_2E_3F_3$, ... als Paralleltrapeze ansehen lassen, indem man deren Inhalt einfach durch Multiplication der constanten Breite FF_1 mit den Längen der durch die Mitte von FF_1, F_1F_2, F_2F_3, ... gezogenen Verticalen H_1G_1, H_2G_2, H_3G_3, ... darstellt und aufserdem die Schwerpuncte dieser Trapeze in den Verticalen H_1G_1, H_2G_2, H_3G_3, ... annimmt.

Setzt man die Inhalte dieser Trapeze der Reihe nach gleich A_1, A_2, A_3, ..., die horizontale Breite derselben gleich a, die Gewichte oder Profilflächen der Massen FDE_1F_1, FDE_2F_2, FDE_3F_3, ... gleich P_1, P_2, P_3, ..., so dafs $P_1 = A_1$, $P_2 = A_1 + A_2$, $P_3 = A_1 + A_2 + A_3$ u. s. w. ist, und die horizontalen Abstände LL_1, LL_2, LL_3, ... der Schwerpuncte dieser Gewichte von der Verticale LD gleich l_1, l_2, l_3, ..., so finden sich leicht die Werthe der letzteren Gröfsen aus den Ausdrücken

$$l_2 = \tfrac{1}{2}a, \quad l_2 = \tfrac{1}{2}a\left(\frac{A_1+3A_2}{A_1+A_2}\right), \quad l_3 = \tfrac{1}{2}a\left(\frac{A_1+3A_2+5A_3}{A_1+A_2+A_3}\right), \quad \ldots$$

Sollte im Abstande b vom Puncte L ein isolirtes, durch den Flächenraum S vorgestelltes Gewicht zu berücksichtigen sein, so würden die Werthe von l, welche sich auf Massen wie FDE_4F_4 beziehen, deren Grenze F_4E_4 links von dem Angriffspuncte dieses Gewichts fällt, den allgemeinen Ausdruck

$$l = \tfrac{1}{2}a\left(\frac{A_1+3A_2+5A_3+\frac{2b}{a}S+7A_4+9A_5\ldots}{A_1+A_2+A_3+S+A_4+A_5\ldots}\right)$$

annehmen.

Es fragt sich nun, welche Theile der *äufsern Wölbungslinie* DB als mit den Gewichten P_1, P_2, P_3, ... belastet anzusehen seien. Fast in allen Fällen wird es hinreichend genau sein, wenn man für die fraglichen Theile der äufsern Wölbungslinie die Stücke Dn_1, Dn_2, Dn_3, ... nimmt, in deren Endpuncten die fragliche Wölbungslinie von den Verticalen F_1E_1, F_2E_2, F_3E_3, ... geschnitten wird. Es kommt dies darauf hinaus, dafs man die Gröfse und den Schwerpunct einer Fläche, wie $FDCm_2n_2F_2$, mit der Gröfse und dem Schwerpuncte der Fläche $FDCE_2F_2$ identisch annimmt, indem man im Vergleich zu diesen Flächen das Dreieck $n_2E_2m_2$ vernachläfsigt. Wenn jedoch die Überdeckungsmasse des Gewölbes, im Vergleich zu der Gewölbmasse selbst, sehr unbedeutend ist, würde die vorstehende Annahme für die den Widerlagsflächen CD und AB zunächst liegenden Fugen, wie n_1m_1, leicht erhebliche Fehler geben, und es würde unter solchen Umständen, so wie überall da, wo man eine gröfsere Genauigkeit verlangt, nöthig sein, wenigstens die ersten der Puncte n_1, n_2, n_3, ..., und dann auch die letzten, in der Nähe von B liegenden Puncte, nebst den entsprechenden Fugen n_1m_1, n_2m_2, n_3m_3, ... nach folgender, leicht auszuführenden Art etwas zu versetzen; und zwar resp. nach rechts oder links, je nachdem sie rechts oder links von der verticalen Gewölbefuge liegen. Die verticale Fuge, wenn dieselbe durch einen der Puncte n ginge, so wie die Endfugen CD und AB, erleiden natürlich eine solche Versetzung nicht.

Wenn F_1E_1 (Fig. 59 *a.*) eine der vorhin genannten Verticalen und der Flächenraum der Figur $FDCE_1F_1$ gleich P_1 ist, so sei, nicht Dn_1, sondern DN_1 der Theil der äufsern Wölbungslinie, welcher mit dem Gewichte P_1 belastet angenommen wird. Man will also die Gröfse und den Schwerpunct der Fläche $FDCE_1F_1$ statt der Gröfse und des Schwerpuncts der Fläche $EDCM_1N_1V_1$, mit welcher der Theil DN_1 wirklich belastet ist, setzen. Ist nun die Länge der Linie $E_1n_1 = h$, $F_1F_1 = h'$, und ferner der horizontale Abstand m_1c des Puncts m_1 von der Verticalen E_1n_1, gleich c, und der gesuchte horizontale Abstand cd der beiden Verticalen E_1F_1 und UV gleich x, so setze man

$$x = \tfrac{1}{2}\left(\frac{h}{h'}\right)c.$$

Alsdann wird sehr nahe das Dreieck $U_1N_1M_1$ gleich dem Trapez $U_1V_1F_1E_1$, mithin das Dreieck E_1aM_1 gleich der Figur $V_1N_1aF_1$ und die Fläche $FDCM_1M_1V_1$ gleich der Fläche $FDCE_1F_1$ sein; auch werden die Schwerpuncte der letzteren beiden Flächen sehr nahe zusammenfallen, also, wie schon früher geschehen, in der Verticalen L_1P_1 anzunehmen sein. Die Ermittelung der Werthe der kleinen Gröfse x für die verschiedenen Fugen, nach der vorstehenden Formel, wird ohne grofse Mühe und bei einiger Übung sogar durch Schätzung geschehen können. Wäre das Gewölbe gar nicht überlastet, so wäre immer $h' = h$, also $x = \tfrac{1}{2}c$.

Die so vorbereitete Figur (Fig. 60), in welcher die Verticalen L_1P_1, L_2P_2, L_3P_3, ... construirt sind, die durch die Schwerpuncte der Gewölbtheile CDN_1M_1, CDN_2M_2, CDN_3M_3, ... mit deren Belastungen gehen, bleibt unverändert für alle Mittellinien des Drucks, welche man darzustellen beabsichtigen möchte.

Es sei K der Angriffspunct und RKL_4 die Richtung irgend eines Widerstandes R der festen Widerlagsfläche CD, für welchen die zugehörige Mittellinie des Drucks $KO_1O_2O_3$... gezeichnet werden soll. Alsdann seien L_1, L_2, L_3, ... die Durchschnittspuncte der Richtung RK mit den Verticalen L_1P_1,

L_2P_2, L_3P_3, ... Trägt man die Puncte L_1, L_2, L_3, ... horizontal auf die durch den Punct D gehende Verticale nach E_1, E_2, E_3, ... hinüber, so sind die Längen E_1L_1, E_2L_2, E_3L_3, ... gleich den vorhin berechneten Gröfsen l_1, l_2, l_3, ...

Durch die Puncte L_1, L_2, L_3, ... müssen bekanntlich die Richtungen L_1O_1, L_2O_2, L_3O_3, ... der Resultanten gehen, welche sich finden, wenn man die Kräfte P_1, P_1, P_3, ... mit dem Widerstande R zusammengesetzt, und welche in ihren Durchschnittspuncten mit den Fugen N_1M_1, N_2M_2, N_3M_3, ... die successiven Puncte der Mittellinie des Drucks $KO_1O_2O_3$, ... angeben. Um die Richtung einer solchen Resultante, z. B. der L_2Q_2, zu finden, kann man offenbar im Puncte L_2 erst die Kraft P_2 mit der *verticalen* Componente P des Widerstandes R zusammensetzen, wodurch man die verticale, von unten nach oben wirkend angenommene Kraft $P-P_2$ erhält. Alsdann kann man diese Kraft $P-P_2$ mit der *horizontalen* Componente Q des Widerstandes R_1, oder mit dem horizontalen Schube des Gewölbes zusammensetzen; welches eine Richtung $F_2L_2Q_2$ giebt, die sich ebenfalls findet, wenn man

$$\overline{E_2F_2} = \overline{E_2L_2}\cdot\frac{P-P_2}{Q} = l_2\cdot\frac{P-P_2}{Q}$$

setzt. Macht man also in der verticalen Linie DF_4, von den Puncten E_1, E_2, E_3, ... aus, die Theile E_1F_1, E_2F_2, E_3F_3, ... gleich

$$l_1\cdot\frac{P-P_1}{Q},\quad l_2\cdot\frac{P-P_2}{Q},\quad l_3\cdot\frac{P-P_3}{Q},$$

indem man diese Theile, von den Puncten E_1, E_2, E_3, ... aus, nach unten oder nach oben absteckt, je nachdem ihre algebraischen Ausdrücke positiv oder negativ sind: so bekommt man die Puncte F_1, F_2, F_3, ..., von welchen die durch L_1, L_2, L_3, ... gezogenen geraden Linien F_1L_1, F_2L_2, F_3L_3, ... zu denjenigen Puncten O_1, O_2, O_3, ... der gesuchten Mittellinie des Drucks führen, die den Fugenschnitten N_1M_1, N_2M_2, N_3M_3, ... angehören.

Dieses Verfahren läfst sich noch bequemer auch auf einen aus zwei symmetrischen Hälften bestehenden Gewölbbogen anwenden, indem man die Zeichnung der Curve $KO_1O_2O_3$ ... in der verticalen Scheitelfuge beginnt. Die Richtung RKL_4 wird alsdann immer horizontal sein, und alle Puncte E_1, E_2, E_3, ... werden in einem und denselben Puncte K zusammenfallen.

Wenn man erwägt, dafs der Stoff der Wölbsteine in der Wirklichkeit niemals völlig unprefsbar ist, so ist zu berücksichtigen, dafs die nach den früheren Grundsätzen zu construirende Mittellinie des Drucks, welche einem Minimum des horizontalen Schubes angehören soll, in der Wirklichkeit nicht existiren kann, da es unmöglich ist, dafs bei solchem Stoffe eine Mittellinie des Drucks einen Punct mit der einen oder andern Wölbungslinie gemein habe, oder dafs die Resultante der Pressung in irgend einer Fuge durch eine Wölbsteinkante gehe. Die wahre Mittellinie des Drucks wird sich also überall von den Wölbungslinien um gewisse Gröfsen entfernt halten, welche in den Brechungsfugen allerdings ihr Minimum erreichen, aber wegen der Unbekanntschaft mit den hier auftretenden Elasticitätsgesetzen nicht im Voraus sich bestimmen lassen. Hieraus folgt, dafs der horizontale Schub eines wirklichen Gewölbbogens stets etwas stärker sein wird, als der für unprefsbare Wölbsteine nach dem Obigen ermittelte theoretische horizontale Schub, und dafs auch das fragliche Gewölbe in der Wirklichkeit eine etwas geringere Stabilität besitzen wird, als die theoretische Mittellinie des Drucks für ein Minimum des Schubes zu erkennen giebt. Es zeigt sich jedoch auch hier (wie schon bei Gewölben mit symmetrischen Hälften erwähnt ist), dafs die wirkliche Curve, für ein Minimum des Schubes, in den Brechungsfugen, die sich durch die theoretische Curve ergeben, nicht bis zur Mitte dieser Fugen von den betreffenden Wölbungslinien zurückweichen kann. Aus dieser Thatsache ergiebt sich die für die Ausübung wichtige Regel, dafs, wenn das Gewölbe dergestalt geordnet ist, sich eine Mittellinie des Drucks zeichnen läfst, welche in den Brechungsfugen, oder auch in allen Fugen durch die *Mitten* dieser Fugen geht, dieses Gewölbe, in Folge der Drehung der Gewölbsteine um ihre Kanten, durchaus nicht brechen kann, und dafs dasselbe auch eine noch gröfsere Stabilität und einen noch kleineren horizontalen Schub hat, als durch die eben genannte Curve ausgedrückt wird.

Es wird in der Ausübung häufig wichtig sein, die Änderungen zu beobachten, welche die wahre Mittellinie des Drucks in einem symmetrischen oder unsymmetrischen Gewölbe erleidet, wenn an diesem oder jenem Puncte ein isolirtes Gewicht auf das Gewölbe gelegt wird.

Nach der vorstehenden allgemeinen Theorie wird die hierdurch neu entstehende Mittellinie des Drucks unter allen Umständen leicht sich construiren lassen. Eine Aufzählung aller dann möglicherweise vorkommenden Erscheinungen würde sehr weitläufig werden. Wir wollen jedoch an einem besonderen Falle, welcher als leitendes Beispiel angesehen werden kann, einige allgemeine Sätze darüber anschaulich zu machen suchen; wobei jedoch die Aufsuchung der Beweise, welche aus den Eigenschaften der Mittellinien des Drucks ohne Schwierigkeit zu folgern sind, dem Leser überlassen bleiben mag.

Es sei ***INMLK*** die specielle Form der wahren Mittellinie des Drucks in dem Gewölbe ***ABDC*** (Fig. 61), bei welchem der äufsere Punct F_2 der Brechungsfuge NF_2 rechts von der durch ***A*** gezogenen Verticalen AF_2 liegen mag.

Legt man in irgend einem zwischen ***B*** und F_1 liegenden Puncte ein Gewicht ***S*** auf, so wird dadurch der horizontale Schub des Gewölbes, so grofs auch das Gewicht sein mag, *nicht* geändert; es vergröfsert sich nur die verticale Componente der Pressung gegen die Fläche ***AB*** um den Betrag von ***S***, indem sich der links von dem Gewichte liegende Theil der wahren Mittellinie des Drucks ändert und der durch den Aufsetzepunct gezogenen Verticalen näher zu kommen strebt. Würde das Gewicht ***S*** z. B. im Puncte F_1 aufgelegt, so würde sich zwischen den Fugen ***AB*** und E_1F_1 die Curve *ihg* finden, welche bekanntlich die Curve ***KMI*** in dem vertical unter F_1 liegenden Puncte ***h*** schneidet; wogegen zwischen den Fugen E_1F_1 und ***CD*** die frühere Curve ***KMN*** in unveränderter Form sich erhielte, indem nun die Curve ***KMNghi*** immer noch den Bedingungen eines Minimums des horizontalen Schubes entspräche.

Legt man das Gewicht ***S*** irgendwo zwischen den Puncten F_1 und F_2 auf, so wird, wenn ***S*** so *schwach* ist, dafs, mit Beibehaltung des rechts von ***S*** liegenden Theils der Curve ***KI***, der links von ***S*** fallende und sich angemessen verändernde Theil der Curve nirgend aus der innern Gewölblinie heraustritt, Dasselbe gelten, was wir so eben von dem Auflegen eines beliebigen Gewichts zwischen ***B*** und F_1 sagten. Wäre jedoch das Gewicht ***S*** *stärker*, so würde sich, unter *Vermehrung* des horizontalen Schubes, die ganze Gestalt der frühern Mittellinie des Drucks verändern.

In dem letzteren Falle sei, wenn man zuvörderst in ***K*** den frühern Widerstand der festen Fläche ***CD*** genau beibehält, *ghi* (Fig. 61) die principienmäfsige Fortsetzung der früheren Curve ***KLMN*** links von der Fuge ***EF*** nach geschehener Auflegung des Gewichts ***S*** im Puncte ***F***, wobei, der Voraussetzung gemäfs, *ghi* die innere Wölbungslinie schneidet. Diese Curve, welche allerdings eine *construirbare* Mittellinie des Drucks ist, kann nicht die *wahre* sein. Die wahre Curve mufs nothwendig die erstere einmal zwischen ***LM*** und einmal zwischen ***MN*** schneiden, auch aufserdem den Bedingungen eines Minimums des horizontalen Schubes Genüge leisten. Demnach wird sie die Form ***K'L'M'E'F'I'*** haben; wobei gewöhnlich die Brechungspuncte ***L, M, N*** sämmtlich *links* nach ***L', M', N'*** weiter rücken. Dafs dabei stets eine *Vermehrung* des horizontalen Schubes eintritt, geht daraus hervor, dafs die neue Curve ***K'M'I'*** zwischen die frühere **KMi** und diejenige Gerade zu liegen kommt, welche durch die Durchschnittspuncte dieser beiden Curven zu ziehen ist. Es versteht sich, dafs durch genugsame Vergröfserung des Gewichts S im Puncte F, die Stabilität des Gewölbes vernichtet werden kann, indem die Curve $K'M'I'$ irgendwo aus der Gewölbdicke heraustritt.

Wird in (Fig. 61) das Gewicht S zwischen den beiden Puncten F_2 und F_3 aufgelegt, deren ersterer F_2 in der äufsern Kante, der letztere F_3 vertical über der innern Kante der Brechungsfuge NF_2 liegen mag, so wird, wenn das Gewicht S so *klein* ist, dafs, unter Beibehaltung des rechts von S liegenden Theils der Curve **KI**, der links von S fallende Theil, welcher nach Auflegung des Gewichts S die principienmäfsige Fortsetzung jener Curve bildet, überall in der Gewölbdicke verbleibt, zwar eine durchgehende Veränderung der wahren Mittellinie des Drucks erfolgen, aber es wird hiermit eine *Veränderung* des horizontalen Schubes verbunden sein. Diese Behauptung, welche auffallend scheinen mag, rechtfertigt sich, wenn man beachtet, dafs bei der eben beschriebenen Curve, von welcher das rechts von S liegende Stück ein Theil der vorigen Curve **KI** ist, nur die beiden Puncte L und M mit den Wölbungslinien in Berührung sind, während dem Puncte N gegenüber die beschriebene Curve ganz in die Gewölbdicke zu liegen kommt. Bei dem Übergange von dieser Curve, welche den Bedingungen eines Minimums des horizontalen Schubes nicht entspricht, zu der wahren Mittellinie des Drucks, rücken nun die beiden Brechungspuncte M und L nach *rechts* in den betreffenden Wölbungslinien weiter; wodurch eine Curve entsteht, welche einem *kleineren* horizontalen Schube angehört, als die frühere.

Falls jedoch das Gewicht S in der eben betrachteten Lage so *stark* wäre, dafs der links von S fallende Curventheil, welcher die principienmäfsige Fortsetzung der Curve **KM** bildet, die innere Wölbungslinie schnitte, tritt, mit der nothwendigen Veränderung der ganzen Mittellinie des Drucks, zugleich eine *Vermehrung* des horizontalen Schubes ein, indem die Brechungspuncte L und M weiter nach *links* rücken; wie dies schon vorhin bei der Auflegung eines möglichst grofsen Gewichts zwischen F_1 und F_2 näher beschrieben ist.

Legt man das Gewicht S irgendwo zwischen F_3 und M auf, wobei ausdrücklich angenommen wird, dafs die *verticale* Gewölbefuge E_4F_4 *rechts* vom Brechungspuncte M liege, so mufs nothwendig der links von S fallende Theil der nach Auflegung des Gewichts S principienmäfsig fortgesetzten Curve **KM** die innere Wölbungslinie durchschneiden. Es wird also, *wie klein* auch das

Gewicht S sein möge, eine durchgreifende Veränderung der wahren Mittellinie des Drucks erfolgen; wobei die Brechungspuncte L und M weiter nach links rücken und der horizontale Schub sich jedenfalls *vermehrt*.

Läge die *verticale* Gewölbfuge E_4F_4 *links* vom Brechungspuncte M, so würde das Vorstehende nur für diejenigen Gewichte S gelten, welche irgendwo zwischen den Puncten F_3 und F_4 aufgelegt werden.

Bei der vorigen Voraussetzung, dafs die verticale Gewölbefuge E_4F_4 rechts vom Brechungspuncte M liegen soll, hat man für diejenigen Gewichte, welche zwischen den Puncten M und F_4 aufgelegt werden, zu berücksichtigen, dafs, nach Auflegung eines solchen Gewichts S, die Fortsetzung der Curve KL links von S allerdings die innere Wölbungslinie schneiden, aber auch bei M sich ganz von der äufsern Wölbungslinie nach innen entfernen wird; so dafs diese Curve nur den einen Berührungspunct L mit den Wölbungslinien behält. Ist nun das Gewicht S *schwach* genug, so wird die wahre Mittellinie des Drucks, indem sie die eben genannte nur einmal zwischen K und L schneidet und die Wölbungslinien resp. rechts von L, M, N berührt, einem *kleineren* horizontalen Schube entsprechen, als früher die KMI. Ist dagegen das Gewicht S *stark* genug, so wird die wahre Mittellinie des Drucks die vorhin bezeichnete Curve zweimal diesseit des Punctes L durchschneiden; wobei der Berührungspunct L links, die Berührungspuncte M und N jedoch rechts fortrücken, und der horizontale Schub *vermehrt* wird.

Für den besondern Fall, dafs das Gewicht S gerade über dem Puncte F_4 der *verticalen* Fuge aufgelegt würde, hätte man nur dann das entsprechende der vorstehenden Resultate anzuwenden, wenn die ganze Last des Gewichts S auf der einen Bogenhälfte ABF_4E_4 ruhte. Sonst aber, wenn sich der Druck dieses Gewichts zur Hälfte auf den Gewölbetheil ABF_4E_4, zur andern Hälfte auf den Theil CDF_4E_4 vertheilte, würde dasselbe wie *zwei*, gleichzeitig auf das Gewölbe gesetzte Gewichte von dem Betrage $\frac{1}{2}S$ anzusehen sein. Man könnte alsdann nicht vorläufig den rechts von E_4F_4 liegenden Theil der frühern Drucklinie KMI beibehalten wollen, um denselben nach Auflegung des Gewichts S principienmäfsig links von E_4F_4 bis zur Fläche AB fortzubilden. Vielmehr würden sich bei der Vertheilung des Gewichts S auf beide Gewölbtheile, gleichzeitig der rechts und links von E_4F_4 liegende Schenkel der Curve KMI ändern müssen. Es ist jedoch leicht zu sehen, dafs bei einem möglichst *geringen* Werthe von S stets eine *Verminderung*, und bei einem angemessen *grofsen* Werthe von S stets eine *Vermehrung* des horizontalen

Schubes herbeigeführt werden wird: gleichviel, ob der Punct F_4 rechts, oder links von M liegt, wofern dieselben nur nicht in einem und demselben Puncte zusammenfallen. Fielen die beiden Puncte F_4 und M zusammen, so würde ein in F_4 aufgelegtes, *noch so kleines* Gewicht S stets den horizontalen Schub des Gewölbes vergröfsern.

Die Lagen, welche das Gewicht S *rechts* von der verticalen Fuge E_4F_4 in der Linie F_4D annehmen könnte, sind nun nicht weiter zu betrachten nöthig, da die daraus sich ergebenden Wirkungen nach den vorstehenden Sätzen beurtheilt werden können, wenn man dieselben gehörig auf die einzelnen Stücke des Gewölbtheils CDF_4E_4 anwendet.

Wenn man sich das im Puncte F (Fig. 63) aufgelegte Gewicht S *unendlich grofs* vorstellt, so mufs die wahre Mittellinie des Drucks offenbar die Gestalt $KLFNI$ annehmen, wo FK und FI zwei gerade Linien sind, welche mit der innern Wölbungslinie die Puncte L und N gemein haben und in K und I zwei Pressungen gegen die festen Flächen CD und AB fortpflanzen, von denen sowohl die verticalen, als die horizontalen Componenten *unendlich grofs* sind. Hierbei wird übrigens vorausgesetzt, dafs der Punct F zwischen den durch A und C gezogenen Verticalen liege. Läge der Angriffspunct des unendlich grofsen Gewichts S links von der Verticalen AG, etwa in f: so würde die wahre Mittellinie des Drucks die Form $klmnhfi$ annehmen, von welcher der Theil fi vertical, der übrige Theil kmh jedoch eine Curve wäre. Im letzteren Falle würde sich nur bei i ein *unendlich grofser* Druck gegen die feste Fläche AB äufsern, der Druck in k auf die feste Fläche CD dagegen einen *endlichen* Werth haben, dessen horizontale Componente gleich der horizontalen Componente des unendlich grofsen Drucks bei i und gleich dem horizontalen Schube des Gewölbes wäre.

Angenommen, das Gewölbe $ABDC$ bilde einen concentrischen Halbkreis. Ist alsdann AG vertical in G; ferner die durch G und D gezogene Gerade GD eine Tangente an die innere Wölbungslinie bei H (was vorkommt, wenn $AB = CD = \frac{1}{2}AC$ ist), so sieht man leicht, dafs alle Tangenten der innern Wölbungslinie, welche die äufsere Wölbungslinie irgendwo zwischen den durch A und C gezogenen Verticalen schneiden, ganz in der Gewölbmasse liegen werden.

Hieraus folgt, dafs ein concentrisches Kreisgewölbe, *dessen Gewölbdicke AB gleich dem Radius der innern Wölbungslinie ist*, durch keine, noch so grofse verticale Belastung irgend einer Art in Folge der *Drehung* der Wölbsteine zum Einsturze gebracht werden kann, wenn nur die Widerlagen fest genug sind.

Diesem Resultate ist ein anderes, bekanntes Ergebnifs an die Seite zu stellen, welchem zufolge die Gewölbdicke eines *nicht belasteten* Halbkreisgewölbes wenigstens 0,114 oder $\frac{1}{9}$ des innern Radius betragen mufs, wenn das Gleichgewicht gegen die *Drehung* gesichert sein soll.

Wenn sich das Gewölbe mit seinen Endflächen gegen Massen oder Widerlagen stützt, welche selbst nicht als absolut unverschiebbar angesehen werden dürfen, sondern welche nur durch eine fernere Unterstützung in ihrer Basis aufrecht erhalten werden, kann man offenbar diese Widerlagen oder Pfeiler, mit ihren Belastungen, als Theile oder Fortsetzungen des Gewölbbogens betrachten und die in dem Gewölbe gezeichneten Mittellinien des Drucks nach demselben Principe und unter Beachtung des in den Widerlagen Statt findenden Fugenschnitts, welcher in der Regel horizontal ist, bei vielen in England ausgeführten Brückengewölben aber auch eine den Gewölbschichten entsprechende Richtung hat, bis auf die Basis der Widerlagen fortführen. Die Stabilität der Widerlagen erfordert, dafs die Mittellinie des Drucks, welche einem Minimum des horizontalen Schubes entspricht, nirgends aus den Seitenlinien der Widerlagsmasse heraustrete. Sobald eine Widerlage als eine in sich unzertrennliche Masse angesehen werden darf, wird man sich begnügen können, den Druck R in der Endfuge des Gewölbes mit dem ganzen Gewichte der Widerlage zusammenzusetzen, und zu untersuchen, resp. dafür zu sorgen, dafs die Richtung dieser Resultante zwischen den Eckpuncten der Grundfläche der Widerlage hindurchgehe.

Endlich dürfte es nicht unzweckmäfsig sein, auf die ganz verschiedene Wirkung eines Gewölbstücks, wie $ABDC$ (Fig. 64), aufmerksam zu machen, je nachdem dasselbe einen Theil, z. B. die Hälfte eines gröfseren Gewölbes bildet, oder mit beiden Enden AB und CD sich gegen feste Widerlagsflächen stützt. Im ersten Falle, wo $ABDC$ eine Gewölbhälfte darstellt, ist der Druck in CD stets *horizontal,* und die wahre Mittellinie des Drucks, wie etwa DNI, durchkreuzt nur einmal die Gewölbdicke. Im letzten Falle, wo CD eine unverschiebbare Fläche, ebensowohl wie AB ist, braucht der Druck in CD keineswegs horizontal zu sein: die wahre Mittellinie des Drucks, wie etwa $CM'N'I'$, durchkreuzt zweimal die Gewölbdicke, und der horizontale Schub ist schwächer, als im ersten Falle; was daraus erhellet, dafs die Curve DNI, welche in beiden Fällen eine *mögliche*, wenn gleich nur im ersten Falle die *wahre* Mittellinie des Drucks darstellt, zwischen die Curve $CM'N'I'$ und diejenige Gerade fällt, welche sich durch die Durchschnittspuncte jener beiden Curven ziehen läfst.

b. Gleichgewicht gegen das Gleiten.

Sind die Winkel, welche die Pressungen zwischen den Wölbsteinen mit den Normalen auf den Fugenflächen einschliefsen, insofern diese Pressungen der Curve dem Minimum des Schubes entsprechen, überall kleiner, als der dem Wölbsteinstoffe zukommende Reibungswinkel φ, so ist in Folge des *Gleitens* gewisser Wölbsteine auf ihren Fugenflächen kein Einsturz des Gewölbes zu fürchten, und die genannte Curve stellt die in Wahrheit existirende Mittellinie des Drucks vor. Finden sich jedoch unter jenen Winkeln solche, die gröfser sind als der Reibungswinkel, so würde die Curve, welche lediglich aus dem Gesichtspuncte der *Drehung* der Wölbsteine um ihre Kanten ermittelt ist und das hierauf bezügliche Minimum des Schubes darstellt, nicht die wahre sein können. Der wirkliche horizontale Schub kann alsdann aber nur *gröfser* sein, als das bezeichnete Minimum für die Drehung, und es fragt sich, ob es unter den unendlich vielen, sonst noch möglichen, d. h. ganz in der Gewölbdicke liegenden Mittellinien des Drucks, welche einem gröfseren horizontalen Schube angehören, eine oder mehrere giebt, die der nothwendigen Bedingung entsprechen, dafs die eben bezeichneten Neigungswinkel in einzelnen Fugen höchstens den Werth des Reibungswinkels φ erreichen. Wenn es solche Curven giebt, so ist das Gewölbe immer noch stabil, und diejenige Curve ist die wahre, welche bei dem kleinsten horizontalen Schube der letzteren Bedingung Genüge leistet. In der Regel existiren alsdann aber eine unendliche Menge solcher Curven, welche sämmtlich einen und denselben horizontalen Schub erzeugen, und es bleibt unbestimmt, welche derselben in der Wirklichkeit die natürliche Mittellinie des Drucks sei.

Eine strenge Untersuchung der Bedingungen, unter welchen das Gleichgewicht des Gewölbes selbst dann noch gesichert bleibt, wenn die dem Minimum des Schubes in Rücksicht auf die Drehung angehörige Curve den Bedingungen des Gleichgewichts gegen das Gleiten nicht entspricht, hat bei einem unsymmetrischen Bogen viel mehr Schwierigkeiten, als bei einem aus zwei congruenten Hälften bestehenden Bogen, da bei dem ersteren die zuläfslichen Veränderungen des Widerstandes einer Widerlagsfläche nicht blofs, wie bei dem letzteren, an die möglichen Veränderungen des ***Angriffspuncts*** in der Widerlagsfläche und an die Veränderungen der ***horizontalen*** Componente jenes Widerstandes oder des ***horizontalen Schubes*** geknüpft sind, sondern aufserdem noch von den zuläfslichen Veränderungen der ***verticalen*** Componente des fraglichen Widerstandes bedingt werden.

Berücksichtigt man jedoch, dafs, wenn die Breite der Widerlagsflächen im Verhältnifs zur Spannung des Bogens klein und die Verbindungslinie der Mittelpuncte der beiden Widerlagsflächen nicht sehr stark gegen den Horizont geneigt ist, wie es in der Wirklichkeit fast immer der Fall ist, die Veränderungen der zuletzt gedachten ***verticalen*** Componenten nur schwach sein können: so wird man diese Veränderungen vernachlässigen dürfen. Da unter dieser Voraussetzung bei allen zu construirenden Mittellinien des Drucks nur der horizontale Schub nach Gröfse und Angriffspunct zu verändern bleibt, was zur Folge hat, dafs alle diese Curven in einer und derselben Gewölbfuge ihren Culminationspunct erreichen, in welchem die Pressung horizontal und gleich dem horizontalen Schube wird: so wird man, von der letzteren Fuge ausgehend, nach beiden Seiten des Gewölbes hin die verschiedenen Mittellinien des Drucks nach denselben Principien betrachten können, wie sie früher bei dem Gleichgewicht gegen das Gleiten in Bogen mit symmetrischen Hälften betrachtet sind. Es ergeben sich alsdann folgende Thatsachen.

Wenn die dem Minimum des Schubes für die Drehung entsprechende Curve irgendwo eine Pressung hervorbringt, vermöge welcher ein Gleiten eines Gewölbsteins auf dem darunter liegenden ***von innen nach aufsen*** erfolgen würde, so kann das Gewölbe keinenfalls im Gleichgewichte bleiben.

Wenn an einer oder mehreren Stellen nur ein Gleiten der obern Steine auf den untern ***von aufsen nach innen*** erfolgen würde, so ist das Gleichgewicht möglich, insofern der horizontale Schub, welcher nöthig ist, um das Gleiten zu verhindern, d. h. um die Richtungen der betreffenden Pressungen in die Grenzen des Reibungswinkels zurückzuführen, das Maximum nicht überschreitet, welches in Rücksicht auf das Gleichgewicht gegen die Drehung zuläfslich ist, und insofern dieser Schub nicht bewirkt, dafs an andern Stellen des Gewölbes ein Gleiten von innen nach aufsen erfolgt. Ein solches Gleichgewicht, wenn es hiernach möglich ist, entspricht einer unendlichen Menge von Mittellinien des Drucks, welche sämmtlich zwar denselben horizontalen Schub bedingen, aber, ihren Endpuncten und sonstigen Figuren nach, von einander verschieden sind.

In der Ausübung hat die Betrachtung des Gleichgewichts gegen das *Gleiten* wenig Bedeutung, da der gewöhnliche Wölbsteinstoff hinlänglich reibungsfähig ist, um die Gefahr des Einsturzes in Folge des Gleitens zu hindern. Das einfachste und wirksamste Mittel, einem solchen Einsturze zuvorzukommen, wenn (falls sonst das Gleichgewicht gegen die Drehung gesichert ist) die Neigungswinkel der Pressungen gegen die Normalen auf den Fugenflächen irgendwo den Werth des Reibungswinkels überschreiten, besteht jedenfalls in einer angemessenen Änderung der Richtung der Fugenschnitte; welche aber dann wohl niemals in dem Maafse nöthig sein dürfte, dafs dadurch die dem Minimum des Schubes rücksichtlich der Drehung angehörige Mittellinie des Drucks merklich verändert würde.

Bemerkungen über die bekanntesten Gewölbtheorieen.

Nur eine genaue Kenntnifs der Wirkungen in einem gewölbten Bogen gewährt dem Baumeister die Zuversicht, deren er bedarf, um mit Überzeugung die Form der Wölbelinie, die Gewölbdicke, den Fugenschnitt und die Widerlagen so anzuordnen, dafs das Gewölbe in allen Theilen fest wird; besonders wenn dasselbe Zwecke erfüllen soll, die vielleicht bis dahin noch nicht vorkamen, und also die früheren Erfahrungen bei ähnlichen Bauwerken keine zuverläfsige Anwendung auf den neuen Fall gestatten. Aus diesem Grunde ist eine sichere und möglichst strenge Untersuchung jener Wirkungen eben so interessant und eine wissenschaftliche Aufgabe der Mechanik, als sie wichtig ist für die Technik.

Die vielfachen Bestrebungen um Vervollkommnung der Gewölbtheorie und die verschiedenartigen Vorstellungen und Hypothesen, welche man bei der Entwicklung dieser Theorie zum Grunde legte, nebst dem Antheil, welchen Gelehrte und Practiker stets daran genommen haben, beweisen das Bedürfnifs einer klaren Anschauung der dabei vorkommenden Erscheinungen. Eine eigenthümliche Schwierigkeit ist hier dadurch entstanden, dafs unter den bisher angenommenen Bedingungen bei einem stabilen Gewölbe unendlich viele Kräftensysteme *möglich* sind, ohne dafs es gelang, hiervon dasjenige zu bezeichnen, welches in der Natur *wirklich* Statt findet. Durch die obigen Erörterungen ist nun zwar, mit Hülfe des ***Princips vom kleinsten Widerstande,*** die eben genannte Unbestimmtheit gehoben, indessen dürfte es doch nicht unnütz sein, auch auf die schwachen Seiten der *bisherigen* Gewölbtheorieen noch besonders aufmerksam zu machen, damit man sich in den Fällen, wo die eine oder die andere etwa angewendet werden sollte, wenigstens über den Einflufs der darin angenommenen Hypothesen Rechenschaft geben könne.

Zuvörderst ist zu bemerken, dafs sich die bisherigen Gewölbtheorieen immer nur auf Gewölbe mit zwei *symmetrisch* geformten und *symmetrisch belasteten* Hälften beziehen, in deren verticaler Scheitelfuge eine horizontale Pressung gleich dem horizontalen Schube wirkt. Es wird immer, wie auch hier oben geschehen, ein *unprefsbarer* Wölbsteinstoff vorausgesetzt, und in den neueren Theorieen vor allen Dingen das Gleichgewicht gegen die *Drehung* untersucht, da dies in der Ausübung vorzugsweise von Bedeutung ist. Auf *dieses* Gleichgewicht erstrecken sich auch insbesondere die nachfolgenden Bemerkungen.

Theorie von Lahire. Der erste Schriftsteller, im Anfange des vorigen Jahrhunderts, welcher die Kräfte, die ein Gewölbbogen auf die Widerlagen ausübt, auf wissenschaftlichem Wege zu bestimmen suchte, indem er nach den besonderen Dimensionen des Gewölbes ein der Wirklichkeit scheinbar möglichst nahe kommendes System von Kräften annahm, war *Lahire.*

Derselbe nahm an, ein jedes Gewölbe habe das Bestreben, dergestalt zu brechen, dafs sich in der Mitte zwischen dem Scheitel und der Widerlagsfuge eine Brechungsfuge bilde. Er stellte sich den obern Bogentheil, so wie den untern Theil, mit Inbegriff der Widerlage, als zwei starre Körper ohne Fugenschnitte vor, und berechnete den Druck in der Brechungsfuge, indem er dieselbe als absolut *glatt* voraussetzte und den obern Theil als einen Keil betrachtete, welcher in normaler Richtung eine Pressung gegen die Brechungsfuge ausübt.

Es ist leicht zu sehen, dafs diese Betrachtungsart nur auf eine ziemlich oberflächliche *Schätzung* des Gewölbschubes hinausläuft, welche sich bald viel, bald wenig von der Wahrheit entfernen kann. Durch die Annahme einer absolut *glatten* Brechungsfuge, welche in der Wirklichkeit niemals existirt, wird der Schub zu *grofs:* durch die willkürliche Verlegung dieser Fuge in die Mitte zwischen dem Scheitel und der Widerlage, zu *klein* geschätzt. Aufserdem giebt diese Theorie den wahren *Angriffspunct* der Pressung, weder in der Scheitelfuge, noch in der Brechungsfuge, noch in der Widerlagsfläche zu erkennen, und gewährt durchaus kein Urtheil über die *Stabilität* des eigentlichen Gewölbbogens zwischen dem Scheitel und den Anfängen, welche durch die Bedingungen des Gleichgewichts gegen die Drehung um beliebige Fugenkanten gesichert wird.

In späterer Zeit ist die Theorie von ***Lahire,*** unter dem Namen der ***Keiltheorie,*** zwar etwas mehr vervollkommnet worden, indem man nicht ein für allemal die Brechungsfuge gerade an der oben bezeichneten, bestimmten Stelle annahm, sondern den stärksten Druck ermittelte, welchen das System aller Wölbsteine auf die Widerlagen ausübt. Die Gewölbefugen nahm man jedoch immer absolut *glatt* an, so dafs die Pressungen zwischen den Wölbsteinen überall *normal* auf den Fugenflächen stehen mufsten. Da diese Hypothese von der Wirklichkeit *sehr* abweicht, auch nicht geeignet ist, eine einzige unter den unendlich vielen möglichen Mittellinien des Drucks als die *wahre* zu bezeichnen: so folgt, dafs man durch die daraus gezogenen Resultate keineswegs eine richtige Ansicht von dem Gleichgewicht eines wirklichen Gewölbes gegen das ***Gleiten*** bekommt, indem die ***Reibung*** zwischen den Gewölbsteinen stets wesentlich vorhanden ist und ihre Vernachläfsigung zu dem ganz unpractischen Ergebnisse führt, dafs das Gleichgewicht eines Gewölbbogens unmöglich sein würde, wenn die Widerlagsfugen horizontal lägen; insofern die Gewölbdicke in diesen Fugen ***unendlich grofs*** wäre. Übrigens giebt diese Theorie, selbst wenn sie nur als wissenschaftliche Untersuchung über das Gleichgewicht zwischen absolut glatt angenommenen Wölbsteinen angesehen wird, nicht den geringsten Aufschlufs über das viel wichtigere Gleichgewicht gegen die ***Drehung*** der Wölbsteine um ihre Kanten.

Eytelwein giebt in (§§. 374. bis 399.) seines „Handbuchs der Statik, 2. Band," erst eine umständliche Entwicklung der Gewölbtheorie nach den eben genannten Voraussetzungen. Darauf läfst er in (§§. 400. bis 414.) eine Abhandlung folgen, in welcher auch auf die ***Reibung*** zwischen den Wölbsteinen Rücksicht genommen wird, indem er die Gleichgewichtsbedingungen gegen das Gleiten unter der Voraussetzung untersucht, dafs die Steine des Gewölbes ohne Reibung nie im Gleichgewichte seien. Zu dem letzteren Zweck aber schlägt ***Eytelwein*** einen das Ziel nicht erreichenden Gang ein. Er nimmt nämlich zuvörderst an, dafs das Gewicht jedes Gewölbsteins, auch bei rauhen Fugenflächen, stets ***normal auf die Fugen*** zu zerlegen sei. Alsdann ist er, im Widerspruche mit dem mechanischen Grundsatze von der Gleichheit der Wirkung und Gegenwirkung zweier aneinander geprefsten Flächen, der Ansicht, dafs der normale Druck des einen Gewölbsteins den normalen Gegendruck des angrenzenden Steines um eine gewisse Gröfse δ überschreiten könne.

Nachdem diese Gröfse δ in eine verticale und eine horizontale Componente zerlegt ist, summirt er die Momente dieser Componenten in Beziehung zu der äufsersten Kante der Basis der Widerlagsmasse und vereinigt dieselben mit den für dieselbe Kante genommenen Momenten derjenigen verticalen und horizontalen Kräfte, welche sich herausgestellt haben würden, wenn alle Gewölbsteine *ohne Reibung* schon im Gleichgewicht gewesen wären, um hierdurch zu einer Gleichung für die Stabilität des Gewölbes in Beziehung zur untersten Kante der Widerlagsmasse zu gelangen. Es bedarf keiner besondern Auseinandersetzung, um zu zeigen, dafs die auf solche Weise gewonnenen Resultate blofs willkürlich sind.

Erst von (§. 417 bis 419), wo *Eytelwein* die dem Gleichgewichte gegen das Gleiten entsprechende Brechungsfuge untersucht, bringt er die Wirkung der Reibung naturgemäfs in Rechnung. Es bleibt jedoch hinsichtlich des in der Scheitelfuge wirkenden horizontalen Schubes ein wesentlicher Mangel übrig, wegen dessen die Betrachtungen keine allgemeine Gültigkeit erlangen und das Problem nicht allseitig aufklären.

Eine der *Eytelwein*'schen in den Hauptsachen ganz gleiche Darstellung des Gleichgewichts gegen das Gleiten, theils ohne, theils mit Berücksichtigung der Reibung, enthält die Schrift von *Unger*. „Übungen aus der angewandten Mathematik. Zweiter Band," enthaltend „Übungen aus der Statik und Mechanik."

Theorie von Coulomb. Weit näher, als *Lahire*, ist *Coulomb* um das Jahr 1773 einer wissenschaftlichen Lösung der vorliegenden Aufgabe gekommen, indem er nicht blofs sein Augenmerk auf das Gleichgewicht gegen das *Gleiten* richtete, welches *Lahire's* unvollkommener Ausführung allein zum Grunde lag, sondern auch im Wesentlichen die Bedingungen für das Gleichgewicht gegen die *Drehung* aufstellte. Seine Theorie besteht in Folgendem.

Angenommen, die horizontale Resultante der Pressung in der Scheitelfuge CD (Fig. 65) gehe durch den Punct K; EF und GH seien zwei beliebige Gewölbefugen, Q_1 sei der Werth der Pressung, welcher nöthig ist, um zu verhindern, dafs sich das Gewölbstück $CDHG$ um die Kante G *nach innen* drehe, Q_2 dagegen der Werth der nöthigen Pressung, um eine Drehung des Gewölbstückes $CDFE$ um die Kante F *nach aufsen* hervorzubringen. Ermittelt man die Werthe von Q_1 und Q_2 für sämmtliche zwischen AB und CD liegenden Fugen, so ist das *Maximum* von Q_1 der wahre *horizontale Schub* des Gewölbes. Die Stabilität des Bogens erfordert jedoch nothwendig, dafs das *Maximum* von Q_1 *kleiner* sei, als das *Minimum* von Q_2. Würde die letztere Bedingung nicht erfüllt, so würde, wenn die obere Fuge ***GH*** dem Maximum von Q_1 und die untere Fuge ***EF*** dem Minimum von Q_2 entspräche, das Gewölbe auf die Weise einstürzen, dafs gleichzeitig eine Drehung um die Kanten *G* und *F* erfolgte; wobei ***GH*** die ***Brechungsfuge*** heifst. Ferner würde, wenn die untere Fuge ***EF*** dem Maximum von Q_1 und die obere Fuge ***GH*** dem Minimum von Q_2 entspräche, das Gewölbe so einstürzen, dafs gleichzeitig eine Drehung um die Kanten *H* und *E* erfolgte; wobei ebenfalls die Fuge ***GH*** die ***Brechungsfuge*** heifst.

Da bei dem ersteren Bruche anscheinend auch eine Drehung um den obersten Punct *D* der Scheitelfuge, und bei dem letzteren Bruche auch eine Drehung um den untersten Punct *C* jener Fuge erfolgt, so mag dies der Grund gewesen sein, warum *Coulomb* den unbestimmten Angriffspunct *K* der Pressung im Scheitel, entweder nur in den Punct *D*, oder in den Punct *C* verlegt, um so die Stabilität des Gewölbes, resp. in der ersten oder zweiten der beiden eben angedeuteten Rücksichten, zu constatiren. Auf die nähere Bestimmung der wahren Lage des Puncts *K* hat sich *Coulomb* nicht eingelassen. Es fehlte hierzu den von ihm aufgestellten Principien eine wesentliche Bedingung, welche auch durch die Anforderungen für das Gleichgewicht gegen das *Gleiten* nicht gegeben wird. In Bezug auf das letztere Gleichgewicht ermittelt *Coulomb* nämlich das *Maximum* der für *Q* im Puncte *K* anzubringenden Kräfte Q', welche das *Herabgleiten* der Masse ***CDHG*** auf irgend einer Fuge ***GH*** verhindern; ferner das *Minimum* der in *K* anzubringenden Kräfte Q'', welche im Stande sind, die Masse ***CDFE*** auf der Fuge ***EF*** *hinaufzuschieben*, und verlangt nun, dafs das *Maximum* von Q' *kleiner* sei, als das *Minimum* von Q''. Unter gleichzeitiger Berücksichtigung des Gleichgewichts gegen die Drehung und gegen das Gleiten, ist es aufserdem nöthig, dafs jedes der beiden Maxima, von Q_1 und Q', kleiner sei, als jedes der beiden Minima, von Q_2 und Q'', und es würde für den wahren horizontalen Schub *Q* das *gröfsere* der beiden Maxima, von Q_1 und Q', zu nehmen sein; welches in der Regel das für die Drehung ist.

Da von der wahren Lage des Puncts *K* sowohl die Gröfse, wie das Moment des wirklichen horizontalen Schubes für die stabilen Gewölbe, nebst der Lage der Brechungsfuge, und die Art und Weise des Einsturzes für die nicht stabilen Gewölbe abhangt: so folgt, dafs die *Coulomb*sche Theorie den Grad der Vollkommenheit noch nicht erreicht hat, welchen die Wissenschaft fordert; wenngleich sie wegen der darin sich zeigenden rationnellen Auffassung auf einer ungleich höheren Stufe steht, als die ganz auf Willkürlichkeit gebaute Theorie von *Lahire*.

Der Ausbildung der vorstehenden Grundzüge haben verschiedene Schriftsteller ihre Kräfte gewidmet. Namentlich *Audoy* (Mémorial de l'officier du génie. N°. 4.); *Navier* (Résumé des leçons sur l'application de la mécanique. 1re partie.), und *Persy* (Cours de stabilité des constructions. Lithographie de l'école d'application à Metz.), um die verschiedenen Fälle und Erscheinungen der Praxis daran zu erläutern und allgemeine Formeln für Gewölbe und Widerlagen zu entwickeln, welche sich eben auf der Grenze des Gleichgewichts befinden. *Garidel* (Mémorial de l'officier du génie. N°. 12.) und *Petit* (Ibidem.) haben sich bemüht, die Anwendung dieser Formeln durch die Substitution einfacherer Methoden und durch die Berechnung von Tafeln zu erleichtern. *Poncelet* (Ibidem.) endlich hat ein Verfahren angegeben, wie ohne die Berechnung von Formeln die allgemeine Anwendung der *Coulomb*schen Theorie graphisch auszuführen sei.

Gleichwohl hat keiner dieser Schriftsteller eine haltbare Bedingung für die wahre Lage des Angriffspuncts K der Pressung im Scheitel aufgestellt und dadurch die in Rede stehende Theorie von der ihr noch innewohnenden Unbestimmtheit befreit. Alle beschränken sich vielmehr im Wesentlichen auf die Untersuchung des besondern Falles, wo die fragliche Pressung durch den höchsten Punct D der Scheitelfuge geht, indem dieser Fall anscheinend der in der Praxis gewöhnlich vorkommende sei. Die Bemerkungen, welche sich über die Unbestimmtheit der Lage des Puncts K bei stabilen und nicht stabilen Gewölben, besonders in den Schriften von *Persy* und *Petit* finden, sind ungenügend und zum Theil verfehlt. Unsicher begründete Raisonnements führen stets zu dem Schlusse, dafs der Punct K entweder nur in D, oder nur in C anzunehmen sei; was jedoch weder bei stabilen, noch bei instabilen Gewölben allgemein wahr ist.

Wir wollen eine nähere Vergleichung der *Coulomb*schen Theorie mit der oben vorgetragenen in Absicht auf das wichtigere Gleichgewicht gegen die *Drehung* anstellen.

Was zuvörderst die *mögliche* Lage des Angriffspuncts K in einem Gewölbe betrifft, so wird es aus den früheren Untersuchungen klar genug geworden sein, dafs dieselbe weder bei *stabilen*, noch bei *instabilen* Gewölben, auf die Puncte D und C beschränkt ist; indem sich bei instabilen Gewölben der halbe Bogen beim Einsturze nicht nothwendig blofs in *zwei* zusammenhangende Theile, welche sich um ihre Endkanten drehen, absondern darf, sondern auch Drehungen um *viele* Kanten vorkommen können; indem sich mehrere in der Nähe des Scheitels liegende Fugen gleichzeitig öffnen, oder *sammt der Scheitelfuge* geschlossen bleiben.

Wenn in dem vollkommen stabilen halben Bogen *ABDC* (Fig. 66.), nach der von uns entwickelten Lehre, die Mittellinie des Drucks, welche dem Minimum, und die welche dem Maximum des horizontalen Schubes entspricht, resp. die Form *KMNI* und *K'N'M'I'* haben, so können, wie man sahe, alle möglichen Mittellinien des Drucks, die im Stande sind, das Gewölbe im Gleichgewichte zu erhalten, nur irgendwo zwischen den Puncten *K* und *K'* ihren Anfang nehmen: also kann auch, weder in dem Theile *KD*, noch in dem Theile *K'C*, mithin weder in *D*, noch in *C*, ein möglicher Angriffspnnct des horizontalen Schubes liegen. Bei einem so geformten Gewölbe wird sich also die *Coulomb*sche Theorie als gänzlich unzulänglich erweisen. Man würde nach dieser Theorie finden, dafs, wenn *D* der Angriffspunct des horizontalen Schubes wäre, das Gleichgewicht ebensowohl unmöglich sei, als wenn der Angriffspunct in *C* läge; und demungeachtet besteht das Gleichgewicht des Bogens *ABDC* mit einem je nach den Umständen gröfsern oder kleinern Grade von Stabilität, indem der wahre Angriffspunct des horizontalen Schubes in *K* liegt und nöthigenfalls bis *K'* sich ändern kann, insofern das Gleichgewicht gegen das *Gleiten* Dies nöthig machen sollte.

Bei einer gewissen Art von Gewölben, deren in der Wirklichkeit wohl die Mehrzahl sein mag, die aber von *Coulomb* und dessen Nachfolgern nicht characteristisch bezeichnet sind, fällt der Punct *K* mit *M* in *D* zusammen, und der wahre horizontale Schub geht alsdann durch den höchsten Punct der Scheitelfuge. *Niemals* kann jedoch bei einem vollkommen stabilen Gewölbe, welches sich nicht auf der *Grenze* des Gleichgewichts befindet, der Punct *K* mit *C* zusammenfallen: demnach kann bei solchen Gewölben *niemals* der wahre horizontale Schub durch den tiefsten Punct der Scheitelfuge gehen, und man sieht, dafs in Beziehung auf diesen letzteren Punct die *Coulomb*sche Theorie immer nur ein *mögliches*, niemals aber das *wirkliche* Gleichgewicht bezeichnet.

Wenn *K* (Fig. 65.) der Angriffspunct des horizontalen Schubes in der Scheitelfuge, und Q_1 das *Coulomb*sche *Maximum* dieses Schubes ist, welches der *innern* Kante *G* entspricht, so mufs, wenn man, nach den früheren Principien, für Q_1 die Mittellinie des Drucks *KI* construirt, diese Curve den Punct *G* mit der innern Wölbungslinie *CA* gemein haben, sonst aber in allen Theilen *oberhalb* CA liegen. Das Letztere erhellet ohne Schwierigkeit aus den allgemeinen Eigenschaften der Mittellinien des Drucks: denn wenn die KI irgendwo einen Punct unterhalb der CA hätte, so könnte durch eine *Vermehrung* der Kraft Q_1 im Puncte K, jene Curve so weit gehoben werden, dafs sie nur einen einzigen Punct mit der CA gemein hätte; welchem mithin ein *noch gröfserer* Schub, als Q_1, im Puncte K entsprechen würde. Ist ferner Q_2 das *Coulomb*sche *Minimum* des Schubes in K, welches der *äufsern* Kante F entspricht, so mufs eine für Q_2 construirte Mittellinie des Drucks KL den Punct F mit der äufsern Wölbungslinie DB gemein haben, sonst aber überall *unter* dieser Linie liegen; was eben so leicht durch die Eigenschaften der Mittellinien des Drucks nachzuweisen ist.

Soll nun Stabilität Statt finden, so darf nach den frühern Principien die Curve KGI nirgends aus der Gewölbdicke heraustreten, also nirgends die äufsere Wölbungslinie DB schneiden. Hieraus, und da zwei durch den Anfangspunct K gehende Mittellinien des Drucks, wie KI und KL, nur diesen Punct K mit einander gemein haben können, während die *untere* KI immer dem *kleineren* in K angebrachten Schube entspricht, folgt, dafs im Zustande des Gleichgewichts das *Coulomb*sche Maximum Q_1 für die Curve KI nicht gröfser sein dürfe, als das Minimum Q_2 für die Curve KL. Daraus erhellet, durch welches Band die *Coulomb*sche Theorie mit der oben vorgetragenen zusammenhängt.

Verbindet man jetzt mit der *Coulomb*schen Lehre noch das Princip des kleinsten Widerstandes, so verschwindet die Unbestimmtheit der Lage des Puncts K, weil alsdann noch die Forderung gestellt wird, dafs das Maximum Q_1 *so klein als irgend möglich* sei. Dies führt zu der Bedingung, dafs die beiden Curven KGI und KFL, mit ihren characteristischen Eigenschaften, in eine einzige Curve zusammenfallen: *dafs also das Maximum* Q_1 *gleich sei dem Minimum* Q_2.

Der letztern Gleichheit entsprechen zwei verschiedene Curven $KMNI$ und $K'M'N'I'$ (Fig. 66). Die erstere macht die beiden gleichen Kräfte Q_1 und Q_2 so *klein* als irgend möglich, und ist die in Wahrheit existirende Mittellinie des Drucks. Die zweite macht die beiden Kräfte Q_1 und Q_2 so *grofs* als möglich, und entspricht dem gröfsten denkbaren, aber in der Wirklichkeit nicht existirenden horizontalen Schube.

Nach der Darstellungsart *Coulombs* würde man verleitet werden, zu glauben, dafs die Bedingung der *Gleichheit* der beiden Kräfte Q_1 und Q_2 das Gewölbe eben an die Grenze des Einsturzes bringe: und doch verträgt sich damit eine vollkommene Stabilität, indem jene Grenze erst dann erreicht wird, wenn die beiden Curven *KMNI* und *K'N'N'I'*, resp. für den möglich-gröfsten und möglich-kleinsten horizontalen Schub, in eine einzige zusammenfallen.

Gewölbtheoriecen, welche sich auf die Annahme einer Stützlinie oder Kettenlinie gründen. Verschiedene Schriftsteller, z. B. *v. Gerstner* (Handbuch der Mechanik. 1. Band.), *Knochenhauer* (Die Statik der Gewölbe.), *Schubert* (Theorie der Construction steinerner Bogenbrücken.), stellen sich die Angriffspuncte der mittleren Pressungen auf die verschiedenen Fugenschnitte des Gewölbes durch eine Linie verbunden vor, welche, bei endlichen Dimensionen der Wölbsteine, ein Polygon, und bei unendlich dünnen Wölbsteinen eine stetige Curve bildet. Diese Linie heifst *Stützlinie.* Sie untersuchen nun, unter welchen Bedingungen die Linie im Stande sei, vermöge der Widerstandsfähigkeit ihrer Theile in der Längenrichtung, so wie unter der Annahme gewisser Seitenkräfte in den Eckpuncten, die entsprechenden Belastungen des Gewölbes aufrecht zu erhalten.

Abgesehen davon, dafs das Ganze nur eine Theorie von *Stützlinien,* nicht eine *Gewölbtheorie* ist, indem man daraus nicht erfährt, welches nun die in einem gegebenen Gewölbe wirklich existirende Stützlinie sei und welche Erscheinungen sich bei einem *nicht* stabilen Gewölbe ergeben: so enthalten die fraglichen Lehren in mehrfacher Beziehung auch willkürliche Hypothesen und Widersprüche, hinsichtlich der Art, wie die Stützlinien mit den in dem Gewölbe wirkenden Kräften in Verbindung gebracht und dem Gewölbe Wirkungen zugeschrieben werden, welche von fingirten Kräften ausgehen.

Eine specielle Besprechung aller hierbei vorkommenden Ansichten würde zu weit führen. Wir beschränken uns auf die Widerlegung der Hauptsachen durch folgende Bemerkungen.

Man sollte nemlich erwarten, als *Stützlinie,* d. h. als diejenige Linie, welche die Angriffspuncte der Pressungen in den successiven Fugen mit einander verbindet, (wobei man sich gewissermaafsen die ganze Masse jedes Wölbsteins in eine materielle, widerstandsfähige Linie concentrirt vorstellt) werde bei den nähern Expositionen der genannten Schriftsteller nur diejenige Linie ausgegeben werden, welcher wir früher den Namen *Mittellinie des Drucks* beilegten, da diese Linie genau unter denselben Bedingungen construirt ist. Allein, man sieht eine Linie entstehen, welche für endliche Dimensionen der Wölbsteine ein umgekehrtes *Seilpolygon,* und für unendlich dünne Wölbsteine eine umgekehrte *Kettenlinie* ist.

Wir wollen zuvörderst unsere Mittellinie des Drucks, welche nach der bekannten Construction und nach der vorstehenden Definition der Stützlinie mit letzterer identisch sein müfste, aus dem Gesichtspuncte betrachten, der den Namen der **Stützlinie** rechtfertigen würde.

$M, M_1, M_2, \ldots$ (Fig. 67) seien die Angriffspuncte der mittleren Pressungen $R, R_1, R_2, \ldots$ gegen die successiven Fugen $EF, E_1F_1, E_2F_2, \ldots$

$P_1, P_2, P_2, \ldots$ seien die Gewichte der den Bogentheilen $FF_1, F_1F_2, F_3F_2, \ldots$ entsprechenden Gewölbstücke, mit deren Belastungen, so dafs also R_1 die Resultante von R und P_1, R_2 die Resultante von R_1 und P_2, R_3 die Resultante von R_2 und P_3 etc. ist, indem sich die Richtungen der drei Kräfte R, R_1, P_1 im Puncte N_1, die Richtungen von R_1, R_2, P_2 in N_2, die Richtungen von R_2, R_3, P_3 in N_3 etc. schneiden. Es ist ganz unwesentlich, ob die Richtung der verticalen Kräfte, wie P_1 zwischen den Puncten M und M_1 hindurchgeht, oder seitwärts liegt.

Das Polygon $MM_1M_2M_3\ldots$, welches für unendlich dünne Wölbsteine in eine stetige Curve übergeht, ist unsere **Mittellinie des Drucks,** und müfste auch eine **Stützlinie** sein. Allerdings werden sich die drei Kräfte R, R_1 und P_1, wenn die R_1 in gerader entgegengesetzter Richtung genommen wird, also den Widerstand des zweiten Wölbsteins gegen den ersten vorstellt, an der als materiell gedachten Linie MM_1 im Gleichgewichte erhalten; jedoch ist Dies ganz unmöglich, wenn der Linie MM_1 nur eine Widerstandsfähigkeit in ihrer **Längenrichtung** und keine Widerstandsfähigkeit gegen die **Biegung** zugeschrieben wird. Daraus folgt klar, dafs $MM_1M_2M_3\ldots$ durchaus kein umgekehrtes **Seilpolygon,** resp. keine **Kettenlinie,** sein kann, weil bei einem solchen Systeme, wo vollkommene **Biegsamkeit** die Grundbedingung ist, **nur** Spannungen in der **Längenrichtung** möglich sind. Das Princip der Kettenlinie ist hier auch schon durch die äufsere Vertheilung der Belastung entschieden verletzt, indem bei einer solchen Linie die Schwerpuncte der zu unterstützenden Gewichte nothwendig in den correspondirenden Curven-Elementen, oder doch vertical, über oder unter denselben, so wie bei einem Seilpolygone in den durch die Endpuncte gezogenen Verticalen liegen müssen, während bei der Linie $MM_1M_2M_3\ldots$ die Schwerpuncte der auf die Elemente MM_1, M_1M_2 etc. kommenden Gewichte $P_1, P_2, P_3, \ldots$ in beliebigen horizontalen Abständen von den Puncten $M, M_1, M_2, \ldots$ liegen können.

Um die Linie $MM_1M_2M_3\ldots$ auf ein Seilpolygon zurückzuführen, würde es ganz unstatthaft sein, die Vertheilung der Gewichte $P_1, P_2, P_3, \ldots$ so zu verändern, dafs ihre Schwerpuncte vertical über die Eckpuncte $M, M_1, M_2, \ldots$ treffen, oder, was beinahe eben dahin zielt, jedes Gewicht, wie P_1, nach dem Principe der Gleichheit der Momente, auf die beiden Puncte M und M_1 in zwei verticale Componenten zu zerlegen, in der Absicht, den hierdurch auf einen Eckpunct, wie M_1, kommenden verticalen Gesammtdruck in die Richtungen $M_1 M$ und $M_1 M_2$ wieder zu zerlegen, und zu schliefsen, dafs nur eine directe Fortpflanzung des Gewölbdrucks längs der Linien MM_1, M_1M_2, M_2M_3 etc. Statt finden könne; wobei dann natürlich nothwendig die Richtungen der Pressungen $R, R_1, R_2, \ldots$ mit den Richtungen MM_1, M_1M_2, $M_2M_3, \ldots$ zusammenfallen müfsten und von einer möglichen ***Biegung*** der materiell gedachten Linien MM_1, MM_2, $MM_3, \ldots$ keine Rede sein würde. Ein solches System wäre ein willkürlich gemachtes, welches zu dem wirklich gegebenen in keiner Beziehung stände. Eben so unzuläfslich würde es sein, zu dem eben erwähnten Behufe noch andere als die in der Figur dargestellten Kräfte, sei es nun in horizontaler Richtung, oder in der Richtung der Fugenschnitte, in das gegebene System einzuschieben. Man müfste fragen, woher die Seitenkräfte stammen, und wo die Widerstände sind, welche dieselben aufzunehmen vermöchten. Es würde dies auch einen offenbaren Widerspruch gegen das angekündigte Princip einschliefsen; denn wenn aufser den beiden Pressungen R und R_1 gegen die Fugen des Wölbsteins EFF_1E_1 noch andere Kräfte (aufser dem Gewichte P_1) gegen denselben wirken, so ist entweder R, oder R_1, nicht die wahre Resultante des Drucks, resp. in der Fuge EF oder E_1F_1; was doch ausdrücklich vorausgesetzt wird.

Zu der ersten der beiden obengedachten Unzuläfslichkeiten, nämlich zu einer willkürlichen Veränderung, Vertheilung und Wiederzerlegung der wahren Belastung des Gewölbes in Beziehung zur Linie $MM_1M_2M_3\ldots$, sind nun sämmtliche genannte Schriftsteller, welche die Gewölbtheorie aus dem Gesichtspuncte der Stützlinien erfafst haben, verleitet worden. Die zweite Unzuläfslichkeit, nämlich die fernere Einschiebung von Seitenkräften, findet sich aufserdem bei „*Schubert*" in den sogenannten ***vorgeschriebenen Stützlinien mit tangentialer*** und ***horizontaler Hinterstützung;*** ferner bei „*Knochenhauer*" in §. 14. ff. der oben benannten Schrift.

Jene Schriftsteller verfallen, nachdem sie das Grundprincip ausgesprochen haben, auf welches die Gewölbtheorie zurückgeführt werden solle, und nachdem sie als Stützlinie, oder als den auf materielle Linien concentrirten Gewölbbogen, genau die Linie $MM_1M_2M_3\ldots$ nach der obigen Definition bezeichnet haben, im ferneren Verlaufe der Untersuchung unvermerkt auf die Linie $N_1N_2N_3\ldots$, welche durch die gemeinschaftlichen Durchschnittspuncte N_1, N_2, $N_3, \ldots$ von je drei Kräften, wie R, R_1, P_1, geht. Dafs die letztere Linie ein wirkliches *Seilpolygon* und bei unendlich dünnen Wölbsteinen eine *Kettenlinie* ist, hat keinen Zweifel. Eben so unbezweifelt ist es aber auch, dafs diese Linie mit dem Wesen einer *Stützlinie,* insofern dieselbe durch ihre Seiten die concentrirten Wölbsteine vorstellen und statt ihrer das Gewicht des Gewölbes tragen soll, Nichts zu schaffen hat. Es ist durchaus nicht für das Gleichgewicht des Gewölbes nöthig, dafs die Linie $N_1N_2N_3\ldots$ überall in der Gewölbdicke liege; was doch wohl das wesentlichste Erfordernifs einer *Stützlinie* wäre; und bei sehr vielen vollkommen stabilen Gewölben wird auch in der That gar keine Linie wie die $N_1N_2N_3\ldots$ denkbar sein, welche nirgends aus der Gewölbdicke heraustrate.

Das Seilpolygon und resp. die Kettenlinie $N_1N_2N_3\ldots$, welche der geometrische Ort für die successiven Durchschnittspuncte von je zwei der Pressungen R, R_1, R_2, $R_3, \ldots$ bildet, und an welcher die Richtungen dieser Kräfte sämmtlich tangent sind, ist, wenn die oberste Pressung R und die Vertheilung der Gewichte P_1, P_2, $P_3, \ldots$ gegeben ist, ganz und gar unabhängig von den verschiedenen Richtungen der Fugenschnitte E_1F_1, E_2F_2, $E_3F_3, \ldots$; wogegen die Mittellinie des Drucks, oder, wenn man so sagen will, die wahre Stützlinie $MM_1M_2M_3\ldots$, welche der geometrische Ort für die Durchschnittspuncte der Pressungen R, R_1, R_2, $R_3, \ldots$ mit den correspondirenden Fugenschnitten bildet, sehr wesentlich von den Richtungen der letzteren abhangt. Aus jenem Grunde zeigt sich denn auch die Fugenrichtung in den besprochenen Theorieen gar nicht als bestimmendes Element, und man mufs sich zu dem falschen Schlusse berechtigt fühlen, dafs, wenn das Seilpolygon $N_1N_3N_2\ldots$ überall in der Gewölbdicke liegt, das Gleichgewicht immer bestehen werde, welche beliebige Richtung man auch den Fugen geben möge. Wo, dieser Bemerkung scheinbar entgegen, die Neigungswinkel der Fugen dennoch in den analytischen Formeln jener Theorieen auftreten, dienen dieselben eigentlich nur dazu, die Neigungen der *Polygonseiten,* resp. der Curven-Elemente der fraglichen Kettenlinie darzustellen, indem man alsdann aber, als eine für das mechanische System *unwesentliche* Bedingung, vorausgesetzt hat, dafs die Fugenschnitte die Polygonwinkel halbiren, oder auf der Kettenlinie normal stehen.

Bei einem *Seilpolygone* halten in jedem *Eckpuncte* immer *drei* Kräfte einander das Gleichgewicht: nämlich das aufgehängte Gewicht mit den Spannungen der beiden angrenzenden Seiten; und an jeder *Seite* vernichten einander immer *zwei* Kräfte, nämlich die von den beiden Endpuncten herkommenden, an Gröfse gleichen und der Richtung nach entgegengesetzten Spannungen, welche demnach auch nur die absolute oder rückwirkende Festigkeit der Seitenlinien in Anspruch nehmen. Bei einer, aus schweren, oder auf beliebige andere Weise belasteten materiellen Linien bestehenden *Stützlinie* dagegen halten sich an jeder *Seite* immer *drei* Kräfte im Gleichgewicht; nämlich die Belastung dieser Seite mit den Widerständen, welche die Seite in ihren Endpuncten von den beiden angrenzenden Seiten her erfährt, in Folge dessen nicht blofs die absolute oder rückwirkende, sondern auch die relative Festigkeit dieser Seitenlinie in Anspruch genommen wird: dagegen vernichten sich an jedem *Eckpuncte zwei* Kräfte; nämlich die beiden Widerstände der daselbst zusammenstofsenden Seiten; woraus folgt, dafs die Richtungen dieser Kräfte, welche einander gleich und grade entgegengesetzt sein müssen, niemals mit den beiden gegeneinander geneigten Seitenlinien zusammenfallen können; wie es bei dem Seilpolygone der Fall war. Das Seilpolygon geht durch unendliche Verkleinerung seiner Seitenlinien in eine *Kettenlinie* über: nicht so die Stützlinie, welche mit unendlich kleinen Seitenlinien eine Curve bildet, für welche ein allgemeiner characteristischer Name nicht vorhanden ist.

Die Linie $N_1N_2N_3\ldots$ ist stets ein wahres Seilpolygon, resp. eine Kettenlinie, gleichviel ob die Wölbsteine unter nothwendiger Zuhülfenahme der Reibung in den Fugen, oder mit vollkommen glatten Fugen im Gleichgewicht sind, also gleichviel, ob die Richtungen $R_1M_1N_1$, $R_2M_2N_2$, $R_3M_3N_3$ etc. der Pressungen R_1, R_2, R_3 etc. schiefe oder rechte Winkel mit den Fugen E_1F_1, E_2F_2, E_3F_3 etc. machen. Da dies aber nun keineswegs von der Stützlinie $MM_1M_2M_3\ldots$ gesagt werden kann, welche niemals ein Seilpolygon ist, so dürfte es nicht unzweckmäfsig sein, auf die Ursachen hinzudeuten, welche allem Anscheine nach die Verwechselung dieser beiden, ihrem Principe nach so wesentlich verschiedene Linien gefördert haben.

Bei der Exposition der gedachten Theorie hat man in der Regel eine solche Darstellung des Gewölbbogens mit den darauf wirkenden Kräften gewählt, in welcher bei endlichen Dimensionen der Wölbsteine die durch die Schwerpuncte der Gewichte P_1, P_2, P_3, ... gezogenen Verticalen G_1P_1, G_2P_2, G_3P_3, ... sammt und sonders resp. *zwischen* den beiden Puncten M und M_1, M_1 und M_2, M_2 und M_3 hindurchgehen. Hierdurch nimmt das Seilpolygon $N_1N_2N_3\ldots$ gegen die Stützlinie $MM_1M_2M_3\ldots$ die in (Fig. 68) dargestellte besondere Lage an, bei welcher sämmtliche Ecken der letztern Linie in die Seiten der erstern und nicht in deren Verlängerungen fallen, wie bei der vorhergehenden Figur. Es hat das Aussehen, als wenn der endliche Unterschied in der Form und Lage der beiden Linien verschwinden werde, sobald man sich die Wölbsteine unendlich schmal vorstellt, wodurch beide Linien in eine stetige Curve übergehen und je drei Puncte, wie M, M_1, N_1, in unendlich geringe Nähe zu einander zu kommen scheinen. Dies ist jedoch eine Täuschung. Denn stellt man sich das auf die Fuge EF folgende Element $EFfe$ des Gewölbbogens mit seiner Belastung vor, und ist gp die durch den Schwerpunct dieses Elements vom Gewichte p gezogene Verticale, welche doch nicht gerade durch den Punct M zu gehen braucht; ferner n der Durchschnittspunct dieser Verticalen mit der Richtung RM der gegen die Fuge EF wirkenden Pressung R; endlich rn die von RM unendlich wenig verschiedene Richtung der Resultante der beiden Kräfte R und p, welche die Fuge ef in dem Puncte m durchschneiden mag: so werden M und m zwei auf einander folgende Puncte der in eine stetige Curve übergehenden Stützlinie $MmM_1M_2M_3\ldots$ sein; dagegen wird der den Puncten M und m entsprechende Anfangspunct des in eine stetige Kettenlinie übergehenden Seilpolygons der Punct n sein, welcher keineswegs zwischen M und m fällt und von beiden einen *endlichen* Abstand hat. Demnach wird die stetige Stützlinie nicht allein eine von der Kettenlinie *endlich* verschiedene Form haben, sondern die correspondirenden Puncte der letzteren werden auch um *endliche* Abstände aus den betreffenden Fugenschnitten herausrücken.

Nur für den einzigen, ganz besondern Fall, wo die Schwerpuncte *sämmtlicher elementaren* Bogentheile, wie $EFfe$, vertical über oder unter den Puncten M, m, M_1, M_2, ... der stetig gedachten *Stützlinie* liegen, wird die Kettenlinie mit dieser zusammenfallen; was jedoch für die Gewölbtheorie ein sehr unwichtiger Fall ist, da man bei der Abhängigkeit der Stützlinie von der so mannichfaltig zu verändernden Belastung des Gewölbes, und bei der Eigenschaft dieser Linie, dafs der horizontale Schub derselben in allen Puncten eine und dieselbe constante Gröfse sein müsse, *a priori* schliefsen konnte, dafs jene Linie unter besondern Umständen auch wohl einmal die Form einer Kettenlinie annehmen möchte. Bei der Festigkeit des Wölbsteinstoffes ist es übrigens in diesem speciellen Falle durchaus nicht nöthig, dafs man die Schwerpuncte der genannten elementaren Bogenmassen genau in die Puncte M, m, ... selbst verlege, wie manche Schriftsteller, z. B. *Eytelwein* (Übungen aus der angewandten Mathematik. Zweiter Band. Statik und Mechanik. §. 79.), *Unger* (Handbuch der Statik fester Körper. Zweiter Band. §. 374.), als nothwendig anzunehmen scheinen, sondern es vielmehr vollkommen genügt, wenn nur die Verticalen aus diesen Schwerpuncten durch die genannten Puncte gehen.

Aus allem Vorstehenden ergiebt sich nun Folgendes: Wenn das aus unendlich dünnen Wölbsteinen bestehende Gewölbe so geformt und belastet ist, dafs *alle* Verticalen *gp*, welche durch die Schwerpuncte der *elementaren* Theile *EFfe* gehen, die Fugen *ef* innerhalb der Gewölbdicke in Puncten schneiden, die unter sich den umgekehrten Zug einer mit jenen Theilen belasteten *Kettenlinie* bilden: so ist das Gewölbe *in Bezug auf die Drehung* im Gleichgewicht, indem die fragliche Kettenlinie eine *mögliche* Stützlinie oder Mittellinie des Drucks vorstellt. Im Übrigen ist aber hiermit über das Gleichgewicht gegen das *Gleiten*, welches von der Neigung der Pressungen *r* gegen die Fugenflächen *ef* abhängt, noch Nichts ausgesagt; auch folgt noch nicht, dafs die Kettenlinie die *in Wahrheit existirende* Mittellinie des Drucks sei. (Bei endlichen Dimensionen der Wölbsteine kommt es zur Begründung dieser Behauptung nur darauf an, dafs sich ein mit den Gewichten P_1, P_2, P_3, ... belastetes Seilpolygon $N_1 N_2 N_3$ ... angeben lasse, dessen Eckpuncte zwischen den entsprechenden Fugenschnitten liegen und dessen Seiten die zugehörigen Fugen innerhalb der Gewölbdicke bei M_1, M_2, M_3, ... durchschneiden.) Wenn sich die vorstehende Bedingung nicht erfüllt findet, so ist aus dem Umstande, dafs die Kettenlinie $N_1 N_2 N_3$... überall innerhalb der Gewölbdicke liegt, noch keineswegs auf die Stabilität des Gewölbes, weder hinsichtlich der Drehung, noch hinsichtlich des Gleitens, und aus dem Umstande, dafs die Kettenlinie $N_1 N_2 N_3$ ... zum Theil aus der Gewölbdicke heraustritt, noch keineswegs auf die Instabilität des Gewölbes zu schliefsen. Es existirt indessen allezeit zwischen dieser Kettenlinie (resp. Seilpolygon) und dem Gleichgewichte des Gewölbes gegen die Drehung eine allgemeine Beziehung, von der Art, dafs das letztere Gleichgewicht gesichert ist, sobald die Tangenten jener Kettenline (resp. die Seiten jenes Polygons) *bei genugsamer Verlängerung* die correspondirenden Fugenschnitte in Puncten M, M_1, M_2, ... treffen, welche sämmtlich innerhalb der Gewölbdicke liegen (S. die letzte und vorletzte Figur).

Hieraus sieht man, wie mifslich die eben erörterten Theorieen für die Ausübung werden, und wie sehr die daraus gezogenen Resultate zur Verwirrung der Ansichten über das Gleichgewicht eines Gewölbes beitragen können. Die unvollkommene Methode *Lahir's* giebt wenigstens Näherungswerthe für den horizontalen Schub, und hat insofern noch einigen practischen Werth: die vorstehenden, mit aller Kraft des analytischen Calculs ausgebildeten Speculationen dagegen können über jedes Maafs vom rechten Wege ableiten.

Gewölbtheorieen, basirt auf die Betrachtung der Mittellinien des Drucks. Verschiedene Schriftsteller haben sich zur Darlegung der Bedingungen des Gleichgewichts eines Gewölbbogens derselben Curve bedient, welche wir, da sie durch die Angriffspuncte der mittleren Pressungen in den Fugenschnitten geht, ***Mittellinie des Drucks*** nannten. Die daraus hergeleiteten Theorieen haben aber ebenfalls, abgesehen davon, dafs sie sich nur auf Bogen mit zwei congruenten Hälften beziehen, manche Unvollkommenheiten.

Mery hat, so viel mir bekannt, hievon in den (Annales des ponts et chaussées. 1re série 1840. 1er sem.) am ausführlichsten gehandelt. Er läfst jedoch bei einem vollkommen stabilen Gewölbe, welches sich nicht eben auf der Grenze des Gleichgewichts befindet, von der unendlichen Zahl ***möglicher*** Mittellinien des Drucks diejenige unbestimmt, welche in der Wirklichkeit als die ***wahre*** anzusehen ist, und für welche wir mit Hülfe des Princips vom kleinsten Widerstande die characteristische Bedingung aufstellten, dafs sie dem ***möglich-kleinsten*** horizontalen Schube entspreche. Diese allgemeine Bedingung ist nicht allein theoretisch, sondern auch practisch völlig richtig; wenn gleich sie nur unter der Voraussetzung eines ***unprefsbaren*** Wölbsteinstoffs zu einer mathematisch genauen Bestimmung der gesuchten Curve führt und in Fällen der Wirklichkeit, bei ***prefsbarem*** Stoffe, sich einer scharfen Bestimmung entzieht, indem das Elasticitätsgesetz bei der Wechselwirkung der keilförmigen Gewölbsteine dunkel ist.

Mery erwähnt übrigens der Mittellinien des Drucks, sowohl vom ***kleinsten,*** als vom ***gröfsten*** horizontalen Schube. Allein er stellt für diese Curven, ohne Beweis, die Behauptung auf, dafs in jeder Bogenhälfte die erste Curve nothwendig die äufsere Bogenwölbung in der Nähe des Scheitels, die innere, in der Nähe des Bogen-Anfanges, nothwendig die innere Wölbung in der Nähe des Scheitels, die äufsere in der Nähe des Bogen-Anfangs berühren müsse. Diese Behauptung ist nicht zutreffend, weil es, wie oben gezeigt, zweierlei Arten der Curven giebt, welche beide das Minimum des horizontalen Schubes darstellen können, obgleich sie hinsichtlich der eben erwähnten Criterien sich in geradem Gegensatze befinden, und das letztere dieser Criterien eben so wohl einem Minimum, wie einem Maximum des horizontalen Schubes angehören kann.

Bei dieser Unbestimmtheit der *wahren* Mittellinie des Drucks beschränkt *Mery* seine Untersuchung vorzugsweise auf die Betrachtung von Gewölben, welche sich, vermöge der besondern Form ihrer Theile, eben auf der Grenze des Gleichgewichts befinden, und bei welchen demnach die Mittellinie des Drucks für ein Minimum, so wie die für ein Maximum des Drucks, in eine einzige Curve zusammenfallen müssen. Unter der Aufzählung sämmtlicher hierher gehöriger specieller Fälle fehlt das durch die Curven *CMNI* (Fig. 69) und *KNMA* (Fig. 70) dargestellte Gleichgewicht. Aufserdem ist die Aufzählung auch deshalb unvollständig, weil sie nur auf einer Combination der eben angeführten beiden Criterien beruht, während eine Combination der *wahren* Criterien, welche hier früher für die einem Minimum oder Maximum des Schubes entsprechenden Curven aufgestellt wurden, eine weit gröfsere Mannichfaltigkeit von Fällen des stricten Gleichgewichts geben würde. Da die Criterien für die eben genannten beiden Curven nicht bewiesen sind, so vermifst man natürlich auch den Nachweis, dafs die von *Mery* angegebenen Curven, welche die Grenze der Stabilität bezeichnen sollen, die einzig möglichen in den betreffenden Gewölben seien; dafs also die angenommene Grenze der Stabilität auch wirklich Statt finde. Ein solcher Beweis läfst sich in der That nicht geben, weil das Factum in der aufgestellten Allgemeinheit nicht Statt hat. So würde z. B. der Fall, wo eine Mittellinie des Drucks durch die äufsern Puncte *D* und *B* der Scheitel- und Anfangsfuge (Fig. 71) ginge und gleichzeitig in *N* die innere Wölbungslinie berührte (ein Fall, welchen *Mery* vorzugsweise berücksichtigt) keineswegs allgemein ein solcher sein, bei welchem das Gleichgewicht des Gewölbes auf der Grenze der Stabilität sich befände; denn sobald der Punct *B höher* liegt als *N*, giebt es noch eine unendliche Menge von Mittellinien des Drucks, wie etwa die *K'I'*, welche sich *ganz* innerhalb der Gewölbdicke hinziehen, also das Gewölbe im Gleichgewicht zu erhalten vermögen.

Hagen (Über Form und Stärke gewölbter Bogen. Memoiren der Berliner Akademie. 1844.), welcher ebenfalls die Gewölbtheorie auf die Betrachtung der Mittellinien des Drucks gründet, nimmt ein für allemal den Angriffspunct der horizontalen Pressung im Scheitel in der Mitte der Scheitelfuge und den untern Endpunct der Mittellinie des Drucks in der Mitte der Widerlagsfuge an, und verlangt aufserdem, dafs die fragliche Curve wo möglich überall durch die Mitte der einzelnen Fugenschnitte gehe, um dem Gewölbe die gröfste Sicherheit zu geben.

Wenn sich in einem Gewölbe eine Curve construiren läfst, welche durch die Mitte der Scheitel- und der Widerlagsfuge geht und sonst nirgends aus der Gewölbdicke heraustritt, so ist sie allerdings eine *mögliche* Mittellinie des Drucks. Es folgt aber noch nicht, dafs sie die *wahre* sei; also auch nicht, dafs der ihr entsprechende horizontale Schub in der Wirklichkeit Statt finde. Durch jene Annahme wird auch die Verschiedenartigkeit der Erscheinungen hinsichtlich der Lage und Zahl der Brechungspuncte fast ganz versteckt, und die Art des Einsturzes bei instabilen Gewölben wird unkenntlich gemacht. Im Übrigen leuchtet aus dem Obigen ein, dafs ein Gewölbe, für welches eine Mittellinie des Drucks denkbar ist, die überall durch die Mitte der Fugenschnitte geht, in Rücksicht auf Drehung der Gewölbsteine um ihre Kanten stets stabil sein wird, welches auch der Grad der Prefsbarkeit des Wölbsteinstoffes sein möge. Wenn sich also der Gewölbbogen so einrichten läfst, dafs diese Bedingung erfüllt wird, kann man in der Ausübung auch in der That auf die möglich-gröfste Stabilität des Gewölbes gegen die Drehung rechnen. Da sich jedoch die wahre Mittellinie des Drucks immer an vielen Stellen von der Mitte der Fugenschnitte entfernen, also in den meisten Fugen kein *gleichmäfsig vertheilter* Druck entstehen wird: so folgt, dafs die Gefahr der *Zermalmung* von Wölbsteinen keineswegs beseitigt sein würde, wenn man bei einem nach dem letzteren Principe eingerichteten Gewölbe die Bogendicke, nach *Hagens* Andeutung, nur so grofs annehmen wollte, als es die Sicherheit erfordern würde, wenn die mittleren Pressungen zwischen den Wölbsteinen überall durch die Mitten der Fugen gingen.

Es ist noch zu bemerken, dafs *Hagen* zu näherungsweiser Construction irgend einer Mittellinie des Drucks, deren Angriffspunct K in der Scheitelfuge (Fig. 30) sich befindet und deren horizontaler Schub Q gegeben ist, zuvörderst statt des Gewichts eines beliebigen Gewölbtheils, wie $CDFM$, das davon nicht sehr abweichende Gewicht des Theiles $CDFL$ setzt; wobei FL die durch F gehende Verticale ist. Da diese Substitution auf eine Weglassung der kleinen dreieckigen Masse MFL hinausläuft, so folgt, dafs hierdurch die Gröfse und Richtung der gegen MF wirkenden Pressung in der Regel nicht erheblich geändert wird; weshalb wir in der frühern Untersuchung dieselbe Vereinfachung zuliefsen und nur später bei der Betrachtung eines ganz unregelmäfsigen Gewölbbogens eine in manchen Fällen nothwendige Correction vorschlugen. Nun sucht aber *Hagen* ferner den correspondirenden Punct der Mittellinie des Drucks in dem Durchschnitte der Richtung der eben erwähnten Pressung, nicht mit der Fuge MF, sondern mit der Verticalen LF. Hieraus entsteht aber offenbar eine Abweichung, welche nicht etwa im Verhältnisse der Masse *MFL* zu der Masse *CDFM* gering ist, sondern unter Umständen so bedeutend sein kann, dafs man dadurch eine als Mittellinie des Drucks ganz unzuläfsliche Curve findet.

Weisbach (Lehrbuch der Ingenieur- und Maschinen-Mechanik. Zweiter Theil.) betrachtet das Gleichgewicht der Gewölbe unter gleichzeitiger Zugrundelegung der *Kettenlinie* und der *Mittellinie des Drucks,* indem er dieselben, so viel aus den Zeichnungen zu (§§. 16., 17., 18.) und aus der gemeinschaftlichen Benennung „*Drucklinie*" erhellet, für identisch zu halten scheint. Jedoch wendet er die erstere Curve auf das Gleichgewicht gegen das *Gleiten* und die letztere auf das Gleichgewicht gegen die *Drehung* an. Es ist aber oben auf die wesentliche Verschiedenheit der beiden Curven und auf die Rolle aufmerksam gemacht worden, welche die *Kettenlinie,* die durchaus nicht innerhalb der Gewölbdicke zu liegen braucht, bei der Gewölbtheorie spielt.

Weisbach beschränkt die Untersuchungen über das Gleichgewicht gegen die Drehung auf den einzigen allgemeinen Satz, dafs sich in einem stabilen Gewölbe wenigstens *eine* Mittellinie des Drucks müsse angeben lassen, welche nirgend aus der Gewölbdicke heraustritt. Dies ist allerdings unbestritten wahr, aber es lehrt noch Nichts über die *wahre* Mittellinie des Drucks, über Maximum und Minimum des horizontalen Schubes und über die besondere Art des bestehenden Gleichgewichts. Das Criterium vorhandener *Instabilität* ist unzulänglich, indem es heifst: „durchschneiden dagegen die Drucklinien die innere „Wölblinie, so wird das Zusammenstürzen nach innen eintreten; überschreiten „sie die äufsere Wölblinie, so wird der Einsturz nach aufsen erfolgen." In einem instabilen, so wie überhaupt in jedem stabilen Gewölbe, lassen sich Drucklinien angeben, welche sowohl die innere, als die äufsere, ja sogar beide Wölbungslinien zu gleicher Zeit schneiden; und aufserdem findet bei einem einstürzenden Gewölbe immer ein theilweises Drehen nach innen und ein theilweises Drehen nach aufsen Statt, welches sich, wie früher gezeigt, auf die mannichfachste Weise miteinander verbinden kann. Aufserdem ist die *Weisbachsche* Figur (Fig. 72) keineswegs geeignet, durch eine Drucklinie von der Form *DI* den ersten der beiden eben genannten Fälle des Einsturzes zu bezeichnen, da nach Anleitung dieser Curve gar kein Gewölbe brechen kann. Eine solche Curve läfst sich in jedes, noch so *stabile* Gewölbe zeichnen, wenn man nur den Druck bei *D* schwach genug annimmt. Eben so wenig stellt die *Weisbachsche* Figur (Fig. 73.) durch die Drucklinie von der Form *CI* den zweiten der beiden obigen Fälle des Einsturzes vor, indem bei möglichst starkem Drucke in *C* jedes *stabile* Gewölbe eine solche Curve darbietet.

Moseley (The mechanical principles of engineering and architecture), welcher seiner Gewölbtheorie ebenfalls die Mittellinie des Drucks zur Grundlage giebt, ist der *Erste,* welcher die Unbestimmtheit über die *wahre* Drucklinie, unter der unendlichen Zahl von *möglichen* derartigen Curven in einem stabilen Gewölbe, durch die Einschaltung des Princips vom kleinsten Widerstande zu heben sucht, indem er daraus die Forderung ableitet, dafs der horizontale Schub so klein sei, als irgend möglich. Die Ausführung dieser sehr fruchtbaren Idee hat jedoch *Moseley* sehr unvollkommen gelassen, und sich dabei sogar einigen Täuschungen hingegeben.

Er setzt nämlich zur Bestimmung der dem kleinsten horizontalen Schube entsprechenden Mittellinie des Drucks ohne Weiteres die als genügend erachtete Bedingung, dafs die Curve die innere Wölbungslinie berühre, wofern sie nicht gerade den tiefsten Punct der letzteren Linie zum Durchschnittspunct hat. Um nun für die vielen Curven, welche dieser Bedingung genügen und welche sämmtlich verschiedene Anfangspuncte in der Scheitelfuge des Gewölbes haben, den Anfangspunct der in Wirklichkeit existirenden Mittellinie des Drucks zu finden, fordert er, dafs der horizontale Schub Q ein *absolutes* Minimum sei, für welches der Differentialcoëfficient in Beziehung zu der verticalen Ordinate des Angriffspuncts gleich Null gesetzt werden könne. Falle der hierdurch bestimmte Angriffspunct der Kraft Q *zwischen* den tiefsten und den höchsten Punct der Scheitelfuge, so sei er der wahre: falle er jedoch *unter* den tiefsten Punct, oder *über* den höchsten Punct dieser Fuge, so sei resp. der tiefste oder höchste Punct der Fuge der gesuchte Anfangspunct der wahren Mittellinie des Drucks. Als instabil wird der Fall bezeichnet, wo die nach Vorstehendem ermittelte Curve die äufsere Wölbungslinie durchschneidet.

Man hat aus dem Früheren gesehen, dafs wenn es wirklich eine Mittellinie des Drucks gäbe, die den vorstehenden Bedingungen der Stabilität entspricht, indem sie die innere Wölbungslinie berührt und irgendwo *zwischen* dem tiefsten und höchsten Puncte der Scheitelfuge CD anfängt, wie etwa die $D_2E_2I_2$ (Fig. 42), welche also nicht gleichzeitig einen Punct in der äufsern und einen Punct in der innern Wölbungslinie hat, dieselbe niemals dem *möglich-kleinsten* horizontalen Schube entsprechen würde. Daraus folgt, dafs das *Moseley*sche Criterium der Drucklinie vom kleinsten Schube nicht richtig sein kann. In der That ist leicht zu erachten, dafs wenn der horizontale Schub Q ein *absolutes*

Minimum werden sollte, dasselbe in *allen* Fällen Null sein und einen Angriffspunct bedingen müfste, der in *unendlicher* Höhe über dem Scheitel des Gewölbes liegt. Demnach könnte man nach der *Moseley*schen Theorie nur darauf gefafst sein, den Anfangspunct der wahren Mittellinie des Drucks unter allen Umständen *in dem höchsten Puncte der Scheitelfuge* setzen zu müssen. Hierdurch würde aber die Allgemeinheit der früher angegebenen Erscheinungen über Stabilität und Instabilität der Gewölbe ganz verschwinden und nur der einzige Fall übrig bleiben, wo die wahre Mittellinie des Drucks durch den höchsten Punct der Scheitelfuge geht. Dieser Fall, welchen wir nur als einen *besondern* Fall erkannt haben, würde nach der *Moseley*schen Theorie der einzig mögliche sein; was offenbar nicht sein kann.

Damit die von *Moseley* in (§. 344.) der citirten Schrift für ein Kreisgewölbe entwickelten Formeln (Nr. 488. und 489.) nicht befremden mögen, indem sie sowohl für das absolute Minimum des horizontalen Schubes, wie für den Abstand des Angriffspuncts der Pressung in der Scheitelfuge von dem Centrum der Wölbungslinien *endliche* Werthe zu geben *scheinen:* ist zu bemerken, dafs diese Formeln von dem *Bruchwinkel* Ψ, d. h. von dem Neigungswinkel der Brechungsfuge gegen die Verticale abhängig sind. Dieser Bruchwinkel soll zuvor aus der Gleichung (487.) gefunden werden, welche aus der Bedingung abgeleitet ist, dafs der Differentialcoëfficient des Schubes Q, in Beziehung zum Winkel Ψ, gleich Null sei. Für Gewölbe mit verticaler Scheitelfuge hat nun diese Gleichung (487.) entschieden die Form:

$$\sin 2\Psi - 2\Psi = \text{einer } \textit{postiven} \text{ Gröfse.}$$

Da für alle positiven Werthe von Ψ die Gröfse $\sin 2\Psi < 2\Psi$ ist, so folgt, dafs der vorstehenden Gleichung nur durch einen *negativen* Werth des Bruchwinkels Ψ entsprochen werden kann. Dieser Forderung zu genügen ist aber unmöglich; woraus denn erhellet, dafs die Bedingung, welche sie herbeigeführt hat, so wie alle ferner daraus abgeleiteten Formeln und Schlüsse nicht statthaft sind, so weit es sich um eine Anwendung derselben auf die Gewölbtheorie handelt.

Bei meiner Bearbeitung des Werkes von *Moseley* sind mir die eben bezeichneten Widersprüche entgangen; weshalb sich dieselben auch in der deutschen Übersetzung finden. Auch die von mir an jenem Orte versuchte Verallgemeinerung der *Moseley*schen Theorie, durch Ausdehnung derselben auf den Fall, wo eine Berührung der Mittellinie des Drucks und der *äufsern* Wölbungslinie Statt findet, ist unvollkommen geblieben und leidet ebenfalls an den vorstehend bezeichneten Mängeln. Diese Bemerkung ist nöthig, damit man die Abweichungen der in der Übersetzung enthaltenen Gewölbtheorie von derjenigen in gegenwärtiger Schrift, auf welche ich erst später kam, erklärlich finden möge.

Barlow (The civil engineer and architects journal. July 1847) nimmt die Theorie von *Moseley* an, verwechselt aber sogleich die Mittellinie des Drucks mit einer Kettenlinie, und für endliche Wölbsteindicken mit einem Seilpolygon, und geht sogar darauf aus, die Identität dieser Curve durch Versuche nachzuweisen.

Es ist oben gezeigt worden, dafs das dort näher bezeichnete Seilpolygon und die Kettenlinie mit der Mittellinie des Drucks nicht verwechselt werden dürfen; es ist also durch jene Auseinandersetzung die Ansicht von *Barlow*, in der von ihm beanspruchten Allgemeinheit, widerlegt. Bei dem Versuch mit einem aus 18 gleichen Wölbsteinen zusammengesetzten concentrischen halbkreisförmigen Gewölbbogen, dessen Dicke so war, dafs der Bogen sich eben auf der Grenze des Gleichgewichts befinden mufste, indem die wahre Mittellinie des Drucks durch die äufsern Puncte der Scheitelfuge und der Widerlagsfuge ging und zwischen diesen beiden Puncten die innere Wölbungslinie berührte, hatte *Barlow* gerade einen Bogen getroffen, von welchem (Fig. 68) einen Theil darstellt. $MN_1N_2N_3\ldots$ ist das fragliche Seilpolygon, welches *Barlow* mit der Mittellinie des Drucks $MM_1M_2M_3\ldots$ verwechselt. Jenes Seilpolygon ist von der Art, dafs seine Seiten N_1N_2, N_2N_3 etc. die correspondirenden Fugen E_1F_1, E_2F_2 etc. in den Puncten M_1, M_2 etc. innerhalb der Gewölbdicke schneiden; woraus folgt, dafs das Gewölbe im Gleichgewicht ist, ohne dafs jedoch $MM_1M_2M_3\ldots$ die *wahre* Mittellinie des Drucks, welche dem Minimum des horizontalen Schubes entsprechen mufs, sein durfte. Stellt man sich aber den Anfangspunct M dieser Curve im höchsten Puncte der Scheitelfuge und den Endpunct M_3 im äufsern Puncte der Widerlagsfuge vor, so würde, bei den besondern Dimensionen des Gewölbes, $MM_1M_2M_3\ldots$ nicht blofs eine *mögliche*, sondern die *wirkliche* Mittellinie des Drucks sein; wobei jedoch das Seilpolygon $MN_1N_2N_3\ldots$ immer eine endliche, wenn auch unter Umständen nicht sehr bedeutende Verschiedenheit gegen die Linie $MM_1M_2M_3\ldots$ behalten würde.

Der *Barlow*sche Versuch, bei welchem das Seilpolygon $MN_1N_2N_3\ldots$ durch einen mit entsprechenden Gewichten belasteten Faden in umgekehrter Lage erzeugt wird, beweiset nichts weiter, als dafs in dem besonderen Falle das Seilpolygon $MN_1N_2N_3\ldots$, welches der wahren Mittellinie des Drucks $MM_1M\,M_3\ldots$ entspricht, ganz in der Gewölbdicke liegen könne, indem seine Endpuncte in den äufsern Puncten der Scheitelfuge und der Widerlagsfuge liegen, und aufserdem zwischen diesen Puncten nahezu eine Berührung mit der innern Wölbungslinie Statt findet. Dies, was als eine Specialität schon *a priori* aus den Gesetzen des Gleichgewichts eines Gewölbes anzusehen war, bedurfte zur Bestätigung keines Versuchs. Es lassen sich daraus keine allgemeinen Schlüsse ziehen, wenn man nicht in die Irrthümer verfallen will, die weiter oben angedeutet sind.

Barlow hat übrigens in dem übrigen Theile der citirten Abhandlung vorzugsweise nur die einzige von *Moseley* untersuchte Classe von Fällen im Auge, wo die wahre Mittellinie des Drucks durch den höchsten Punct der Scheitelfuge geht, ohne für diese Classe das wesentliche Criterium ihrer Existenz anzugeben und sie in ihrer Allgemeinheit darzustellen.

Dafs, wie *Barlow* behauptet, bei einem Gewölbe, wie *ABFE* (Fig. 74) die Drucklinie *ADE* die Curve darstellte, in welcher sich der Druck von den Wölbsteinen gegen die Widerlagen fortpflanzt, ist vollkommen richtig, insofern die Curve dem Minimum des horizontalen Schubes entspricht. Was er aber weiter hinzufügt: dafs die Drucklinie *BCF*, welche hier dem Maximum des horizontalen Schubes entsprechen soll, die Curve darstelle, in welcher sich ein Druck von aufsen oder von den Widerlagen durch den Bogen fortpflanze, kann nicht zugegeben werden, wofern nicht der von aufsen durch den Bogen fortzupflanzende Druck gerade denselben Werth hat, welcher dem bekannten Maximum des horizontalen Schubes gleich ist. In jedem anderen Falle, wo der von aufsen angebrachte horizontale Druck gröfser als das Minimum und kleiner als das Maximum des horizontalen Schubes ist, geschieht die Fortpflanzung des Drucks durch eine besondere, nach den bekannten Regeln zu construirende Mittellinie des Drucks, welche dem gegebenen äufsern Drucke zukommt. Diese Curve ist vollkommen bestimmt, sobald neben der Gröfse jenes äufsern Drucks auch dessen Angriffspunct in der Fläche *AB* gegeben ist. Unter andern Umständen jedoch, wo nur die Gröfse, nicht aber der Angriffspunct des äufsern Drucks gegen die Fläche *AB* gegeben wäre, würde eine unendliche Menge von Mittellinien des Drucks, die übrigens zwischen zwei leicht zu ermittelnden Grenzen liegen, der Aufgabe Genüge leisten.

Barlow bemerkt ferner: ein Druck gegen das Gewölbe von aufsen nach innen könne aus dem Schube eines zweiten Gewölbes entstehen, und schreibt der Betrachtung des Falles, wo sich Bogen von verschiedenen Formen gegen denselben Pfeiler stützen, grofse Wichtigkeit zu, ohne jedoch auf den Gegenstand näher einzugehen. Die Bedeutsamkeit einer solchen Untersuchung für die Praxis, welche auch den öfter vorkommenden Fall umfafst, wo von zwei sich gegeneinander stützenden gleichen Bogen der *eine* stärker als der andere belastet ist, ist offenbar.

Folgende Bemerkungen können dazu dienen, einem näheren Eingehen in diesen Gegenstand, dessen speciellere Erörterung hier nicht Raum findet, zum leitenden Principe zu dienen.

Es seien $ABFE$ und $A'B'F'E'$ (Fig. 75) zwei verschiedene Gewölbbogen, welche sich mit den Flächen AB und $A'B'$ gegen *denselben* Pfeiler stützen. IK und $I'K'$ seien die einem Minimum des Schubes in beiden Bogen entsprechenden Mittellinien des Drucks, welche in den beiden äufsern Pfeilern in den Curven KN und $K'N'$ fortgehen. Die Vereinigung der gegen I und I' wirkenden Pressungen der beiden Gewölbe mit den Gewichten der von oben nach unten aufeinander folgenden, durch horizontale Fugenschnitte von einander getrennt angenommenen Theile des Mittelpfeilers $BB'M$ erzeugt in diesem Pfeiler die Mittellinie des Drucks LM. Diese Linie würde eine Verticale sein, wenn die beiden Gewölbe nach Form und Belastung ganz gleich wären. Im andern Falle ist sie eine Curve; wie LM. So lange diese Curve überall innerhalb des Mittelpfeilers liegt, wird derselbe kein Bestreben zur Drehung um irgend eine Fugenkante haben. Wären nun auch die Neigungswinkel der auf jede Fuge des Pfeilers wirkenden mittleren Pressung gegen die Normale auf diese Fuge, kleiner als der Reibungswinkel (was hier immer vorausgesetzt werden soll), so wäre der Mittelpfeiler auch gegen das Ausgleiten seiner Schichten gesichert. Es würde alsdann ungeachtet der Ungleichheit des Schubes der beiden Gewölbe kein Grund vorhanden sein, die Mittellinien des Drucks IK und $I'K'$, welche den respectiven Minimis entsprechen, nicht mehr als die *wahren* anzusehen. Fiele jedoch die Mittellinie des Drucks für den Mittelpfeiler zum Theil aufserhalb desselben, wie etwa die LM_1, so müfsten nothwendig Änderungen in den genannten Curven erfolgen. Der Pfeiler ist alsdann, sammt dem kleinsten Gegendrucke des Gewölbes $ABFE$, nicht mehr im Stande, dem Schube des gröfseren Gewölbes $A'B'F'E'$ zu widerstehen, und der Schub des letzteren bringt einen gröfseren Gegendruck des ersten Gewölbes, als in der Curve IK dargestellt ist, hervor. Nach dem Principe des kleinsten Widerstandes wird jedoch der nöthige Gegendruck des Gewölbes $ABFE$ immer so klein sein, als irgend möglich. Dies wird durch diejenige geringste Vergröfserung des Schubes von *ABFE* erreicht werden, bei welcher die Mittellinie des Drucks für den Mittelpfeiler eben in die Masse des letzteren zurückgedrängt wird; wie es durch die Curve *lm* dargestellt ist. Dabei ändert sich die Drucklinie *I'K'* im Gewölbe *A'B'F'E'* nicht, die Drucklinie *IKN* des Gewölbes *ABFE* geht jedoch in eine andere, wie *idkm*, über, welche nun einem gröfseren Schube, als dem Minimum bei isolirter Stellung dieses Gewölbes entspricht.

Durch die vorstehende Betrachtung über die wichtigsten Gewölbtheorieen dürften sich auch die vielen widersprechenden Ansichten berichtigen lassen, welche sich nach der Vorlesung der zuletzt erwähnten Abhandlung von *Barlow* im Institute der Civil-Ingenieure zu London kund gegeben haben und die man im Augusthefte des „Civil-engineer and architects journal" vom Jahre 1847 findet.

Braunschweig im März 1848.

5.

Über Spitzbogengewölbe-Bauart in Italien.

(Von dem Herrn Oberbaumeister *Engelhard* zu Cassel in Hessen.)

Alle neuern Schriftsteller über die Geschichte der Baukunst sind verlegen um einen Namen für diejenige Bauart, welche, wie man glaubt zuerst von *Vasari*, „die *Gothische*" genannt worden ist: aber alle sind auch darin einverstanden, dafs sie nichts mit den *Gothen* gemein habe und *Vasari's* Benennung durchaus unpassend sei.

Man hat sie gern die „*Deutsche* Bauart" nennen wollen und den Keim ihrer Entstehung in *Deutschland* gesucht; aber da unläugbar nicht nur England und Frankreich, sondern auch Spanien und Portugal die prächtigsten Monumente dieser Bauart besitzen, die den Vergleich mit den Deutschen Bauwerken dieses Styles gar wohl ertragen können, und da die historische Richtigkeit der Behauptung, dafs dieselbe in Deutschland entstanden sei, nicht erweislich ist, so ist auch diese Benennung nicht zu rechtfertigen.

Seroux d'Agincourt sagt, nachdem er das Unpassende der Benennung „Gothische Architectur" dargelegt hat, gleichsam an der Möglichkeit verzweifelnd, einen richtigen Namen zu finden: er sei durch den allgemein gewordenen Mifsbrauch des Worts „Gothisch" genöthigt, dasselbe auch seinerseits zu mifsbrauchen.

Kugler will die Benennung „*Germanischer* Baustyl" angenommen wissen. Wenn „*Germanisch*", in seinem gewöhnlichen Sinne, „*Deutsch*" heifsen soll, so trifft die Benennung der oben gedachte Vorwurf der Unrichtigkeit; soll sie aber an Tacitus *Germanen,* an „*Altdeutsch*" erinnern und diejenigen Völker mitumfassen, die altdeutscher Abkunft, wenigstens theilweise es sind, wie Franzosen, Engländer, Spanier, Italiener, so ist nicht zu übersehen, dafs diese Abkunft mehr denn Tausend Jahr älter ist, als die Entstehung der sogenannten gothischen Bauart, und dafs, da sich für alle jene Nationen, wenigstens für Deutsche, Italiener, Franzosen und Spanier, auch einige *gothische* Abkunft nachweisen läfst, der Namen „*Germanisch*" nicht eben angemessener sein würde, als „*Gothisch*".

Man könnte diesen Baustyl geradezu *Spitzbogen-Bauart* nennen, wenn nicht die maurische, persische und chinesische Bauart ebenfalls Spitzbogen hätte. Allein diese letzteren Bauarten haben keine Spitzbogen-*Gewölbe,* die *allein* der sogenannten gothischen Bauart angehören und dieselbe also characterisiren.

Ich glaube daher, dafs der Ausdruck „*Spitzbogengewölbe-Bauart*" bezeichnend und richtig sei und halte mich für berechtigt, denselben zu brauchen, so lange, bis mit historischer Gewifsheit dargethan sein wird, welchem Volke die Bauart wirklich ihre Entstehung verdankt: eine Entdeckung, die freilich nicht wahrscheinlich ist; indem alle Schriftsteller über den Gegenstand sie bisher vergebens erstrebt haben; auch ich habe danach vergeblich durch halb Europa gesucht.

Das Wunderbare des Baustyles ist nemlich, dafs er gleich bei seiner Entstehung in gereifter Vollendung sich zeigt und ein Übergang von der byzantinischen oder von andern Bauarten zu demselben nicht bemerklich ist. Der bekannte treffliche Kunstforscher *Wallraff* zu *Cölln* hatte mich hierauf aufmerksam gemacht und mich aufgefordert, auf diesen Gegenstand mein Augenmerk bei meinen architectonischen Reisen zu richten; denn, wenn man auch in *Cölln,* wo unter allen deutschen Städten am ersten ein Aufschlufs über einen solchen Übergang zu erwarten gewesen wäre, vergeblich danach gesucht hatte, so war es doch nicht unmöglich, dafs sich in andern Theilen des cultivirten Europa ein solcher Aufschlufs finde. *Wallraff* bezeichnete mir Gebäude, die er nur aus Abbildungen kannte, bei denen ein solcher Übergang Statt zu finden scheine. Ich bin seinem Wunsche, für dessen Zweck ich ein grofses Interesse gewann, treulich nachgekommen; allein in Deutschland und Frankreich habe ich nichts von einem solchen Übergange entdecken können. Da, wo die Abbildungen Etwas der Art vermuthen liefsen, zeigte sich immer ganz deutlich und unwiderleglich, dafs keineswegs eine wirkliche Verschmelzung der byzantinischen und der Spitzbogengewölbe-Bauart, sondern nur eine ganz unharmonische Vermischung beider Baustyle, die durch ungleichzeitige Restaurationen oder Ergänzungen entstanden war, Statt fand. Das in einem gemischten Styl erbaut scheinende Gebäude war entweder ein *byzantinisches,* welches man nach einer Feuersbrunst, einer theilweisen Zerstörung, oder nach einem veränderten Bedürfnisse, in einer Zeit, wo die Spitzbogengewölbe-Bauart schon existirte, ausgebessert hatte; oder es war auch ein Werk der Spitzbogengewölbe-Bauart, in welchem man Überreste eines ältern byzantinischen Gebäudes beibehalten hatte. Ich kam hierüber durch technische Untersuchungen der *Construction* zur vollkommensten Gewifsheit; so dafs ich genau die Grenzen des frühern und spätern Baues unterscheiden konnte.

Sehr überrascht wurde ich daher, als ich nach Italien kam und hier eine unläugbar *gleichzeitige* Verbindung beider Baustyle wahrnahm; allein eben so überraschend war es auch, dafs dergleichen Gebäude aus spätern, als den Zeiten der regelmäfsigen Gebäude, von der Spitzbogen-Bauart in Deutschland, England, Frankreich und Spanien herrührten, und dafs bei denselben ganz und gar nicht die systematische Consequenz, welche in diesen zu finden ist, vorkommt. Diese Consequenz geht so weit, dafs selbst minder wesentliche Theile der Gebäude genau eben so an einer Kirche in Portugal oder Spanien gebildet sind, wie in einer kleinen Deutschen oder Englischen Stadt. An der italienischen Bauart aber, die vom dreizehnten bis in das funfzehnte Jahrhundert herrschte, ist kein übereinstimmendes System zu finden, und ich sahe auch bald, dafs dieselben keine Werke einer nach Regeln verfahrenden Bauschule, sondern nur, zwar phantasiereiche, aber keineswegs regelmäfsige Nachahmungen von jenen Gebäuden in Portugal, Spanien, Frankreich, Deutschland und England waren.

An diesen letzteren Gebäuden kommen, wenn sie von gleichzeitiger Bauart sind, keine andern Bogen, als *Spitzbogen* vor; und selbst, wo man Bogen nöthig hatte, die niedriger als die Hälfte ihrer Spannung, also niedriger als Halbkreise sein mufsten, machte man eine Art *gedrückter Spitzbogen;* dagegen an den italienischen Gebäuden des Spitzbogengewölbe-Styls kommen neben den vorherrschenden Spitzbogen, zugleich *Kreisbogen* vor, wie es den Erfindern grade beliebte; und gewöhnlich ohne besondere Motive für die eine oder die andere Form. An jenen nähern sich alle aufrechten Gestaltungen und Verzierungen den Verhältnissen des gleichseitigen Dreiecks: an diesen kommt dies nicht in regelmäfsiger Beziehung vor; an jenen haben alle Ornamente ein eigenthümliches Gepräge: an diesen sind Verzierungen aus andern Bauarten ohne Rückhalt aufgenommen. Überhaupt ist die Spitzbogengewölbe-Bauart von Portugal, Spanien, Frankreich, England und Deutschland eine Architectur nach *Regeln,* diejenige Italiens unregelmäfsig. Die Künstler in der letztern, scheint es, wollten sich durch gar nichts binden und unbedingt nur den Eingebungen ihrer Phantasie folgen. Selbst unter sich haben solche italienische Gebäude wenig Verwandtschaft. Es giebt deren freilich, die im Ganzen, und noch mehr in Einzelnheiten, den Gebäuden des reinen Spitzbogengewölbe-Styls ähnlich sind, je nachdem ihre Erbauer diesen Styl mehr oder weniger kannten: aber in das innere System, in die Regeln desselben, waren sie nicht eingeweiht; sie ahmten ihn nach in der Anschauung, die sie davon gewonnen hatten, ohne Ängstlichkeit und ohne Besorgnifs, dafs eine Vereinigung des Styls mit Motiven und Gestalten anderer Bauarten die Harmonie des Ganzen stören möchte.

So kommt es denn, dafs diese Productionen zwar nicht auf die harmonische Einheit fast aller andern Bauarten Anspruch machen können, dafs sie aber dagegen einen Reiz der Mannigfaltigkeit haben, der in diesem Grade kaum irgend einem andern Baustyle eigen, und der um so gröfser ist, als man die edelsten Baustoffe und eine grofse Farbenpracht verschwenderisch benutzte. Diese Pracht, dieser Reichthum an Motiven macht die Gebäude zu sehr interessanten Gegenständen des architectonischen Studiums; um so mehr, da es gewöhnlich leicht ist, die Disharmonie in ihrer Composition aufzulösen und dadurch reizende Gebilde hervorzurufen.

Dafs die *örtliche* Entstehung der Spitzbogengewölbe-Bauart unbekannt ist, erschwert die genaue Angabe des Grundes ihrer Entstehung. Im allgemeinen läfst sich aber sagen, dafs derselbe Grund, der bei allen andern Bauarten für ihre Entstehung und ihren Untergang Statt gefunden hat, auch bei dieser wirkte. Der menschliche Geist erträgt nemlich, so wenig in der Baukunst, wie in andern Dingen, tausendjährige Fesseln, während er doch auch wieder nach einer gewissen Ordnung, einem gewissen Regularisiren strebt. Ist dies nun so weit durchgeführt, dafs es zu einem Schematismus wird, dafs die Erfindung eines Gebäudes nicht mehr eine Kunstproduction ist, sondern zu einem Rechen-Exempel, zu einem Präparat nach einem Recepte wird, so erschrickt der Producent, eben wie der Producten-Abnehmer, gleichsam vor Dem, was hervorgebracht wurde, weil es kein Kunstwerk mehr, sondern etwas Widerliches ist.

Um eine *Vermuthung* über Zeit und Entstehung der Spitzbogengewölbe-Bauart auszusprechen, kann ich nur die Äufserung wiederholen, die ich schon an anderem Orte machte: dafs die *maurische* Architectur in Spanien insofern einen Einflufs auf dieselbe gehabt haben dürfte, als sie in Pracht, Reichthum und technischer Vollkommenheit der Construction, die ihr gegenüberstehende *byzantinische* Bauart weit übertraf und so in dem christlichen Spanien einen Wetteifer gegen das arabische Spanien hervorrufen mufste, der dann, bei dem grofsem Einflusse der Geistlichkeit in ersterem, besonders auf die dem christlichen Cultus gewidmeten Gebäude wirkte. War nun gleich eine directe

Nachahmung, des offenen politischen und religiösen Gegensatzes wegen, nicht möglich, so konnten doch die maurischen Baugestaltungen zu der Entwickelung verwandter Formen um so eher beitragen, als man die Anschauung derselben nahe hatte, und ohne Zweifel auch die grofse technische Geschicklichkeit maurischer Baukünstler anerkannte, wenn nicht gar sie unmittelbar bei der Errichtung von Kirchen und Palästen in dem christlichen Spanien benutzte.

Ich werde in dieser Meinung durch die Thatsache in der Geschichte der italienischen Baukunst bestärkt, dafs in *Sicilien* eine ganz ähnliche Beziehung der maurischen Bauart zu der byzantinischen Statt fand.

Möglich ist es, dafs nun das System, welches im christlichen Spanien entsprossen war, durch irgend eine geheimere oder öffentlichere Verbrüderung, sei es die der Freimaurer, oder irgend eines Mönchs-Ordens, z. B. der Benedictiner, eine weitere Ausbildung und fast Europäische Verbreitung erhielt.

Es dürfte sehr wohl den *Benedictinern* ein grofser Einflufs auf die Baukunst ihrer Zeit zuzutrauen sein, wenn man bedenkt, dafs dieser Orden, der unter seinen Mitgliedern 24 Päpste, 200 Cardinäle, 1600 Erzbischöfe, 4000 Bischöfe, 43 kaiserliche und 44 königliche Personen und 15 000 Schriftsteller zählte, 15 107 Klöster, also auch eben so viele Kirchen gründete, seit der Zeit seines Stifters, welcher im Jahre 543 starb, bis in die unsrige existirte.

Entstand nun etwa eine eigene Verbindung für die Verbreitung der Spitzbogengewölbe-Bauart, so ist es nicht wohl anders möglich, als dafs sie sich an Kloster-Verbindungen anschlofs. Möglich aber ist es auch, dafs die Verbindung, wegen der grofsen Wirksamkeit, die sie durch den gröfsten Theil des cultivirten Europa offenbarte, die Eifersucht der römischen Geistlichkeit, von der sie nicht *ausgegangen* war, erregte und deshalb in Italien keinen Eingang finden konnte; so dafs die Spitzbogenwölbe-Bauart dort nur zu einer Nachahmung, nicht zur eigentlichen Einführung gelangte. Könnte man annehmen, dafs jener Bauschule und Bauverbrüderung die *Freimaurerei* entsprossen, so fände diese Vermuthung darin eine Bestätigung, dafs die letztere in Italien stets streng verboten war und verfolgt wurde.

Man konnte sich indessen in Italien nicht deshalb von einer Bauart, die fast das ganze übrige Europa gewonnen hatte, ganz lossagen; man ahmte also nach, ohne eine *Bauschule* zuzulassen, deren geheime Gesetze und Verbindungen man beargwohnte. Je nachdem nun der Nachahmer seine Vorbilder mehr oder weniger begriff und ihren Geist durchdrang, sind seine Gebilde denselben mehr oder weniger ähnlich; oft sind sie es nur in der äufsern

Auffassung der Formen; nicht ohne Mifsbrauch derselben, da, wo man ihre Motive nicht begriffen hatte; dann aber sind sie auch wieder den Vorbildern so ähnlich und angemessen, dafs man versucht wird, zu glauben, die Nachahmung rühre von einem Architecten her, der auch bei den Originalen beschäftigt war; während sich zugleich eine Eleganz, Zierlichkeit und Farbenpracht findet, die wieder an den italienischen Künstler erinnert.

Es darf nicht unerwähnt bleiben, dafs es auch Gebäude genug von dieser Bauart in Italien giebt, in welcher die verschiedenen darin vorkommenden Baustyle keineswegs *gleichzeitig* befolgt wurden, sondern von Veränderungen und ungleichzeitigen Zusätzen herkommen. Die Fronte des Doms zu *Mailand* war davon ein sehr auffallendes Beispiel. Allein dies hebt die ganz sichere Thatsache nicht auf, dafs sich auch sehr häufig die *gleichzeitige* Vereinigung verschiedener Bauarten in italienischen Gebäuden dieser Art findet.

Noch ist zu erwähnen, dafs der grofse Constructions-Grundsatz der schulgerechten Spitzbogengewölbe-Bauart: alle nachtheiligen Wirkungen im Gebäude, die durch Schwere, Verschiebung, Ausdehnung und Zusammenziehung der Massen entstehen, möglichst in Richtungen zu bringen, die sich in einzelnen Puncten concentriren, wo man ihnen nun den stärksten Widerstand entgegensetzt, in der italienischen Nachahmung nicht consequent durchgeführt ist. Eine wesentliche Anwendung dieses Grundsatzes in der schulgerechten Spitzbogengewölbe-Bauart zeigt sich in der Erfindung und Anwendung der *Kreuzgewölbe,* mit ihren Gurtbogen und Gewölbrippen, und als Widerstand gegen deren Wirkung die der *Strebepfeiler.* Dies sind Gebäude-Motive, welche zwar in der italienischen Nachahmung auch vorkommen, aber keine generischen Kennzeichen derselben ausmachen, da sie oft auch wieder da nicht vorhanden sind, wo sie nach den Regeln der Schule vorhanden sein müfsten; so dafs jenes wesentliche Princip nicht als von den Nachahmern anerkannt zu betrachten ist.

Es lassen sich in der italienischen Spitzbogengewölbe-Bauart *zwei Perioden* unterscheiden, die, wenn auch nicht scharf abgegrenzt, doch unterscheidbar sind.

Die *erste* begreift die Zeit, wo die Elemente der Spitzbogengewölbe-Bauart mit Motiven des *byzantinischen* Baustyls gemischt sind; dies ist die *ältere.*

Die *zweite* Periode nimmt wieder neben der byzantinischen Bauart antike *römische* Architecturmotive auf, und erhält dadurch eine Hinneigung zur *Renaissance,* zu welcher sie einen Übergang macht; eben wie in der ersten Periode ein Übergang von der byzantinischen Bauart zur Spitzbogengewölbe-Bauart liegt, oder vielmehr eine Verschmelzung beider, die noch keine Entstehung der letzteren aus der ersteren bekundet.

So findet sich in den verschiedenen Bauarten in Italien, von den ältesten Zeiten bis zu den neusten, stets ein *allmäliger* Übergang; denn auch von der antiken zur byzantinischen Architectur ist dieser Übergang nicht zu verkennen.

Aber *vor* den beiden bezeichneten Perioden der Spitzbogengewölbe-Bauart kommt noch ein besonderer Baustyl vor, dessen Existenz ich nicht eine ***Periode,*** sondern eine ***Episode*** nennen möchte. Es ist dies eine Vermischung der ***byzantinischen*** Bauart mit der ***maurischen*** (arabischen). Ich nenne seine Existenz eine ***Episode,*** weil er nur einen Theil von Italien, hauptsächlich ***Sicilien*** berührte und ohne weitern wesentlichen Einfluſs auf die Baukunst des übrigen Italiens blieb, auch in Sicilien nur schnell vorübergehend, einem prächtigen Meteor vergleichbar, sich zeigte.

Die ***Araber,*** oder wie sie gewöhnlich in der sicilianischen Geschichte genannt werden, die ***Sarazenen,*** haben in Sicilien einige arabische Gebäude, z. B. die noch vorhandenen Castelle ***Zisa*** und ***Cuba,*** in der Nähe von ***Palermo,*** erbaut. Mit diesen haben wir es hier nicht zu thun. Die Gebäude, die ich in jene Episode setze, sind vielmehr bald nach der Besiegung der Sarazenen durch die ***Normannen*** und während deren Aufenthalt in Sicilien erbaut worden; weshalb man diese Bauart auch, sehr uneigentlich aber, die ***normannische*** hat nennen wollen: sehr *uneigentlich* nemlich, weil die Normannen Krieger, vielleicht Räuber und Plünderer, aber keine schaffende Künstler waren. Sie zerstörten viele Tausend Gebäude des Mittel-Alters im Norden, Westen und Süden von Europa, aber sie haben keinen Architecturstyl erfunden und in Aufnahme gebracht; man müſste denn die Wuth der Zerstörung eine Kunst nennen und unter normannischer Architectur eine negative Baukunst, d. h. das Handwerk des Zertrümmerns, Niederbrennens und Vernichtens der Städte meinen. Das haben freilich die Normannen meisterhaft verstanden; aber von einem graziösen und prächtigen Baustyl, wie der, welcher sich an den hier in Betracht zu nehmenden Gebäuden zeigt, findet sich weder in dem Stammlande der Normannen ***(Scandinavien),*** noch in den vielen Gegenden des Nordens und Occidents von Europa, welche sie verwüsteten und eine Zeitlang beherrschten, irgend eine Spur.

Die Gebäude aus der ***sicilianischen*** Episode können von eingeborenen Sicilianern, oder, was wahrscheinlicher wäre, von zurückgebliebenen arabischen Künstlern, am wahrscheinlichsten aber, wie ich weiter unten zeigen werde, von byzantinischen Architecten errichtet sein, wenn sie auch zur Zeit normannischer Kriegsfürsten erbaut, und selbst, weil deren Grabmäler in denselben befindlich waren, nach ihnen benannt wurden. Es sind Gebäude zu *christlichen* Zwecken.

Zunächst nenne ich als ein solches die Schlofscapelle zu *Palermo;* auch *Rogers* Capelle genannt. Sie soll im Jahre 1140 eingeweiht worden sein. *Hittorf* und *Zanth* haben in ihrer „Architecture moderne de la Sicile" Seite 44, 45, 46 und 47 einen Grundrifs und zwei Durchschnittsrisse und Zeichnungen einiger Einzelnheiten von dieser Capelle gegeben. Ich benutze zugleich bei ihrer Beschreibung die sehr speciellen und colorirten Abbildungen dieser Capelle, die mein ältester Sohn, der Hofbau-Inspector *Engelhard* zu Wilhelmshöhe, vor einigen Jahren an Ort und Stelle davon gemacht hat.

Der Grundrifs und die Haupt-Anordnung dieses Gebäudes sind offenbar die der byzantinischen Basilica: ich sage der *„byzantinischen";* um schon die spätere, nicht mehr altrömische Ausbildung dieser Form zu bezeichnen. Über dem Chore der Capelle, vor der grofsen Chor-Nische oder Absida, ist die Decke erhöht und schliefst mit einer achteckigen Kuppel, oder richtiger gesagt, mit einem achteckigen Klostergewölbe über viereckigem Plane. Die Seitenschiffe der Capelle sind durch Säulenstellungen, welche Bogen tragen, abgetheilt; sie endigen ebenfalls in kleinen Absiden, in welchen Altäre stehen. Der Zusammenhang dieser Capelle mit andern Gebäuden macht, dafs sie keine in die Augen fallende Fronte haben kann. An der Fronte liegt ein langer schmaler Gang, welcher, dem äufsern, an seiner schmalen Seite befindlichen Eingange gegenüber, in einer Nische endigt, in welcher ein Taufstein steht. An einer der langen Seiten der Capelle ist eine Säulenhalle, die den Vorplatz des Haupt-Einganges bildet, welcher Eingang an der langen Seite der Capelle in einem der Seitenschiffe liegt; aufserdem ist noch an jeder schmalen Seite der Seitenschiffe aus jenem Gange oder jener Taufcapelle ein Eingang.

Die Säulen in der Capelle sind *corinthisch,* und wahrscheinlich aus einem antiken Gebäude genommen. Die ganze musivische Verzierung der obern Theile der Capelle, ihrer Kuppel, ihrer Halbkuppeln und Wölbungen, ist durchaus im Style der byzantinischen Basiliken, und besonders der *Sanct Marcus*-Kirche zu *Venedig.* Die Bogen über den Säulenstellungen, die grofsen Bogen, welche das Chor von dem Hauptschiffe und den Seitenschiffen trennen und die Kuppel tragen, sodann alle Fensterbogen, sind *Spitzbogen;* und zwar sind diejenigen über den Säulen und unter der Chorkuppel nicht über gleichseitigen Dreiecken gezeichnet, sondern vielmehr breiter im Verhältnifs zur Höhe, so dafs die Puncte, aus denen die Bogen construirt sind, *innerhalb* des Bogens, nicht *auf* dem Bogen liegen. Aufserdem sind die Bogen durch verticale Mauerstücke zwischen den Bogen-Anfängen und den Säulen überhöhet. Eben so ist die Crypta oder unterirdische Capelle unter dem Chore mit Spitzbogengewölben und Spitzbogengurten bedeckt. Die Spitzbogen sind, besonders durch ihre Überhöhung, mehr den arabischen Bogen, als denen der schulgerechten Spitzbogengewölbe-Architectur ähnlich. Es kommt indessen eine dergleichen Überhöhung auch nicht selten bei den Rundbogen der byzantinischen Bauart vor; z. B. in *Sanct Marcus* zu *Venedig*.

Der untere Theil der Mauern ist inwendig mit Marmor belegt und mit arabischen musivischen Ornamenten in Bandform geschmackvoll verziert. Ganz und gar *arabisch* ist aber die gewölbte Decke des Hauptschiffs, welche jene wunderbaren zellenförmigen Verzierungen hat, die so äufserst verwirrt scheinen und doch wieder so ganz regelmäfsig sind. Es ist zu beklagen, dafs vollkommen architectonische Darstellungen, in denen die Wirkung, sowohl der Beleuchtung, als der Farben und Vergoldungen, genügend wiedergegeben ist, durch den Druck zwar möglich, jedoch so sehr kostspielig sind, dafs sie auch von den interessantesten Gebäuden nur dann in das Publicum kommen können, wenn ein kunstliebender Fürst, oder eine die Künste schützende Regierung solche Unternehmungen unterstützt. Eben an diesen Gebäuden hier ist der Licht-Effect und die Farbe etwas sehr Wesentliches; vorzüglich für das Innere. Auch rücksichtlich der Wirkung der *Beleuchtung* verräth diese Capelle, so wie die Gebäude dieser Art überhaupt, ihren Ursprung von einem südlichen Erfinder, dem es darum zu thun war, die africanische Gluth der Sonne abzuhalten. Die Beleuchtung des Innern dieser Capelle ist sehr gemildert, fast düster zu nennen; um so harmonischer und reizender ist aber die Wirkung der sehr lebhaften *Farben* und reichen Vergoldungen.

Die Capelle ist im Lichten 12,4 Meter breit und von der Vorderwand bis zur Rückwand, ohne die Chor-Vertiefung und die Chor-Nische, 27,1 Meter tief; die Chor-Vertiefung beträgt aufserdem noch 5,1 Meter, die innere Höhe der Kuppel vor dem Chore, von dem um 0,8 Meter erhöheten Fufsboden an bis unter derselben, beträgt 16,7 Meter. Die Capelle ist also gerade kein kleines Gebäude.

Gröfser und bedeutender ist die in demselben Style und um dieselbe Zeit erbaute Kirche von *Monreale* in der Nähe von *Palermo*, deren Bau, nach *Kugler*, um das Jahr 1174 begonnen sein soll. ***Denon*** setzt ihre Erbauung durch *Wilhelm den Guten* in das Jahr 1177. ***Hittorf*** und ***Zanth*** haben in der oben erwähnten „Architecture moderne de la Sicile" Seite 65 einen Grundrifs, S. 68 einen Querdurchschnitt und S. 69 und 70 Zeichnungen von Einzelnheiten dieser Kirche, die sie die königliche Kirche von *Santa Maria Nuova* nennen, gegeben. *Seroux d'Agincourt*, der auch auf der 36ten Kupfertafel (Fig. 33 bis 38) einige Abbildungen von dieser Kirche giebt, macht sich das Vergnügen, ihre Bauart normannisch oder *französisch* zu nennen, weil das Gebäude von einem *französischen* (normannischen) Prinzen erbaut sei! Doch Dergleichen mufs man nicht so streng nehmen, und der „vivacité française" des sonst sehr achtbaren Kunsthistorikers zuschreiben; er meint auch selbst, die Bauart habe einige Objecte der Nachahmung aus arabischen Gebäuden genommen.

Die Kirche ist ganz im Style der Schlofscapelle zu *Palermo* erbaut, und, man darf mit Wahrscheinlichkeit annehmen, von demselben Architecten; nur ist hier, wie es mir scheint, der Styl noch etwas mehr durchgebildet und harmonischer. Leider ist nicht mehr Alles wohl erhalten und in dem ursprünglichen Zustande, wie er in dem genannten Werke von *Zanth* und *Hittorf* restaurirt ist.

Die Anordnung des Grundrisses vom Ganzen ist durchaus symmetrisch und regelmäfsig schön. Die Kirche besteht aus einer Vorhalle, zwei Thürmen zu beiden Seiten derselben, dem grofsen Kirchenschiff, dem Chor und einer gröfseren und zwei kleineren Absiden für den Haupt-Altar und für zwei Seiten-Altäre. Dann ist noch an der Seite des Schiffs rechts eine Säulenhalle, und an der Seite links sind drei Capellen. Die Vorhalle ist im Lichten 21,7 Meter lang und 7,5 Meter tief (breit). Sie ist durch drei Bogenwölbungen, welche von vier Säulen getragen werden, von Aufsen zugänglich; so dafs also die beiden äufsern Säulen Anten bilden. Die Säulenschäfte sind unten an den Basen 1 Meter dick und ihr Zwischenraum ist 4,3 Meter weit. Dem mittelsten Bogen regelmäfsig gegenüber ist der Haupt-Eingang in das grofse Kirchenschiff, welches beträchtlich höher als die Vorhalle ist, so dafs über der letztern Fenster zur Erleuchtung der Kirche angebracht werden konnten. Die Kirchthürme sind im untern Stockwerke 5,8 Meter lang und 5,4 Meter tief.

Das grofse Kirchenschiff ist 25,5 Meter breit und 43,6 Meter tief (lang); es wird durch zwei Säulenbogenreihen, ganz nach Art der Basiliken, in drei Abtheilungen geschieden. Die mittlere Abtheilung ist 14,3 Meter breit; die Säulen sind je 1 Meter dick; die beiden Seiten-Abtheilungen sind je 4,7 Meter breit; die Zwischenräume der Säulen betragen 3,8 Meter. In der Mitte der einen Seiten-Abtheilung befindet sich eine Thüre, welche in die hier liegende Seitenhalle führt, welche 11 Bogen hat und von 12 Säulen getragen wird, von denen wieder die zwei äufsern Säulen Anten bilden. An den beiden schmalen Seiten dieser Arcaden befinden sich Altäre. Die Arcade zwischen den Säulen und der Kirchenmauer ist 5,8 Meter breit und um ein weniges kürzer, als das Kirchenschiff, mit welchem sie parallel läuft, weil an dem Ende, welches einer der beiden Thürme berührt, in der Mauer eine Wendeltreppe zu diesem Thurme angebracht ist. Die Säulen sind 0,6 Meter dick und ihr Zwischenraum ist 3 Meter. Die Hauptmasse des Chors wird durch 4 Pfeiler in 6 Theile geschieden. Der mittelste und gröfste Raum wird durch vier grofse Bogen gebildet, deren beide mittlere 13,3 Meter, die beiden zur Seite 12 Meter weit sind. Sein Plan entspricht der Form des Kreuzmittelpuncts einer modernen Kirche, die eine Kuppel auf Hängebogen bekommen soll. Eine solche Bedeckung ist jedoch hier nicht vorhanden. Die Breite des Chorraums entspricht derjenigen der mittleren Abtheilung des Kirchenschiffs; die beiden Seiten-Abtheilungen rechts und links sind breiter als die Seiten-Abtheilungen des Schiffs, so dafs die drei Abtheilungen zusammen schon eine Art Querschiff und folglich die Kreuzesform andeuten. Ein solches Querschiff bilden auch die drei andern, hinter den beschriebenen liegenden Abtheilungen, deren jede mit einer Absida schliefst, in welcher ein Altar steht: so also, dafs der Mittelpunct der mittelsten gröfseren Absida auf der Symmetrielinie des Kirchenschiffs und des Chores liegt, während die Mittelpuncte der beiden kleineren Absiden in den Symmetrielinien der Seiten-Abtheilungen des Chors sich befinden.

Alle Bogen in dieser Kirche sind consequent *Spitzbogen*, und zwar, eben wie in der Schlofscapelle zu *Palermo, überhöhete Spitzbogen*. Auch die Fenster-Öffnungen, die sich alle sehr hoch über dem Fufsboden der Kirche befinden (wie in den römischen Basiliken überhaupt), sind mit *Spitzbogen* überwölbt, die man indessen nicht überhöht nennen kann, weil sie keine Kämpfer-Abtheilungen haben. Alle diese Spitzbogen sind nicht über gleichseitigen Dreiecken gezeichnet, sondern die Mittelpuncte der Bogen liegen innerhalb derselben, und zwar alle, wie es nach den Abbildungen scheint, in dem dritten Theil der Weite des innersten Bogens; das heifst: man theilte die lichte Weite des zu überwölbenden Bogens in drei Theile und nahm die zwei mittelsten Puncte zu den Centren der gegenüberstehenden Bogen; welches, wie mir scheint, ein dem Auge sehr wohlthuendes Verhältnifs giebt. Die Einfassungen der Bogen, das heifst, andere auf gleicher Symmetrielinie mit ihnen liegende Bogen, sind concentrische, also mit jenen *parallele* Bogen, so dafs das Verhältnifs, welches sich durch die Eintheilung der Spannungslinie in drei Theile ergiebt, nur für die lichte Weite des innersten Bogens gilt.

Es ist besonders zu bemerken, dafs diese Spitzbogen der Fenster nicht mit durchbrochenen Arbeiten ausgefüllt sind; wie in der schulgerechten Spitzbogengewölbe-Bauart. Waren sie aber, wie ich glaube, mit feinen, durchsichtigen Alabastertafeln ausgesetzt, so ist es sehr möglich, dafs sie auch mit regelmäfsigen Figuren, wenn auch nicht mit eigentlichem sogenannten Flechtwerk durchbrochen waren, um einige frische Luft durchzulassen; wobei ein schädlicher Luftzug, wegen der hohen Stellung der Fenster, nicht zu fürchten war; eben so wenig wie bei den byzantinischen oder altrömischen Basiliken, wo ein ähnlicher Fensterschlufs vorkommt. Ich führe Dies an, weil ich glauben möchte, dafs die durchbrochenen Alabaster-Scheiben die Flechtwerk-Ausfüllungen der Fenster der Spitzbogengewölbe-Bauart herbeigeführt haben; wenn gleich die Scheiben auch eine ursprünglich orientalische Einrichtung sein können.

Aufserdem fehlt diesem Gebäude noch ein anderer wesentlicher Theil der Spitzbogengewölbe-Bauart, nemlich die Überwölbung der innern ***Räume*** in der Spitzbogenform. Diese Räume sind vielmehr, blofs mit Ausnahme der Absiden, ***gar nicht*** überwölbt, sondern haben höchst prächtig verzierte ***hölzerne Decken,*** welche, viel schöner als die hölzernen Dachwerke der altrömischen Basiliken, aus horizontalen Hölzern zusammengesetzt sind, die man nach dem Dachfall, ganz auf die Weise gelegt hat, wie in neuern Zeiten in den sogenannten ***Crubsacius***dächern. Die horizontalen Hölzer bilden regelmäfsige Felder, welche in einem Style verziert sind, der eigentlich der römischen antiken Bauart am meisten angehört, jedoch auch an byzantinische und maurische Ornamentirung erinnert. An der Stelle, wo die horizontalen Hölzer oder Dachbalken auf den Mauern liegen, werden sie, eben wie die Dachbalken der ältern Basiliken, durch Balkenköpfe in Kragsteinform unterstützt, an welchen hier noch lang herabhängende zapfenförmige Verzierungen sich befinden, in denen ich die geschmückten Köpfe der Schrauben vermuthe, durch welche die kragsteinförmigen Hölzer an die Dachbalken befestigt waren. Die Dachbalken sind eben so wohl verziert, wie die Felder zwischen ihnen; wobei wiederum die prächtigsten Farben und Vergoldungen in voller Kraft angewendet sind. Der Fall des Satteldachs über dem Hauptschiffe ist nach dem Verhältnisse eines gleichschenkligen Dreiecks abgemessen, dessen Höhe der ***vierte*** Theil seiner Basis ist.

Die obern Theile der Wände, bis zu dem Anfange der Bogen über den Säulen, die Ansichten von unten und die Einfassungen aller Bogen sind mit ganz musivischen Verzierungen und Bildern auf Goldgrund bedeckt. Diese Verzierungen sind wieder ein Gemisch von altrömischer, byzantinischer und maurischer Ornamentirung; die Bilder stellen biblische Gegenstände vor; ganz im Style der *S. Marcuskirche* zu *Venedig* und der byzantinischen Basiliken. In der Wölbung der grofsen Absida ist ein colossales Brustbild des Heilandes; in denen der kleineren sind die sitzenden Gestalten der Apostel Petrus und Paulus vorgestellt.

Die Säulen sind von Porphyr und Granit, und deren Schafte von antiken Gebäuden entlehnt. Ihre Knäufe und Basen sind corinthisirend, die erstern jedoch abweichend in den obern Ausladungen, und auch in der Verzierung; so dafs sie sich den byzantinischen Formen anschliefsen. Bis zur Höhe dieser Säulen waren die Wände mit Marmor belegt, dessen Theilungen mit musivischen Verzierungen von entschieden maurischen Formen eingefafst waren. Diese Incrustirungen sind sehr beschädigt.

Ich finde den Architecturstyl der beschriebenen maurisch-byzantinischen Gebäude ungemein schön, prächtig und dabei harmonisch. Er ist reich an den trefflichsten Motiven für die allgemeine Anordnung der Gebäude, für Verzierung, und selbst für die Construction. Es wäre sehr zu wünschen, dafs man jetzt, wo sie noch wenigstens so weit erhalten sind, dafs das Fehlende nach dem Vorhandenen restaurirt werden kann, sorgfältige und characteristisch genaue Abbildungen, wo möglich in farbigem Drucke, von denselben herausgäbe. Das neueste Prachtwerk über diese Kirche ist das des *Duca di Serra di falco:* „Del Duomo di Monreale etc. Palermo 1838."

Ein Architect oder Bauherr, welcher Gebäude in einer andern Bauart, als zur Zeit und am Orte Sitte ist, aufführt, z. B. jetzt in der Spitzbogengewölbe-Bauart, im ägyptischen, im arabischen, im mexicanischen Style, u. s. w. scheint mir einem Schriftsteller zu gleichen, welcher Bücher nicht in seiner Landessprache, sondern in einer fremden Sprache schreibt. Dergleichen Gebäude machen immer, besonders in ihrer äufsern Erscheinung, einen wunderlichen Eindruck; wäre es auch nur den, dafs man das Seltsame gesucht zu haben scheint, weil man in Erfindung des der Zeit und dem Ort Gemäfsen sich erschöpft fühlte. Ein anderes, ist es im *Innern* der Gebäude, wo jeder einzelne Saal, jedes Zimmer für sich gesehen wird, und wo es Niemand verargt werden kann, wenn er zu seinem Vergnügen und auf seine Kosten irgend einer Liebhaberei oder Neigung folgt, und wo dann der Architect sein Talent und seine Kenntnisse noch mehr bewährt, wenn er auch in fremder Art und Weise zu bauen versteht. Auch bei einem isolirten, von andern Gebäuden entfernten Bauwerke kann eine solche Nachahmung fremder Formen und Verhältnisse sehr Interessantes geben.

Aber ein weit gröfserer Nutzen läfst sich aus der Kenntnifs fremder Baustyle ziehen, wenn man ihre *Motive,* und nicht sowohl blindlings ihre eigenthümlichen *Formen* benutzt: nicht Das nachahmt, was eine örtliche, anderswo nicht passende Beziehung hat, und nicht Das wieder herbeizuführen trachtet, was die Fortschritte der Kunst unläugbar als unvollkommen oder unausgebildet erwiesen haben. So z. B. würde eine Nachahmung des arabisch-byzantinischen Baustyls sein Seltsames und mit der gegenwärtigen Bauart Nicht-Harmonisches verlieren, wenn man die Spitzbogen in Rundbogen veränderte, wenn man die durch das südliche Clima gebotene geringe Gröfse der Fenster-Öffnungen erweiterte, wenn man die unvollkommne, steife und uncorrecte Darstellungs-Art der byzantinischen musivischen Malerei verbesserte u. s. w. Was so entstände und übrig bliebe, könnte zwar keineswegs mehr ein characteristisches Gebilde der byzantinisch-arabischen Bauart heifsen, aber gleichwohl sehr schön und zweckmäfsig sein; worauf es doch eigentlich ankommt.

Die Verwandtschaft der Bauart der beschriebenen Kirche mit derjenigen der *St. Marcuskirche* zu *Venedig,* von welcher die Verzierung mit Mosaik, Marmor, Säulen und den feinsten Steinen auch im Jahr 1071 *begonnen* sein soll, und die also in der Zeit nicht sehr weit von jener verschieden ist, führt noch zu einer andern Betrachtung. *Venedig* sowohl, wie *Palermo,* standen im zwölften Jahrhundert mit *Constantinopel* in lebhafter Verbindung, und gewifs gab der Styl der Baukunst des letztern Orts auch in den beiden andern die Mode an; also werden auch Architecten von daher in Venedig und Palermo etwas gegolten haben. Nun habe ich aber an einem andern Orte gezeigt (Allgemeine Bauzeitung vom Jahre 1844 S. 141: „Die St. Marcus- „kirche zu Venedig in ihrer ursprünglichen Gestalt."), dafs, wenn auch die Verzierung der *St. Marcuskirche* schon im Jahre 1071 begann, doch die weitere, sehr bedeutende Ausschmückung derselben, in welcher auch Spitzbogen vorkommen, in eine spätere Periode, *nach* dem Jahre 1094 fällt. Es dürfte also diese spätere Auschmückung leicht gleichzeitig mit derjenigen der beschriebenen sicilianischen Kirchen sein; was man um so mehr zu glauben geneigt sein dürfte, wenn man besonders auf die grofse Ähnlichkeit der Bauart der letzteren mit der der untern Vorhallen der *St. Marcuskirche* sieht, welche Vorhallen erst bei der spätern Ausschmückung gebaut wurden und in welchen ebenfalls Spitzbogen von ähnlichen Verhältnissen vorkommen. Die Ähnlichkeit der Bauart würde sich leicht erklären, wenn man annähme, dafs die erwähnte Ausschmückung der *St. Marcuskirche,* die Erbauung der Schlofscapelle zu *Palermo* und der Kirche *Santa Maria nuova* in *Monreale,* von byzantinischen Architecten, oder sämmtlich von arabisch-sicilianischen Künstlern besorgt worden seien. Für die Ersteren spricht die gröfsere Wahrscheinlichkeit; aber dann bleibt die Frage, wie die byzantinischen Architecten an die Spitzbogenform gerathen sein mochten. Dies wird vielleicht dadurch erklärt, dafs arabische Künstler in Sicilien zurückblieben.

Indem ich auf diese, wie mir scheint interessanten Beziehungen aufmerksam mache, mufs ich zugleich vor einer falschen Fährte warnen, auf die man gerathen könnte. Aufser der von mir sogenannten späteren Ausschmückung der St. Marcuskirche finden sich nemlich auch noch andere, der occidentalischen Spitzbogengewölbe-Bauart offenbar nahe verwandte Zusätze an derselben; wie z. B. die grofse, aus Flechtwerk bestehende Fensterrosette im Querschiffe, dergleichen Fenster-Ausfüllungen, die vielen baldachinartigen Thürmchen mit Statuen, und die ausgeschweiften Spitzen mit Laubwerk über den äufsern Fensterbogen, die, wie es ihre Construction und Zusammenstellung zeigen, offenbar einer noch jüngeren Zeit angehören, als die der sogenannten spätern Ausschmückung.

Wir haben nun hier einige Thatsachen über den Gebrauch der *Spitzbogen* in der occidentalischen Bauart bezeichnet, die wenigstens beweisen, dafs diese Bogen schon im *zwölften* Jahrhundert gemacht wurden und die auf einen orientalischen Ursprung (auch Constantinopel zum Orient gerechnet) hindeuten; doch geben die Bogen noch lange keine *Spitzbogengewölbe*-Bauart, wie sie schulgerecht im *dreizehnten* Jahrhundert entstand.

Seroux d'Agincourt äufsert über die Entstehung der Anwendung der Spitzbogenform eine eigenthümliche Meinung. Er glaubt, dafs der Spitzbogen vielleicht schon im *siebenten* oder *achten* Jahrhundert, gewifs aber im *neunten, zehnten* und *zwölften* Jahrhundert, in den unweit *Subiaco* gelegenen Benedictiner Klöstern *St. Benedetto* (sacro speco) und *Santa Scolastica* (nach dem Namen der Schwester von St. Benedetto benannt) angewendet worden sei. Er versichert, dafs er seine Behauptung auf wiederholte eigene Untersuchung an Ort und Stelle und auf eine sorgfältige Durchsicht einer Chronik dieser Klöster gründe, die sich in dem Abteikloster zu Subiaco befinde. Ich habe diese Klöster, namentlich das ältere, *San Benedetto,* mit grofsem Interesse gesehen: unter andern, weil die Sage dort geht, dies Kloster sei von *deutschen* Benedictiner Mönchen erbaut, die in meinem engeren Vaterlande *Kurhessen* zwei sehr bedeutende Schulen zu *Hersfeld* und *Fulda* hatten. Ich habe auch einige Zeichnungen dort aufgenommen, die mir noch vorliegen; aber es ist mir nicht eingefallen, die Spitzbogenwölbungen, die sich daselbst finden, in eine so frühe Zeit zu setzen.

D'Agincourts Meinung konnte mir damals nicht bekannt sein (ich war früher dort, als sein Werk erschien), und ich habe die Gebäude nicht ausdrücklich von *seinem* Gesichtspuncte aus untersucht: aber ich trage kein Bedenken, nach meinen Erinnerungen von denselben und auch nach den vor mir liegenden Zeichnungen, die dortigen Spitzbogen für spätere *Zusätze* des ursprünglich im byzantinischen Style erbauten Klosters zu halten. Die Spitzbogen, die ich in den Zeichnungen vor mir sehe, sind offenbar gemacht, um Rundbogen von früherem Datum, die nicht hinreichend stark waren, zu unterstützen, und sie mögen in einer Zeit erbaut sein, wo man dem vorhandenen Kloster noch einige Capellen mit Spitzbogengewölben hinzufügte. Daraus, dafs die Spitzbogen *unter* den halbkreisförmigen Bogen stehen, schliefsen zu wollen, dafs jene älter seien, als jene, ist ein constructiver Irrthum. Eben so halte ich das Kloster *Santa Scolastica,* wo sich allerdings Spitzbogen finden, so wie es jetzt ist, nicht für ein Werk des zehnten Jahrhundert. Diese Gebäude haben viel von Krieg und Zerstörung zu leiden gehabt; und so werden leicht spätere Herstellungen für ursprüngliche Constructionen angesehen.

Überhaupt kommen wohl einmal aus constructiven Zufälligkeiten einige Spitzbogen in einem Gebäude vor, welches viel älter ist, als die Entstehung der Spitzbogengewölbe-Bauart. Es würde sogar nicht schwer fallen, so etwas selbst in *altrömischen* Gebäuden, z. B. in den vielen Wölbungen der *Villa Adriana* zu finden. Ich kann aber nicht glauben, dafs ein absichtlicher und consequent *durchgeführter* Gebrauch der Spitzbogenform in Gebäuden vorkomme, die älter sind, als die beschriebenen sicilianischen, oder die spätere Auszierung der *St. Marcuskirche.* Ein Anderes ist es mit den Kirchen aus späterer Zeit, also frühestens aus dem *dreizehnten* Jahrhundert, wo schon im übrigen Occident die Spitzbogengewölbe-Bauart in schulgerechter Vollendung aufblühete.

Zuerst unter den bedeutenderen Monumenten dieser Zeit kommt, nach ihrem Alter, die Kirche *San Francesco* von *Assisi* zu *Assisi* in Betracht; sie soll im Jahre 1218, oder wahrscheinlicher 1228 begonnen und 1230 vollendet worden sein.

Seroux d'Agincourt hat von derselben auf der 37ten Tafel (seiner „Architectur") zwei Grundrisse, einen Durchschnitt und einige Details, so wie auf der 36ten Tafel Fig. 39 bis 46 dergleichen gegeben. Ich habe diese gewifs merkwürdige Kirche nicht selbst gesehn, aber ich glaube, nicht zu irren, wenn ich nach jenen Abbildungen, nach einem guten Kupferstich von *G. B. Mariani* und nach den von mir benutzten Originalzeichnungen meines Sohnes überzeugt bin, dafs jene Jahreszahlen nur auf die untere Kirche anzuwenden sind. Es sind nemlich zwei Kirchen übereinander, mit noch einer Crypta, vorhanden. Die untere Kirche dürfte ursprünglich im byzantinischen Rundbogenstyl angelegt, nach einer gewaltsamen Zerstörung aber im Spitzbogengewölbestyl hergestellt und verändert worden sein, während die obere Kirche von einem Baumeister aus späterer Zeit herrühren dürfte, der nicht blofs Nachahmer der schulgerechten Spitzbogengewölbe-Bauart war, sondern sie vielmehr schon in ihrer blühenden Zeit genau kannte. Denn in dieser obern Kirche kommen die *wesentlichsten* Motive der Spitzbogengewölbe-Bauart vor; nemlich Kreuzgewölbe in Spitzbogenform über dem ganzen Schiff, gegliederte Wandsäulen unter denselben, Spitzbogenfenster mit dünnen Säulen und Flechtwerk u. s. w. Die sonst halbrunde Absida des Chors verwandelt sich hier schon in die Hälfte eines *Zehnecks,* welche nicht mit einer Halbkuppel, sondern mit dem Kappengewölbe der ausgebildeten Spitzbogengewölbe-Bauart bedeckt ist. Auch sieht man hier Strebepfeiler mit Strebebogen. Dafs aber diese Kirche gleichsam die Quelle und der Ursprung der Spitzbogengewölbe-Bauart, also der Architectur der Cathedralkirchen von *Cölln, Strasburg, Wien, York, Paris, Orleans, Burgos* und *Batalha* sei, geht gegen mein architectonisches Gefühl, wenn ich mir den unerschöpflichen Reichthum der Architectur jener Monumente vor Augen stelle. *d'Agincourt* sagt unbegründet, die Kirche sei ein Vorbild für alle *Franciscaner*kirchen geworden, und der Eifer der damals schon sehr zahlreichen Franciscanermönche für ihren heiligen Lehrer habe nicht wenig beigetragen, die sogenannte *gothische* Bauart zu verbreiten.

Übrigens ist die Kirche mit sehr merkwürdigen Malereien und musivischen Arbeiten reich und prächtig verziert. Die über der Crypta oder der unterirdischen Kirche stehende untere Kirche ist im Grundrisse geräumiger als die obere, da diese nur das mittlere Schiff nebst dem Chore und Querschiffe der untern überbaut. Die obere Kirche ist im Lichten, von der vordern Giebelmauer bis in die Absida, 207 fr. Fufs lang und 43 F. breit; das Querschiff ist 92 fr. F. lang und 33 fr. F. breit.

Kugler sagt in seinem Handbuch der Kunstgeschichte, die Kirche solle von 1218 bis 1230 durch einen ***Deutschen,*** den Meister ***Jacob,*** erbaut sein. Es ist eben nicht wahrscheinlich, dafs sie vor der Canonisation des heiligen ***Franciscus*** begonnen sei, welche erst 1228 erfolgte, nach ***d'Agincourts*** Angabe; und wenn es richtig ist, dafs dieser Meister ***Jacob*** den Dom von ***Arezzo,*** der 1277 beendet sein soll, erbaut hat, so wären von 1218 ab, 59 Jahre eine etwas unwahrscheinlich lange Wirksamkeit dieses Meisters; dessen Namen übrigens mehrmals bei italienischen Bauwerken vorkommt. (***Vasari*** sagt, dafs er der Vater von ***Arnolfo di Capo*** sei, indem ***Capo*** eine Abbreviatur von ***Jacob*** sei; was nicht recht italienisch klinge.) Dieses würde nun meine Meinung bestätigen, dafs die obere Kirche aus späterer Zeit herrühre. Dazu kommt, dafs andere, gleichzeitig, oder sogar etwas später aufgeführte Gebäude in Italien bei weitem noch nicht der Spitzbogengewölbe-Bauart so nahe verwandt sind.

Ich erwähne in dieser Beziehung besonders die Kirche von ***San Antonio*** zu ***Padua,*** von welcher ***Kugler*** sagt, sie sei 1231 begonnen. Die Kuppel dieser Kirche erinnert sogleich an die ***St. Marcuskirche*** zu ***Venedig;*** und eben so erinnern daran auch die Hauptgestalten ihres Innern. Dasselbe ist, wie jene, mit ähnlichen Kuppeln bedeckt, welche über viereckigen Grundrissen von viereckigen Pfeilern getragen werden. Auch die Façade der Kirche würde ein ganz byzantinisches Gepräge haben, wenn nicht vier grofse Blendungen in Spitzbogenform und sechs sehr schmale und verhältnifsmäfsig hohe, unschöne Spitzbogenfenster daran ständen, und dann besonders in der Höhe über den Blendungen, unmittelbar unter dem Frontgiebel, den das Dach bildet, eine Galerie wäre, die aus achtzehn, von Säulen getragenen Spitzbogen besteht. Wenn man nun aber sich fragt, ob nicht alle diese, die Spitzbogenform habenden Dinge nach der ersten Erbauung der Kirche später zugesetzt sein könnten, so findet sich Dies nicht nur möglich, sondern selbst wahrscheinlich. Die sechs Spitzbogenfenster können gar wohl in späterer Zeit eingerichtet worden sein, um der Kirche mehr Licht zu geben. Offenbar ist dies mit der runden Fenster-Öffnung im Giebel wirklich geschehen. Die vier Anblendungen in Spitzbogenform scheinen keinen andern Zweck zu haben, als eine Basis für die Arcaden-Galerie zu bilden, die als etwas sehr Wesentliches und der Hauptschmuck der Façade sich zeigt, aber in ihrer ganzen Gestaltung der schönen obern Arcaden-

Galerie des Dogenpalastes zu *Venedig* so nahe verwandt ist, dafs man sie nur für eine Nachahmung derselben halten kann. Der Dogenpalast ist aber von späterem Datum als 1231, nemlich aus der Mitte des *vierzehnten* Jahrhunderts. Sehr merkwürdig sind einige Capellen im Innern der Kirche, allein sie gehören in eine spätere Periode dieser Bauart, wo ich ihrer gedenken werde.

Fast jede kleinere oder gröfsere italienische Stadt hat eine oder mehrere Kirchen in dem Baustyle jener Zeit. Es wäre aber ein undankbares Geschäft, sie alle beschreiben und in Systeme bringen zu wollen, da eben ihr eigentliches System das ist, keins zu haben. Allerdings kommt es auch bei ihnen vor, dafs das bunte Gemisch ihrer Bauart durch Veränderungen in späteren Zeiten vermehrt worden ist: aber, davon abgesehen, ist ganz deutlich erkennbar, dafs ihre Architecten *keine* bestimmte Regeln befolgten und *keiner* Schule angehörten. Sie benutzten eben die Architectur-Motive, die sie kannten, nach Belieben, und wie ihre Phantasie sie leitete. Wenn es nun aber auch ihren Productionen meistentheils an einer gewissen Harmonie fehlt, so sind sie doch phantasiereich und mannichfaltig. Die byzantinische Bauart hatte fast *Tausend* Jahre geherrscht und man entschädigte sich, wie es scheint, um so eifriger für den tausendjährigen Zwang durch die gröfste Ungebundenheit.

Es wird für den vorliegenden Zweck genügen, wenn ich die bedeutendsten und hervorragendsten Monumente dieser Bauart erwähne und characterisire.

Der Zeitfolge nach gehört dazu zunächst der Dom zu *Siena,* der (nach *Kugler*) gegen die Mitte des dreizehnten Jahrhunderts begonnen sein soll und eins der prächtigsten Werke jener Zeit ist.

Dieser Dom ist eine ansehnlich grofse Kirche von schönen Formen und Verhältnissen und mit sehr reichen Verzierungen. Ursprünglich sollte die Kirche noch viel gröfser werden, und man sieht noch jetzt bedeutende Mauern und Hallen von dem beabsichtigten gröfseren Baue; allein sie wurde, angeblich wegen des durch die Pest entstandenen Unglücks, später nach einem viel kleineren Plane gebaut, der nur einen Theil der ersten Anlage ausfüllt. *Kugler* sagt, die Ruinen von Hallen und Mauern rührten aus einer spätern Zeit, nemlich aus dem vierzehnten Jahrhundert her, wo man den schon vorhandenen Dom habe erweitern wollen und zu dem Ende an seine Seite ein mächtiges Längsschiff anbaute (zu bauen anfing), so dafs das vorhandene Gebäude nur zum Querschiff geworden sein würde. Dieser neue Bau, in leichten und kühnen Verhältnissen, sei aber nicht zur Vollendung gekommen. Ich gestehe, dafs ich mich, nach meiner örtlichen Ansicht, zu der ersten Meinung bekennen mufs, da sie auch die gröfsere constructive Möglichkeit für sich hat.

Unter den äufsern und innern Verzierungen ist vieles Ungewöhnliche, aber deshalb nicht Häfsliche. Es gehören dazu z. B. runde Säulenschafte mit tief eingearbeiteten Lotusgewinden; Gesimse, die über hohen Kragsteinen weit ausgeladen sind, während in den durch die Kragsteine gebildeten quadratischen Feldern Büsten von Päpsten sich befinden. ***Grandjean von Montigny*** hat in seiner „Architecture toscane" pl. 97 eine Abbildung von dieser Verzierung gegeben, die aber unbezweifelt einer spätern Zeit, nemlich der der sogenannten Wiedergeburt der Künste angehört; wie schon aus den Namen der abgebildeten Päpste, aus dem funfzehnten und sechszehnten Jahrhundert, hervorgeht; in welche Zeit denn auch die prächtige ***Libreria*** (Bibliothek) gehört, die an die Kirche stöfst.

Der an dieser Kirche reichlich verwendete Marmor ist in stark contrastirenden Farben zusammengestellt; was zum Theil prächtig, zum Theil aber auch sehr grotesk aussieht. Dahin gehört z. B., dafs an den grofsen Säulen der innern Kirche Schichten von weifsem und schwarzem Marmor mit einander wechseln. Obgleich Dies nun auch nicht gerade an den preufsischen Schilderhaus-Anstrich erinnert (wie ***Kugler*** meint), was nicht der Fall ist, weil der Farbenwechsel sehr grofsartig ist und durch die edelsten Baustoffe hervorgebracht wird, so ist doch die grelle Wirkung dem Auge nicht angenehm.

Das *Campo Santo* (der Kirchhof) in ***Pisa*** soll 1283 vollendet worden sein. Es hat die Form eines sehr oblongen Rechtecks, indem es 128 Meter lang und 40 Meter breit ist. Nach Aufsen springen an einer langen Seite, den beiden Eingängen gegenüber, zwei kleine Capellen vor, und an der einen schmalen Seite tritt eine gröfsere Capelle heraus. Aufserdem bilden die äufsern Mauern eine einfache, gar nicht nach Spitzbogengewölbe-Architectur aussehende Form; sie sind mit Arcaden-Blendungen verziert, die durchaus nur Rundbogen haben und von einfachen, mehr antiken als mittelalterlichen Pilastern getragen werden. Der innere Raum dagegen ist von breiten Arcaden umgeben, die zwar auch nur Rundbogen in der Wölbung haben, aber mit spitzbogigem Flechtwerk, von gewifs gleichzeitiger Arbeit, ausgefüllt sind. Die „Architecture toscane" giebt pl. 108 und 109 Aufrifs, Durchschnitte, Grundrifs und eine innere Ansicht von diesem Kirchhofe; die aber, wenigstens was die Verzierungen betrifft, nicht genau sind. So ist z. B. eben jenes Flechtwerk der

Bogen-Öffnungen nicht richtig gezeichnet; in der Wirklichkeit ist es ziemlich schulgerecht, und schöner wie in der *Grandjean*schen Zeichnung.

Es ist dieses Gebäude eben eine Probe der Vereinigung von Architectur-Motiven aus den verschiedensten Zeiten, und die Vereinigung ist harmonisch, so dafs das Ganze eine sehr gute Wirkung macht. Die innern Wände unter den Arcaden sind mit Frescogemälden geziert, welche aber gröfstentheils so sehr beschädigt sind, dafs sie kaum noch als vorhanden betrachtet werden können. Die Decken der Arcaden sind nicht gewölbt, sondern bestehen aus einem von unten sichtbaren Gebälke und Sparrwerke. Die Arcaden haben im Innern, nach dem oben offenen Hofe hin, je 5 Bogen in der Breite und je 26 in der Länge, also überhaupt 62 Bogen. Obgleich nun die eigentliche Architectur des *Campo Santo* noch ziemlich erhalten ist, macht die Zerstörung der Malereien, welche die innern Wände bedeckten, einen traurigen Anblick. Als noch Alles wohl erhalten war, mögen die Frescogemälde in diesen prächtigen Hallen, die auch mit Sarkophagen und Vasen reichlich geschmückt sind, eine wunderbar schöne Wirkung gehabt haben.

Man wird durch diese Hallen unwillkürlich an diejenigen in *Athen* erinnert, deren grofse historische Bilder *Pausanias* beschreibt: natürlich nicht durch eine directe Ähnlichkeit, sondern durch die Ähnlichkeit der Motive; und der Gedanke zieht mich an, dafs man in der Zeit, wo das *Campo Santo* erbaut wurde, jene *Atheniensischen* Hallen noch kannte; dafs der Architect des *Campo Santo* sie vielleicht noch gesehen hatte. *Perikles,* von dem sich wohl die Blüthe griechischer Kunst datiren läfst, lebte im Anfang des fünften Jahrhunderts *vor* Christo. *Pausanias* sah und beschrieb die Atheniensischen Kunstwerke ungefähr *sechs* Jahrhunderte später; die eigentliche Zerstörung *Athens* geschah wohl erst, als die Stadt von den Türken im Jahre 1456 erobert wurde; und so wäre es nicht ganz unmöglich, dafs von jener altgriechischen Herrlichkeit, die zu *Pausanias* Zeiten sich schon *Sechshundert* Jahre erhalten hatte, auch noch *Eilfhundert* Jahre später, um die Mitte des dreizehnten Jahrhunderts, noch Manches vorhanden war.

So erschienen denn hier *altgriechische* Kunst-Motive in dem Gewande ganz mittelalterlicher Baukunst; und wenn nun auch die Verwandtschaft mit den altgriechischen Monumenten nicht streng wird bewiesen werden können, so läfst sich doch entschieden behaupten, dafs gerade solche Combinationen im Character der Bauart der Zeit des *Campo Santo* liegen, und dafs die Bauart dadurch einen Reiz und ein Interesse erhalten hat, welche kaum ein anderer Baustyl gewährt.

Jetzt komme ich, der Zeitfolge nach, zu der Beschreibung eines sehr merkwürdigen, noch in seiner ganzen Pracht erhaltenen Gebäudes des italienischen Mittelalters, nemlich des Domes von *Orvieto,* dessen Bau (nach *Kugler*) im Jahr 1290 begonnen sein soll. Er ist ein Nachbar und Verwandter des Doms von *Siena.* Wer dieses schöne mittlere Italien, besonders *Toscana,* und besonders wieder die Gegend von *Orvieto,* welche südliche Vegetationspracht und Fruchtbarkeit mit der romantischen Schönheit von Gebirgsgegenden vereinigt, gesehen und in der Erinnerung hat, wird es mir nicht verdenken, wenn ich den prächtigen Dom von *Orvieto* einen Champagner-Rausch der Architectur des italienischen Mittelalters nenne. (In der That wächst auch der italienische Champagner auf den Hügeln von *Orvieto.*) Diese ganz eigenthümliche Amalgamirung von byzantinischer und Spitzbogen-Bauart, die Hervorbringung der originellsten Formen und Verhältnisse, diese Pracht des Materials, das in den schönsten Marmor-Arten besteht, dieser fast ausschweifende Reichthum an künstlerischer Verzierung, möchte kaum irgendwo anders seines Gleichen finden.

Ich benutze bei der nachfolgenden Beschreibung zwei colorirte Zeichnungen nach grofsem Maafsstabe, die mein obenerwähnter ältester Sohn an Ort und Stelle mit grofser Treue und sehr speciell anfgenommen hat. Ein Architect, der nicht mit englischem Geld-Überflufs reiset, mufs deutschen Fleifs an dessen Stelle setzen, und so unternahm derselbe die Aufmessung der hohen Façade *ohne Gerüste,* indem er in den Verzierungen derselben mehr herankletterte als stieg; was eben keine ungefährliche Arbeit war; denn als er mit diesen Ausmessungen bis auf diejenige des obern Giebels zu Stande gekommen war und, um diesen Giebel auszumessen, auswendig an dem sehr steilen Dache bis zu der 50 Meter hohen Spitze heraufgeklettert war, sich an dem vorstehenden Laubwerk anhaltend, schien es ihm plötzlich, dafs alle Gliederungen und Verzierungen sich zu bewegen anfingen und durcheinander schwammen und flossen, so dafs er genöthigt war, sich auf dem steilen Dache niederzulegen und fast eine Stunde in dieser Stellung zu verharren, bevor er wieder schwindelfrei wurde. Es giebt auch ein besonderes Kupferwerk über dieses merkwürdige Gebäude, betitelt: „Storia del Duomo di *Orvieto.* Roma 1791", über dessen Brauchbarkeit ich nicht urtheilen kann, da ich es nicht kenne. Gewöhnlich sind die ältern italienischen Abbildungen mittelalterlicher Baukunst nicht sehr treu und characteristisch. *Seroux d'Agincourt* hat von der Façade der Kirche auf der 64. Tafel Fig. 18 eine gar zu kleine und deshalb in den Einzelnheiten gar nicht zu erkennende Abbildung gegeben; auf der 44. Tafel Fig. 11 ist auch von einem Theile des Innern eine solche unvollkommne Darstellung zu sehen.

Die Fronte des Doms ist in den reinen Mauern 39,3 Meter breit und 51,3 Meter vom Boden bis an die mittlere Giebelspitze hoch; also in ihrer grofsen Masse schon höher als die meisten Thürme. Man stelle sich also eine Façade vor, höher als ein *Thurm,* die nun von ihrer Grundlinie bis zu ihrer Giebelspitze vorherrschend mit weifsem und dann mit rothem, gelbem und schwarzem Marmor ganz bedeckt ist und einen unermefslichen Reichthum von Verzierungen, Statuen, halb erhabenen Arbeiten, und besonders auch musivischen Gemälden auf Goldgrund hat!

Der Styl, der in dieser Fronte herrscht, ist, wie gesagt, eine entschiedene Vermischung von byzantinischer und Spitzbogengewölbe-Bauart: eine Vermischung, die aber nicht durch Restaurationen in verschiedenen Zeiten entstanden, sondern ganz gleichzeitig ausgeführt ist. Die Fronte ist durch zwei sehr schlanke minaretartige Lisenen, die oben in Thürmchen mit pyramidalen marmornen Dächern endigen, in drei Theile getheilt. An den Ecken derselben stehen ähnliche, minder hohe, aber breitere marmorne Thürme. Diese vier Thürme beherrschen indefs nicht die grofsartigen Formen der gleich hohen Façade, sondern nehmen an derselben nur eine untergeordnete Stellung ein. Sie sind mit verticalen Gliederungen, die nur von wenigen horizontalen unterbrochen werden, ganz bedeckt, und es wechselt an denselben rother, schwarzer, gelber und weifser Marmor, nach diesen Gliederungen.

Zunächst ist vor der ganzen Fronte eine sieben Stufen hohe Freitreppe, von abwechselnd rothem und weifsem Marmor. Der weifse Marmor hat durch die Zeit eine bräunliche Tinte erhalten. Über dieser Treppe ist in der mittleren Haupt-Abtheilung eine rechteckige Thüre von 3,3 Meter Breite und 6,9 Meter lichter Höhe, die mit bronzenen Thürflügeln von diesen Maafsen geschlossen wird. Die Thüre hat eine 0,6 Meter breite Gewände- und Sturzgliederung von fast antiker Form, welche sich auf einer glatten, weifsen Marmorfläche von 0,25 Meter absetzt. An diese Fläche schliefst sich die reichste und prachtvollste byzantinische Thorgliederung, die wohl irgendwo existirt. Diese Gliederung ist *4,4 Meter* breit, hat einen 1,5 Meter hohen Fufs, mit vielen horizontalen Ausladungen, und über der über die Sturzgliederung hervorgehenden glatten Fläche ein reiches, mit Schwungblättern verziertes, 1 Meter hohes

Kämpfergesims, über welchem sich diese wunderbar prächtige Thorgliederung in einem überhöheten Halbkreise fortsetzt und über der Thüre einen überhöhet halbkreisförmigen Raum enthält, worin sich in derselben Form ein Fenster von gleicher Lichtweite wie die Thüre befindet, welches in spitzbogigem Flechtwerke mit weifsen durchsichtigen Alabasterscheiben ausgesetzt ist. Die Thorgliederungen sind von farbigem Marmor und die gröfseren derselben haben theils tief ausgearbeitete Verzierungen, theils sind prächtige Mosaikverzierungen eingelegt. Über der Rundbogengliederung erhebt sich ein steiler, einem gleichseitigen Dreiecke im Scheitelwinkel nahe kommender Giebel, der mit farbigen marmornen Gliederungen eingefafst ist und auswendig freistehende Blätterzacken hat. Das Giebelfeld endlich ist mit einem musivischen Bilde auf Goldgrunde, mit mehr als lebensgrofsen Figuren, ausgefüllt. Auch die beiden dreieckigen Zwischenräume zwischen dem Giebel und den Thurmlisenen, die diese Abtheilung bekränzen, sind mit solchen Bildern auf Goldgrund ausgefüllt.

Die beiden durch die mittleren Thurmlisenen und die Thürme auf den Ecken gebildeten Abtheilungen zur Seite haben kleinere Thüren, mit ähnlichen, aber nicht so breiten Einfassungsgliederungen, sind aber nicht mit Rundbogen, sondern *mit Spitzbogen* überwölbt. Durch die geringere Höhe der Thüren (sie sind im Lichten nur 4,35 Meter hoch und 2,13 Meter breit) und die gröfsere Höhe der Spitzbogen ist nun ein gröfserer Raum für die Oberlichter dieser Thüren gewonnen, welche ebenfalls spitzbogenförmig und mit Alabasterscheiben in spitzbogigem Flechtwerk ausgefüllt sind. Aufserdem sind auch an diesen kleineren Thüren Flügel von Bronze. Die Gliederungen der Thür-Einfassungen sind von farbigem Marmor und haben theilweise musivische Verzierungen. Die Giebel, welche einen etwas spitzeren Winkel als ein gleichseitiges Dreieck bilden und eben so mit Gliederungen und Blätterwerk eingefafst sind, haben ebenfalls musivische Bilder auf Goldgrund, gleich dem mittlern. Auf den drei Giebelspitzen sind Statuen von Bronze, auf dem in der Mitte das agnus Dei, auf den beiden Seitengiebeln geflügelte Engel.

Noch ist von den vier Mauerschaften, von denen zwei zwischen der mittleren und den Seitenthüren liegen und zwei neben den Seitenthüren die Eckschafte bilden, zu erwähnen, dafs die Fufs- und Kämpfergesimse der Thür-Einfassungen an denselben durchgehen, die mittleren Felder derselben unter den Kämpfergesimsen aber mit sehr schönen, halb erhabenen Arbeiten in Marmor, man glaubt von ***Nicolo Pisano,*** geziert sind.

Die beschriebenen drei Eingänge bilden das untere colossale Stockwerk der Façade, in welchem schon ein gewisses Streben nach Pyramidirung ausgedrückt ist. Dasselbe wird durch ein schmales Kranzgesims getheilt, welches jedoch von der mittleren Giebelspitze durchbrochen ist.

Über diesem Kranzgesimse ist eine niedrige, in der ganzen Fronte, mit Ausnahme der Thurmlisenen, sichtbare, nicht hohe Reihe von Säulen, die mit Spitzbogen überwölbt sind, welche das unten offene Kleeblatt der Spitzbogengewölbe-Bauart haben. Alles an denselben ist ebenfalls aus Marmor. Die Säulengalerie ist, einschliefslich der durchbrochenen Brüstung, im Ganzen nur 3,1 Meter hoch; sie kann also nicht als ein zweites Stockwerk, sondern nur gleichsam als eine Krönung des untern Stockwerks betrachtet werden.

Über dem Säulengange erhebt sich, für die mittlere Abtheilung, ein colossales zweites Stockwerk, welches einen Giebel trägt, der in seinen Verhältnissen einem gleichseitigen Dreiecke sehr nahe kommt und an den Seiten, oder vielmehr Ecken, von den beiden lisenenförmigen, ungefähr eben so hohen Thürmchen flankirt wird.

Über den Säulengängen der Seiten-Abtheilungen (über den kleineren Thüren) steht dagegen kein höheres Stockwerk, sondern es befinden sich darüber sogleich die nur etwas überhöhten Giebel, die den Giebeln, welche sich unmittelbar über den beiden kleineren Thüren erheben, in Verhältnissen und Verzierungsweise ungefähr gleich kommen.

Das erwähnte zweite Stockwerk der mittleren Abtheilung ist höchst auffallend, aber prächtig angeordnet. In seiner Mitte befindet sich nemlich eine jener so sehr zierlichen *Fensterrosetten*, wie sie an den prächtigsten Domen und Cathedralkirchen von der Spitzbogengewölbe-Bauart fast immer vorkommen. Die Rosette ist, ganz im Style dieser Bauart, aus gelbem Marmor ausgehauen, aber sie ist, nicht in diesem Style, wenn schon gewifs gleichzeitig, in eine Einfassung von quadratischer Form gesetzt, welche 1,5 Meter breit ist und Gliederungen hat, die mit musivischen Verzierungen bedeckt sind. In den Ecken zwischen dem Quadrate und dem Kreise sind die musivischen Abbildungen der vier Kirchenlehrer auf Goldgrund. Über dem Quadrate steht eine Reihe von zwölf Marmorstatuen, von 1,8 Metern hoch, in Nischen, die halbkreisförmig überwölbt sind. Neben dem Quadrate stehen an jeder Seite sechs dergleichen Statuen paarweis übereinander.

Dieses Stockwerk schliefst mit einem schmalen, aber reich verzierten horizontalen Gesims; durch welches also in dem darauf stehenden Giebel ein regelmäfsiges (fast gleichseitiges) Dreieck abgetheilt wird, in welchem sich, wieder auf Goldgrund, eine grofse musivische biblische Darstellung befindet; die Krönung der Jungfrau Maria. Diese horizontale Abschneidung des Giebels widerstrebt ganz den Regeln der Spitzbogengewölbe-Bauart, aber sie war eine fast nothwendige Folge der quadratischen Einfassung der Fensterrosette. Beide, und dann die weiten Rundbogen über der mittleren Eingangsthüre, stören das an regelrechte Formen der Spitzbogengewölbe-Bauart gewöhnte Auge, während sie vielleicht dem nicht verwöhnten Auge recht schön und gut motivirt erscheinen mögen; sie geben aber eins der auffallendsten Beispiele, dafs diese Gebäude des italienischen Mittel-Alters zwar mit Kenntnifs der Spitzbogengewölbe-Bauart, jedoch nicht in regelrechtem System derselben aufgeführt wurden. Eben dies geht auch aus dem *Innern* der Kirche zu Orvieto hervor.

Sie hat die Form der altrömischen Basilica. Zwei Reihen Säulen trennen die mittlere, höhere Haupt-Abtheilung des Schiffs von den Seitenschiffen. Die Säulen sind gegeneinander mit weiten, stark gegliederten Rundbogen überwölbt; welche Wölbungen das obere Mauerwerk tragen, in welchem *Spitzbogenfenster* sind. Auf demselben ruht die von Innen sichtbare hölzerne Dachverbindung von der gewöhnlichen Form. Die Seiten-Abtheilungen des Schiffs sind ebenfalls mit schrägen Dächern bedeckt, die von Innen sichtbar sind. Das Querschiff hingegen, welches durch Rundbogen von dem Schiffe und dem Chore der Kirche getrennt ist, hat Kreuzgewölbe; das Chor endlich hat ein spitzbogiges Kreuzgewölbe und wird durch ein hohes spitzbogiges Fenster erleuchtet, welches mit Flechtwerk und Glasmalereien ausgefüllt ist; so wie durch zwei kreisrunde Fenster.

Also auch hier findet sich eine Vereinigung der verschiedensten Bauarten. In den Seitenschiffen stehen neben ganz antiken Nischen, mit dergleichen Gliederungen, hohe Spitzbogenfenster. Vor den Säulen des Schiffs stehen Reihen colossaler Statuen von weifsem Marmor. Die Gewölbe sind mit Malereien in lebhaften Farben verziert; an Säulen und Wänden sieht man auch den beim Dome zu *Siena* beschriebenen Wechsel von dunklem und hellem Marmor.

Es fehlt hier an Raum, in die Beschreibung aller Einzelnheiten einzugehen; aber so viel ist wohl schon aus dem Beschriebenen zu entnehmen, dafs an diesem Gebäude ein Aufwand von Allem was die Architectur für die höchste Pracht bieten kann, vorkommt: ein Aufwand fast ohne Gleichen. Die edelsten Baustoffe aller Art: Gold, Bronze, Marmor in allen Farben, alle Productionen der bildenden Künste, wie Säulen, Gliederungen und Ornamente,

Statuen, Basreliefs, musivische Verzierungen und Gemälde u. s. w. sind hier mit einer Verschwendung, aber auch zugleich mit einem Geschmack in der Anordnung und Ausführung benutzt, der nicht zu übertreffen scheint, und den unser Zeit-Alter, welches doch auch die Pracht liebt, nicht einmal theilweise nachzuahmen wagt.

Aber dieser höchste Glanz der Künste läfst sich auch erklären, wenn man die Anweisungen lieset, die damals den Architecten zu der Schaffung solcher Werke gegeben wurden. Folgendes war der öffentliche Beschlufs, als dem Architecten *Arnolfo di Cambio* der Bau des Doms zu *Florenz* übertragen wurde. „Er solle ein Gebäude erschaffen mit der höchsten und gröfsten „Pracht, so dafs es von menschlichem Fleifse und Vermögen nicht erhabener, „noch schöner erfunden werden könne". Und dem Maler und Baumeister *Giotto* gab man bei dem Bau des Glockenthurms zu *Florenz* auf: „Ein so prächtiges „Gebäude zu errichten, dafs es in der Höhe, so wie in künstlerischer Vollen- „dung Alles übertreffe, was in dieser Art von Griechen und Römern in den „Zeiten der höchsten Blüthe ihrer Macht geschaffen worden sei."

Dieser Dom von *Florenz, Santa Maria del Fiore* genannt, der eben zur Zeit der Erbauung des Doms von *Orvieto,* nemlich im Jahre 1296 gegründet worden ist, würde auch ohne Zweifel ein Denkmal ähnlicher Pracht und Schönheit geworden sein, wenn nicht innere Zwistigkeiten und auch äufsere Kriege in Florenz Vieles zerstört und vieles Schöne verhindert hätten. Es war damals dort die Zeit des heftigsten Kampfes der Welfen und Gibellinen. Eine von *Giotto* erfundene prächtige Façade wurde im Jahre 1334 begonnen, aber nur zur Hälfte ausgeführt und im Jahre 1588 wieder abgerissen. Dies ist die Zeit der *Mediceer,* und zwar von *Ferdinand I.,* dem Bruder des Gemals der *Bianca Capello.* Man wollte damals wahrscheinlich die Kirche in den Styl der Renaissance übersetzen, aber die Façade ist noch rauh und unvollendet, oder vielmehr nicht angefangen. Auch das Innere dieses Doms ist von keinem besondern Interesse; aufser durch seine Kuppel, die aber einer spätern Zeit angehört, als die, mit welcher wir es hier zu thun haben, und welche *Vasari* aus übergrofsem toscanischem Patriotismus mehr vergöttert, als sie wohl eigentlich verdient. Es wäre interessant, nachzuforschen, ob nicht von jener halb vollendeten Façade *Giotto's* Abbildungen existiren; Originalzeichnungen oder Kupferstiche. Ich glaube, vor längerer Zeit einen alten Kupferstich von etwas der Art gesehen zu haben, bemühe mich aber vergebens, mich Näheres davon zu erinnern.

Anders geschah es mit dem Glockenthurme, den *Giotto* erbaut hat, und der einer der schönsten und prächtigsten, wo nicht der prächtigste Thurm geworden ist, der existirt. Ich benutze bei seiner Beschreibung wieder eine specielle und colorirte Handzeichnung, aus derselben Quelle, wie die Zeichnungen von *Orvieto* u. s. w. Gedruckte Abbildungen des Thurms sind mir nicht bekannt.

Im allgemeinen möchte ich zuvor bemerken, dafs das System, den Glockenthurm nicht in unmittelbare Verbindung mit der Kirche zu bringen, zu jener Zeit in der italienischen Bauart öfters vorkommt; z. B. aufser in ***Florenz,*** auch in ***Venedig,*** in ***Pisa,*** in ***Pordenone*** u. a. O. Dies System ist dadurch gerechtfertigt, dafs die Stellung *eines einzelnen* Thurms in einer regelmäfsigen Kirchenfaçade nicht wohl auf eine schöne und zweckmäfsige Weise möglich ist: man mufs *zwei* Thürme bauen; was wieder ein sehr kostbarer und unnöthiger Luxus ist. Es dürfte blofs nicht gut sein, wenn ein isolirter Thurm keine regelmäfsige, die Symmetrie beachtende Stellung zu dem Platze, auf welchen er steht, und zu den benachbarten Gebäuden bekommt; wie es in ***Florenz, Venedig, Pordenone*** u. s. w. der Fall ist. Der Thurm zu ***Pisa,*** der nun freilich wegen seiner unglücklichen schiefen Stellung wenig Ansprüche auf Symmetrie machen kann, steht aber, wenn ich mich recht erinnere, wenigstens auf der über den Platz verlängerten Symmetrielinie der Kirche.

Der Glockenthurm in ***Florenz*** ist im Grundrifs viereckig; jedoch werden die vier Ecken durch Theile eines Achtecks gleichsam eingefafst. Er hat fünf Stockwerke, von welchen das unterste das niedrigste, das oberste das höchste, und mehr als noch einmal so hoch als das unterste ist; die drei andern Stockwerke sind beträchtlich höher als das unterste, aber auch beträchtlich niedriger als das oberste Stockwerk, und unter sich in der Höhe wenig verschieden. Die Stockwerke werden nach oben, stufenweise, in verticalen Absätzen, etwas schmaler und sind durch ziemlich hohe horizontale Gesimse von einander getrennt; was Alles an den Wuchs mancher Bäume und Pflanzen erinnert und den Ausdruck „*Geschofs*" für Stockwerk rechtfertigt. Ich erwähne Dies absichtlich, weil man diese Nachahmung vegetabilischen Wuchses als eine characteristische Eigenschaft des Aufbaues in der Spitzbogengewölbe-Bauart betrachtet. Übrigens finden sich aufser den, besonders durch die vielen Ecken hervorgebrachten verticalen Gliederungen, nächst den horizontalen Geschofstheilungen, noch viele andere wagerechte Theilungen, theils durch Ausladungen, theils durch Farben. Die schönste horizontale Gliederung ist das obere Hauptgesims des Thurms; nebst der darauf stehenden Brüstung. Dieses Gesims ist über eine Reihe, mit Spitzbogen und offenen Kleeblättern überwölbter Kragsteine, weit ausgeladen und trägt die Brüstung in der gleichen Ausladung, so dafs solche, die Plateform umgebend, mit welcher der Thurm oben schliefst, gleichsam eine prächtige Krone bildet. Mir scheint dieser Schlufs sehr schön, und ich meine, dafs alle Thürme so schliefsen sollten; doch glaube ich auch gern, dafs den meisten Betrachtern die Form stumpf und widerwärtig vorkommen könne, weil man nun einmal an die stachelartigen Thurmdächer gewöhnt ist. Die Gewohnheit kann es ja dahin bringen, dafs man das Häfsliche für schön und das Schöne für häfslich hält. ***Kugler*** sagt: „Dieser Thurm bildet eine „schwere, unverjüngte viereckige Masse (dies ist unrichtig), ist jedoch mit einer „sehr eleganten und geschmackvollen Decoration in den Formen des *germa-„nischen* Styls bedeckt". Die sehr geschmackvolle und prächtige Decoration des Thurms ist wohl nicht eigentlich *„germanisch"* zu nennen (d. h. auch nicht in der Bedeutung, wie ***Kugler*** das Wort nimmt, nemlich als der wahren Spitzbogengewölbe-Bauart angehörig). Denn auch schon Das, dafs sie von oben bis unten aus weifsem, rothem, gelbem und schwarzem Marmor besteht, kommt in der nordischen Spitzbogengewölbe-Bauart nicht leicht vor; und dann sind die vielen horizontalen Gliederungen nicht dieser Bauart eigen. Wohl aber sind ihr die Formen aller Fenster des Thurms entlehnt. Das oberste Stockwerk hat an jeder Seite ein hohes Spitzbogenfenster mit durchbrochener Arbeit, die von zwei schlanken Säulchen getragen wird, welche wieder auf einer Brüstuug von durchbrochenem Marmor steht. Über der breiten Einfassung des Spitzbogens ist die Giebelform des gleichseitigen Dreiecks durch schwarze Marmorstreifen dargestellt; welche auch vertical und horizontal den Thurm vielfältig durchziehen. Ich glaube, dafs das obere Stockwerk, und auch die Fenster desselben, deshalb so sehr hoch sind, weil der Raum dort vielleicht zu astronomischen Beobachtungen bestimmt war.

Die beiden nächsten Stockwerke, nemlich das vierte und dritte, die in Maafsen und Verzierungen einander fast gleich sind, haben ähnliche, aber kleinere Fenster, die deshalb auch nur zwei Abtheilungen enthalten; sie stehen aber paarweis nebeneinander. Das zweite und das erste Stockwerk haben gar keine Fenster; das zweite wird mittels aufrechtstehender Marmorstreifen, die mit kleinen Öffnungen durchbrochen sind, erleuchtet. Die Ursach dieses Fenstersparens ist wohl keine andere, als die fortificatorische Sicherheit des Thurms. Die Glocken spielten in den damaligen unruhigen Zeiten von Florenz eine grofse Rolle. *Capponi's,* des Florentinischen Bürgermeisters, „A vous trompettes, a moi cloches", ist bekannt genug geworden. ***Machiavelli*** erzählt nemlich in seinen „Storie fiorentine", dafs es dem von den Florentinern zu Hülfe gerufenen Könige von Frankreich, sammt seiner Armee, in Florenz so gut gefallen habe, dafs sie ihn nicht wieder hätten los werden können. ***Capponi*** habe sich deshalb mit einer Deputation zu dem Könige begeben, um ihn nochmals zu ersuchen, sich zu entfernen. Das habe aber der König so übel genommen, dafs er *Capponi* gradezu erklärt habe, wenn man ihn weiter belästige, so werde er die Trompeten blasen und Florenz plündern lassen, worauf ihm *Capponi* Obiges antwortete, darauf durch die Glocken stürmend die Einwohner zusammenrufen liefs und an ihrer Spitze den unhöflichen Gastfreund sammt seiner Armee zum Thore hinauswarf.

Der ganze Thurm macht eine prächtige Wirkung. An den gröfsern Marmorfeldern sind musivische, nach sehr geschmackvollen Mustern eingelegte Arbeiten. Der Grund der letztern ist gewöhnlich aus schwarzem, die eingelegten Verzierungen sind aus weifsem Marmor, der mit rothem wechselt. Freilich sieht der Marmor, wenn er durch Luft, Sonnenstrahlen, Schnee und Regen seinen Glanz und die Lebhaftigkeit seiner Farben verloren hat, nicht mehr so brillant aus, wie wenn er eben von der Schleifmühle kommt, aber er kann von Zeit zu Zeit nachpolirt werden.

Nachdem ich bisher nur *geistliche* Gebäude als Repräsentanten der höhern Baukunst jener Zeit beschrieben habe, gelangen wir jetzt auch in eine Periode, wo sehr prächtige und grofsartige *profane* Gebäude in diesem Baustyle errichtet wurden und denselben characterisiren.

Ich meine besonders den Dogenpalast zu *Venedig* und die Paläste der venetianischen Edeln daselbst und auf der sogenannten *Terra firma* von *Venedig;* so weit sie aus jener Zeit herrühren. Dem Palaste des Dogen von *Venedig* habe ich bereits in diesem Journal (Band. XVII.) eine ausführliche Beschreibung und Abbildung gewidmet. Indem ich darauf Bezug nehme, beschränke ich mich hier blofs auf Das, was an demselben kunst*geschichtlich* besonders interessant ist.

Bei der Erfindung eines Gebäudes zu profanen Zwecken müssen diese Zwecke einen vorherrschenden Einflufs auf dessen Gestaltung haben. Aufserdem wirken gewöhnlich Reminiscenzen von diesen oder jenen Gebäuden, welche den Bauherren gefallen haben, zu der Annahme gewisser Formen und Architectur-Motive.

Venedig war bis 697 n. Chr. eine *Demokratie;* bis in das 13te Jahrhundert eine ***Monarchie;*** dann wurde es am Ende des 13ten und am Anfang des 14ten Jahrhunderts eine ***Aristokratie,*** und es organisirte sich damals eine neue Regierungsform. Diese bedurfte eines Gebäudes, welches ihre weitläuftigen Geschäftslocale und Versammlungssäle, ihre Archive und die Wohnung des ***Dogen*** enthielt. Letztere war kein sehr wesentlicher Theil des Ganzen, und insofern ist auch der Ausdruck ***Dogenpalast*** uneigentlich: ***Regierungspalast*** wäre richtiger. Der Staat ***Venedig*** war aber im 14ten Jahrhundert einer der mächtigsten. In seiner blühendsten Zeit hatte er 8 Millionen Einwohner. Es war also natürlich, dafs man ein Gebäude haben wollte, welches diese Macht und dieses Ansehen repräsentirte. Aber da fehlte es an einem grofsartigen Muster. Die römischen Kaiserpaläste lagen damals schon in Trümmern; auch hatte der Regierungspalast andere Räumlichkeiten nöthig. Hier mufste ein Saal sein, in welchem sich Zwölfhundert venetianische Edelleute (Nobili) versammeln konnten. Dazu kamen die mannigfachen Geschäftslocale der Regierung. Die untern Stockwerke der Häuser sind in Venedig wegen der Nähe des Meeres nicht die angenehmsten; am wenigsten das unterste. Man bestimmte also das ***dritte*** Stockwerk zum ***Haupt***stockwerke für die Geschäftslocale und Versammlungssäle, und es mufste dasselbe den grofsartigsten Character bekommen. Man erlangte denselben durch die grofsen Spitzbogenfenster und durch eine beträchtlichere Höhe des Stockwerks, so wie durch eine prächtige Verzierung des mittelsten Fensters mit einem Balcon, mit Statuen und deren Baldachinen, so wie mit dem Wappen der Republik, welches (der geflügelte Löwe) wahrscheinlich auf der mit Kragsteinen unterstützten Sohlbank über diesem Fenster stand; endlich durch eine tabernakelartige Structur, in welcher eine colossale Statue der ***Venetia*** gleichsam das ganze Gebäude beherrschte.

Diese Anordnung kann im Ganzen und Einzelnen, als aus Reflexion entstanden, betrachtet werden. Sie findet auch in andern profanen Gebäuden keine Nachahmung, da die ähnlichen Bedürfnisse einer Republik, mit einem Dogen an der Spitze, nicht anderswo vorkommen. Zwar hat der alte herzogliche Palast zu ***Mantua*** eine wesentliche Verwandtschaft mit dem Dogenpalast, er ist aber, wahrscheinlich, weil man einsah, dafs die Nachahmung nicht pafste, innerlich und äufserlich so sehr verändert, dafs sich selbst nicht mehr beurtheilen läfst, wie weit die Nachahmung ging.

Nun kam es aber in ***Venedig,*** zweitens, darauf an, eine ***Wohnung*** für den Dogen zu schaffen. Hier scheint die eigenthümliche Etiquette obgewaltet zu haben, dafs die Fenster der Wohnung nicht auf die offene gewöhnliche

Strafse oder eigentlich auf den *Molo* und den *Marcusplatz* gehen durften. wenn man auch den hohen Bewohnern nicht die Aussicht nach diesen Räumen, den schönsten von Venedig, entziehen wollte. Eben so wenig wollte man diesem Stockwerke Pracht und Ansehen nehmen. Dabei scheint nun eine Erinnerung an die Ruinen eines römischen *Kaiserpalastes,* der den Venetianern damals gehörte und wahrscheinlich Vielen bekannt war, eingewirkt zu haben. Ich meine den Palast des *Diocletian* zu *Salona* oder *Spalatro.* Die an demselben befindliche sehr lange Arcade, unter welcher ebenfalls kein Fenster. sondern nur einige Thüren befindlich waren, scheint die Aufgabe gelöset zu haben. Natürlich wurde das Motiv aus der byzantinischen, noch fast altrömischen Bauart, in die damals herrschende Spitzbogengewölbe-Bauart von einem Architecten herübergetragen, der die letztere nur nach ihren äufsern Formen, nicht nach ihren innern Gesetzen und Regeln kannte, der also nicht zur *Schule* gehörte. Aber es standen ihm grofse Mittel zu Gebote, und er brachte ein prächtiges, in seiner Art bewundernswerthes Gebäude zu Stande.

Die Zimmer des Dogen wurden hinter der prächtigen Arcade, mit den Fenstern nach dem sehr verzierten und grofsen Hofe angebracht, und es war ganz zweckmäfsig, in ein solches Local auch Archive und Schatzkammern zu legen. Das untere Stockwerk konnte aus den oben angegebenen Gründen nicht zu wohnbaren Räumen benutzt werden, aber es war sehr passend, weite Arcaden daselbst zu bauen, die Denen, welche auf dem Marcusplatz Geschäfte hatten, Schutz gegen Regen und Sonne gewährten. Auch waren wohl einige Räume und Gewölbe für häusliche Bedürfnisse daselbst nöthig.

Es bleibt noch übrig, die Gestalt des *obersten* Stockwerks unmittelbar unter dem mit Blei gedeckten Dache des Gebäudes, wo sich jetzt Gefängnisse, die berüchtigten *Bleidächer* befinden, zu motiviren. Ich zweifle durchaus, dafs dieses Stockwerk ursprünglich zu *Gefängnissen* bestimmt war. Es wäre so ganz unschicklich und unpassend gewesen, die Wohnung des Dogen und die grofsen Repräsentationszimmer der Republik in einem Gebäude, was noch dazu den Glanz und die Macht der letzteren repräsentiren sollte, in unmittelbarer Nähe mit Gefängnissen zu vereinigen. Auch habe ich in der oben angeführten Beschreibung gezeigt, dafs höchst wahrscheinlich in der ursprünglichen Gestalt des Palastes nicht die unschönen runden Löcher, sondern statt derselben zierliche, paarweis gestellte Spitzbogenfenster vorhanden waren. Die jetzige Einrichtung der Gefängnisse mag viel später gemacht sein, als schon das Ansehen des Dogen gänzlich gesunken war; vielleicht erst gleichzeitig mit der eben auch nicht sehr geschmackvollen Incrustirung der obern Stockwerke.

Der ganze Palast besteht aus dem Hauptgebäude am Molo, dem Flügel am kleinen Marcusplatze und dem, solchem gegenüberstehenden Flügel am sogenannten Canal *del Orfano;* welche drei Gebäude den prächtigen innern Hof einschliefsen, der an der vierten Seite durch die Marcuskirche begrenzt wird. Das Innere dieses Hofes ist in der letzten Periode der italienischen Spitzbogengewölbe-Bauart, wo dieselbe einen Übergang zur Renaissance macht, erbaut und verziert worden; ich werde noch später darauf zurückkommen. *Kugler* sagt, der Dogenpalast sei gegen die Mitte des vierzehnten Jahrhunderts von *Filippo Calendario* erbaut.

Der Palast des Dogen zu *Venedig* ist der Stammvater einer Menge von Palästen venetianischer Edelleute: nicht dafs man ihn in seiner ganzen Gestalt, oder in seiner inneren Einrichtung, also in seinem Grundrisse nachgeahmt hätte: blofs seine Einzelheiten sind die Muster dieser Wohngebäude, in ihren Einzelnheiten. Die innere Einrichtung und also auch das Äufsere der Paläste ist dagegen von der jenes grofsen Gebäudes sehr verschieden; diese innere Einrichtung ist fast normal in allen Palästen jener Zeit.

Im Allgemeinen ist zu bemerken, dafs fast jedes Wohnhaus in *Venedig,* aus älterer und neuerer Zeit, mit einer Seite an einer *Strafse* und mit einer andern an einem *Canale* liegt; so dafs man zu ihm zu Lande und zu Wasser hinkommen kann. Die Strafsen sind sehr eng, oft nur einige Meter breit; die an denselben liegenden Zimmer würden deshalb dunkel, ungesund und wegen der nahen Nachbarschaft von Häusern gegenüber sehr unbequem sein. Deshalb berührt denn der Palast hauptsächlich nur mit seinem *Hofe* die Strafse, von welcher der Hof gewöhnlich nur durch eine Mauer getrennt ist und einen oder mehrere, ziemlich einfache Eingänge hat. Der Hof wird sehr rein und sauber gehalten, hat gewöhnlich in der Mitte einen Brunnen und wird an zwei oder drei Seiten durch das Gebäude begrenzt, so dafs nur die Giebelseiten der Gebäudeflügel die Strafse berühren, während sie meistens Fenster nach dem Hofe hin haben, und nur einige wenige in den Giebelseiten sich befinden, um doch auch in die Strafse sehen zu können. Die untern Stockwerke werden theilweise durch von Säulen getragene Bogenhallen eingenommen, die in den ältern Gebäuden denen des untern Stockwerks des Dogenpalastes sehr ähnlich sind, während die Fenster der obern Stockwerke die Form der Arcaden des zweiten Stockwerks dieses Palastes haben und entweder einzeln oder zu zweien und mehreren gruppirt sind.

Die Formen und Gliederungen dieser Bogenhallen und Bogenfenster sind der ***Spitzbogengewölbe-Bauart*** entlehnt, und keineswegs direct der ***maurischen*** Architectur; aber sie haben ein eigenthümliches Gepräge, welches sie von jener Bauart unterscheidet. Dazu gehört besonders, dafs hier runde Säulen, mit Knäufen und Füfsen von antiker Form, sehr häufig sind, dafs die Spitzbogen, sowohl in ihrer innern als äufsern Form, etwas spitz ausgeschweift sind, und dafs die Gliederungen, sowohl der Bogen-Einfassungen, als auch der horizontal laufenden Ausladungen, mehr den antiken Formen als der Spitzbogengewölbe-Bauart sich nähern. Dagegen ist die Anordnung des Ganzen, z. B. die Gruppirung der Fenster, die Arcadengestaltung, auch theilweise die Ornamentirung, mehr aus der byzantinischen Bauart genommen. Endlich war man bei diesem Baustyle nicht sehr bedenklich, an demselben Gebäude, aufser den Spitzbogen auch Rundbogen zu machen, oder auch Öffnungen wagerecht zu bedecken.

Die Hauptfaçade eines solchen Palastes steht gewöhnlich an der Wasserseite. Deshalb, und wohl auch aus Absichten der Vertheidigung, enthält dann das untere Stockwerk, welches durch eine Treppe vom Canal her erstiegen wird, aufser der ansehnlichen und wohlverzierten Wasserpforte, nur kleine Fenster-Öffnungen zur Erleuchtung der, nicht zum Wohnen, sondern zu andern häuslichen Bedürfnissen bestimmten Räume; wobei man jedoch nicht an ***Pferdeställe*** denken mufs; denn es giebt bekanntlich in Venedig keine Equipagen, wegen der vielen Brücken in den Strafsen, die mittels Treppen auf und ab über die Canäle führen. Über diesem untern Stockwerke sind gewöhnlich noch zwei, oder auch drei Stockwerke. Im nächsten, der Bel-Etage, liegt, ***normal,*** in der Mitte ein grofser Saal, der durch eine breite Fenstergruppirung von fünf, sechs, sieben, oder auch mehr Abtheilungen erleuchtet wird. Neben diesem Saale liegen, mit demselben in Verbindung, eine Anzahl kleinerer Zimmer; auch steht wohl der grofse Saal mit einem durch eben so zierliche Fenster wie die des Saales selbst, erleuchtete Galerie in Verbindung, durch welche man zu den Zimmern in den Flügeln und zu der Treppe kommen kann.

Hat das Gebäude zwei Stockwerke über dem Portale, so ist das nächst höhere der Bel-Etage ähnlich, oder gleich. Das oberste Stockwerk hat aber meistens eine andere Eintheilung. Eine Reihe einfacher Fenster, die isolirt stehen, deutet an, dafs man hier keines Hauptsaals, aber einer beträchtlichen Zahl kleiner Zimmer bedurfte.

Die Paläste von dieser Bauart auf der *Terra firma* weichen hiervon nur wenig ab. Die Abweichung kommt daher, dafs sie keinen Zugang vom Wasser her haben, sondern Anfahrten zu Lande, weshalb ein Thor-Eingang und ein geräumiger Hausflur zur Durchfahrt nöthig war; wie z. B. an dem schönen Palast *Mandruzzato* unweit der Brücke *San Lorenzo* zu *Padua*.

Über die Venetianischen Gebäude überhaupt giebt es ein neueres Werk von einem ausgezeichneten Manne, dem Grafen *Cicognara*, betitelt: „Le fabriche piu conspicue di Venezia, misurate, illustrate ed intagliate. Venezia 1815." *Durand* hat in seiner „Parallele des édifices anciens et modernes" auf der 47ten Tafel fünf Abbildungen von solchen Palästen gegeben. *Seroux d'Agincourt* hat nichts von denselben. Es ist dies eine Lücke seines Werks, welches so vieles andere, minder Bedeutende enthält. Eine Façade des Palastes *Mandruzzato* denke ich selbst einmal herauszugeben.

In etwas späterer Zeit ging die *venetianische* Spitzbogen-Bauart in den *Rundbogenstyl* über; wie z. B. am Palaste *Cornaro*. (*Seroux d'Agincourt* Taf. 72 der „Architectur" Fig. 30; auch bei *Durand* a. a. O.: bei diesem die Façade, welche neben dem Grundrisse vom *Escurial* steht.) Die Bauart im *Rundbogenstyl* gehört aber nicht hierher, vielmehr zur *Renaissance;* wenigstens macht sie eine Art Übergang zu derselben.

Die *noch* neuern Venetianischen Paläste, aus *Palladio's* Zeit und später, haben eine andere innere und äufsere Einrichtung, welche sich dem moderneren europäischen Luxus in Gebäuden mehr nähert. Während in Privatgebäuden jener Zeit häufig Nachahmungen passender Einzelnheiten des Dogenpalastes vorkommen, finden sich Architecturtheile desselben, die das öffentliche Gebäude mehr characterisiren, auch in öffentlichen Gebäuden anderer Städte nachgeahmt. Dies ist z. B. an dem Hofe des Regierungspalastes (palazzo del podestà) zu *Florenz* (Architecture toscane pl. 31) und an dem zu *Siena* (daselbst pl. 103) zu sehen. Es haben diese Gebäude zugleich einen gewissen Grad von Fortification; wie solches die häufigen politischen Bewegungen in diesen, wenn gleich in Wohlstand blühenden, doch nicht eben ruhigen Städten motivirten. Solche Gebäude, besonders der Palast zu Siena, haben auch im Innern noch eine schöne Architectur aus jener Zeit.

Ein merkwürdiges, in die oben bezeichnete Zeit der Venetianischen Paläste gehöriges Gebäude ist noch der sogenannte *Salone* oder *grofse Saal* zu *Padua*, der besonders dadurch architectonisch interessant ist, dafs man in demselben die Spitzbogen auch auf die Holz-Architectur angewendet hat, indem dieser ungeheuer grofse Saal eine, zugleich das Dach bildende, nach einem durchlaufenden Spitzbogen geformte hölzerne Decke hat. Die Construction ist von Innen sichtbar; was eben nicht schön ist. Sie besteht aus Bogensparren, etwa drei Fufs von Mitte zu Mitte entfernt, die ungeachtet der weiten Spannung des Bogens, von 91 Fufs, doch nur höchstens zehn Zoll breit und hoch sind. Sie sind nicht verriegelt, sondern werden nur durch die Verschalung, welche ziemlich dick ist und unmittelbar die Bleibedeckung des Daches trägt, zusammengehalten. Quer durch die Mitte laufen, um die gegenüberstehenden Bogensparren zu vereinigen, eiserne Stangen, die abwechselnd an dem einen Sparrengebinde an den untern Bogen-Anfängen, und an dem andern Gebinde in der Mitte der Bogen (den Bogen vom Anfange bis in den Scheitel in zwei gleiche Theile getheilt) angebracht sind. Diese Querstangen werden zugleich durch senkrechte, je in demselben Sparrengebinde angebrachte Stangen gehalten, welche an den Sparren, in der Mitte zwischen den Befestigungspuncten der horizontalen Stangen und dem Scheitel des Bogens, befestigt sind, so dafs sie also bei den kürzeren Stangen näher zusammenstehen. Diese Decken-Construction ist ganz roh und unverziert, was nicht schön aussieht; aber sie ist vollkommen dauerhaft geblieben, obgleich schon ein *halbes Jahrtausend* alt. Es wäre nicht schwer gewesen, sie zu verzieren, wenn man z. B. die Felder zwischen den Sparren mit Arabesken bemalte, den Sparren einige plastische Ornamente gab und die eisernen Stangen mit vergoldeten Bronzezierrathen schmückte.

Ich habe diesen *Salone* in der im XI. und XII. Band dieses Journals abgedruckten „Instruction für junge Architecten zu Reisen in Italien" S. 46 noch etwas näher beschrieben und will bei dieser Gelegenheit einen Irrthum berichtigen, der sich S. 32 findet, nemlich, dafs ich den grofsen Saal im Dogenpalast für gröfser als den Salone, und den Apollosaal in Wien für noch gröfser als den Dogensaal hielt. Die Verhältnisse und die Decorationen dieser drei grofsen Säle machen freilich, dafs in der Erinnerung der Apollosaal der gröfste und der Salone der kleinste scheint; aber den Maafsen nach ist es nicht so.

Ich unterbreche hier die Beschreibung profaner Gebäude dieses Baustyls, um eines characteristisch kirchlichen Gebäudes, nemlich der Kirche *Santa Maria della Scala* zu *Messina* zu gedenken, welche nach der Zeit ihrer Erbauung, die *Kugler* in das Jahr 1347 setzt, hierher gehört. *Hittorf* und *Zanth* haben in ihrer „Architecture moderne de la Sicile" Tafel 9, eine Abbildung der Façade dieser Kirche gegeben, die ich eine reizende Erscheinung nennen mufs. Es tritt in derselben die Benutzung antiker Architectur-Motive in Vereinigung mit der Spitzbogen-Bauart immer mehr hervor.

Die Façade ist, möchte man sagen, zu gleicher Zeit höchst einfach und höchst prächtig. Sie ist mehr hoch als breit, 14,05 Meter breit und bis über das oberste horizontale Gesims 16,25 Meter hoch; wozu noch der Giebel mit 5,8 Meter Höhe bis zum Fufse des Kreuzes kommt. Sie hat eine einzelne schöne Eingangsthüre und *nur ein* Fenster, welches aber grofs und prächtig verziert ist. Der Giebel ist nicht steil, sondern flach; die Höhe seines Dreiecks verhält sich wie 1 zu 4. Ich habe schon an anderem Orte gezeigt, dafs steile Dächer kein nothwendiges Erfordernifs der nach der Spitzbogengewölbe-Bauart errichteten Gebäude sind und mich deshalb auf die Kirche zu *Batalha* bezogen; ich habe dabei gerathen, die Giebel flacher Dächer nicht sichtbar werden zu lassen, um eine Disharmonie der Formen zu vermeiden. Das Beispiel dieser Kirche zeigt, wie sich mit vollkommner Harmonie das flache Dach mit dem Spitzbogen vereinigen läfst. Der Abfall des Dachs läuft hier sogar mit dem obern Theil der spitzbogigen Fenster-Einfassung fast parallel. Der Giebel hat, gleich demjenigen eines antiken Tempels, im Scheitel und an den beiden untern Enden Postamente (Acroterien). Auf dem Scheitelpostamente steht ein aus Acanthusblättern hervorkommendes Kreuz, auf jedem der Eckpostamente eine Statue; auf der Dachlinie des Giebelgesimses ist eine Reihe von Blätterwerk. Unter dem einfachen, nur aus einem Rundstab und einer Hohlkehle bestehenden Gesimse befindet sich diejenige Verzierung, die, wenn auch in verschiedener Form, in byzantinischen und spitzbogigen Gebäuden so oft vorkommt, nemlich eine Reihe kleinerer Bogen, welche, wie hier, von kleinen Säulen, oder auch von Kragsteinen getragen werden. Eine ähnliche Gliederung und Verzierung hat das horizontale Gesims, welches an den Ecken nicht mit den Giebelgesimsen zusammentrifft, sondern einige Fufs tiefer liegt; was in dieser Zusammenstellung dem Auge wohl thut. Das horizontale Gesims bildet zugleich das Kämpfergesims der reich verzierten und gegliederten Einfassung des Spitzbogens über dem Fenster, der also in dem Giebelfelde liegt. Die Einfassungen des Fensters stehen zu beiden Seiten auf einer etwas breitern, reich verzierten Brüstung. An den Ecken des Stockwerks sind schön gegliederte und verzierte Lisenen. In dem Spitzbogen über dem Fenster befindet sich ein Wappen mit einer Krone.

Das untere Stockwerk, welches ein schmales horizontales Gesims von dem obern trennt, ist mit diamantisirten Quadern verziert, durch welche sich auch ein horizontales Band mit einer schönen musivischen Verzierung zieht. Die Eingangsthüre ist rechteckig, nach der bekannten Weise mit Kragsteinen in den Ecken, und mit einem Spitzbogen überwölbt. In diesem, mit der Thüre gleich weiten Bogen stehen drei Statuen: eine gröfsere und zwei kleinere; der Sturz und die Gewände der Thüre sind mit einer breiten Verzierung auf ebenem Grunde bedeckt, und um dieselbe zieht sich noch einmal eine von zwei schlanken Säulchen an jeder Seite getragene Gliederung.

Es finden sich viele und schöne, wenig oder gar nicht benutzte Architectur-Motive an diesem Gebäude, die, in der gehörigen Form zur Anwendung gebracht, an modernen Gebäuden mit sehr gutem Erfolge benutzt werden könnten.

Die Cathedralen von *Messina* und *Palermo,* deren erstere nach *Kugler* um 1350, die andere 1352 bis 1359 erbaut sein sollen, haben mannigfache Veränderungen, Zerstörungen und Restaurationen erlitten. Von der ersteren geben *Hittorf* und *Zanth* in ihrem angeführten Sicilianischen Werke die Zeichnung der sehr reich, in einem schulgerechten Spitzbogengewölbe-Styl verzierten Eingangsthüre. Sie ist so sehr schulgerecht, dafs selbst die Fehler der Schule, z. B. die etwas ungelenke und nicht immer graziöse Aufstellung menschlicher Gestalten, darin vorkommen. Sie hat die gewöhnliche Form der prächtigeren Thüren der gröfsten Kirchen von dieser Bauart, und einzelne Theile derselben, so wie das Ganze, erinnern mich so lebhaft an deutsche Bauwerke der Art, dafs ich versucht bin, sie für eine *deutsche* Arbeit zu halten. Die Thür-Öffnung ist 3,6 Meter weit und 7,18 Meter hoch, also nichts weniger als klein. Die 0,68 Meter breiten Gewände sind, jedes in zwei aufsteigenden Reihen, mit überhaupt 40 kleinen Halbfiguren, die von Blättern, Tulpen und kleinen Säulenbogen eingefafst sind, verziert; in den obern Eckwinkeln der Thüre werden die hier gewöhnlichen Kragsteine von zwei kleinen Engeln gebildet. Der 0,68 Meter hohe Sturz ist ebenfalls mit reichem Blätterwerk geschmückt, zwischen welchem das Jesus-Kind und die Halbfiguren der vier Evangelisten mit ihren Attributen abgebildet sind. Darüber sind ein etwa eben so hoher Fries, mit einer Krone über Blätterranken, und vier Wappen, nebst zwei Engeln, welche Kränze halten. Der Fries nimmt schon den untern Theil des Spitzbogenfeldes ein, welches zunächst wieder eine abermals 0,68 Meter breite Einfassung hat, die mit einem Blättergewinde und einer Reihe kleiner Bogen eingefafst ist, während das mittlere Feld von einer mehr als lebensgrofsen Figur, der Jungfrau mit dem Jesuskinde, eingenommen wird, umgeben von musicirenden Engeln.

Um diese, schon so reichen Verzierungen schliefsen sich nun noch reichere und höchst mannigfach verzierte architectonische Gliederungen, die zusammen 0,55 Meter breit sind und sich über dem Spitzbogen durch Reihen kleiner umgekehrter Bogen und nebeneinander gestellter Cherubim-Köpfe noch verbreitern. Neben den Gliederungen steht an jeder Seite, auf einem liegenden Löwen, eine schneckenförmig cannelirte, überhaupt 3,1 Meter hohe, unten 0,27 Meter dicke Säule, mit aus Blätterwerk gebildetem Knauf und Fufse. Jede dieser Säulen trägt fünf lebensgrofse Statuen zwischen prächtigen Baldachinen. Die je dritten Baldachine bilden zugleich die Ansätze von einem sehr steilen Giebel, dessen Mitte ein Kreis mit einer verzierten Einfassung ist, worin man die mehr als lebensgrofse Krönung der Jungfrau Maria durch den Heiland dargestellt sieht, während die übrig bleibenden drei Spitzen des Giebelfeldes mit kleineren musicirenden Engeln ausgefüllt sind. Der Giebel hat eine 0,25 Meter breite, gegliederte und verzierte Einfassung, die über die grofse Blättergruppirungen hinansteigt, so dafs aus der obersten Blätterkrone eine colossale Halbfigur herauskommt, hinter deren Kopf ein gleichseitiges Dreieck schwebt und die wahrscheinlich Gott den Vater vorstellen soll. Der Giebel wird an beiden Seiten durch die beiden obersten Statuen, welche jene Säulen tragen, flankirt.

In der Mitte des vierzehnten Jahrhunderts, und etwas später, sind auch zwei Gebäude in *Florenz,* die man dem *Andrea Orcagna* zuschreibt, erbaut worden; nemlich das *Or San Michele* und die *Lanzenhalle.* In denselben dominirt nun schon wieder der Rundbogen, und antike Ornamente sind mit Motiven der Spitzbogengewölbe-Bauart vereinigt, was sehr schöne Combinationen giebt; nur ist es nicht gut, dafs man dieses so gebildete System nicht consequent befolgte, wie z. B. an dem *Or San Michele,* wo grofse, dreitheilige, sehr verzierte Bogenfenster, in denen man nur den Halbkreis sieht, mit spitzbogigen Nischen wechseln, in welchen Statuen stehen und die ganz spitze Giebel haben. Von diesem Gebäude soll ehemals das untere Stockwerk zu einer *Getreidehalle* bestimmt gewesen sein, wozu aber seine prächtige Verzierung nicht pafst; ich glaube, dafs es vielmehr eine Art von *Börse* war. Es ist drei Stockwerke hoch; in einem der obern Stockwerke ist das Florentinische Staats-Archiv. Oben am Dache hat es, wie andere Florentinische Staatsgebäude, Zinnen; zu den schon gedachten fortificatorischen Zwecken.

Die *Lanzenhalle* („Architecture toscane" pl. 1 und pl. 85) hat einen etwas consequenteren Baustyl, da an derselben nicht mehr Spitzbogen und keine durchbrochenen Verzierungen in den Bogen-Öffnungen vorkommen. Diese

Art von Gebäuden, welche die Marktplätze der italienischen Städte so sehr zieren, sind zur Ausstellung von Waaren, geschützt gegen Regeu und Sonne, bestimmt. Die Halle, welche 36 Meter lang und 14 Meter breit ist, besteht aus drei Kreuzgewölben, ist an einer schmalen und an einer langen Seite offen und an den entgegengesetzten Seiten durch Mauern geschlossen. Die Kreuzgewölbe ruhen auf diesen Mauern und auf drei freistehenden Säulen oder vielfach gekröpften Pfeilern, welche viele horizontale, postamentartige Gliederungen an den Füfsen und einen reichen Blätterschmuck an den Knäufen haben. Da wo die Bogenvereinigungen der Kreuzgewölbe auf die Mauern treffen, sieht man Kragsteine, die aus Figuren und Blätterwerk gebildet sind. Die Kanten und Gurtbogen der Kreuzgewölbe haben verzierte Gliederungen, den Rippen der Spitzbogengewölbe-Bauart ähnlich, aber keine Spitzbogen. Das Gebäude hat ein weit vortretendes Gesims, auf Kragsteineu ruhend, die überwölbt sind; oder vielmehr nur eine Gesimsleiste, über welcher sich ein Brüstungsgeländer aus durchbrochener Stein-Arbeit befindet. In einem Friese unter diesen Kragsteinen sind einzeln stehende Wappen angebracht. ***Kugler*** sagt, die Halle sei, von 1374 ab, von ***Orcagna*** erbaut. Es ist in ihr ein eigener, gar nicht gering zu schätzender Baustyl, nach welchem sich recht schöne Gebäude componiren liefsen. Er macht offenbar einen Übergang zu der Bauart ***Brunelleschi's,*** der 1375 geboren wurde und 1444 starb; also zu der Renaissance oder Widergeburt der altrömischen Kunst, zu der sich nun wieder nach und nach an allen Orten die mittelalterliche Kunst wendete. Den Bau des Florentinischen Regierungspalastes, dessen ich bereits oben gedachte, der dieser Lanzenhalle ganz nahe steht und der auch in den beiden angegebenen Tafeln in der „Archi- „tecture toscane" mit abgebildet ist, halte ich für noch etwas älter. Es ist an demselben offenbar eine Andeutung der so sehr characteristischen Architectur ***Brunelleschi's*** zu erkennen.

Allerdings erfolgte dieser Übergang nicht überall gleichzeitig. An manchen Orten hielt man noch länger an den Formen der Spitzbogen-Bauart fest; wie es z. B. an dem prächtigen Grabmale des ***Cansignorius Scaliger*** auf dem Kirchhofe ***Santa Maria antica*** zu ***Verona*** zu sehen ist. ***Cansignorius Scaliger*** starb, der Inschrift dieses Grabmals zufolge, am 19ten October 1375 und das Denkmal wurde von ***Bonini*** von ***Ampiglione*** aus der Diöces ***Mailand*** erbaut. An demselben sind noch die Spitzbogen und die auf Säulchen ruhenden Statuenhäuschen mit spitzen Giebeln und Pyramiden vorherrschend; allein Säulen und Pilaster sind schon antikisirt und gehören zur Renaissance. Ich hoffe, dieses Monument, welches von eigenthümlicher Art ist, einmal in Kupferstich abbilden zu lassen. Die Abzeichnung desselben hätte mir beinahe das Leben gekostet, da ich dabei, ganz gegen die sonstige italienische Gewohnheit, welche den zeichnenden Künstler schützt, von einem Soldaten, der das Abzeichnen des Monuments für eine Entweihung halten mochte, mit blankem Säbel mörderisch angefallen wurde und gewifs wenigstens verwundet worden wäre, wenn mich nicht kaltes Blut vor der Flucht bewahrt und dabei ein Sacristan plötzlich eine Thüre der Kirche dicht neben mir geöffnet und mich hereingerissen hätte.

Ein sehr grofses Beispiel vom Festhalten an den Formen und Verhältnissen der Spitzbogengewölbeform, noch am Ende des vierzehnten Jahrhunderts, und selbst noch in späterer Zeit, ist die im Jahre 1386 von dem Herzoge *Johann Galeazzo Visconti* gegründete Cathedralkirche zu *Mailand:* eine der gröfsten Kirchen aller Länder.

Sie hat im Grundrisse die Form der gröfsten Cathedralkirchen von der Spitzbogengewölbe-Bauart, z. B. derer zu *Cöln* und *Strasburg.* Sie hat ein grofses Hauptschiff; rechts und links desselben zwei Seitenschiffe; ein Querschiff, welches aus einer Haupt-Abtheilung in der Breite des Hauptschiffs und aus zwei Seiten-Abtheilungen in der Breite der Seitenschiffe besteht; dann ein Chor von gleichen Theilungen und Verhältnissen, wie das Querschiff; über dem im Lichten 18 Meter langen und breiten Quadrate, welches aus dem Durchschnitt der Haupt-Abtheilungen des Hauptschiffs und des Querschiffs gebildet wird, einen colossalen, vom Strafsenpflaster bis zum obersten Balcon über 200 Meter hohen Thurm, und dann noch viele zur Verzierung dienende Thurmspitzen und kleinere Thürmchen.

Dieses Riesengebäude ist auswendig ganz aus weifsem Marmor; was einen höchst prächtigen Anblick gewährt. Übrigens erstickt es gleichsam in seiner eigenen Gröfse und allzugrofsen Überladung mit Ornamenten. Man hat, wenn man es betrachtet, ein drückendes Gefühl von der Verschwendung so ungeheurer Summen; was dann auch erklärt, warum dasselbe mit aller seiner Gröfse und Pracht im Ganzen so wenig Interesse erregt. Gerade die, natürlich auch mit ungeheuern Kosten verbundene *Überladung* ist es aber, die auch der Spitzbogengewölbe-Bauart den Untergang brachte. Es ist lange Zeit an der Kirche gebaut worden, und der Überdrufs an der immerfort sich wiederholenden Ornamentirung war wohl auch die Veranlassung, dafs man zur Zeit der Rococo-Architectur der Façade der Kirche, auf eine höchst disharmonische Weise, Thüren und Fenster im *Rococostyl* gab.

Durand hat in seiner „Paralelle" pl. 8 einen Aufrifs und Grundrifs der Kirche gegeben, wobei er an den beiden Ecken der Façade grofse und hohe Thürme zugesetzt hat, die nicht vorhanden sind und die dann die Überladung noch vermehren. Aufserdem ist daselbst der Anfang des Baues, wahrscheinlich durch einen Schreibfehler, in das Jahr 1336 statt in 1386 gesetzt. Es giebt auch ein besonderes Werk über diese Kirche, betitelt: „Nuova descrizione del Duomo di Milano; con prospetti e tavoli." Aufserdem findet man in einem in älteren Bibliotheken häufig vorhandenen topographischen Werke, betitelt: „La galerie agréable du monde" eine bessere und richtigere Abbildung, als die von ***Durand.*** Man mufs bei den Abbildungen, welche blofs Umrisse der Kirchen geben, nicht übersehen, dafs in der Fronte die schrägen Fortsetzungen der Verzierungen des mittleren Giebels ganz à jour durchbrochen sind. Es ist übrigens hinsichtlich des Mailänder Doms mein Gedächtnifs, über das ich mich sonst nicht zu beklagen habe, unsicher; dasselbe sagt mir, dafs ich, als ich in Mailand zum erstenmale nach dieser Kirche ging, die ich schon aus Abbildungen kannte, sehr neugierig gewesen sei, die Wirkung der so ganz und gar der übrigen Architectur widerstrebenden Rococofenster in der Ausführung zu sehen, bei dem Anblick der Kirche aber sehr erstaunt gewesen sei, diese Fenster gar nicht zu finden, vielmehr die ganze Façade in einem harmonischen Style ausgeführt zu erblicken. Da bekanntlich noch Napoleon an dieser Kirche hat bauen lassen, so wäre es möglich, dafs er die Façade in dieser Art habe verbessern lassen; ich bin aber in der That meiner Sache nicht so gewifs, um nicht die Möglichkeit eines Irrthums einzugestehen. Auch bin ich nach der Erinnerung von dem Gesehenen der Meinung, dafs auf der Spitze des grofsen Thurms nicht eine colossale Statue, sondern ein kleiner Balcon, zu dem man bequem kommen konnte, befindlich sei.

Der Bau dieses Doms soll von deutschen, niederländischen und französischen Architecten geleitet worden sein; seine Architectur nähert sich theilweise sehr der Spitzbogengewölbe-Bauart. Um von der Pracht und Ausdehnung der Kirche eine Vorstellung zu geben, wird behauptet, dafs ***Viertausend*** grofse und kleine Statuen zu ihrer Ausschmückung dienten, von welchen ***Zweihundert*** über Lebensgröfse.

Der Herzog ***Galeazzo Visconti*** hat noch zwei andere grofsartige und prächtige Bauwerke ausführen lassen; nemlich die ***Certosa*** bei ***Pavia*** und die Brücke über den ***Tessino*** in ***Pavia.***

Diese Brücke ist eine der schönsten, welche es giebt, und überhaupt eins der bedeutendsten Bauwerke. ***Durand*** hat auf der 23ten Tafel seiner „***Parallele***" einen Aufrifs und einen Durchschnittsrifs davon gegeben. Sie ist zwischen den Ufern 187,2 Meter lang und 23 Meter breit. Die bedeutende Breite kommt daher, dafs die Brücke nicht allein eine 11,2 Meter breite überwölbte Fahrbahn, sondern noch zu beiden Seiten derselben überwölbte, auf Säulen ruhende Arcaden für die Fufsgänger hat. Über der Fahrbahn sowohl, als über den Arcaden, sind Plateformen, die man ebenfalls passiren kann und auf welchen man eine schöne Aussicht hat. Da das Gewölbe der Fahrbahn höher ist, als die Gewölbe der Arcaden, so wird ersteres durch runde Fenster-rosetten über den Arcaden-Plateformen von den Seiten erleuchtet, während auch zwischen den Säulen und Spitzbogen der Arcaden Licht auf die Fahrbahn fällt. Der eigentlichen Brückenbogen sind sieben; und zwar sind es, nach der ***Durand***'schen Abbildung, über gleichseitigen Dreiecken construirte Spitzbogen von 21,5 Meter weit. Ich sage: nach der ***Durand***'schen Abbildung; denn nach ***meiner*** Erinnerung sind die Spitzbogen nicht ganz so steil, sondern, etwa wie die oben beschriebenen sicilianischen Spitzbogen, aus dem dritten Theil des Durchmessers gezeichnet. Die Pfeiler sind 5 Meter dick. An den Ufern schliefsen sich die Bogen nicht unmittelbar an die Landwiderlagen, sondern es stehen noch an denselben Pfeiler, schwächer als die Mittelpfeiler: um so viel, als die Breite einer Bogen-Öffnung beträgt. An den Köpfen der Brücke sind thurmartige, um ein Stockwerk höhere Gebäude, die in der Mitte, in der ganzen Weite der Fahrbahn und der sie bedeckenden Spitzbogenwölbung, geöffnet sind.

Man kann nicht sagen, dafs die Bauart dieser Brücke ganz der schulgerechten Spitzbogengewölbe-Bauart entspräche; aber sie ist schön, harmonisch und dabei sehr zweckmäfsig; auch vortrefflich ausgeführt. Die Brücke war, als ich sie sahe, sehr wohl erhalten. Sie ist frei von Überladung mit nichts sagenden Verzierungen; und doch von den schönsten Formen und Verhältnissen, höchst dauerhaft, und dabei elegant und prächtig. Ich rechne die Brücke zu den ersten architectonischen Merkwürdigkeiten Italiens. Ihre Bauart ist nicht eine Mischung von byzantinischer, oder antiker Spitzbogengewölbe-Bauart, sondern ein eigenthümlicher reiner Spitzbogengewölbestyl, und insofern unterscheidet sie sich von dem in jener Zeit, am Ende des vierzehnten Jahrhunderts, in Italien immer allgemeiner werdenden Bausystem, welches eine offenbare Annäherung an die Renaissance und eine Vermischung des Spitzbogengewölbestyls mit derselben ist.

In einem hohen Grade findet dagegen diese Mischung bei einem merkwürdigen Gebäude aus eben der Zeit Statt: bei der Kirche ***San Francesco*** zu ***Rimini.*** Ich meine damit nicht die theilweise Modernisirung dieser Kirche durch den bekannten Architecten ***Leo Batista Alberti,*** der von 1398 bis 1472 lebte, sondern diejenigen Theile dieses grofsen Gebäudes, welche von ihrem ersten Bau, der am Ende des vierzehnten Jahrhunderts ausgeführt wurde, noch übrig sind. Sie hat eigentlich die alte Basilikenform; nur dafs neben dem Hauptschiffe keine Seitenschiffe, sondern an deren Stelle Capellen abgetheilt sind, die sich mit sehr grofsen Spitzbogen nach dem Hauptschiffe hin öffnen. Diese Spitzbogen werden aber von Pfeilern getragen, in welchen übereinander drei Nischen sind, mit antikisirten Pilastern eingefafst, und Statuen bergend. Die Nischen, mit ihren Pilastern, bilden aber selbst wieder einen colossalen Pilaster, der einen sehr grofsen Knauf von corinthischer Art hat und, statt durch eine Basis, von einem Paar Elephanten, oder von grofsen Fruchtkörben, an welchen Genien stehen, getragen wird. Die Capellen, und durch dieselben die Kirche, werden von Spitzbogenfenstern, in den Bogen mit durchbrochener Arbeit, erleuchtet. Die Decken der Kirche sind, mit Ausnahme der des Chores, welches durch eine halbkreisförmige Absida gebildet wird, nicht überwölbt, sondern von Holz. Diese Architectur hat nun ***Alberti*** im Jahre 1447 mit einer altrömischen, einem Triumphbogen ähnlichen Façade und mit dergleichen Rundbogenhallen an den Seiten maskirt. Diese Veränderungen gehören der Zeit der sogenannten Wiedergeburt der Künste an, welche ***Alberti*** herbeiführen half. Die Kirche giebt zu erkennen, dafs man in der Zeit ihrer Erbauung nach etwas Neuem suchte, dafs man das Übliche nicht mehr genügend fand und dafs so die Rückkehr der altrömischen Kunst vorbereitet wurde. ***Seroux d'Agincourt*** hat von der Kirche auf der 51ten Tafel der „Architectur" mehrere Abbildungen gegeben.

In dieselbe Zeit setze ich auch die innere Verzierung des Dogenpalastes zu ***Venedig,*** wo sich die Nachahmung der altrömischen Ornamentik und derjenigen der Spitzbogengewölbe-Bauart eigenthümlich vereinigen. Das untere Stockwerk hat halbkreisförmige Bogen; das nächst höhere wieder Rundbogen, mit antikisirenden Pilaster-Einfassungen; das obere endlich wieder rechteckige Fenster-Öffnungen, mit sehr reich verzierten antikisirenden Pilastern. Die Stockwerke sind durch antike Gesimse getheilt, welche Architrave, Friese und Carniese haben und mit Ornamenten verziert sind, die man dem römischen Alterthume entlehnte; so dafs dieser Theil des Gebäudes (ich habe dabei besonders einen am Canal *del Orfano* liegenden Flügel an seiner Hofseite im Auge) eigentlich schon dem Zeitalter der Renaissance angehört. Man meint, in diesem Theile des Dogenpalastes das Vorbild des prächtigen, wohlbekannten Theils des *Heidelberger Schlosses* zu sehen. Der Styl ist ungemein reich an Architecturmotiven, die sich, mit verbesserter Anwendung, trefflich benutzen lassen.

Indem wir also nun bis zu der Zeit gelangt sind, wo eine neue Bauart beginnt, oder vielmehr eine alte Bauart wieder neu wird, will ich mit der Beschreibung eines Bauwerks, für welches ich eine grofse Vorliebe habe, und welches ebenfalls in die Übergangsperiode zu der Renaissance gehört, schliefsen.

Manche mittelalterliche italienische Kirchen liefern in prächtiger Aufstellung eine ganze Kunstgeschichte; nemlich durch die grofse Zahl von Seitencapellen aus ganz verschiedenen Zeiten, deren Bauart sie darstellen und welche oft erst viele Jahrhunderte nach der Erbauungszeit der Kirche entstanden.

Eine solche Kirche ist z. B. die schon oben erwähnte des heiligen *Antonius* zu *Padua*, an welcher sich Capellen aus den früheren Zeiten der Kirche und aus den spätern der Renaissance in glänzender Ausstattung befinden. In die Zeit des Überganges aus dem einen in den andern Styl gehört die Capelle der *Santa Fenice*. (*Kugler* nennt sie, wie ich glaube irrigerweise, Capelle *Felice*.) Sie wird, was Erfindung und Ausführung betrifft, in Padua dem *Giotto* zugeschrieben. *Kugler* sagt, die Wandgemälde in derselben rührten von *Aldighiero da Zevio*, einem entschiedenen und geistreichen Nachfolger *Giotto's* her; was wohl damit verträglich ist, dafs dieser das Ganze angegeben und geleitet haben mag.

Die Architectur der Capelle besteht nicht blofs aus der Verzierung einer innern Räumlichkeit, sondern eigentlich aus einem ganzen Gebäude, mit einer Fronte und einem ganz dazu gehörigen innern Bausysteme. Die Fronte ist in zwei Stockwerke getheilt. Das untere Stockwerk wird durch sechs schlanke Säulen gebildet, deren Schafte aus *einem* Stücke glänzenden röthlich-hellbraunen Marmors bestehen. Die Knäufe dieser Säulen, die vergoldet sind, haben eine nahe Verwandtschaft mit der corinthischen Säulen-Ordnung. Aus diesen Knäufen entspringen fünf Spitzbogen mit zierlichen Einfassungen. In den Dreiecken zwischen diesen Spitzbogen sind sehr hübsche Rosetten von durchbrochener Arbeit, und das Stockwerk ist durch ein schmales, geschmackvolles Gesims abgetheilt. Der Grund ist überall hellbraun und die Verzierungen sind vergoldet. Das zweite Stockwerk ist eine geschlossene Wand, welche die innern Gewölbe verdeckt. Sie ist mit fünf Statuen von Heiligen, auf Tragsteinen von

Blätterwerk und unter Thronhimmeln, im Style der Spitzbogengewölbe-Bauart geschmückt. Alles ist hellbraun und bräunlich weifs. Der Grund zwischen den Statuen, oder vielmehr zwischen den Säulchen, die deren Thronhimmel tragen, ist mit hellbraunen und weifsen Schuppen bemalt. Über den Thronhimmeln läuft ein antikes, sehr schönes, aus Architrav, Fries und Carnies bestehendes Gesims her, und über diesem Gesimse stehen vier kleine Statuen. Zwischen denselben ist, aufrechtstehend, freies antikisirtes Blätterwerk, welches vergoldet ist. Die kleinen Statuen stehen vertical über den Säulen, während die untern, gröfsern Statuen, mit den Tragsteinen, auf welchen sie stehen, gerade die Spitzen der Bogen zwischen den Säulen berühren. Das Innere ist mit drei Kreuzgewölben bedeckt. An der langen Wand der Fronte inwendig sind gegenüber ebenfalls fünf Spitzbogen, die von angeblendeten Säulen getragen werden. Vor dem mitteln steht auf einer, sieben Stufen hohen Freitreppe der Altar, mit Statuen. Unter den vier andern Spitzbogen stehen, hoch an den Wänden, Sarcophage auf Kragsteinen. An beiden schmalen Seiten sind verzierte Chorstühle, von der Art, wie sie in der Spitzbogengewölbe-Bauart vorkommen, mit Giebeln über sich. Der Raum über diesen Giebeln ist mit Wandgemälden ausgefüllt. Die Gurtbogen der Gewölbe sind mit Rosetten bemalt, aus welchen (einer um die andere) kleine Heilige hervorsehen. Der Grund der Gewölbe ist dunkelblau, was jedoch etwas mit Hellbraun gebrochen ist, und mit goldnen Sternchen besäet. Auf diesem Grunde sind in jedem Kreuzgewölbe vier Medaillons, oder vielmehr vier vergoldete Scheiben, mit hellbraunen Einfassungen. Auf diesen Goldgründen sind im mittlern Gewölbe die Begleiter der vier Evangelisten (Engel, Adler, Ochs und Löwe) abgebildet; in dem Gewölbe rechts sind die vier Evangelisten und in dem links die vier Kirchenlehrer vorgestellt. In den Dreiecken zwischen den Rückwand-Spitzbogen sind ebenfalls Medaillons, auf deren Goldgrund Heilige stehend gemalt sind. Aller übrige Wandraum ist mit Wandgemälden bedeckt, welche biblische Gegenstände vorstellen.

Die Beleuchtung des Innern giebt ein hohes Fenster in der Seitenwand rechts (wenn man vor der Capelle steht), wenn ich nicht irre, von Westen her. Über die ganze Erscheinung ist ein wunderbar warmer hellbrauner Ton wie ausgegossen, der durch die vielen Vergoldungen einen eigenthümlich zarten Schimmer erhält und durch das Ultramarinblau der Wölbungen und die zarten, sehr harmonischen Farben der Wandgemälde sehr schön gleichsam ergänzt oder gehoben wird.

Kein Baustyl hat wohl einen so grofsen Reichthum an schönen und merkwürdigen Monumenten hinterlassen, als die mittelalterliche italienische Bauart. Man könnte Folianten mit ihren Beschreibungen und Abbildungen füllen, und mehrere Menschenleben würden nicht hinreichen, sie zu vollenden. Die Litteratur der Kunst und Wissenschaft hat noch wenig davon geliefert; denn es herrschte seit der Wiedergeburt der altrömischen und griechischen Bauart ein für allemal ein blindes Vorurtheil gegen einen Styl, der mehrere Jahrhunderte in prächtigen Bauwerken geblüht hatte, den man aber für ein ganz incorrectes, verwerfliches Product eines durchaus verdorbenen Geschmacks erklärte.

Allerdings artete diese Bauart in ihrer letzten Zeit aus, indem sie sich bald eine ganz übermäfsige und geistlose Ausladung mit Ornamenten, noch dazu von colossalen Verhältnissen, zu Schulden kommen liefs, wie z. B. am Dome zu *Mailand,* theils die gröfsten, an Ungereimtheit grenzenden Ausschweifungen der Phantasie sich gestattete; wie z. B. an der Kirche von *San Francesco* zu *Rimini.*

Eine directe Nachahmung dieser Bauart in unserer Zeit würde auch nicht zu loben sein; wenigstens gewifs nicht an dem Äufseren der Gebäude. Wer aber die ungemein zahlreichen, oft wunderschönen Architecturmotive, die ihr eigenthümlich sind, aufzufinden und zu verstehen weifs, wird darin Schätze für moderne Anwendungen finden, wie keine andere Bauart in dem Maafse sie ihm bieten kann.

Cassel im August 1850.

6.

Über den Druck im Innern einer Erdmasse.

(Von dem Herrn Bau-Conducteur *Scheffler* zu Braunschweig.)

Unter *Erde* verstehen wir hier einen homogenen unprefsbaren Körper, dessen kleinste Massentheilchen aneinander verschieblich sind, welche aber der Verschiebung einen gewissen Reibungswiderstand entgegensetzen. Zu diesem Reibungswiderstande kann sich auch noch ein gewisser Cohäsionswiderstand gesellen, welcher bei der durch Verschiebung erfolgenden Trennung zweier Theilchen mit überwunden werden mufs.

Das Gesetz, nach welchem sich der statische Druck im Innern einer im Gleichgewicht befindlichen Erdmasse vertheilt, liegt noch völlig im Dunkeln. Es ist zwar in der vor kurzem erschienenen Schrift von *Ortmann* („Die Statik des Sandes") versucht worden, dieses Gesetz aufzuhellen, jedoch ohne Erfolg, da diese Theorie auf Hypothesen gegründet ist, welche aus der Natur der Erden nicht nachgewiesen und auch derselben gewifs nicht gemäfs sind.

Bei Anwendungen in der Ausübung hat man sich damit begnügt, den Gesammtdruck zu suchen, welchen eine Erdmasse gegen einen endlichen Theil ihrer ebenen Umfangswände ausübt. Zu diesem Ende hat man von der hinter der Wand lagernden Erde denjenigen Theil ermittelt, welcher von allen das gröfste Bestreben äufsert, auf seiner Basis herabzugleiten und die widerstehende Wand aus ihrer Lage zu drängen. Jedoch auch diese Aufgabe, obgleich sie nur einen speciellen Fall der Statik der Erden ausmacht, ist nicht allgemein und vollständig gelöset, indem die Untersuchungen von der ohne Beweis hingestellten Hypothese ausgehen, dafs die Basis des Erdtheils vom gröfsten Schube eine *Ebene* sei.

Um die Statik der Erden gründlicher und umfassender zu entwickeln und die dabei vorkommenden Erscheinungen eben so genügend zu erklären, wie in der Hydrostatik die Gleichgewichts-Erscheinungen vollkommener Flüssigkeiten, ist wesentlich noch die Kenntnifs des Gesetzes nöthig, nach welchem sich der auf irgend einen Punct einer Erdmasse ausgeübte Druck durch die Masse *fortpflanzt.* Es kann sein, dafs der Scharfblick eines Mathematikers dieses Gesetz aus rein theoretischen Gründen finde; oder es wird dies vielleicht unter der Beihülfe practischer Versuche auf empirischem Wege möglich sein: inzwischen dürfte sich für den folgenden einfachen Fall das Wesen des Gleichgewichts und der Vertheilung des Drucks in einer Erdmasse mittels der allgemeinen Principien der Statik, ohne Hülfe von Hypothesen darthun lassen.

Es handele sich um eine Erdmasse (Fig. 76), welche in allen horizontalen Richtungen unbegrenzt ist, unten durch eine feste horizontale Ebene *CD* getragen wird und oben einen freien horizontalen Spiegel *AB* hat, auf welchen normal ein für die Flächen-Einheit gegebener äufserer Druck wirkt. Die physicalischen Eigenschaften dieser Erdmasse bestehen darin, dafs sie unprefsbar und in den kleinsten Theilen stetig ist, dafs jedoch alle Theile aneinander verschiebbar sind, dafs sich zwischen je zwei Theilchen die bei starren Körpern vorkommenden Erscheinungen einer dem normalen Drucke proportionalen Reibung und einer gewissen Cohäsionskraft äufsern, wovon die letztere, eben wie die Reibung, parallel mit den Berührungsflächen wirkt und der Ausdehnung der Flächen proportional ist; endlich, dafs die Theilchen der Erde von der in verticaler Richtung wirkenden Schwere getrieben werden.

Für eine auf diese Weise nach oben und unten begrenzte, nach den Seiten unbegrenzte Erdmasse, leuchtet nun die Richtigkeit folgender beiden Sätze ohne Weiteres ein:

Erstens. Auf irgend einen horizontalen Querschnitt *EF* ist der Druck, welcher sich auf einen elementaren Theil *ef* desselben äufsert, nothwendig *vertical;* denn obgleich die physische Art der sich berührenden Erdtheilchen kein Hindernifs wäre, dafs der Druck auch eine *geneigte* Richtung gegen *ef* hätte, so würde doch ein schräger Druck deshalb nicht anzunehmen sein, weil das Element *ef* gegen die gesammte, dasselbe umgebende Masse *nach allen Richtungen hin* symmetrisch liegt, so dafs ganz *dieselben* Gründe dafür sprechen würden, der Richtung des Drucks eine Abweichung nach der einen, wie nach der andern Seite der Verticalen einzuräumen. Da aufserdem die gesammte Durchschnitts-Ebene *EF* das Gewicht der ganzen darüber liegenden Erdmasse zu tragen hat, in Beziehung auf die symmetrische Lage zu der übrigen Masse aber alle Flächen-Elemente der Ebene *EF* von gleicher Gröfse gleich sich verhalten, so folgt, dafs der auf *ef* wirkende verticale Druck gleich dem *Gewichte* des darüber stehenden senkrechten Erdprismas *aefb* ist.

Zweitens. Auf irgend einen verticalen Durchschnitt *ac* und auf ein Flächen-Element *gh* in demselben, wird nur ein *horizontaler,* auf *gh normal* stehender Druck Statt finden können. Denn angenommen, dieser Druck wirke nicht normal auf *gh*, sondern, wenn man die Wirkung der rechts von der Ebene *ac* liegenden Erdmasse betrachtet, etwa nach *ki*, schräg gegen die Normale, so würde sich, wenn man auf die Wirkung der links von der Ebene *ac* liegenden, der vorigen ganz symmetrischen Erdmasse sieht, aus denselben Gründen ergeben müssen, dafs der Gegendruck auf *gh*, von der linken Seite her, ebenfalls in einer schrägen Linie *li*, die mit *ki* einen Winkel *lik* einschliefst, gerichtet sei, so dafs derselbe, mit dem Drucke rechts, unmöglich im Gleichgewichte sein könnte; was doch die oberste Bedingung des Systems ist. Aufserdem erhellet, dafs in derselben Tiefe *ai* unter dem Spiegel *AB* der Druck auf die Flächen-Einheit nach allen *horizontalen* Richtungen um den Punct *i* herum gleich grofs sein mufs.

Wie grofs nun der gegen einen bestimmten Theil einer verticalen Durchschnittsfläche, so wie der gegen eine beliebige schräge Fläche sich äufsernde Druck im Innern einer Erdmasse sei, dürfte sich, nach Vorausschickung jener beiden Fundamentalsätze, wie folgt finden lassen.

In der oben beschriebenen Erdmasse sei *CDFE* (Fig. 77) ein Prisma mit verticaler Axe und mit beliebigem, aber ungemein kleinem und rechtwinkligem Querschnitte. Dessen oberes Ende bei *CD* sei durch den horizontalen Spiegel der Erdmasse, das untere Ende bei *EF* durch irgend eine schräge Durchschnitts-Ebene begrenzt.

Es bezeichne:

A den sehr kleinen horizontalen Querschnitt *CD* dieses Prismas;
h seine verticale Höhe *GH* vom Spiegel *AB* bis zum Mittelpuncte der Basis *EF*;
α die Neigungswinkel *GHF* der verticalen Axe *GH* gegen die Ebene *EF*;
ϱ den atmosphärischen Druck auf die Flächen-Einheit des Spiegels *AB*;
w das Gewicht der Volum-Einheit der Erdmasse;
P den Gesammtwiderstand der umgebenden Erdmasse gegen die schräge Grundfläche *EF* des Prismas;
p denselben Druck auf die *Einheit* der Fläche *EF*;
ψ den Neigungswinkel dieses Drucks gegen die Normale auf der Fläche *EF*;
N und *S* die Componenten der Kraft *P*, resp. normal und parallel zur Fläche *EF*;
n und *s* dieselben Componenten, bezogen auf die Einheit der Fläche *EF*;
Q die horizontale Kraft, welche sich vermöge des Drucks der umgebenden Erdmasse gegen die verticale Projection *EI* der Fläche *EF* ergiebt;
q dieselbe Kraft, bezogen auf die Flächen-Einheit der verticalen Projection *EI* der Fläche *EF*;

φ den Reibungswinkel für das Gleiten zweier mit ihren ebenen Flächen sich berührenden Theile der Erdmasse, ohne Berücksichtigung der Cohäsion dieser Flächen;

k den Werth der Cohäsionskraft für die Einheit zweier Berührungsflächen der Erdmasse: einer Kraft, welche, in paralleler Richtung zu diesen Flächen, nebst der Reibung überwunden werden mufs, ehe das Gleiten in den Flächen erfolgen kann;

K den Werth dieser Cohäsionskraft für die ganze Ausdehnung der Fläche EF;

W das Gewicht des ganzen Erdprismas GH, mit Einschlufs des atmosphärischen Drucks in verticaler Richtung gegen den obern Querschnitt CD.

Da der Druck der umgebenden Erdmasse gegen alle Theile der verticalen Wände des Prismas $CEFD$ nach der obigen Vor-Untersuchung eine horizontale Richtung hat, während der Druck auf jeden horizontalen Querschnitt, wie cd und if, nur vertical gerichtet sein kann: so folgt, dafs an jeder horizontalen Elementarschicht der Erdsäule, wie $cdfi$, die gegen die verticalen Umfassungswände sich äufsernden horizontalen Pressungen für sich *im Gleichgewicht* sein müssen. Dies gilt für alle Schichten, bis zu dem horizontalen Querschnitte IF durch den höchsten Punct der Basis EF hinab. Läfst man also in dem Systeme aller auf das Erdprisma wirkenden Kräfte die für sich im Gleichgewicht stehenden horizontalen Pressungen gegen die verticalen Wände des Theils $CIFD$ weg, so zeigt sich leicht, dafs an der sehr kleinen keilförmigen Erdmasse IEF die drei Kräfte W, Q und P, von welchen die erste die Resultante aller oberhalb der Ebene EF wirkenden verticalen Kräfte vorstellt, einander das Gleichgewicht halten müssen.

Wäre die *Richtung* der Kraft P, mit welcher die äufsere Erdmasse gegen die Basis EF Widerstand leistet, bekannt, so wäre es leicht, die *Gröfse* dieser Kraft, so wie auch die Gröfse des horizontalen Drucks Q, nach den Gesetzen des Gleichgewichts dreier auf denselben Punct wirkender Kräfte zu finden. Von der Richtung des Widerstandes P leuchtet ein, dafs, jemehr sich dieselbe der verticalen nähert, desto kleiner der horizontale Seitenschub Q sein wird, indem alsdann das auf EF lastende Gewicht um so vollkommner durch den unmittelbaren Gegendruck der zur Unterstützung dienenden Fläche EF aufgenommen wird, ohne dazu noch eines aufserordentlichen Seitendrucks Q zu bedürfen. Diese Behauptung wird besonders durch das früher erörterte Princip des kleinsten Widerstandes klar, welchem zufolge die horizontale Componente der Kraft P, welche dem Seitendrucke Q gleich und grade entgegengesetzt ist, so klein als möglich sein mufs. Es wäre auch in der That kein Grund zu sehen, weshalb der Seitendruck Q gröfser sein sollte, als er zur Aufrechterhaltung des Erdprismas GH auf der geneigten Ebene EF nöthig ist; obwohl, wenn man den Druck durch künstliche Mittel über das Maximum hinaus zu verstärken wüfste, das Gleichgewicht des Prismas GH dadurch noch nicht aufgehoben werden würde, indem dann nur die Richtung des Widerstandes P der Basis EF sich weiter von der verticalen entfernte. Dergleichen könnte z. B. dadurch hervorgebracht werden, dafs man die ganze Erdmasse durch horizontale Kräfte gegen ihre Umfangswände zusammenzudrücken suchte. Eine eigentliche Compression der Erdmasse würde zwar, weil die Masse als unprefsbar vorausgesetzt wird, nicht erfolgen; auch würde sich, wenn die äufsern Druckkräfte ein gewisses Maafs nicht überschreiten, noch keine Erhebung des obern freien Spiegels AB einstellen; die räumlichen Verhältnisse der gegebenen Erdmasse würden also noch dieselben bleiben: die Folge des Drucks würde aber doch sein, dafs sich die innern horizontalen Pressungen Q verstärkten und demnach die Richtungen der Widerstände P von dem Loth sich weiter entfernten. Beseitigte man nun die auf Compression abzielenden Kräfte immer mehr und mehr, so würde man zuletzt auf ein Minimum stofsen, unter welches sie nicht hinabsinken dürften, ohne das Gleichgewicht der Erdmasse aufzuheben. Dieses Minimum entspricht in dem Falle, wo die Erdmasse in horizontaler Richtung nur durch feste Wände, welche keinen Druck *erzeugen*, sondern nur dem empfangenen Drucke vermöge ihrer Festigkeit und Rückwirkung *widerstehen*, offenbar dem vorhin erwähnten Minimum des horizontalen Druckes Q, welches eben erforderlich ist, um das Gleiten des Prismas GH auf der geneigten Basis EF zu verhindern.

Die vorstehende Betrachtung setzt stillschweigend voraus, dafs das Prisma GH ein in seinen Theilen fest zusammenhangendes Ganze sei, welches keine Trennung in einem andern Querschnitte, als in der unter einem bestimmten Winkel geneigten Basis EF zuläfst. Nach der Natur der in diesem Prisma enthaltenen Erdmasse ist jedoch eine Trennung, oder das Gleiten auf einer jeden andern beliebig geneigten Basis möglich, und es leuchtet ein, dafs der horizontale Druck Q, oder vielmehr der Werth q desselben, für jede Einheit des tiefsten Theils der verticalen Wand CE stark genug sein mufs, um die Verschiebung des Prismas auf derjenigen Basis zu verhüten, auf welcher dasselbe das *gröfste* Bestreben zum Gleiten hat. Angenommen, diese Basis habe die Neigung $E'F'$, so wird der horizontale Druck Q', welcher das Gleiten des Prismas ***GH*** auf ***dieser*** Basis verhindert, der wahre horizontale Druck sein, welcher sich gegen die Fläche ***E'I'*** äufsert. Ist dieser Druck bekannt, so wird sich aus den obwaltenden Beziehungen leicht der Druck ***Q*** gegen die Fläche ***EI*** und der Druck ***P***, nebst dessen Richtung gegen die Fläche ***EF*** ergeben, und man wird finden, dafs die letztern beiden gröfser sind, und dafs sich die Richtung von ***P*** weiter von der verticalen entfernt, als es nöthig sein würde, wenn das Erdprisma ***GH*** nur auf der Basis ***EF*** zu gleiten vermöchte.

Um jetzt die Neigung der Basis ***EF*** zu finden, für welche der auf die Flächen-Einheit bezogene horizontale Druck q seinen ***gröfsten*** Werth erreicht, erwäge man, dafs, so lange die Neigung von ***EF*** gegen den Horizont einen gewissen Betrag nicht übersteigt, die Richtung des Drucks ***P*** gegen die Basis des als untrennbar angesehenen Prismas ***GH*** immer ***vertical*** anzunehmen ist, indem bis zu dieser Grenze die Fläche ***EF***, vermöge der darin Statt findenden Reibung und Cohäsion, ganz allein und ohne Zuhülfenahme eines horizontalen Seitendrucks das Prisma aufrecht zu erhalten vermag. ***Unterhalb*** dieser Grenze ist also das Maximum des Drucks q nicht zu suchen. ***Oberhalb*** derselben findet sich, wenn das Prisma als untrennbar betrachtet wird, die ***Richtung*** des Drucks ***P*** gegen die Basis ***EF*** mittels der aus den vorstehenden Betrachtungen oder dem Principe des kleinsten Widerstandes sich ergebenden Folgerung, dafs zuvörderst die ganze Widerstandsfähigkeit der Fläche ***EF***, welche ihr vermöge ihrer Rauhigkeit und Adhäsion zukommt, in Anspruch genommen wird, und dafs, wenn diese Fähigkeit zum Gleichgewichte des Prismas ***GH*** nicht hinreicht, die fehlende Kraft durch den horizontalen Druck ***Q*** ersetzt wird. Demnach mufs die Richtung des Drucks ***P*** eine solche sein, dafs, wenn derselbe in seine beiden Componenten ***N*** und ***S***, normal und parallel zur Fläche ***EF***, zerlegt wird, die letztere Componente ***S*** aus der Summe der beiden Kräfte $N \tang \varphi$ und ***K***, nämlich der dem Normaldrucke ***N*** entsprechenden Reibung und dem Cohäsionswiderstande in der Fläche ***EF*** besteht. Unter dieser Voraussetzung wird die Richtung des Drucks ***P*** der verticalen so nahe liegen, als es bei der physischen Beschaffenheit der Fläche ***EF*** möglich ist.

Zerlegt man hiernach auch die beiden Kräfte ***W*** und ***Q*** in ihre Componenten, normal und parallel zur Fläche ***EF***, setzt darauf, um das Gleichgewicht der drei Kräfte ***W***, ***Q***, ***P*** auszudrücken, die algebraischen Summen der in normaler und in paralleler Richtung zu ***EF*** wirkenden Kräfte einzeln gleich Null, so ergeben sich die beiden Bedingungsgleichungen

(1.) $W \sin\alpha + Q \cos\alpha = N,$ (2.) $W \cos\alpha - Q \sin\alpha = N \tang\varphi + K.$

Substituirt man hierin für W, Q, N, K ihre Werthe, ausgedrückt durch die entsprechenden, auf die Flächen-Einheit bezüglichen Gröfsen, indem man erwägt, dafs

$$W = whA + \varrho A,$$
$$Q = q \cdot \overline{EI} = \frac{qA}{\operatorname{tang}\alpha},$$
$$N = n \cdot \overline{EF} = \frac{nA}{\sin\alpha},$$
$$K = k \cdot \overline{EF} = \frac{kA}{\sin\alpha}$$

ist, so verwandeln sich die Gleichungen nach gehöriger Reduction in

$$(3.)\quad (wh+\varrho)\sin^2\alpha + q\cos^2\alpha = n,$$
$$(4.)\quad (wh+\varrho)\sin\alpha\cos\alpha - q\sin\alpha\cos\alpha = n\operatorname{tang}\varphi + k.$$

Eliminirt man hieraus die Gröfse n, und löset die entstehende Gleichung nach q auf, so erhält man

$$(5.)\quad q = (wh+\varrho)\frac{\operatorname{tang}\alpha}{\operatorname{tang}(\alpha+\varphi)} - k\cdot\frac{\cos\varphi}{\cos\alpha\sin(\alpha+\varphi)}.$$

In diesem Ausdrucke ist der Neigungswinkel α der Verticalen gegen die Ebene EF die *veränderliche* Gröfse. Wird nun der Werth derselben aus der Bedingung hergeleitet, dafs er den Ausdruck (5.) für q zu einem Maximum mache, so ist es derjenige Neigungswinkel, bei welchem das Erdprisma GH das meiste Bestreben zum Gleiten auf der Basis EF hat, und der entsprechende Werth von q bezeichnet alsdann den wahren horizontalen Druck auf die Flächen-Einheit, in der Tiefe $GH = h$ unter der Oberfläche der gegebenen Erdmasse. Die hiezu nöthige Rechnung vereinfacht sich, wenn man die Gleichung (5.) auf die Form

$$q = (wh+\varrho)\frac{\sin\alpha\cos(\alpha+\varphi)}{\cos\alpha\sin(\alpha+\varphi)} - k\cdot\frac{\cos\varphi}{\cos\alpha\sin(\alpha+\varphi)},$$
$$= (wh+\varrho)\frac{\sin(2\alpha+\varphi)-\sin\varphi}{\sin(2\alpha+\varphi)+\sin\varphi} - k\cdot\frac{2\cos\varphi}{\sin(2\alpha+\varphi)+\sin\varphi},$$
$$= \frac{(wh+\varrho)[\sin(2\alpha+\varphi)-\sin\varphi]-2k\cos\varphi}{\sin(2\alpha+\varphi)\sin\varphi}$$

bringt und dann den Differentialcoëfficienten von q nach α gleich Null setzt. Nach gehöriger Zusammenziehung der Glieder ergiebt sich

$$\frac{\partial q}{\partial\alpha} = \frac{4\cos(2\alpha+\varphi)[(wh+\varrho)\sin\varphi + k\cos\varphi]}{[\sin(2\alpha+\varphi)+\sin\varphi]^2} = 0;$$

und da hierin der von α abhängige Nenner nicht unendlich grofs angenommen werden kann, so folgt

$$\cos(2\alpha+\varphi) = 0 \quad\text{oder}\quad 2\alpha+\varphi = \tfrac{1}{2}\pi, \quad\text{mithin}$$
$$(6.)\quad \alpha = \tfrac{1}{2}(\tfrac{1}{2}\pi-\varphi) = \tfrac{1}{4}\pi - \tfrac{1}{2}\varphi.$$

Die Substitution dieses Werths von α in (5.) giebt für den gesuchten horizontalen Druck auf die Flächen-Einheit in der Tiefe h:

$$q = (wh+\varrho)\frac{\operatorname{tang}(\frac{1}{4}\pi-\frac{1}{2}\varphi)}{\operatorname{tang}(\frac{1}{4}\pi+\frac{1}{2}\varphi)} - k\cdot\frac{\cos\varphi}{\cos(\frac{1}{4}\pi-\frac{1}{2}\varphi)\sin(\frac{1}{4}\pi+\frac{1}{2}\varphi)},\text{ oder auch}$$

$$(7.)\quad q = (wh+\varrho)\operatorname{tang}^2(\tfrac{1}{4}\pi-\tfrac{1}{2}\varphi) - \frac{k\cos\varphi}{\cos^2(\frac{1}{4}\pi-\frac{1}{2}\varphi)}.$$

Was nun den wirklichen Druck p auf die Flächen-Einheit gegen irgend einen geneigten Querschnitt EF der Erdmasse im Puncte H betrifft, dessen beide Componenten normal, und parallel zu EF, durch n und s dargestellt sind, so hat man, wenn der Neigungswinkel der Ebene EF gegen die Verticale durch α bezeichnet wird, den Gleichungen (1.) und (2.) zufolge:

$$W\sin\alpha + Q\cos\alpha = N,$$
$$W\cos\alpha - Q\sin\alpha = S,$$

oder, wenn statt W, K, N, S ihre Werthe $(wh+\varrho)A$, $\frac{qA}{\operatorname{tang}\alpha}$, $\frac{nA}{\sin\alpha}$, $\frac{sA}{\sin\alpha}$ und aufserdem für q sein Werth aus (7.) eingeführt werden:

$$(8.)\quad n = \left\{(wh+\varrho)[\operatorname{tang}^2\alpha + \operatorname{tang}^2(\tfrac{1}{4}\pi-\tfrac{1}{2}\varphi)] - \frac{k\cos\varphi}{\cos^2(\frac{1}{4}\pi-\frac{1}{2}\varphi)}\right\}\cos^2\alpha,$$

$$(9.)\quad s = \left\{(wh+\varrho)[1-\operatorname{tang}^2(\tfrac{1}{4}\pi-\tfrac{1}{2}\varphi)] + \frac{k\cos\varphi}{\cos^2(\frac{1}{4}\pi-\frac{1}{2}\varphi)}\right\}\sin\alpha\cos\alpha.$$

Aufserdem ist

$$(10.)\quad p = \sqrt{(n^2+s^2)},$$

und zur Bestimmung des Neigungswinkels ψ, unter welchem sich der Druck p auf die Ebene EF gegen die Normale dieser Ebene neigt, ist

$$(11.)\quad \operatorname{tang}\psi = \frac{s}{n}.$$

Für den Fall sowohl, wo $\alpha = 0$, als für den, wo $\alpha = \frac{1}{2}\pi$ ist, also sowohl in einem verticalen, wie in einem horizontalen Querschnitte, wird nach (9.) die Componente s des Drucks q, parallel zu diesem Querschnitte, gleich Null, und es findet nur ein normaler Druck Statt, dessen Werth n aus (8.) im ersten Falle mit dem aus (7.) übereinstimmt, und der im letzten Falle sich auf

$$n = q = wh+\varrho$$

reducirt, indem zu beachten ist, dafs alsdann $\operatorname{tang}^2\alpha.\cos^2\alpha = \sin^2\alpha = 1$ und $\cos^2\alpha = 0$ wird.

Hätte die Erdmasse gar keine Cohäsionskraft, sondern nur Reibung, so würde $k = 0$ zu setzen und in allen vorstehenden Gleichungen würden die mit dieser Gröfse multiplicirten Glieder zu streichen sein. Es ist dies die Annahme, unter welcher die trockenen Erdmassen in der Praxis gewöhnlich betrachtet werden, und man erhält also für dieselben einfach

$$q = (wh + \varrho)\,\text{tang}^2(\tfrac{1}{4}\pi - \tfrac{1}{2}\varphi).$$

Zugleich sieht man, dafs diese Voraussetzung an dem Werthe des Winkels α aus (6.), bei welchem das Prisma ***GH*** das meiste Bestreben zum Gleiten zeigt, Nichts ändert.

Hätte die Erdmasse keine Reibung, wohl aber Cohäsion (was dem Zustande einer ***klebrigen Flüssigkeit*** entsprechen würde), so wäre der Reibungswinkel $\varphi = 0$ zu setzen; dagegen wären die in k multiplicirten Glieder beizubehalten. Dies giebt nach (6.) für den Werth des Winkels α, bei welchem das stärkste Bestreben des Prismas ***GH*** zum Gleiten Statt findet,

$$\alpha = \tfrac{1}{4}\pi,$$

und nach (7.) für den horizontalen Druck auf die Flächen-Einheit in der Tiefe h unter dem horizontalen Spiegel:

$$q = wh + \varrho - 2k.$$

Wäre weder Reibung noch Cohäsion vorhanden, also gleichzeitig $\varphi = 0$ und $k = 0$, so ginge die Erdmasse in eine ***vollkommene Flüssigkeit*** über. Für diesen Fall würde aus (5.) nicht allein φ und k, sondern auch der Winkel α verschwinden; woraus folgt, dafs alsdann das Prisma ***GH*** bei ***jedem*** Neigungswinkel seiner Basis ein gleich-starkes Bestreben zum Gleiten hat. Nach den Ausdrücken (7. bis 10.) würde alsdann nicht blofs der ***horizontale*** Druck, sondern auch der Druck auf ***jede beliebig geneigte*** Durchschnitts-Ebene, auf welcher derselbe immer nur normal stehen könnte,

$$q = p = wh + \varrho$$

sein: ein Satz, der aus der Hydrostatik bekannt ist.

Nachdem der horizontale Druck q in der Tiefe h unter der Oberfläche der Erdmasse auf die Flächen-Einheit gefunden worden, läfst sich ohne Schwierigkeit der Gesammtdruck Q auf irgend eine in verticaler Ebene liegende Figur angeben. Denn bezeichnet man die horizontale und die verticale Ordinate irgend eines sehr kleinen Flächen-Elements dieser Figur durch x und z, so dafs z von dem freien Spiegel der Erdmasse herab gerechnet wird, so ist für den auf das Flächen-Element von der Gröfse $\partial x\,\partial z$ kommenden Druck, mit Rücksicht auf (7.):

$$\partial Q = \partial x\,\partial z \cdot q = \partial x\,\partial z\left[(wz + \varrho)\,\text{tang}^2(\tfrac{1}{4}\pi - \tfrac{1}{2}\varphi) - \frac{k\cos\varphi}{\cos^2(\tfrac{1}{4}\pi - \tfrac{1}{2}\varphi)}\right],$$

also der gesammte Druck auf die gegebene verticale Fläche:

$$(12.)\qquad Q = \iint \partial x\,\partial z\left[(wz + \varrho)\,\text{tang}^2(\tfrac{1}{4}\pi - \tfrac{1}{2}\varphi) - \frac{k\cos\varphi}{\cos^2(\tfrac{1}{4}\pi - \tfrac{1}{2}\varphi)}\right];$$

wo die Integrale zwischen den Grenzen zu nehmen sind, welche dem Umfange der Figur entsprechen.

Bezeichnet man das Moment dieses Drucks in Beziehung zu der horizontalen Axe, welche den Durchschnitt der verticalen Ebene der Figur mit dem horizontalen Spiegel der Erdmasse bildet, durch M, so findet sich nach der vorstehenden Bezeichnung:

$$\partial M = z.\partial Q = z.\partial x \partial z.q \quad \text{und mithin}$$

$$(13.) \quad M = \iint z\,\partial x\,\partial z\left[(wz+\varrho)\operatorname{tang}^2(\tfrac{1}{4}\pi-\tfrac{1}{2}\varphi)-\frac{k\cos\varphi}{\cos^2(\frac{1}{4}\pi-\frac{1}{2}\varphi)}\right];$$

wo die Grenzen der Integrale dieselben sind, wie in (12.).

Die verticale Tiefe Z des Angriffspuncts des Drucks Q unter dem Spiegel der Erdmasse ist hiernach

$$(14.) \quad Z = \frac{M}{Q}.$$

Wäre die gegebene Figur ein in verticaler Ebene liegendes Rechteck mit zwei horizontalen Seiten, a breit und b vertical hoch, und läge die obere Kante c tief unter dem Spiegel der Erdmasse, so fände sich aus (12. und 13.), wenn man den Flächen-Inhalt ab des Rechtecks $= A$ setzt:

$$Q = \tfrac{1}{2}(b+2c)Aw\operatorname{tang}^2(\tfrac{1}{4}\pi-\tfrac{1}{2}\varphi)+A\left[\varrho\operatorname{tang}^2(\tfrac{1}{4}\pi-\tfrac{1}{2}\varphi)-\frac{k\cos\varphi}{\cos^2(\frac{1}{4}\pi-\frac{1}{2}\varphi)}\right],$$

$$M = \tfrac{1}{3}(b^2+3bc+3c^2)Aw\operatorname{tang}^2(\tfrac{1}{4}\pi-\tfrac{1}{2}\varphi) + \tfrac{1}{2}(b+2c)A\left[\varrho\operatorname{tang}^2(\tfrac{1}{4}\pi-\tfrac{1}{2}\varphi)-\frac{k\cos\varphi}{\cos^2(\frac{1}{4}\pi-\frac{1}{2}\varphi)}\right].$$

Läge die obere Kante des Rechtecks im Spiegel der Erdmasse selbst, so dafs $c=0$ wäre, so ergäbe sich

$$(15.) \quad Q = \tfrac{1}{2}bAw\operatorname{tang}^2(\tfrac{1}{4}\pi-\tfrac{1}{2}\varphi)+A\left[\varrho\operatorname{tang}^2(\tfrac{1}{4}\pi-\tfrac{1}{2}\varphi)-\frac{k\cos\varphi}{\cos^2(\frac{1}{4}\pi-\frac{1}{2}\varphi)}\right],$$

$$(16.) \quad M = \tfrac{1}{3}b^2Aw\operatorname{tang}^2(\tfrac{1}{4}\pi-\tfrac{1}{2}\varphi)+\tfrac{1}{2}bA\left[\varrho\operatorname{tang}^2(\tfrac{1}{4}\pi-\tfrac{1}{2}\varphi)-\frac{k\cos\varphi}{\cos^2(\frac{1}{4}\pi-\frac{1}{2}\varphi)}\right],$$

$$(17.) \quad Z = \tfrac{2}{3}b\left\{1-\frac{\frac{1}{2}\varrho\sin^2(\frac{1}{4}\pi-\frac{1}{2}\varphi)-k\cos\varphi}{bw\sin^2(\frac{1}{4}\pi-\frac{1}{2}\varphi)+2[\varrho\sin^2(\frac{1}{4}\pi-\frac{1}{2}\varphi)-k\cos\varphi}\right..$$

Hätte die Erdmasse keine Cohäsion und vernachlässigte man den auf der Oberfläche lastenden atmosphärischen Druck, so würden sich die vorstehenden drei Formeln auf

$$(18.) \quad Q = \tfrac{1}{2}bAw\operatorname{tang}^2(\tfrac{1}{4}\pi-\tfrac{1}{2}\varphi),$$

$$(19.) \quad M = \tfrac{1}{3}b^2Aw\operatorname{tang}^2(\tfrac{1}{4}\pi-\tfrac{1}{2}\varphi),$$

$$(20.) \quad Z = \tfrac{2}{3}b$$

reduciren; wie sie in der Praxis gewöhnlich Anwendung finden.

(Der Schlufs folgt im nächsten Hefte.)

Buchhändler-Anzeigen.

Inhaltsverzeichnifs des zweiten Hefts dreifsigsten Bandes.

Berlin, gedruckt bei G. Reimer.

Journal

für

die Baukunst.

In zwanglosen Heften.

Herausgegeben

von

Dr. A. L. Crelle,

Königlich-Preufsischem Geheimen-Ober-Baurathe a. D., Ritter des rothen Adler Ordens dritter Classe mit der Schleife, Mitgliede der Königlichen Akademie der Wissenschaften zu Berlin, Correspondenten der Kaiserlichen Akademie der Wissenschaften zu St. Petersburg und der Königlichen Akademieen der Wissenschaften zu Neapel und Brüssel, auswärtigem Mitgliede der Königlichen Akademie der Wissenschaften zu Stockholm, Ehrenmitgliede der Hamburger Gesellschaft zur Verbreitung der mathematischen Wissenschaften.

Dreifsigster Band.

Drittes Heft.

Berlin.

Bei G. Reimer.

1851.

7.

Über den Druck im Innern einer Erdmasse.

(Von dem Herrn Bau-Conducteur *Scheffler* zu Braunschweig.)

(Schlufs der Abhandlung No. 6. im vorigen Heft.)

Die vorstehende Untersuchung, welche zum Zwecke hat, die Regeln zu finden, nach welchen sich der Druck in den verschiedenen Puncten einer Erdmasse erzeugt und nach allen Richtungen um diesen Punct herum fortpflanzt, gründet sich auf die Voraussetzung, dafs die Erdmasse einen horizontalen Spiegel habe, von einer festen horizontalen Ebene getragen werde und nach allen horizontalen Abmessungen ins Unendliche, wenigstens ungemein weit, sich erstrecke. Der durch die Formel (12.) gegebene Druck bezieht sich demnach vorläufig nur auf eine eingebidete verticale Figur, welche in einer mathematischen Durchschnittsfläche der Erdmasse liegend angenommen wird. Man sieht jedoch leicht, dafs die Formel den horizontalen Druck auf dieselbe Figur auch dann geben wird, wenn man sich die Erdmasse in der Ebene jener Figur durch eine feste verticale Wand begrenzt vorstellt, deren Oberfläche *völlig glatt* ist, so dafs keine Reibung und Cohäsion zwischen ihr und der Erdmasse Statt findet und also die Figur lediglich im Stande ist, dem Erddrucke in *normaler,* d. h. hier, *horizontaler* Richtung zu widerstehen. Fände zwischen der Wand und der davor liegenden Erde Reibung oder Cohäsion Statt, so würde dies die obigen Gesetze der Vertheilung des Drucks im Innern der Erdmasse völlig verändern. Die Wand würde, wenn sie nicht besondere äufserlich angebrachte Pressungen gegen die Erdmasse erlitte, dem Schube der Erde mit der geringsten Kraft widerstehen, welche überhaupt nur im Stande wäre, die Masse im Gleichgewicht zu erhalten. Dies setzt aber wieder im Allgemeinen voraus, dafs sowohl der Reibungs-, als der Cohäsionswiderstand der Wandfläche vollständig in Anspruch genommen werde; oder dafs sich, für den Fall einer blofs reibungsfähigen, nicht aber cohäsionsfähigen Wand die Richtung des Widerstandes der Wand in allen Puncten bis zu dem untern Schenkel des entsprechenden Reibungswinkels der verticalen Richtung nähere. Es ist klar, dafs dieser Umstand, welcher bei den Untersuchungen des Erddrucks gegen feste Wände gemeinlich vernachlässigt wird, seinen Einflufs auf die Vertheilung und Fortpflanzung des Drucks in der Erdmasse selbst geltend machen mufs, bis tief in das Innere derselben hinein, und bis er in weiterer Entfernung von der Wand zwar allmälig abnimmt, jedoch in mathematischem Sinne seinen Endpunct nicht erreicht.

Eben so wenig, wie eine *rauhe* Wandfläche an die Stelle einer *verticalen* Berührungsfläche zweier Theile der Erdmasse gesetzt werden könnte, ohne die Gültigkeit der obigen Formel zu ändern: eben so wenig darf eine *rauhe oder glatte* Wandfläche statt einer *geneigten* Durchschnittsfläche der Erdmasse gesetzt werden, um darauf die Gleichungen (8. bis 11.), welche den Druck auf die Einheit einer schrägen Berührungsfläche der Erdmasse darstellen, anzuwenden.

Jede Abweichung von den ursprünglichen Voraussetzungen der räumlichen Verhältnisse der Erdmasse, mit Ausnahme der einzigen, wo absolut glatte und cohäsionsunfähige verticale Wände die Begrenzung bilden: sei es eine Abgrenzung durch schräge Aufsenwände, oder durch rauhe verticale Wände, oder die Unterstützung durch eine geneigte Basis, oder eine Abschliefsung nach oben durch eine freie, aber nicht horizontale Oberfläche, wird eine Modification der oben entwickelten einfachen Gesetze in eigenthümlicher Weise zur Folge haben. Ehe das allgemeine Princip der wahren Vertheilung des Drucks in einer beliebig begrenzten Erdmasse gefunden ist, wird man sich wohl für die Ausübung der Methoden bedienen müssen, welche bis jetzt von den meisten Schriftstellern über die Statik der Erden befolgt werden. Dieselben haben übrigens fast ausschliefslich die Ermittelung des Gesammtdrucks einer Erdmasse gegen eine ebene Wand zum Gegenstande, ohne auf die Vertheilung des Drucks im Innern der ganzen Masse einzugehen.

Um hier zum Ziele zu gelangen, wird derjenige Theil der vor der Wand liegenden Erde gesucht, welcher, indem er auf seiner Basis zu gleiten strebt, den stärksten Druck gegen die Wand ausübt.

Diesen Theil der Erde nennt man gewöhnlich das ***Erdprisma vom gröfsten Drucke.*** Es wird jedoch ausdrücklich vorausgesetzt, dafs die eine Seitenfläche dieses Prismas, auf welcher dasselbe zu gleiten strebt, oder die ***Bruchfläche*** der Erdmasse, stets eine ***Ebene*** sei. Da diese Hypothese ohne Beweis aufgestellt wird, und es im Allgemeinen sogar sehr wahrscheinlich ist, dafs die Seitenfläche des Prismas vom gröfsten Drucke ***keine Ebene,*** sondern eine ***gekrümmte*** Fläche ist, so folgt, dafs die aus dem angedeuteten Verfahren sich ergebenden Formeln nur als Näherungswerthe anzusehen sind; welche übrigens in den gewöhnlichen Fällen der Ausübung nicht sehr erheblich von der Wahrheit abweichen mögen.

Der einzige mir bekannte Schriftsteller, welcher einen *Beweis* des Satzes giebt, dafs die Bruchfläche der Erde eine *Ebene* sein müsse, sobald die Erde sich gegen eine ebene Wand stützt und eine ebene Oberfläche hat, ist *Hagen* (Handbuch der Wasserbaukunst. Zweiter Theil. S. 13). Gegen diesen Beweis lassen sich jedoch wesentliche Einwendungen machen. Der Beweis lautet wie folgt.

„Der Druck, welchen das abbrechende Prisma *ACB* (Fig. 78) normal gegen die Wand *AC* ausübt, wird sich aus den Pressungen zusammensetzen, welche seine einzelnen Theile in derselben Richtung äufsern, und die Pressung eines jeden Theils, der die Wand nicht unmittelbar berührt, überträgt sich ungeschwächt durch die dazwischen liegende Erdmasse, weil das ganze Prisma sich bei der ersten Bewegung nicht weiter trennt und daher während dieser Zeit als starrer Körper wirkt. Betrachte ich nun eine Scheidungs-Ebene *DE*, welche mit der Wand *AC* parallel ist, so wird der ganze Druck gegen die letztere gleich sein der Summe der Pressungen der beiden Prismen *ACED* und *DEB*. Der erste Theil ist durch die Krümmung der Bruchfläche *CE* bedingt, und sonach als constant anzusehen, wogegen der letzte noch variabel bleibt, wenn man zweifelhaft ist, in welcher Richtung die Bruchfläche von *E* ab sich aufwärts fortsetzen wird. Man untersucht hier denjenigen Fall, in welchem die Normalpressung gegen die Wand ein Maximum ist: es mufs also auch die in gleicher Richtung ausgeübte Pressung des kleinen Prismas gegen *DE* ein Maximum sein. Wenn man nun von der Cohäsion ganz abstrahirt, so überzeugt man sich leicht, dafs der Querschnitt des kleinen Prismas *DEB* dem des grofsen *ACB ähnlich* sein mufs, damit er eben so wie dieser das Maximum der Pressung darstelle. Eine solche Ähnlichkeit zwischen dem ganzen Bogen *CEB* und jedem beliebigen Theile *EB* desselben findet aber nur Statt, wenn *CEB* eine gerade Linie ist. Die Bruchfläche ist demnach unter diesen Umständen eine *Ebene*."

Es würde zu weit führen, jede einzelne Behauptung und Folgerung dieses Raisonnements näher zu beleuchten. Es genüge die Bemerkung, dafs darin die Richtung der Bruchfläche *CEB* von dem tiefsten Puncte *C* nach dem höchsten *B* hinauf betrachtet und dabei ohne weitern Beweis angenommen wird, die Richtung der Bruchfläche habe in den tiefsten Puncten von *C* nach *E* hin eine constante, von dem absoluten Werthe der Druckhöhe über dem Puncte *C* unabhängige Gröfse, an welche sich die Fortsetzung jener Fläche von ***E*** gegen ***B*** dergestalt anschliefsen müsse, dafs die Richtung der obern Theile von der Richtung der untern Theile abhängig werde.

Eine solche Annahme läfst sich aber, selbst als wahrscheinliche Hypothese, nicht zugeben, da sich die Natur des hier vorliegenden statischen Systems gegen dieselbe sträubt. Es würde nämlich weit eher zu rechtfertigen sein, wenn man annähme, die Richtung der Bruchfläche in den obern Erdschichten sei unabhängig von der Richtung dieser Fläche in den untern Schichten und habe stets in den obern Puncten von ***B*** aus eine constante Neigung, an welche sich die Richtung der tieferen Theile in einer noch näher zu bestimmenden gesetzmäfsigen Weise anschliefse. Alsdann würde die Figur der Bruchfläche zwischen den Puncten ***B*** und ***E***, bei der gegebenen Neigung des Spiegels ***AB*** und der Richtung der festen Wand ***AC***, stets dieselbe bleiben, die feste Wand möge bei ***DE*** oder bei ***AC*** aufgestellt sein. Unter dieser gewifs naturgemäfseren Voraussetzung, wobei die Bruchfläche von dem höchsten Puncte ***B*** herab einen kürzeren oder längeren Theil einer und derselben gekrümmten Fläche darstellte, deren Endpunct in dem tiefsten Puncte der festen Stützwand läge, fiele aber die Bedingung der ***Ähnlichkeit*** zwischen den Curvenstücken ***BE*** und ***BC*** und dadurch das schlagende Argument des obigen Beweises hinweg.

Für den vorhin ausführlich besprochenen einfachen Fall, wo der Spiegel und die Grundfläche der gegebenen Erdmasse eine horizontale Ebene bildet und die Sützwand vertical steht, auch an der Innenseite unbedingt glatt ist, läfst sich der Satz, dafs die Bruchfläche des Prismas vom gröfsten Drucke eine ***Ebene*** sei, ***streng beweisen.*** Da dieser Beweis eine interessante Anwendung der Variationsrechnung enthält, so erlaube ich mir, denselben hier herzusetzen.

Angenommen, ***OEB*** (Fig. 79.) sei die näher zu bestimmende Durchschnittslinie der cylindrischen Bruchfläche mit einer verticalen Ebene, welche auf den Seitenlinien der Fläche perpendicular steht. Man beziehe die Curve ***OEB*** auf ein rechtwinkliges Coordinatensystem, dessen Anfangspunct der tiefste Punct ***O*** der festen Wand ist und dessen Axen der x und y die verticale und die horizontale Linie ***OX*** und ***OY*** sind. Man nehme einen Theil der ganzen Erdmasse an, welche zwischen zwei verticalen, der Ebene ***XOY*** parallelen und um eine Längen-Einheit von einander entfernten Ebenen liegt. Von diesem Erdkörper sei das Prisma ***CEFD*** ein elementarer Theil, dessen Basis ***EF*** einem sehr kleinen Curven-Elemente der Linie ***OEB*** entspricht. Unter Beibehaltung sämmtlicher im Anfange dieser Untersuchung über den

Erddruck eingeführten Bezeichnungen seien noch

x, y die Coordinaten OK und KE des Curven-Elements EF;

dx die verticale Dimension $KL = EI$ dieses Elements;

dy die horizontale Dimension $CD = IF$ desselben;

H die gesammte Druckhöhe OA der Erdmasse über dem Puncte O;

α, wie vorhin, der Neigungswinkel FTX des Curven-Elements FE gegen die Verticale OX.

Auf die Kräfte, welche durch das elementare Erdprisma $CDFE$ erzeugt werden, finden unter den vorstehenden ausdrücklichen Bedingungen, dieselben Bemerkungen Anwendung, welche früher bei dem gleichnamigen Prisma $CDFE$ erläutert sind und welche auf die Gleichungen (1. und 2.) führten. Es kann nämlich durch das fragliche Prisma gegen die verticale Ebene EI nur ein *horizontaler* Druck Q hervorgebracht werden, welchem die feste Wand OA in dem Theile KL widerstehen mufs, und die Richtung, in welcher die untere Erdmasse in der Basis EF mit der Kraft P widersteht, ist von der früher bezeichneten Beschaffenheit, bei welcher der Schub Q möglichst *klein* ausfällt. Aus (1. und 2.) folgt aber für diesen Werth von Q, nach vorgängiger Elimination von N:

$$Q = \frac{W(1-\operatorname{tang}\varphi\operatorname{tang}\alpha)-\frac{K}{\cos\alpha}}{\operatorname{tang}\varphi+\operatorname{tang}\alpha},$$

oder, wenn man hier

$$W = w(H-x)\partial y+\varrho\,\partial y \quad \text{und}$$

$$K = \frac{k\,\partial y}{\sin\alpha}, \quad \text{auch}$$

$$\sin\alpha\cos\alpha = \frac{\operatorname{tang}\alpha}{1+\operatorname{tang}^2\alpha}$$

setzt:

$$Q = \frac{[w(H-x)+\varrho](1-\operatorname{tang}\varphi\operatorname{tang}\alpha)-k\cdot\frac{1+\operatorname{tang}^2\alpha}{\operatorname{tang}\alpha}}{\operatorname{tang}\varphi+\operatorname{tang}\alpha}\cdot\partial y.$$

Schreibt man in dieser Gleichung $\frac{\partial y}{\partial x}\cdot\partial x$ statt ∂y und beachtet, dafs $\operatorname{tang}\alpha=\frac{\partial y}{\partial x}$ ist, so erhält man nach gehöriger Reduction:

$$(21.)\qquad Q = \frac{[w(H-x)+\varrho]\left(\left(1-\operatorname{tang}\varphi\frac{\partial y}{\partial x}\right)\frac{\partial y}{\partial x}-k\left[1+\left(\frac{\partial y}{\partial x}\right)^2\right]\right.}{\operatorname{tang}\varphi+\frac{\partial y}{\partial x}}\cdot\partial x.$$

Bezeichnet man die in den Factor ∂x multiplicirte Function auf der rechten Seite dieser Gleichung mit V, so ist

$$Q_1 = \int_0^H V \partial x$$

der gesammte horizontale Druck, welchen alle Theile des Erdprismas AOB gegen die Wand OA ausüben. Die Curve OEB ist nun so zu bestimmen, dafs der Werth von Q_1 ein *Maximum* werde. Um diese Bedingung zu erfüllen, setze man der Kürze wegen f statt tangφ und y' statt $\frac{\partial y}{\partial x}$; dann wird

$$V = \frac{[w(H-x)+\varrho](1-fy')y' - k(1+y'^2)}{f+y'}.$$

Damit das endliche Integral $\int_0^H V\partial x$, wo V eine Function der Veränderlichen x, y, $\frac{\partial y}{\partial x}$, $\frac{\partial^2 y}{\partial x^2}$, $\frac{\partial^3 y}{\partial x^3}$, etc. ist, ein Maximum werde, mufs nach den Regeln der Variationsrechnung der allgemeinen Gleichung

$$A - \frac{\partial B}{\partial x} + \frac{\partial^2 C}{\partial x^2} - \frac{\partial^3 D}{\partial x^3} + \text{etc.} = 0$$

genügt werden, in welcher A, B, C, D etc. die Differentialcoëfficienten der Function V resp. in Beziehung zu den Veränderlichen y, $\frac{\partial y}{\partial x}$, $\frac{\partial^2 y}{\partial x^2}$, $\frac{\partial^3 y}{\partial x^3}$ etc. sind. Da nun in dem vorliegenden Falle $A = 0$, und auch $C = 0$, $D = 0$, etc. und nach gehöriger Reduction

$$B = \frac{\partial V}{\partial y'} = \{[w(H-x)+\varrho]f + k\} \frac{1-2fy'-y'^2}{(f+y')^2}$$

ist, so reducirt sich die obige allgemeine Gleichung auf

$$-\frac{\partial B}{\partial x} = 0.$$

Hieraus folgt durch Integration

$$B = \text{const.}$$

Ferner geben die Principien der Variationsrechnung folgende beiden, auf die Grenzen des Integrals bezüglichen Gleichungen:

$$\left(B_1 - \frac{\partial C_1}{\partial x} + \frac{\partial^2 D}{\partial x^2} - \text{etc.}\right)\delta y_1 + \left(C_1 - \frac{\partial D_1}{\partial x} + \text{etc.}\right)\delta\frac{\partial y_1}{\partial x}$$
$$+ (D_1 - \text{etc.})\,\delta\frac{\partial^2 y_1}{\partial x^2} + \text{etc.} = 0 \quad \text{und}$$

$$\left(B_2 - \frac{\partial C_2}{\partial x} + \frac{\partial^2 D_2}{\partial x^2} - \text{etc.}\right)\delta y_2 + \left(C_2 - \frac{\partial D_2}{\partial x} + \text{etc.}\right)\delta\frac{\partial y_2}{\partial x}$$
$$+ (D_2 - \text{etc.})\,\delta\frac{\partial^2 y_2}{\partial x^2} + \text{etc.} = 0;$$

wo B_1, C_1, D_1 etc., $\frac{\partial C_1}{\partial x}$, $\frac{\partial D_1}{\partial x}$ etc. die der untern Grenze $x = 0$ entsprechenden Werthe von B, C, D etc., $\frac{\partial C}{\partial x}$, $\frac{\partial D}{\partial x}$ etc., und B_2, C_2, D_2 etc., $\frac{\partial C_2}{\partial x}$, $\frac{\partial D_2}{\partial x}$ etc. die der obern Grenze $x = H$ entsprechenden Werthe derselben Gröfse sind, während δy_1, $\delta\frac{\partial y_1}{\partial x}$ etc. die Variationen von y, $\frac{\partial y}{\partial x}$ etc. für die untere Grenze $x = 0$, und δy_2, $\delta\frac{\partial y_2}{\partial x}$ etc. die Variationen derselben Gröfsen für die obere Grenze $x = H$ sind. Da nun $C = 0$, $D = 0$ etc. ist, ferner auch die Variation der Ordinate y für $x = 0$, also δy_1 gleich Null zu setzen ist, indem die Curve *OEB* nothwendig durch den Anfangspunct des Coordinatensystems gehen mufs, so reduciren sich die beiden vorstehenden Gleichungen auf die einzige:

$$B_2 \delta y_2 = 0 \quad \text{oder} \quad B_2 = 0.$$

Nach der vorhergehenden Gleichung soll aber allgemein $B =$ const. sein: also ist, da der besondere Werth B_2 dieser Gröfse gleich Null sein mufs, const. $= 0$, mithin allgemein $B = 0$, oder, wenn man statt B den vorhin entwickelten Werth setzt:

$$\{[w(H-x)+\varrho]f+k\}\frac{1-2fy'-y'^2}{(f+y')^2} = 0.$$

Dieser für alle Werthe der Veränderlichen x gültigen Gleichung könnte entweder dadurch Genüge gethan werden, dafs man den Factor $\{w(H-x)+\varrho]f+k\}$, oder den Factor $\frac{1}{(f+y')^2}$, oder endlich den Factor $(1-2fy'-y'^2)$ gleich Null setzte. Der erste Factor kann nicht gleich Null gesetzt werden, weil sonst die willkürlich veränderliche Gröfse den constanten Werth $H+\frac{\varrho}{w}+\frac{k}{fw}$ haben müfste; der zweite Factor kann nicht Null sein, weil sonst $y' = \frac{\partial y}{\partial x}$ constant, $= -f$ sein müfste; was nicht sein kann, da hierdurch eine gerade Linie dargestellt werden würde, welche sich vom Puncte O ab *unter* die Basis *OY* der ganzen Erdmasse hin erstreckte. Es kann demnach nur der dritte Factor

$$1-2fy'-y'^2 = 0$$

gesetzt werden, und daraus folgt

$$y' = \frac{\partial y}{\partial x} = -f+\sqrt{(1+f^2)},$$

wo die Wurzelgröfse nur *positiv* genommen werden darf, weil die Gleichung sonst wiederum eine *unterhalb* der Basis OY liegende Linie ausdrücken würde.

Durch Integration erhält man aus der letzteren Gleichung, wenn man erwägt, dafs für $x=0$ auch $y=0$ sein mufs:

$$y = (-f+\sqrt{(1+f^2)})x.$$

Führt man hierin für f wieder seinen Werth tang φ ein, so giebt diese Gleichung

$$(22.)\quad y = \frac{1-\sin\varphi}{\cos\varphi}x = x\operatorname{tang}\tfrac{1}{2}(\tfrac{1}{2}\pi-\varphi).$$

Hieraus folgt ohne Weiteres die Richtigkeit des zu beweisenden Satzes, dafs die Bruchfläche eine *Ebene* ist, welche sich unter dem Winkel $\frac{1}{2}(\frac{1}{2}\pi-\varphi)$ gegen die Verticale neigt.

Nach Abfassung der gegenwärtigen Abhandlung sind mir die in der Gewölbtheorie bereits genannten Vorlesungen von ***Persy*** an der Militairschule zu Metz (Cours de stabilité des constructions. Lithographie de l'école d'application à Metz.) zu Gesicht gekommen. In den Anmerkungen zu No. 3 und 6 des Abschnitts über „Stabilität der Futtermauern" erörtert dieser Schriftsteller sehr umständlich die Eigenschaften des Erdprismas vom gröfsten Schube, und sucht durch eine analytische Methode, welche der hier befolgten ähnlich ist, die Gestalt der Grundfläche dieses Prismas. Er setzt dabei die feste Seitenwand, gegen welche sich die horizontal abgeglichene Erdmasse stützt, zwar als eben, sonst aber als beliebig geneigt und als reibungsfähig und mit der Erdmasse cohärirend voraus, und findet, dafs für diesen allgemeinen Fall die Basis des Prismas vom gröfsten Schube eine gekrümmte Fläche sei, welche sich jedoch dann auf eine Ebene reducire, wenn die beliebig geneigte Stützwand unbedingt glatt ist und keine Cohäsion mit der Erdmasse hat.

Das letztere Resultat ist vorhin nur für den besondern Fall nachgewiesen, wo die Stützwand glatt ist und vertical steht; indem wir bemerkten, dafs für jeden andern Fall die bis jetzt bekannten Gesetze der Fortpflanzung des Drucks in einer Erdmasse ungenügend seien und keinen sichern Schlufs auf die wahre Gestalt der fraglichen Grundfläche gewähren. Es zeigen sich demnach die schwachen Seiten der Hypothesen, welche ***Persy*** in den Stand setzten, seine Untersuchungen auf allgemeinere Fälle des Problems auszudehnen.

Wenn AO (Fig. 80) die schräge Stützwand ist, welche der dahinter aufgeschütteten und horizontal abgeglichenen Erdmasse sowohl einen gewissen Grad von Reibung als von Cohäsionskraft entgegensetzt, so zerlegt ***Persy***, nachdem er durch eine beliebige Curve OB, als Grundfläche, irgend einen Theil der Erdmasse unterhalb begrenzt sich vorgestellt hat, die Masse ACB in unendlich schmale Schichten $CDFD$, parallel mit der Wand AO, und macht darauf folgende Voraussetzungen:

Erstlich. Wenn N' die normale Componente des Drucks P' auf die Fläche DF ist, so wird die Componente S' dieses Drucks, parallel mit DF, durch $S' = N' \operatorname{tang}\varphi' + A'k'$ ausgedrückt; wo φ' den Reibungswinkel für das Ausgleiten der Erdmasse an der Wandfläche AO, A' die Gröfse des Querschnitts DF und k' die Cohäsionskraft der Erde an der Wandfläche AO für die Flächen-Einheit bezeichnen.

Zweitens. Eben so sei, wenn $N' + dN'$ die normale Componente des gesammten Drucks $P' + dP'$ auf die Fläche CE darstellt, die Componente $S' + dS'$ dieses Drucks, parallel mit EC, ausgedrückt durch $S' + dS' = (N' + dN') \operatorname{tang}\varphi' + (A' + dA')k'$; wo φ' und k' die frühern Gröfsen und $A' + dA'$ die Fläche CE bezeichnen.

Gegen diese Annahmen ist zunächst einzuwenden, dafs es unerwiesen und sogar unwahrscheinlich ist, dafs die Wirkung der Reibung und Cohäsion in einer Schnittfläche der Erdmasse, wie DF, von der Reibungsfähigkeit und Cohäsionskraft, welche die Erdtheilchen *unter sich* haben, unabhängig und dem Maximum von Reibung und Cohäsion, welche sich in der Fläche DF erzeugen dürfte, wenn daselbst die Erde mit einer festen Wand von der Beschaffenheit der AO in Berührung wäre, gleich sei. In der Wirklichkeit wird die Componente S' des Drucks P' gegen DF weder der möglich-gröfste Werth der Reibung und Cohäsion zwischen der Erde und der Wand AO, noch der möglich-gröfste Werth der Reibung und Cohäsion zwischen den Erdtheilchen selbst, also weder gleich $N' \operatorname{tang}\varphi' + A'k'$, noch gleich $N' \operatorname{tang}\varphi + A'k$, sondern gleichzeitig eine Function von φ', φ, k' und k sein, welche von dem Gesetze der Vertheilung des Drucks in einer Erdmasse von der gegebenen Beschaffenheit und Begrenzung abhängig ist.

Drittens setzt *Persy* voraus, dafs, wenn N die normale Componente des Drucks P auf die Fläche EF ist, so finde für die Componente S dieses Drucks, parallel mit EF, der Ausdruck $N \operatorname{tang}\varphi + Ak$ Statt; wo φ den Reibungswinkel für das Ausgleiten der Erdtheilchen an einander, A die Gröfse der Fläche EF und k die Cohäsion der Erdmasse auf die Flächen-Einheit bezeichnet.

Diese Annahme ist ebenfalls nicht erwiesen; auch nicht durch triftige Gründe wahrscheinlich gemacht. Wir haben dieselbe zwar auch hier weiter oben bei der Betrachtung des Prismas vom gröfsten Schube für den Fall einer verticalen und unbedingt glatten Stützwand zum Grunde gelegt und mit Hülfe derselben die Gleichung (21.) abgeleitet; allein für jenen speciellen Fall war die Annahme nothwendig motivirt, weil sich in allen *verticalen* Querschnitten nur *horizontale* Pressungen erzeugen können und unter solchen Umständen die Bedingung des Princips vom kleinsten Widerstande, dafs der von jedem verticalen Prisma auf die Stützwand sich fortpflanzende Schub möglichst *klein* sei, blofs durch Zulassung der Annahme zu realisiren war, dafs die unterhalb EF liegende Erdmasse den möglich-gröfsten Widerstand in der Richtung EF leiste. Hier, wo die Pressungen gegen die Seitenflächen DF und CE des Prismas $DFEC$ gegen den Horizont schräg liegen, concurriren die drei Pressungen P', $P'+dP'$ und P gegen die Fläche DF, CE und EF in noch unbekannter Weise, um den von diesem Prisma ausgehenden horizontalen Schub gegen die feste Wand AO so klein als möglich zu machen; wobei es sich dann ereignen kann, dafs von einer dieser drei Flächen, nämlich von EF, die ganze Widerstandsfähigkeit in der Richtung EF in Anspruch genommen wird. Stellt man sich z. B. den Reibungs- und Cohäsionswiderstand zwischen der Erde und der Wand AO so bedeutend vor, dafs nach den *Persy*schen Hypothesen der gesammte Druck P' und $P'+dP'$ gegen die Flächen DF und CE *vertical* ausfällt, so würde der gesammte Druck P gegen die Fläche EF nothwendig *vertical* sein müssen, weil sich doch immer die drei Pressungen P', $P'+dP'$, P mit dem verticalen Gewichte W des Prismas im Gleichgewichte erhalten müfsten.

Viertens. Nachdem *Persy* die algebraische Summe der horizontalen und auch die der verticalen Componenten der vier Kräfte P', $P'+P'$, P, W gleich Null gesetzt hat, um dadurch die Nothwendigkeit des Gleichgewichts zwischen diesen auf das Prisma $DFEC$ wirkenden Kräften auszudrücken, geht er zur Integration der daraus für den Normaldruck N' auf die Fläche DF sich ergebenden Differentialgleichung über; welche dann auch für die Wandfläche AO Gültigkeit haben soll, und sucht nun, unter der Bedingung, dafs der Normaldruck auf AO ein *Maximum* sei, den allgemeinen Character der Grundfläche OB des Prismas vom gröfsten Schube.

Hiebei äufsert sich *Persy* durchaus nicht über die weitern Bedingungen, welche aus der Eigenschaft der unvollkommenen Flüssigkeit oder Zerreiblichkeit des Prismas $DFEC$ für das System der vier Kräfte P', $P'+dP'$, P, W entstehen. Diese Kräfte können sich an der Erdmasse $DFEC$ keinesweges wie an einem starren, unbiegsamen Körper im Gleichgewicht erhalten, sondern nur wie an einem vollkommen biegsamen Faden von der gegebenen physischen Beschaffenheit der Erde; was schon im Anfange der gegenwärtigen Untersuchungen über den Erddruck näher erläutert wurde. Durch die Berücksichtigung der Biegsamkeit der Erdmasse ***DFEC*** wird nun freilich nicht die Bedingung verändert, dafs die Summe der horizontalen und die der verticalen Componenten der fraglichen vier Kräfte gleich Null sei: allein sie würde ihren Einflufs haben, wenn man die Lage der Angriffspuncte jener Kräfte finden wollte; und daraus folgt, dafs die *Vertheilung* des Drucks über die Flächen ***DF*** und ***CE***, oder allgemein durch die ganze Erdmasse, von wesentlicher Bedeutung ist und nicht durch willkürliche Hypothesen ausgedrückt werden kann. Willkürlich ist aber in dieser Hinsicht die Annahme, dafs sich der Gegendruck der festen Wand ***AO*** so durch die Erdmasse fortpflanzen soll, dafs sich in jeder mit ***AO*** parallelen Durchschnittsfläche eine Reibung und Cohäsion einstelle, wie sie die Wand ***AO*** im Maximo zu erzeugen vermag.

Endlich ist noch zu bemerken, dafs es nicht darauf ankommen kann, den *normalen Druck* gegen die feste Wand ***AO*** zu einem Maximum zu machen, sondern dafs der *horizontale Druck* gegen diese Wand, d. h. die horizontale Componente des gesammten Drucks, ein Maximum sein mufs; was zwar in besondern Fällen, nicht aber im Allgemeinen zu demselben Resultat führt. Die Nothwendigkeit des Maximalwerthes für die horizontale, und nicht für die normale Componente, leuchtet ein, wenn man erwägt, dafs nach dem Principe vom kleinsten Widerstande irgend eine Erdmasse, wie ***AOB***, auf die festen Stützflächen, von welchen ***AO*** die eine ist, während die andere durch die rechts von ***OB*** liegenden Erdmassen und durch sonstige feste Wände dargestellt wird, stets den möglich-geringsten *horizontalen Schub* fortpflanzt, dafs demnach, bei den verschiedenen *möglichen* Wirkungen der Masse ***AOB*** gegen die festen Flächen, nur dieser horizontale Schub das veränderliche Element ist, während der verticale Druck der Masse ***AOB*** stets eine constante Gröfse ist, welche sich nur in verschiedener Art auf die Flächen ***AO*** und ***OB*** vertheilen kann.

Durch das Princip vom kleinsten Widerstande wird daher die wahre Wirkung einer Erdmasse, wie ***AOB***, gegen die Fläche ***AO***, wenn man sich jene Masse als zusammenhängenden Körper vorstellt, vollkommen bestimmt. Bei den Veränderungen der Grundfläche ***OB*** kommt es nur noch darauf an, diejenige Erdmasse zu ermitteln, deren wahrer, d. h. möglich-kleinster horizontale Schub, bei isolirter Lage, zugleich der gröfste aller übrigen ähnlichen Massen ist. Dieses Maximum des horizontalen Schubes mufs nun als der in der Wirklichkeit Statt findende horizontale Druck der Erde gegen die Wand *AO* angesehen werden; denn jeder *kleinere* horizontale Schub, welcher vielleicht einer andern Erdmasse wie *AOB* angehörte, würde der Anwendung des Princips vom kleinsten Widerstande auf diese Masse *AOB*, und auf alle, einen gröfseren horizontalen Schub bedingende ähnliche Massen, widersprechen: jeder *gröfsere* horizontale Schub aber würde die Anwendung des Princips vom kleinsten Widerstande auf *sämmtliche* der *AOB* ähnliche Massen unmöglich machen.

Da nun die vorstehend erörterten Voraussetzungen einer strengen Begründung entbehren, so haben auch die von *Persy* daraus gezogenen Folgerungen hinsichtlich der Gestalt der Grundfläche des Prismas vom gröfsten Schube keinen Anspruch auf Sicherheit. Wegen der eigenthümlichen Vertheilung des Drucks in einer reibungsfähigen und cohärirenden Erdmasse, welche noch besonders durch die Art der Umgrenzung modificirt wird, möchte überhaupt die Betrachtung paralleler Scheibenflächen, welche sich durch die ganze Masse erstrecken, nicht zu einer vollständigen Erklärung der hier vorkommenden Erscheinungen führen, wenn gleich das Verfahren noch die wenigsten Schwierigkeiten hat und in vielen Fällen für die Ausübung auch brauchbare Näherungswerthe liefert. Eine genaue Darlegung der hier in Betracht kommenden Gesetze wird sicher nur auf die Weise gelingen, dafs man die Wirkungen näher erforscht, welche jedes, nach allen Dimensionen unendlich kleine Massen-Element, unter dem Einflusse seiner Umgebung, nach allen Seiten fortpflanzt. Diese Betrachtungs-Art, wie sie im Anfange dieser Untersuchung unter gewissen einfachen Verhältnissen angewandt wurde, entspricht auch dem eigentlichen Wesen der fraglichen Massen am natürlichsten; wogegen die Theilung in parallele Schichten und in Bruchflächen, welche in der Wirklichkeit nicht existiren, gezwungen und in den allgemeineren Fällen, wo sich für die Richtung solcher Schichten nicht einmal motivirte Annahmen geltend machen, sogar völlig willkürlich ist.

Verlangt man für die Ausübung, in Ermangelung genügender Hypothesen, näherungsweise die Schätzung der Wirkung einer horizontal abgeglichenen Erdmasse gegen eine schräge und rauhe Wandfläche *AO* (Fig. 81), so wird man zwar die durch den tiefsten Punct der Wand gehende Bruchfläche *OB* als eine Ebene ansehen können: allein, ehe die Rechnung beginnt, sind folgende Betrachtungen anzustellen, bei welchen der Einfachheit wegen angenommen wird, dafs die Erdtheilchen unter sich und gegen die Wand ***AO*** nur ***Reibung,*** nicht aber ***Cohäsion*** haben.

Wenn die Wand ***OA*** rechts von der Verticalen ***OC*** liegt und ihr Neigungswinkel ***AOY*** gegen den Horizont kleiner ist als der Reibungswinkel φ, welcher einem Gleiten der Erdtheilchen auf einander entspricht, so wird die Wand *gar keinen* Druck erfahren, indem jede Erdmasse, wie ***AOB,*** durch die Reibungsfähigkeit der Durchschnittsfläche ***OB*** vom Herabgleiten abgehalten wird. Es wird hiebei jedoch vorausgesetzt, dafs die horizontale Basis ***OY,*** auf welcher die Erde ruhet, hinlänglich rauh sei; indem sonst, wie sich weiter unten zeigen wird, ungeachtet der Kleinheit des Winkels ***AOY,*** ein Druck gegen die Wand ***AO*** entstehen kann.

Wenn der Winkel ***AOY*** spitz, aber gröfser als φ, oder wenn er stumpf ist, so werden Erdmassen, wie ***AOB,*** nur mit Hülfe des Widerstandes der Wand ***AO*** gehalten werden. Nach dem Principe vom kleinsten Widerstande wird, um irgend ein gegebenes Prisma ***AOB*** zu halten, der möglich-kleinste horizontale Widerstand der Wand ***AO*** in Anspruch genommen werden; und hieraus folgt, unter den obigen Voraussetzungen, dafs die Flächen ***OB*** und ***OA*** in Richtungen Widerstand leisten werden, welche der Verticalen möglichst nahe kommen, dafs also diese Widerstände mit den Normalen auf ***OB*** und ***OA*** die Winkel φ und φ' einschliefsen werden, deren erster der Reibungswinkel für die Erdtheilchen unter sich, der letztere der Reibungswinkel für die an der Wand ***OA*** abgleitenden Erdtheilchen ist. Es versteht sich von selbst, dafs hierbei der Winkel ***BOY*** gröfser als φ genommen und der Winkel ***AOY*** kleiner als $180^0 - \varphi'$ sein mufs, weil sonst die Widerstände dieser Flächen nur als vertical angesehen werden könnten.

Es ist jedoch ausdrücklich zu bemerken, dafs der Reibungswinkel φ' für die Erde an der Wand ***OA,*** nur ***gleich,*** oder ***kleiner*** sein darf, als der Reibungswinkel φ für die Erdtheilchen aneinander, und dafs, wenn φ' gröfser wäre, als φ, die Wand ***OA*** nur in einer Richtung widerstehen könnte, welche mit der Normalen auf ***OA*** höchstens den Winkel φ einschliefst. Denn man stelle sich eine unendlich dünne, mit ***OA*** parallele Erdschicht ***AOO'A'*** vor, so wird man die Richtung des Drucks in der Fläche ***OA*** finden, wenn man den Widerstand der Wand ***OA*** mit dem Gewichte von ***AOO'A'*** zusammensetzt. Da nun das letztere Gewicht unendlich klein, also nahe gleich Null ist, so wird auch die Richtung des Drucks gegen ***O'A',*** bis auf einen unendlich kleinen Unterschied, gleich der Richtung des Widerstandes der Wand ***OA*** sein.

Der Druck auf die ganz in der Erdmasse liegende Fläche $O'A'$ kann aber mit der Normalen auf $O'A'$ höchstens den Winkel φ einschliefsen: demnach kann auch der Neigungswinkel des Widerstandes der Wand OA gegen deren Normale höchstens gleich φ sein.

In der Wirklichkeit wird meistens der Reibungswinkel φ' für die Wand OA *gröfser* sein, als der Reibungswinkel φ für Erde auf Erde. Man wird also in der Wirklichkeit den Winkel φ' gewöhnlich ganz aufser Acht lassen und dafür den Winkel φ setzen können, wie wenn OA eine Durchschnittsfläche mitten in der Erdmasse wäre.

Das so eben beschriebene Verfahren, die Widerstände der Flächen OB und OA so steil als möglich anzunehmen, ist ganz dem Principe vom kleinsten Widerstande gemäfs und giebt den möglich-kleinsten horizontalen Druck, welcher der Erdmasse AOB entgegengesetzt werden mufs, um sie am Herabgleiten zu hindern, insofern sie als ein starrer Körper angesehen werden darf. Läfst man nun die Neigung der Fläche OB sich ändern, da sie jede beliebige Lage in der Erdmasse haben könnte, so mufs die Wand fähig sein, dem gröfsten horizontalen Schube irgend einer Erdmasse, wie AOB, zu widerstehen; und dieser Schub wird gewöhnlich ohne alle Einschränkung als der wahre horizontale Druck gegen die Wand OA angesehen. Dies würde unbedenklich richtig sein, wenn man unter allen Umständen die Erdmasse AOB wie einen zusammenhängenden Körper behandeln dürfte. In der Wirklichkeit ist aber AOB kein starrer Körper; und in der That darf man die wahre Natur desselben bei der gegenwärtigen Aufgabe nicht ganz vernachläfsigen, wenn nicht für manche Neigungen der Wand OA die Resultate von der Wahrheit sehr weit sich entfernen sollen.

Obgleich sich die Natur der Erdmasse nicht näher ermessen läfst, dürfte es doch für die Ausübung hinreichend genau sein, die Erde nur in allen, durch den Punct O gehenden Ebenen trennbar sich vorzustellen. Dann fragt es sich aber, ob zum Zurückhalten irgend eines Prismas, wie DOB, auf den ganz in der Erdmasse liegenden Ebenen OB und OD, nicht ein gröfserer horizontaler Druck nöthig sei, als zum Halten irgend eines Prismas, wie AOB, auf den Ebenen OB und OA, von welchen nur die erste in der Erdmasse, die letzte in der festen Wand OA liegt. Sollte dem so sein, so würde dasjenige Prisma von der Gestalt DOB, welches den gröfsten horizontalen Druck erforderte, da dasselbe, ebensowohl wie jedes andere Prisma der Erdmasse AOY, gehalten werden mufs, den *wahren horizontalen Druck* gegen die Wand OA

geben, und man würde den ***gesammten Druck*** gegen die Wand erhalten, wenn man den gesammten Druck auf ***OD*** mit dem Gewichte der Erdmasse ***DOA*** zusammensetzt.

Wenn man die Gleichgewichtsbedingungen für das Prisma ***DOB***, unter der nothwendigen Annahme, dafs die Widerstände der Flächen ***OB*** und ***OD*** unter demselben Winkel φ gegen die Normalen geneigt seien, entwickelt, indem man den Winkel ***COD*** $=\alpha'$ und den Winkel ***COB*** $=\alpha$ setzt, so zeigt sich, dafs der horizontale Schub jenes Prismas eine symmetrische Function der beiden veränderlichen Gröfsen α' und α sein wird, und dafs mithin die Bedingung des Maximums dieses horizontalen Schubes zu der Gleichheit der Winkel α' und α führen mufs. Wenn aber ***COD*** $=$ ***COB*** ist, so leuchtet ein, dafs in dem verticalen Querschnitte ***OC*** des Prismas ***DOB***, dessen Formen und Kräfte in Beziehung zu ***OC*** völlig symmetrisch sind, nur ein ***horizontaler*** Druck Statt finden kann, welcher dem horizontalen Schube des Prismas ***DOB*** gleich ist. Aus dem letzteren Umstande folgt, in Bezug auf die früheren Untersuchungen über den gröfsten Schub der Erde gegen eine verticale, unbedingt glatte Wand, welche nur einem Drucke in horizontaler Richtung zu widerstehen vermag, dafs

$$\alpha' = \alpha = \tfrac{1}{2}(\tfrac{1}{2}\pi - \varphi), \quad \text{also} \quad \text{W.}\,DOB = \tfrac{1}{2}\pi - \varphi$$

sein müsse, damit das Prisma ***DOB*** den ***stärksten horizontalen Schub*** hervorbringe.

Hieraus ergeben sich nachstehende Folgerungen.

Wenn der Neigungswinkel ***AOC*** der festen Wand ***AO*** gegen die Verticale rechts von dieser Verticalen liegt, oder wenn er, links von der Verticalen liegend, kleiner als $\frac{1}{2}(\frac{1}{2}\pi-\varphi)$ ist, so ist stets die Wandfläche ***OA*** als die eine Seite des Erdprismas ***AOB*** vom gröfsten Schube anzusehen. Der Neigungswinkel des Widerstandes der Wand ***OA*** gegen die Normale auf ***OA*** ist alsdann gleich φ' zu setzen, insofern $\varphi' < \varphi$ ist, oder gleich φ, wenn $\varphi' =$ oder $> \varphi$ sein sollte.

Bezeichnet unter diesen Umständen

α' den Winkel ***COA***;

α den Winkel ***COB***;

φ' den Reibungswinkel für das Gleiten der Erde an der Wand ***OA***;

φ den Reibungswinkel für das Gleiten der Erdtheilchen aneinander;

H die Höhe ***OC***;

w das Gewicht der Volum-Einheit der Erde;

P den gesammten Widerstand der Wand **OA** auf die Längen-Einheit in perpendicularer Richtung zu der Durchschnitts-Ebene **AOY;**

Q, R resp. die horizontale und die verticale Componente dieses Widerstandes,

so findet sich leicht

$$(23.)\quad Q = \tfrac{1}{2}wH^2.\frac{\cos(\varphi'\pm\alpha')\cos(\varphi+\alpha)(\operatorname{tang}\alpha\pm\operatorname{tang}\alpha')}{(\sin\varphi+\varphi'+\alpha\pm\alpha')},$$

$$(24.)\quad R = Q\operatorname{tang}(\varphi'\pm\alpha') = \tfrac{1}{2}wH^2.\frac{\sin(\varphi'\pm\alpha')\cos(\varphi+\alpha)(\operatorname{tang}\alpha\pm\operatorname{tang}\alpha')}{\sin(\varphi+\varphi'+\alpha\pm\alpha')},$$

$$(25.)\quad P = \frac{Q}{\cos(\varphi'\pm\alpha')} = \tfrac{1}{2}wH^2.\frac{\cos(\varphi+\alpha)(\operatorname{tang}\alpha\pm\operatorname{tang}\alpha')}{\sin(\varphi+\varphi'+\alpha\pm\alpha')};$$

wo das obere oder das untere Zeichen zu nehmen ist, je nachdem der Winkel **COD** $=\alpha'$ links oder rechts von der Verticalen **OC** liegt.

Setzt man den Differentialcoëfficienten von Q nach α gleich Null, so ergiebt sich, nach gehöriger Entwickelung der Ausdrücke, um den Neigungswinkel **COB** $=\alpha$ der ***Bruchfläche* OB** gegen die Verticale zu finden, welche das Prisma **AOB** vom gröfsten horizontalen Schube begrenzt:

$$(26.)\quad \operatorname{tang}\alpha = \sqrt{\{[\operatorname{tang}(\varphi+\varphi'\pm\alpha')\mp\operatorname{tang}\alpha'][\operatorname{tang}(\varphi+\varphi'\pm\alpha')+\cot\varphi]\}} - \operatorname{tang}(\varphi+\varphi'\pm\alpha').$$

Der wahre horizontale Schub Q gegen die feste Wand **OA** wird hierdurch nach (23.)

$$(27.)\quad Q = \tfrac{1}{2}wH^2.\frac{\sin\varphi\cos(\varphi'\pm\alpha')}{\cos^2(\varphi+\varphi'\pm\alpha')}\left\{\sqrt{\left(\frac{\cos(\varphi'\pm\alpha')}{\sin\varphi}\right)}-\sqrt{\left(\frac{\sin(\varphi+\varphi')}{\cos\alpha'}\right)}\right\}^2,$$

und die verticale Componente R, welche sich mit diesem horizontalen Schube Q zu dem gesammten Widerstande P der Wand **OA** zusammensetzt:

$$(28.)\quad R = \tfrac{1}{2}wH^2.\frac{\sin\varphi\sin(\varphi'\pm\alpha')}{\cos^2(\varphi+\varphi'\pm\alpha')}\left\{\sqrt{\left(\frac{\cos(\varphi'\pm\alpha')}{\sin\varphi}\right)}-\sqrt{\left(\frac{\sin(\varphi+\varphi')}{\cos\alpha'}\right)}\right\}^2.$$

In den letzten drei Gleichungen gelten die obern oder die untern Zeichen, je nachdem die erste oder die zweite Voraussetzung hinsichtlich der Lage des Winkels α Statt findet.

Die geometrische Construction des Neigungswinkels **COB** $=\alpha$ der Grundfläche des Prismas vom gröfsten Schube gegen die Verticale, nach der Formel (26.), ist sehr einfach und in den beiden Figuren (82 und 83) dargestellt. Es sei nemlich **OC** der Sinustotus. Trägt man *links* von der Wand **OA** den Winkel **AOE** $=\varphi+\varphi'$ an, so ist **COE** $=\varphi+\varphi'\pm\alpha'$, also die Linie **EA** $=\operatorname{tang}(\varphi+\varphi'\pm\alpha')\mp\operatorname{tang}\alpha$. Macht man ferner W. **FOY** $=\varphi$, so ist

$$CF = \cot\varphi \text{ und } EF = [\operatorname{tang}(\varphi+\varphi'\pm\alpha')+\cot\varphi].$$

Beschreibt man nun über $\boldsymbol{EF}$ einen Halbkreis $\boldsymbol{EGF}$, errichtet in $\boldsymbol{A}$ das Perpendikel $\boldsymbol{AG}$ und macht $\boldsymbol{EB}=\boldsymbol{EG}$, so ist

$$\boldsymbol{EB} = \sqrt{\{[\text{tang}(\varphi+\varphi'\pm\alpha')\mp\text{tang}\,\alpha'][\text{tang}(\varphi+\varphi'\pm\alpha')+\cot\varphi]\}},$$

mithin $\boldsymbol{CB}=\boldsymbol{EB}-\boldsymbol{EC}=\boldsymbol{EB}-\text{tang}(\varphi+\varphi'\pm\alpha')=\text{tang}\,\alpha$, nach (26.), folglich $\boldsymbol{COB}=\alpha$ und $\boldsymbol{OB}$ die Basis des Erdprismas vom gröfsten horizontalen Schube.

Für den Fall $\varphi'=0$, also wenn die Wand $\boldsymbol{OA}$ unbedingt glatt und durchaus ohne Reibung wäre, so dafs alsdann die Richtung des gesammten Widerstandes $\boldsymbol{P}$ normal auf jener Wand stehen müfste, folgt aus (26.):

$$(29.)\qquad \alpha = \tfrac{1}{4}\pi-\tfrac{1}{2}(\varphi\pm\alpha') = \tfrac{1}{2}[\tfrac{1}{2}\pi-(\varphi\pm\alpha')];$$

also würde dann die Basis $\boldsymbol{OB}$ des Prismas vom gröfsten Schube den Winkel $\boldsymbol{AOF}$ *halbiren.*

Der horizontale Schub selbst ist dann nach (27.)

$$(30.)\qquad \boldsymbol{Q} = \tfrac{1}{2}w\boldsymbol{H}^2\left\{\frac{\sin(\frac{1}{4}\pi-\frac{1}{2}\varphi\pm\frac{1}{2}\alpha')}{\cos(\frac{1}{4}\pi-\frac{1}{2}\varphi\mp\frac{1}{2}\alpha)'}\right\}^2$$

und die verticale Componente des gesammten Widerstandes $\boldsymbol{P}$ der Wand $\boldsymbol{OA}$ ist

$$(31.)\qquad \boldsymbol{R} = \pm\tfrac{1}{2}w\boldsymbol{H}^2\,\text{tang}\,\alpha'\left\{\frac{\sin(\frac{1}{4}\pi-\frac{1}{2}\varphi\pm\frac{1}{2}\alpha')}{\cos(\frac{1}{4}\pi-\frac{1}{2}\varphi\mp\frac{1}{2}\alpha')}\right\}^2.$$

Wenn nun aber der Neigungswinkel $\boldsymbol{AOC}$ der festen und reibungsfähig angenommenen Wand $\boldsymbol{OA}$ gegen die Verticale $\boldsymbol{OC}$ links von der letzteren liegt und zugleich *gröfser* ist als $\frac{1}{2}(\frac{1}{2}\pi-\varphi)$, oder gröfser als $\frac{1}{2}\boldsymbol{COF}$, so gelten die Formeln (23. bis 28.) unbedingt nicht mehr, insofern der Winkel φ' *gröfser* als φ wäre, also nach den obigen Bemerkungen stets *gleich* φ gesetzt werden müfste. Denn alsdann gäbe es jedenfalls ein ganz in der Erdmasse liegendes Prisma, wie $\boldsymbol{DOB}$ (Fig. 81), bei welchem W. $\boldsymbol{COD}=\boldsymbol{COB}=\frac{1}{2}(\frac{1}{2}\pi-\varphi)$ wäre, und welches einen gröfseren horizontalen Schub erzeugen würde, als irgend ein auf der einen Seite der Wand $\boldsymbol{OA}$ begränztes Prisma, wie $\boldsymbol{AOB}$.

Der horizontale Druck gegen die Wand $\boldsymbol{OA}$ würde unter diesen Umständen, unabhängig von der Gröfse des Winkels $\boldsymbol{COA}=\alpha'$, nach der Formel (18.)

$$(32.)\qquad \boldsymbol{Q} = \tfrac{1}{2}w\boldsymbol{H}^2.\text{tang}^2(\tfrac{1}{4}\pi-\tfrac{1}{2}\varphi)$$

sein; was zugleich den in der verticalen Durchschnittsfläche $\boldsymbol{OC}$ Statt findenden horizontalen gesammten Druck darstellt. Es ist klar, dafs unter diesen Verhältnissen die verticale Componente des gesammten Drucks gegen die Wand **OA** nothwendig gleich dem Gewichte der Erdmasse **COA** und also

$$(33.)\quad R = \tfrac{1}{2}wH^2.\operatorname{tang}\alpha'$$

sein mufs.

Bezeichnet man den Winkel, welchen der gesammte Widerstand P der Wand OA mit der Normalen auf dieser Wand einschliefst, durch ψ', so dafs $\operatorname{tang}(\alpha'+\psi') = \frac{R}{Q}$ ist, so erhält man, wegen der vorstehenden Werthe von R und Q, aus (33. und 32.):

$$(34.)\quad \operatorname{tang}(\alpha'+\psi') = \frac{\operatorname{tang}\alpha'}{\operatorname{tang}^2(\frac{1}{4}\pi-\frac{1}{2}\varphi)} = \operatorname{tang}\alpha'\operatorname{tang}^2(\tfrac{1}{4}\pi+\tfrac{1}{2}\varphi).$$

Da $\operatorname{tang}^2(\frac{1}{4}\pi+\frac{1}{2}\varphi)$ stets positiv und >1, also $\operatorname{tang}\alpha'\operatorname{tang}^2(\frac{1}{4}\pi+\frac{1}{2}\varphi)$ stets $>\operatorname{tang}\alpha'$ ist, so wird $\operatorname{tang}(\alpha'+\psi')$ stets $>\operatorname{tang}\alpha'$, mithin der Winkel ψ' stets positiv sein. Hieraus folgt zunächst, dafs die Richtung des Widerstandes P stets ***unterhalb,*** niemals oberhalb der Normale, links auf OA liegen wird, so dafs bei der schwächsten Reibungsfähigkeit der innern Wandfläche OA doch niemals die Erdmasse nach oben in der Richtung OA ausgleiten könnte.

Aus (34.) folgt ferner, dafs der Winkel ψ' stets $<\varphi$ ist, so dafs die Widerstandsfähigkeit der Wand OA, wenn sie gröfser ist als die Widerstandsfähigkeit einer ganz in der Erdmasse liegenden Durchschnittsfläche, oder ihr gleich, niemals ganz in Anspruch genommen wird: eine Thatsache, welche der obigen Hypothese Nr. 3. von ***Persy*** unter den gegenwärtigen Umständen, wo der Winkel $\alpha>\frac{1}{2}(\frac{1}{2}\pi-\varphi)$ sein soll, geradezu widerspricht.

Die Richtigkeit der Folgerung $\psi'<\varphi$ aus (34.) wird übrigens erhellen, wenn man nachzuweisen sucht, dafs

$$\operatorname{tang}(\alpha'+\varphi) > \operatorname{tang}(\alpha'+\psi'),\ \text{d. i.}$$

$$\operatorname{tang}(\alpha'+\varphi) > \operatorname{tang}\alpha'\operatorname{tang}^2(\tfrac{1}{4}\pi+\tfrac{1}{2}\varphi)\ \text{oder}$$

$$\frac{\operatorname{tang}(\alpha'+\varphi)}{\operatorname{tang}\alpha'} > \operatorname{tang}^2(\tfrac{1}{4}\pi+\tfrac{1}{2}\varphi)$$

sei, und zu diesem Behufe $\alpha' = \frac{1}{2}(\frac{1}{2}\pi-\varphi)+\delta$ setzt. Hiernach müfste

$$\frac{\operatorname{tang}(\frac{1}{4}\pi+\frac{1}{2}\varphi+\delta)}{\operatorname{tang}(\frac{1}{4}\pi-\frac{1}{2}\varphi+\delta)}\ \text{oder}\ \operatorname{tang}(\tfrac{1}{4}\pi+\tfrac{1}{2}\varphi+\delta)\operatorname{tang}(\tfrac{1}{4}\pi+\tfrac{1}{2}\varphi-\delta) > \operatorname{tang}^2(\tfrac{1}{4}\pi+\tfrac{1}{2}\varphi)$$

sein; was nicht zweifelhaft ist, da die Entwickelung dieser Ungleichheit links, nach gehöriger Reduction,

$$-1 > -\operatorname{tang}^4(\tfrac{1}{4}\pi+\tfrac{1}{2}\varphi)$$

giebt.

Wenn endlich unter der Voraussetzung $\alpha' > \frac{1}{2}(\frac{1}{2}\pi - \varphi)$ die Reibungsfähigkeit der Wandfläche ***OA kleiner*** als die Reibungsfähigkeit in einer ganz innerhalb der Erdmasse liegenden Ebene, also $\varphi' < \varphi$ ist, so tritt die Gültigkeit der Formeln (32. und 33.) noch nicht sofort bei der kleinsten Vergröfserung des Winkels α' über den Werth $\frac{1}{2}(\frac{1}{2}\pi - \varphi)$, sondern erst dann ein, wenn der Winkel $AOC = \alpha'$ so grofs ist, dafs (34.) $\psi' < \varphi'$ giebt. Für alle kleineren Werthe von α', für welche (34.) die unmögliche Forderung $\psi' > \varphi'$ geben wird, gelten die früheren Formeln (26., 27., 28.), indem alsdann der Widerstand der Wand ***OA*** mit der Normalen auf dieser Wand den Winkel φ' einschliefst und der Werth des horizontalen Schubes Q aus (27.) *gröfser* ist, als der aus (32.). Für alle gröfseren Werthe von α' gelten die Formeln (32., 33., 34.), indem alsdann der Widerstand der Wand ***OA*** mit der Normalen auf dieser Wand den Winkel ψ' einschliefst und der Werth des horizontalen Schubes Q aus (32.) *gröfser* ist, als der aus (27.).

Den eben erwähnten Grenzwerth des Winkels α', welchen wir durch β' bezeichnen wollen, findet man aus (34.), wenn man darin $\alpha' = \beta'$ und $\psi' = \varphi'$ setzt und die Gleichung nach β' auflöset. Dies giebt

$$\frac{\tang(\beta'+\varphi')}{\tang\beta'} = \tang^2(\tfrac{1}{4}\pi + \tfrac{1}{2}\varphi) = \frac{\tang(\frac{1}{4}\pi + \frac{1}{2}\varphi)}{\tang(\frac{1}{4}\pi - \frac{1}{2}\varphi)} \quad \text{oder}$$

$$\frac{\tang(\beta' + \frac{1}{2}\varphi' + \frac{1}{2}\varphi')}{\tang(\beta' + \frac{1}{2}\varphi' - \frac{1}{2}\varphi')} = \frac{\tang(\frac{1}{4}\pi + \frac{1}{2}\varphi)}{\tang(\frac{1}{4}\pi - \frac{1}{2}\varphi)},$$

woraus sich

$$(35.) \qquad \sin(2\beta' + \varphi') = \frac{\sin\varphi'}{\sin\varphi}$$

als der einfachere Ausdruck des Winkels β' findet.

Für $\varphi' = \varphi$ wird $\beta' = \frac{1}{2}(\frac{1}{2}\pi - \varphi)$; was mit dem Obigen übereinstimmt. Für $\varphi' = 0$ wird $\beta' = \frac{1}{2}\pi$. Man sieht also, dafs für eine unbedingt glatte Wand ***OA*** stets die aus den Formeln (26., 27., 28.) abgeleiteten Gleichungen (29., 30., 31.) Gültigkeit haben, welches auch die Neigung der Wand ***OA*** sein möge.

Alles Vorstehende läfst sich darin zusammenfassen, dafs für irgend einen Werth des Reibungswinkels φ' die Formeln (26., 27., 28.) so lange gelten, als der Winkel α' nicht den Werth β' aus (35.) übersteigt; wobei jedoch in den Formeln stets φ statt φ' zu setzen ist, sobald $\varphi' > \varphi$ sein sollte: dafs ferner die Formeln (32., 33., 34.) anzuwenden sind, sobald der Winkel α' den Werth β' aus (35.) überschreitet: dafs aber für eine völlig glatte Wand, für welche $\varphi = 0$ ist, stets die ersteren oder die daraus abgeleiteten Formeln (29., 30., 31.) gelten, indem alsdann eine Überschreitung des Werths von β' aus (35.) durch den Winkel α' nicht möglich ist.

Durch die gegenwärtige Ermittelung des stärksten horizontalen Schubes gegen eine schräge und reibungsfähige Wand, welche eine nicht unwesentliche Vervollständigung der bisherigen Ansichten über diesen Schub enthalten dürfte, verschwindet denn auch der Widerspruch, der sich aus jenen Ansichten und aus den darauf gegründeten Formeln (26., 27., 28.) ergeben würde, sobald man sich den Winkel $COA = \alpha'$ gröfser als $\frac{1}{2}\pi - \varphi'$ vorstellt. Denn dann müfste nach jenen Ansichten der gesammte Widerstand P der Wand OA eine von rechts nach links gegen die Verticale geneigte Richtung annehmen; was einen Schub der Erdmasse AOY voraussetzen würde, dessen horizontale Componente nicht nach der Seite YO, sondern nach der Seite OY wirkte. Wollte man aber bei dieser Neigung der Wand OA annehmen, sie widerstehe vertical von unten nach oben, wozu sie offenbar fähig ist, so würde es nothwendig sein, dafs auch der Widerstand jeder Durchschnitts-Ebene (wie OB) der Erdmasse vertical wäre, weil diese beiden Widerstände mit dem verticalen Gewichte des Prismas AOB im Gleichgewichte sein müssen. Man sieht aber, dafs eine solche Folgerung für möglichst steile Lagen der Ebene OB unmöglich ist, und dafs selbst dann, wenn es nicht so wäre, jeder Anhaltspunct fehlen würde, um die Gröfse des verticalen gesammten Drucks auf die Wand OA zu finden.

Durch die vorstehenden Untersuchungen sind blofs die *Gröfse* des Widerstandes der festen Wand AO und dessen horizontale und verticale Componente, nicht aber die Lage des *Angriffspuncts* des Widerstandes ermittelt worden. Sollte es als gewifs anzusehen sein, dafs jeder von A aus gemessene Theil der Wand AO, wie etwa AO_1 (Fig. 84), genau auf dieselbe Weise von der Erdmasse gedrückt wird, wie die ganze Wand AO, so dafs man in allen vorstehenden Formeln nur $C_1O_1 = H_1$ statt $CO = H$ zu setzen brauchte, um den Druck auf AO_1 zu finden, so würde sich ohne Schwierigkeit ergeben, dafs der Angriffspunct des gesammten Drucks gegen die Wand AO, wie bei einer vollkommenen Flüssigkeit, in der Tiefe $\frac{2}{3}H$ unter dem horizontalen Spiegel AB der Erdmasse, also auch in einem längs der Wand AO gemessenen Abstande von $\frac{2}{3}AO$ vom Puncte A liegen müsse.

Über das gleiche Verhalten der Erdmasse gegen den Theil AO_1 und gegen die ganze Wand AO hat man zwar zuweilen Bedenken geäufsert; sie sind aber von keiner grofsen Erheblichkeit, wenn man erwägt, dafs sich ohne Einflufs auf die Kräfte des Prismas AOB die Basis OY der ganzen Erdmasse entfernen, nach O_2Y_2 verlegen und die Wand AO bis O_2 verlängern lassen würde, indem man den Raum YOO_2Y_2 mit Erde von gleicher Art ausfüllte. Hierdurch würde sich hinter der Wand AO_2 nach den früheren Principien ein dem AOB ähnliches Prisma AO_2B_2 vom gröfsten Schube erzeugen, welches die Coëxistenz des ersten Prismas AOB hinter dem Wandtheile AO mit allen darauf angebrachten Kräften vollkommen gestatten würde, indem die Zusammensetzung des in O_2B_2 Statt findenden Drucks mit dem Gewichte der Masse B_2O_2OB und mit der Differenz der Widerstände der Wandflächen AO_2 und AO, d. h. mit dem Widerstande des Wandstückes O_2O, genau den früheren Druck in der Fläche OB hervorbrächte. Was hier von dem Drucke gegen die Wand AO_2 und den Theil AO derselben gesagt ist, gilt offenbar auch von dem Drucke gegen die Wand AO und gegen irgend einen Theil AO_1 derselben.

Ich erlaube mir jetzt noch einige Bemerkungen über den Reibungswinkel φ einer Erdmasse. Abstrahirt man von dem Cohäsionswiderstande k einer solchen Masse, und von dem äufsern Luftdrucke ϱ, so ist es richtig, zu sagen, jener Winkel φ, welcher die Richtung des Widerstandes zweier aneinander gleitender Berührungs-Ebenen der Erdmasse gegen die Normale dieser Ebenen darstellt, sei zugleich der *steilste Böschungswinkel* gegen den Horizont, unter welchem sich die freie Oberfläche der Erde im Gleichgewicht zu erhalten vermag. Behauptet man jedoch, dieser Böschungswinkel erzeuge sich von selbst, wenn die Erdmasse Anfangs unter steilern Winkeln auf irgend eine feste Grundfläche geschüttet und alsdann der Wirkung der Schwere ungehindert überlassen wird, so findet der Satz in dieser Allgemeinheit nicht Statt, sondern bedarf einer besondern Einschränkung, da die Möglichkeit, dafs sich in dem *natürlichen* Böschungswinkel gegen den Horizont auch der *Reibungswinkel* darstelle, von der physischen Beschaffenheit der *Basis*, auf welcher die Erde ruhet, abhangt, und unter gewissen Umständen der natürliche Böschungswinkel nothwendig *kleiner* sein mufs, als der Reibungswinkel.

Man setze, zwischen zwei parallelen verticalen Wänden sei auf der festen horizontalen Grundfläche AC (Fig. 85) eine Erdmasse aufgeschüttet, deren Querschnitt, parallel mit den gedachten verticalen Ebenen, überall das gleichschenklige Dreieck ABC bildet, in welchem der Winkel $BAC = BCA = \beta$ ist. Es leuchtet ein, dafs sich in dem verticalen Querschnitte BD, in Beziehung zu welchem die beiden Theile *BDA* und *BDC* der Erdmasse ganz symmetrisch sind, nur ein normaler, also horizontaler Seitendruck *Q* erzeugen kann, welcher, da sich keine zu *BD* parallelen Stützwände finden, um ihm von aufsen her zu widerstehen, lediglich durch den Reibungswiderstand der horizontalen Grundflächen *DA* und *DC* von beiden Seiten her aufgenommen werden mufs. Ist demnach die Fläche *AC völlig glatt,* also zu irgend einem Reibungswiderstande unfähig, so ist es unmöglich, dafs sich über derselben eine geböschte Erdmasse im Gleichgewichte erhalten könne, und die etwa darauf geschüttete Erde wird sich, gleich einer vollkommenen Flüssigkeit, in einer unendlich dünnen horizontalen Schicht auseinander breiten. Wäre dagegen die Fläche *AC rauh,* und überstiege die Reibungsfähigkeit derselben ein gewisses Maafs, so würde die darauf geschüttete Erde einen Böschungswinkel β bilden, welcher dem Reibungswinkel φ gleich wäre: gleichviel, ob die Reibungsfähigkeit der Fläche *AC* den noch zu bestimmenden Werth um viel oder wenig überschritte. Bei einer weniger rauhen Grundfläche jedoch steht der steilste Böschungswinkel $BAC = BCA = \beta$, welchen die Erde auf dieser Fläche anzunehmen vermag, zu dem Reibungswinkel φ der Erdmasse und zu dem Reibungswinkel φ', welcher der Reibung zwischen der Erde und der Fläche *AC* entspricht, in einer gewissen Beziehung, deren Untersuchung der Zweck nachfolgender Betrachtung ist.

Wir nehmen die, freilich nicht erwiesene, aber sicherlich von der Wahrheit nur wenig abweichende Hypothese an, dafs der Theil *BED* der Erdmasse *BAD,* welcher das meiste Bestreben hat, auf der Basis *ED* herabzugleiten, ein Prisma mit *ebener* Bruchfläche *ED* sei. Bezeichnet man hierauf den Winkel *BDE* durch α, die Höhe *BD* durch *H* und den horizontalen Schub der Erdmasse *BED,* (deren horizontale Dimension, perpendicular zur Ebene *ABC,* gleich einer Längen-Einheit sein mag) gegen die Fläche *BD,* durch *Q;* so findet sich leicht, unter Vernachläfsigung des Cohäsionswiderstandes der Erde und des äufsern atmosphärischen Drucks, wenn man berücksichtigt, dafs die Ebene *ED* in einer Richtung Widerstand leistet, die unter dem Reibungswinkel φ gegen deren Normale geneigt ist:

$$(36.)\quad Q = \tfrac{1}{2}wH^2 \cdot \frac{\operatorname{tang}\alpha}{\operatorname{tang}(\alpha+\varphi)(1+\operatorname{tang}\alpha\operatorname{tang}\beta)} = \tfrac{1}{2}wH^2 \cdot \frac{\sin\alpha\cos\beta}{\operatorname{tang}(\alpha+\varphi)\cos(\alpha-\beta)}.$$

Setzt man, um das Maximum von *Q* und den dazu gehörigen Werth von α zu finden, die Differentialcoëfficienten von *Q* nach α oder $\operatorname{tang}\alpha$ gleich Null, so ergiebt sich nach geschehener Entwickelung:

$$(37.)\quad \tang\alpha = \frac{\cos\varphi}{\sin\varphi+\sqrt{\left(1+\frac{\tang\beta}{\tang\varphi}\right)}} = \frac{\cos\varphi}{\sin\varphi+\sqrt{\left(\frac{\sin(\beta+\varphi)}{\cos\beta\sin\varphi}\right)}}.$$

Durch Substitution dieses Werths von $\tang\alpha$ in die vorige Gleichung erhält man für die wahre Gröfse des in der Fläche BD sich äufsernden horizontalen Schubes:

$$(38.)\quad Q = \tfrac{1}{2}wH^2\left(\frac{\cos\varphi}{1+\sin\varphi\sqrt{\left(1+\frac{\tang\beta}{\tang\varphi}\right)}}\right)^2$$

$$= \tfrac{1}{2}wH^2\left(\frac{\cos\varphi}{1+\sqrt{\left(\frac{\sin\varphi\sin(\beta+\varphi)}{\cos\beta}\right)}}\right)^2.$$

Den Angriffspunct G dieses Drucks betreffend: so giebt eine der vorstehenden ganz gleiche Rechnung für den Druck, welcher auf irgend einen vom Puncte B herab gerechneten Theil der Fläche BD Statt findet, eine Formel, welche mit (38.) ganz übereinstimmt, indem darin nur die Höhe z des in Rede stehenden Theils der Fläche BD statt H vorkommt. Nimmt man das Differential dieses Drucks nach z, so erhält man den Druck auf einen elementaren Theil der Fläche BD von der Höhe ∂z, in der Tiefe z unter dem Puncte B. Auf diesem Wege findet man endlich, indem man die Summe der Momente aller dieser elementaren Pressungen in Beziehung zum Puncte B ermittelt und dieselbe durch den Werth des Gesammtdrucks Q aus (38.) dividirt hat, für den Abstand des Angriffspuncts G des Drucks vom Puncte B:

$$BG = \tfrac{2}{3}H.$$

Auf die Erdmasse ABD wirken nun von aufsen folgende drei Kräfte:

1) Der horizontale Schub Q der Masse CBD, in der Tiefe $BG=\frac{2}{3}H$ unter B;

2) Das verticale Gewicht $W=\frac{1}{2}w\cdot\frac{H^2}{\tang\beta}$ der Masse ABD, dessen Richtung WL durch den Schwerpunct des Dreiecks ABD geht, also in dem Abstande $DL=\frac{1}{3}DA=\frac{\frac{1}{3}H}{\tang\beta}$ vom Puncte D liegt;

3) Der Widerstand P der Grundfläche AD, in der noch näher zu bestimmenden Richtung PK, welche mit der Normale KN auf AD den Winkel $PKN=\psi$ einschliefsen möge.

Da die vorstehenden drei Kräfte miteinander im Gleichgewicht sein müssen, so folgt, dafs die Richtung des Widerstandes **P** der Grundfläche **AD** in der Verlängerung der Diagonale **IH** des Parallelogramms **WHQI** liegen müsse, dessen zusammenstofsende Seiten **QH** und **WH**, sowohl in Gröfse, wie in Richtung, die beiden Kräfte **Q** und **W** darstellen. Aufserdem ist **P**, der Gröfse nach, genau die Resultante von **Q** und **W**. Hieraus folgt, unter Berücksichtigung der obigen Werthe von **Q** und **W**:

$$(39.)\qquad \operatorname{tang}\psi = \frac{Q}{W} = \operatorname{tang}\beta\left(\frac{\cos\varphi}{1+\sin\varphi\sqrt{\left(1+\frac{\operatorname{tang}\beta}{\operatorname{tang}\varphi}\right)}}\right)^2.$$

Bezeichnet jetzt φ' den Reibungswinkel zwischen der Erdmasse und der Grundfläche **AD**, so ist es zum Bestehen des Gleichgewichts der unter dem Winkel $BAC = BCA = \beta$ geböschten Erde nothwendig, dafs $\varphi' >$ oder $= \psi$ oder $\operatorname{tang}\varphi' \geqq \operatorname{tang}\psi$, d. h.

$$(40.)\qquad \operatorname{tang}\varphi' \geqq \operatorname{tang}\beta\left(\frac{\cos\varphi}{1+\sin\varphi\sqrt{\left(1+\frac{\operatorname{tang}\beta}{\operatorname{tang}\varphi}\right)}}\right)^2$$

sei.

Sollte der Böschungswinkel β gleich dem Reibungswinkel φ der Erdmasse sein, so wäre nach (39.)

$$(41.)\qquad \operatorname{tang}\psi = \frac{\sin\varphi\cos\varphi}{(1+\sin\varphi\sqrt{2})^2} = \frac{\sin 2\varphi}{16\sin^2(\frac{1}{2}(\frac{1}{4}\pi+\varphi))\cos^2(\frac{1}{2}(\frac{1}{4}\pi-\varphi))},$$

und es müfste, wenn ein solcher Zustand möglich sein sollte,

$$(42.)\qquad \operatorname{tang}\varphi' \geqq \frac{\sin\varphi\cos\varphi}{(1+\sin\varphi\sqrt{2})^2} \text{ oder } \geqq \frac{\sin 2\varphi}{16\sin^2(\frac{1}{2}(\frac{1}{4}\pi+\varphi))\cos^2(\frac{1}{2}(\frac{1}{4}\pi-\varphi))}$$

sein.

Für eine Erdmasse z. B., für welche der Reibungswinkel φ gleich 45 Grad wäre, müfste die Tangente des Reibungswinkels zwischen der Erde und der Grundfläche **AD**, oder $\operatorname{tang}\varphi'$, jedenfals $\geqq \frac{1}{8}$, also der Reibungswinkel $\varphi' \geqq 7$ Gr. 7 Min. 20 Sec. sein, wenn es möglich sein sollte, dafs die Böschung $BAD = \beta$, welche die Erde von selbst annähme, gleich dem Reibungswinkel φ wäre.

Ist aber $\varphi' < \psi$, und ist es also nicht möglich, dafs sich auf der Grundfläche **AD** in dem Böschungswinkel $BAD = \beta$ der Reibungswinkel φ der Erdmasse darstelle, so findet man den Werth des wirklich entstehenden Böschungswinkels β aus (39.), wenn man darin φ_1 statt ψ setzt und die Gleichung nach β auflöset. Dies giebt

$$(43.) \quad \tang\beta = \left[\frac{\sin\varphi'\sqrt{(\tang\varphi)}+\sqrt{(\cos\varphi\cos\varphi'\sin(\varphi+\varphi'))}}{\cos(\varphi+\varphi')}\right]^2 - \tang\varphi.$$

Es versteht sich, dafs man, wenn diese Formel zur Bestimmung des Böschungswinkels β allgemein dienen soll, zu berücksichtigen hat, dafs β nie $>\varphi$ werden kann, dafs also für alle Fälle, wo die vorstehende Gleichung für β einen Winkel $>\varphi$ giebt, der Böschungswinkel β stets gleich dem Reibungswinkel φ sein wird.

Wäre z. B. der Reibungswinkel einer Erdmasse $\varphi = 45$ Grad, während der Reibungswinkel zwischen derselben Erdmasse und der Grundfläche AC nur $\varphi' = 5$ Grad wäre, so könnte sich bei A und C nur ein Böschungswinkel β bilden, dessen Werth nach (43.) etwa $32\frac{1}{4}$ Grad betragen würde.

Der Abstand des Angriffspuncts K der Kraft P, mit welcher die Grundfläche AD den in der Masse ABD wirkenden Kräften Widerstand leistet, von dem Fufspuncte L der durch den Schwerpunct von ABD gehenden Verticale, ist, weil $LH = DG = \frac{1}{3}H$ und Winkel $KHL = PKN = \psi$ ist:

$$LK = \tfrac{1}{3}H\tang\psi.$$

Von dem Puncte D liegt dagegen der Angriffspunct K der Kraft P um

$$DK = DL + LK = \tfrac{1}{3}H\left(\frac{1}{\tang\beta} + \tang\psi\right)$$

entfernt.

In den letzten beiden Gleichungen ist für $\tang\psi$ der Werth aus (39.) zu setzen. Für den Fall, dafs die Grundfläche AD so viel Reibung zu erzeugen vermöchte, dafs sich bei A und C der Böschungswinkel $\beta = \varphi$ ergäbe, würde man für $\tang\psi$ den Werth aus (41.) zu setzen haben.

Wenn in der geböschten Erdmasse ABC nirgend ein Seitenschub entstände, also die Reibungsfähigkeit der Basis AC gar nicht in Anspruch genommen zu werden brauchte, so würde die Resultante der auf die Masse ABD wirkenden Kräfte durch den Punct L gehen und gleich dem Gewichte W dieser Masse sein, indem alsdann jeder Theil der Basis AC mit dem Gewichte des darüber stehenden verticalen Erdprismas gedrückt würde. In Folge der sich erzeugenden horizontalen Spannung in dieser Masse wird jedoch der Angriffspunct der Resultante P, deren verticale Componente KN stets gleich dem Gewichte W bleibt, um die Entfernung LK weiter nach aufsen gedrängt. Hieraus folgt, dafs bei einer solchen Erdmasse die der Mitte D näher liegenden Theile der

Basis ***AC stärker,*** und die den Aufsenkanten ***A*** und ***C*** näher liegenden Theile *schwächer,* in verticaler Richtung gedrückt werden, als den Gewichten der darüber ruhenden Erdsäulen gemäfs sein würde, und dafs also die Gewichte der einzelnen Massentheilchen des ganzen Erdhaufens ein Bestreben bekommen, ihren verticalen Druck gleichförmig über die Basis ***AC*** zu vertheilen: eine Erscheinung, welche in der Wirklichkeit, besonders an horizontal abgeglichenen Erdmassen sich zeigt, welche in einzelnen Puncten ihrer Oberfläche mit Gewichten belastet sind.

Der steilste Böschungswinkel β, welcher in Berücksichtigung der Widerstandsfähigkeit der Basis ***AC*** einer Erdmasse möglich ist, wird durch (43.) nur dann ausgedrückt, wenn der verticale Querschnitt ***ABC*** der als prismatisch angenommenen Erdmasse ein gleichschenkliges Dreieck ist. Wäre dies nicht der Fall, wäre z. B. einer der beiden Winkel ***BAC*** oder ***BCA*** gegeben, so würde der andere Winkel einen von dem ersten abhängigen Werth bekommen. Eben so würde sich ein verschiedener Böschungswinkel einstellen, wenn die Erdmasse von pyramidaler oder Kegelform sein sollte. Eine ausführliche Untersuchung des Winkels β für alle diese möglichen Formen würde hier, da dieselbe in der Ausübung nur von untergeordnetem Interesse ist, zu weit führen.

Es mögen demnach nur über den besonderen Fall noch ein Paar Worte gesagt werden, wo die der früheren, in allen übrigen Stücken gleiche Erdmasse ein *ungleichseitiges* Dreieck ***ABC*** zum Querschnitt hat.

In diesem Falle läfst sich nicht mit Gewifsheit behaupten, dafs sich in dem verticalen Querschnitte ***BD*** nur ein *horizontaler* Druck ***Q*** äufsern werde. Setzt man dies aber voraus, indem sich die Richtung dieses Drucks in der Wirklichkeit unter allen Umständen gewifs nur wenig von der horizontalen entfernen wird, so leuchtet nach (38.) ein, dafs man, wenn auf beiden Seiten der Ebene ***BD*** das Prisma ***BDE*** und ***BDF*** vom gröfsten Drucke ermittelt wird, zwei verschiedene Werthe für den Schub ***Q*** finden werde, indem das Prisma ***BDF*** einen gröfsern Schub ausüben wird, als das Prisma ***BDE,*** sobald der Winkel ***BCD***$<$***BAD*** ist. Dieser gröfsere der beiden Werthe von ***Q*** mufs alsdann offenbar als der im Durchschnitte ***BD*** wirklich Statt findende Druck angesehen werden. Derselbe wird zur Folge haben, dafs sich das zum Gleiten am meisten geneigte Prisma ***BDE,*** auf der gegenüberliegenden Seite, nicht mehr im Begriffe des Gleitens befindet, sondern durch den überwiegenden

Werth von Q nach oben gepreſst wird, und daſs mithin die Fläche ED in einer Richtung widersteht, welche sich gegen die Normale auf derselben unter einem kleineren Winkel als dem Reibungswinkel φ neigt.

Wenn einer der beiden Böschungswinkel bei A oder C, z. B. der bei C, gegeben ist, so muſs derselbe offenbar kleiner sein, als der gesuchte Winkel β bei A, weil der letztere von allen möglichen Böschungswinkeln der gröſste sein soll, und demnach bei C kein noch gröſserer Winkel existiren kann. Hieraus folgt, daſs der horizontale Schub Q, in der Fläche BD, durch das Prisma vom gröſsten Drucke BDF bestimmt wird, welches der Erdmasse CBD angehört. Setzt man also den unveränderlichen Winkel $BCD = \beta_1$, so erhält man nach (32.)

$$(44.)\qquad Q = \tfrac{1}{2}wH^2\left(\frac{\cos\varphi}{1+\sin\varphi\sqrt{\left(1+\frac{\tan\beta_1}{\tan\varphi}\right)}}\right)^2.$$

Wird ferner der gesuchte Winkel BAD durch β bezeichnet, so findet sich für den Neigungswinkel $PKN = \psi$, welchen der Widerstand P der Basis AD mit der Normalen auf AD einschlieſst, ähnlich wie in (39.), indem hier $W = \tfrac{1}{2}w\cdot\frac{H^2}{\tan\beta}$ ebenfalls das Gewicht der Erdmasse darstellt:

$$(45.)\qquad \tan\psi = \frac{Q}{W} = \tan\beta\left(\frac{\cos\varphi}{1+\sin\varphi\sqrt{\left(1+\frac{\tan\beta_1}{\tan\varphi}\right)}}\right)^2.$$

Soll der Böschungswinkel β der möglich-gröſste sein, so muſs ψ gleich dem Reibungswinkel φ' sein, welcher dem Gleiten der Erde auf der Basis AD entspricht. Unter dieser Bedingung folgt aus (45.)

$$(46.)\qquad \tan\beta = \tan\varphi'\left(\frac{1+\sin\varphi\sqrt{\left(1+\frac{\tan\beta_1}{\tan\varphi}\right)}}{\cos\varphi}\right)^2.$$

Es versteht sich auch hier von selbst, daſs, wenn diese Gleichung für β einen Werth $> \varphi$ geben sollte, daraus zu schlieſsen ist, daſs sich alsdann bei A der Reibungswinkel φ als steilster Böschungswinkel bilden werde.

Wäre die Oberfläche BC der Erdmasse BCD horizontal, also $\beta_1 = 0$, so würden sich die vorstehenden Gleichungen (45. und 46.) auf die folgenden reduciren:

$$(47.)\qquad \tan\psi = \tan\beta\tan^2(\tfrac{1}{4}\pi - \tfrac{1}{2}\varphi) \text{ und}$$

$$(48.)\qquad \tan\beta = \frac{\tan\varphi'}{\tan^2(\tfrac{1}{4}\pi-\tfrac{1}{2}\varphi)} = \tan\varphi'\tan^2(\tfrac{1}{4}\pi+\tfrac{1}{2}\varphi).$$

Sollte es im letzteren Falle, wo ***BC*** horizontal wäre, möglich sein, dafs sich bei ***A*** der Reibungswinkel φ als steilster Böschungswinkel herstellte, so müfste nach (47.)

$$(49.)\qquad \text{tang}\,\varphi' \geqq \text{tang}\,\varphi\,\text{tang}^2(\tfrac{1}{4}\pi-\tfrac{1}{2}\varphi)$$

sein. Wäre z. B. $\varphi = 45$ Grad, so müfste, um dieser Bedingung zu genügen, für die Erdmasse und die Basis ***AD*** der Reibungswinkel $\varphi' \geqq 9$ Grad 44 Min. sein. Wäre dagegen etwa φ' nur $= 5$ Grad, so könnte sich nach (48.) bei ***A*** höchstens ein Böschungswinkel $\beta = 27$ Gr. 1 Min. frei erhalten.

Braunschweig im März 1848.

8.
Über altrömische Bauart in Italien.

(Von dem Herrn Oberbaumeister *Engelhard* zu Cassel in Hessen.)

Die ersten bedeutenderen altrömischen Baulichkeiten.

Zu dem römischen Alterthum kann man nicht Bauwerke rechnen, die älter sind als die Erbauung der Stadt ***Rom*** und der Name ***Römer***. In dasselbe gehören also auch nicht einige Bau-Denkmäler der ***Etrusker*** und anderer älterer Einwohner von Italien, die nur für archäologische Forschungen und für die Geschichte der Technik der Gebäude Bedeutung haben, da ihre Construction sehr einfach, eine kunstreiche innere Zusammensetzung daran nicht vorhanden ist und Verzierungen in und an denselben kaum vorkommen.

Auch die ersten Jahrhunderte der Stadt ***Rom*** bieten wenig Architektonisch-Interessantes dar; die Wohnungen der Römer sollen damals schlechte Hütten und die Tempel kleine, schmucklose Gebäude gewesen sein. Die ersten bedeutenderen römischen Bauwerke waren ***Canäle, Landstrafsen, Wasserleitungen*** und ***Brücken***.

Die Erbauung der ersten Canalleitungen oder sogenannten ***Cloaken*** wird dem fünften römischen Könige ***Tarquinius Priscus*** zugeschrieben. Es wäre indefs irrig, die an der Tiber jetzt noch sichtbaren Quadersteinwerke der sogenannten ***cloaca maxima*** diesem Könige zuzuschreiben; sie müssen vielmehr dem ***A. M. Agrippa***, dem Freunde und Schwiegersohne des Kaiser ***Augustus***, zugerechnet werden. Die von ***Tarquinius Priscus*** und seinem Enkel ***Tarquinius Superbus*** erbauten Canäle waren zu eng, weshalb sie ***Agrippa*** erweitern liefs, und zwar in solchem Maafse, dafs man mit einem beladenen Heuwagen hindurchfahren konnte. Auch liefs er sieben Wasserabzüge in dieselben hineinleiten. Da die alten eng waren, so bedurften sie keiner künstlichen Überdeckung; sie waren wahrscheinlich in den Seitenmauern nach dem System des sogenannten cyklopischen Mauerwerks construirt, d. h. aus grofsen unregelmäfsigen Felsstücken sorgfältig zusammengesetzt, deren Fugen zwar sehr genau zusammenpafsten, aber keinen Mörtel enthielten. Bedeckt mögen sie mit eben solchen Felsstücken gewesen sein; vielleicht auch nur mit Holz. Anzunehmen, dafs sie überwölbt waren, finde ich keinen Grund, da die horizontale Überdeckung, die dem damaligen Zustande der Baukunst mehr entspricht, keine Schwierigkeit haben konnte. Es sollen noch unter manchen Häusern des modernen *Roms* Canäle vorhanden sein, die aber zugeschlemmt sind und keinen, oder doch nur sehr geringen Abzug haben, so dafs man die von denselben herrührenden Ausdünstungen als die Ursache der sogenannten *aria cattiva* (schlechten Luft) hat ansehen und damit die seltsame Erscheinung erklären wollen, dafs diese schlechte Luft nicht so sehr an bestimmten ***Gegenden*** der Stadt, als vielmehr an einzelnen ***Häusern*** haftet, so dafs z. B. das eine Haus eine so üble Luft hat, dafs seine Bewohner fieberkrank werden, während der Aufenthalt im Hause daneben gesund ist und der im nächstfolgenden wieder ungesund.

Der sehr allgemeine Irrthum der Archäologen und der Schriftsteller über die Geschichte der Baukunst, dafs die heut zu Tage sichtbaren colossalen Cloaken von ***Tarquinius Priscus*** herrühren, beruht wohl hauptsächlich auf dem Mifsverständnifs einer Stelle der Naturgeschichte des ältern ***Plinius*** im 36ten Buche, Cap. 24., indem man in (§. 3.) den letzten Satz: „Amplitudinem cavis eam fecisse proditur, ut vehem feni large onustam transmitteret" auf den ***Tarquinius Priscus***, statt auf den im Anfange des Paragraphen erwähnten ***A. M. Agrippa*** bezogen hat. Der Techniker bedarf dieser Aufklärung nicht, da ihm der Anblick der erwähnten Mauerwerke sogleich ein System der Construction und eine Technik der Bearbeitung aus einer viel spätern Zeit als derjenigen des ***Tarquinius Priscus*** zeigt. Hätte man zu dessen Zeit schon eine solche dauerhafte Construction von Quadern und Quaderwölbungen gekannt, so würden davon viel mehr Gebäude als nur diese Cloaken übrig sein. Der Techniker erschrickt fast über den Irrthum.

Dem ***Tarquinius Priscus*** wird auch die erste Anlage des ***Circus*** zwischen dem ***aventinischen*** und dem *palatinischen* Berge zu Rom zugeschrieben, der hernach unter dem Namen des ***Circus Maximus*** bekannt wurde. Dann soll er das ***Forum*** (den Marktplatz der Stadt) mit bedeckten Gängen haben umgeben und Räumlichkeiten für die Kaufleute daselbst anlegen lassen; auch soll er die ***Stadtmauer,*** die bis dahin sehr unvollkommen gewesen wäre, aus behauenen Steinen erbaut haben.

Von allen diesen Bauwerken ist nichts mehr vorhanden; es müfsten denn etwa in den gegenwärtigen, gröfstentheils antiken Stadtmauern, einige Überreste von den durch ***Tarquinius*** erbauten Mauern zu finden sein. Da die Mauern von sehr mannichfacher Construction sind, so ist dies wohl möglich.

Nach *Livius* Angabe liefsen die beiden *Tarquinier* in Rom die Bauwerke, welche sie errichteten, durch *etrurische* Künstler ausführen, aber es ist, wie gesagt, von diesen Werken wenig oder nichts mehr vorhanden. Auch noch mancherlei Tempel wurden von den Königen, so wie in der ersten Zeit der römischen Republik aufgeführt, was aber jetzt für die Technik wenig interessant ist, weil davon nichts als die Namen übrig sind.

Die *Landstrafsen,* welche der Censor *Appius Claudius* und der Consul *Flaminius* erbauten, waren Militairstrafsen, deren Hauptzweck Erleichterung der Truppenmärsche war; also *eigentliche Heerstrafsen.* Ihre Einrichtung war sehr wesentlich von der in der heutigen Zeit verschieden; denn während auf den unsrigen in der Mitte eine für das Fuhrwerk bestimmte breite, von Steinen fest construirte Bahn ist, und an den Seiten Erd- oder Grandwege für die Fufsgänger sind, hatten die römischen Heerstrafsen in der Mitte eine breite, ebenfalls aus Steinen, aber ganz anders construirte Bahn für die zu Fufs gehenden Truppen, und an den Seiten Grandwege für das Fuhrwerk und die Reiter. Während unsere Chausséen im Grunde aus Steinen von geringer Gröfse, wie sie die Basalt- und andere gröfsere Steingeschiebe gewöhnlich haben, und darüber aus einem zerkleinerten Steinschlage oder einer Granddecke zusammengesetzt werden, war die mittlere Steinbahn der römischen Heerstrafsen ein glattes, ziemlich stark nach beiden Seiten abhängendes Trottoir, aus sehr grofsen, unregelmäfsigen, jedoch sorgfältig zusammengepafsten Steinen: eine Art *Cyclopik,* wie ich sie oben beschrieben habe. Es sind noch einige Überreste davon erhalten; sogar mitten in der Stadt Rom. Die Steine sind viel gröfser als die des gewöhnlichen heutigen Steinpflasters, 4, 5 und mehre Fufs im Durchmesser, und der Querdurchschnitt der Strafse bildet ein ziemlich hohes Kreissegment. Für Fuhrwerk, von Pferden gezogen, die nach heutiger Art beschlagen sind, ist ein solches Steinpflaster nicht geeignet, da die Pferde nothwendig auf demselben ausgleiten und fallen müfsten. Die Landstrafse, welche *Appius Claudius* bauen liefs, führte von Rom nach *Capua;* die des *Flaminius* von Rom nach *Rimini.*

Appius Claudius liefs auch von *Präneste* nach *Rom* eine *Wasserleitung* bauen, unter der man sich aber keinen solchen Aquäduct vorstellen mufs, wie die, deren zahlreiche Ruinen noch jetzt in der römischen *Campagna* zu sehen sind: die fragliche Wasserleitung lag vielmehr zum gröfsten Theil *unter der Erd-Oberfläche.*

Die alten römischen Schriftsteller zählen mehrere öffentliche Gebäude auf, die in den Zeiten der ***Republik*** errichtet wurden: ***Tempel, Basiliken,*** und selbst ***Theater;*** aber von allen diesen ist nichts mehr vorhanden, als die Namen; was auch leicht erklärlich ist; denn die ältesten Gebäude waren von Holz und Lehm, mit Ausnahme einiger wenigen rohen Constructionen aus unregelmäfsigen grofsen Bruchsteinen, die man in der Erde, in der Feuchtigkeit und am Wasser von Stein baute, weil dort Holz und Lehm nicht dauerhaft sein konnte. Selbst die Theater in der spätern Zeit der Republik waren nur hölzerne Schaugerüste; und so dürften auch die bedeckten Gänge, die ***Tarquinius*** um das Forum errichten liefs, wohl nur von Holz gewesen sein.

In den Zeiten der Republik fing man freilich an, von ***Backsteinen*** zu bauen; allein die eigentlich monumentale Construction, aus behauenen Steinen, namentlich aus ***Quadersteinen,*** wurde erst unter dem Kaiser ***Augustus*** allgemeiner; so dafs derselbe sagen konnte: „er habe Rom von Backsteinen gebaut gefunden und hinterlasse es von Marmor."

So ist denn die alt-römische Bauart erst von dieser Periode an für das Studium der Baukunst bedeutend, da von dieser Zeit an grofsartige Überreste von Bauwerken vorhanden sind. Den Impuls zu diesem Fortschritte der Baukunst gaben ohne Zweifel die Kriege der Römer mit ***Sicilianern*** und ***Griechen,*** und die griechischen ***Colonieen*** in Unteritalien (Grofsgriechenland).

Die altrömische Bauart zu der Zeit des Kaiser *Augustus*. *Vitruvs* Lehrbuch der Baukunst.

Was uns den meisten Aufschlufs über den Zustand der römischen Baukunst zu der Zeit des ***Augustus*** giebt, sind nicht sowohl plastische Überreste und Gebäude-Ruinen, sondern es ist ein wissenschaftliches Denkmal, nemlich ein treffliches Lehrbuch der Baukunst, welches ***Marcus Vitruvius Pollio*** unter dem Titel: „Zehn Bücher über die Baukunst" niederschrieb. Der Text desselben ist uns ***ganz*** erhalten; leider aber fehlen bei den bis jetzt aufgefundenen Manuscripten die zum vollständigen Verständnifs nöthigen Zeichnungen. ***Vitruv*** soll zu ***Verona*** geboren sein und war, als er sein Werk dem Kaiser ***Augustus*** widmete, schon ein bejahrter Mann.

Jedes der zehn Bücher hat eine kleine Vorrede. Diejenige des ***ersten*** Buchs ist eine Dedication an den Kaiser. Darauf entwickelt der Verfasser im 1ten, 2ten und 3ten Capitel den Begriff und das Wesen der Architektur, ihre Eintheilung und die Eigenschaften, die ein Architekt haben soll. Im 4ten, 5ten, 6ten und 7ten Capitel ist von den Eigenschaften die Rede, welche die Bauplätze haben müssen; von ihrer gesunden Lage; von der Tauglichkeit des Bodens zur Gründung der Gebäude, und von den weitern speciellern Beziehungen des Ortes, zu der Anlage ganzer Städte sowohl, als zu den verschiedenen Arten von öffentlichen und Privatgebäuden.

In der Vorrede des *zweiten* Buches erzählt *Vitruv* die Geschichte von dem Macedonischen Architekten *Dinocrates,* der *Alexander d. Gr.* ein Modell überreichte, in welchem er den Berg *Athos* in die Gestalt eines Riesen gebracht hatte, in dessen linker Hand er eine ausgedehnte Stadt, in der rechten eine Schale abgebildet hatte, die alle Gewässer, welche an dem Berge entspringen, aufnehmen und von da in das Meer ergiefsen sollte. Im ersten Capitel des zweiten Buchs ist die Rede von der Entstehung der Gebäude und von der Entwickelung der Baukunst. Im zweiten Capitel sind einige physicalische, auf das Bauwesen Bezug habende Theoreme aufgestellt. In den acht folgenden Capiteln wird die natürliche Beschaffenheit, die Zubereitung und Behandlung der Baumaterialien geschildert.

Die Vorrede des *dritten* Buches enthält philosophische Bemerkungen über die Anerkennung des wahren künstlerischen Verdienstes und über den Einflufs von Irrungen auf bauliche Anlagen; so wie eine kurze Recapitulation der im ersten und zweiten Buch vorgetragenen Lehren. Im ersten und zweiten Capitel des dritten Buchs ist die Rede von der Einrichtung, Anordnung, den Verhältnissen und verschiedenen Arten der Tempel. Der Gegenstand des dritten Capitels sind die Verhältnisse und Verzierungen der jonischen Säulen-Ordnung und einige constructive Beziehungen derselben.

Des *vierten* Buches Vorrede ist wieder eine kurze Recapitulation des vorher Gelehrten. Der Grund dieser Abtheilung ist nicht klar, da im ersten Capitel wieder von den drei Säulen-Ordnungen und von dem Ebenmaafs des corinthischen Säulenknaufs gesprochen wird. Das zweite Capitel handelt von den Verzierungen der Säulen-Ordnungen; das dritte Capitel von den Verhältnissen der dorischen Säulen-Ordnung; das vierte Capitel von der innern Einrichtung der Tempelzelle und der Vorhalle (pronaos). Im fünften Capitel wird von der Stellung der Tempel zu den Weltgegenden gesprochen; im sechsten Capitel von den Verhältnissen der Tempelthüren und ihrer Gliederungen; im siebenten Capitel von den toscanischen Verhältnissen, von runden Tempeln und einigen andern Einrichtungen von Tempeln; im achten Capitel von der Anordnung der Altäre der Götter.

Es ist nicht zu läugnen, dafs die Disposition des dritten und vierten

Buches verwirrt ist, und systematischer scheinen würde, wenn im dritten Buche nur von den Säulen-Ordnungen, im vierten dagegen ausschliefslich von der Einrichtung der Tempel die Rede wäre. Man wird versucht, zu glauben, dafs beim Copiren des Manuscripts eine absichtliche oder zufällige Verwirrung entstanden sei; wobei dann auch einige Corruption des Textes Statt gefunden haben müfste. Man mufs indessen nicht übersehen, dafs beim *Vitruv* die Säulen-Ordnungen nicht, wie in den modernen Systemen von *Vignola, Blondel* und Andern, gleichsam selbstständige Gebäudetheile sind, die für sich construirt, die Gebäude selbst aber ihnen angepafst werden, sondern dafs *Vitruv* auch in den Verhältnissen der Säulen-Ordnungen wesentliche Dinge der Gebäude selbst berücksichtigt. Die Theilung in Capitel ist modern.

Nach einer Vorrede vor dem *fünften* Buche, in welchem *Vitruv* einige Erklärungen über die Form seines Vortrages giebt und abermals recapitulirt, geht er nun in den zwölf Capiteln dieses Buches zu den Vorschriften zur Einrichtung und Aufführung der verschiedenen öffentlichen Gebäude über; nemlich der *Marktplätze* (Foren) und der *Basiliken,* der *Schatzhäuser, Gefängnisse* und *Rathhäuser* (Curien) und der *Theater,* denen mit ihren Accessorien allein sieben Capitel gewidmet sind, der *Bäder,* der *Palästren* und der *Seehäfen.*

Die Vorrede des *sechsten* Buches enthält ein Lob der Wissenschaften, „deren Kenntnifs über die Launen des Schicksales erhebe und dem Schiff-„brüchigen Subsistenzmittel, dem Vaterlandlosen überall eine Heimath und dem „Rathlosen Einsicht verleihe." Dann rühmt er das Glück, selbst eine wissenschaftliche Bildung erhalten zu haben, und erörtert in elf Capiteln die Regeln der Einrichtung, Constructiou und Verzierung der Privatgebäude. Zuerst handelt er von der Beziehung derselben zum Clima, zu den Weltgegenden, zu der Gesundheit der Menschen, und von den durch die Bauplätze bedingten Regeln der Construction und Maafsverhältnisse; dann von der Einrichtung der *Vorhöfe,* mit ihren Flügeln, der *Tablinen,* der mit Säulen umgebenen *Höfe,* der *Speisesäle, Versammlungssäle, Redesäle* und *Bildersäle;* von den griechischen *Versammlungssälen,* von den Räumen, die besondere Bestimmungen haben; von *ländlichen Gebäuden,* von der Anlage der *Privatgebäude* nach griechischen Sitten, und von eigenthümlichen Constructions-Regeln bei Privatgebäuden.

In der Vorrede zum *siebenten* Buche redet *Vitruv* von den Vortheilen, welche die Literatur bringt und von der Schändlichkeit des literarischen Diebstahls. Dann zählt er eine Reihe griechischer und auch einige römische Schriftsteller auf, die über architektonische Gegenstände geschrieben haben; von denen aber leider, so viel mir bekannt, kein einziger auf uns gekommen ist. Hierauf giebt der Verfasser in den vierzehn Capiteln dieses Buchs Vorschriften zu dem innern Ausbau der Häuser; nemlich zu den verschiedenen Arten von Tünchungen und der Zubereitung der Materialien zu denselben, zu den Fufsboden-Estrichen, der Balkenlegung, der Verzierung der Zimmer mit Malereien und zu den dazu dienlichen Farben und Beizen.

In der Vorrede zum *achten* Buche entwickelt *Vitruv* einige physicalische Grundsätze über die Bestandtheile aller Dinge. Dann ist im ersten Capitel vom Aufsuchen und von den Eigenschaften der verschiedenen Quellwasser, im zweiten von der Benutzung und den Eigenschaften des Regenwassers, im dritten von warmen Quellen und den Eigenschaften verschiedener Quellen, Flüsse und Seen, im vierten ebenfalls von Gewässern und von Eigenthümlichkeiten mancher Gegenden, im fünften von der Prüfung der Güte des Wassers, im sechsten vom Nivelliren, im siebenten von den Wasserleitungen, Brunnengrabungen, Cisternen und Cementconstructionen die Rede.

Im *neunten* Buche werden, nach einer Vorrede über den Vorzug geistiger Verdienste vor körperlichen Leistungen, die Lehren der *Gnomonik* nach astronomischen Grundsätzen und die practischen Vorschriften zur Verfertigung der Sonnenuhren vorgetragen.

Das *zehnte* Buch endlich enthält in der Vorrede die Erzählung, dafs zu *Ephesus* ein altes Gesetz gewesen sei, nach welchem ein Architekt, der eine öffentliche Bau-Ausführung zu besorgen hatte, die Kosten derselben angeben mufste, und dafs er, nach Übergabe des Kosten-Anschlages an den Magistrat, mit seinem Vermögen denselben verbürgen mufste, bis die Ausführung vollendet war. Entsprach nach der Vollendung der Kosten-Aufwand der Angabe, so erhielt der Architekt schriftliche Anerkennungen und Ehrenbezeigungen: überschritt er den Anschlag nur um den *vierten* Theil, so wurde der Zuschlag aus dem öffentlichen Schatze ersetzt, ohne dafs eine Strafe verhängt wurde. Hatte aber der Architekt um mehr als den vierten Theil den Anschlag überschritten, so wurde der Mehrbetrag aus seinem Vermögen entnommen. *Vitruv* wünscht, dafs es ein ähnliches Gesetz in *Rom* geben möchte, weil dann Unerfahrene nicht unbestraft Schaden anrichten, sondern nur Männer von ausgezeichneten Kenntnissen sich als Architekten aufstellen könnten und Familienväter nicht zu grofsen Bauverschwendungen verleitet werden würden. Dazu bemerkt *Vitruv*, wie wesentlich für die Bauökonomie die Benutzung guter

Maschinen sei und trägt in 22 Capiteln die Maschinenlehre des Bauwesens im Allgemeinen, so wie auch die des Wasserbauwesens und der damaligen Kriegskunst vor.

Was zunächst bei dem Studium von *Vitruvs* Architekturwerk in die Augen fällt, ist, dafs er nicht eine in der Entstehung begriffene Kunst lehrt, sondern eine Kunst, die schon culminirt hat; denn sie ist schon in die Periode der Schematisirung gelangt. Nach *Vitruv* ist die Erbauung eines Tempels die Ausführung eines Rechnungsschema geworden; und dies ist nicht befremdend; denn die altrömische Bauart ist keine *Original-Architektur,* sie ist ein Ausflufs der *altgriechischen* Baukunst, die schon damals culminirt hatte, als die Römer sie überkamen.

Perikles, in dessen Zeit man gewöhnlich die höchste Blüthe der altgriechischen Architektur setzt, starb im Jahre 429 vor Christo. *Sulla,* der den Römern Griechenland eroberte, war im Jahre 88 v. Chr. Consul geworden, und *Augustus* wurde im Jahre 27 v. Chr. zum Kaiser gewählt. In der Periode zwischen *Sulla* und *Augustus* kam die griechische Baukunst nach Rom, und in dieser Periode war auch *Vitruv* geboren und zum Architekten gebildet. Allerdings waren schon vor *Sulla* bedeutende Gebäude griechischer Art in Italien errichtet worden; Beispiele davon sind die ohne Zweifel viel früheren altdorischen Tempel in *Pästum* und *Sicilien,* allein diese wurden nicht von Römern, oder für Römer, sondern von griechischen Künstlern und für Griechen und griechische Abkömmlinge erbaut, und es läfst sich nicht behaupten, es habe sich damals ihr. Baustyl über das römische Reich verbreitet; auch passen sie nicht in die Regeln *Vitruvs.*

Die Zeit, in welcher die griechische Bauart in Italien so ausgedehnt Fufs fafste, dafs man ihr, da sie mehr oder weniger einen eigenthümlichen Character annahm, den Namen einer *altrömischen* beilegen darf, reicht also von der Unterjochung Griechenlands, durch die Zeiten der vier und vierzig ersten römischen Kaiser hindurch, bis zur Verlegung des römischen Kaisersitzes nach *Byzanz:* also von wenigen Jahren *vor* Christo bis auf *Constantin d. Gr.*, der im Jahre 306 *nach* Christo Kaiser wurde; oder richtiger noch, bis auf *Diocletian,* der im Jahre 304 die Kaiserwürde niederlegte.

Was von dieser drei und ein halbes Jahrhundert alt gewordenen altrömischen Bauart Zeugnifs ablegt, ist einerseits *Vitruv,* andrerseits eine Reihe prächtiger, gröfstentheils colossaler Ruinen aus dieser Kaiserzeit; endlich aber, mehr als alles Andere, eine durch ein Natur-Ereignifs erhaltene *ganze Stadt,* die uns jetzt, wo sie nach und nach von der vulcanischen Asche, mit welcher ein Ausbruch des Vesuvs sie bedeckte, befreit wird, eine Ansicht einer zwei tausend Jahr alten Architektur gewährt, wie sie auf andere Weise nicht denkbar wäre. Auch ist noch einer andern ungewöhnlichen Quelle zur Kenntnifs der altrömischen Bauart zu gedenken, die indefs nicht so bedeutend ist, als man es erwarten könnte: sie besteht in den Fragmenten des *Grundplans des alten Roms*, in weifse Marmortafeln gegraben, die in dem capitolinischen Museum noch vorhanden sind. Münzen und Medaillen aus der bezüglichen Zeit sind ebenfalls nicht ohne Interesse, jedoch mehr für den Archäologen, als für Den, welcher die *Architektur* des alten Roms studiren will.

Es kann nicht meine Absicht sein, hier ein Excerpt *Vitruvs* zu liefern; ich werde mich mit dem Versuch begnügen, den Geist seines Lehrbuchs darzustellen.

Für die *Construction* ist die Beschreibung der Eigenschaften der Baumaterialien sorgfältig abgehandelt; auch fehlt es nicht an vielfältigen practischen Regeln für ihre Zusammenfugung. Ein vollständiges, mathematisch-mechanisch begründetes Constructions-System wird man aber nicht erwarten dürfen, und auch nicht darin finden; obgleich mehrere auf Erfahrung beruhende constructive Verhältnisse durch die Schematisirung der Gebäude angegeben sind.

Diese Schematisirung geht bei manchen Gebäuden, z. B. Tempeln und Theatern, so weit, dafs nicht blofs die wesentlichsten Verhältnisse, sondern auch die Verhältnisse der Einzelnheiten angegeben werden, unter welchen ich die Stärke der Mauern, Säulen und dergleichen nicht zu den unwesentlichen rechne. Ich verstehe nemlich unter Schematisirung, wenn z. B. *Vitruv* im sechsten Capitel des fünften Buches sagt: „Die Gestaltung (conformatio) des „Theaters selbst, ist in der Art anzuordnen, dafs man so grofs, als der Umfang des untern Theaterraums werden soll, aus dessen Mitte eine Kreislinie „zieht und in diese vier gleichseitige Dreiecke legt. Von diesen Dreiecken „wird dasjenige, dessen Seite der Bühne am nächsten liegt, da wo sie die „Kreislinie durchschneidet, die Fronte der Bühne bilden. Mit derselben ziehe „man eine Parallellinie, welche die Erhöhung der Vorbühne (proscenium) von „dem Orchester absondert. Im Orchester haben die Sitze der Senatoren ihre „angewiesenen Plätze, und es darf die Erhöhung der Vorbühne nicht fünf Fufs „überschreiten, damit die im Orchester sitzenden Personen die Schauspieler in „allen ihren Bewegungen sehen können. Die keilförmigen Abtheilungen der „Zuschauerplätze im Theater werden auf die Weise gemacht, dafs die Winkel

„der Dreiecke, welche rings an der beschriebenen Kreislinie liegen, die Auf- „gänge und Treppen zwischen den keilförmigen Abtheilungen bis zum ersten „halbkreisförmigen Umgange bezeichnen. Weiter oben werden die höheren „keilförmigen Abtheilungen durch andere Wege zwischen je zwei der be- „zeichneten bestimmt. Der Dreieckswinkel im untern Theaterraum, welche „die Treppen daselbst andeuten, werden sieben sein; die übrigen fünf Dreiecks- „winkel bezeichnen die Anordnung der Bühne; und zwar soll der eine, in der „Mitte, die königliche Thüre (den Haupt-Eingang der Bühne von hinten) gegen- „über haben, während die Winkel zur Rechten und Linken die Stellung der „Gastthüren (hospitalium) bezeichnen und die beiden äufsern Winkel die Ein- „gänge der Seitenwände der Bühne angeben. Die Stufen der Zuschauerplätze, „auf denen die Bänke (subsellia) angebracht werden, dürfen nicht niedriger „sein, als einen Fufs und eine Handbreite, und nicht höher als einen Fufs und „sechs Finger Breite. Die Breite der Stufen darf nicht mehr betragen, als „$2\frac{1}{2}$ Fufs, und nicht weniger als zwei Fufs" u. s. w.

Diese Maafsgaben gehen nun weiter fort auf die Einzelnheiten; auch sind die Verzierungen und die sonst nöthigen Einrichtungen vorgeschrieben. Dergleichen nenne ich ein Theater-Schema oder eine *Schematisirung* der Theater-Architektur.

Vitruv giebt dergleichen mehr oder weniger von vielen Gebäude-Arten; besonders auch von den Tempeln, so dafs, wenn sie überall zur Richtschnur gedient hätten, alle Gebäude derselben Art, mit Ausnahme der Gröfse, einander gleich geworden sein würden. Die Schematisirung ist im *Vitruv* nicht sowohl durch theoretische Abstractionen erschaffen, sondern gründet sich mehr auf Erfahrungen; sie tritt deshalb erst bei einer Kunst ein, die schon ein gewisses Alter erreicht hat. Allerdings wird eine Hinneigung zur Schematisirung schon bei den ersten Anfängen der Kunst irgend eines Volks sich zeigen; besonders machen gewöhnlich die religiösen Gebäude, namentlich die Tempel der Alten, die Schematisirung in einigem Grade zu einer religiösen Nothwendigkeit, da sich nach den Formen des Tempels die Formen des Gottesdienstes richten und es nicht von der Willkür des Architekten abhangen kann, diese Formen zu ändern. Wenn aber die Schematisirung, in welcher Anfangs der immer etwas zur Bequemlichkeit sich hinneigende Erfindungsgeist eine Erleichterung findet, weiter und weiter geht, so dafs die Composition eines Gebäudes am Ende nur noch die Ausführung und geometrische Darstellung einiger Rechen-Exempel ist, so wird die Kunst zuletzt zum Handwerk hinabgezogen; sie hat dann ihre

Bahn gleichsam durchlaufen, die Zeitgenossen scheuen vor derselben zurück und jenes zweite geistige Rofs Plato's wirft seinen Reiter ab. Durch diese Katastrophe ist dann das nahe Ende der Kunstrichtung bezeichnet und es entwickeln sich neue, freiere Formen.

Wenn sich auch nicht annehmen läfst, dafs *Vitruv* mit seinem Lehrbuche die Baukunst in feste Formen gebannt habe (denn weder die Gebäude seiner Zeit, noch die nächst nachfolgenden, entsprechen ganz seinen Regeln), so ist doch durch sein Buch schon die Reife und Überreife der griechischen Bauart auf römischem Boden bezeichnet, und so konnte sie nach wenigen Jahrhunderten in der *byzantinischen* Bauart eine neue Richtung und Gestaltung, die von jener Schematisirung nichts mehr weifs, annehmen. Die spätern Zeiten konnten auch die Regeln oder Schemata am wenigsten bei ganzen Gebäuden benutzen, weil man nicht mehr zu denselben Zwecken, wie zu *Vitruvs* Zeit baute. An die Stelle der heidnischen Tempel waren christliche Kirchen getreten, und auch viele andere öffentliche Gebäude bekamen nach veränderten Sitten und Staats-Einrichtungen, veränderte Gestalten. Den Regeln für Einzelnheiten *wollte* man nun nicht mehr folgen, z. B. denjenigen für Formen und Verhältnisse der *Säulen-Ordnungen.*

Von allen Arten öffentlicher Gebäude, die *Vitruv* beschreibt, sind die ***Basiliken*** die bedeutendsten für die heutige Zeit, da nicht nur die ersten christlichen Kirchen altrömische Basiliken waren, sondern auch die später erbauten christlichen Kirchen sich nach dieser Form richteten und bis auf den heutigen Tag noch danach sich richten. *Vitruv* hat ihre Verhältnisse nicht nur im allgemeinen schematisirt, sondern auch eine specielle Beschreibung einer von ihm selbst zu *Fano* erbauten Basilica gegeben, die aber, weil diese Basilica mit einem Tempel des *Augustus* zusammenhing, so sehr verwickelt und undeutlich ist, dafs man entweder einen wesentlichen Irrthum im Manuscripte, oder eine grofse Abweichung dieser Basilica von denen, die aus dem Alterthum erhalten sind, annehmen mufs, also für einen Normaltypus der Basiliken keinen Aufschlufs geben kann. Die Übersetzer und Ausleger *Vitruvs* haben sich das Verständnifs dieser Beschreibung noch dadurch erschwert, dafs sie meinten, das Wort „testudo" mit „Wölbung" übersetzen und annehmen zu müssen, dafs die Basilica überwölbt gewesen sei. *Testudo* heifst aber, in dem Zusammenhange, wie es hier vorkommt, gewifs nicht Wölbung, sondern das *mittlere Schiff* der Basilica, die nicht überwölbt, sondern mit einem von Innen sichtbaren, offenem Dachwerke bedeckt war.

Das Grabmal der *Cäcilia Metella.*

Für den ausgebildeten Zustand der Baukunst zu *Vitruvs* Zeit ist es in der That auffallend, dafs so wenig altrömische Architektur aus der ihm zunächst vorhergehenden Zeit sich erhalten hat. Es erklärt sich dies nur aus der Undauerhaftigkeit der Baustoffe, die man damals erst anfing durch festere, weniger vergängliche zu ersetzen. Aus solchen besteht denn auch das einzige, wenigstens zum grofsen Theil erhaltene Gebäude, welches man mit einiger Sicherheit in die Periode *vor Vitruv* setzen kann, nemlich das Grabmal der *Cäcilia Metella, capo di bove,* wie es die Römer gewöhnlich nennen, in der Campagna vor Rom. *Cäcilia Metella* war die Gemahlin des *M. Licinius Crassus,* der mit einem Vermögen von sieben Millionen Thalern so freigebig gewesen sein soll, dafs er einst das römische Volk an zehn Tausend Tischen bewirthete. Diese so reich ausgerüstete Freigebigkeit mag ihn denn auch bewogen haben; das Grabmal seiner Gemahlin aus einem kostbareren Stoffe, als bis dahin zu Rom üblich war, erbauen zu lassen. Dasselbe ist mit Quadersteinen belegt; das Hauptgesims, welches das Bauwerk krönt, ist von Quadersteinen, und auch die Verzierungen des Frieses (Ochsenschädel mit Fruchtschnüren) sind aus behauenen Steinen. Dieses, in Gestalt eines runden Thurms auf einem quadratischen Untersatze aufgeführte Monument hat $27\frac{3}{4}$ Meter Durchmesser in der Rundung und unten $10\frac{1}{2}$ Meter dicke Mauern, so dafs für den mittleren runden Raum nur $6\frac{3}{4}$ Meter übrig bleiben. Der innere Raum hat die Gestalt eines sich nach oben verengenden Brunnens und ist inwendig mit Backsteinen bekleidet, die zu einer Kuppel zusammengewölbt sind, in deren Scheitel eine Licht-Öffnung war. Der äufsere Quader-Belag besteht aus Steinen, die etwa 5 F. lang, $2\frac{1}{2}$ F. hoch und $2\frac{1}{2}$ F. dick sind und die man abwechselnd als Laufer und Binder so gesetzt hat, dafs der Raum zwischen den äufsern Quadern und der innern Backsteinbekleidung mit Füllmauerwerk, in Lagen, die der Höhe der Quadern entsprechen, ausgeschlagen oder vollgestampft ist. Die Quadernbinder sind, so weit sie in das Füllmauerwerk, eingreifen, nur rauh bearbeitet, und zwar so, dafs sie nach Innen zu breiter werden und eine schwalbenschwanzförmige Verankerung bilden. Damit die Laufer und Binder von Aufsen gleich grofs scheinen mögen, sind die erstern durch eine verticale Stofsfugenblendung in zwei gleiche Theile getheilt, so dafs die ganze Mauer aus Steinen mit quadratischen Häuptern, mit verwechselten Stofsfugen, zu bestehen scheint. Am viereckigen Untersatze des Gebäudes sind, aus habsüchtiger Zerstörungswuth, die Quadernläufer zu andern Zwecken herausgebrochen worden.

Es giebt noch mehrere, diesem Monumente in Form und Construction ähnliche Grabmäler; z. B. das der ***Plautier*** bei ***Tivoli***.

Die Pyramide des *Cajus Cestius*.

Die Pyramide des ***Cajus Cestius,*** welche noch ganz erhalten und etwas später als das Grabmal der ***Cäcilia Metella*** vom Kaiser ***Augustus*** erbaut ist, enthält auf ähnliche Weise Quadern. Der Gebrauch von Quadern, auch zu andern als monumentalen Werken, wurde jetzt häufiger. ***Augustus*** konnte, wie schon erwähnt, sagen, er habe Rom von Backsteinen gebaut gefunden und hinterlasse es von Marmor.

Augustus regierte 41 Jahre und starb 14 Jahre nach Christi Geburt. Wir würden also nur wenige frühere Denkmäler altrömischer Bauart übrig haben, wäre nicht ***Pompeji*** so wunderbarerweise erhalten worden.

Pompeji.

Pompeji wurde im Jahre 79 nach Chr. Geburt verschüttet, also 65 Jahre nach ***Augustus*** Tode. Gewifs ist in diesen 65 Jahren Manches in ***Pompeji*** gebaut worden, aber doch wohl nur der kleinere Theil der Stadt; der gröfsere Theil war wahrscheinlich älter. Um die Mitte des vorigen Jahrhunderts begann man die Ausgrabung der Stadt, die von Zeit zu Zeit so weit fortgesetzt worden ist, so dafs man jetzt etwa den vierten Theil der ganzen Stadt, die einst 40 000 Einwohner hatte, aufgedeckt vor Augen hat; in welchem vierten Theil aber schon so viel Bedeutendes für die architektonische Construction, für äufsere und innere Einrichtung und Anordnung, Verzierung und auch Bauökonomie sich findet, dafs alle andern Überreste alterthümlicher Architektur in Italien zusammengenommen kein Äquivalent dafür gewähren würden. Auch sind diese Entdeckungen nicht ohne Einflufs auf die Bauart der gegenwärtigen Zeit gewesen; sie sind deren vorzüglichste Quellen geworden und geblieben, und werden es noch lange bleiben; um so mehr, da die Fortsetzung der Ausgrabung noch sehr Vieles erwarten läfst, was immer wieder neue Motive und Vorbilder liefern wird.

Im 18ten Bande dieses Journals findet sich eine ausführliche „Beschreibung der in ***Pompeji*** ausgegrabenen Gebäude", von mir. Sie ist auch abgesondert verkäuflich. Da ich die Gebäude dort speciell beschrieben, erklärt und die practischen Anwendungen des Aufgefundenen angedeutet habe, so kann ich mich hier darauf beziehen und die Beschreibung als hier eingeschaltet betrachten. Es bleibt hier nur übrig, im Allgemeinen zu sagen, was aus diesen Gebäuden für die Characteristik der damaligen Baukunst und folglich für die Geschichte derselben hervorgehen dürfte.

Characteristik der altrömischen Wohngebäude.

Durch ***Pompeji*** haben wir eine deutliche Vorstellung von der Architektur der ***Wohngebäude*** der alten Römer erhalten, die sonst nur auf den in ihren Schriften zerstreuten Notizen und auf den Angaben ***Vitruvs*** beruhen würde. Auch liefert noch eine andere merkwürdige, schon erwähnte Antiquität einen Beitrag dazu. Im sechszehnten Jahrhundert fand man nemlich in der Kirche der heiligen ***Cosma*** und des ***Damianus,*** in der marmornen Bekleidung der Wände, Fragmente von einem ***Plane des alten Roms,*** der, wie man vermuthet, unter dem Kaiser ***Septimius Severus*** verfertigt ist. Die Gebäude sind darin zwar nach einem hinlänglich grofsen Maafsstabe dargestellt, um jede Mauer, Fenster und Thür-Öffnung, Säule u. s. w. unterscheiden zu können, auch sind häufig die Namen der gröfseren Gebäude mit deutlicher Schrift eingegraben, aber die Darstellung ist doch so roh und ungenau, dafs man sie eigentlich nur als sogenannte Handrisse betrachten kann. Sie giebt inzwischen manches sichere und unwiderlegliche Zeugnifs, und würde noch bedeutender sein, wenn sie vollständig und so wie sie eigentlich zusammengehört, vereinigt wäre. Ich benutze hier einige von mir gemachte Durchzeichnungen derselben.

Von andern altrömischen Wohngebäuden ist nur sehr wenig vorhanden. Es läfst sich daher wohl sagen, dafs die vollkommne Übereinstimmung der Pompejanischen Architektur mit der gleichzeitigen des alten Roms nicht erweislich sei; um so weniger, da in Unter-Italien, welches durch griechische Colonieen bevölkert war, griechische Cultur und griechische Kunst ganz und gar vorherrschte. Indessen findet sich doch eben in dem wenigen Erhaltenen, in den Vorschriften ***Vitruvs,*** und selbst in jenen in Marmortafeln eingegrabenen Grundrissen so viel Übereinstimmung mit den Pompejanischen Gebäuden, dafs sich wenigstens eine sehr nahe Verwandtschaft annehmen läfst.

Das altrömische Wohnhaus war oft eine in Gestalt eines Rechtecks von vier Seiten von Strafsen umgebene Insel; oft aber lagen diese Rechtecke auch unmittelbar aneinander und so, dafs nur ihre kürzeren Seiten die Strafsen berührten und an den gegenüberliegenden langen Seiten, weil sie zugleich die Seiten der Nachbarhäuser waren, weder Thüren noch Fenster sein konnten. Diese letztere Zusammenstellung war bei weitem am häufigsten.

Da nun die schmalen Seiten sehr viel kürzer als die andern, oft kaum den dritten Theil so lang waren, so folgte daraus schon die Nothwendigkeit, das meiste Licht und die Luft für die Zimmer von inneren *Höfen* zu entnehmen. Die oblonge Form der Grundrisse war aber die Folge der Nothwendigkeit von Raum-Ersparung in den von hohen, festen Mauern umgebenen Städten. Bei Wohngebäuden auf dem Lande, oder überhaupt im Freien, findet sie nicht Statt.

Solcher *Höfe* waren in Wohnhäusern von mittlerer Gröfse, welche ich hier zunächst im Auge habe, gewöhnlich zwei; nemlich der Vorhof *(cavaedium atrium)* und der von Säulen umgebene Hof *(cavaedium peristylium)*. An jeden dieser Höfe schlossen sich regelmäfsig gewisse Zimmer an, die den rechteckigen Raum ausfüllten, insoweit derselbe nicht die Strafsen berührte, wo gewöhnlich eine Anzahl von Zellen angebracht waren, die der Haus-Eigenthümer zu Verkaufslocalen *(tabernae)*, Werkstätten u. dgl. vermiethete, oder auch als Fremdenwohnungen, Stallungen u. dgl. selbst benutzte. Die ersteren hatten mit dem Hause keine innere Verbindung, sondern nur Zugänge von der Strafse her.

Die Häuser hatten selten mehrere Stockwerke *(contignationes)*; gewöhnlich waren alle nöthigen Räumlichkeiten in dem untern Stockwerke vereinigt.

In meinem Aufsatze „Einige Bemerkungen aus der alten mittelalterlichen „und neuern Baukunst u. s. w. im 28ten Bande dieses Journals" habe ich bereits eine allgemeine Beschreibung der altrömischen Wohnhäuser gegeben, die ich hier nur zu vervollständigen und näher zu detailliren suchen werde. (In jener Beschreibung ist S. 40, Zeile 9 v. u. ein Druckfehler. Die Worte „den Vorhof in" müssen wegfallen. Seite 45 und 46 steht mehrmals Apalien statt *Azalien*. Auch ist *prothyrium* statt *prothyrum* gedruckt.) Um die hier folgende weitere Beschreibung zu verstehen, nehme man an, dafs ein gewöhnliches altrömisches Haus eines wohlhabenden Mannes im Grundrifs ein Rechteck von etwa 112 F. *vorderer* Fronte an der Strafse und 310 F. Tiefe an den Seitenstrafsen bildete.

Die Symmetrielinie der innern Einrichtung geht von der Mitte einer schmalen Seite an der Hauptstrafse, nach der Tiefe, bis zur Strafse gegenüber durch und theilt das Haus im Grundrisse in zwei gleiche Hälften. In dieser Mittellinie liegt an der Hauptstrafse, also an der schmalen Seite, der Eingang zu dem Hause; auch kann die Eingangsseite wohl an einer Nebenstrafse liegen; indessen wird man, wenn es die Örtlichkeit gestattete, vorgezogen haben, den Eingang, der in der Regel der einzige sein wird, an eine Hauptstrafse zu legen.

Zu beiden Seiten des Einganges können je drei oder vier Verkaufszellen *(tabernae)* angebracht sein, die nach der Strafse hin weite Thüren oder vielmehr Thore haben, welche ihnen Licht und Eingang zugleich geben. Die Tiefe dieser Zellen, die, einschliefslich der $1\frac{2}{3}$ F. dicken Mauern, 18 F. betragen mag, bestimmt zugleich die Tiefe des Raums unmittelbar am Eingange, der etwa 10 F. breit sein mufs. Dieser Raum oder Vorplatz enthält das *prothyrum,* den Vorthürenraum und das *vestibulum,* die Vorhalle. Die beiden Ausdrücke *prothyrum* und *vestibulum* sind vielfältig mifsverstanden worden. Manche verstehen unter *prothyrum* den ganzen Raum zwischen den Tabernen der vordern Fronte; und *Mazois* (in seinem so tiefe Kenntnifs der alten Baukunst zeigenden Werke: „Le palais de Scaurus") nimmt an, dafs die *vestibula* Räume aufserhalb des Hauses gewesen seien, die an einem Platze mit Baumpflanzungen, Statuen und bedeckten Gängen gelegen hätten; ich kann mich nicht überzeugen, dafs diese Erklärung richtig sei, indem kein einziges, in *Pompeji* ausgegrabenes Haus diese Einrichtung hat. Die obige Ableitung scheint natürlicher zu sein und näher zu liegen.

Das *prothyrum* ist eigentlich nichts Anderes, als der Raum zwischen einem unmittelbar an der Strafse befindlichen Eingange und der um wenige Fufs vertieft zurückgesetzten Thüre. Ersterer ist gewöhnlich mit Wandsäulen (Pilastern) eingefafst, die ein verziertes Gesims tragen; beides, Pilaster und Gesims, sind nicht einer bestimmten Säulen-Ordnung angehörig, sondern in ihren Gliederungen und Verzierungen von mannichfacher Art, die nur in einem gewissen Grade, etwa eben so viel wie die Ausladungen und Ornamente der altrömischen Candelaber, schematisirt ist. Die beiden Pilaster mit ihrem Gesimse bilden die vordere Thüre. Ungefähr 5 F. von der vordern Fronte der Pilaster zurück befindet sich die eigentliche Thüre, die 6 F. Öffnung hat, während der vordere Eingang, unmittelbar an der Strafse, 9 F. weit ist. Der Fufsboden dieses Vorthürenraums, so wie des darauf folgenden *vestibulum,* ist öfters mit musivischen Verzierungen geschmückt und enthält in denselben wohl ein den Eintretenden begrüfsendes Wort, z. B. *salve.* Der Zweck des *prothyrum* war, wie ich glaube, den oder die den Eingang hütenden Wächter gegen die Witterung zu sichern; und daraus erklärt es sich, warum wohl nicht jedes Haus ein solches *prothyrum* hatte, indem nicht jeder Hausbesitzer einen Thürhüter halten konnte.

Durch die kleinere Thüre gelangte man in das *vestibulum,* die *Vorhalle,* nemlich in den nach Abzug des *prothyrum* übrig bleibenden Theil des zu 10 F. Breite und 20 F. Tiefe angegebenen Raums. Diese Vorhalle war, der beschriebenen Thüre gegenüber, nach dem innern Hause hin ganz offen, also eigentlich nur ein Gang nach diesem letzteren; was nicht hinderte, die Seitenwände schon mit Malereien zu verzieren.

Der Raum, nach welchem hin das *vestibulum* ganz offen blieb, war der *Vorhof (cavaedium atrium). Vitruv* unterscheidet fünf Arten von Höfen, nach der Art ihrer Bedeckung; nemlich den *toscanischen,* den *viersäuligen,* den *corinthischen,* den mit einem nach den inneren Wänden hin gewalmtem *Dach,* und den *ganz bedeckten.* Der *toscanische* hatte, wie die drei folgenden, in der Mitte eine offene Stelle, nach welcher hin das Regenwasser ablief und in einer flachen Cisterne gesammelte wurde, so dafs ringsum bedeckte Gänge frei blieben. Alle fünf Arten waren im Grundrisse rechteckig. Die Decke des *toscanischen* Hofes wurde von vier, ein doppeltes Kreuz bildenden Trägern unterstützt, auf welchen die kurzen Balken ruhten, welche die Decke über den Umgängen bildeten und Pultdächer trugen, die das Regenwasser nach dem inneren offenen Raume ableiteten.

In dem *viersäuligen* Hofe standen Säulen unter den vier Kreuzpuncten der Träger; was bei Höfen von beträchtlicher Gröfse technisch nothwendig war.

In dem *corinthischen* Hofe waren Säulenreihen unter den Trägern an allen vier Seiten des *impluvium:* der unter freiem Himmel liegenden mittleren Stelle des Hofes.

Die *vierte* Art wird schon durch ihre Benennung bezeichnet; sie hatte wesentliche Constructionsnachtheile, indem das Wasser aus den an den innern Wänden herlaufenden Dachrinnen leicht überflofs und die Mauern und Wände mit ihren Tünchungen und Malereien verdarb.

Die *fünfte* Art endlich war mit einem nach den vier Seiten gewalmten Dache bedeckt, ohne in der Mitte offen zu sein.

Da nun alle diese altrömischen Höfe an ihren vier Seiten von Zimmern, Sälen und Zellen umgeben waren, denen sie Licht und Zugang gaben, also selbst sehr hell sein mufsten, so müssen ihre äufsern Wände, die das Dach trugen, so viel überhöhet gewesen sein, dafs man darin Fenster anbringen konnte. Die *toscanische* oder die *viersäulige* Art diente besonders zu den *Atrien* oder Vorhöfen; die andern Arten, namentlich der *corinthische* Hof, pafsten besser zu dem innern Hofe *(cavaedium peristylium).*

An der Eingangsseite des Vorhofes lag also das *vestibulum* und die Rückwände der ***Tabernen;*** an den beiden Seiten rechts und links lagen ***Zellen,*** die zu Schlafzimmern dienten, und der Eingangsseite gegenüber lag das ***Tablinum:*** ein Gemach, für dessen genaue Bezeichnung wir keinen deutschen Namen haben. Es waren darin Schränke und Repositorien aufgestellt; an den Wänden waren die Stammbäume der Familie des Besitzers aufgehängt; vielleicht würde das Wort „*Geschäftszimmer*" dasselbe bezeichnen. Neben dem Tablinum waren wieder Schlafzimmer und ein oder mehrere Durchgänge *(fauces)* zu dem innern Hofe. Das Tablinum lag also auf jener oben bezeichneten Symmetrielinie in der Mitte, hatte eine rechteckige Form, die kürzere Seiten mit der Fronte des Hauses parallel.

Durch die Umgebung des Hofes mit Zimmern an allen vier Seiten, wäre in den ***Ecken*** eine architektonische Verlegenheit entstanden, indem die Räume daselbst von dem Hofe weder Zugang noch Licht hätten erhalten können. Dieses gab Anlafs zu den Räumen, welche Flügel des Hofes *(alae)* hiefsen. Man liefs nemlich in den beiden Ecken, neben dem Tablinum, an jeder Seite einen Raum, von der Breite des bedeckten Ganges vor dem Tablinum und der Tiefe der Zellen, an der Hofseite ganz offen, so dafs die beiden Räume gleichsam eine Erweiterung des Hofes bildeten und die Räume neben dem Tablinum dem Licht und der Luft, so wie der Communication zugänglich wurden.

Für die Verhältnisse der Höfe giebt *Vitruv* folgende Regeln. „Die „Länge und Breite der Vorhöfe wird wie folgt bestimmt. Nach der ersten „Art theilt man die Länge (Tiefe) des Hofes in 5 Theile und giebt davon der „Breite 3 Theile. Nach der zweiten Art theilt man die Länge in 3 Theile und „giebt davon der Breite 2 Theile; oder man bildet, drittens, aus der Breite „ein gleichseitiges Viereck (Quadrat) und nimmt die Diagonale davon zur „Länge. Zur Höhe bis unter die Balken nehme man den vierten Theil der „Länge; wozu dann noch die verhältnifsmäfsige Höhe der Balkenvertiefungen „und der Gliederungen über den Balken an den Traufen kommt."

„Den Flügeln des Vorhofes gebe man, wenn die Länge des Hofes „30 bis 40 F. beträgt, den dritten Theil derselben zur Breite. Ist der Hof 40 bis 50 F. lang, so theile man diese Länge in $3\frac{1}{2}$ Theile und gebe davon „einen Theil den Flügeln zur Breite. (Es ist hier eine seltsame antike mathe„matische Unbeholfenheit, nicht zu sagen: man nehme Zweisiebentel der Länge „zur Breite. Überhaupt ist die Verhältnifs-Angabe nicht sehr genau; denn nach „dem ersten Verhältnifs bekommt man z. B. für 40 F. Länge, $13\frac{1}{3}$ F. Flügel-

„breite, und nach dem zweiten Verhältnifs für 40 F. Länge $11\frac{3}{7}$ F.) Wenn „der Hof 50 bis 60 F. lang ist, so nehme man Einviertel davon zur Flügel- „breite. Bei 60 bis 80 F. Länge, theile man dieselbe in $4\frac{1}{2}$ Theile und gebe „davon den Flügeln einen Theil. Bei 80 bis 100 F. Länge theile man solche „in 5 Theile und nehme einen Theil zur Flügelbreite. Die Endbalken nehme „man so hoch wie breit an. Ist der Vorhof 20 F. breit, so nehme man Ein- „drittel davon weg und den Rest zur Breite des Tablinum. Ist der Hof 30 bis „40 F. breit, so gebe man dem Tablinum die Hälfte dieser Breite. Ist er „40 bis 60 F. breit, so theile man die Breite in 5 Theile und gebe davon „2 Theile dem Tablinum."

„Es können nemlich kleine Höfe nicht dieselben Verhältnisse haben, „wie grofse. Denn wenn man sich nach den Verhältnissen der kleineren „Höfe bei den gröfseren richten wollte, würden die Tablinen und die Flügel „keinen Nutzen haben; wollte man dagegen die Maafsgaben für die gröfseren „Höfe auf die kleineren anwenden, so würden in den letzteren die Flügel „und das Tablinum allzugrofs und ausgedehnt werden. Die Höhe der Tablinen „bis zu dem Gebälke sei Ein und Einachtel ihrer Breite; die Balkenvertiefungen „lege man um Eindrittel ihrer Breite höher. Zu den Gängen *(fauces)* neben „dem Tablinum, nehme man bei den kleineren Vorhöfen Eindrittel der Breite „des Tablinum und bei den gröfseren die Hälfte. Das Deckenlicht des Vor- „hofes erhalte zu seiner Breite nicht weniger als den vierten und nicht mehr „als den dritten Theil der Breite des Hofes; die Länge desselben richte sich „nach der Länge des Hofes, in gleichem Verhältnisse."

„Die mit Säulen umgebenen Höfe mache man, im Querschnitt nach der „Länge, um Eindrittel länger, als sie im Lichten breit sind, und die Säulen „so hoch wie die Säulengänge breit sind; die Säulenweiten seien nicht weniger „als drei, und nicht mehr als vier Säulendurchmesser."

Zu bemerken ist in vorstehenden Maafsgaben die Erinnerung ***Vitruvs***, dafs die Höfe und die auf sie bezüglichen Räumlichkeiten nicht nach stetigen Verhältnissen proportionirt werden sollen, weil sie dadurch unbrauchbar werden könnten, während alle modernen Lehrbücher der römisch-griechischen Baukunst grade auf das Princip *stetiger* Verhältnisse bestehen; wodurch denn ein colossales Gebäude einem durch ein Vergröfserungsglas angeschautem kleinerem Gebäude von derselben Anordnung gleich wird. Die Ursache hiervon ist, dafs auch ***Vitruv*** selbst stetige Verhältnisse verlangt; bei denen er jedoch, wie schon oben bemerkt, nach Umständen Modificationen zuläfst. Die Nachahmer in der neueren Zeit haben aber die Schematisirung so weit getrieben, dafs, wenn man, z. B. nach dem System des berühmten französischen Architekten ***Blondel,*** ein sehr bedeutendes Gebäude, z. B. eine Kirche, die nach der dorischen Säulen-Ordnung verziert werden sollte, danach proportionirte, die Triglyphen einen Modul, die Metopen zwischen denselben aber einen und einen halben Modul breit und eben so hoch sein, und dabei erstere mitten auf die Säulen treffen müfsten, während sich der Modul nach der doch nicht ganz willkürlichen Höhe der Säulen richtete.

Zu dem beschriebenen Hause von den angegebenen Maafsen möge der Hof 31 F. breit und 47 F. tief (lang) sein; welches dem von ***Vitruv*** angegebenen Verhältnisse, dafs die Tiefe der Diagonale des Quadrats der Breite gleich sein soll, nahe kommt. Das ***Tablinum*** soll die Hälfte der Breite des ***Atrium*** haben: also wieder ein ***Vitruv***isches Verhältnifs; die Tiefe desselben soll eben so viel sein, so dafs es im Grundrisse im Lichten quadratisch ist. Die ***Flügel*** des Atrium seien (ebenfalls in naher Übereinstimmung mit ***Vitruv***) 13 F. breit. Das Deckenlicht des Atrium habe den dritten Theil der Breite und den dritten Theil der Länge zur Länge; wie es ***Vitruv*** verlangt.

Auf der einen Seite des Tablinum befindet sich ein Gang zu der hinter demselben liegenden zweiten Abtheilung des Hauses; daneben ein Schlafzimmer, welches von der zweiten Abtheilung her zugänglich ist. An der andern Seite des Tablinum ist noch ein grofses Schlafzimmer, dessen Zugang für Licht und Luft am Vorhofe liegt.

Die zweite innere Abtheilung des Hauses gruppirt sich um den mit Säulen umgebenen Hof *(cavaedium peristylium).* Derselbe sei 50 F. breit und 65 F. tief (lang), also wieder nahe dem ***Vitruv***ischen Verhältnisse proportionirt. Die eine Seite des Hofes wird von dem eben beschriebenen Tablinum und von den demselben zunächst liegenden Schlafzimmern, so wie von der Öffnung des Communicationsganges eingenommen. An dieser Seite sind auch wieder die Flügel dieses Hofes; die übrigen drei Seiten werden durch Schlafzimmer und einige gröfsere Zimmer und Säle besetzt. Besonders befindet sich aber mitten auf der oben angegebenen Symmetrielinie, welche das ***cavaedium peristylium*** nach seiner Länge in zwei Hälften theilt, an der dem Tablinum gegenüberstehenden Seite, der ***Hauptsaal (oecus).*** Der Säulen sind in der Breite des Hofes je 4, in der Länge desselben je 6, die Ecksäulen mitgezählt. Der Gang um die Säulen ist im Lichten 12 F. breit. Das ***Impluvium*** dieses Hofes soll 19 F. breit und 35 F. lang sein.

Für die gröfseren Säle, die man *oeci,* und wenn sie zum Speisen dienten, *triclinia* nannte, giebt *Vitruv* folgende Verhältnisse. „Die Speisesäle müssen „zweimal ihre Breite zur Länge haben. Die Höhe aller oblongen Gemächer „findet man, wenn man das Maafs der Länge und das der Breite zusammen- „rechnet und davon die Hälfte nimmt. Wenn aber Hörsäle oder Versammlungs- „säle im Grundrisse quadratisch sind, so nimmt man die Breite ein und halb „mal zur Höhe. Säle für Gemäldesammlungen bedürfen, eben so wie die Hör- „säle, einer ansehnlichen Höhe. Die corinthischen Säle, die viersäuligen und „diejenigen, welche ägyptische genannt werden, erhalten die Verhältnisse der „Speisesäle; wegen der Zwischenstellung der Säulen werden sie aber breiter. „Zwischen den corinthischen und ägyptischen Sälen ist folgender Unterschied: „die *corinthischen* haben *nur eine* Säulenstellung *(simplices columnas),* ent- „weder auf Postamenten, oder auf dem Fufsboden; über derselben liegen Archi- „travgebälke mit Kranzgesimsen von Schreiner- oder von Stuccatur-Arbeit, „und über dem Kranzgesimse sind bogenförmige, nach einer Kreislinie gewölbte „Deckenfelder (supra coronas curva lacunaria ad circinum delumbata). (Das „Wort „*delumbata*" hat *Palladio* und *Vitruvs* Übersetzer *Rode* bewogen, „zu glauben, *Vitruv* wolle damit einen sogenannten gedrückten Bogen der „Wölbung andeuten: gedrückte Bogen kommen aber in altrömischen Gebäuden „nicht vor; ich wenigstens erinnere mich unter den vielen Bogen, welche ich „sahe, keines einzigen. Aufserdem glaube ich auch nicht, dafs die Säulen in den „corinthischen Sälen an den Mauern anstehend waren: sie standen nach meiner „Meinung frei, so dafs zwischen ihnen und den Mauern Gänge waren.) Bei „den *ägyptischen* Sälen sind über den Säulen Architrave, von denen, nach den „Umfangsmauern hin, ein Stockwerksgebälk liegt, auf welchem sich ein Bohlen- „lager und auf diesem ein Steinpflaster befindet, um so einen Umgang unter „freiem Himmel zu bilden. Ferner werden auf die Architrave, perpendicular „auf die untern Säulen, andere, um den vierten Theil weniger hohe Säulen „gesetzt. Über den Architraven und den verzierten Gliederungen wird die „Decke mit vertieften Feldern geschmückt, und zwischen den obern Säulen werden „Fenster angebracht. So haben diese Säle mehr Ähnlichkeit mit den Basiliken, „als mit den corinthischen Sälen."

Säle mit Colonnaden waren wohl nur von bedeutender Gröfse üblich; denn die Colonnaden konnten nur bestimmt sein, gar zu weit freiliegende Decken zu vermeiden. Sie kommen deshalb nur in grofsen Palästen vor.

Der Hauptsaal des eben beschriebenen Hauses sei 25 F. breit und 35 F.

tief. Er hatte einen 12 F. weiten Eingang nach dem *cavaedium peristylium* und einen dergleichen an der Seite gegenüber, nach einem an dem Garten liegenden Säulengange.

Neben dem Hauptsaal befand sich die ***Hauscapelle (lararium)***, die hier 13 F. breit und 22 F. tief sein soll. Dem *lararium* gegenüber, an der andern Seite des Hauptsaales, waren zwei Thüren, deren eine in einen 6 F. breiten Gang, neben dem Saale hin, in jenen Säulengang nach dem Garten führte, die andere in eine Gebäude-Abtheilung in der Ecke des Gebäudes, wo sich die Küche nebst Vorrathskammern befand. An der andern Ecke, neben dem *lararium*, war eine Anzahl kleiner Zimmer um ein Höfchen mit Flügeln gruppirt, welche zur Wohnung der Frauen mag gedient haben. Die römischen Frauen hatten in der Regel keine von den Männern getrennte Wohnung, wie bei den Griechen; jedoch brachte die Verbreitung der griechischen Cultur in Rom auch diese Sitte mit. Hiermit nahe verbunden, an der linken Seite des *cavaedium peristylium*, war ein Saal, der im Lichten 15 F. Breite und 30 F. Tiefe, also genau die für die Speisesäle von *Vitruv* angegebenen Verhältnisse hatte; er erhielt Licht und Zugang durch eine 10 F. weite Öffnung unter dem Säulengange des *cavaedium peristylium*. An diesem *triclinium* fand sich ein kleines Zimmer, mit einer Thüre nach demselben und einer dergleichen nach dem Hofe, welches als Büffet mag gedient haben. Den Rest dieser Seite des Säulenhofes nahm eine Gebäude-Abtheilung ein, die aus einem kleinem Hofe mit vier Zimmern und einem *vestibulum* zwischen denselben bestand. Sie hatte keinen unmittelbaren Zugang zu dem Haupthause, jedoch konnte man leicht mittels eines schmalen Ganges, der aus einem Flügel des Säulenhofes nach der Seitenstrafse führte, die an dieser Gebäude-Abtheilung lag, dorthin gelangen. Diese Gebäude-Abtheilung diente als Fremdenwohnung. Derselben gegenüber, an der andern Seite des Peristyliums, lag eine Reihe von Schlafzimmern, die ebenfalls aus dem Peristylium Zugang und Licht erhielten. Alle unmittelbar an diesem innern Säulenhofe liegenden Säle und Zimmer gehörten zu den besten Räumlichkeiten des Hauses und waren am sorgfältigsten eingerichtet und verziert.

Ich habe oben erwähnt, dafs man durch den Ausgang des Hauptsaales nach der Gartenseite in einen Säulengang gelangte. Derselbe begrenzte unmittelbar den Garten und bildete einen sogenannten *xystus* oder ***bedeckten Spaziergang***. In dem fraglichen Hause nahm er dessen ganzen Breite an der Gartenseite ein und wurde, einschliefslich der Wandsäulen, von 12 Säulen gebildet, die in der Mitte vor dem Hauptsaale ein sehr weites *intercolumnium* hatten und von dem Hause im Lichten 8 F. abstanden.

Es ist nun noch zu gedenken, dafs an der Seite des Hauses rechts, von der Küche bis zur Ecke an der vordern Strafse, eine Reihe von Buden und Werkstätten, unter andern auch eine *Bäckerei* mit Backofen sich befand. An der andern Seitenstrafse waren ebenfalls noch einige Buden, und dann eine Gebäude-Abtheilung zu *Ställen,* die von dem innern Hause keinen unmittelbaren Zugang hatten.

Der Rest des rechteckigen, für die ganze Besitzung oben angegebenen Raumes nahm der *Garten* an jenem *xystus* ein, auf 114 F. tief oder lang, und in der ganzen Breite des Hauses, die hinten etwas weniger als an der Eingangsfronte, nemlich 108 F. betrug.

Bei der Beschreibung dieses Hauses habe ich viele *Vitruvi*sche Verhältnisse und Vorschriften angenommen; indessen ist das Haus kein anderes als das in *Pompeji* ausgegrabene Haus des *Pansa.* Eine kleine Abbildung von dessen Grundrifs findet sich auf dem Plane zu meiner Beschreibung der in *Pompeji* ausgegrabenen Gebäude, und eine vollkommnere Darstellung desselben in *Gell* und *Gaudy's Pompejana.* Hiermit glaube ich den Beweis geführt zu haben, dafs die Architektur von *Pompeji* derjenigen in *Vitruvs* Zeitalter entspricht. *Pompeji* ist daher der beste Commentar *Vitruvs.* Sein Buch wird erst durch die Pompejanischen Gebäude verständlich.

Anwendbarkeit der Bauart der altrömischen Häuser auf unsere Zeit.

Wenn man sich die Wohnhäuser der Alten restaurirt vorstellt, oder einen Blick auf die schönen Restaurationen wirft, die *Gell* und *Gaudy* von denselben gegeben haben, so kann man sich des Wunsches nicht erwehren, dafs solche reizende Architekturconceptionen auch in unserer Zeit noch anwendbar sein möchten. Dieses ist jedoch, in der Totalität derselben, wenigstens im nordischen Clima, nicht wohl denkbar. Schon dafs alle Wohnräume nur sogenanntes geborgtes Licht von den Decken-Öffnungen der Höfe durch Thüren und alcovenartige Öffnungen derselben erhalten sollten, macht eine schwer zu überwindende Schwierigkeit; denn um alle diese Räume und Höfe *heizbar* zu machen, was sie sein müfsten, um nicht 7 oder 8 Monate im Jahre unbewohnbar zu sein, müfste man die Decken-Öffnungen der Höfe mit *Glas* schliefsen; wodurch dann aber die Helligkeit der Zimmer so sehr vermindert werden würde, dafs die Zimmer zu unsern gewöhnlichsten

Verrichtungen: Schreiben, Lesen, oder gar Zeichnen, so wie für die Frauen zu ihren feineren Arbeiten, bei trüber Witterung (in den Nebeln des traurigen Nordens) nicht brauchbar sein würden. Wollte man dagegen den Zimmern Fenster nach den Strafsen geben und die Eingänge derselben durch gewöhnliche Thüren verwahren, so würde das Haus wieder grade das Anmuthigste seines ganzen Wesens verlieren: nemlich die einsiedlerische Abgeschlossenheit von der übrigen Welt, verbunden mit der gemüthlichsten Vereinigung der innern Räume zu einer einzigen Räumlichkeit von der gröfsten Mannichfaltigkeit, die für ein wahres Familienleben zu allen Beschäftigungen vielfache architektonische Bequemlichkeit gewährt. Wollte man die Decken-Öffnungen der Höfe verhältnifsmäfsig noch gröfser machen, um, ungeachtet der Bedeckung mit Glas, hinreichendes Licht zu gewinnen, so ginge wieder die frische Luft verloren, die man bei der wohlüberdachten Einrichtung der altrömischen Häuser hatte, ohne vom Luftzug zu leiden. Aufserdem hat die Vervollkommnung der Bereitung des Glases, so wie die Verbesserung der Heizung der Wohnungen Bequemlichkeiten für moderne Wohnungen geschaffen, auf welche man jetzt nicht leicht wieder verzichten würde.

Es könnte also eine Nachahmung eines altrömischen Hauses, in seiner ganzen Einrichtung und Beschaffenheit, wohl nicht zum Zweck der eigentlichen Bewohnung, sondern nur etwa so geschehen, wie man in unserer Zeit Ritterburgen, Schweizerbauernhäuser u. s. w. baut; wobei dann auch durch das altrömische Haus mannichfaltigere und mehr überraschende Wirkungen hervorzubringen wären, als durch irgend eine andere Architektur. Ist gleich die Bauart der altrömischen Häuser im Ganzen nicht wohl nachahmbar, so gewährt sie doch in ihren Einzelnheiten ein reiches Magazin architektonischer Motive für die Erfindung und Gestaltung der Räumlichkeiten, sehr geschmackvoller Vorbilder für die Verzierung und sehr gut zu benutzender Constructions-Vortheile.

Altrömische Baustoffe und Constructionen.

Die Baustoffe der altrömischen Gebäude aus der *Vitruv*ischen Zeit sind Backsteine und gebrannter Thon überhaupt, Tufsteine, Bruchsteine und Quadern, Marmor, Alabaster, Granit und Porphyr, Mörtel und Stuckmassen, Cement, Holz, Bronze, Eisen und Farbenstoffe.

Über die Bereitung der ***Backsteine*** sagt *Vitruv* wenig Näheres. Er giebt eigentlich nur zwei wesentliche Vorschriften dazu; nemlich, Erstlich, dafs man die Steine nicht aus sandigem, steinigem oder grandigem Lehm, sondern aus weifslicher oder röthlicher Thonerde, mit reinem und scharfen Sand gemengt formen solle. Die Stelle lautet: „Faciendi autem sunt ex terra albida cretosa sive rubrica, *aut* etiam masculo sabulone." Cretosa heifst nicht blofs *kreidig*, sondern auch *thonig*, indem Thon und Kreide im Lateinischen, sowie noch heute im Italienischen, wo *creta* den gewöhnlichen Thon bezeichnet, nicht von einander unterschieden werden, wenn schon das Wort *argilla* da ist. Statt *aut* erlaube ich mir *at* zu lesen, da man nicht aus blofsem Sande Backsteine formen kann, sondern den Thon dazu mit Sand mengen mufs. Zweitens, sagt er, die Backsteine würden wesentlich besser sein, wenn man sie nicht eher brenne als zwei Jahre nachdem sie geformt worden, weil sie nicht eher vollkommen trocken würden; was denn wohl eine übertriebene Vorsicht ist, wahrscheinlich, weil man keine zweckmäfsige Trocken-Gerüste in Schuppen hatte, die durch die Brenn-Öfen hätten erwärmt werden können.

Ich habe im *Vitruv* vergebens nach Notizen gesucht, wie die Alten Verzierungen und andere künstliche Gestaltungen in Thon und Stuck formten; so dafs ich fast schon glaubte, sie hätten diese Kunst gar nicht verstanden, sondern alles aus freier Hand modellirt; indessen ist das letztere, nach der Ansicht von Stuccatur- und Thon-Arbeiten, die sich erhalten haben, kaum glaublich. Es ist nur wahrscheinlich, dafs man sich nicht aus mehreren Theilen künstlich zusammengesetzter Formen bediente, sondern die Gegenstände, ganz oder theilweise, aus *einem* Stück ausprefste und sie dann nachbesserte.

Die altrömischen Backsteine kommen von mancherlei Form und Gröfse vor. Die gewöhnlichsten waren quadratisch, eine Palme lang und breit und ungefähr zwei Zoll dick. (Die römische Palme (eine ausgestreckte Hand) ist nahe 9 Zoll kurhessisches Maafs lang, welches sich zu dem rheinischen wie 11 : 12 verhält). Aber es gab auch Backsteine, die, den jetzt gebräuchlichen fast gleich, eine Palme lang und eine halbe Palme breit waren. Auch finden sich dreieckige, und noch manche andere Formen.

In *Pompeji* sind freistehende runde Säulen auf die Weise aus Backsteinen gemauert, dafs in der Mitte erst in jeder Lage ein kreisrunder Backstein liegt, welchen zehn keilförmig zusammenschliefsende Steine umgeben, deren äufsere Seiten rechtwinklige Dreiecke bilden, jeder Keilstein also eigentlich ein Fünfeck ist, mit zwei langen und drei kurzen Seiten (die eine bogenförmig). Die ganze Lage bildet so ein Vieleck mit zehn ausspringenden rechten Winkeln und zehn einspringenden stumpfen Winkeln. Die zunächst höhere Lage ist eben so zusammengesetzt, nur dafs die langen Keilfugen mit denen der ersten Lage verwechselt sind, und also je über einen einspringenden Winkel der untern Lage ein ausspringender Winkel der obern kommt. Die dritte Lage ist wieder der ersten, die vierte der zweiten gleich, und so weiter, so dafs der Wechsel der Lagen im Grundrifs ein Vieleck mit zwanzig ausspringenden und zwanzig einspringenden Winkeln bildet, die den Anhalt für die 20 Cannelirungen der Säule geben. Wenn man nun, nachdem der Schaft so aufgemauert war, um denselben eine wohl ausgearbeitete, etwa aus 8 oder 12 aufrecht und wagerecht getheilten Stücken bestehende Hohlform setzte, so konnte man mit dauerhaften Stuck schnell eine prächtige Säule mit Knauf und Fufs und den feinsten Cannelirungen giefsen, worauf man dann nur die Formnähte abzunehmen und den Stuck zu poliren brauchte, um die Säule zu vollenden, die dann auch noch mit Malereien verziert werden konnte.

Auf solche Weise konnte man in wenigen Tagen schöne Säulengänge aufführen. Die Verjüngung der Säulen liefs sich auf drei verschiedene Arten herausbringen: Entweder man liefs für jede Säulenschicht eine besondere numerirte Steinform machen, so dafs z. B. für 100 Säulen auf je 1000 Steine eine besondere Form, und also, wenn der Schaft aus 40 Lagen bestand, 40 verschiedene Formen nöthig waren; oder man liefs für weniger Säulen die Steine für jede Lage nach Chablonen auf rauhen Sandsteinen abschleifen; oder auch man liefs, was am leichtesten und für eine nicht sehr starke Verjüngung unbedenklich war, in den untern Lagen die Fugen etwas stärker machen und die Steine nach oben hin immer enger zusammenrücken. Es durften jedoch solche Säulen nicht wohl schwächer als etwa 18 Zoll im Durchmesser sein, und sie mufsten, um nicht während des Aufmauerns aus dem Loth zu kommen, mit einem schnell bindenden Mörtel, am besten mit Cement gemauert werden. Die untere Platte des Säulenfufses, so wie die Deckplatte des Säulenknaufs, würde man von Quaderstein oder von Marmor zu machen haben. Die Hohlformen könnten aus Gyps oder Cement, mit Eisenstangen durchzogen sein, so dafs das eiserne Skelett derselben zugleich dazu dient, die einzelnen Stücke fest aneinander zu schliefsen.

Bei der Verfertigung von Verzierungen aus gebranntem Thon besteht die Hauptschwierigkeit darin, zu verhindern, dafs sie durch das Zusammentrocknen des Thons sich nicht werfen und krümmen, so dafs sie dann beim Zusammensetzen nicht passen. Die Schwierigkeit wird sehr vermindert, wenn man eine Verzierung, nachdem sie geformt und so weit getrocknet ist, dafs der Thon noch einige Geschmeidigkeit hat, zum zweitenmal in die Form prefst.

Ich habe mich durch wiederholte Beobachtungen überzeugt, dafs der Thon bei Backsteinen von gewöhnlicher Gröfse in *einer* Sommernacht so weit trocknet, dafs er eben noch geschmeidig genug ist, um eine Pressung auszuhalten, ohne zu brechen. Die Steine aus dem thonigen Lehme, mit welchen ich die Versuche anstellte, wurden in einer Nacht um den zwanzigsten Theil kürzer, schmaler und dünner, und ihre spätere Veränderung durch das Brennen war nur unbedeutend; weshalb ich denn die Meinung, dafs die Backsteine durch das ***Brennen*** kleiner werden, für irrig halte; sie werden durch das ***Eintrocknen*** kleiner und erleiden dadurch auch ihre Formveränderung. Ich bin der Meinung, dafs ein ganz trockner Thon- oder Lehmstein durch das Brennen sich nicht verändert.

Es kommen im römischen Alterthume sehr schöne Verzierungen von gebranntem Thone vor. Da sie so sehr viel leichter zu machen waren, als Ornamente von Quadersteinen und Marmor, so hat man die Erleichterung gleichsam durch gröfsere Sorgfalt in der Erfindung und Ausbildung compensiren wollen. Eben in ***Pompeji*** finden sich sehr geschmackvolle Verzierungen dieser Art. Auch kommt die Bildung von Verzierungen durch künstliche Stellung von Backsteinen vor, wie man sie neuerdings bei uns so lieb gewonnen, aber mit dem wirklich widerwärtigen Namen „Rohbau" belegt hat. In der Kunst sollte nichts ***roh*** sein. Wenn man Dergleichen an ganz geringen Gebäuden, z. B. Bauernhäusern, Ställen, Scheuern u. s. w. anspruchslos, gewandt und ohne besondern Kosten-Aufwand anbringt, so dafs es zeigt, man wolle auch dem ordinairen Gebäude den Ausdruck einer gewissen Sorgfalt der Ausführung geben, so ist dies recht lobenswerth und hübsch: wenn man aber bei bessern Gebäuden, die Anspruch darauf machen, Kunstwerke zu sein, mit Dergleichen, was doch eigentlich nur eine Spielerei ist, imponiren und Effect machen will, so ist Dies ein arger Mifsgriff, und so nahe am Lächerlichen, dafs man es mit Mifsmuth sieht; besonders an Gebäuden, welche das Thun des Staats würdig und anständig repräsentiren sollen. Es giebt allerdings im römischen Alterthum einige Gebäude von Backsteinen, die nicht beworfen gewesen zu sein scheinen: es sind aber dann an denselben die Backsteine nicht nur sehr sorgfältig und sauber zusammengesetzt, sondern es sind auch sehr feine Gliederungen von gebranntem Thone, oder von Quaderstein, und selbst von Marmor angebracht, so dafs das Ganze ernst und prächtig aussieht. Es kommt dabei wohl einmal ein aus geschliffenen Backsteinen gemauerter Mäander (alla grecque) vor, aber Alles ist zierlich und geschmackvoll.

Der ***Mauer-Verband*** der Backsteine ist sehr mannichfach. Die quadratischen Steine sind mit einfach verwechselten Fugen gesetzt, die oblongen Steine im sogenannten Block-Verbande, so wie auch in Zusammensetzung mit einem, dem mittleren und unteren Italien eigenthümlichen Steine, dem sogenannten ***Tufsteine.*** Derselbe ist ein vulcanisches Product, welches aussieht, wie ein dichter und consistenter Lehm; er ist im Bruche so weich, dafs er sich in beliebige Formen schneiden läfst, erhärtet aber an der Luft und ist im Wetter dauerhaft. Er wird theilweise in oblonge Backsteinformen, oder auch in keilförmige Steine geschnitten, deren Vorderhaupt quadratisch ist, so, dafs sie nach dem Innern der Mauer hin etwas keilförmig zugespitzt sind. Diese Steine wurden zwischen horizontalen Backsteinlagen netzförmig vermauert, so dafs man die beiden Stirnen der Mauern aus denselben bildete und dann den innern Raum mit Mörtel füllte, der mit Steinbrocken gemengt war. Man nannte diese Construction *opus reticulatum.* Ich habe sie im 28ten Bande dieses Journals in den „Bemerkungen aus der alten, mittelalterlichen und neueren Baukunst" specieller beschrieben und ihre Anwendbarkeit zu heutigen Bauwerken gezeigt. Eben so auch das *opus incertum,* welches sich von reticulatum nur dadurch unterschied, dafs die Tufsteine nicht genau rautenförmig, sondern ziemlich unregelmäfsig, jedoch von ähnlicher Gröfse waren und nach den Fugen zusammengepafst wurden. Diese Art von Mauerwerk kommt in der altrömischen Baukunst bei weitem am häufigsten vor; nemlich die Mischung von Backsteinen, Füllmauerwerk und Tufsteinen.

Der Bruchsteine und Quadern bediente man sich schon seltener; letzterer hauptsächlich nur zu Tempeln und prächtigeren öffentlichen Gebäuden, zu der sogenannten monumentalen Architektur, z. B. zu Theatern und Amphitheatern, prächtigen Marktplätzen (fora) Triumphbogen u. dgl.; wo man dann auch häufig Marmor nicht nur in Incrustirungen, sondern auch in Quadern sieht. Indessen finden sich auch in der Backstein- und Tufstein-Architektur immer einige Quadern- und Marmor-Incrustirungen, da wo sie nicht wohl entbehrlich waren; z. B. zu Treppenstufen, Belägen der Fufsboden mit steinernen Tafeln, Incrustirungen der innern Brüstungen der Mauern und schwächeren und stärkeren Säulen. Die schön abgetheilten Fufsboden aus Marmor, die Bekleidungen der Wandbrüstungen mit Marmor, geben der altrömischen Bauart etwas sehr Edles, und Vornehmes; man fühlt in so geschmückten Räumen eine gewisse Anständigkeit der Existenz, die gar wohlthuend ist. Man mufs aber dabei nicht an eine ungemessene Verschwendung denken: der Marmor ist in sehr dünne oft kaum einen halben Zoll dicke Tafeln geschnitten und stets so zweckmäfsig angebracht, dafs nicht Aufwand, sondern Ersparung darin liegt. So waren die Stufen (Gradinen) in den Theatern zu *Pompeji* aus gewöhnlichen Stoffen gemauert, oben auf aber mit ganz dünnen Tafeln von polirtem carrarischen weifsen Marmor belegt, was überaus reinlich und selbst prächtig aussah, und doch nicht sehr kostspielig war; denn die marmorne Decke ist noch keinen Zoll dick. Sie schützt das gewöhnliche Mauerwerk darunter gegen Beschädigung und gegen die Witterung, und machte es möglich, dafs man sich auf den Gradinen setzen konnte, ohne seine Gewänder zu verderben.

Der Marmor-, Granit- und Porphyr-Arten, deren man sich im Alterthume bediente, sind unzählige. Die am häufigsten vorkommenden sind folgende.

Der *weifse carrarische Marmor;* er ist hinlänglich bekannt. Da die Brüche von *Carrara* wenig vom Ufer des Meeres entfernt sind, so liefs sich der Stein nach allen Theilen des meerumflossenen Italiens versenden.

Der *weifse parische Marmor.* Er ist minder weifs, als der carrarische, aber mild durchscheinend und mit kleinen glänzenden runden Blättchen (Paletten) durchzogen. Aus ihm sind die schönsten griechischen Statuen gemacht; aber er ist auch sehr schön zu Säulen, z. B. zu cannelirten corinthischen Säulen. Auch er konnte, da er auf der griechischen *Insel Paros* bricht, leicht zur See weithin verschifft werden. Ich glaube, dafs er weicher und leichter zu verarbeiten ist, als der carrarische Marmor. Er bricht, wie dieser, in sehr grofsen Blöcken.

Der *gelbrothe Marmor,* genannt *giallo antico.* Er soll, so vermuthet man, bei *Sparta* gebrochen worden sein. Er ist sehr häufig, besonders zu Incrustirungen benutzt worden, aber jetzt selten, oder gar nicht zu haben. Er nimmt eine schöne Politur an.

Der *grüne Marmor,* genannt *verde antico,* der auch zu den Porphyr-Arten gerechnet wird, hat nicht nur eine sehr schöne, tief-saftgrüne Farbe, die hell und dunkel geflammt ist, sondern nimmt auch die herrlichste Politur an und wird durch dieselbe an vielen Stellen wunderschön durchscheinend. Man findet schöne Säulenschafte aus diesem Marmor, und häufig wurde er auch zu Incrustirungen benutzt. Man hält gewöhnlich den Ort, wo er gebrochen wurde, für unbekannt; allein dieses scheint nicht ganz richtig. Es wird behauptet, der *verde antico* sei am Berge *Taygetes,* unweit *Sparta,* gebrochen worden. (Vor einiger Zeit wurden auf einer Mühle bei Cassel zwei schöne Marmorblöcke, die wahrscheinlich Landgraf Carl von Hessen vor mehr als hundert Jahren, rauh wie sie aus den Brüchen kamen, aus Italien hatte kommen und auf die Mühle bringen lassen, wo sie zerschnitten werden sollten und wohl vergessen worden waren, gleichsam entdeckt.)

Der *dunkelrothe Marmor, rosso antico,* von gleichförmiger Farbe, ohne Flammen, hat den Farbenton einer recht tiefen Nuancirung des Englischen Roths. Er wird häufig zu Fufsboden von musivischer Art gebraucht, wo sich seine Farbe, ungeachtet einiger Abnutzung, lebhaft absetzt. Aus demselben, so wie auch aus dem *giallo antico,* machten die Alten schöne Thierstatuen, dergleichen noch im vaticanischen Museum vorhanden sind.

Der *schwarze und weifse Marmor, nero e bianco,* wird in Italien sehr geschätzt; es mufs aber sein Grund vollkommen schwarz, und zwar sammetschwarz, die sparsamen Adern müssen scharf abgesondert und schneeweifs sein. Grau darf nicht vorkommen. Im Norden ist er nicht so selten. Es giebt prächtige Säulenschafte aus diesem Marmor; er nimmt eine schöne dauerhafte Politur an, dürfte aber für die Verarbeitung sehr hart sein.

Der *africanische Marmor, marmo africano,* ist wohl die prächtigste und seltenste aller Marmor-Arten; die auch nur in feinen Incrustirungen vorkommt. Dieser Marmor besteht aus einer Mischung von prächtig dunkelrothen, schwarzen, grauen und durchsichtig cristallinischen Adern ohne Farbe, und die dem Achat und dem Bandjaspis ähnliche Form der Adern ist besonders schön und ungewöhnlich.

Der *orientalische Granit* ist blafsgelb, mit rothen und schwarzen Puncten, dem am Harz in grofsen Blöcken häufig vorkommenden von denselben Farben sehr ähnlich, jedoch minder bröcklich und mehr politurfähig. Die ägyptischen Obelisken in Rom sind aus diesem Granit.

Der *Lasurstein, lapis lazuli,* ist wohl die theuerste aller Marmor-Arten; es ist jedoch offenbar unrichtig, wenn man sagt, er werde mit Gold aufgewogen, man zahle für ein Pfund *lapis lazuli* ein Pfund Gold. Jedermann hat wohl einmal ein Stück dieses Marmors gesehen; er ist dunkel azurblau, hat hellblaue Flammen und ist dabei mit goldfarbigen feinen Adern durchzogen, die aber kein Gold, sondern Schwefelkies sind. Er wird nur zu den feinsten Arbeiten und Incrustirungen gebraucht. Die Alten erhielten ihn, wie es scheint, aus Ägypten. Er soll noch in Sibirien, der Bucharei, Thibet, China und in Chili vorkommen. Dieser Stein dient auch zur Bereitung des ächten *Ultramarin.*

Von den *Granit-Arten* hat man besonders den orientalischen Granit, aus welchem die ägyptischen Obelisken bestehen, häufig benutzt. Er ist roth, gelb, weifs und schwarz punctirt und dem Granit, der sich am ***Harz*** so häufig in grofsen Blöcken findet, sehr ähnlich; der antike Granit war jedoch weniger bröcklich, als der nordische.

Von den ***Porphyr-Arten*** kommt besonders der dunkelrothe, *porfido rosso,* sehr häufig vor. Aufser zu den Schalen, Kufen und Gefäfsen, die daraus gemacht wurden, benutzte man ihn auch zu Säulenschaften, und besonders auch zu gröfseren Flächen musivischer Fufsboden. Er ist dunkelroth, hat weifse und hellrothe Puncte und wurde aus ***Arabien*** nach Italien gebracht. Er ist aufserordentlich hart, und schwer zu bearbeiten, so dafs man geglaubt hat, die Alten hätten besondere Geheimnisse dabei gekannt. Die Wahrheit ist, dafs das Geheimnifs von sehr einfacher Art und Bildhauern in Rom noch jetzt bekannt ist. Ich habe sehr schöne moderne Porphyr-Arbeiten dort gesehen, die an Reinheit der Linien und Flächen, so wie in der Politur, die antiken noch übertrafen, und habe auch das Geheimnifs erfahren, halte mich aber nicht berechtigt, es zu offenbaren. Es besteht nur in den Erleichterungen der immer noch sehr mühevoll und langsam von statten gehenden Arbeit. Im vaticanischen Museum befindet sich, mitten in einem runden Saale, eine antike Schale von *porfido rosso,* aus einem Stücke, die 62 Palmen im Umfange hat *).

Aufser diesen Marmor-, Granit- und Porphyr-Arten giebt es noch eine Menge anderer, in den altrömischen Gebäuden vorkommender Arten, und ich habe nur diejenigen genannt, welche durch ihre Schönheit oder häufiges Vorkommen besonders ausgezeichnet sind. Die italienischen Benennungen derselben habe ich beigesetzt, weil die Steine gewöhnlich auch in deutschen Büchern so benannt werden.

Nächst den Steinen ist in der altrömischen Baukunst unter den Baustoffen besonders auch das zu ihrer ***Verbindung*** dienende Material zu bemerken. ***Vitruv*** spricht ausführlich über die Eigenschaften, welche Sand, Kalk und Puzzolane haben sollen; so wie über ihre Mischung und Verwendung. Seine Vorschriften sind aber, theils entweder ganz bekannt, oder auch, wegen der Unvollkommenheit der damaligen chemischen und physicalischen Einsichten, irrig und unvollständig, so dafs daraus nicht viel zu lernen ist und man nur allenfalls

*) Die Kunst, den härtesten Granit auf das vollkommenste zu poliren, ist in ***Berlin*** sehr bekannt, und wird in bedeutendem Umfange ausgeübt. Man sieht an öffentlichen Gebäuden sehr grofse Massen polirten Granits; z. B. im Geländer der Schlofsbrücke; die Säulen am Schlofs; die der Victoria am Halleschen Thore. Die granitne polirte Schale vor dem Museum hat wohl 100 Palmen im Umfange.

Anm. des Herausgebers dieses Journals.

sieht, dafs die Alten von der Mörtelbereitung nicht *mehr,* sondern *weniger* verstanden haben, als die neuere Zeit.

Bedeutsamer sind die Vorschriften *Vitruvs* für die Estrich- und Tünche-Arbeiten.

Bei den *Estrichen* macht er zunächst auf die Nothwendigkeit eines durchaus und gleichförmig festen Grundes aufmerksam. Man soll den Grund nöthigenfalls sehr fest stofsen lassen. Hierauf soll zunächst eine aus Kalk und zerstofsenen Backsteinen gemischte Lage gelegt werden, bestehend aus drei Theilen zerstofsener Steine, einem Theil Kalk, oder, wenn man die Bestandtheile alter Estriche benutzt, auf fünf Theile derselben aus zwei Theilen Kalk. Diese Grundlage soll mit hölzernen (vierhändigen) Rammen so fest gestofsen werden, dafs die Masse nach dem Stofsen nur noch Dreiviertel ihrer ursprünglichen Dicke behält. Diese Unterlage soll man mit dem Kern des Estrichs überziehen, der aus drei Theilen Backsteinmehl (testa) und einem Theile Kalk besteht, so dafs das Pflaster nicht weniger als sechs Zoll dick wird. Über diesen Kern soll man die Steintafeln genau nach dem Richtscheit und Falle legen und dabei vorstehende Ecken sorgfältig vermeiden; worauf dann der Tafelnbelag abgerieben und polirt wird. Die weitere Vorschrift, wie dieser, so weit fertige Fufsboden mit Marmor besiebt oder mit Panzern (loricae) aus Kalk und Sand überzogen werden soll, ist schwer verständlich, und es ist eine Corruption des Textes zu vermuthen, wenn nicht vielleicht gemeint ist, dafs Marmorstaub zur Ausfüllung der feinsten Fugen zwischen den Steintafeln genommen und der Überzug von Kalk und Sand auf die Weise dazu dienen soll, dafs er sogleich, in soweit er sich nicht in die Fugen gesetzt hat, wieder abgeputzt wird.

Für Estriche auf Gebälken verlangt *Vitruv,* dafs die Balken durchaus, so weit der Estrich liegt, sich frei tragen müssen: wären sie an einzelnen Stellen, z. B. durch untere Scheidemauern unterstützt, so werde der Estrich nothwendig Risse bekommen. Die Erfahrung bestätigt ganz diese Regel; nur ist die Befolgung schwierig, weil man doch über den Scheidemauern unter den Gebälken keinen offenen Raum lassen kann.

Estriche auf Gebälken unter freiem Himmel soll man vorzüglich sorgfältig machen. Zunächst soll man auf die Balken einen Belag von eichenen Bohlen legen. *Vitruv* behauptet hier, dafs die Bohlen von Eichen mit *efsbaren* Früchten, womit, wie ich glaube, die immergrüne, sogenannte *Licinie* gemeint ist, sich nicht so leicht würfen und schief zögen, wie die Bohlen von der gemeinen Eiche. Diese Bohlen sollen doppelt, und zwar ins Kreuz gelegt werden. Hierauf soll man zu der Estrichmasse noch Eindrittel Backsteinmehl und dazu noch zwei Theile Kalk mischen. Aus dieser festzustofsenden Masse soll man eine, nicht mehr als einen Fufs dicke Grundlage machen, auf welche man den Kern des Estrichs nach der obigen Vorschrift ausbreitet und dann den Tafelnbelag legt, welcher auf je 10 Fufs 2 Zoll Gefälle erhält. Die Tafeln sollen genau zusammengefügt und abgeschliffen werden; den Mörtel zwischen den Fugen soll man jährlich einmal mit dem Bodensatz von Öl tränken, damit er nicht vom Frost leide.

So sorgfältig auch dieses Verfahren ist, so ist doch sehr zu zweifeln, dafs es in einem nordischen Clima, wo die gröfste Kälte im Winter von der gröfsten Wärme im Sommer fast um sechzig Grad R. verschieden ist, einen lange dauernden und für die Feuchtigkeit undurchdringlichen Estrich geben werde. Wenn man noch sorgfältiger verfahren will, soll man auf die erste Grundlage des Estrichs zweifüfsige Dachsteine so zusammengepafst legen, dafs in die Fugen, die ihr Zusammenstofs bildet, kleine zolltiefe Canäle bleiben, die mit einander in Verbindung stehen und die man mit Kalk, mit Öl angemischt, ausgiefst und reibt, damit die Fugen dicht ausgefüllt werden und sie, sobald dieser Kitt trocken ist, keine Feuchtigkeit mehr durchlassen. Über die Dachsteine soll man dann jenen Kern des Estrichs ziehen, der mit Ruthen festgeschlagen und worauf dann der Tafelnbelag gelegt wird. *Vitruv* meint, ein so verfertigter Fufsboden werde nicht *sobald* schadhaft werden.

Bei den *Tünche-Arbeiten* ist er der Meinung, dafs man dazu nur solchen Kalk nehmen solle, der schon seit längerer Zeit (seit zwei Jahren) gelöscht sei. Man könne sich von seiner Tauglichkeit überzeugen, wenn man die Kelle hineintauche: blieben einzelne Kalkstückchen beim Herausziehen daran hängen, so wäre er nicht hinreichend aufgelöset: bliebe aber die Kelle ganz rein, so wäre er kraft- und saftlos; nur wenn er, fett und wohl aufgelöset, klebend die Kelle überziehe, sei er tauglich.

Die Tünchung der Mauern will *Vitruv* in der Art haben, dafs man die Mauer zunächst mit einem rauhen Anwurf derb überträgt und wenn der Anwurf fast trocken ist, diesen mit feinem Kalkmörtel nach der Schnur und dem Richtscheit nicht weniger als dreimal überzieht. Hierauf soll man darüber eine Lage, zu Körnern zerstofsenen Marmors einreiben, dessen Zubereitung tauglich sei, wenn die Masse beim Einreiben nicht an der Kelle hangen bleibt, sondern sie rein läfst. Wenn diese Lage eingerieben und etwas angetrocknet ist, soll man eine zweite Lage von etwas feinerem Marmorstaube darauf bringen, und wenn dieser gut eingerieben ist, eine dritte Lage von noch feinerem Marmorstaube.

Vitruv sagt nicht, womit der Marmorstaub gemischt werden solle; so dafs man fast glauben möchte, er solle nur mit Wasser zu einer Masse angemengt oder angerieben werden, die erst durch die Einwirkung der untern Mörtelschichten Bindung erhalten würde. Die altrömischen Tünchungen, die ich untersucht habe, hatten oben auf eine noch nicht eine Linie dicke weifse Lage, die dennoch aus mehreren Anwürfen bestehen konnte; so dafs also der Überzug mit Marmorstaub eigentlich nur ein eingeriebener dicker Anstrich war.

Ein für die römischen Mörtel- und Tünche-Mischungen sehr wichtiger Stoff ist die *Puzzolan-Erde*. *Vitruv* erwähnt schon, dafs dieselbe dem Mörtel die Eigenschaft gebe, im Wasser zu erhärten, und sagt, dafs sie von *Bajä* (*Puzzoli* gegenüber) komme. Sie findet sich jetzt auch in andern Theilen Italiens; und namentlich bei *Rom,* wo weitläuftige Puzzolangruben sind. Der damit bereitete Mörtel wird aufserordentlich fest, sowohl im Nassen, als im Trocknen, und ist auch heute zu Tage sehr in Gebrauch. Ich habe Brückenbrüstungsmauern (Roulagemauern) aus Puzzolanmörtel und Backsteinen mauern gesehen, die so fest wurden, als wären sie aus einem einzigen Steine. Dieser Puzzolanmörtel ersetzte bei den Alten unsern heutigen Cement.

Über einen wichtigen Baustoff, das *Bauholz,* giebt *Vitruv* mancherlei Vorschriften, die allenfalls nur dadurch interessant sind, dafs sie die Ursache von manchen, bis auf die heutige Zeit verbreiteten Irrthümern zu sein scheinen. Dahin gehört z. B. die Meinung von der gänzlichen Unbrauchbarkeit des *Buchenholzes* zum Bauen; eben so die von den Eigenschaften der *Pinus*-Arten, deren Benennungen auch irrig verstanden werden. *Rode* z. B. übersetzt *pinus* schlechtweg „*Fichte*", und da klingt es denn nicht gut, wenn es von der „Fichte" heifst, dafs sie bis in das späteste Alter unversehert bleibe und der Fäulnifs widerstehe; was freilich kein Sachverständiger glaubt. *Vitruv* gehört übrigens zu denjenigen Lehrern der Baukunst, welche verlangen, dafs man das Bauholz *im Herbst* fällen solle, und zwar im Anfange des Herbstes, ehe die Westwinde zu wehen anfangen, also wohl ehe die Regenzeit eintritt; das wäre also bis Anfang Novembers. Man soll die Bäume vor dem Fällen bis zum mittleren Kern („ad mediam medullam" soll wohl heifsen bis in die Mitte zwischen der Rinde und dem Mittelpunct des Stammes) einkerben, so dafs aller Saft herauslaufen könne, und dieselben erst dann umhauen, wenn keine Tropfen mehr herausdringen.

Vitruv handelt auch weitläuftig von den *Farben,* und man erkennt das Bestreben, dauerhafte Farben zu haben; indessen haben die Fortschritte der Chemie hierin bessere Kenntnisse verbreitet, als *Vitruv* sie haben konnte. Schade nur, dafs in unserer Zeit diese Kenntnisse nicht immer benutzt werden.

Über die Eigenschaften der zum Bauen nöthigen *Metalle* vermifst man beim *Vitruv* ausführliche Auskunft. Wichtig wäre es, über die Legirungen der *Bronze,* von denen die Alten mehr gewufst zu haben scheinen, als wir, etwas zu erfahren. Wir wissen z. B., dafs sie eine so dichte und feste Bronze zu bereiten wufsten, dafs man *Schwerter* daraus machte; und das corinthische Erz war so schön, dafs das weifse dem Silber und das gelbe dem Gold ähnlich sah. Die Bronze wurde im altrömischen Bauwesen nicht allein zu Klammern und Verankerungen, sondern auch zu prächtigen Thüren und Gitterwerken, so wie zu Vasen und Werkzeugen benutzt. Der Gebrauch des *Eisens* war sehr beschränkt.

Altrömische Verzierungen.

Ich habe gesagt, die altrömischen Häuser seien reich an Vorbildern für geschmackvolle Verzierung, und habe schon Mehreres davon erwähnt; namentlich die marmornen Fufsboden und die Belegung der Wände mit Marmor, so wie auch die musivische Verzierung der Fufsboden. Ich will noch Einiges dazu nachtragen.

Die schönen Fufsboden aus Marmor und Porphyr, die man so häufig in den byzantinischen Kirchen, z. B. in der Marcuskirche zu *Venedig* und in den Basiliken aus christlicher Zeit findet, scheinen mir aus älterer als byzantinischer Zeit herzurühren; also aus ältern römischen Gebäuden entlehnt zu sein, die zerstört waren. Wegen der grofsen Dauerhaftigkeit derselben und ihrer Kostbarkeit wegen, ist eine solche Wieder-Anwendung wohl erklärlich. Sie bestehen aus einer Mischung von Täfelung und Mosaik, indem gröfsere, regelmäfsig geordnete Tafeln, aus den genannten Stoffen, mit musivischen Mustern aus kleinen aber ebenfalls regelmäfsigen Marmorstücken abwechseln. Die Reinheit der Formen, die diese Muster darstellen, und eine gewisse Vereinigung von Einfachheit und Pracht, die dem Alterthum eigenthümlich ist, lassen auf ihren älteren Ursprung schliefsen. Möglich ist es, und wegen ihrer grofsen Ähnlichkeit an entfernten Orten selbst wahrscheinlich, dafs sie fabrikmäfsig verfertigt wurden; vielleicht in Griechenland, oder in irgend einer an Marmor reichen Gegend, wo die Baukunst schon früh zu einer gewissen Vollkommenheit gereift war. Es giebt viele Abbildungen solcher Fufsboden; z. B. in den „Denkmalen der christlichen Religion" von *Guttensohn* und *Knapp,* in *Hessemer* „arabischen und italienischen Verzierungen des Mittel-Alters", wo auch die Farben angegeben sind; und in andern Werken.

Eben so schön als zweckmäfsig ist der *Belag* der Wände im Innern der besseren Häuser, auf Brüstungshöhe, mit Marmortafeln, die nach Farben und Felder-Abtheilungen geschmackvoll zusammengestellt sind. Eine solche Bekleidung giebt dem Zimmer ein ungemein anständiges Ansehen, und sie ist kein Flitterstaat, sondern man sieht, dafs der Aufwand für immer gemacht wurde.

Wegen der Verzierung der Säulen und der zu denselben gehörigen Gesimse ist man nach dem Ergebnifs der Pompejanischen Architektur veranlafst, anzunehmen, dafs man sich der einfachsten aller Säulen-Arten, nemlich der *altdorischen,* am häufigsten und überhaupt da, wo es nicht darauf ankam, besondere Pracht zu zeigen, mit den einfachsten Gesimsen und Gliederungen bediente. Diese Säulen sind aber immer *cannelirt;* was wenig kostete, da der Kern der Säulen meistentheils gemauert und ihre Gliederungen aus Stuck waren. Es finden sich jedoch auch jonische und corinthische Säulen, meistens ebenfalls mit Cannelirungen. Eine Überladung mit Ausladungen ist selten; gewöhnlich sind alle Gesimse nur aus wenigen Gliedern, die aber oft geschmackvoll verziert sind, zusammengesetzt. Von jenem steinernen Wust von Gliederungen an Gesimsen, Säulen und Postamenten, den die Nachahmer, besonders in den Zeiten des Rococo-Baustyls, geschaffen haben, wufsten die Alten nichts. Man ist in neueren Zeiten wohl dadurch auf diesen Abweg gerathen, dafs gerade einige grofse Gebäude des Alterthums, die schon in die Zeit der Entartung der altrömischen Architektur gehören und also von dem Fehler der Überladung nicht frei sind, z. B. das *Colosseum* und die *Triumphbogen zu Rom,* erhalten geblieben sind, während so viel anderes Schöne zu Grunde gegangen ist.

Übrigens ist kein Zweifel, dafs alle altrömischen Gebäude mit prächtigen *Farben* verziert oder, wenn man den Ausdruck haben will, *polychromisirt* waren. Ich sage *prächtige* Farben: denn Azurblau, Goldgelb, Zinnoberroth, Grasgrün, Indischroth und Schwarz sind nicht gespart; weshalb man aber doch nicht sagen kann, dafs diese Färbung grell und anstöfsig gewesen sei. Die Farben sind vielmehr sehr harmonisch zusammengeordnet, und da in der Regel die altrömische Verzierungsmalerei sehr hell gehalten ist, so machen die lebhaften Farben eine sehr heitere und kräftige Wirkung.

Die Wandflächen über den oben beschriebenen, häufig mit Marmor belegten Brüstungen waren reichlich mit Farben und selbst mit Malereien verziert, und zwar schon in Häusern von geringerer Bedeutung; was die Kunstliebe der Alten beweiset. Eben so fanden sich solche Verzierungen auch an den Decken, besonders an den gewölbten Decken. Ich möchte die Art der Verzierung der Wände mit Malereien hauptsächlich in drei Classen theilen.

Die *erste* Classe ist diejenige, wo die Wände in regelmäfsige Felder symmetrisch getheilt, die Felder mit kräftigen Farben angestrichen sind und mehr oder weniger verzierte Einfassungen haben, während die Mitten der Felder oft von zierlichen kleinen schwebenden Figuren geschmückt werden. Diese Art der Verzierungsmalerei hat in der modernen Baudecoration vielfältige Nachahmung gefunden, und findet sie noch täglich. Die kleinen Figuren sind nicht ängstlich, aber meistentheils sehr schön gezeichnet und colorirt, so dafs die Kunstfertigkeit der Alten zu bewundern ist: sie erstreckte sich so weit, dafs selbst der wenig bemittelte Haus-Eigenthümer sich Kunst-Arbeiten verschaffen konnte, die jetzt die besten Meister gern als ihre Productionen anerkennen würden. Die Einfassungen der Felder bestehen oft nur aus einigen farbigen Linien, mit zierlichen Ausläufen und Eckstücken, in denen sich oft eine unnachahmliche Grazie zeigt, von der man nicht sagen kann, woher sie eigentlich kommt und worin sie liegt; so wenig wie man bei musicalischen Tönen sagen kann, warum sie Leidenschaften, ja Gesinnungen ausdrücken; und selbst auch diese offenbaren sich in diesen geistreichen antiken Linien, oder, um es vollständiger auszudrücken, in der griechisch-römischen ***Arabeske.***

Die *zweite* Classe der Verzierungsmalerei ist wohl eigentlich die vollkommenste und prächtigste von Allem, was je Gebäude-Verzierung war und sein wird. Die Wände wurden wiederum in regelmäfsige Felder getheilt, die Felder aber mit historischen Bildern, von Arabesken eingefafst, ausgefüllt. Das Museum von ***Portici*** hat eine höchst bedeutende Sammlung solcher von den Mauern von ***Pompeji*** und ***Herculanum*** abgenommener Malereien, die uns eine klare Vorstellung von der Malerkunst der Alten geben. Die Gegenstände der Bilder sind meistens mythologisch, oder doch aus der griechischen und römischen Geschichte genommen; die menschlichen Figuren sind oft lebensgrofs, ja mehr als lebensgrofs. Auch Landschaften sind von der Füllung der Felder nicht ausgeschlossen.

Die *dritte* Classe begreift aber die sogenannten ***Grotesken.*** Über dieselben äufsert sich ***Vitruv,*** nachdem er vorher die ältere, nach seiner Ansicht allein achtungswerthe Art der Malerei durch Abbildungen natürlicher Gegenstände geschildert hat, folgendermaafsen. „Jetzt werden die Tünchefelder eher „mit Ungeheuern, als mit den Abbildungen geschehener Dinge bemalt. Statt „der Säulen bringt man Schilfhalme an, statt der Dachgiebel Linienschnörkel „mit krausen Blättern und Voluten; eben so Candelaber, welche Abbildungen „kleiner Gebäude tragen, auf deren Giebeln zarte Stengel in Krümmungen aus „ihren Wurzelblättern sprossen, die ohne vernünftige Ursache allerhand Ge„stalten tragen; aus den Stengeln sprossen Blumen, in denen sich Figuren halb „verbergen, die bald Menschen- bald Thierköpfen ähnlich sind." Man sieht, *Vitruv* ist erzürnt über diese Art der Malerei; denn er will, man soll nichts vorstellen, was nicht ist und nicht sein kann. Seine Beschreibung der Grotesken ist auch keinesweges übertrieben: im Gegentheil hätte er noch Kühneres, Verwegneres nennen können. Indessen kann man nicht wohl seiner Meinung sein. Bei aller Bewunderung für eine treffliche und wahre *Erzählung,* sehe ich einestheils nicht ein, warum ich mich nicht auch über ein geist- und phantasiereiches arabisches *Mährchen* erfreuen soll; ja ich kann nicht einmal sagen, dieses sei schlechter, als jene; ich bekenne mich zu *Göthe's* Grundsatz, dafs zur Arabeske Alles passe, was eine schöne Form hat. Auch ist es nichts weniger als *leicht,* schöne Arabesken und Grotesken zu *erfinden:* viel schwerer vielmehr, als vorhandene schöne Gestalten *abzubilden.* Man betrachtet Dergleichen wohl als Ausschweifungen der Phantasie und Ausartungen der Kunst; und es ist gar nicht in Abrede zu stellen, dafs man darin auch zu weit gehen könne; so wie es z. B. nicht zu billigen wäre, wenn man arabische Mährchen auf der Kanzel vortrüge. Auch Dies, wie Alles Andere, mufs am rechten Ort sein. Eine Überladung mit phantastischer Kunst thut nicht wohl, aber schlimmer noch ist eine Überladung mit phantasielosen nüchternen Bildungen. Eine noch ganz im Kindes-Alter stehende Kunst ist zum Phantastischen nicht befähigt, und es würde befremdend sein, dafs die Grotesken schon zu *Vitruvs* Zeiten im Schwunge waren, wo doch eben erst die altrömische Bauart in ihre gröfste Blüthezeit trat, wenn wir nicht wüfsten, dafs diese Baukunst nichts anderes als eine Fortsetzung der altgriechischen war, die damals schon culminirt hatte.

Die Nachahmung dieser drei Arten von Verzierungsmalerei ist der Verzierungsgeschmack unserer jetzigen Zeit, und ich glaube, dafs die Nachahmung noch einer grofsen Ausbildung fähig ist, wenn schon zu zweifeln, ob wir in unserer Zeit noch eine so lebendige Natur-Anschauung, oder, wenn der Ausdruck gestattet ist, ein so frisches Naturgefühl haben, um solche Gestalten wie die Wunderthiere der altrömischen Arabeske, mit solchem Ausdruck von Grazie, Leidenschaft und Gefühl, erfinden zu können. Es erfinde einmal Jemand einen solchen sterbenden Hippogryphen, wie das bekannte kleine Pompejanische Wunderbildchen? Übrigens ist noch zu erwähnen, dafs die drei Classen von Verzierungsmalerei auch vereinigt vorkommen. Davon giebt das in Contouren gezeichnete Titelblatt von „*Gell's* und *Gaudy's* Pompejana", welches *nur* aus Malereien und Bronze-Arbeiten aus Pompeji zusammengesetzt ist, ein sehr schönes Beispiel.

Öffentliche Gebäude der alten Römer.

Nachdem ich in Vorstehendem die Architektur altrömischer Wohngebäude aus der Zeit der Blüthe derselben, die wir von *Sulla* bis *Constantin*, also ungefähr 350 Jahre lang rechneten, im Wesentlichsten charakterisirt zu haben glaube, bleibt noch übrig, Einiges von den Überresten der für öffentliche Zwecke in dieser Zeit aufgeführten Gebäude hinzuzufügen. Es sind dies *Tempel, Theater, Amphitheater, Foren,* öffentliche *Bäder* oder *Thermen, Triumphbogen, Brücken, Wasserleitungen* und *Canäle,* und endlich *Mausoleen.* Einiger gröfserer *Villen,* die mehr den Charakter öffentlicher Gebäude als von Privatwohnungen hatten, will ich gleichfalls gedenken.

Die Säulen-Ordnungen.

Im Ganzen ist die architektonische Ausbeute an diesen Trümmern monumentaler Architektur nicht so bedeutend, wie man es nach der Berühmtheit derselben erwarten sollte. Das Wesentlichste, was wir von ihnen übrig haben, ist eine Reihenfolge schöner *Säulen-Ordnungen;* besonders *jonischer* und *corinthischer.* Wenn nun auch Dies nicht so zu verstehen ist, dafs man, wie in den ältern Lehrbüchern, die Lehre der altrömischen Baukunst fast nur auf die Anweisung, altrömische *Säulen-Ordnungen* zu zeichnen, zu beschränken hätte, so dürfte doch die Kenntnifs der *Säulen-Orduungen* keineswegs auch etwas Unbedeutendes oder gar Unnützes sein. Obgleich nach meiner Meinung treffliche architektonische Compositionen nicht das Ergebnifs unbestimmter Gefühle und Phantasieen, sondern das Resultat einer wohl überdachten und überall sinnig durchgeführten Zweckmäfsigkeit sind, so entsteht doch, eben aus dem vollkommenen Gelingen einer solchen Bestrebung, eine solche Befriedigung, ein so grofser Genufs, dafs man davon gleichsam bezaubert wird und, ohne unmittelbare Rücksicht auf materielle Vortheile, ein eben so grofses, wenn nicht gröfseres Wohlgefühl hat, als von irgend einer die Sinne unmittelbar berührenden Kunst. Zu solchen Ergebnissen in der Architektur glaube ich vor allen die *Säulen-Ordnungen* rechnen zu müssen, und es scheint mir wohl zu entschuldigen, wenn *Vilalpando* in der Begeisterung über ihre Schönheit meint, die ersten Säulen müfsten vom Himmel gefallen sein, denn es gehe über menschliche Befähigung, etwas der Art zu erfinden. Doch ist es nicht so schwer, den Gang der Erfindung der Säulen bis in ihre Einzelnheiten zu ergründen und zu erklären.

Die *Säule* ist nach der Grund-Idee nach gewifs nichts anderes als eine freistehende *Stütze,* wie sie bei der Errichtung des ersten menschlichen Obdachs nöthig und in einem milden, südlichen Clima auch genügend war. Man nimmt gewöhnlich an, dafs man solche Stützen am leichtesten und passendsten in gefällten und abgeschnittenen Baumstämmen fand, und dafs diese demnach das Vorbild der Säulen-Ordnungen seien. Dem dürfte jedoch nicht so sein; wenigstens haben die ältesten Säulen, die wir kennen, nemlich die *egyptischen,* ein *anderes* Vorbild. In *Egypten* gab es keine Wälder, und überhaupt nur wenige Bäume, die man besser als zum Verbrennen hätte benutzen können. Diesen Holzmangel, schon in den ältesten Zeiten, ersieht man unter andern daraus, dafs die Israeliten in Egypten die Backsteine nicht mit Holz, sondern mit Stroh brannten. So waren denn ohne Zweifel die freien Stützen, welche die Egypter bei ihren ersten Wohnungen anbrachten, keine Baumstämme, sondern wahrscheinlich *Schilfbündel,* die durch horizontale Schilfreife zusammengehalten und, um ihre Tragfähigkeit zu verstärken, mit einer viereckigen steinernen Tafel bedeckt wurden. Dies zeigt ihre ganze Gestalt: die verticalen convexen Cannelirungen, welche wahre Rohre sind, zeigen es. Eben so die in gewissen Zwischenräumen angebrachten horizontalen, ebenfalls convexen Ringe, und selbst die Gestalten der Knäufe, welche die Deckplatte und die Blüthen der Schilfspitzen oder andere Wasserpflanzenblüthen vorstellen. Auffallend ist nur, dafs man, als in späterer Zeit die Geschicklichkeit, Bausteine zu bearbeiten, erfunden wurde, diese ersten Schilfbündelsäulen, die viel dicker waren und sein mufsten als steinerne, dennoch nachahmte: aber der Mensch hangt an der Gewohnheit; und gewifs verstand man damals, als man anfing von Stein zu bauen, diese Schilf-Architektur schon zierlich und geschmackvoll einzurichten; so wie sich dann dieselbe auch nicht blofs auf die Säulen, sondern auch auf die übrige Bauart erstreckte, z. B. auf die mit dünnen Schilfbündeln verwahrten Kanten der Mauern, die also ursprünglich aus weichen Stoffen, z. B. Lehm, bestanden.

Übrigens finden sich auch genug *glatte* egyptische Säulen, bei denen man nur die Hauptform der Schilfbündelsäulen beibehalten hat.

Die *Säule* ist wahrscheinlich älter als die *Mauer*.

Die *griechische* Säule, besonders die *altdorische*, stand in offenbarer Verwandtschaft mit der egyptischen. Ich möchte aber glauben, dafs die dorische Säule in den waldigen Gegenden Asiens zuerst nicht in Stein, sondern in Holz nachgeahmt wurde; also durch Baumstämme. Das Holz bedingte die weitere Ausbildung der Formen der griechischen Säule. Wenn die hölzernen Schafte unmittelbar auf dem Erdboden standen, mufsten sie nothwendig bald faulen: man legte also denselben steinerne Tafeln unter; dies gab die Säulenfüfse. Dafs man diese Tafeln an Knauf und Fufs weiter ausbildete und ihnen einige Gliederungen gab, lag in dem Bildungstriebe des Menschen; es mufste der plumpe Übergang von der Steintafel zur runden Säule vermittelt werden. Eben so bildeten sich die übrigen Theile der Säulen-Ordnungen, nemlich die Gesimse, nach dem Principe der Holz-Architektur. Die Architrave waren viereckige, zunächst über die Säule horizontal gelegte Hölzer, welche zur Vereinigung der Säulen unter sich nach der Frontenlinie dienten; die Friese bildeten die Köpfe der Balken ab, die den Architrav mit dem innern Gebäude verbanden; der Carnies endlich stellte ein Holzstück dar, welches die Köpfe der Friesbalken deckte und die Sparren des Dachs, so wie deren Bedeckung trug. Der oberste Gesimstheil mufste von dem untern den vom Dach triefenden Regen ableiten und deshalb vortreten und eine angemessene Form bekommen; die nächsten Gliederungen unter demselben deckten die Sparrenköpfe und unterstützten die weit vortretenden obern Ausladungen.

So lassen sich alle Gliederungen und Theile der Säulen-Ordnungen leicht aus den einfachsten Zwecken ableiten. Auch selbst Das, was nicht mehr Gliederung, sondern eigentliches Ornament ist, hat wohl häufig in seiner Entstehung einen Constructionsgrund. Es mögen z. B. die so mannichfach und seltsam erklärten Voluten der jonischen Säulenknäufe durch ein breites Stück Baumrinde entstanden sein, welches man unter die obere Steinplatte des Knaufes legte, um das Hirnholz des hölzernen Säulenschafts gegen die Feuchtigkeit des Steins zu schützen, welches Rindenstück sich dann durch eben diese Feuchtigkeit an den vorstehenden Enden volutenartig zusammenrollte.

Ich bin übrigens weit entfernt, zu behaupten, dafs auf solche Weise *alle* architektonischen Verzierungen durch Zufälligkeiten entstanden seien, sondern glaube vielmehr recht gern an einen Sinn, eine Neigung für Verzierung, die sich ja in allen Äufserlichkeiten, welche der Mensch um sich schafft, die Kleidung nicht ausgenommen, offenbart.

Das Forum des Kaisers *Augustus.*

Die höchste Pracht in Gliederung und Verzierung der griechischen Säulen-Ordnungen hat sich erst bei den Römern offenbart; und zwar von der Zeit des Kaisers *Augustus* an, wo sich jene prachtvolle Marmor-Architektur entwickelte, die dem zugenommenen Reichthum und der feststehenden Macht der Römer möglich war. Auch fängt, wie schon oben gesagt, von dieser Zeit erst die eigentlich monumentale Architektur in Gebäuden zu öffentlichen Zwecken an, da früher selbst die gröfsten öffentlichen Gebäude, Theater, Amphitheater und Foren, aus vergänglichen Stoffen und sogar aus Holz erbaut wurden.

Zunächst möchte ich der Überreste eines Tempels erwähnen, den man in Rom *Torre dei conti* nennt. Man glaubt, dafs er das Hauptgebäude des *Forums des Augustus* bildete und dem rächenden Mars (*Mars ultor*) gewidmet war. Es sind davon, nebst Fundamenten und Mauerwerk des Tempels selbst, und der Umfassung des Forum, hauptsächlich nur drei prächtige corinthische Säulen und ein Pilaster übrig. Die Säulen sind nach *Vasi* 74 Palmen hoch und haben 24 Palmen im Umkreise. (*Palladio* giebt ihre Höhe zu 48 vicentinischen Fufsen an.) Sie sind aus griechischem, und zwar, wenn ich mich recht erinnere, aus *parischem* Marmor verfertigt, sind cannelirt und, so wie die Überreste der Gesimsstücke, höchst prächtig verziert. *Palladio* hat davon sieben Tafeln gegeben, aus welchen die Einzelnheiten und die Restaurationen des Ganzen ersichtlich sind. Als einer vollkommneren Restauration des Grundrisses und des ganzen Forums des *Augustus* dürfte „die Darstellung des alten „römischen Forum von *Bunsen* und *Engelhard*" (meinem ältesten Sohne), in der bekannten Beschreibung der Stadt *Rom* von *Platner, Bunsen, Gerhard* und *Röstell* zu gedenken sein.

Verhältnisse, Verzierung, Ausführung und Stoff sind an diesem Monumente von so grofser Schönheit, dafs man wohl sieht, es gehöre in die beste Epoche altrömischer Architektur. *Augustus*, der es erbaut hatte, regierte 27 Jahre vor und 14 Jahre nach Christi Geburt.

Auf zwei der vorhandenen Säulen und deren Rückmauer hat man in späterer Zeit unter Papst *Innocenz III.* mit barbarischer Geschmacklosigkeit einen Thurm gebaut, welcher mit seiner nicht im mindesten hierher passenden Anordnung und den mesquinen Formen seiner Backstein-Architektur unendlich kleinlich, ja lächerlich aussieht; die prächtigen alten Marmorsäulen schauen wie Geister unter ihm hervor.

Das Pantheon des *Agrippa.*

Ein anderes, höchst bedeutendes Monument aus *Augustus* Zeit ist das *Pantheon* in *Rom* (dort gewöhnlich die *Rotonde* genannt), welches von *Marcus Agrippa,* dem Schwiegersohne des Kaisers *Augustus,* erbaut wurde. Ich halte es, mit vielen andern Architekten und Sachverständigen, für einen Theil der *Bäder des Agrippa;* denn es ist keine *Tempel*-Architektur an demselben: es sieht nicht im geringsten irgend einem Tempel, nicht einmal einem runden Tempel ähnlich. Im griechisch-römischen Tempel war die *cella* das Heiligthum zur Aufbewahrung der Statue des Gottes, dem der Tempel gewidmet war; Opfer und Gottesdienst wurden in dem, meistens sehr prächtigen, oft mit Säulengängen umgebenen *Tempelhofe* verrichtet: wie läfst sich nun wohl das Innere des Pantheon für eine Tempelzelle halten?

Nachdem im Jahre 1824 durch die Ausgrabungen in den Bädern des *Caracalla* zu *Rom* weitere Spuren entdeckt worden sind, dafs mitten hinter der *cella media* oder *solaris* eine sehr ähnliche Rotunde wie das Pantheon sich befunden hatte, die man mit Recht für die heifse Badehalle (*caldarium*) oder auch für ein demselben Zweck verwandtes *laconicon* hält, und da wir wissen, dafs in der Gegend, wo das Pantheon steht, *Agrippa Thermen* mit einem *laconicon* erbaute, so ist um so weniger zu zweifeln, dafs das Pantheon dieses *laconicon* war. Das *caldarium* der Bäder des *Caracalla* und das Pantheon restauriren sich gegenseitig. Auch in den Bädern des *Diocletian* in Rom befindet sich eben so hinter der *cella media* (der jetzigen Carthäuserkirche) eine Rotunde jener Art; wenn schon in kleineren Verhältnissen. *Palladio* giebt zehn Blätter Grundrifs, Aufrisse, Durchschnitte und Einzelnheiten vom *Pantheon,* die freilich auch ziemlich freie und nicht gerade nachgewiesene Restaurationen enthalten. An der Rückseite des Pantheon ist bemerkbar, dafs hier ein anderes Gebäude mit ihm zusammenhing, welches ohne Zweifel die übrigen Thermen enthielt. *Palladio* setzt daselbst den Theil einer *cella media,* sagt aber nicht, ob dies eine Restauration, oder ob das Gebäude bei seiner Aufmessung wirklich vorhanden war. Den besten Begriff von der äufsern Erscheinung des Pantheon giebt das bekannte schöne Blatt von *Piranesi;* nur mufs man nicht vergessen, dafs die beiden kleinen Thürme über der Vorhalle modernen Ursprungs sind.

Die von 8 sehr schön proportionirten corinthischen Säulen in der Fronte und 8 dergleichen in der Tiefe getragene ***Vorhalle*** ist 150 Palmen lang und 60 Palmen tief. Die Säulenschafte, aus röthlichem und grauem orientalischen Granit, haben 20 Palmen im Umfang, also 4 bis $4\frac{1}{6}$ F. (vicentinisches Maafs) im Durchmesser und sind, mit den Knäufen und Füfsen, $40\frac{1}{4}$ F. hoch. Drei Säulen an der östlichen Seite der Halle, welche eine Feuersbrunst beschädigt hatte, sind ergänzt worden. Von den ***Farben*** der Marmor- und Granit-Arten in den Ruinen des Alterthums mufs man sich nicht immer eine besondere Wirkung versprechen; sie verschwinden bald unter einem feinen sammetgrauen Überzug, den Luft und Regen hervorbringt. Aber diese Pantheonsäulen sind wunderschön ***proportionirt*** und geformt; eben so die Gliederungen der Gesimse. Schade nur, dafs die Knäufe der Säulen so sehr beschädigt sind. Die Vorhalle hat im Innern drei durch die Säulen geschiedene Abtheilungen. Die mittlere führte zu dem grofsen Eingange des Pantheon und ist zwischen den Säulen 33 F. $9\frac{1}{2}$ Z. (V. M.) weit, die beiden Seitentheile endigen in grofsen, 16 F. weiten Nischen.

So schön nun auch diese Vorhalle an und für sich ist, so schliefst sie sich doch keineswegs an die übrige Architektur des Pantheon an und ist auch nicht mit demselben im Verbande aufgemauert. Dagegen sind über dem Fronton, etwa 15 F. höher, die Anfänge eines weiter zurückstehenden Frontons (unter den neuen Thürmen) sichtbar, welches sich an die Architektur des Hauptgebäudes, namentlich an das mittlere Kranzgesims anschliefst und mit demselben gleichförmig gegliedert ist. Nun enthält aber der Fries der Vorhalle die deutliche Inschrift ***M. Agrippa. L. F. Cos. Tertium. Fecit.*** Und da ***Agrippa*** die Thermen gebaut hat, wozu das Hauptgebäude zu rechnen ist, und über der Vorhalle sein Namen steht, so müfste man annehmen, ***Agrippa*** selbst habe die Vorhalle mit so wenig Harmonie zum Hauptgebäude errichten lassen; was kaum denkbar ist.

Es ist aber auch überhaupt nicht glaublich, dafs zu einem ***caldarium*** oder ***laconicon*** ursprünglich ein so prächtiger Eingang geführt habe. Es ergiebt sich weiter, dafs die jetzige Eingangsthüre der Rotonde nicht die ursprüngliche ist: ihre Gesimse sind höher als das untere Kranzgesims der Rotonde. Es zeigt sich überhaupt, dafs die ursprüngliche Architektur der Rotonde durch diese Thüre gestört ist; und auch inwendig an der gegenüberstehenden Altarnische oder Tribüne (wie sie gewöhnlich genannt wird) die sich dem Eingange gegenüber befindet, ist eine solche Störung bemerkbar. Hieraus und aus der ungenauen Verbindung der Gesimse und aus andern Mängeln der Ausführung geht deutlich hervor, dafs hier ***Veränderungen*** gemacht worden sind. Selbst das Eingreifen der Bogen über dem Eingange und der Tribüne in die Attica im Innern ist nicht harmonisch.

Durch alles Dieses halte ich mich berechtigt, anzunehmen, dafs sowohl die Eingangsthüre, als die Tribüne, später, wahrscheinlich zur Zeit der Einrichtung der Rotunde zur christlichen Kirche, die im Anfange des siebenten Jahrhunderts nach Christo vom Papst ***Bonifacius IV.*** mit Bewilligung des ***Phocas*** erfolgte, ausgeführt worden seien, und dafs auch zu dieser Zeit die Vorhalle, die mit der Architektur der grofsen Eingangsthüre in so naher Verbindung steht, aufgeführt wurde; und zwar durch die Versetzung eines aus den damals wahrscheinlich schon in Trümmern liegenden Prachtbauten des *Agrippa* entnommenen Porticus, so dafs man also die Inschriften mit versetzen mufste, wenn man den Fries und den Architrav nicht einbüfsen wollte. Ich sage: ***die Inschriften;*** denn an dem Architrav befinden sich ebenfalls kleine Inschriften, welche bezeugen, dafs die Kaiser ***Septimius Severus, Pertinax, Marcus Aurelius*** und ***Antoninus Pius*** das ***Pantheon*** haben ***herstellen*** lassen. (Die Inschriften sind, soweit sie erhalten, deutlich in der obenerwähnten Abbildung von ***Piranesi*** angegeben.)

So wenig nun die Architektur der ***Rotunde*** im mindesten mit der eines altrömischen Tempels verwandt ist: eben so gewifs ist die ***Vorhalle*** ein Werk wirklicher ***Tempel***-Architektur.

Aus allen Diesem schliefse ich, dafs die Rotunde ein Theil der ***Thermen des Agrippa,*** ihre Vorhalle aber die Fronte eines ganz andern Tempelbaues sei, nemlich des ***Tempelbaues des Agrippa,*** welcher das ***Pantheon*** genannt wurde. Diese Annahme scheint vielleicht kühn; aber ich halte sie für gerechtfertigt. Alles deutet auf sie hin; auch wird der aufmerksame technische Sachverständige an der Vorhalle vielfältig Merkmale entdecken, dafs die Säulen und Architekturtheile, woraus sie besteht, schon einmal anderswo gedient haben.

Von der Construction der Vorhalle ist noch zu erwähnen, dafs sich über derselben ein Dachstuhl befand, der von 40 F. langen Balken aus vergoldetem Erze getragen wurde, deren jeder aus drei starken bronzenen Tafeln so zusammengenietet war, dafs er gleichsam eine Rinne bildete. Aus diesen Balken wurden später auf Befehl des Papstes ***Urban VIII.*** die Säulen des Tabernakels des Haupt-Altars der ***Peterskirche*** und Kanonen für die ***Engelsburg*** gegossen.

Der Durchmesser der Rotunde beträgt im Lichten 194 Palmen und die Höhe vom Fufsboden bis in den Scheitel der Kuppel eben so viel; die Mauern sind 30 Palmen dick. Aufser der Unterbrechung der Peripherie durch den Eingang und die demselben gegenüber befindliche Altarnische oder Tribüne hat die Rotunde noch sechs andere grofse Nischen, die jetzt zu Seitencapellen eingerichtet sind; von denen ich aber, wegen ihrer Ähnlichkeit mit denen in der Rotunde der Bäder des *Caracalla,* glaube, dafs sie ursprünglich grofse Badekufen enthielten. (Man sehe den Plan der Restauration dieser Bäder von *Blouet* und *Scheppig* im dritten Bande der oben angezogenen Beschreibung von Rom von *Bunsen* u. a.)

Die Säulen, welche diese Nischen von der Rotunde absondern, sind theils aus *giallo antico,* theils aus *paonazzetto,* und cannelirt, also prächtig genug; ihre Knäufe und Füfse sind aus weifsem Marmor sehr schön gearbeitet. Der Fries des rund umlaufenden Gesimses ist aus Porphyr; das übrige Gesims aus weifsem Marmor. Der Fufsboden der Rotunde ist ebenfalls aus Marmor und Porphyr. Die Attica über diesem Gesimse war mit farbigem Marmor und mit porphyrenen Pilastern verziert, welche Basen und Knäufe von *giallo antico* hatten, die aber, um sie anderweit zu benutzen, unter *Benedict XIV.* abgenommen und durch neue, nicht sehr schöne Verzierungen ersetzt wurden. Die Kuppelcassaturen waren im Alterthume mit Verzierungen aus Blei und Silber geschmückt. Da wo jetzt die grofse Altar-Nische ist, war ohne Zweifel ehemals der Eingang zu den Thermen.

Die Rotunde erhält Licht und Luft durch eine runde Öffnung im Scheitel der Kuppel, welche $37\frac{1}{2}$ Palmen weit ist. Diese Öffnung ist jetzt *ganz offen;* woraus aber nicht folgt, dafs sie es auch in alten Zeiten war. Es ist möglich, dafs sie mit Scheiben von gegossenem Glase geschlossen war. Zu *Pompeji* hat man in einem Auskleidezimmer der öffentlichen Bäder eine Öffnung mit einer einzigen $\frac{2}{3}$ Zoll dicken Scheibe von gegossenem Glase bedeckt gefunden, welche 4 Palmen 1 Zoll hoch und 5 Palmen 6 Zoll breit war, so dafs man wohl im Stande sein mochte, für das Deckenlicht in der Rotunde ein Fenster aus Bronze und grofsen Scheiben zusammenzusetzen. Fast noch wahrscheinlicher wäre es aber, dafs die Öffnung, während man die Rotunde durch Lampen beleuchtete, durch ein ehernes, an Ketten schwebendes Schild, wie *Vitruv* (Buch V. Cap. X.) beschreibt, geschlossen wurde; so dafs man die innere Temperatur durch Auf- und Niederziehen des Schildes reguliren konnte. Auch wäre es möglich, dafs dieses Schild verzierungsartig durchbrochen war und dafs die Durchbrechungen mit Glas ausgesetzt waren. Die Rotunde wird jetzt durch die obere Öffnung sehr hell erleuchtet, und würde auch noch hell genug bleiben, wenn das Licht der Öffnung etwas beschränkter wäre.

Das Mauerwerk der runden Umfassung sowohl, als der Kuppel der Rotunde, besteht aus Backsteinen, Tufsteinen und Puzzolan-Mörtel. Nach *Palladio's* Abbildungen wechseln regelmäfsige Schichten von Backsteinen oder Tufsteinen mit Gufsmauerwerk aus Steinbrocken und Mörtel, und die Kuppel, mit ihren Cassaturen, soll ganz aus Gufsmauerwerk sein; was ich aber, nach Analogie ähnlicher Constructionen, für irrig halten und annehmen möchte, dafs in der Kuppel ein regelmäfsiger Backsteinverband sich finde. Die auswendig sichtbaren, in die Rundmauern eingesprengten Bogen scheinen den Zweck zu haben, das Gewicht der obern Rundmauer und der Kuppel von den grofsen Nischen abzuleiten. In den Rundmauern sind Gänge und Treppen angebracht, durch welche man zu der Kuppel gelangen und sie besteigen kann. Die Kuppel ist jetzt mit Blei bedeckt.

Nach meiner Erklärung der ursprünglichen Benutzung der Rotunde ist es auch begreiflich, weshalb Gegenstände, die nach alten Schriftstellern im Pantheon gewesen sein sollen, sich jetzt nicht mehr in der Rotunde finden; z. B. die Säulenknäufe von syrakusischem Erze, deren *Plinius* gedenkt, und die von ihm bezeichneten Karyatiden des *Diogenes;* indem nemlich die Rotunde das Pantheon *nicht* ist. Vorzüglich aber entfernt dieser Aufschlufs über die Architektur dieses so bedeutenden Monuments altrömischer Bauart von derselben den Vorwurf der Characterlosigkeit und phantastischen Zusammensetzung.

Der sogenannte Tempel der *Minerva medica* zu Rom.

Mit eben so wenig Rücksicht auf die durchaus normale Gestaltungen altrömischer Gebäude hat man ein der Rotunde in der Form und ohne Zweifel auch im Zwecke verwandtes Gebäude bald zu einem *Tempel,* bald gar zu einer *Basilica* machen wollen. Ich meine den sogenannten *Tempel der Minerva medica;* was das Bauwerk eben so wenig sein kann, wie die Basilica des *Cajus* und *Lucius,* welche *Augustus* diesen seinen Enkeln zu Ehren erbaut haben soll. Und warum soll es diese Basilica sein? weil es vom Volke gewöhnlich *Galluce* oder *Gallucio* genannt wird, was soviel bedeute wie *Cajo ed Lucio!* Es giebt mehrere Gebäude dieser Art aus dem römischen Alterthume, z. B. den sogenannten Tempel des *Hustens* in *Tivoli* (der auch nimmermehr ein Tempel ist); ein Gebäude auf einem Flügel der Bäder des

Caracalla (nicht die oben erwähnte Rotunde); mehrere dergleichen in der *Villa Adriana:* alle diese waren ohne Zweifel Theile von *Thermen.*

Palladio hat von dem *Gallucio* einen Grundrifs und einen Durchschnittsrifs gegeben: beide freilich restaurirt und ohne genügende Zuverlässigkeit. Der Haupttheil ist eine Rotunde, die im Innern ein Zehneck bildet, von 70 vicentinischen Fufsen Durchmesser von Ecke zu Ecke. Neun Seiten haben grofse halbrunde Nischen von 16 Fufs Durchmesser; in der zehnten Seite ist der Haupt-Eingang. Dieses Zehneck ist auf eine sehr merkwürdige Weise überwölbt. Das Zehneck ist nemlich zu einem vollkommenen Kreise zusammengezogen, so dafs die Wölbung eine eigentliche Kuppel ist. *Palladio* sowohl, wie *Piranesi,* haben dieselbe unrichtigerweise wie ein zehneckiges Klostergewölbe gezeichnet. Von den zehn Kanten laufen aber Gurtbogen nach dem Scheitel der Wölbung hin und in demselben zusammen, welche sorgfältig aus Backsteinen gemauert sind, während die Räume zwischen diesen Gurtbogen mit Tufsteinbrocken und Ziegeln leichtfertiger ausgemauert und deshalb auch herausgefallen sind, so dafs die Rippen fast allein standen und die Luft zwischen denselben durchschien. Vor einigen Jahren sind auch die Rippen eingestürzt.

Das in den Bädern des *Caracalla* noch erhaltene, sehr ähnliche Gebäude, welchem ein gleiches auf dem andern Flügel gegenüberstand, will man für einen *Conversationssaal* halten: ich erlaube mir, an dieser Bestimmung zu zweifeln, und bin der Meinung, dafs diese Flügel der Thermen *Frauenbäder* enthielten, und dafs die Rotunden (sie sind eigentlich achteckig) die *Caldarien* derselben (die heifsen Bäder) waren und in den Nischen Wasserbecken standen.

Das Theater des *Marcellus* zu Rom.

Eins der bedeutendsten Gebäude, die *Augustus* in Rom errichtete, war das Theater, welches er nach dem Namen des Sohnes seiner Halbschwester *Octavia,* das des *Marcellus* benannte. Es ist wenig davon erhalten; aber es ist das erste Beispiel eines altrömischen Gebäudes, in welchem mehrere Säulen-Ordnungen *übereinander stehen;* und zwar mit jener ungemessenen Überladung von horizontalen Gliederungen, deren Nachahmung in der modernen Baukunst so viel Übelstände gestiftet hat. Jedes Stockwerk nemlich (deren drei und nach der Meinung Anderer sogar vier waren) enthält die vollständige Ordnung: zunächst ein in der Brüstung fortgesetztes Postament; dann die Säule selbst, mit Knauf und Fufs, und dann das vollständige, aus Architrav, Fries und Carnies bestehende Gesims, auf welchem nun wieder das Postament der nächst höheren Ordnung steht. Rechnet man dazu noch die Ausladung der Kämpfergesimse der Bogen-Öffnungen, so ergiebt sich eine höchst widerwärtige Überladung mit Gliederungen; die freilich später am Colosseum des *Vespasian* noch weiter getrieben ist und keinesweges den Eindruck von Reichthum und Pracht, sondern vielmehr den von Geistes-Armuth und Langweiligkeit macht. Das unterste Stockwerk des Theaters hat keine Postamente, und auch die Säulen desselben haben keine Füſse; was in der Verbindung mit der übrigen altrömischen Bauart der Theater inconsequent und häſslich ist.

Die Brücken des *Augustus* bei Narni und Rimini.

Augustus hat auch mehrere ***Brücken*** in Italien erbauen lassen; z. B. die Brücken bei *Narni* und bei ***Rimini.***

Die Brücke bei *Narni* war ein ansehnliches, aus Quadern sorgfältig aufgeführtes Werk, von vier Bogen, deren einer, der mittlere, über dem Stromstriche, beträchtlich weiter ist, als die übrigen. Nur einer der kleineren Bogen, nemlich der an der Stadtseite, hat sich noch geschlossen erhalten; die übrigen sind eingestürzt; wahrscheinlich wegen bedeutender Senkung des mittelsten Pfeilers, der im Wasser, aber noch nahe am Ufer steht, und der wohl unfest gegründet war und vom Strom nach und nach unterwaschen wurde. Der Pfeiler steht übrigens noch ziemlich senkrecht, weil seine massive Zusammensetzung aus Quadern, nicht allein von auſsen, sondern auch im Kerne, ihn in Verband erhalten haben mag.

Die Brücke zu ***Rimini,*** welche das Volk noch jetzt die Brücke des ***Cäsar*** nennt, hat fünf Bogen, deren mittler etwas weiter als die übrigen und deshalb elliptisch ist; während die andern Kreisbogen sind. Die Brücke ist sehr dauerhaft aus groſsen Marmorquadern erbaut, und wird noch jetzt benutzt. Keiner der Bogen ist über 50 Fuſs weit. Die Brücke hatte ursprünglich eben so wenig Eisbrecher, wie die von *Narni;* später sind solche der Brücke bei ***Rimini*** hinzugefügt, aber bald wieder zerstört worden. Die Brücke war nicht allein sehr solid gebaut, sondern sie war auch verziert, indem an den Stirnmauern Vertiefungen mit kleinen Pilastern und Gesimsen angebracht waren, die halberhabene Arbeiten enthielten.

Die Pyramide des *Cajus Cestius.*

Diese von ***Augustus*** zu Rom erbaute, schon oben gedachte, 112 Fuſs hohe Pyramide war ohne Zweifel eine Nachahmung der ägyptischen Pyramiden im Kleinen, und ein ***Grabmonument.***

Sie unterscheidet sich wesentlich von ihren Vorbildern dadurch, dafs sie nicht stufenweise abgesetzt ist, sondern die Quadern schräg nach der Pyramidenlinie anlaufen; auch hat sie in der Mitte einen sichtbaren Eingang zu einer Grabeszelle.

Das Mausoleum des *Augustus* zu Rom.

Prächtiger und bedeutender war das *Mausoleum des Augustus* zu *Rom*. Es bestand aus einem colossalen cylindrischen Bau, der sich terrassenförmig in mehreren Absätzen erhob. Die Terrassen waren mit Baum-Alleen bepflanzt. Der unterste Rundbau hatte 13 grofse, mit Halbkuppeln überwölbte Nischen. In der mittelsten war der Eingang zu der im Centrum liegenden runden Treppe, auf welcher man die verschiedenen Terrassen erstieg. Das Mausoleum lag im *Marsfelde*, unmittelbar an einem Haine. Die 12 andern Nischen bildeten Exedren, in welchen die in dem Haine Lustwandelnden ausruhen konnten. Von den Terrassen des Monuments hatte man eine weite Aussicht: an der einen Seite über den Hain, an der andern Seite auf die Prachtbauten des Marsfeldes. In *Durand's* „Paralelle des édifices anciens et modernes" findet man eine schöne Restauration dieses Monuments.

Die Villa des *Mäcenas* zu Tibur.

Ein merkwürdiges Gebäude aus der Zeit des *Augustus* ist die *Villa des Mäcenas zu Tivoli*, dem alten *Tibur*, wo auch *Horaz*, *Catull* und *Varus* ihre Landhäuser hatten, von denen ebenfalls noch Überreste vorhanden sind. Die des *Mäcenas* war die gröfste Villa. Sie war zweistöckig und lag an dem Rande des Hügels, mit der einen Fronte nach der römischen Campagna, mit der entgegengesetzten Fronte nach der Stadt; die eine Seite nach dem schönen Thale der *Teverone*, die andere nach dem Gebirge gewendet. Von der Campagna her führte die *via consularis* durch das untere Stockwerk der Villa. Der mit einem grandiosen Tonnengewölbe bedeckte Weg, welchen diese Strafse einnahm, ist noch erhalten. Über demselben war im obern Stockwerke ein schöner, mit Arcaden umgebener Hof. Im 28ten Bande dieses Journals habe ich bei den „Bemerkungen aus der alten, mittelalterlichen und neueren Baukunst" ein Fragment von der Architektur dieses Hofes gegeben. An der Seite nach dem *Teverone* Thal stehen noch zwei Stockwerke der Villa, mit schönen gewölbten Räumen. In das zweite Stockwerk dieser Villa war eine bedeutende Wassermasse geleitet; sie stürzt jetzt *unter* derselben in das *Teverone* Thal hinab, wo sie die sogenannten *Cascadellen* bildet.

Gewifs wurde dieses Wasser zu Bädern aller Art benutzt; jetzt dient es zum Betriebe einer Eisenhütte, die sich in den Ruinen der ehemaligen Villa befindet.

Das Kaiserschlofs auf dem palatinischen Berge.

Von den Bauwerken der unmittelbaren Nachfolger der Kaisers *Augustus* ist wenig vorhanden. Unter seinem Nachfolger *Nero,* der im Jahre 54 nach Chr. Geb. zum Kaiser gewählt wurde, fand der grofse Brand von Rom Statt. *Nero* baute ein Kaiserschlofs auf dem palatinischen Berge, welches wegen der Pracht, die darin herrschte, das *goldne Haus* genannt wurde. Von dieser Pracht ist Nichts mehr vorhanden; man zeigt nur noch einige Fragmente seines Mauerwerks, aus welchen sich aber nicht viel auf das Ganze schliefsen läfst.

Das Colosseum und die römischen Amphitheater.

Ein sehr bedeutendes Denkmal altrömischer Bauart, wenigstens das grofsartigste der altrömischen Gebäude, welche sich erhalten haben, ist das vom Kaiser *Flavius Vespasianus* im Jahre 72 n. Chr. Geb. begonnene und vom Kaiser *Titus* vollendete *Colosseum* zu *Rom.* Der Sage nach verwendete *Vespasian* zu seiner Erbauung Zwölftausend gefangene Juden und Zehn Millionen Scudi. (Ein Scudo ist ungefähr 1 Thlr. 10½ Ggr.)

Dieses Amphitheater hat in seiner ovalen Umfangslinie 2416 Palmen und ist 232 Palmen hoch. Die *Arena,* um welche sich die Stufen erhoben, war ebenfalls oval und hatte 420 Palmen langen und 268 Palmen kurzen Durchmesser, mit 1100 Palmen Umfang. Sie war von einer Mauer umgeben, so hoch, dafs die gehetzten wilden Thiere sie nicht überspringen konnten. Auf den *Gradinen* hatten 87 000 Zuschauer Platz, und in den obern *Arcaden* konnten noch 20 000 Personen untergebracht werden. Die Gradinen hatten drei horizontale Abtheilungen. Die erste hatte 12 Reihen Sitze, die zweite 15; beide waren von Marmor. Die dritte Abtheilung, die nicht mehr vorhanden ist, glaubt man, war von Holz. *Durand* hat in seiner „Paralelle des édifices anciens et modernes" auf der 39ten Seite Aufrifs, Grundrisse und Durchschnitte, sowohl von diesem Amphitheater, als auch von denen zu *Capua* und *Verona,* als den gröfsten, von welchen noch das Wesentlichste erhalten ist, gegeben; worin sich dann die Hauptmotive der Ampitheater-Architektur vor Augen stellen.

Die ovale Form war schöner, als die ganz kreisrunde; die Bewegungen in der Arena wurden dadurch mannichfaltiger; die Zuschauer waren einander gegenüber näher. Die Anordnung der Sitze in ovalen, allmälig aufsteigenden und sich erweiternden Ringen war die natürlichste und einfachste. Allein *eine* Schwierigkeit dabei war nicht so leicht wie es scheinen mag zu heben: nämlich, dafs die Amphitheater eine so *sehr* grofse Menschenmasse fassen mufsten. Dadurch entstand, wenn man nicht durch breite Treppen und horizontale Gänge viel Zuschauerraum im Innern verlieren wollte, ein sehr grofser Aufenthalt bei der Anfüllung und Ausleerung des Amphitheaters. Beim ersten Anblick mag diese Schwierigkeit so grofs nicht scheinen, aber näher erwogen ist sie sehr grofs. Ein modernes Theater, mit zwei Thüren und zwei Treppen, welches höchstens 1000 Zuschauer fafst, erfordert zu seiner Entleerung wenigstens $\frac{1}{8}$ Stunde: hätte also z. B. auch das Colosseum nur zwei Eingänge und zwei Treppen gehabt, so wären zur Entleerung 12½ Stunde nöthig gewesen. Hätte man, was das einfachste zu sein scheint, die Gradinen von unten her auf einem Gange nächst der Arena besteigen lassen wollen, so würden die untern Gradinen durch die dann nöthigen vielen breiten Treppen gröfstentheils verloren gegangen sein, während sie doch gerade die besten Plätze gaben. Eben so nahm dann der daselbst nöthige breite Gang entweder der Arena oder den Gradinen viel Raum weg. Diese Schwierigkeiten hat man sehr sinnreich dadurch gehoben, dafs man die Gradinen mit mehreren Stockwerken von Arcaden *umgab* und unter den Gradinen den sonst doch nicht nutzbaren Raum zu einer Menge Treppen benutzte, zwischen den Gradinen aber eine ebenfalls grofse Zahl von Ausgängen anbrachte, die zwar in die Gradinen einschnitten, aber doch wenig Raum wegnahmen.

Am *Colosseum* sind solcher Arcaden auswendig vier Reihen übereinander; inwendig in der That sechs; jede hatte 80 einzelne Hallen. Diejenigen des untersten, überall von Aufsen zugänglichen Stockwerks waren (und sie sind es noch, soweit sie vorhanden) mit römischen Ziffern numerirt. Wenn man nun den Zuschauern Marken gab, auf welchen eine der Ziffern stand, so wurde Jeder, indem er den gleichbezeichneten Eingang aufsuchte und die nächstliegende Treppe bestieg, leicht zu der Abtheilung der Gradinen geführt, in welcher er seinen Sitz nehmen sollte. Die Arcaden der obern Stockwerke dienten zur Verbindung der Treppen unter einander, und ihre Gestaltung, in weiten offenen Bogen, war, eben so wie ihr Zweck überhaupt, gut motivirt. Sie mufsten sehr hell sein, um den tief unter den Gradinen liegenden Treppen hinreichendes Licht zu geben. In der That haben die obern Arcaden, wo dergleichen Treppen nicht zu erleuchten nöthig waren, nur sehr kleine Fenster-

Öffnungen, weil die möglichst wenig durchbrochenen Mauern derselben den Zuschauern mehr Schutz gegen Wind und Wetter gaben. Die vierte, oberste Arcadenreihe des Colosseums diente wohl hauptsächlich, um die Möglichkeit zu gewähren, das ganze Amphitheater mit einem *Segel* überspannen zu können. Auswendig an derselben waren, in Zwischenräumen von wenigen Fufsen, 240 Kragsteine angebracht, und perpendicular über jedem derselben waren durch den Carnies des obern Hauptgesimses Löcher gebohrt, und Fries und Architrav waren eingekerbt, so dafs durch die Löcher metallene Säulen gesteckt werden konnten, die auf den Kragsteinen zu stehen kamen, welche dann das oberste Gesims beträchtlich überragten und dadurch die Möglichkeit gewährten, über das Amphitheater ein grofses Tuch auszuspannen, welches nun die Zuschauer schützte. Man kann sich nach erhaltenen altrömischen Wandgemälden eine Vorstellung von der Gestalt einer solchen Decke machen. Die Säulen von Bronze waren nöthig, um das Segel mittels daran befestigter Seile in der Mitte in die Höhe zu halten, weil sonst das Regenwasser in der Mitte sich gesammelt hätte und durchgedrungen wäre. *Titus* soll den Luxus so weit getrieben haben, dafs er das Colosseum mit einem rothen *seidenen* Tuche, welches mit Gold gestickt war, überspannte. (*Rom* mufs damals ein Paradies für die *Stickerinnen* gewesen sein.)

Während soweit die Architektur des Colosseums ganz verständig und zweckmäfsig motivirt ist, läfst sich doch nicht Gleiches von seiner äufsern Verzierung sagen.

Schon das Theater des *Marcellus* giebt ein Beispiel von dem *Mifsbrauch der Säulen,* der am Colosseum noch weiter getrieben ist, indem hier die Säulen nicht mehr freistehende Stützen und wesentliche Gebäudetheile, sondern eigentlich nur Verzierungen sind; denn der Gewinn, dafs sie die Gesimse etwas weiter vorragen machen, so dafs das Innere der Arcaden etwas mehr Schutz gegen Sonne und Regen erhält, ist sehr unbedeutend. Dazu kommt die mehr als unangenehme Überladung mit horizontalen Gliederungen von Gesimsen und Postamenten, welche völlig zwecklos und dabei so äufserst kostspielig und nicht einmal dem Sinn und der Grund-Idee der Gliederungen gemäfs, sondern eigentlich blofse Masken sind. So hat man Brüstungen mit Postamenten angebracht, wo im *Innern* gar keine Brüstungen sind: also so, dafs man bei einem in den Arcaden entstehenden Gedränge recht wohl zu den Arcaden-Öffnungen hinaus hätte gestürzt werden können. Die Gesimse über den Säulen sind überhaupt am Colosseum nicht motivirt, da die inneren Räume keine ***Gebälke*** haben, sondern überwölbt sind; die Überladung mit denselben ist um so unpassender, da die Gesimse nicht einmal an den Stellen angebracht sind, wo Gebälke hätten sein können.

Leider hat dieses üble Beispiel in der neuern Zeit, nach Wieder-Erstehung der alten griechisch-römischen Architektur, besonders bei den Franzosen zur Zeit Ludwigs XIV., viel Nachahmung gefunden und die geschmacklose und höchst theure Überladung mit Säulen-Ordnungen in dieser Zeit rechtfertigen müssen. Indessen hat man es auch wieder französischen Architekten zu verdanken, dafs dieses Unwesen, welches sich über ganz Europa verbreitet hatte, wieder verbannt und der Geschmack in der Architektur, besonders in der Anwendung der Säulen-Ordnungen, wieder verbessert und vereinfacht worden ist. Besonders hat der französische Architekt ***Durand*** dieses Verdienst. Er hat gezeigt, wie man, wenn man Brüstungen auf Gesimse zu setzen hat, die Brüstungen, weit zweckmäfsiger und schöner, unmittelbar auf den Architrav der Säulen-Ordnungen setzen kann; wodurch die Säulen höher und stärker, folglich ansehnlicher werden, Carnies und Fries erspart, die Verhinderung der Aussicht und des Regenablaufes weggeräumt und die Gelegenheit zu andern Verzierungen angebahnt wird. ***Durand*** hat in seinen „Precis des leçons d'architecture" die Proportionirung und richtige Anwendung der Säulen-Ordnungen überhaupt erschöpfend behandelt, und Systeme aufgestellt, die sich in der Composition und Ausführung sehr bewähren.

Aufser den schon oben gedachten altrömischen ***Amphitheatern*** zu ***Verona*** und ***Capua*** giebt es in Italien noch viele andere Überreste solcher Gebäude; z. B. in ***Pompeji,*** in ***Otricole,*** so wie auch in den Nachbarländern; z. B. in ***Nismes*** im südlichen Frankreich, in ***Pola*** in ***Istrien*** u. s. w. Es scheint fast, als wenn jede bedeutende Stadt ein Amphitheater haben mufste; manche mögen wohl blofs von Holz gewesen und ***deshalb*** nicht mehr vorhanden sein. Eben so giebt es, aufser dem ***Theater*** des Marcellus zu Rom, noch viele Reste antiker ***Theater.*** In ***Pompeji*** sind deren schon zwei ausgegraben, die sehr einfach sind. In ***Herculanum*** war ein prächtiges Theater, welches, da es ein Lavastrom übergossen hat, gewissermafsen auch noch vorhanden, aber nur erst theilweise durch unterirdische Gänge wieder erkennbar geworden ist. Prächtig, und geschmackvoll prächtig, war das Theater von ***Taormina*** in Sicilien; und auch von den Theatern zu ***Catanea*** und ***Segesta*** sind noch Überreste vorhanden, die auf sehr einfache Formen deuten.

Die Thermen des *Titus.*

Dem Colosseum gegenüber, am esquilinischen Berge, sind noch weitläuftige unterirdische gewölbte Räume, die man zu den *Thermen des Titus* rechnet. Im Ganzen ist aber zu wenig davon aufgedeckt, um das Characteristische der Kaiserthermen daraus entnehmen zu können. Ich werde weiter unten, bei den Thermen des *Caracalla* und *Diocletian,* darauf zurückkommen.

Die Triumphbogen des *Titus,* des *Septimius Severus* und des *Constantin* zu Rom.

Aufserdem befindet sich hier auch, ganz in der Nähe des Colosseums, ein anderes Monument aus *Titus* Zeit: nemlich der *Triumphbogen,* der ihm zu Ehren, wegen seiner Siege über die *Juden,* errichtet wurde. In *Rom* haben sich noch von drei Triumphbogen wesentliche Überreste erhalten: von dem eben genannten; von dem des *Septimius Severus,* und von dem des *Constantin.* Man betrachtet sie gern vorzugsweise als Repräsentanten der decorativen Architektur ihrer Zeit. Die Ornamentirung des Bogens des *Titus* ist schön erfunden und vortrefflich ausgeführt; man sieht sie als ein Denkmal aus der gröfsten Blüthezeit altrömischer Verzierungskunst an; übrigens ist der Triumphbogen nicht vollständig erhalten, und der kleinste unter den drei genannten.

Der Bogen des *Septimius Severus* hat schon eine weniger vollkommne Verzierung; sowohl in Erfindung als Ausführung. Man betrachtet ihn als ein Monument aus der Zeit der Abnahme der Baukunst.

Endlich der Bogen des *Constantin* hat eine schon wesentlich vernachlässigte Verzierung; denn, obgleich reich, ja überladen, ist sie doch unvollkommen erdacht und noch unvollkommner, ja fast mit barbarischer Nachlässigkeit ausgeführt. Man sieht diesen Triumphbogen als ein Zeugnifs von dem Verfalle der altrömischen decorativen Architektur an.

Titus wurde im Jahre 79 n. Chr. zum Kaiser gewählt. *Septimius Severus* im Jahre 193 und *Constantin* im Jahre 306.

Ich meinestheils sehe schon an dem Bogen des *Titus* den Anfang einer Architektur-Entartung; wäre es auch nur in dem Mifsbrauch der Säulen, die lediglich zur Decoration bestimmt sind; nicht einmal mit dem Zweck, ein vorragendes und dem Gebäude Schutz gewährendes Gesims zu tragen. Ein solches war gar nicht da, indem das Gesims über den Säulen gekröpft war. An dem Bogen des Titus war es nur an den äufseren Säulen da und ging in der Mitte durch, so dafs es allenfalls nur dem Bogen einigen Schutz gewährte;

an den andern Bogen ist es an allen Säulen, deren jeder Bogen vier in jeder Front hatte, gekröpft.

Der sogenannte Tempel des *Jupiter Stator* auf dem Campo vaccino zu Rom.

Titus Nachfolger ***Domitian*** hat ebenfalls Vieles gebaut. Einiges davon ist noch erhalten. Zu diesem gehören die Überreste des sogenannten Tempels des ***Jupiter Stator*** auf dem *campo vaccino* zu ***Rom***. ***Palladio*** hat drei Abbildungen und Restaurationen davon gegeben, von denen die wichtigste die Einzelnheiten der noch sammt Gesims erhaltenen drei Säulen betrifft. Schöner hat dieselben ***Durand*** in seiner „Paralelle" S. 71 und 73 dargestellt (unter gleichem Namen).

Palladio sagt, Einige glaubten auch, dafs die drei Säulen (die schon zu seiner Zeit nur allein noch übrig waren) von einem Tempel des ***Vulcan***, Andere, dafs sie von dem Tempel des ***Jupiter Stator***, den ***Romulus*** in dem Kriege mit den ***Sabinern*** gelobte, wieder Andere, dafs sie von einer Brücke herrührten, die ***Caligula*** vom palatinischen nach dem capitolinischen Berge baute. ***Kugler*** nennt die Ruine einen Tempel der ***Minerva***; auch wohl des ***Castor*** und ***Pollux***. ***Platner*** nennt die drei Säulen „Das ***unbekannte*** Gebäude" und ist der Meinung, dafs sie wohl zu einem Tempel des ***Castor*** und ***Pollux*** gehört haben mögen.

Die drei Säulen, mit ihrem Gesimse, sind weltberühmt durch ihre harmonischen Verhältnisse, geschmackvolle Gliederung und schöne Verzierung: alle von der vortrefflichsten Ausführung. Sie sind aus parischem Marmor und cannelirt; aber was wunderbar ist (ich würde es nicht glauben, wenn ich es nicht selbst gesehen hätte): sie tragen Spuren, dafs sie ***angestrichen***, also polychromisirt waren. Die Rippen der Cannelirungen waren silbergrau, die Vertiefungen zinnoberroth. Möglich ist es, dafs die Knäufe vergoldet waren. Die Säulen sind 65 Palmen hoch und haben $6\frac{1}{2}$ Palmen im Durchmesser.

Es ist am Ende nicht sehr wichtig, zu wissen, zu welchem Gebäude diese Säulen gehörten: so viel ist gewifs, dafs sie nicht zu ***Romulus*** Zeit errichtet worden sind. Auch sind es keine Brückensäulen; vielmehr Kunstwerke aus der besten Zeit der römischen Architektur; d. h. aus einer Zeit, wo die Römer die geschicktesten griechischen Künstler beschäftigten; was zu ***Domitians*** Zeiten gewesen sein kann, für dessen Werk man das Gebäude hält, zu welchem sie gehörten. ***Domitian*** wurde im Jahr 81 n. Chr. zum Kaiser gewählt.

Der Palastbau des *Domitian* auf dem palatinischen Berge zu Rom.

Domitian baute auch einen Theil der Kaiserpaläste auf dem palatinischen Berge, von welchen noch Trümmer in der ***Villa Spada*** vorhanden sind. In der ofterwähnten Beschreibung der Stadt ***Rom*** sind im dritten Bande, erste Abtheilung, Notizen und eine Tafel mit Abbildungen der im vorigen Jahrhundert theilweise zerstörten Räume zu finden, nach welchen man glauben mufs, dafs die Verzierung derselben mit Pilastern, Gesimsen und Füllungen der gewöhnlichsten modernen Verzierung sehr ähnlich gewesen sei. Der Grundrifs eines grofsen Saales, von welchem sich Reste in den Farnesischen Gärten finden, erinnert an die Monumente von ***Baalbeck,*** die von ***Antoninus Pius*** herrühren, der 57 Jahre später als Domitian zum Kaiser gewählt wurde.

Das Forum des *Nerva* zu Rom.

Der Kaiser ***Nerva,*** der im Jahre 96 n. Chr. gewählt wurde, hat in Rom ein prächtiges ***Forum*** erbaut, von welchem noch ein Stück der Mauer-Umgebung mit zwei corinthischen Säulen und deren reichverzierten Gesimsen vorhanden ist. ***Palladio*** hält dieses Forum für einen Tempel des ***Nerva,*** und in dem grofsen Plane von dem ***Forum Romanum,*** der sich in der „Beschreibung von Rom" findet, sieht man dessen Grundrifs. Die Verzierungen jenes Stücks der Mauer-Umgebung sind von einem sehr guten Styl, wenn gleich die Architektur im Ganzen sehr manierirt zu sein scheint, indem die Säulen und Gesimse nur als Verzierung, nicht aber ihrem Zwecke gemäfs angebracht sind.

Die Säule des *Trajan,* und *Trajans* Bauten, soweit davon Reste vorhanden sind.

Trajan, der im Jahre 98 n. Chr. Kaiser wurde, hat ebenfalls zu Rom ein ***Forum*** erbaut, von welchem aber nichts übrig ist, als die weltbekannte ***Säule*** des ***Trajan.*** Sie ist, zusammen mit der Statue (jetzt der des heiligen Petrus) etwa 195 Palmen hoch, von neudorischer Ordnung, und hat unten 16 Palmen, oben (unter dem Knaufe) 14 Palmen im Durchmesser. Sie ist hohl, so dafs man sie auf einer Wendeltreppe ersteigen kann. Diese Säule ist ein colossales Beispiel, wie manierirt damals die römische Architektur geworden war; denn die Form einer freistehenden Stütze, deren Glieder ihrer Bestimmung gemäfs proportionnirt und geformt sind, pafst wenig zu einem freistehenden Monument, welches nichts weiter als eine nicht gar hohe Statue trägt. Die Säule ist bekanntlich von oben bis unten mit halberhabenen Arbeiten umwunden, welche Scenen aus dem Dacischen Kriege darstellen, den *Trajan* siegreich bestand. Es sind dies gute Kunst-Arbeiten, die für die Alterthumswissenschaft mannichfaches Interesse haben.

Dem *Trajan* war auch der schöne Triumphbogen von weifsem Marmor im Hafen von *Ancona* gewidmet.

Eine sehr bekannte Ruine auf dem *Campo Vaccino* in Rom, der sogenannte Friedenstempel, soll dem *Trajan* ihre erste Erbauung verdanken. Ich halte diese Überreste nicht für die Ruine eines *Tempels,* und werde diese Meinung weiter unten bei der Beschreibung der Bäder des *Caracalla* rechtfertigen.

In *Trajans* Zeit fällt auch die Ausbildung der Architektur der gröfseren Landhäuser der alten Römer, von welchen unter andern die Beschreibungen des jüngern *Plinius* in seinen Briefen Nachricht geben. *Rode* hat seiner Übersetzung *Vitruvs* Übersetzungen der betreffenden beiden Briefe des *Plinius* beigefügt.

Die Villa *Hadriana* bei Tivoli (Tibur).

Die bedeutendste aller altrömischen Villen war die *Kaiser-Villa des Hadrian* unweit *Tivoli,* von welcher noch sehr bedeutende Überreste vorhanden sind. *Hadrian* war der Nachfolger *Trajans* und wurde Kaiser im Jahre 117 n. Chr.

Seine prächtige Villa, welche nach ihm *Elia* (er hiefs Elius Hadrianus) und nach der Nähe von Tibur (Tivoli) *Tiburtina* genannt wurde, lag und liegt noch, in ihren Ruinen, etwa drei deutsche Meilen von Rom, an einem sanften Abhange der Bergkette, welche die römische Campagna an der Süd- und Ost-Seite schliefst; welcher Abhang sich hier mehr nach Westen als nach Norden hin senkt und die Aussicht über die grofse und weite Campagna bis nach Rom, selbst bis zum Meere hin, gewährt. Es ist an diesem Abhange eine ungemein kräftige Vegetation, da es nicht an Quellen und Bächen in der Hügelkette fehlt. Die längs dem Abhange zerstreut liegenden Gebäude nehmen einen Raum von etwa 3000 Schritten lang und in der gröfsten Breite von ungefähr 400 Schritte breit ein. Die Gebäude sind im Ganzen nicht regelmäfsig zusammengestellt, aber in jeder Einzelnheit regelmäfsig und symmetrisch.

Man stelle sich einen Park vor, zwar ohne Überblick über alle seine

Anlagen, in welchem aber jede einzelne Anlage zu einem kleineren Ganzen geordnet ist, so dafs man, indem man eine nach der andern erreicht und mit Ruhe zu bewundern Gelegenheit hat, eine grofse Mannichfaltigkeit von Eindrücken empfängt.

Diese einzelnen Anlagen umfassen Alles, was die Baukunst dem höchsten physischen und geistigen Lebensgenusse bieten konnte. Hier ist nicht allein ein Palast, mit den herrlichsten Sälen und Zimmern aller Art, die sich um einen grofsen Hof gruppiren, der mit gewölbten Hallen oder Arcaden und zugleich mit freieren Säulengängen umgeben war, sondern es finden sich auch, in getrennten Gebäude-Gruppen, ein Bibliothekgebäude, mehrere Museen für die Aufstellung von Statuen und Gemälden, zwei Theater, mehrere Naumachien, Cirken und ein Hippodrom; Thermen, Rede- und Concertsäle, Akademieen und Prytaneen, Palästren, Nimphäen, Fischteiche, ein Canopus und mehrere Tempel; und dann auch, um alle diese Dinge in Gesellschaft zu geniefsen, zahlreiche Fremdenwohnungen; so wie die für die Bewachung und Bedienung den Soldaten, Dienern und Sclaven nöthigen Räumlichkeiten.

Die Beschreibung aller dieser Gebäude würde, besonders wenn man auch ihre Restauration darstellen und begründen wollte, Folianten füllen. Ich mufs mich daher darauf beschränken, die Architektur derselben im Ganzen zu characterisiren, und verweise für das nähere Verständnifs auf den Plan, den ***Piranesi*** in sechs grofsen Blättern von dieser Villa gegeben hat.

Zunächst mufs ich auf die allgemeine Stellung und Anordnung der Gebäude zurückkommen. Da nemlich die einzelnen Gebäude durchaus nicht symmetrisch zusammengestellt sind, während doch in den einzelnen Räumlichkeiten ein grofser Werth auf Symmetrie und regelmäfsige Anordnung gelegt ist, mufs man annehmen, dafs die harmonische Vereinigung oder vielmehr Absonderung aller dieser verschiedenen Gebäudegruppen durch prächtige und bedeutende Garten-Anlagen, welche sie alle umfafsten, vermittelt war. Dieses war durch Baumpflanzungen, Gebüsche, geschmackvolle Befriedigungen, Terrassen und Theilungen möglich, und um so leichter, da der Raum, den die Gebäudegruppen einnehmen, nicht völlig eben, sondern schon von der Natur mannichfaltig gestaltet ist; der Pinien und Cypressen, welche hier wachsen, nicht zu vergessen.

Was die Baustoffe dieser kleinen Stadt von Palästen betrifft, so ist wohl nicht zu zweifeln, dafs die Gebäude ursprünglich mit Marmor-Incrustirungen, Säulen aus Marmor und Porphyr, Mosaiken von Glasschmelzen und harten Steinen, und mit Arbeiten aus edlen und gewöhnlichen Metallen und andern kostbaren Stoffen prangten; aber davon sind jetzt nur noch wenige Zeichen vorhanden; dies alles hat die Habsucht und Unwissenheit barbarischer Zeiten, nebst den Gemälden und Statuen geraubt und zerstört; was übrig geblieben ist, besteht nur in dem Kern des Mauerwerks, aus den einfachsten Stoffen, Backsteinen, Tufsteinen und, wo es nöthig war, auch Quadern, und vor allem aus einem dauerhaften Mörtel.

Die Consructionen sind eben die des *opus reticulatum* und *incertum*, die ich andern Orts umständlich beschrieben habe. (S. „Einige Bemerkungen zu der alten, mittelalterlichen und neueren Baukunst, zur Auffindung von Verbesserungen." Baujournal Band 28. S. 12 etc.) Auch andere Arten von Gufsmauerwerk, besonders in Gewölben, kommen hier häufig vor. (S. daselbst S. 16 und 34.) Was aber die Gebäude der *Villa Adriana* auszeichnet, sind die mannichfach schönen und oft künstlichen *Gewölbe*, indem fast alle bedeutenderen Räume überwölbt sind; was ein Beweis ist, dafs man damals in der Kunst zu *wölben* so weit war, wie nur jemals in irgend einem Lande und zu irgend einer Zeit.

Bei der Anordnung der innern Räumlichkeiten hat man sehr auf Mannichfaltigkeit der Formen des Grundrisses gesehen. Viele Gebäude sind *rund*, geben aber sehr angenehme Räumlichkeiten. Häufiger und zweckmäfsiger Gebrauch der Säulen im Innern der Gebäude fehlt auch hier nicht. Schade, dafs diese Gebäude alles ihres Schmucks beraubt sind und von manchen kaum die Fundamente noch existiren, so dafs sich über ihre Verzierung wenig urtheilen läfst. Indessen findet sich davon noch Einiges. So sind z. B. in einem kleinen Gebäude noch Stuccatur-Arbeiten an einer Decke vorhanden, die in Formen ausgedrückt zu sein scheinen.

Zum Schlufs des über diese Villa Gesagten, will ich eine Notiz *Piranesi's* über Ausgrabungen derselben hier hersetzen, die einen Beitrag zur — *Schatzgräberkunst* liefert, und beweiset, dafs diese Kunst nicht ohne einigen Anspruch auf den Namen einer Wissenschaft ist.

„Nahe bei dem *Hippodrom* fand sich eine Stelle, wohin einige nahe „liegende Quellen und das Regenwasser Abflufs hatten. Hier versuchte ein „englischer Maler (soll wohl heifsen Kunstliebhaber), Herr *Hamilton*, eine „Ausgrabung, indem er dem Wasser mittels eines Canals (*forica*) Abzug „verschaffte, und gelangte so in der Erde auf eine wunderbare Menge von „Fragmenten von Statuen, Köpfen, Händen, Füfsen, Vasen, Candelabern,

„Thieren, halb erhabenen Arbeiten von bester Sculptur, Säulen von Giallo „antico und Alabaster, so wie anderen Marmor-Arbeiten; nicht zu erwähnen „Knäufe, Säulenfüfse, verzierte Carniesgesimse, Friese und Säulentrümmer von „gewöhnlichem Marmor, welche er an Ort und Stelle liefs. Man glaubt, dafs „diese Anhäufung von Fragmenten aus Religionsfanatismus und barbarischer „Unwissenheit geschehen sei, indem man auf diese Weise die mannichfache „Menge von Verzierungen, welche die Gebäude dieser Villa hatten, auf immer „zu zerstören und zu vernichten hoffte."

Dergleichen Fälle können mehr vorkommen und besonders dann interessante Resultate liefern, wenn der Grund und Boden im Laufe der Zeit so sehr verändert wurde, dafs die tiefste Stelle nicht mehr die tiefste ist; während es, bei einiger Aufmerksamkeit auf die Einrichtung der vorhandenen Gebäude, vielleicht noch möglich ist, diejenige Stelle, welche ehemals die tiefste war, zu entdecken.

Das Mausoleum des *Hadrian* zu Rom.

Aus der Zeit ***Hadrians*** ist in Rom noch ein sehr grofses Gebäude, wenigstens in seinen Grundmauern vorhanden; nemlich das ***Mausoleum*** dieses Kaisers, welches in seinen Überresten die heutige ***Engelsburg*** bildet. Dieses Grabmonument ist in der Hauptform dem Mausoleum des ***Augustus,*** dessen ich oben gedacht habe, ähnlich; aber von seiner ehemaligen Ausschmückung und Verzierung hat sich ebenfalls wenig erhalten.

Der Tempel der Venus und der Stadt Rom.

Dem Colosseum gegenüber liegt noch eine schöne Ruine eines Doppeltempels, dessen Erbauung man dem Kaiser ***Hadrian*** zuschreibt und welcher der ***Venus*** und der ***Stadt Rom*** geweiht war. Die Ruine zeigt deutlich zwei Tempelzellen an, die mit ihren Rücken, wo sich die grofse Nische für die Statue der Gottheit befand, aneinander liegen. Die beiden Nischen sowohl, als die Zellen, waren mit schönen Cassaturgewölben bedeckt, von welchen noch Reste vorhanden sind.

Unter ***Hadrian*** scheint die römische Baukunst am ausgedehntesten wirksam gewesen zu sein. Sie brachte auch noch unter seinen Nachfolgern ***Antoninus Pius, Marcus Aurelius*** und ***Septimius Severus*** einige schöne Werke hervor und schuf noch einmal unter ***Caracalla,*** und zuletzt unter ***Diocletian,*** Riesenbaue, bis unter ***Constantin dem Gr.***, bei der Verlegung der Kaiserresidenz nach ***Byzanz,*** eine neue Periode der Baukunst begann.

Der Tempel des *Antoninus* und der *Faustina,* und der sogenannte Tempel des *Antoninus.*

Aus der Zeit des ***Antoninus Pius,*** der im Jahre 138 n. Chr. G. Kaiser wurde, sind zwei schöne Tempel in ***Rom*** übrig: der des ***Antoninus*** und der ***Faustina,*** und der grofse Tempel des ***Antoninus,*** in welchem jetzt die ***Dogana di terra*** ist. Von dem ersteren haben sich die Vorhalle und ein Theil der Mauern der Tempelzelle erhalten. Die Vorhalle besteht aus zehn Säulen; sechs in der Fronte. Sie sind von ***marmo cipollino,*** 43½ Fufs hoch und corinthischer Ordnung: ***Palladio*** hat davon Zeichnungen auf 5 Tafeln gegeben. In der Abbildung der Fronte ist irrigerweise die Inschrift weggelassen, die sich am Friese und Architrave befindet. Der Fries, welcher von Marmor ist, enthält an den Seiten eine berühmt gewordene, sehr schöne Verzierung, aus Greifen, Candelabern und Lotusranken zusammengesetzt.

Den andern, gröfseren Tempel, der im ehemaligen ***Marsfelde*** an der ***piazza di pietra*** steht, halten Andere für einen der Schwester des Trajan ***Marciana*** zu Ehren erbauten Tempel. Es stehen davon noch 11 Säulen, nebst dem Gesimse darüber, an einer der langen Seiten. Sie sind ebenfalls von corinthischer Ordnung; ihre Höhe beträgt 39 Fufs 7 Zoll und ihr unterer Durchmesser 4 Fufs 2 Zoll. Das Douanengebäude ist in die Säulen hineingebaut. Auf dem Hofe desselben sieht man noch die Anfänge der mit Cassaturen verzierten Wölbung, welche die Tempelzelle bedeckte. ***Palladio*** giebt Abbildungen auch von diesem Tempel und nennt ihn ***Tempel des Mars.***

Beide Tempel kann man noch in die gute Zeit der altrömischen Bauart setzen.

Die Säule des *Marcus Aurelius* auf dem Platze Colonna zu Rom.

Aus der Zeit des Kaisers ***Marcus Aurelius,*** der im Jahre 161 n. Chr. zur Regierung kam, hat sich noch eine Ehrensäule, die der Trajanischen ähnlich, aber mehr beschädigt ist, erhalten. Sie steht auf dem Platze ***Colonna,*** am ***Corso,*** im lebhaftesten Theile von Rom. Ihre Höhe beträgt, einschliefslich des Postaments, 175 Fufs. Sie ist, eben wie die Trajanische Säule, von dorischer Ordnung, ebenfalls inwendig hohl, und man gelangt auf einer Wendeltreppe von 206 Stufen zu ihrem Gipfel. Sie ist aus 28 Stücken weifsen Marmors zusammengesetzt. Die um die Säule sich windenden halberhabenen Arbeiten stellen Gegenstände aus dem Kriege vor, den ***Marcus Aurelius*** mit den ***Marcomannen*** führte. Man nennt sie gewöhlich die Säule des ***Antonin;***

indessen ist es nicht nur durch die Gegenstände ihrer Verzierung, sondern auch durch eine in der Nähe gefundene Inschrift, aufser Zweifel gesetzt, dafs sie dem Kaiser ***Marcus Aurelius*** gewidmet war.

Von den nächsten Nachfolgern des Kaisers ***Marcus Aurelius,*** dem ***Lucius Verus, Commodus, Pertinax*** und ***Didius Julianus*** sind keine bedeutenden architektonischen Denkmale übrig.

Aber die Baukunst hob sich wieder unter ***Julians*** Nachfolger ***Septimius Severus,*** der im Jahre 193 n. Chr. zur Regierung kam; und noch mehr unter dem auf ihn folgenden ***Antoninus Caracalla,*** der im Jahre 211 die Regierung antrat. Aber schon unter ***Septimius Severus*** zeigt sich eine gewisse Ausartung; wenigstens in der Kunst der Verzierung der Bauwerke. Man findet nicht mehr den frühern Grad der Reinheit des Gedankens, der Erfindung, und noch weniger die Vollkommenheit der Ausführung. Dagegen die Grofsartigkeit der Formen und Verhältnisse nimmt eher zu, als ab.

Der sogenannte Tempel des *Jupiter Tonans.*

Dem ***Septimius Severus*** schreiben übrigens auch die neueren Alterthumsforscher einen Tempel zu, dessen wunderbar schöne Überreste, aus drei Säulen und einem Gesimsstück bestehend, unmittelbar unter dem Capitol sich befinden, und den man früher den Tempel des ***Jupiter Tonans*** nannte, jetzt aber darin einen von ***Septimius Severus*** erbauten Tempel des ***Saturnus*** erkennen will. ***Palladio*** giebt von demselben unter dem ersteren Namen mehrere Abbildungen. Die Ornamentirung von Säulen und Gesimsen, corinthischer Art und von weifsem Marmor, ist meines Dafürhaltens von der vortrefflichsten Art; und auch die Ausführung steht auf der höchsten Stufe der Vollendung. Die Ornamente sind sehr tief ausgearbeitet, oder, wie es die Bildhauer nennen, dunkel gehalten; was die vortrefflichste Wirkung macht, aber auch, wie dem Sachverständigen bekannt, die schwierigste Arbeit ist. Dafs indessen diese Architektur aus der Zeit des ***Septimius Severus,*** also aus derselben Kunstperiode stamme, wie dessen ***Triumphbogen,*** dessen ich oben erwähnte, kann ich unmöglich glauben; viel eher scheint es mir, dafs sie in die Zeit des ***Augustus,*** oder bald ***nach Augustus*** gehöre.

Das Septizonium des *Septimius Severus.*

Aufserdem ist noch ein Gebäude des ***Septimius Severus,*** nemlich sein ***Grabmal,*** unter dem Namen des ***Septizonium*** bekannt geworden. Es giebt davon keine Überreste; aber ***Sandrart*** hat in seinem „Theatrum Romae anticae et novae" die Abbildung einer Ruine mit einer Inschrift gegeben, welche besagt, dafs sie zu dem *Grabmal* des *Septimius* gehöre. Dieselbe hat, einschliefslich des Untersatzes, vier Stockwerke; und es ist sehr unwahrscheinlich, dafs darauf *noch* drei Stockwerke gestanden haben sollten, wie man es aus dem Worte *„septizonium"* schliefsen will, welches doch eigentlich nur ein siebenfach *umgürteltes* Gebäude bezeichnen kann. Die drei Säulen-Ordnungen, die in der Abbildung *Sandrarts* übereinander stehen, scheinen alle drei corinthisch zu sein und sind nach oben zu stark verjüngt. Die Postamente unter den Säulen sind, um die widerwärtige Überladung mit horizontalen Gliedern zu vermeiden, in niedrige Sockel verwandelt.

Der sogenannte Tempel der Concordia zu Rom.

Weit eher als den Tempel des Jupiter tonans oder des Saturnus möchte ich dem Zeitalter des *Septimius Severus,* oder auch einer etwas späteren Zeit, den sogenannten Tempel der *Concordia* zuschreiben, welchen man gegenwärtig für einen Tempel des *Vespasian* halten will; der aber niemals derjenige Tempel sein kann, den *Domitian* erbaute; denn er ist von einer unvollkommnen, ausgearteten Architektur. *Palladio* hat davon, unter dem alten Namen des Tempels der *Concordia,* mehrere Abbildungen gegeben.

Der Circus des *Caracalla* (*Maxentius*).

Giebt es aber irgend eine grofsartige Bauart, so ist es die des Kaisers *Antoninus Caracalla.*

Ihm schrieb man zunächst die Erbauung des *Circus* zu, der unter dem Namen des *Circus des Caracalla* bekannt ist und der nicht weit von dem oben erwähnten Grabmal der *Cäcilia Metella* liegt.

Die antiken Cirken waren zu Wettrennen und zu Kampfspielen aller Art bestimmt. Sie sind, glaube ich, den Römern allein eigen, und waren auch ganz für ein kriegerisches Volk passend. Ihre Form war, sehr einfach, ein sehr oblonges Rechteck, welches an der einen schmalen Seite in einen Halbkreis auslief, während ein Kreissegment, in welchem sich die Behälter für die zu den Kämpfen bestimmten wilden Thiere befanden, die entgegengesetzte Seite schlofs. Mitten in dem inneren Raume befand sich die *spina:* ein beträchtlich erhöheter Perron, welcher den Kampf- und Rennplatz auf die Weise absonderte, dafs dadurch eine eigentliche Rennbahn gebildet wurde. Diese umschlofs zunächst eine Mauer, hoch genug, um nicht von den gehetzten wilden Thieren übersprungen zu werden. Über dieser Mauer erhoben sich die *Gradinen* für die Zuschauer.

Der *Circus des Caracalla* war 2220 Palmen lang und 575 Palmen breit. Er hatte 10 Gradinen und konnte auf denselben 20 000 Zuschauer fassen. Die Stufen waren mit einem Viertelkreise unterwölbt, und der Raum zwischen diesem Viertelkreise und den Gradinen war mit Krügen von gebranntem Thon ausgefüllt; vermuthlich um den Bogen nicht zu sehr zu belasten. Das übrige Mauerwerk bestand abwechselnd aus einer Schicht Backsteine und einer Schicht Tufsteine.

Die Equirien des *Caracalla*.

Eine ähnliche Zusammensetzung aus Tufsteinen und Backsteinen haben die nahe bei dem Circus liegenden *Equirien* (Pferdeställe) des *Caracalla;* von denen man glaubt, dafs sie für das Bedürfnifs desselben gebaut waren.

Ein grofser viereckiger Platz ist an drei Seiten mit Arcaden eingefafst und in seiner Mitte steht ein ungewöhnliches Gebäude von runder Form. Es hat 92 Fufs äufsern Durchmesser und mitten innen einen sehr starken Pfeiler, der eine von demselben nach den Umfassungsmauern ringförmig gewölbte Decke trägt. Es scheint mir dieses Gebäude eine Art *Reitbahn* gewesen zu sein, um Pferde zu bändigen und zu dressiren. Für einen Tempel halte ich es nicht, obgleich *Palladio* diese Meinung hat.

Zu *Verona* befindet sich in der Nähe des Castells ein dieser Rotunde ganz ähnliches Gebäude.

Die Thermen des *Caracalla* zu Rom.

Weit bedeutender als diese, schon grofsartigen Gebäude, sind die von *Antoninus Caracalla* zu *Rom* erbauten *Thermen;* von welchen noch Viel erhalten ist.

In den *Kaiserthermen* der Römer zeigt sich überhaupt die gröfste Pracht und der höchste Glanz. Es waren nicht blofs Bäder, sondern sie enthielten auch prächtige Räumlichkeiten zu allen möglichen physischen und geistigen Genüssen: Palästren, Sphäristerien, Redesäle, Bibliotheken, Museen und Bildergalerieen; selbst Garten-Anlagen aller Art.

Von den Bädern des *Caracalla* hat sich am meisten erhalten, und ihre Ruinen, obgleich ihres Schmucks beraubt, erregen durch ihre colossalen Massen Erstaunen. Welchen Eindruck müssen sie erst in ihrer ganzen Pracht gemacht haben!

Die oft erwähnte Beschreibung der Stadt Rom enthält einen vorzüglich guten Plan dieser Thermen, bei dessen Aufnahme die neuern, durch den Grafen *Velo* und die französische Akademie zu Rom besorgten Ausgrabungen benutzt worden sind. Um Denen, welche im Besitz dieses Werks sind, das Verständnifs der nachfolgenden Beschreibung zu erleichtern, werde ich die in demselben für die Bezeichnung der verschiedenen Räume gebrauchten Buchstaben in Parenthesen beisetzen.

Man stelle sich eine freie, offene Gegend und eine sanft ansteigende Fläche vor, durch welche in der Richtung des fast horizontalen Querschnitts der Ansteigung eine Hauptstrafse, die *via Appia,* läuft. An dieser Strafse stehen die Thermen des *Caracalla,* mit ihren Vorbauen, in einer Länge von etwa 340 Metern. Die Frontenlinie ist also horizontal; die mit derselben rechte Winkel machende Symmetrielinie aber hat eine Steigung von einigen Stockwerken bis zu der Rückseite der äufsern Bauwerke, wo nun mitten auf der Symmetrielinie, ein Thurm als Wasserbehälter steht, in welchen eine von aufsen kommende Wasserleitung einmündet. Von der Fronte der Vorbaue bis zu dem Behälter in dem Wasserthurme sind etwa 350 Meter. Der Wasserthurm ist auswendig an 12 Meter lang und breit; seine Mauern sind je 3 Meter dick, so dafs also der Wasserbehälter 6 Meter lang und breit bleibt. Die Vorbaue sind nur ein Stockwerk hoch und bilden den Anhalt einer grofsen Terrasse, auf welcher das Hauptgebäude mit seinem, der Terrasse gleichen innern Fufsboden steht, also ein Stockwerk höher als die Strafse.

In der Mitte des Vorbaues ist der Haupt-Eingang, mit einem kleinen *Atrium.* Rechts und links desselben sind je zwei breite Treppen (*E*); an der Fronte läuft ein ins Kreuz gewölbter *Porticus,* der die oben angegebene Länge von 340 Metern hat. Der Porticus enthält, aufser der mittleren gröfseren Halle, in der Fronte, an jeder Seite noch 27 Abtheilungen, wendet sich dann rechtwinklig um jede Ecke, wo (die Ecken nochmals mitgezählt) noch je 14 Hallen sind. An den Ecken befinden sich wieder grofse Treppen (*E*) zu der obern Terrasse; auch sind noch vier kleine Treppen (*D*) hinter dem Porticus der Fronte und je eine hinter den Portiken der Seite; welche letztern an ihrem Ende nochmals zwei gröfsere Treppen haben. Hinter den andern Abtheilungen der Portiken ist stets ein kleiner Vorplatz zum Auskleidezimmer, und hinter demselben eine Badezelle.

An der Rückseite der äufsern Bauwerke, da wo der Wasserthurm steht, befinden sich, unmittelbar vor demselben, in zwei Reihen, 32 Wasserbehälter (*S*), die ein Stockwerk höher liegen, als die Terrasse, auf welcher das Hauptgebäude steht; so dafs alle andern Räume, sowohl die der Aufsen- und Vorbaue, als die des Hauptgebäudes, tiefer liegen, als die Wasserbehälter. Ihre Fronte ist mit einer Anzahl von Gradinen maskirt, die an jedem Ende in einen Viertelkreis auslaufen.

Das Hauptgebäude weicht an allen Seiten von den Aufsenbauen zurück: von der Fronte der Vorbaue 66 Meter, von den Seiten 60 Meter, und von den neben den Wasserbehältern vorspringenden Flügeln 118 Meter. Der dadurch gewonnene Raum war mit Baumpflanzungen und andern Garten-Anlagen, mit Statuen und Springbrunnen verziert. Zwischen denselben gelangte man zu den Haupt-Eingängen, deren an der Hauptfronte vier waren, in der Mitte aber keiner, weil hier das grofse kalte Bad (*E*), das sogenannte *frigidarium* war. Es könnte dieser Verstofs gegen ein wohlbegründetes Herkommen, den Eingang zu einem bedeutenden Gebäude in die Mitte desselben zu legen, auffallend sein und die Angemessenheit der Einrichtung in Zweifel stellen; sie ist indessen völlig motivirt. Die vier Eingänge (*x*) führten nemlich in Räume (*y*), die man für Vorsäle hält und aus welchen man in viereckige Räume (*z*) gelangte, die man für *Apodyterien* d. h. Auskleidezimmer nimmt, so dafs sich die vier kleineren Räume, die unmittelbar an jedes derselben stiefsen, für Garderoben zur Aufbewahrung der Kleider halten lassen. In zwei derselben waren kleine Treppen, die zu dem obern Stockwerk führten.

Das kalte Bad (*frigidarium*) hing mit diesen Apodyterien unmittelbar zusammen. Es lag, ohne Decke, unter freiem Himmel, und der gröfste Theil desselben wurde von einem grofsen Schwimmbade eingenommen. Aus dem *frigidarium* gelangte man in das grofse warme Bad (*T*) (*tepidarium*), welches ohne Zweifel der bedeutendste und prächtigste Raum der Thermen war. Ich halte ihn für die sogenannte *cella solaris* oder *solearia* der Thermen, und erkläre diesen Ausdruck so, dafs er einen von der Sonne beschienenen Badesaal bezeichnet; im Gegensatz von den Badesälen, die, wie die *frigidaria*, gegen die Strahlen der Sonne geschützt waren, um kühl zu sein, oder wie die *calidaria* oder heifsen Bäder, die keine Fenster weiter hatten, als vielleicht eine Decken-Öffnung, welche verschlossen werden konnte, um die künstliche Hitze zusammenzuhalten. Nun scheint es zwar, dafs die hier als warmes oder laues Bad bezeichnete Abtheilung, wenn sie bedeckt war, nicht viel Sonnenlicht bekommen konnte, aber das Licht möchte doch wohl durch grofse Fenster in der Höhe einzulassen gewesen sein; und dafs dergleichen

Öffnungen vorhanden waren, läfst sich aus ähnlichen Sälen anderer Thermen schliefsen, z. B. dem ähnlich gelegenen und eben so gestalteten *tepidarium* der Bäder des *Diocletian*, wo sie sich finden. Der Saal in den Bädern des *Caracalla* hatte eine flache Decke, aus Gitterwerk oder Gitterbalken von Bronze oder Kupfer, welche die Bewunderung der Sachverständigen erregte. Acht grofse Säulen aus Porphyr, nemlich vier in den Ecken und vier vor den mittelsten Pfeilern, schmückten den Saal und trugen in der Höhe Gurtbogen, welche das bronzene Gitter der flachen Decke unterstützen konnten. Ich möchte übrigens fast glauben, dieses bronzene Gitterwerk habe nur zur Ausfüllung, oder vielmehr zur Einrahmung der Fenster in den grofsen Halbbogen neben den Gurten gedient; denn aus einer von mir an Ort und Stelle gemachten Zeichnung des Saales schliefse ich, dafs sich Spuren von einer Überwölbung des Saales im Ganzen finden; von der Art, wie im gleichartigen Diocletianischen Saale. In jedem Falle war eine lebhafte Beleuchtung dieses Badesaals durch die Öffnungen möglich.

In den sechs grofsen Abtheilungen dieses Saals, an den Seiten, waren grofse Badebecken. Die Wände des Saals waren theilweise mit Tafeln von Porphyr und Marmor belegt, die obern Theile der Wände und die Gewölbe aber mit Mosaik und Stuckverzierungen geschmückt und die Fufsböden waren mit Marmor-Arbeiten ausgeziert.

Wenn man nun mit diesem Saale Grundrifs und Durchschnitt des bekannten Friedenstempels vergleicht, so wird nicht wohl die gröfste Ähnlichkeit beider Räumlichkeiten zu verkennen sein. Man wird, wegen der so sehr schematischen Composition der altrömischen Bauart, wie sie so deutlich aus dem *Vitruv* hervorgeht, nemlich wegen der characteristischen Regel dieser Bauart, für gleiche Zwecke gleiche Gestaltungen und gleiche Verhältnisse anzunehmen, kaum zweifeln können, dafs dieser sogenannte *Friedenstempel* ebenfalls eine *cella solearia*, ein *tepidarium* von einem grofsen Thermengebäude gewesen sei. Gewifs würde man, wenn man in dem Garten des Nonnenklosters, der unmittelbar hinter dem Friedenstempel und viel höher als der Fufsboden desselben liegt, nachgrübe, nur Bestätigungen davon finden. Aus dem beschriebenen *tepidarium* in der Symmetrielinie des Gebäudes weiter gehend, würde man in einen Hof gelangen, der sich hier befand, und der nöthig war, um für die obern Fenster der *cella solearia* Licht zu behalten. Da es jedoch unbequem gewesen wäre, aus dem *tepidarium* in das *calidarium* über einen offenen Hof zu gehen, so ist hier ein kleinerer Verbindungssaal (*I'*), der zu dem *calidarium* (*J'*) führt.

Dieses ist nun eben jene, durchaus an das *Pantheon* erinnernde ***Rotunde,*** deren Bestimmung zum heifsen Bade durch die im Fufsboden gefundene unterirdische Heizung vollkommen erwiesen ist. Das *Pantheon* und das *calidarium* dieser Thermen restauriren sich gegenseitig. So ist es z. B. sehr wahrscheinlich, dafs die grofsen Nischen dieses *calidarium* nicht, wie in der Restauration des angezogenen Planes angegeben, nach Aufsen offen, sondern vielmehr, dafs sie, eben wie im *Pantheon,* geschlossen waren. Die Nischen in diesem letzteren, die denen im *calidarium* ganz ähnlich sind, werden aber ebenfalls erklärt, wenn man annimmt, dafs sie Badekümpfe enthielten; wie sich dergleichen in den Nischen des *calidarium* befanden. Die Kuppel dieses letzteren mag dann auch ein eben solches Deckenlicht im Scheitel gehabt haben, wie das *Pantheon,* welches eben so durch ein an Ketten hängendes ehernes Schild verschlossen werden konnte.

An dieser Rotunde, rechts und links, waren je vier Säle, von Formen und Verhältnissen, wie sie sich auch in den andern, in Ruinen erhaltenen Thermen finden; indessen kennen wir deren specielle Bestimmung am wenigsten. Den erwähnten neuern Ausgrabungen zufolge waren die beiden nächsten Säle am *calidarium* (*K'* und *L'*) ebenfalls Badesäle; so wie auch die auf den Ecken liegenden vierten Säle (*N'*); die dazwischen befindlichen Räume (*M*) müssen aber eine andere Bestimmung gehabt haben.

Die Thermen dienten zu öffentlichem, unentgeltlichem Gebrauch für Jedermann. Es bestand eine Munificenz der Kaiser gegen das Volk darin, dafs sie demselben durch die Amphitheater, Theater, Cirken und Bäder eine Menge von unentgeltlichen Vergnügungen verschafften, und es so an den Früchten der Siege, die es errungen hatte, Theil nehmen liefsen. Solche Vergnügungen benutzten ohne Zweifel alle Stände. In den Theatern hatten die Senatoren *besondere* Sitze; es fand also hier eine Unterscheidung der Stände Statt; und eine solche *Unterscheidung* war auch wohl am ersten bei der Benutzung der Thermen festgesetzt. Es liegt daher die Meinung nahe, dafs die oben gedachten beiden Gruppen von je vier Sälen abgesonderter Bäder für die vornehmeren Classen waren, so dafs jede Gruppe ihr eigenes *apodyterium* (*M'*), ihr *frigidarium* (*N'*), ihr *tepidarium* (*L*) und ihr *calidarium* (*K'*) hatte.

Es ist bei dieser Gelegenheit zu bemerken, dafs die mit Säulenreihen verzierten Eingänge dieser und anderer Säle ohne Zweifel *Vorhänge* hatten, die man nach Bedürfnifs auf- und niederziehen konnte.

In der Mitte der Giebelseiten des Hauptgebäudes lag an jeder Seite ein geräumiger, von Säulengängen umgebener Hof (*U'*), den ich, nebst den bedeckten Abtheilungen (*P'* und *V'*), für Leibes-Übungen bestimmt halte. Es waren diese beiden Höfe die mit den Thermen gewöhnlich verbundenen ***Palästren***. Eine Thür aus jedem der Höfe führte noch in je ein Zimmer (***R'***), welches, zufolge der in einem derselben noch vollständig aufgefundenen Einrichtung, ohne Zweifel ein Schwitzbad (***sudatorium***) war. An jedem derselben lag ein kleiner Hof (***T'***), und an diesem ein zweistöckiger Wasserbehälter (***S'***).

Nachdem hiermit die Beschreibung des Hauptgebäudes beendet ist, bleibt noch übrig, die äufsern Baue zu beschreiben, von denen ich nur die vordern Portiken und die an der Rückseite liegenden Wasserbehälter erwähnt habe. Aufser denselben gehören zu den Aufsenbauen vier Gruppen von Sälen, von welchen je zwei einander ganz gleich und alle vier einander ähnlich sind. Jede Gruppe hat drei Abtheilungen: eine mittlere, grofse, rechteckige (***K***), die in der Rückwand eine grofse halbrunde Nische hatte, und zu beiden Seiten kleinere Räume. Zwei Gruppen haben jede einen achteckigen Saal, mit Kuppel, von denen einer noch erhalten ist, welcher grofse Ähnlichkeit mit dem oben beschriebenen sogenannten ***Tempel*** der ***Minerva medica*** hat. Zwei andere Säle zur Seite sind rechteckig; jeder hat an der einen schmalen Seite eine grofse Nische. Diese beiden Gruppen liegen in den Aufsenbauen an den Seiten, und jede Gruppe hat zwei Eingänge und grofse Treppen von aufsen. Sie waren von aufsen, die eine wie die andere, von einem nach Innen offenen Porticus in Form eines Kreissegments umschlossen.

Die „Beschreibung von Rom" läfst es ungewifs, wozu diese Räume, namentlich die grofsen rechteckigen Räume (*K*) in der Mitte, bestimmt waren, indem sie die Meinung, dafs es ***Palästren*** gewesen seien, selbst in Zweifel zieht. Ich möchte glauben, dafs es ***Frauenbäder*** gewesen seien; und namentlich der mittlere Raum, das ***frigidarium***, der achteckige Saal das ***calidarium*** und der kleinere rechteckige Saal mit der Nische das ***tepidarium***. ***Varro*** sagt: die Schamhaftigkeit litt es nicht, dafs beide Geschlechter zusammen badeten, aber die Bequemlichkeit verlangte, dafs ihre Bäder nahe beisammen lagen. („Pudor non patiebatur utrumque sexum simul lavari, sed commoditas conjungi desiderabat". (Graevii Thesaurus Antiquitatum Romanorum. T. XII. p. 317)). So wäre denn hier ein Beispiel von einer solchen *Vereinigung,* welches auch durch die Architektur vollkommen gerechtfertigt zu sein scheint. Es hatten nämlich, wie erwähnt, diese Gebäudetheile nicht nur besondere Zugänge von aufsen, sondern sie waren auch durch eine in der Breite einer Strafse von denselben abstehende Befriedigung von dem Garten, der die Männerbäder umgab, gesondert. Dafs die *frigidaria* an den nach Innen gekehrten langen Seiten nur durch eine Säulenreihe von der äufsern Luft gesondert waren, kann nichts dagegen beweisen, da hinter dieser Säulenreihe während des Gebrauchs der Bäder ohne Zweifel Vorhänge befindlich waren, die man, wenn der Raum unbenutzt war, in die Höhe ziehen und Luft und Sonne hereinlassen konnte.

Die beiden andern ähnlichen Gebäudegruppen liegen, rechts und links von den Wasserbehältern, an der Rückseite der Aufsenbaue und sind in den mittleren Räumen den vorhin beschriebenen ganz ähnlich, in den Sälen zur Seite aber verschieden; denn die einen (*P*), zunächst den Wasserbehältern, scheinen ganz offene Höfe gewesen zu sein; die andern (*O*) waren zweistöckig. Auch führten aus diesen mittleren Räumen (*K*) keine Thüren in die Seitensäle. Es scheint also hier in jeder der beiden Gruppen nur ein *frigidarium* gewesen zu sein. Vielleicht waren es abgesonderte Bäder der *Jungfrauen.*

Die Befriedigung der Garten-Anlagen, deren ich oben gedachte, dürfte meines Dafürhaltens nicht, wie es in dem angezogenen Plane angegeben ist, vor den Gradinen durchgegangen sein, die vor den Wasserbehältern herliefen und einen halben Circus bildeten, sondern sich an den Enden des Circus an denselben angeschlossen haben; so dafs die Frauenbäder gänzlich von den den Männern zugänglichen Räumen gesondert waren.

Indem ich hiemit die Beschreibung dieses höchst merkwürdigen Gebäudes schliefse, will ich noch einige Bemerkungen über die Construction, Einrichtung und Verzierung desselben beifügen.

Die Gewölbe der grofsen Säle sind gröfstentheils eingestürzt. Sie waren ungemein weit gespannt und müssen einen höchst grofsartigen Anblick gewährt haben. Das Mauerwerk besteht aus sorgfältig zusammengefügten Backsteinen, ist jedoch im Innern auch häufig mit dem gewöhnlichen Gemenge von kleinen Steinen und Mörtel gefüllt. Von sogenanntem *opus reticulatum* und *incertum* sieht man nichts. Die Construction ist fast schwerfällig zu nennen: so dick sind die Mauern. Sähe man nicht an den kleinen, so sorgfältig zusammengefügten Backsteinen die Arbeit von Menschenhänden, so möchte man glauben, diese ungeheuern Mauern wären von Riesen erbaut. Über allen den flachen Gewölbebogen sind immer noch halbe Kreisbogen gesprengt, so dafs der flache Bogen nur das Mauerwerk in dem Raume zwischen den beiden Bogen trägt.

Wenn ein Architekt ein solches Gebäude in Gedanken restaurirt, so wird er, wegen der bunten Zusammenstellung von Sälen aller Formen, von Höfen und Säulengängen, bei der *Bedachung* grofse Schwierigkeiten finden, die so nachtheiligen Kehlen und Wiederkehrungen zu vermeiden; was auch bei der römischen Wohnhaus-Architektur vorkommt. Die Aufgabe löset sich aber einfach dadurch, dafs viele Räume nur mit Plateformen bedeckt waren, die in der Länge der Zeit der Witterung nicht widerstehen konnten und, da sie nicht erhalten wurden, auch die Ursache des Unterganges der Gewölbe unter denselben gewesen sind.

Die *Verzierung* dieser Bäder war die allerprächtigste. Die Wände des grofsen *frigidarium* waren ganz mit Marmor bekleidet; die innere Seite der vordern Wand schmückten zwei Abtheilungen von Nischen mit Statuen und Säulen, zusammen von der Höhe der grofsen Säulen-Ordnung, die den Saal zierte. Die Verzierung der *cella solearia* habe ich oben beschrieben. Diese Verzierungsart war die vorherrschende. Die Fufsboden waren mit Marmor- und Porphyr-Tafeln, oder mit Mosaik belegt. Die Wände waren unten, mehr oder weniger hoch, mit Marmor in schönen Feldertheilungen bekleidet, oben mit Glasmosaiken verziert, welche auch die Decken überzogen; wobei musivischer Goldgrund nicht gefehlt haben wird und nicht selten sein mochte. Dann waren die prächtigen Säulen aus Porphyr, Granit, giallo antico, Alabaster und Erz; selbst Gebälke waren von Erz, aus welchem auch die Hauptthüren bestanden haben werden. Die Wände der *Apodyterien* (*D'*) waren mit rosenfarbenem africanischem Alabaster belegt. An den grofsen Wasserbecken waren Geländer von Marmor. In den Säulengängen (*O'*) um die *Palästren* (*U'*) war eine Brüstung aus Marmor, mit ringsherumlaufender halberhabener Bildhauer-Arbeit. In demselben Säulengange fand man eine Menge von Fragmenten von granitenen Säulen, Säulenknäufen und Gesimsen. Der Statuen von Marmor waren in diesen Thermen mehr, als manche heutige Stadt Einwohner hat!

Auch das *Äufsere* des Gebäudes war nicht ohne Schmuck. Die nach der *via Appia* gekehrte vordere Seite des Hauptgebäudes, so wie auch dessen

Seitenfronten, die doch theils von den vorliegenden Bauwerken, theils von Baumpflanzungen versteckt wurden, hatten einen Anwurf von Stuck, auf welchen Mosaiken von farbigem Glase eingesetzt waren; wovon man noch Reste sieht; auch waren diese Aufsenseiten wahrscheinlich mit Säulen von rothem Granit geschmückt.

Der ganze Bau dieser Thermen dauerte vom Jahr 206 bis 217 n. Chr. Die Thermen enthielten 1600 Sitze von Marmor, um sich zu baden; aufser den Wasserbecken, worin sich mehrere Personen zugleich baden konnten, so dafs im Ganzen Raum für etwa 3000 Personen da war.

Nach Caracalla kommt eine Zeit der Unruhe und der innern und äufsern Kriege, aus welcher wenige Bauwerke übrig sind.

Der Sonnentempel des *Aurelian* zu Rom.

Caracalla war im Jahre 211 zur Regierung gekommen; zwischen ihm und *Diocletian,* der im Jahre 284 Kaiser wurde, sind 21 Kaiser, von deren Werken nur die des Kaisers *Aurelianus* (er bestieg den Thron im Jahre 270) zu erwähnen sind. Ihm schreibt man einen *Sonnentempel* zu, von welchem sich prächtige Überreste im Garten *Colonna* zu *Rom* befinden. Sie sind characteristisch für diese Zeit und höchst prächtig ornamentirt, aber die Ausführung ist ohne Sorgfalt; sie sind nur auf die Wirkung im Grofsen berechnet, die ihnen auch nicht entgeht; colossal in Verhältnissen und Verzierung.

Von *Diocletian* haben wir noch sehr bedeutende Monumente; vor allen seine *Thermen,* von welchen noch so bedeutende Überreste vorhanden sind, dafs sich in denselben eine christliche Kirche (die heutige *Certosa*) und ein Kloster einrichten liefsen. In einer ganz erhaltenen Rotunde der Aufsenbaue befindet sich ebenfalls ein christlicher Tempel (*S. Bernardo*). Eine freilich nicht ganz zuverlässige Abbildung dieser Thermen findet man in *Durands* „Paralelle" unter der Rubrik „selon Palladio"; wie denn *Durand* überhaupt den Kaiserthermen eine Anzahl Abbildungen gewidmet hat, die eigentlich nur *Compositionen* sind, indem von denselben wenig oder nichts mehr existirt und auch schon *Palladio* sehr kühn restaurirt hat. Besser möchte der von dem Abbate *Uggeri* herausgegebene Plan dieser Bäder sein; auch hat schon *Nolli's* „grofser Plan von Rom" einen brauchbaren Grundrifs derselben. Diese Thermen sind in ihrer Einrichtung mit den Bädern des *Caracalla* im Wesentlichen übereinstimmend; sie waren eben so grofs und prächtig, und bestätigen die von den letzteren gegebenen Erklärungen. Sie sollen nach dem ***Olympiodor*** 1200 Marmorsessel enthalten haben; was glaublicher ist, als dafs in ihnen 3000 Badezimmer waren. Den jetzt zur Kirche eingerichteten Saal halte ich für das *tepidarium* oder die *cella solearia* dieser Thermen; die Rotunde aber, worin sich die Kirche ***S. Bernardo*** befindet, für ein ***tepidarium*** der Frauenbäder. Die Thermen wurden, einer aufgefundenen Inschrift zufolge, von ***Diocletian*** und seinem Mitkaiser ***Maximian*** erbaut und von den unter ihrer Oberherrschaft regierenden Cäsaren ***Constantin*** und ***Maximinus*** geweihet.

Ein anderes, noch theilweise erhaltenes grofses Bauwerk des ***Diocletian*** war sein Palast zu ***Spalatro,*** der aber einer andern Periode der Baukunst, nemlich der byzantinischen angehört, die mit der Verlegung des Sitzes der römischen Regierung nach ***Byzanz*** durch den Kaiser ***Constantin d. Gr.*** beginnt.

Cassel, im December 1850.

Inhaltsverzeichnifs des dritten Hefts dreifsigsten Bandes.

Berlin, gedruckt bei G. Reimer.

Journal

für

die Baukunst.

In zwanglosen Heften.

Herausgegeben

von

Dr. A. L. Crelle,

Königlich-Preufsischem Geheimen-Ober-Baurathe a. D., Ritter des rothen Adler Ordens dritter Classe mit der Schleife, Mitgliede der Königlichen Akademie der Wissenschaften zu Berlin, Correspondenten der Kaiserlichen Akademie der Wissenschaften zu St. Petersburg und der Königlichen Akademieen der Wissenschaften zu Neapel und Brüssel, auswärtigem Mitgliede der Königlichen Akademie der Wissenschaften zu Stockholm, Ehrenmitgliede der Hamburger Gesellschaft zur Verbreitung der mathematischen Wissenschaften.

Dreifsigster und letzter Band.

Viertes Heft.

Mit drei lithographirten Tafeln.

Berlin.

Bei G. Reimer.

1851.

9.

Über eiserne Stromfahrzeuge für seichte Gewässer; nebst Verschiedenem, die Schiffahrt auf der Ems und der Lippe Betreffendem.

(Von Herrn Dr. *Reinhold*, Königlich-Hannöverschem Wasserbau-Inspector zu Leer in Ostfriesland.)

Vorwort.

Die hier vorliegende Schrift hat den Zweck, anzudeuten, wie durch möglichst wenig tief gehende, aus Eisen erbaute Fahrzeuge die Schiffahrt auf Strömen, Nebenflüssen und Canälen auch dann noch möglich zu machen sei, wann die Gewässer, entweder in dürren Sommern, oder auch stets, einen so niedrigen Wasserstand haben, dafs sie von Fahrzeugen aus Holz und namentlich ganz aus Eichenholz, wie sie im nordwestlichen Deutschland und besonders an den Nordseeküsten üblich sind, bei 12 bis 24 Zoll Wassertiefe nicht mehr mit voller, sondern nur mit theilweiser, geringerer Ladung befahren werden können. An solchen Gewässern hören dann die vom Schiffahrts- und Handels-Verkehr herrührenden Erwerbszweige zeit- und theilweise, eben wie im Winter beim Frostwetter, leider auch im Sommer, bei offenem Wasser und hinreichender Wärme, einige Monate lang auf; was sonst nicht der Fall sein würde.

Es ist ein bekannter Erfahrungssatz, dafs, aus Holz und namentlich aus dem Eichenholze von Westphalen und dem nordwestlichen Deutschland erbaute Strom- und Seefahrzeuge, welche die gleiche Länge, Weite, Tiefe, Ladungsräume und Tragfähigkeit haben wie eiserne Fahrzeuge, beinahe um die Hälfte, wenigstens um ein Drittel tiefer ins Wasser gehen, als die eisernen. Der Verfasser hat dies in dem vorliegenden Aufsatz aus glaubwürdigen Schriften durch viele Beispiele von Dampfbooten auf den deutschen Strömen nachgewiesen und durch Berechnung gleich grofser Strom- und Flufsfahrzeuge aus Eichenholz und aus Eisen, von 12 bis 24 Zoll Einsenkung, bewährt gefunden. Auch ist eines Beispiels in dieser Schrift gedacht, wo noch *Bäche* von etwa

10 bis 12 Zoll Wassertiefe mit geringen Kosten und grofsem Nutzen für kleine Fahrzeuge schiffbar gemacht worden sind; was mit noch gröfserem Erfolge geschehen sein würde, wenn die Fahrzeuge aus Eisen gewesen wären.

Es würden manche Ströme, Flüsse, Canäle, und sogar Bäche, die entweder fortwährend, oder zeitweise an nicht hinreichender Wassertiefe leiden, von möglichst wenig tief gehenden Fahrzeugen noch mit hinreichendem Nutzen befahren werden können, ohne unverhältnifsgrofse Baukosten an die Vertiefung der Flufsbetten und deren Erhaltung wenden zu müssen; und mit noch weit geringeren Kosten würde durch eiserne Fahrzeuge von geringer Einsenkung der Zweck sich erreichen lassen. Auch die jährlichen Erhaltungskosten der Tiefe würden in dem Maafse geringer sein, wie die Eintauchung der Fahrzeuge geringer ist. So würde der Schiffahrts- und Handels-Verkehr auf den höheren Stromstrecken und deren Neben-Armen im Innern des Landes weiter verbreitet werden können; und dies würde von grofsem, dauernden Nutzen sein, ohne dafs in die Millionen gehende Kosten anzuwenden wären; wie bei den Eisenbahnen.

Sollte es einzelne Fälle geben, wo Schleusen, Stauwehre, Uferbaue und Durchstiche unvermeidlich sind, so würden diese Fälle für Schiffe von geringerer und halb so tiefer Einsenkung doch schon nicht in dem *Maafse* und nicht *so häufig* wie für Schiffe von der doppelten Einsenkung vorkommen, die allein Schuld sind, dafs die jährlichen Erhaltungs- und Vertiefungskosten der Fahrbahnen in den Strombetten doppelt so hoch steigen, als eigentlich nöthig wäre; was dann entweder den Staats-Cassen zur Last fällt, oder den Gesellschaften von Unternehmern und Rhedern, welche die Schiffahrt auf den Binnengewässern treiben, die aber ohne Zweifel Industrie genug haben würden, ihren eigenen Vortheil durch Fahrzeuge von geringerer Einsenkung zu fördern. Besonders wenn sich unter den Rhedern Besitzer von Eisenhütten, Steinkohlengruben, Dampfmaschinenfabriken, Blechhämmern u. s. w. befinden, würden sie aus Eisen erbaute Fahrzeuge, welche durch Dampfschleppboote hinreichend schnell für Waaren und Personen sich fortbewegen lassen, den Fahrzeugen aus Eichenholz vorziehen.

Wenn gleich *einzelnen* Schiffs-Eignern eiserne Frachtfahrzeuge weit mehr zu erbauen kosten würden, als die aus Eichenholz, so dauern die eisernen dagegen auch verhältnifsmäfsig länger, erfordern verhältnifsmäfsig weniger Erhaltungskosten, und können auch noch in den dürren Monaten Juli, August und September, in sonst für die hölzernen Schiffe unzureichender Fahrtiefe, fortwährend mit voller oder wenig verminderter Ladung in Thätigkeit bleiben und ihren Eignern Brod-Erwerb geben, zu einer Zeit, wo es die hölzernen Fahrzeuge, entweder nur theilweise und unzureichend, oder gar nicht mehr vermögen. Eigner eines einzelnen eisernen Fahrzeuges könnten sich nach Gefallen der Segel, oder eines Pferdes zum Ziehen, oder, mit mehreren andern Schiffern zusammen, eines Dampfschleppbootes bedienen; so dafs die Transportkosten eher geringer als gröfser sein würden.

Zu bemerken ist, dafs die bei der Einführung der Dampfschiffahrt auf den innern schiffbaren deutschen Strömen, Flüssen und Canälen entstandene Furcht, die bis dahin übliche Schiffahrt mit hölzernen *Segel*schiffen werde einen bedeutenden Verlust erleiden, eben so durch die Erfahrung widerlegt und verschwunden ist, wie die Furcht, dafs Ähnliches durch die Eisenbahnen geschehen werde. Nicht allein in Deutschland, sondern selbst in Holland, dessen *Haupt*nahrungsquelle Schiffahrt und Handel ist, hat sich Dies gezeigt. Der Erfahrung zufolge ist es gewifs, dafs die Vermehrung und Erweiterung auch der Dampfschiffahrt mit eisernen Dampf- und Frachtschiffen von möglichst geringer Einsenkung die Vermehrung und Erweiterung des innern und äufsern Schiffahrts- und Handels-Verkehrs mit hölzernen Segelschiffen, oder mit eisernen Fracht- und Dampfschiffen, nicht allein nicht hemmt, sondern ihr nur vortheilhaft und förderlich ist, da der Transport von Frachtgütern zu Wasser immer nur etwa den *sechsten* Theil so viel kostet, als der Transport auf Chausséen, und nur etwa Einviertel bis Eindrittel so viel, als auf Eisenbahnen.

Der Personentransport durch Dampfboote auf Strömen, Flüssen und Canälen, legt stromauf etwa 2 Meilen und stromab etwa 3 Meilen in der Zeitstunde zurück, der Transport auf Eisenbahnen 4 Meilen. Die Stromschiffahrt mit Segeln oder Zugpferden ist bei Frachtschiffen mit Kaufmannsgütern nicht schneller, als der Transport auf Steinbahnen, welcher durchschnittlich eine halbe Meile in der Zeitstunde zurücklegt. Es liefsen sich hiervon viele Beispiele aus der Erfahrung anführen, wenn das Gesagte nicht bekannt wäre.

Es würde unzweifelhaft vortheilhaft sein, den Schiffs- und Handels-Verkehr auf den *Wasser*strafsen durch Fahrzeuge von geringer Eintauchung auch noch möglichst weit *ins Innere* des Landes hinein zu erweitern, wo jetzt die Stein- und Eisenbahnen, erstere durchschnittlich wohl eben so viel und oft mehr, die Eisenbahnen wohl 5 bis 6 mal so viel kosten, als die Schiffbarmachung von Strömen, Flüssen, und selbst neue Canäle; wie sich Dies durch Beispiele erweisen liefse, wenn es nöthig wäre.

Es wäre ungemein wichtig, von den Strömen und Flüssen in Deutschland, in welchen, unterhalb ins Meer hinein, durch die Ebbe und Fluth eine hinreichende Fahrtiefe und deshalb auch schon jetzt Dampfschiffahrt vorhanden ist, auch die *höheren* Strecken bei geringerem, oft nicht hinreichend fahrbarem Wasserstande, nachdem sie durch Aufräumung hinreichend vertieft worden, mit eisernen Fracht- und Dampfbooten, die nur 12 und 24 Zoll tief eintauchen, befahren zu können. Zu solchen Flüssen gehört im nordwestlichen Westphalen, zwischen der Weser, Lippe und der Nordsee, die *Ems,* Hannöverschen und Preufsischen Antheils. Die *untere Ems* wird von ihrer Mündung ins Meer, zwischen der Hannöverschen und Niederländischen Nordseeküste und den vor derselben liegenden Inseln, seit etwa 5 Jahren von zwei Dampfbooten, die etwa 3 F. tief gehen, für den Personenverkehr bis *Delfzyl, Emden, Leer* und dem *Papenburger Syhl* regelmäfsig täglich befahren. Bis *Leer* können bei der täglichen hohen Fluth Dampfschiffe, die beladen 12 F. tief eintauchen, und bis zum *Papenburger Syhl* Seeschiffe, die beladen 7 bis 8 F. tief gehen, bei hohen Fluthen gelangen. Die höheren Emsstrecken, oder die sogenannte *obere Ems,* Hannöverschen und Preufsischen Antheils, von *Leer* nach *Meppen, Lingen, Rheina* und *Greven* hin, werden in der Regel von den sogenannten *Münsterschen Pünten* befahren, die, mit etwa 12 Last beladen, 3 F. und ledig 1 bis $1\frac{1}{2}$ F. tief gehen, aus sehr schwerem Eichenholz erbaut sind und durch Segel oder Pferde fortbewegt werden. Die Flufsstrecke weiter hinauf, von *Greven* nach *Warendorf, Rheda* und *Rittberg* aber wird, weil es an Wassertiefe und an Fahrzeugen, die nur wenig tief eintauchen, fehlt, *gar nicht* befahren, obgleich dies möglich wäre, und auch das Königlich-Preufsische Gouvernement es möglich machen zu wollen schien; wie es nach Art. 14 des zwischen Hannover und Preufsen am 13ten März 1843 geschlossenen Staats-Vertrages anzunehmen ist; in welchem Tractate denn auch Hannover sich die Schiffbarmachung der *Hase,* die jetzt nur bis zur Stadt *Haselünne* von *Meppen* aufwärts bei günstigem Wasserstande schiffbar ist, für die höheren Strecken vorbehielt, und was bei den Hannöverschen Landständen in den Jahren 1849 und 50 von der Stadt *Quakenbrück* in Vorschlag gebracht wurde. Der Vorschlag wurde von der Staatsregierung günstig aufgenommen, weil die Ausführung nicht allein für die Städte *Haselünne* und *Quakenbrück,* sondern auch für die Hauptstadt und die ganze Landdrostei *Osnabrück* sehr vortheilhaft sein würde.

Wir wollen noch eines Beispiels von *Neben-Armen der Ems* erwähnen, deren wichtigster sich in das Grofsherzogthum *Oldenburg* erstreckt.

Die dortige Regierung hat, wie es die Weserzeitung No. 2027 vom 11ten Juni 1850 meldet, noch ganz kürzlich den Plan zu der schon im Jahre 1810 beabsichtigten Verbindung der *Hunte* mit der *Ems*, den Hunte-Ems-Canal, durch einen Sachverständigen von Neuem prüfen und die Canallinie örtlich bezeichnen lassen. Nach diesem Plane soll die unterhalb der Stadt *Leer* bei der alten Festung *Leerort* in die Ems mündende *Leda*, die sich stromauf nach *Stickhausen* erstreckt, wo sie die *Jümme* heifst, von da weiter nach *Detern* geht und dann unter dem Namen der *Aper-Ems* weiter hinauf bei *Hollgaste* das Oldenburgische Gebiet erreicht und bei *Hengstforde*, *Ape*, nach *Edenweg* u. s. w. sich richtet, wo sie noch für leere Schiffsrumpfe, die seefähig sind und dort gebaut werden, fahrbar ist und aus dem *Zwischenahner See* einen beständigen Wasserzuflufs erhält, nach geschehener Aufräumung des Strombettes auf Oldenburgischem Gebiete, mittels eines Canals mit der *Hunte* in der Nähe der Stadt *Oldenburg* verbunden werden, und es sollen Colonieen an dem Flusse angelegt werden, um die Gegend mehr zu bevölkern und zu cultiviren, und nicht die Leute nach Nord-Amerika auswandern zu lassen.

Die *Hunte* mündet bei *Elsfleth* in die *Weser*, und seit einigen Jahren wird von der Stadt *Oldenburg* aus eine tägliche regelmäfsige Dampfschiffahrt durch drei Dampfboote nach allen an der Weser liegenden Handels-Örtern, wie z. B. *Bremen*, *Brake*, *Elsfleth*, *Bremerhafen* u. s. w. unterhalten. Eines dieser Dampfboote, der *Oldenburg* genannt, welches die *Hunte* und *Weser* befährt, geht beladen nur 15 Zoll tief, und mit dieser Eintauchung würden Dampfboote auch den projectirten Canal, so wie die *Aper-Ems*, *Jümme* und *Leda* bis *Leer*, und ferner von da die *Ems* aufwärts bis zum *Papenburger Syhl*, *Meppen*, *Lingen*, *Rheina* und *Greven*, in die *Hause* bis *Haselünne* und *Quackenbrück*, und die Ems abwärts bis *Emden* und *Delfzyhl* befahren können; eben so wie die Ostfriesischen eisernen Dampf- und Frachtboote von gleicher Einsenkung, von Ostfriesland aus die *Hunte* und *Weser* nach Vollendung des Canals erreichen und zu den Handels-Örtern am ganzen Weserstrome gelangen könnten.

Wir übergehen mehrere Beispiele, wo dauernde, grofse, nützliche Folgen zur Erweiterung der Erwerbsquellen für das Volk hervorgebracht werden könnten.

Nach gelungener Ausführung obiger Projecte werden im nordwestlichen Deutschland, zwischen *Weser*, *Ems*, *Lippe*, *Rhein* und der *Nordsee* gewifs noch mehrere nützliche Strom-Verbindungen der Art entstehen, und wenn sie von eisernen Dampf- und Frachtfahrzeugen von geringer Eintauchung befahren werden, bei weitem nicht so viel zu bauen und zu erhalten kosten, als Eisenbahnen; der Handels- und Schiffahrts-Verkehr aber wird bedeutend erweitert und die Erwerbsquellen des Volkes werden bedeutend vermehrt werden.

Erster Abschnitt.

Erfahrungen und Bemerkungen über die Stromfahrzeuge auf der Elbe, Weser, Fulda, Ems und dem Rhein.

---

§. 1.

Allgemeine Bemerkungen über die Ursachen, die der Schiffahrt auf der obern Ems und auf deren Nebenflüssen bei niedrigem Sommerwasser hinderlich sind.

Die lange anhaltende Dürre, wie sie im Sommer häufig zu sein pflegt, und die namentlich in den Jahren 1842, 1846 und 1847 4 bis 6 Monate anhielt, wo bei abwechselnder Wärme, von 15 bis 20 Gr. R. im Schatten und 30 bis 40 Gr. in der Sonne, im nordwestlichen Deutschland, namentlich in Ostfriesland und Rheinland-Westphalen, nur selten und wenig Regen fiel, wo also durch überwiegende Ausdünstung und Versinken in den mehre Fufs tief ausgetrockneten Boden bei weitem mehr Wasser verloren ging, als durch Thau und Regen ersetzt wurde, verursachte einen solchen Wassermangel in der obern Ems und deren Nebenflüssen, so wie in den meisten Strömen, Flüssen und Canälen von Deutschland, die zur Schiffahrt dienen, dafs die sonst hinreichende Fahrbarkeit derselben in den obern Stromstrecken, bis wohin die Meeresfluth der Nordsee nicht reicht, nur noch für sehr verminderte Ladungen und beim allerniedrigsten Wasserstande gar nicht mehr vorhanden war. Diese trockenen Jahre haben sich aber schon so oft wiederholt, dafs, der Erfahrung nach, Wassermangel eben so oft als selten ist.

Die Zahl der obern Strecken von Strömen und Flüssen von bedeutender Länge, welche zeitweise theils nur sehr unvollkommen, theils gar nicht fahrbar sind, ist zu grofs, die Zeit ist zu kurz und die zur schleunigen Abhülfe nöthigen Kosten sind zu bedeutend, um dem durch unvorhergesehene Natur-Ereignisse entstandenen Uebel durch Mittel, welche die practische Wasserbaukunst an die Hand giebt, in einem beschränkten Zeitraume, nach dem Wunsche und Bedürfnisse des schiffahrt- und handeltreibenden Publicums abhelfen zu können. Es würde unbillig und ungerecht sein, von den Staatsregierungen und Corporationen und Individuen, denen die Herstellung, Verbesserung und Erhaltung der Fahrbarkeit der schiffbaren Ströme und Flüsse obliegt, zu verlangen, ein durch unabwendbare Natur-Ereignisse entstandenes Uebel so schnell auf ihre Kosten für immer zu entfernen, dafs der Schiffahrt und dem Handel dadurch kein merklicher Schaden mehr erwachse. Selbst wenn auch die zur Erhaltung und Verbesserung der Fahrbahnen schiffbarer Binnengewässer nöthigen Kosten in der geeigneten Bauzeit regelmäfsig angewandt werden könnten, ist es doch in den meisten Fällen nicht möglich, einen *allgemeinen* Wassermangel und dessen nachtheilige Folgen dadurch gänzlich zu heben oder unschädlich zu machen. Einige Schiffahrts-*Canäle* mit festem Wasserstande und hinreichendem Zuflusse, auch in dürren Zeiten, machen zwar eine Ausnahme von dieser Regel. Allein frei fliefsende Ströme und Flüsse sind der Dürre stets und überall unterworfen.

Doch liegt hierin keinesweges die *Haupt*-Ursache des Uebels, sondern, auf mehren Strömen und andern Binnengewässern (auch auf der obern Ems), in dem bisherigen Mangel an zweckmäfsig gebauten Fahrzeugen für Binnengewässer, die bei möglichst geringer Eintauchung noch Tragfähigkeit genug haben, um auf Gewässern von gewöhnlich oder aufsergewöhnlich geringer Wassertiefe zum Transport zu dienen.

Dieser Mangel fällt den Schiffs-Eignern, Schiffern und Rhedern zur Last: also auch der dadurch für sie entstehende Verlust und Schaden.

Zwar ist in den neuesten Zeiten durch die Einführung der Dampfschiffahrt auf den Binnengewässern von Deutschland mit *eisernen* Fahrzeugen von geringer Einsenkung zur Abhülfe des Uebels Viel geschehen; allein noch lange nicht alles Nöthige; woran die bedeutend gröfseren Kosten *eiserner* Fahrzeuge, und namentlich der *Dampfschiffe* und deren Betrieb, Schuld haben mag.

Dem Staate und den zur Erhaltung und Verbesserung der Fahrbarkeit der Ströme durch Bauwerke in den Strömen verpflichteten Corporationen kann die Unvollständigkeit der Schiffahrt nicht aufgebürdet werden; wie es wohl von unkundigen, einseitig Interessirten geschieht. Es ist leichter, sich zu beschweren, als auf eigene Kosten dazu beizutragen, dem Uebel abzuhelfen.

Eben so wenig aber, wie die Regierungen die Fahrbahnen der durch anhaltende Dürre und Wassermangel zeitweise unfahrbar werdenden Stromstrecken schnell wieder schiffbar machen lassen können: eben so wenig ist es auch den Schiffs-Eigenthümern möglich, ihre Fahrzeuge anders als durch Verminderung der Ladung, nicht durch plötzliche Abänderung der Fahrzeuge selbst, und auch nicht durch schleunige Erbauung oder Anschaffung minder tiefgehender Fahrzeuge, nach dem augenblicklichen dringenden Bedürfnisse, zum Waarentransporte auf Binnengewässern brauchbar zu machen.

Die Verbesserung der Fahrzeuge für Binnengewässer kann nur und mufs nur nach und nach in gleichem Fortschritte mit der Dampfschiffahrt erfolgen. Nur allein die Dampfschiffahrt mit eisernen Dampf- und Frachtbooten von 12 bis 15 und 18 Zoll Einsenkung blieb in den dürren Sommern 1842, 1846 und 1847 auf denjenigen obern Stromstrecken der Binnengewässer im Gange, welche ein dazu hinreichendes Fahrwasser von 15, 18 bis 24 Zoll Tiefe behielten; so wie auf den untersten Stromstrecken für grofse Strom- und Seeschiffe, denen durch hinreichenden Zuflufs von der Meeresfluth der Nordsee, wie z. B. der *Elbe, Eyder, Weser, Ems, Jade* u. s. w., ein hinreichend tiefes Fahrwasser blieb.

Aus diesen Ursachen litten nun in den genannten wasserarmen Sommern der Schiffs-, Waaren- und Personen-Verkehr auf den obern Strecken der Binnengewässer, namentlich auf der obern Ems von *Leer* bis *Greven*, und alle damit zusammenhängende Erwerbsquellen, Handel, Fabriken, Gewerbe und Ackerbau u. s. w. ungewöhnlich, und die zur See in den Seehandelsstädten angekommenen Kaufmannsgüter, welche für den Waarentransport ins Innere bestimmt waren, mufsten entweder auf Chausséen oder Eisenbahnen, mit vielfach gröfseren Kosten weiter geschafft, oder in Waarenlagern und unversteuerten Niederlagen in den See- und Stromhafenstädten aufgestapelt werden; wodurch für doppelte Umladungskosten, Lagermiethe, Feuer-Versicherung, Mangel an schnellem Umsatz der Waaren u. s. w., sowohl für den Eigenthümer, als für den Spediteur, grofse Ausgaben und Verluste entstanden. Um das Maafs des Uebels vollständig zu machen, trat an der Nordseeküste im December 1846, statt Regen und dadurch möglichst fahrbaren Wasserstandes, leider Frost ein, wodurch die Schiffahrt gehemmt blieb, und es mufsten diejenigen Waaren, welche ohne noch gröfsern Verlust in den Seehandelsstädten nicht noch länger aufbewahrt werden konnten, zu Lande, für einen bei weitem, etwa doppelt so hohen Fuhrlohn, als den gewöhnlichen, und für eine 10 bis 12fach höhere Fracht als die gewöhnliche Wasserfracht, sogar auf Umwegen, um aus Mangel an hinreichenden Chausséen, Brücken und Eisenbahnen, wenigstens auf festgefrorenen Erd-Wegen zu fahren, ins Innere transportirt werden.

Dieser letztern Fälle haben wir, wenigstens hier in Ostfriesland, in der Seehandelsstadt *Leer*, an der obern Ems, im December 1846 mehre erlebt; so wie, dafs in der ersten Woche des Januars 1847 ein mit Eisenwaaren beladener zweispänniger Frachtwagen, der von *Leer* nach *Papenburg* bei *Esclum* über die mit Eis belegte *Leda* fahren wollte, durch das Eis brach, wobei beide Pferde ertranken, Menschen, Wagen und Waaren jedoch noch gerettet wurden.

Die Handelshäuser in Ostfriesland, und namentlich in den Seehandelsstädten *Leer* und *Emden*, welche hauptsächlich den See- und Speditions-Handel zwischen Ostfriesland und Rheinland-Westphalen treiben, waren bei aller Vorsicht und Bemühung, aus Mangel an hinreichend fahrbarem Wasserstande in der obern Ems im Sommer 1846, so wie an einer hinreichenden Anzahl von Fahrzeugen von möglichst geringer Eintauchung, aufser Stande, die in Ostfriesland gelagerten Waaren stromauf über *Meppen*, *Lingen*, *Rheina* bis *Greven* und weiter nach *Münster* und *Hamm* bis zur *Lippe* und dem *Rhein* zu rechter Zeit und für gewöhnliche Frachtkosten zu versenden. Sie mufsten, als im December 1846 der Frost eintrat, die dringend eiligen Waaren zu Lande, theils auf Umwegen von *Leer* über *Oldenburg*, theils nach *Osnabrück* u. s. w., theils über *Rheina* nach *Münster* u. s. w. transportiren lassen; was 10 bis 15fach mehr als der Wassertransport kostete. Zufolge der hier über Frachtpreise gemachten Erfahrungen beträgt der Wassertransport bei offenem hinreichendem Fahrwasser auf der obern Ems von *Leer* bis *Rheina* für den Centner auf die Meile Stromlänge durchschnittlich $1\frac{1}{8}$ Pfennig, und zu Lande 1 Ggr. auf Chausséen, und 1 Ggr. 6 Pf. auf Erd-Wegen, also letzterer das 15fache des erstern. Diese Mehr-Ausgabe wird aber noch viel gröfser und oft doppelt so grofs, wenn die Wagen zur Winterzeit, in Eis und Schnee und in den kurzen Tagen, die Waaren auf Umwegen fortbringen müssen.

Hieraus gehen denn also die grofsen Nachtheile, Schaden und Verluste hervor, die durch den Mangel einer hinreichenden Zahl von Stromschiffen entstehen, welche auf *seichtem* Wasser im Sommer eine dem Zwecke und den Kosten angemessene Ladung einnehmen und sie ohne Hindernifs und Aufenthalt zur rechten Zeit an den Ort ihrer Bestimmung bringen können *).

*) Nähere Angaben über die Frachtkosten zu Wasser und zu Lande auf Strömen, Chausséen und Eisenbahnen in Ostfriesland findet man in der Schrift meines verstorbenen

Die hier angeführten Umstände sind dringend und wichtig genug, um an die besten und schnellsten Mittel, welche die Erfahrung an die Hand giebt, zur Abhülfe des Uebels zu denken.

Ich will die Erfahrungen, welche mir in diesem Punct in meiner 40jährigen Dienstzeit bekannt geworden sind, hier mittheilen, und Vorschläge darauf gründen; insbesondere für die obere Ems und deren Nebenflüsse.

§. 2.

Bemerkungen über die Beschaffenheit der jetzt auf der obern Ems üblichen Stromfahrzeuge.

Die auf der obern Ems, von ***Leer,*** über ***Meppen, Lingen, Rheina*** bis ***Greven*** bis jetzt noch üblichen Stromfahrzeuge, die sogenannten ***Münsterschen Pünten,*** scheinen, nach ihrer einfachen und schwerfälligen Bauart zu schliefsen, schon seit Jahrhunderten in derselben Art in Gebrauch gewesen zu sein. Bei aller ihrer Einfachheit, Dauer und Brauchbarkeit auf hinreichend tiefem Fahrwasser von $3\frac{1}{2}$ F., haben sie aber alle die Uebelstände, welche aus einer zu massiven Bauart, aus unnöthigem Gewicht, aus Mangel an hinreichender Länge, besonders bei der gröfsten Sorte oder ersten Classe dieser Fahrzeuge, und aus der daraus entstehenden zu tiefen Einsenkung und dem grofsen Widerstande im Wasser, besonders beim Stromauffahren, mithin aus unnöthig mehrer Zugkraft und deren Kosten entstehen. Auch mangelt ihnen ein regendichtes Verdeck zum Schutze der Ladungen; und noch andere Fehler bedürfen, für die jetzigen und nächsten Ansprüche, der baldigen Abhülfe und Verbesserung.

Als ich in den Jahren 1817 und 1818 auf Befehl unserer Regierung die örtliche Untersuchung der ***Ems,*** Behufs deren Schiffbarmachung, als Mitdirigent leitete und diese Arbeiten selbst zwei Jahre lang ausführte, habe ich den ganzen Strom, von ***Halte*** und dem ***Papenburger Syhl*** bis zur Preufsischen Grenze zwischen ***Salzbergen*** und ***Rheina,*** auf etwa 22 Meilen lang, nivellitisch und hydrometrisch untersucht und die Berechnungen nebst deren Resultate mitbearbeitet. Hiebei habe ich auch die auf der Ems täglich fahrenden

---

ältesten Sohnes:

„Ideen über die im Entstehen begriffene Dampfschiffahrt auf dem Emsstrome in Ost„friesland, und Vorschläge zu deren Beförderung und Fortsetzung bis in die Lippe, „von *Rheina* über *Münster* und *Hamm* und von da die Lippe herabwärts bis *Wesel* „am Rhein. Entworfen von *Carl Reinhold,* Königl.-Hannöv. Geometer. Leer und „Aurich, bei Prätorius und Seide. 1843."

Münsterschen Pünten im Dorfe *Haaren,* wo die meisten erbaut werden, genau kennen gelernt, so dafs ich aus eigener Erfahrung rede *).

Damals waren im Dorfe *Haaren* 7 grofse und 26 kleinere, also zusammen 33 Pünten vorhanden, und jetzt, 1847, sollen dem Vernehmen nach im Ganzen deren 55, also 22 mehr in Gebrauch sein: ein Beweis, dafs der Schiffsverkehr auf der obern Ems sich in 30 Jahren bedeutend vermehrt hat.

Die gröfseren dieser Fahrzeuge sind etwa 50 F. lang, 15 F. breit, 4 F. im Rumpfe tief, laden 10 bis 12 Lasten von 4000 Pfunden, also 400 bis 480 Centner, gehen damit beladen 3 F. und ledig 1½ F. tief ins Wasser und werden von *einem* bis *zwei* Pferden gezogen, wenn sie nicht segeln. Die kleinern, oder sogenannten *Püntschiffe,* sind 45 F. lang, 13 bis 14 F. breit, 4 F. tief im Rumpfe, laden etwa 8 bis 10 Lasten, gehen damit 2½ F. und ledig 1 F. tief ins Wasser und werden von einem Pferde gezogen, wenn sie nicht segeln. Beiderlei Fahrzeuge haben zwei Mann an Bord, und einen Jungen am Lande, der das Pferd treibt.

Vor der Schiffbarmachung der obern Ems, von *Halte* bis *Rheina,* bis 1820, und während derselben von 1820 bis 1828, konnten die beschriebenen Fahrzeuge nur von *Leer* und *Halte* aus mit voller Ladung von 8 bis 12 Lasten, bei einem Wasserstande im Strome von etwa 3 bis 3½ F., bis *Meppen* fahren, wo die *Hase* in die *Ems* mündet und dieser Emsstrecke dadurch mehr Wasser giebt, als die oberhalb der *Hase* liegende Strecke von *Meppen* über *Lingen* bis *Rheina* und *Greven* hat, welcher nur ein geringer Zuflufs durch die *Hopster Aa* und einige geringere kleine Bäche zu Theil wird und die daher etwa nur halb so viel Wasser führt, als die Strecke unterhalb *Meppen.* Die oberste Stromstrecke zwischen *Rheina* und *Meppen* führt bei gewöhnlichem Sommerwasser etwa 455 Cubikfufs, die unterste Stromstrecke, einschliefslich der *Hase* und *Radde,* von *Meppen* bis *Rheda* und *Halte,* etwa 766 Cubikfufs Wasser in der Secunde, bei der Ebbe. Bei dem Dorfe *Rheda* hört die Einwirkung der aus der Nordsee stromaufkommenden Fluth mit 1½ bis 2 F. Unterschied zwischen Ebbe und Fluth mehr oder weniger auf, und verliert sich in der Gegend des Dorfes *Herbrum* oberhalb *Aschendorf* nach und nach gänzlich.

*) Die Art und Weise, wie diese Untersuchung gemacht worden ist, so wie die Haupt-Ergebnisse derselben findet man im 1ten, 2ten und 3ten Hefte 20ten Bandes dieses Journals, unter dem Titel: „Über practisch richtiges Nivelliren oder Wasserwägen, von „*Carl Reinhold,* Königl.-Hannöv. Geometer, Berlin 1844." Diese von meinem verstorbenen ältesten Sohne entworfene Abhandlung ist auch für 1½ Thlr. besonders abgedruckt zu haben.

Bei ***Halte*** und ***Drostensyhl,*** neben ***Papenburg,*** wo die Meeresfluth täglich im Durchschnitt etwa 4 F. steigt, ist die Grenze der Fahrt für Seeschiffe von 60 bis 70 Lasten Ladung. Von ***Meppen*** bis ***Lingen, Salzbergen*** und ***Rheina*** war die Ems vor ihrer Schiffbarmachung und vor Ausführung des Canals von ***Meppen*** bis ***Lingen*** und ***Hannkenfähre,*** wegen Mangel an Wasser im Sommer oft so seicht, dafs sie von den grofsen Pünten gar nicht, von den kleinern Pünten nur etwa mit halber Ladung befahren werden konnte. Nach der Schiffbarmachung der Ems und Vollendung des Canals, seit 1828, hat sich dieser Uebelstand zwar im Ganzen sehr gebessert, aber in ganz dürren und regenlosen Sommern, wie z. B. 1842, 1846 und 1847, wo fast alle Ströme in Deutschland wenig Wasser hatten, ist durch zeitweisen Wassermangel der fahrbare Wasserstand der obern Ems oft noch so niedrig geworden, dafs die gröfseren Pünten von 50 F. lang, 15 bis 16 F. breit und 4 F. tief im Rumpfe, die 3 F. tief mit voller Ladung von 12 Last, und ledig $1\frac{1}{2}$ F. tief gehen, fast gar nicht, und kleinere Püntschiffe, die, mit 8 Last beladen, $2\frac{1}{2}$ F. tief und ledig 1 F. tief gehen, von 45 F. lang, 14 F. breit und 4 F. tief im Rumpfe, theils nur mit halber Ladung von 4, theils nur mit 3 Last oder 80 bis 120 Centner und zuletzt gar nicht mehr fahren konnten, gleichwohl aber dieselben Zugkräfte, nemlich 1 Pferd und dieselbe Mannschaft, nemlich 2 Mann an Bord und einen Jungen zum Treiben des Pferdes auf dem Leinenpfade, mithin dieselben Transportkosten für 3 bis 4 Last, wie für 8 Last nöthig hatten; wodurch dann die Frachtkosten für die Last mehr als verdoppelt wurden; besonders da aufserdem auch noch auf die Reisen oft die doppelte Zeit verging, so dafs die Frachtkosten mehr als vierfach so hoch waren.

Unter solchen Umständen hört der grofse Vortheil der Wasserfracht bei hinreichend fahrbarem Wasserstande gegen die vielfach höhere Landfracht auf Chausséen und selbst auf Eisenbahnen auf.

Dieser kurze Umrifs der Beschaffenheit der ***Ems*** und der darauf fahrenden Pünten, so wie des Erfolges davon in mehre Monate lang anhaltend regenlosen Sommern, wie 1842, 1846 und 1847, giebt einen hinreichenden Begriff von dem Transport-Effecte auf der obern Ems und beweiset die dringende Nothwendigkeit einer baldigen und zweckmäfsigen Abhülfe dieses für den Schiffs- und Handels-Verkehr von Ostfriesland und Rheinland-Westphalen u. s. w. so grofsen Uebels.

Nachdem in Gemäfsheit des Artikels 30 der Wiener Congrefs-Acte vom 9ten Juni 1815 die Schiffbarmachung der ***Ems*** auf ***Hannöverschem*** Gebiete seit 1827 und 1828 im Wesentlichen vollendet war, und seitdem die Fahrbahn dieser Wasserstrafse unter der Leitung Sachverständiger erhalten wird, ist demnächst auch *Preufsischer* Seits die Schiffbarmachung der Stromstrecke von der Hannöverschen Grenze bis zur Stadt *Rheina,* so wie eine neue Schleuse daselbst, in Gemäfsheit des zwischen Preufsen und Hannover am 13ten März 1843 zu Berlin geschlossenen Staats-Vertrages, ausgeführt und die Schiffbarmachung der Stromstrecke von *Rheina* bis *Greven* fortwährend in Arbeit gewesen und im Jahre 1848 vollendet worden; desgleichen ist die im Staats-Vertrage ebenfalls mitstipulirte, etwa 2 Meilen lange Chaussée von *Münster* bis *Greven* im Decbr. 1846 vollendet und eröffnet worden. So ist im Jahre 1848 die Handelsstrafse, theils zu Wasser, theils zu Lande, von Ostfriesland aus bis Münster ganz hergestellt. Von der früher, in den Jahren 1817 und 1818 projectirten Canal-Verbindung der *Ems* und *Lippe,* von *Greven* über *Münster* nach *Hamm,* ist augenblicklich, 1850, keine Rede mehr, indem auf Preufsischem Gebiete, von *Hamm* und von der Rheinweserbahn aus bis *Münster,* in diesen letzten Jahren eine *Eisenbahn* gebaut worden und im Betriebe ist. Die Fortsetzung derselben nach *Greven* und *Rheina* bis zur Hannöverschen Grenze, zum Anschlusse an die Hannöversche *Westbahn* über *Lingen, Meppen, Papenburg, Leer* bis *Emden,* wird wahrscheinlich an die Stelle des Canals treten sollen. Ihre baldige Ausführung ist bei den Landständen von Hannover im Mai 1850 wiederholt beantragt und in Aussicht gestellt worden; wovon nun die nächste Zukunft das Ergebnifs liefern wird. Die Erfahrung wird auch hier entscheiden.

Es ist indessen sehr zu bedauern, dafs die *Canalverbindung* der *Ems* mit der *Lippe,* von *Greven* über *Münster* bis *Hamm,* nicht schon im 30ten Artikel der Wiener Congrefs-Acte bestimmt oder in dem Staats-Vertrage vom 13ten März 1843 zwischen Hannover und Preufsen verabredet, und ausgeführt worden ist. Seit der Schiffbarmachung der Ems, von 1828 bis jetzt, etwa 20 Jahre lang, ist dadurch der grofse Nutzen für die Staats-Cassen und die Einwohner verloren gegangen. Durch die Chaussée ist nur wenig gewonnen, und die entworfene Eisenbahn von *Münster* nach *Lingen* und *Emden* ist noch nicht angefangen, sondern nur die Möglichkeit derselben vorhanden. Wegen dieser Eisenbahn beziehe ich mich auf meine im 3ten und 4ten Hefte des 24ten Bandes dieses Journals enthaltene Abhandlung, betitelt: „Geschicht- „liche Darstellung des Eisenbahn-Netzes, welches in den westlichen Theilen „von Hannover und Preufsen zwischen Weser, Lippe, Rhein, Ems und Nordsee

„ausgeführt und an die Bahn-Netze der angrenzenden Staaten angeschlossen „werden soll." Sie ist auch besonders abgedruckt.

§. 3.

Erfahrungen über die Stromfahrzeuge auf der Weser, Elbe, Mosel und dem Rhein; und Vergleichung derselben mit denen auf der obern Ems.

Zur Vergleichung mit den Fahrzeugen auf der obern Ems will ich noch von einigen andern benachbarten Strömen und Flüssen im nordwestlichen und nördlichen Deutschland Einiges über die Beschaffenheit und den Erfolg der darauf üblichen Schiffe mittheilen, um aus allen diesen Erfahrungen die zum Zwecke dienenden Schlufsfolgen zu ziehen und darauf geeignete Vorschläge gründen zu können. Die Erfahrung allein ist die beste Lehrmeisterin und blofse Theorie oft unzuverlässig.

Vom *Weserstrome* bemerke ich Folgendes.

Die hydrographische Lage dieses Stromes und seiner Nebenflüsse, *Werra* und *Fulda*, ist aus den Specialcarten von Deutschland und von Sachsen, Hessen, Braunschweig, Hannover, Preufsen u. s. w. zu ersehen; weshalb es deren topischer Beschreibung nicht bedarf. Auch habe ich in meiner obengedachten Abhandlung, „Geschichtliche Darstellung des Eisenbahn-Netzes u. s. w." im 2ten Abschnitte §. 7. eine kurze Übersicht der schiffbaren Hauptströme, welche mit dem Eisenbahn-Netze des nordwestlichen Deutschlands zwischen Weser, Lippe, Rhein, Ems und Nordsee in Berührung stehen, gegeben, wo dann der Lauf dieser Flüsse durch die damaligen Haupt-Örter topisch bemerkt ist. Er wird auch durch die beigefügte Eisenbahnkarte von Deutschland, des Herrn *Teophil König,* noch anschaulicher. Für diejenigen Leser, welche das Angenehme mit dem Nützlichen zu verbinden wünschen, erwähne ich auch noch einer Schrift unter dem Titel: „Der Begleiter auf dem Weser Dampfschiffe „von Hannoverisch Münden nach Bremen, von Dr. *Ludwig Boclo.* Mit 2 Carten. „Göttingen, bei Vandenhoek und Ruprecht, 1844." Die beiden Carten bei dieser Schrift stellen den Lauf der Weser von Hannöverisch *Münden* bis *Preufs. Minden* und von hier bis *Bremen,* mit dem nächst angrenzenden Flufsgebiete sehr deutlich dar, und der Inhalt der Schrift selbst ist in historischer, pittoresker und humoristischer Hinsicht sehr unterhaltend; besonders für Den, der die Weser in ihrer ganzen Länge von 48 Meilen von *Münden* bis *Bremen* bereiset, wie ich es 1844 that, nachdem ich zuvor die kleine Schrift durchgelesen hatte. Aufserdem kann der Reisende zu *Münden, Hameln, Preufs.*

Minden und ***Bremen*** einen gedruckten Meilen- und Frachtkosten-Anzeiger, nebst Situationscarte vom Laufe der Weser, für wenig Geld bekommen, welcher eine hinreichende Belehrung gewährt. Für ***Wasserbaumeister,*** welche die hydrometrische Beschaffenheit eines Theils der ***Weser*** auf Preufsischem Gebiete, zwischen ***Rinteln, Preufs. Minden*** und ***Schlüsselburg*** kennen zu lernen wünschen, gedenke ich eines der lehrreichsten theoretisch-practischen Werke, nemlich: „Beiträge zur allgemeinen Wasserbaukunst u. s. w., von ***F. E. Th. Funk,*** „Landbaumeister des Fürstenthums Minden und der Grafschaft Ravensberg. „Lemgo, bei Meyer, 1808." Diese für den wissenschaftlich und practisch gebildeten Hydrotekten sehr lehrreiche Schrift wird gewifs jedem Sachkenner willkommen sein. Vor der Herausgabe dieses Werks habe ich in den Jahren 1803 und 1804, als damaliger Preufsischer Conducteur, an den örtlichen Untersuchungen der Weser unter der Leitung des Herrn ***Funk*** Theil genommen, so wie demnächst an der Ausführung wichtiger Wasserbauten unterhalb ***Preufs. Minden,*** so dafs die im Funkschen Werke enthaltenen Resultate mir schon vorher practisch aus eigener Erfahrung bekannt waren. Wegen der Dampfschiffahrt auf der ***Weser, Fulda*** und ***Werra*** ist das „Deutsche Dampfschiffbuch u. s. w. von Dr. Freiherrn ***Fr. Wilhelm v. Reden.*** Berlin 1845 bei A. Gumprecht" nachzusehen. Im Uebrigen werde ich Manches aus meinen eigenen Erfahrungen entnehmen, die ich in den Jahren 1803 und 1804 bis 1813, theils im Preufsischen, theils im Westphälischen Dienst als Wasserbau-Beamter durch persönliche Untersuchungen jener Ströme und Ausführung mehrer Anlagen gemacht habe; wie Dies auch bei der Ems in den Jahren von 1815 bis 1843 in Hannöverschen Diensten der Fall war; wie meine frühere Schriften es näher nachweisen.

Weserschiffe.

Ich beschränke mich wegen derselben auf das Nothwendigste und Sachdienlichste, aus meinen darüber in frühern Dienstjahren persönlich gemachten Erfahrungen.

a. Die gröfsten der auf der obern Weser zwischen ***Hannöverisch Münden*** und ***Bremen*** stromab- und aufgehenden Fahrzeuge heifsen ***Böcke.*** Sie sind, wie alle übrigen, aus ***Holz*** erbaut, 118 bis 120 F. lang, 8 bis 9 F. weit, haben also etwa die 12 bis 13malige Breite zur Länge, gehen beladen 3½ bis 4 F. tief, ledig etwa halb so tief und tragen 30 bis 40 Last oder 1200 bis 1600 Centner.

b. Die mittleren Fahrzeuge, welche *hinter* den vorigen befestigt werden, heifsen ***Achter-Hänge.*** Sie sind 106 bis 108 F. lang, 6 bis 7 F. im Boden weit, haben also die 14 bis 18malige Breite zur Länge, gehen mit voller Ladung, von 20 bis 28 Last oder 800 bis 1000 Centnern, etwa 2½ bis 3 F. tief, ledig halb so tief.

c. Die dritte Art Fahrzeuge, welche auf der Fahrt hinter den Achter-Hängen ins ***Schlepptau*** genommen werden und vorzüglich zum Laden, Löschen und zum Lichten der gröfsern Schiffe auf der Reise und auf seichten Stromstrecken dienen, heifsen ***Bullen.*** Sie sind 3 bis 4 F. breit, etwa 60 F. lang, also 15mal so lang als breit, und tragen 10 Last oder 400 Centner, tauchen 2 F. tief ein bei voller Ladung, und ledig 1 F. tief.

Diese drei Arten Fahrzeuge zusammen, wenn sie der Länge nach hinter einander gekuppelt sind, heifsen in der dortigen Schiffersprache ein ***Mast.*** Sie tragen zusammen 60 bis 70 Last oder 2400 bis 2800 Centner. Sie segeln nicht, sondern werden stromab von ***Hannöv. Münden*** bis ***Bremen*** vom Wasser selbst fortgetrieben; stromauf von ***Bremen*** bis ***Hameln,*** wenn sie ihre volle Ladung haben, werden sie von 40 bis 50 Menschen, und weiter hin, wo das Gefälle und die Geschwindigkeit des Wassers bei weitem gröfser ist, von ***Hameln*** bis ***Münden,*** von 4 bis 6 Pferden gezogen.

Die Weser hat in der obern Strecke von ***Münden*** bis ***Hameln,*** von etwa 16 Meilen lang, ein weit stärkeres Gefälle, mithin mehr Geschwindigkeit und Widerstand gegen die stromaufwärts fahrenden Schiffe, als unterhalb von ***Preufs. Minden*** bis ***Bremen,*** etwa 32 Meilen lang. Deshalb haben die von ***Bremen*** nach ***Minden, Hameln*** und ***Münden*** stromauf fahrenden Schiffe längere Zeit und mehr Zugkraft nöthig. Ein Schleppdampfschiff, statt der Menschen und Zugpferde, würde also dort, wie auf dem Rheine, der Mosel, dem Main, der Elbe, Oder, Donau und mehreren andern Strömen Deutschlands, sehr zweckmäfsig und vortheilhaft sein.

d. Auf die Schrift des Herrn *v.* ***Reden,*** „Deutsches Dampfschiffbuch" mich beziehend, führe ich daraus hier nur folgende Beispiele zum Beweise an, dafs Dampfschiffe aus ***Eisen,*** von gleicher oder ähnlicher Tragfähigkeit, bei weitem weniger und nur etwa halb so tief gehen, als die hölzernen Fahrzeuge.

Das Dampfschiff ***Herrmann,*** im Jahre 1844 geführt vom Capitain ***Siebel,*** welches auf der obern Weser zwischen ***Hannöv. Münden*** und ***Hameln*** regelmäfsig täglich fährt, ist oben 151, in der Wasserfläche 142 F. lang, zwischen den Rädern 11¾ und mit denselben 26½ F. breit, geht ohne Ladung 16½ Zoll, und mit Ladung, von 100 Passagieren und deren Gepäck, 19¼ bis 19¾ Zoll tief. Es hat eine Maschine von 38 Pferdekraft. Da die Passagiere in den für ihren Aufenthalt bestimmten Cajüten aufrecht stehen können, so beträgt die Tiefe des Rumpfs, vom Boden bis unter dem Deck, wenigstens 6 bis 7 F. Dies Dampfschiff nebst Maschine ist von den Gebr. *Gaché* in *Paris* erbaut und 1843 auf der obern Weser in Dienst gestellt. Im Juli 1844 habe ich das Dampfschiff *Herrmann* als Passagier von *Hameln* bis *Hannöv. Münden* befahren. Stromauf, 16 Meilen lang, bedurfte es, einschliefslich eines wiederholten kurzen Aufenthalts bei mehreren Orten, wo Passagiere ans Land oder an Bord gingen, 16 Stunden Zeit und legte mithin in der Stunde durchschnittlich eine Meile zurück; was bei der grofsen Geschwindigkeit des Wassers und dem starken Gefälle des zwischen hohen Gebirgen liegenden Strombettes, und bei dem oft sehr niedrigen Wasserstande von kaum 2 F. auf Felsenbetten, eine hinreichend grofse Geschwindigkeit war. Stromab ist die Geschwindigkeit des Dampfboots nach Versicherung des Capitains *Siebel* doppelt so grofs, indem die 16 Meilen von *Hannöv. Münden* bis *Hameln* in 8 Stunden, also durchschnittlich 2 Postmeilen in der Stunde zurückgelegt werden. Das Dampfboot fährt also stromauf mit einer Geschwindigkeit von etwa 6⅔ F. und stromab von 13⅓ F. in der Secunde, die Postmeile zu 2000 Ruthen oder 24 000 F. Rheinl. gerechnet. An Kohlen wurden in der Stunde für eine Pferdekraft etwa 12 Pfd. verbraucht.

Vergleicht man dieses Dampfboot, hinsichtlich seiner Länge, Breite und Tiefe, also des Ladungsraumes, mit einem *Weserbock* von 120 F. lang, 9 F. breit und 36 bis 40 Z. Einsenkung, dessen Ladungsraum 30 bis 40 Lasten oder 1200 bis 1600 Centner fafst, so ist kein Bedenken, dafs das Boot, wenn die Passagierräume statt mit Menschen mit Kaufmannsgütern ausgefüllt würden, eine Ladung von etwa 30 Last einnehmen und fortschaffen und auch noch ein oder zwei angehängte, beladene, aus Eisen erbauete Fahrzeuge von gleicher Einsenkung und Ladung im Schlepptau mitnehmen, also etwa 60 Last fortschaffen könnte. Hieraus folgt, dafs das eiserne Dampfboot, etwa 19¼ Z. bis 19¾ Z. oder in runder Zahl 19 bis 20 Z. eintauchend, eine gleiche Last zu tragen im Stande ist, wie der 36 bis 40 Z., also beinahe *doppelt* so tief gehende hölzerne Weserbock. Und hieraus folgt weiter, dafs der *Weserbock,* wenn er, eben wie das *Dampfboot,* von Eisen wäre, mit der Ladung, die er jetzt trägt, etwa nur halb so tief, also nur 18 bis 20 Z. eintauchen würde;

wie sich dies weiterhin noch durch ein anderes, von der *Elbe* entlehntes Beispiel ergeben wird.

Zunächst und im Zusammenhange mit den Dampfbooten der *Weser* bemerke ich Folgendes für die zwei Neben-Arme der Weser, nemlich für die *Hunte* und für die *Fulda* von *Cassel* bis *Münden* erbauten beiden Dampfboote.

Von den drei Dampfbooten, welche seit einigen Jahren, bis jetzt, 1850, die täglichen Fahrten auf der *Hunte* und *Weser* zwischen *Oldenburg* und *Bremen* u. s. w. abwechselnd machen, und welche die Namen *Paul Friedrich August, Hanseat* und *Oldenburg* führen, ist das zuletztgenannte etwa 100 F. lang, hat eine Maschine von 20 Pferdekraft und geht bei voller Ladung etwa *15 Zoll* tief, weil es aus *Eisen* ist. Die *Hunte* ist bekanntlich kein grofser und tiefer Flufs, wiewohl er bis *Oldenburg* Ebbe und Fluth hat und vor einigen Jahren gut aufgeräumt und regulirt worden ist. Von den beiden übrigen Dampfschiffen der *Hunte* sind mir die Maafse nicht bekannt.

Das für die Befahrung der *Fulda* zwischen *Cassel* und *Hannöv. Münden*, so wie stromab für die Weser erbaute Dampfboot *Eduard*, ist 100 F. lang, $9\frac{1}{2}$ F. im Rumpfe ohne Räder und mit den beiden Rädern $17\frac{1}{2}$ F. breit, hat also im Rumpfe etwa die zehnmalige Breite zur Länge, geht beladen 16 Z. und unbeladen 14 Z. tief, und hat eine Hochdruck-Maschine von 16 bis 20, durchschnittlich von 18 Pferdekraft.

Dieses Dampfboot ist auf dem Schiffszimmerwerfte des Kaufmanns *E. Wüstenfeld* zu *Münden* aus *Holz* und die Dampfmaschine in der Fabrik des Kurhessischen Ober-Berg-Raths *Henschel* zu *Cassel* erbaut und auch zur Fahrt von *Münden* bis *Bremen* in Dienst gestellt worden. Seine Tragfähigkeit an Lasten oder Personen ist mir nicht bekannt.

Es ist mir aber aus eigener Erfahrung bekannt, dafs die *Fulda* von *Cassel* bis *Münden* in trocknen Sommern ein seichteres Fahrwasser hat, als die obere Weser und die obere Ems, indem ich jenen Flufs von *Cassel* bis *Hannöv. Münden* in dem heifsen Sommer des Cometen-Jahres 1811, als damaliger Westphälischer Districtsbaumeister zu Cassel, unter täglicher Aufsicht, auf Kosten der westphälischen Regierung durch Aufräumung des sehr steinigten Flufsbettes und Ausführung mehrerer von Faschinen und Steinen construirten Strombauwerke aus einem unschiffbaren in einen schiffbaren Zustand versetzt habe, wobei ein fahrbarer Wasserstand von etwa 36 Z. tief für die dortigen Flufsschiffe und Holzflöfse erreicht wurde. Der von mir am 1ten Juni 1811 auf der ***Fulda*** während der Untersuchung entworfene Kosten-Anschlag für die Aufräumung betrug 6105 Thlr. 13 Ggr.; welches auch völlig ausreichte, um den Flufs, vom 1ten Juni bis zum 19ten October, also in $4\frac{1}{2}$ Monaten, auf etwa 5 Meilen lang, nicht allein nach Vorschrift, sondern noch 12 Z. tiefer über dem Besteck schiffbar zu machen.

Vergleicht man nun die Eintauchung des aus Holz erbauten Dampfboots der Fulda, ***Eduard,*** mit dem eisernen Dampfboote der Weser, ***Herrmann,*** so ergiebt sich, dafs, während das letzte mit seiner mehr als doppelten Pferdekraft und Ladungsfähigkeit und bei weit gröfserem Gewichte des Schiffsrumpfes nur $19\frac{1}{4}$ bis $19\frac{3}{4}$ Z. tief geht, das an Maafs, Gewicht und Ladungsfähigkeit weit geringere hölzerne Fuldadampfboot ***Eduard*** beladen 16 Z., unbeladen 14 Z., also beladen nur $3\frac{3}{4}$ Z. weniger tief geht, als das Weserdampfboot.

Rhein- und Moselschiffe.

Von den Dampf- und Segelschiffen auf dem Rheine und der Mosel heben wir folgende Beispiele aus.

Die Cölnisch-Rheinische Dampfschiffahrts-Gesellschaft besafs im Jahre 1845 21 Dampfschiffe, zusammen von 1567 Pferdekraft.

Zu den gröfsten gehören:

Der ***König,*** 180 F. lang, $20\frac{1}{2}$ F. breit und 4 F. tief eintauchend, von 120 Pferdekraft.

Die ***Königin Victoria,*** 170 F. lang, $20\frac{1}{2}$ F. breit, 4 F. 5 Z. eintauchend, von 100 Pferdekraft.

Zu den kleinsten:

Die ***Stadt Strasburg,*** 154 F. lang, $14\frac{1}{2}$ F. breit, 2 F. tief, von 30 Pferdekraft.

Die ***Stadt Bingen,*** 115 F. lang, 10 F. breit, 1 F. 4 Z. tief, von 28 Pferdekraft.

Die ***Stadt Worms,*** 115 F. lang, $10\frac{1}{2}$ F. breit, 1 F. 4 Z. tief, von 28 Pferdekraft.

Auf der ***Mosel*** fuhr das Dampfboot ***Argo,*** von 110 F. lang, 9 F. breit, 12 Z. tief, von 25 Pferdekraft, und die „***Prinzessin von Preufsen***", 125 F. lang, 9 F. breit, 15 Z. tief, von 50 Pferdekraft.

Zur Vergleichung mit den Maafsen dieser Dampfboote, da beide letztere *aus Eisen* gebaut sind, dienen die folgenden hölzernen Segelschiffe.

Die auf dem ***Rhein*** gewöhnlichen Schiffe von der gröfsten Art sind 140 Rheinl. F. lang, im Bauche 24 F. breit und gehen 7 bis 9½ F. tief.

Die ***Amsterdammer*** Rheinschiffe sind 120 F. lang, 19 F. im Bauche und 15¾ F. im Boden breit und gehen ungefähr 7½ F. tief.

Die Ober-Rheinischen ***Bönner*** sind 100 F. lang, im Bauche 16 F. breit und gehen 5 bis 8 F. tief.

Die ***Lichter*** sind 85 F. lang, 14 F. breit und gehen ebenfalls 5 bis 8 F. tief.

Die grofsen ***Kohlen-Nachen*** sind 100 F. lang, 18 F. breit und gehen 4¾ F. tief.

Hieraus sieht man, dafs, bei fast gleichen oder ähnlichen Abmessungen der Schiffsrumpfe, die eisernen Fahrzeuge, und namentlich die Dampfschiffe auf dem Rhein und der Mosel, viel weniger tief gehen, als die Deutschen und Holländischen Segelschiffe aus Eichenholz. Eben das findet sich auf allen andern Strömen von Deutschland: auf der ***Weser, Elbe, Oder, Donau, Weichsel,*** deren Nebenflüssen und Canälen. Die eisernen Dampfboote von gleichen Ladungen tauchen weniger tief ein, als die hölzernen Dampfboote. Die Schrift des Herrn *v.* ***Reden,*** „Deutsches Dampfschiffbuch" giebt darüber weitere Auskunft.

Schiffe auf der Elbe und deren Nebenflüssen.

Nach ***Woltmanns*** „Beiträgen zur Baukunst schiffbarer Canäle. Göttingen „bei Diterich, 1802", haben die nachbenannten hölzernen Stromschiffe auf der Elbe und deren Nebenflüssen folgende Maafse und Tragfähigkeit.

Die Preufsischen Elbschiffe, welche von ***Berlin*** auf der ***Spree*** und ***Havel*** und von ***Magdeburg*** die ***Elbe*** bis ***Hamburg*** stromab- und auffahren, sind 130 bis 150 F. lang, 15 F. breit.

Eine ***Magdeburger Jacht,*** von 132 F. lang, oben 18, im Boden 13, im Durchschnitt 15½ F. breit, also 15½mal so lang als breit, geht, mit 15 Lasten oder 600 Centnern beladen, 30 Z. tief ins Wasser. Eine ***Berliner Jacht,*** von etwa 150 F. lang, geht, mit etwa 30 Last oder 1200 Centnern beladen, 39 Z., ledig 21 Z. tief ins Wasser.

Die ***grofsen*** Elbschiffe sind gewöhnlich 90 F. im Boden lang, 22 F. breit und 4 F. tief und tauchen etwa 2½ F. tief ein.

Die ***kleineren*** Elbschiffe sind 74 F. lang, 14 bis 16 F. breit, 4 F. tief und tauchen 2 F. tief ein.

a. Stecknitzschiffe.

Aus der Schrift von *Woltmann:* „Beiträge zur Schiffbarmachung der „Flüsse. Hamburg, 1826, bei Herold." sieht man, welche Canal- und Flufsfahrzeuge für die *Stecknitzfahrt* zwischen *Lauenburg* und *Lübeck,* so wie auf der *Alster* zu *Hamburg* u. s. w. im Gebrauch sind.

Die Stecknitzschiffe sind von Holz, 64 F. lang, 14 F. breit, also $4\frac{4}{7}$mal so lang als breit, gehen $2\frac{1}{2}$ F. tief, können 10 Last laden, sind oben offen, haben Mast und Segel, welche die Schiffer nach der Richtung des Windes leicht dichten und lösen können. Es giebt einige 40 solcher Barken, welche die *Stecknitz* befahren. Die *Lübeck*schen Stecknitzschiffer haben die Gerechtsame der ganzen Schiffahrt, bilden eine eigene Gilde und leben im Sommer mit ihren ganzen Familien auf dem Wasser. Die *Stecknitz*schiffe werden von Menschen gezogen, die in den angrenzenden Dörfern wohnen und mit zur Schiffergilde gehören. 8 Mann ziehen 4 hintereinander gekuppelte Schiffe, die bei voller Ladung, für jedes von 10 Last, zusammen 40 Last tragen, so dafs also ein Mann durchschnittlich 5 Last zieht. Wegen des sparsamen Wassers dürfen aber die Schiffe, nach einer Verordnung der damaligen Hannöverschen Regierung, jedes nur 6 Last laden; was indessen nur in wasserarmen, dürren Sommern befolgt wird. In diesem Falle ziehen die 8 Mann in 4 Barken nur 24 Last, also ein Mann durchschnittlich 3 Last.

Vergleicht man diese Fahrzeuge der Stecknitz mit denen der obern Ems, so findet sich Folgendes.

Die *Stecknitz*schiffe sind bei gleicher Breite 10 F. länger als die gröfsten Pünten der *obern Ems,* gehen 6 Z. weniger tief, laden dagegen aber nur Zweidrittel so viel als letztere, welche bei vollem Fahrwasser, von 3 bis $3\frac{1}{2}$ F., 15 bis 18 Last tragen. Die Stecknitzschiffe werden dagegen nicht von Pferden, sondern von Menschen gezogen, von welchen der Mann durchschnittlich 3 bis 5 Last zieht. Die gröfsten Pünten auf der obern Ems werden mit 15 bis 18 Last beladen, stromauf von 2 Pferden gezogen, deren jedes also durchschnittlich $7\frac{1}{2}$ bis 9 Last zieht, folglich etwa nur so viel als 2 Mann auf der *Stecknitz.* Da nun auf den gröfsten Emspünten aufserdem noch 2 Mann an Bord und 1 Junge bei den Pferden nöthig ist, so sind die Ausgaben des Schiffers auf der *Ems* wahrscheinlich *viel* höher, als auf der Stecknitz; mithin auch die Frachtkosten.

b. Alsterschiffe.

Die *Alster* wird von etwa *48 Barken* von verschiedener Gröfse befahren. Die Barken sind 52 bis 82 F. lang, 12, 14 bis 16 F. breit und gehen $3\frac{1}{2}$ F. tief. Sie gehen beladen *alle gleich tief*, nemlich 2 F. 4 Z., bis 2 F. 9 Z.; ledig 9 bis 11 Z. Die gröfsten laden 600 bis 700 Centner oder 15 bis 18 Last, die kleinsten ungefähr die Hälfte. Sie sind von Holz und gehen bei gleicher Ladung, von 15 bis 18 Last, die kleinen von $7\frac{1}{2}$ bis 9 Last, um 6 Z. weniger tief als die Pünten auf der obern Ems, weil sie, bei fast gleicher Breite, viel länger, nemlich 52 bis 82 F. lang sind, die Pünten nur 45 bis 54 F. lang.

Vergleicht man hiermit die Maafse und besonders die weit geringere Eintauchung eines eisernen Dampfboots aus der neuesten Zeit, z. B. dessen, welches zwischen *Berlin, Magdeburg* und *Hamburg* auf der *Havel, Spree,* und *obern Elbe* fährt, so ergiebt sich wieder der grofse Vorzug der eisernen Boote vor den hölzernen.

c. Elbdampfboot.

Im 1ten Hefte 10ten Bandes dieses Journals findet sich vom Herrn Conducteur *Wilhelmy* die Beschreibung und Abbildung eines zu *Moabit* bei *Berlin* für Rechnung der Königlichen Seehandlung von *Gilbert* aus Derbyshire 1834 und 1835 erbauten eisernen Dampfbootes, welches zur Fahrt zwischen *Berlin* und *Hamburg* bestimmt war, die im März 1836 beginnen sollte. Das Schiff sollte den Weg von *Berlin* bis *Hamburg* in 3 Tagen und stündlich $2\frac{1}{2}$ deutsche Meilen zurücklegen. Der Schiffsraum war für 30 bis 40 Passagiere eingerichtet; wobei das Schiff noch zwei andere Fahrzeuge im Schlepptau mitziehen sollte. Rippen, Knie und Bekleidung des Schiffs waren von Eisen. Die von schwarzen Eisenblechtafeln wasserdicht auf das eiserne Gerippe genietete Seitenbekleidung ist $\frac{3}{8}$ Z. und die Bodenbekleidung aus Blechtafeln $\frac{13}{32}$ Z. dick. Diese bedeutende Dicke der Blechtafeln ist bei Dampfbooten von gleicher Maschinenkraft, Tragfähigkeit und Länge, wegen der Erschütterung durch die Maschine und wegen des Stampfens und Stofsens des Schiffs auf den Stromboden, bei stürmischer Witterung und hohl gehendem Wasser auf der untern Elbe, zur Sicherheit nöthig. Blofse Frachtschiffe, die keine Dampfmaschine haben, auf Strömen wie die obere und untere Ems, bedürfen nur einer verhältnifsmäfsig weniger dicken Seiten- und Bodenbekleidung, und nur eines schwächeren inneren Gerippes. Die Länge des oben genannten Dampfschiffs im Boden ist ***93 F. 2 Z.***, die Länge des Verdecks ***109½ F.***, die gröfste Breite 18½ F. Auf Eindrittel der Länge, wo sich die Wellen der Räder befinden, ist die Breite des Schiffs bis auf 13½ F. rechtwinklig eingezogen, um für die Räder, die mit hölzernen Kasten bedeckt sind, den nöthigen Raum zu gewinnen. Da die gröfste Breite des Schiffs 18½ F. ist, so bleibt für die beiden Räder 5 F., also für ein jedes Rad 2½ F. Breite oder Schaufellänge.

Das Dampfboot hat zwei Maschinen, mit zwei Kesseln und Dampfcylindern. Da kein Schwungrad vorhanden ist, so sind zwei Maschinen nöthig, um die Bewegung der Räderwelle durch zwei Krummzapfen, die gegen einander unter einem rechten Winkel stehen, *gleichmäfsig* zu erhalten. Auch ist diese Einrichtung der Maschine deshalb nöthig, um nach Bedürfnifs mit dem Dampfschiffe auf der Stelle anhalten, oder rückwärts sich bewegen, oder nach der Seite, wohin man will, wenden zu können. Alle Schiffsmaschinen für Strom- und Seefahrzeuge, sowohl mit Hochdruck, als mit Niederdruck, haben diese Einrichtung nöthig. Jeder der beiden Dampfcylinder hat 2 F. im Durchmesser und ist 2 F. 3 Z. im Lichten hoch. Die Fläche eines Kolbens von 24 Z. Durchmesser beträgt in runder Zahl 466 Quadratzoll. Die Spannung des Dampfs im Kessel ist 19 Pfd., auf den Kolben im Dampfcylinder aber nur 12 Pfd. auf den Quadratzoll, so dafs 7 Pfd. verloren gehen. Der Druck auf die ganze Kolbenfläche ist nur 446 mal 12, oder 5358, und auf beide Kolben zusammen 10716 Pfd. Da nun die beiden Maschinen zusammen eine Kraft von 58 Pferden haben, so wäre hier eine Pferdekraft durchschnittlich 184 Pfd. Die beiden Maschinen, jede von 29 Pferdekraft, können auch bei stürmischem Wetter das Schiff auf der Elbe sicher fortbewegen. Das der Königl. Seehandlung gehörige Dampfboot *Henriette* hat nur eine Maschine von 30 Pferdekraft, welche jedoch nicht hinreichend ist, starke Stürme zu überwinden, weshalb denn auch die Maschinen des neuen Boots eine gröfsere Kraft bekommen haben.

Die durchschnittliche Geschwindigkeit des Dampfschiffs soll 2½ Meilen in der Stunde sein, so dafs die Reise, von etwa 70 Meilen, wenn die Fahrt nicht unterbrochen wird, in 28 Stunden zurückzulegen sein würde. Man kann aber nicht bei Nacht fahren, weil das Schiff nach Sonnen-Untergang keine Schleuse und Brücke passiren darf.

Die nöthigen Kohlen sollen aus Schlesien bezogen werden. 12 Pfd. Kohlen geben der Maschine 1 Stunde lang 1 Pferdekraft. Der ganze Kohlenbedarf zu einer Reise von ***Berlin*** nach ***Hamburg*** beträgt daher 28 mal 58 mal 12 oder 19488 Pfd., oder etwa 180 Centner Kohlen.

Auf dem ***Rheine*** kostet der Centner Steinkohlen, die von der ***Ruhr*** bezogen und überall in Holland gebraucht werden, einen halben Thaler. Zu ***Leer*** in Ostfriesland kostet 1 Vierdup oder 84 Pfd. englische Steinkohlen von New-Castle 6 Ggr., also 100 Pfd. oder 1 Centner 8 Ggr., mithin Eindrittel weniger als die preufsischen Steinkohlen von der ***Ruhr***.

Nach den jetzigen Preisen der Kohlen in Ostfriesland, von 8 Ggr. Preufs. Cour. für den Centner englischer Steinkohlen, wären zu einer Reise von ***Berlin*** nach ***Hamburg*** von 70 Meilen Stromlänge für 180 Centner nur für 60 Thlr. Preufs. Cour. Kohlen nöthig. Dies macht für die Pferdekraft auf die Meile durchschnittlich etwa $4\frac{1}{4}$ Pfennig.

Aufser den 40 Personen, die im Schiffe Platz finden, wird dasselbe noch zwei beladene Kähne, jeden im Durchschnitt von 1500 Centner, also zusammen mit 3000 Centner oder etwa 75 Last beladen, im Schlepptau mit fortschaffen.

Herr ***Wilhelmy*** sagt in seiner Beschreibung des Dampfboots, dafs der Druck des Dampfs im Kessel auf den Quadratzoll 19 Pfd., also etwa $1\frac{1}{3}$ Atmosphären beträgt, auf den Kolben im Cylinder dagegen nur 12 Pfd. oder etwa nur $\frac{4}{5}$ Atmosphären. Diesen Übelstand haben mehr oder weniger viele Dampfmaschinen, besonders die der Dampfwagen; er läfst sich aber durch eine gehörige Einrichtung der Maschinen gröfstentheils abhelfen.

Da das Dampfschiff aus Eisen gebaut ist, so geht es mit voller Ladung nur 19 Z. tief ins Wasser: ein gleich grofses hölzernes Elbschiff taucht beladen etwa 3 bis $3\frac{1}{4}$ F. tief ein, mithin etwa doppelt so tief. Das Dampfschiff wird also wohl über die seichten Stellen der Elbe hinwegkommen können. Die Kosten dieses Dampfboots hat der Verfasser nicht angegeben.

Schliefslich gedenken wir hier noch des einzigen Dampfschiffs, welches in dem wasserarmen Jahre 1842 auf der obern Elbe zwischen ***Prag*** und ***Dresden*** fahren konnte und nur 11 Z. tief ging. Dies Dampfschiff war von ***John Andrews*** erbaut.

§. 4.

Erfahrungen und Bemerkungen über Militair-Pontons aus Eisenblech.

Zu den bisher gedachten eisernen Dampfbooten führen wir noch andere Fahrzeuge an, deren Bekleidung ebenfalls aus Eisen- oder Kupferblech ist.

Die in der neuesten Zeit aus Eisen erbauten Dampf- und Frachtschiffe sind im Allgemeinen keine Erfindung der jetzigen Zeit, sondern nur eine Vervollkommnung und Vergröfserung ähnlicher früherer Wasserfahrzeuge.

Die im ***Kriege*** bei den Armeen des cultivirten Theils von Europa schon seit einigen hundert Jahren gebräuchlichen ***Pontons*** oder ***Brückenschiffe*** von Eisenblech, sind wahrscheinlich von den ***Holländern*** zuerst gebraucht und dann von den Franzosen, mit einigen Abänderungen, nachgeahmt worden. Im Jahre 1672 liefs Ludwig XIV. bei ***Tollhuis*** in ***Holland*** eine Brücke aus kupfernen Pontons und eine zweite dergleichen bei ***Arnheim*** über den Rhein schlagen.

Auch die Dampfmaschine mit hohem Druck ist (was wir im Vorbeigehen bemerken) keine Erfindung der Engländer, oder Nordamerikaner, sondern des deutschen Mathematikers ***Leupold*** zu ***Nürnberg;*** dessen Werke über Brücken- und Maschinenbau nicht blofs in Deutschland, sondern in ganz Europa bekannt sind. Die Anwendung der Dampfmaschine mit hohem Druck auf die Bewegung von Schiffen und Wagen ist in ***Nordamerika*** erfunden, allein die ***Engländer*** haben die Dampfmaschine und ihre Anwendung auf die Bewegung der Schiffe zu Wasser und der Fuhrwerke zu Lande, besonders seit 1830, bedeutend vervollkommnet; eben wie die Nordamerikaner; und diese Verbesserungen sind auf dem Festlande von Europa, namentlich in Deutschland, nicht allein benutzt, sondern auch bedeutend vermehrt und übertroffen worden. Die ***Riegelwege*** sind in den deutschen Bergwerken ***zuerst*** entstanden, und demnächst in neuern Zeiten in England in ***Schienenwege*** und ***Eisenbahnen*** verändert worden.

Wegen der ***Militair-Pontons*** oder ***Brükenschiffe*** von ***Eisen***- oder ***Kupferblech*** beziehen wir uns auf eine sehr practische Schrift, betitelt: „Versuch eines Handbuchs der Pontonnier-Wissenschaften in Absicht ihrer „Anwendung zum Feldgebrauche, von ***J. G. Hoyer,*** Premierlieutenant im „Sächsischen Pontonnier-Corps u. s. w. Leipzig bei J. A. Barth, 1793."

Die zu den Militair-Schiffbrücken nöthigen Brückenschiffe, oder ***Pontons,*** sind bei den Armeen der verschiedenen Völker von Europa in Maafs und Bauart verschieden. Ich will hier nur der bei den Holländischen und Preufsischen Armeen seit vielen Jahren und bis jetzt üblichen Pontons in der Kürze gedenken. Man findet sie im 1ten Bande, XI. Capitel, §. 7. der obengenannten Schrift von ***Hoyer*** folgendermaafsen beschrieben und auf der VI. Tafel in Figur 1 und 2 abgebildet.

Diese Pontons sind 21 F. oben, $17\frac{2}{3}$ F. im Boden lang, auswendig $4\frac{1}{2}$ F.

oben und unten, inwendig oben $3\frac{1}{2}$ F., unten $25\frac{1}{2}$ Z. breit und bis auf den Boden 1 F. $11\frac{1}{2}$ Z. bis 2 F. im Rumpfe tief. Sie sind auf einem hölzernen Gerippe von $3\frac{2}{3}$ Z. breiten $1\frac{7}{12}$ Z. dicken Stäben, inwendig und auswendig, also doppelt, im Boden und an den Seiten, mit dünnen, verzinnten Eisenblechtafeln bekleidet, die auf dem hölzernen Gerippe mit Schrauben befestigt und deren Fugen wasserdicht gelöthet werden. Die verzinnten Eisenblechtafeln sind eine halbe Linie dick. Solche Pontons tragen, wenn sie zu einer Schiffbrücke auf einem Flusse zusammen verbunden sind, durchschnittlich jedes 4500 Pfd. oder 45 Centner, und sinken dann etwa 12 Z. tief ein, mithin bis auf die Hälfte der Höhe ihres Rumpfs. Sie würden einzeln, wenn sie bis an den obern Rand des Bords ins Wasser getaucht würden, je nach ihrer Gröfse, 60 bis 80 Centner oder $1\frac{1}{2}$ bis 2 Last von 4000 Pfd. tragen.

Ein solcher Ponton wiegt 7 bis 8 Centner, und mit den Balken und Brettern, Ankern und Tauen, nebst allem Zubehör, etwa 20 Centner, und kann auf gewöhnlichen Erdwegen und Kunststrafsen auf einem vierspännigen Wagen fortgeschafft werden. Inwendig und auswendig sind die Pontons durch einen mehrmaligen Anstrich mit Ölfarbe, aus gekochtem Leinöl und Mennige, gegen das Verrosten geschützt. Ein Ponton, ohne Zubehör, kostete in früheren Zeiten in Deutschland 170 bis 200 Thlr.; je nachdem die Preise der Materialien waren.

Die ***Englischen*** und ***Portugiesischen*** Pontons sind in Maafs und Gestalt von den Preufsischen und Holländischen nicht sehr verschieden, und haben, eben wie die letztern, doppelte Seitenwände und Boden von verzinntem, in den Fugen wasserdicht gelöthetem, eine halbe Linie dickem Eisenbleche.

Die doppelten Seitenwände und Boden werden zwar von den Geschützkugeln leicht durchbohrt, worauf dann das Ponton schnell sinkt; was Aufenthalt und grofse Nachtheile für die Militair-Operationen verursacht; aber gegen das gewöhnliche Leckwerden durch Stöfse auf dem Wasser, oder während des Marsches auf den Wagen, schützt die doppelte Seiten- und Bodenbekleidung meistens hinreichend; wiewohl dadurch das Ponton schwerer und theurer wird.

Die ***Französischen*** und ***Spanischen*** Pontons weichen von den übrigen darin ab, dafs sie, ebenfalls auf einem inneren Gerippe von hölzernen Stäben, nur eine einfache statt doppelter Seiten- und Bodenbekleidung haben; auch die Bekleidung nicht von verzinntem Eisenblech, sondern von Kupferblech ist, welches $\frac{3}{4}$ Linien dick ist. Dadurch wird ein solches Ponton viel schwerer, und etwa doppelt so schwer als die Preufsischen und Holländischen, bis zu

15 Centner, und vielfach theurer, indem ein Pfund Kupferblech gewöhnlich 5 bis 6mal so viel kostet als ein Pfund Eisenblech. Dagegen ist aber auch wieder das Kupfer zäher und biegsamer als Eisenblech, und bekommt nicht so leicht Risse und Löcher, wie das Letztere. Statt des verzinnten und zusammengelötheten Eisenblechs bedient man sich jetzt zu den eisernen Dampf- und Frachtschiffen und Booten in England, Holland, Deutschland und überall. des *schwarzen* Eisenblechs, welches viel wohlfeiler und in beliebiger Länge, Breite und Dicke zu haben ist. Statt die Fugen der nicht verzinnten schwarzen Blechtafeln zu löthen, was, da es mit Messing geschehen mufs, einen hohen Hitzegrad erfordert, werden die Tafeln zuvor in langen Streifen wasserdicht zusammen*genietet* und dann auf dem vorher fertig bereiteten eisernen Gerippe die einzelnen Streifen mit Schrauben befestigt. Die wasserpafs- und lothrecht laufenden Näthe oder Stofsfugen der Streifen werden ebenfalls, wie die einzelnen Tafeln, wasserdicht zusammengenietet, so dafs die Längen- und Stofsfugen von oben nach unten etwa $1\frac{1}{2}$ Zoll breit übereinander fassen, die lothrechten Fugen aber nicht vom Bord bis auf den Boden in gerader Linie lothrecht durchlaufen, sondern in jedem Streifen von oben nach unten im Kreuz-Verband abwechseln.

Bei der Verfertigung der sogenannten *Salzpfannen* aus schwarzem Eisenblech, zum Salzsieden auf den Salinen, die oft 20 bis 30 F. lang und breit, 2 F. tief und im Boden etwa $\frac{1}{4}$ Zoll, in den Seitenwänden etwa $\frac{1}{8}$ Zoll dick sind, werden die Blechtafeln auf ähnliche Weise wasser- und feuerdicht ohne Löthung zusammengenietet, und halten Jahre lang das Feuer unter dem Boden, und im Innern die Hitze des kochenden Salzwassers aus, ohne wesentlich leck zu werden.

Da nun die eisernen *Dampfschiffe* im Boden und der Seitenbekleidung keinen so hohen Hitzegrad, mithin keine so grofse Ausdehnung durch Hitze und Wiederzusammenziehung des Eisens durch Kälte zu leiden haben, wie die Salzpfannen, die eisernen *Frachtschiffe* und Boote gar keine Hitze, so sind sie noch viel weniger Angriffen von dieser Seite und dem Leckwerden ausgesetzt, als die Salzpfannen und eisernen Dampfkessel, und können also sehr gut durch *Zusammennieten* wasserdicht gemacht und durch Anstrich mit Ölfarben, so wie durch feuer- und wasserdichten Kitt, gegen das Leckwerden und Verrosten geschützt werden.

§. 5.

Von der in Baiern ausgeführten Schiffbarmachung seichter Bäche und Gräben, und den Frachtfahrzeugen auf denselben.

Es sei mir erlaubt, hier ein Beispiel aus der neuesten Zeit anzuführen, wo nicht allein auf schiffbaren Strömen, Flüssen und Canälen, sondern sogar auf ***Bächen*** und ***Gräben*** von geringer Wassertiefe und Breite, durch kleine hölzerne Boote Schiffahrt und Waarentransport mit gutem Erfolge und Nutzen für die Einwohner hergestellt worden ist; und zwar ungeachtet in der Gegend dieses Beispiels ein auf Kosten des Staats in der neuesten Zeit ausgeführter grofsartiger schiffbarer Canal vorhanden ist.

Der Baiersche Geheime Ober-Baurath, Freiherr *v.* ***Pechmann,*** unter dessen Leitung in den letzten 10 Jahren der ***Ludwigs-Canal*** erbaut ist, welcher den ***Main*** bei ***Bamberg*** mit der ***Donau*** bei ***Kehlheim,*** mithin den ***Rhein*** und die ***Nordsee*** mit der ***Donau*** und dem ***schwarzen*** Meere verbindet, hat, aufser durch dieses grofsartige Bauwerk, sich dadurch verdient gemacht, dafs er Mittel und Wege fand, auch kleine, bisher unschiffbare Bäche und Gräben, von geringer Breite und Wassertiefe, für kleine Fahrzeuge mit Nutzen fahrbar zu machen und sie mit geringen Kosten zu befahren; wie es sein Aufsatz im 1ten Hefte, 23ten Bandes dieses Journals zeigt, betitelt: „Ein auf Erfahrung „gegründeter Vorschlag, Bäche für die Fortbringung von Lasten fahrbar zu „machen."

Für den grofsen Schiffs- und Handels-Verkehr zwischen der Nordsee, dem Rhein, Main, der Donau und dem schwarzen Meere u. s. w. dient der Ludwigs-Canal, der im Boden 34 F., im Wasserspiegel 54 F. weit, 5 F. im Wasserstande tief ist, dessen Schleusen in den Kammern 110 F. lang, in den Thoren 16 F. weit sind und dessen Fahrzeuge, von 2500 Centner Tragkraft, 4 F. tief gehen. Der Canal hat etwa 16 Mill. Gulden Rh. gekostet und wird seiner ganzen Länge nach von ***Bamberg*** bis ***Kehlheim*** befahren. Es befuhr ihn unter andern im Juni 1846 das Canalschiff ***Möonia*** aus ***Schweinfurt,*** mit einer Ladung Zucker von 1700 Centner oder $41\frac{1}{2}$ Last, direct von ***Rotterdam*** über ***Wien*** nach ***Ungarn;*** und zwar mit gutem Erfolge. Auf dem Canale findet Dampfschiffahrt, sowohl zum Personen- als Waaren-Verkehr, mittels Schleppdampfschiffe vom ***Main*** bis in die ***Donau*** Statt, so dafs der Canal nicht allein für Baiern, sondern auch für ganz Süddeutschland und Österreich, zwischen Rhein, Main und Donau, so wie für Holland, Rheinland-Westphalen und alle dortigen Rhein- und Donau-Uferstaaten von grofsem Nutzen sein wird.

Ungeachtet dieses grofsartigen Canals hat man es aber in Baiern nicht für zu geringfügig, sondern für die unbemittelte Classe der Uferbewohner für nützlich und nöthig erachtet, auch Bäche und Gräben von geringer Tiefe für kleinere Fahrzeuge schiffbar zu machen und mit denselben zu befahren.

Nach Angabe des Herrn *v. Pechmann* trugen 4 hinter einander gekoppelte hölzerne Kähne von 30 F. lang, 6 F. breit, 2 F. im Rumpfe tief, und 12 Zoll tief eintauchend, auf einem kleinen Bache, die *Ach* genannt, zusammen 300 Cubikfufs Grand, also, den Cubikfufs zu 115 Pfd. gerechnet, 345 Centner, oder $8\frac{1}{4}$ Last; was für jedes der 4 Boote 86 Centner oder 2 Last 6 Centner ausmacht. Die 4 Boote wurden von *Einem* Pferde gezogen, und die Frachtkosten betrugen weniger, als das Fuhrlohn auf Wagen zu Lande für die gleiche Ladung.

In Folge dieser vortheilhaften Erfahrung hat man in *Baiern*, in der Gegend des Ludwigs-Canals, noch mehrere gelungene Versuche mit noch kleineren hölzernen Fahrzeugen, auf kleinen, wasserarmen Bächen und Gräben im *Donaumoor* gemacht. Diese Fahrzeuge waren nur 24 F. lang, 4 F. weit, 2 F. im Rumpfe tief und gingen, unter einer Ladung von 40 Centner oder 1 Last, 12 bis 14 Zoll tief. Anfangs wurden 6 bis 10 solcher Boote, späterhin 20 derselben hinter einander gekoppelt; was dann ein 480 F. langes gegliedertes Fahrzeug gab, womit man gleichwohl durch alle Krümmen und Biegungen des Fahrwassers bis zum rechten Winkel passirte, und also 480 Centner, oder 20 Last fortschaffte. Die kleine Flottille wurde nicht durch Pferde, sondern von 12 Menschen gezogen, so dafs im Durchschnitt jeder Mann im Schritte $1\frac{3}{4}$ Last oder 70 Centner zog. Zur Fortbewegung der ganzen Last wären etwa 2 Pferde nöthig gewesen.

In den Strecken der Bäche und Gräben, wo es ganz oder wenigstens an hinreichend tiefem Wasser fehlte, hat man kleine hölzerne Stauwerke mit Thüren für geringe Kosten gebaut; die im Kleinen denselben Zweck erfüllen, wie die Schleusen auf Canälen und Strömen im Grofsen.

Die kleinen Fahrzeuge würden aber, wie die Militair-Pontons, *noch weniger* tief gehen, wenn sie, wie letztere, aus Eisenblech wären.

Die Transportkosten durch Menschenkräfte waren dort viel geringer, als die durch 2 Pferde, mit den dazu nöthigen Menschen. Man bediente sich also der Menschenkräfte ferner, um die dürftigen Bewohner des Donaumoors zu beschäftigen und ihre Nahrungsquellen zu vermehren.

Aus allen diesen, der Erfahrung entnommenen Beispielen geht hervor, dafs durch wenig tief gehende Dampf- und Frachtfahrzeuge, aus Eisenblech, die *Ems* und deren Nebenflüsse, die *Hase, Jümme* und *Leda* u. s. w. bei niedrigen Wasserständen mit grofsem Nutzen weit höher stromauf, als jetzt, würden befahren werden können.

§. 6.

Übersicht der Hauptmängel der alten Stromfahrzeuge auf der obern Ems.

Diese oben in (§. 2.) angedeuteten Mängel sind folgende.

Erstlich. Der Hauptfehler besteht darin, dafs die Fahrzeuge mit voller Ladung zu tief eintauchen und also bei den im Sommer öftern und dauernd niedrigen Wasserständen von $3\frac{1}{2}$ und 3 F. nicht mit vollen, sondern nur mit verminderten Ladungen, auch öfters gar nicht, wenigstens nicht mit Nutzen fahren können. Die Ursache davon liegt zwar einestheils in den niedrigen Wasserständen selbst, theils aber auch in dem unnöthig grofsen Gewichte des Schiffsrumpfes, der in der Regel ganz aus Eichenholz, und zwar ganz oder zum Theil aus Stein-Eichen oder sogenanntem Sinkholze gezimmert ist, welches grün oder nafs verarbeitet wird, und wovon der Cubikfufs Rh. 78 Pfd. wiegt, während gut ausgetrocknetes Eichenholz nur etwa 54 Pfd. wiegt und deshalb im Flufswasser, von 66 Pfd. der Cubikfufs schwer, nicht untersinkt.

Zweitens. Durch die schwerfällige, massive Bauart und die unnöthige Dicke einzelner Theile des Rumpfes werden diese Fahrzeuge noch schwerer, gehen also noch tiefer ins Wasser, besonders die gröfsten Pünten, und erfordern, je tiefer sie ins Wasser gehen, um so mehr Zugkraft und *Zugkosten,* so wie um so mehr *Zeit* zur Reise; was ebenfalls die Kosten erhöht.

Drittens fehlt diesen Frachtfahrzeugen, zum Schutze der Frachtgüter gegen den Regen, ein regendichtes, bewegliches Verdeck von Brettern, welches man statt des jetzigen getheerten Segeltuches auflegen und nach Bedürfnifs abnehmen könnte.

Viertens fehlt ihnen ein Mast, der sich niederlegen lassen mufs, um durch die Strombrücken, die keine Brückenklappen sondern feste Balkendecken haben, hindurch zu kommen.

Fünftens. Giebt es nur zwei Haupt-Arten alter Fahrzeuge auf der obern Ems, nemlich Pünten von 50 bis 55 F. lang, 14 bis 16 F. breit, 4 F.

tief, und Püntschiffe von 45 F. lang, 14 F. weit und 4 F. tief. Es wären aber *drei* Arten besser, um nach der Tiefe des Wasserstandes und dem Gewichte der Ladung, für die Zeit, wo gefahren werden mufs, die passenden Fahrzeuge wählen zu können. Die erste gröfste Art, welche bequem die Emscanalschleusen passiren kann, darf etwa 75 F. Rh. lang, 15 F. breit und 3½ bis 4 F. tief sein; die zweite Art 50 F. lang, 14 bis 15 F. breit, 3½ F. tief; die dritte Art 25 F. lang, 7 F. breit, 3 F. tief: entweder zu Anhängern, oder zu Lichtern für die gröfsten Fahrzeuge, oder um auf ganz seichten Flüssen und den Neben-Armen allein gebraucht zu werden.

Sechstens. Die jetzigen Püntschiffer haben bei ihren Fahrten kein Boot bei sich, wie die gröfsern Strom- und Seeschiffe in Ostfriesland, können also nicht das Gewicht ihrer Ladung auf zwei oder mehrere Fahrzeuge vertheilen, und eben so wenig einen Theil ihrer Ladung ans Land bringen, wenn das Hauptfahrzeug auf Untiefen stöfst. Die Pünten können nicht lichten, um wieder flott zu werden, sondern müssen erst die Ankunft einer zweiten Pünte erwarten, die durch besondere Boote bestellt werden mufs; wodurch oft viel Zeit verloren geht. Auch können die Pünten, wegen Mangels eines kleinern Fahrzeuges oder Bootes, wenn sie mitten auf dem Strome vor Anker liegen, nicht laden oder löschen, ohne *Laufbrücken* vom Bord aus bis ans Land zu machen; was nöthig ist, wenn zur Zeit der Ebbe der Stromboden in der Nähe des festen Ufers zu weit trocken wird. Ohne ein Boot oder kleineres Fahrzeug kann die Schiffsmannschaft nicht einmal ihr Leben retten, wenn beim Sturm, bei hohlgehenden Wellen und Ungewittern, die Pünte unter Segel ist und auf offenem Strome in die Gefahr geräth, mit Wasser angefüllt oder leck zu werden und die Ladung zu verderben, oder zu sinken. Es giebt von dieser Gefahr in Ostfriesland, auf der Stromstrecke zwischen dem *Papenburger Syhl* und *Halte* bis *Leer*, wo auch Seeschiffe fahren, Beispiele.

So würden denn wenigstens *drei Arten* von Stromfahrzeugen für die obere *Ems*, von der oben angegebenen Länge, Breite und Tiefe, nöthig sein, um bei den verschiedenen hohen, mittleren und niedrigen Wasserständen mit Nutzen fahren zu können.

Es bedarf keiner Erinnerung, dafs diese Stromfahrzeuge nicht aus schwerem, westphälischem Stein-Eichen- oder Sinkholze, und auch nicht aus trockenem Eichenholze, selbst nicht aus ostseeisch-grünem oder Kiehnholze, wovon der Cubikfufs 45 Pfd. wiegt, erbaut werden sollten, sondern mit *Eisenstäben* zum innern Gerippe, aufsen, im Boden und an den Seiten, mit *Eisen-*

blech bekleidet; und zwar so, dafs die einzelnen Theile des Fahrzeuges diejenigen Maafse in Länge, Höhe und Breite bekommen, dafs sie die nöthige und hinreichende absolute Stärke einzeln und verbunden besitzen, um bei voller Ladung sich nicht zu verbiegen, zu zerreifsen, oder zu zerbrechen. Solche eiserne Fahrzeuge, von gleicher Länge, Breite, Tiefe und Form des Schiffsrumpfs, mithin von gleicher Ladungsfähigkeit, würden viel *leichter* sein, folglich viel weniger tief eintauchen, als die hölzernen, aus schwerem westphälischem und anderm Eichen- und ostseeisch-grünem Holze gezimmerten Fahrzeuge.

Die oben gedachten Beispiele von Fahrzeugen, besonders Dampfbooten, auf den Deutschen Strömen, beweisen Dies. Auch hat sich der Verfasser bei der Bearbeitung dieses Aufsatzes noch durch Berechnung des Gewichts mehrer hölzerner Fahrzeuge von verschiedener Länge, Breite, Tiefe und Tragfähigkeit überzeugt, dafs sie viel schwerer sind, als eiserne.

Es folgt also:

Dafs, wenn ein *eisernes* Fahrzeug mit seiner Ladung *eben so tief* ins Wasser geht, wie ein gleich grofses beladenes hölzernes, das eiserne eine gröfsere Ladung tragen werde, als das hölzerne. Dagegen: wenn ein hölzernes Schiff mit seiner Ladung z. B. 3 F. ins Wasser taucht, wird das eiserne mit derselben Ladung nur etwa $1\frac{1}{2}$ F. tief einsinken.

Für die gröfste und mittlere Art der eisernen Fahrzeuge wird dann der Nutzen bei hinreichend tiefem Fahrwasser verhältnifsmäfsig eben so grofs sein, wie bei sehr niedrigem Wasser: also würde es gut sein, nicht allein die mittlere Art von 50 F. lang und die kleinere von 25 F. lang, sondern auch die gröfsere von 75 F. lang, von Eisen zu bauen, um so bei allen verschiedenen Wasserständen durch zuläfslich grofse Ladungen den möglich-gröfsten Nutzen für angemessene Transportkosten zu erzielen.

Es ist nicht blofs erst jetzt, sondern schon in den Jahren 1817 und 18 bei den zur Schiffbarmachung der obern Ems, Hannöverschen Antheils, angestellten Untersuchungen die Verbesserung der zu tief gehenden alten Emsfahrzeuge bei der Emsschiffbarmachungs-Commission vom Verfasser zur Sprache gebracht worden, da er, als Localdirigent der nivellitisch-hydrometrischen Operationen und als täglicher Mit-Arbeiter an denselben, mit allen Mängeln des Emsstromes und seiner Fahrzeuge vertraut war. Er war schon bei der Untersuchung im Voraus überzeugt, dafs aufser den damals noch nicht projectirten, geschweige ausgeführten Strom- und Canalbauten, und nach Vollendung derselben, nicht allein deren Erhaltung und eine jährliche Aufräumung des sehr sandhaltigen Strombettes unvermeidlich, sondern dafs auch das letztere Mittel zur hinreichend tiefen Fahrbar-Erhaltung der Ems auf 3 F. Rh. Normal-Wasserstand nicht hinreichend sein werde.

In dieser, jetzt durch eine mehr als 30jährige Erfahrung bestätigten Voraussicht wurde schon im Juni 1817 von der damaligen Emschiffbarmachungs-Commission auf den Vorschlag des Verfassers ein Contract mit dem verstorbenen Gutsbesitzer *Baelmann* zu *Halte* in Ostfriesland entworfen, nach welchem derselbe auf seiner am Ufer der Ems dem Papenburger Syhle gegenüberliegenden Schiffsbauerei ein Probeschiff für die *obere Ems* aus Eichenholz bauen sollte, welches unter einer Ladung von 8 Last zu 4000 Pfd. nur 24 Z. und ohne Ladung 9 Z. tief einsinken, 42 F. lang, 12 F. inwendig weit, 4 F. im Rumpfe tief werden, einen platten Boden nebst Mast und Segel bekommen und zusammen segelfertig 650 Rthlr. kosten sollte.

Obgleich dieses Fahrzeug nicht von Eisen, sondern nur aus Eichenholz, aber von der leichteren trocknen Art, statt aus schwerem Sinkholze erbaut werden sollte, würde es doch schon unter einer Ladung von 8 Last oder 320 Centner nur 2 F. tief, mithin 6 Z. weniger tief als die jetzigen Pünten von 45 F. Länge, 14 F. Breite, die bei voller Ladung von 8 Last $2\frac{1}{2}$ F. tief gehen, ins Wasser getaucht sein. Dadurch wäre vorerst wenigstens Etwas gewonnen und ein Anfang zum Bessern gemacht worden.

Der Contract ist indessen nicht genehmigt und nicht ausgeführt worden; wovon mir die Ursachen unbekannt geblieben sind. Auch ist während der Dauer der Schiffbarmachung der Ems, von 1818 bis 1828, an die Erbauung *eiserner* Stromfahrzeuge nicht gedacht worden; wiewohl die Stadt *Bremen* bereits im Jahre 1816 ein eisernes Dampfbooot auf der *Weser* in Dienst hatte; welcher Strom denn also der erste in Deutschland ist, der ein solches Fahrzeug trug.

Auf der *untern Ems* wurde das erste, in England gekaufte *hölzerne* Dampfboot von der Kaufmannschaft zu *Emden* durch die Gesellschaft *Concordia,* und das erste *eiserne* Dampfboot, der *Erbprinz Ernst August* (in England gebaut), von der *Leer-Delfzyler* Gesellschaft in den Jahren 1844 und 1845 zur täglichen Befahrung der untern Ems zwischen *Leer, Emden* und *Delfzyl,* und der obern Ems zwischen *Leer, Weener,* bis zum Papenburger Syhl, in Dienst gestellt; welche Fahrten dieses letztere Boot auch bis jetzt ausgezeichnet gut und mit Nutzen und Erfolg verrichtet hat. Die Stadt

Emden hat vor einigen Jahren noch ein drittes eisernes, in Holland gebautes Dampfboot statt des hölzernen angeschafft; welches letztere nun aufser Dienst gestellt ist.

Ungeachtet dieser nahen Beispiele, die sich im letzten Jahrzehnt auf der *Ems*, wie auf nahe gelegenen Strömen und Flüssen, z. B. der *Hunte, Weser* u. s. w. noch vervielfältigt haben, sind gleichwohl bis jetzt auf der obern Ems, von *Leer* bis *Meppen, Lingen, Rheina* und *Greven*, weder eiserne Dampf- noch Frachtboote, ja nicht einmal hölzerne Frachtboote von besserer Bauart und geringerer Eintauchung als die jetzigen eingeführt worden. Einzelne Versuche von Privatpersonen sind nicht ganz nach Wunsch ausgefallen, oder auch gänzlich verfehlt, und haben daher keine Nachahmer gefunden.

Auf Hannöverschem Gebiete wohnen im Kreise *Meppen*, in dem nahe am Emsufer liegenden Dorfe *Haaren*, die meisten Schiffs-Eigner, welche unter den Ufer-Bewohnern der Ems zwischen der Grenze Ostfrieslands und der Preufsischen Grenze unterhalb *Rheina* die gröfsere Zahl von Emspünten besitzen. Es mögen der Pünten jetzt 50 kleinere und gröfsere sein, womit der gröfste Theil der Speditionsgüter zwischen Ostfriesland und Rheinland-Westphalen von *Leer* bis *Greven*, und umgekehrt, transportirt wird.

Auf Preufsischem Gebiete, in *Rheina* und *Greven*, besitzen mehre Kaufleute und Schiffs-Eigenthümer eine Anzahl von dort erbauten Stromfahrzeugen. Wir können diese Zahl nicht angeben; sie soll aber die Zahl der in *Haaren* zu Hause gehörenden Schiffe bei Weitem nicht erreichen. Die in *Rheina* und *Greven* befindlichen, vor der Schiffbarmachung der Ems erbauten alten Pünten haben übrigens dieselbe Bauart, Form und Gröfse, Material und Eigenschaften, wie die in *Haaren*. Der Fehler *aller* besteht darin, dafs sie mit voller Ladung, bei geringerem Wasserstande als 3 F., zu tief gehen, also ihre Ladung beschränken müssen, oder auch gar nicht fahren können.

Selbst durch Vollendung aller Schiffbarmachungs-Arbeiten an der *Ems* auf Hannöverschem Gebiete im Jahre 1828, wie auf Preufsischem Gebiete im Jahre 1848, ist dem Übel mangelnder Wassertiefe, nicht abgeholfen worden; was auch unmöglich zu sein scheint; denn die Ursachen der Seichtigkeit des Wassers liegen in der ungünstigen Beschaffenheit des Bodens des Strombettes und der Ufer; in dem Mangel an Wasser-Ergiebigkeit der Quellen und Zuflüsse in trocknen Zeiten, und in der Zuführung zu vieler Sinkstoffe in nassen Zeiten aus den sandigen höheren Gegenden von Westphalen bis zu den Quellen der Ems aufwärts, die sich dann im Strombette lagern und bei mittlern und niedrigen Wasserständen, aus Mangel an Geschwindigkeit des Stroms, von demselben nicht wieder fortgetrieben werden; in der Eis- und Schneestopfung in den Wintermonaten und in Anderm, was unabwendbar ist und bleibt, und nur durch hinreichende jährliche Erhaltungs- und Ausräumungskosten unschädlich gemacht werden kann.

Die Ursach der zeitlichen Verminderung und Hemmung der Schiffahrt auf der *obern Ems* mufs also darin gesucht werden, dafs die auf diesem Strome üblichen Fahrzeuge zu tief eintauchen.

Da, wo an der Ems bis jetzt die mehrsten Stromfahrzeuge gebaut werden, nemlich in *Greven* und *Haaren*, weifs man Dies auch recht gut; eben wie in *Leer*. Das Bedürfnifs minder tief gehender Fahrzeuge ist an der obern Ems überall gleich grofs, und jede Bemühung dem Übel möglichst abzuhelfen ist der Beförderung und des Lobes werth.

Von den zu *Haaren* für mehrere Schiffs-Eigner in den letzten vier Jahren erbauten Probefahrzeugen hat der Verfasser, mit Genehmigung und in Gegenwart des Schiffers, eines derselben hier bei *Leer* genau besichtigt und ausgemessen. Die Maafse, Bauart und Beschaffenheit dieser *Pünte* waren folgende:

Die Länge derselben war in Rh. Maafs zwischen dem Vorderbug und Hintersteven	55 F.	2 Z.
Die Breite am Vorderbug oder am Eingange des Zugpferdes, einschliefslich der beiden Seitenborde, war	7 -	4 -
Die Breite am Mast, im Boden, einschliefslich zweier Seitenborde, ...	11 -	10 -
Daselbst oben mit den Seitenborden	13 -	8 -
Ohne Seitenborde im Lichten	13 -	4 -
Also war die Dicke jedes Bordes oder Seitenwand in der Aufsenbekleidung	— -	2 -
Und beide zusammen	— -	4 -
Die lothrechte Tiefe vom obern Bord bis auf den Boden im Lichten betrug	4 -	— -
Und mit dem Boden, aus 2 Z. dicken Längs-Dielen und quer darüber befestigten, 2 Z. dicken Flachhölzern und Krummhölzern,	4 -	4 -
Der Ladungsraum war lang	38 -	— -
Die Länge der Kajüte, von 5 F. 3 Z. hoch, war . .	5 -	5 -
Der Steuerstuhl dahinter, einschliefslich der Dicke des Hinterstevens, war lang	6 -	— -

Die Länge des Steuerruders war . . . . 5 F. — Z.

Der Mast war im Durchmesser unten 8 Z., oben im Top 6 Z. dick und lang . . . . 42 - — -

Das Segel war 16 Ellen oder 32 F. hoch oder lang, oben 12 Ellen und unten 14 Ellen breit.

Das Fahrzeug kann also segeln, oder auch von Pferden gezogen werden, so lange auf der obern Ems von *Leer* bis *Greven* noch keine Dampfboote fahren, die nur 12 bis 15 Z. eintauchen. Es hat der Länge nach einen Unterboden aus 2 Z. dickem, ostseeisch grünem, oder Kiehnenholze. Die nach der Breite desselben über diesem Boden befestigten 2 Z. dicken Flachhölzer sind von Eichenholz. Die nach der Länge des Fahrzeuges in unregelmäfsig abwechselnden Zwischenräumen von 19 bis 25 Z. lothrecht an den Borden aufgehenden Arme von unregelmäfsig abwechselnder Breite von 6, 7 bis 8 Z. und der Dicke von 2, 3, $3\frac{1}{2}$ bis 4 Z., und die auf dem Boden liegenden Arme, alle von 2 Z. dick, sind ebenfalls von Eichenholz. Das innere Gerippe ist also von westphälischem Eichenholze, der Boden und die Seitenbekleidung von ostseeisch grünem Holze, also von zwei verschiedenen Holz-Arten, die jede an sich selbst, wie nach den verschiedenen Arten, ein verschiedenes specifisches Gewicht haben. Das Eichenholz wiegt 54 bis 78 Pfd. der Cubikfufs Rh., das ostseeisch grüne Holz 42 bis 45 Pfd. Wegen der unregelmäfsig abwechselnden Dicke, Breite und Länge der einzelnen Theile des Fahrzeuges und des Unterschiedes des specifischen Gewichts der Holz-Arten läfst sich das Totalgewicht des Rumpfes nicht wohl genau berechnen, um die Einsenkung mit oder ohne Ladung schätzen zu können, womit wir uns also hier auch nicht fruchtlos abmühen wollen, und wovon der Schiffszimmermeister auch wohl nicht die entfernteste Ahndung gehabt haben mag. Wir begnügen uns, folgende mündliche Angaben des Schiffers anzuführen.

Das Fahrzeug soll ledig 9 Z., und mit 17 bis 18 Lasten, also mit 700 Centner beladen, 39 Z. tief gehen. Also sinkt das Schiff bei voller Ladung durchschnittlich für jede Last $2\frac{1}{6}$ Z. tief ein. Da nun die Pünte, einschliefslich der Bodendicke 4 F. 4 Z. hoch ist, so bleibt bei 3 F. 3 Z. Eintauchung, unter voller Ladung, nur ein wasserfreier Bord von 1 F. 1 Z. hoch übrig, was bei Wind und unruhigem Wasser gefährlich ist. Der Bord sollte nicht unter 18 Z. hoch sein.

Das Haupt-Ergebnifs ist, dafs das hier beschriebene, zu *Haaren* erbaute Probefahrzeug, obgleich es gröfstentheils aus leichterem, ostseeisch grünem

Holze besteht, mithin der Rumpf nicht so schwer ist, also auch das Schiff nicht so tief eintauchen kann, als wenn es aus schwerem Eichenholze wäre, wie die bisher erbauten Pünten gröfster Art, doch rücksichtlich der Eintauchung fast um nichts vortheilhafter ist, als die bisherigen, die, unter 15 Last Ladung, 36 Z. tief einsinken. Zum Vortheile des Probeschiffes ergiebt sich nur ein Unterschied von $2\frac{1}{3}$ Linien auf die Last; was im vorliegenden Falle von fast gar keinem Werthe ist.

Es liefsen sich noch mehrere Beispiele von gleichzeitig in ***Haaren*** aus Holz erbauten Probeschiffen mittheilen, durch welche aber ebenfalls der Zweck eines hinreichend geringern Eintauchens nicht erreicht worden ist. Wir beschränken uns auf *ein* Beispiel, welches beweiset, dafs nicht die Hannöverschen Schiffe allein bisher das Übel zu tiefer Eintauchung hatten, welches durch die neuerdings gebauten Frachtschiffe nicht gehoben worden ist, sondern, dafs es auch im Preufsischen, zu ***Greven***, eben so war; weshalb man denn auch dort bemüht gewesen ist, minder tief gehende Stromschiffe zu bauen.

Zur Bestätigung Dessen fügt der Verfasser die ihm auf sein Gesuch vom Herrn Staatsminister ***Flottwell*** Excellenz am 21. Februar 1848 zur Aufnahme in die vorliegende Schrift bereitwillig mitgetheilte „Beschreibung, Plan, Berechnung und Kosten-Anschlag der von dem Schiffsbauer ***Carl Giesler*** zu ***Greven*** gebauten Ober-Emsschiffe" hier wörtlich bei.

Beschreibung, Zeichnung, Berechnung und Kosten-Anschlag der von dem Schiffsbauer *Carl Giesler* zu *Greven* gebauten Ober-Emsschiffe.

Wegen des vermehrten Güter-Verkehrs auf der obern Ems bis ***Greven*** waren statt der bis dahin dazu dienenden sogenannten ***Pünten***, welche unbeladen schon 18 Z. tief gehen und hauptsächlich für die untere Ems bestimmt sind, leichtere Frachtschiffe, welche auch bei niedrigerem Wasser bis ***Greven*** fahren könnten, zu wünschen. Ein Schiff dieser Art wurde zuerst von den associirten Herrn ***Arkenoo*** und ***Elperdink*** bei dem Schiffsbauer ***Giesler*** bestellt und im März 1847 zu ***Greven*** vom Stapel gelassen. Es hat, bei einem Wasserstande von 10 Z. am Pegel, noch mit 4 bis 5 Schiffslasten von 4000 Pfd. fahren können, hat zur damaligen Zeit des Kornmangels in ***Münster*** ununterbrochen Zufuhren gebracht und, mit Ausnahme des hohen Sommers, wo eine seltene Dürre herrschte, fortwährend die Fahrt von ***Rheina*** nach ***Greven*** und wiederholt auch nach *Halle* gemacht, so dafs es sich für einen regelmäfsigen Güter-Verkehr zwischen diesen Handelsplätzen bewährt zeigte.

Dieses Schiff, „*Die gute Hoffnung*" benannt, hat folgende Bauart, welche, bis auf die Verlegung der Cajüte von dem vordern nach dem hintern Ende, beibehalten worden ist.

Das Gerippe des Schiffs (Man sehe die Zeichnung) besteht aus Schwalben, Colschwien und Krümmern. Die Schwalben, welche den Boden des Schiffs halten, sind in der Mitte an das Colschwien befestigt und legen sich mit den Enden seitwärts an die Krümmer, welche bis zum obern Rande des Bords hinaufreichen. Diese Theile sind nach Aufsen mit Bretterwerk bekleidet, welches unten den Boden und an den Seiten die Borde bildet. Die Borde, welche 3 F. tief sind, bestehen aus zwei Hälften, deren untere einen Winkel von 135 Gr. mit dem Boden bildet; der obere steigt fast senkrecht an. Die Bretter am Boden sind der Länge nach an den Rändern wie Schuppen über einander gelascht und liegen an den Enden verjüngt übereinander. Die obern Enden der Krümmer sind durch eine fortlaufende Rinne mit einander verbunden, worüber ein Schanddeksel liegt, welches so den fortlaufenden horizontalen Rand des Bordes bildet. Im Innern des Schiffs bildet die Bekleidung der Schwalben eine einfache Buchtenne, während die untere Hälfte der Krümmer frei liegt. Die Borde laufen nach vorn und hinten bis auf 3 F. zusammen, so dafs die vordere und die hintere kleinste Breite des Schiffs 3 F. beträgt. Zehn Fufs von dem vordern Ende des Schiffs hat es die gröfste Breite von 13 F.; von da bis zum hintern Ende laufen die Borde verjüngt bis auf 9 F. Breite zusammen und wenden sich dann mit stärkerer Biegung gegen einander, bis auf 3 F. Entfernung vom hintern Ende. Der Boden, welcher von dem vordern bis zum hintern Ende 67 F. lang ist, steigt 10 F. von dem vordern Ende ab in die Höhe, und ist daselbst 5 F. hoch über dem untern Boden. Eben so ist es hinten; nur ist dieses Ende 6 F. über dem Boden hoch. Das Steuerruder ist so befestigt, dafs $\frac{1}{2}$ F. vom Ende des Schiffs, durch einen Kocker ein Cylinder senkrecht hinabsteigt, an welchem das Blatt des Steuerruders sich befindet. Das vordere Ende des Ruders läuft solcherweise in einem spitzen Winkel noch $4\frac{1}{2}$ F. unter die Erhöhung des Hintertheils fort, während der hinter dem Cylinder befindliche Theil des Steuerruders ein Rechteck von 5 F. lang und $2\frac{1}{2}$ F. hoch bildet. Durch diese Anordnung des Steuerruders kann dem Schiffe eine genaue Richtung im Fahren gegeben werden. Zur Bewegung des Steuers dient ein schlangenförmiger Arm von Holz, welcher sich von der hintern obern Ecke des Ruderblatts über den Cylinder weg bis zu der Handhabe erstreckt.

Die Cajüte an dem vordern Theile des Schiffs ist 6 F. von dem äufsersten Ende entfernt, 6 F. breit und erhebt sich 1½ F. über den Bord. Sie hat an beiden Seiten eine Thür, welche sich nach Aufsen öffnet. Der Mast, von 40 F. hoch und unten 8 Z. im Durchmesser, läuft bis auf 35 F. hoch, wo sich der Kranz befindet, kegelförmig zu, bis zu 5 Z. Dicke, und endet von da ab in eine scharfe Spitze. Von dem Kranze gehen 3 Taue jederseits an die Borde, wo sie, 3 F. von einander entfernt, eingefügt sind; ein viertes Tau, das Staff, ist an dem vordern Ende der Cajüte befestigt. Die untere Befestigung des Mastes bildet ein Kocker, welcher in der Mitte des Schiffs, 22½ F. von dem vordern Ende entfernt, in den Colschwien eingefügt ist. Der Kocker liegt oben in einer Lucht von 14 Z. breit, welche, gebogen, von einem Bord zum andern hinüberläuft und zur Befestigung des Mastes und der Borde untereinander dient, indem sie den Stofs gegen den einen Bord auf den andern fortpflanzt. In dem obern Theil des Kockers ist der Mast durch einen Bolzen so befestigt, dafs er sich doppel-hebelartig mittels Winde und Flaschenzug durch ein am untern Ende desselben befestigtes Tau von *einer* Menschenkraft auf- und niederziehen läfst.

Das Segel ist ein einfaches Schoonersegel, dessen oberes Ende durch eine Gabel um den Mast sich bewegt. Es kann von dem Steuermann mittels eines am Ende der Gabel befestigten Seiles leicht regiert werden.

Einzelne hier übergegangene Maafse sind in der am Ende beigefügten Berechnung der Eintauchung des Schiffs angegeben.

Dieses Schiff, mit Geräthschaft, geht unbeladen 6 Z. und mit einer Ladung von 9 Last, oder 36000 Pfd., an 18 Z. tief, wird mit dieser Ladung von *einem* Pferde gezogen, und kann bis zu 20 Last tragen. Seine Bemannung besteht aus dem Steuermann, dem gewöhnlich ein Hülfsknecht beigegeben wird, und dem Pferdeführer oder Jager.

Seiner Bauart nach unterscheidet sich das Schiff, welches mehr nach Art der ***Ruhr***schiffe, jedoch auch in wesentlichen Puncten von diesen verschieden gebaut ist, von den bisher zur Fahrt dienenden Pünten auf folgende Weise.

Erstlich. Durch eine gröfsere Breite; was die Eintauchung vermindert. Die ***Ems*** wird da, wo ihre Breite zunimmt, seichter, und dieserhalb müssen die Lastschiffe, wenn sie bei niedrigem Wasser fahren wollen, eine der Seichtigkeit des Flusses angemessene Breite haben. Man hat dagegen eingewendet, das Ziehen dieser Schiffe erfordere so zu viel Kraft, um gegen den Andrang des Wassers von vorn anzukämpfen; indefs kann das Schiff gleichwohl von *einem* Pferde von *Rheina* bis *Greven* in einem Tage heraufgezogen werden, eben wie die Pünten.

Zweitens unterscheidet es sich durch die Lage der Cajüte am vordern Ende. Der Zweck davon ist, die Ladung mehr in die Mitte und an das hintere Ende des Schiffs zu bringen, wodurch das vordere Ende sich mehr hebt, als bei den Pünten. In diesen geht aufserdem der 6 F. lange Raum, von der Cajüte bis zu dem Ruder, für die Ladung unbenutzt verloren. Später hat man diese Bauart an dem ersten Schiffe dieser Art „*Der guten Hoffnung*" wieder verändert, und die Cajüte wieder an das hintere Ende gelegt, weil man den Steuermann durch die höhere Lage der Cajüte dem Winde und Wetter nicht so sehr ausgesetzt glaubte; zum Theil auch wohl, um nicht so augenfällig von der alten Bauart abzugehen und das alte Herkommen nicht zu verletzen. Bei dem zweiten Schiffe „*Westphalia*" hat man dieselbe Rücksicht genommen.

Drittens unterscheidet sich das Schiff durch die Neigung des Bords gegen den Boden. Während bei den Pünten die Borde fast senkrecht auf dem Boden stehen, bildet bei der neuen Bauart der Bord einen stumpfen Winkel von 135 Gr. mit dem Boden, während die obere Hälfte des Bords wieder fast senkrecht ansteigt. Dadurch wird gegen die Pünten Das gewonnen, dafs mit der Zunahme der Ladung auch die Tragfähigkeit des Schiffs zunimmt. Dies ist ein Umstand, welcher bei kleineren Flufsbetten sehr in Betracht kommt, wo der Boden des Flusses nur in geringer *Breite* die nöthige Tiefe hat und nach den Ufern zu schnell sich erhebt. Im Allgemeinen müssen, je flacher und schmaler der Flufs ist, die Borde des Fahrzeuges um so schräger stehen.

Viertens ist eine Abweichung die Bauart ohne Steven, welche bei den Pünten vorhanden sind. An diesen ist ein Steven, nach Art der Seschiffe, zur Befestigung des Hintertheils angebracht. Derselbe ist aber bei Flufsschiffen überflüssig, und kann durch eine zweckmäfsige Zusammenfügung der Boden- und Bordbretter leicht ersetzt werden. Die Bauart pafst besser zu der in „Erstlich" gedachten gröfseren Breite des Schiffs, weil die Pünte mit einem Steven spitzer zulaufen mufs, hingegen die Schiffe von der neuen Bauart nach hinten breiter auslaufen können.

Fünftens. Die Art der Verbindung der Krümmer durch Schwalben und durch eine Colschwien-Schwalbe ist anders. Die Colschwiene fehlen an den Pünten. Durch Beides wird sowohl den Seitenwänden, als dem Boden eine festere Verbindung gegeben und dem Durchbiegen (Durchladen) des Schiffs vorgebeugt. Bei starkem Wellenschlage ist das Durchbrechen des Schiffs weniger möglich.

Sechstens. Die Anordnung des Ruders ist anders. Es läuft wegen des Mangels des Steven unter den Boden des Schiffs fort und giebt so durch seine gröfsere Länge eine sicherere Richtung im Steuern.

Siebentens. Die Bauart des Mastes ist anders. Derselbe befindet sich in einem Kocker, und kann so mittels Winde und Flaschenzug nach Art eines Doppelhebels durch *eine* Manneskraft auf- und niederbewegt werden, während er bei den Pünten mit dem Endpuncte an den Boden angeheftet ist und zur Auf- und Niederbewegung einer Pferde- und mehrer Menschenkräfte bedarf.

Achtens. Die Bucht, an welche sich der Mast lehnt, ist eine Zugabe. Sie dient zugleich zur stärkern Befestigung der Borde und vermindert die Gewalt eines Stofses gegen den einen Bord, indem es denselben auf den andern Bord verpflanzt.

Neuntens. Das Segel ist anders. Es ist, als Gabelsegel, leichter zu handhaben und fängt den Wind besser und genauer auf, als das Spreetsegel der Pünten.

Auf diese Art wurde noch ein zweites Schiff „*Westphalia*" für den Kaufmann Herrn *Terfloth* in *Greven*, 70 F. lang und 12 F. breit, gebaut; mit der Abänderung, dafs die Borde, statt aus zwei Theilen, aus dreien bestanden, deren unterer einen Winkel von 135 Gr., der mittlere von 105 Gr., der obere einen rechten Winkel mit dem Boden des Schiffs bildete.

Zu dem vielfachen Verkehr zwischen den Handelsplätzen der *Ems* und den Seestädten waren Schiffe zur unmittelbaren Verbindung derselben zu wünschen, und ein dahin zielendes Unternehmen ist gegenwärtig von dem Ökonomen Herrn *Fraling* und dem Schiffbauer Herrn *Carl Giefsler* im Werke. Dies Schiff wird mit $3\frac{1}{2}$ F. Eintauchung 30 Last tragen, und so bei gutem Wasserstande leicht bis *Rheina* und *Greven* fahren können. Durch ein theilweises Kielwerk, Verdeck und verstärkte Segelkraft wird es sich aber auch zu kleineren *See*fahrten, nach *Amsterdam*, *Hamburg* und *England* eignen, indem es 75 F. lang und eine Ladung von 50 Schiffslasten oder 20 000 Pfd. zu tragen im Stande ist.

Carl Giefsler,
Schiffbauer.

Berechnung der Eintauchung des neuen Schiffs.

Alle Bretter sind $1\frac{1}{2}$ Z. dick. Ein Körper verdrängt, wenn er schwimmt, so viel Pfund Wasser, als er wiegt. 1 Cubikfufs Wasser wiegt 66 Pfd., 1 Cubikfufs Eichenholz 78 Pfd.

Das Schiff besteht aus:	Der Stücke			
	Länge.	Breite.	Dicke.	Cubikzoll Inhalt.
36 Schwalben	$13\frac{1}{4}$ F. . .	4 Z. . .	4 Z. . .	81 584
72 Krümmern	4 - . .	4 - . .	4 - . .	55 269
Seitenbrettern	108 - . .	$34\frac{1}{2}$ - . .	$1\frac{1}{2}$ - . .	67 068
Bordbretter	108 - . .	$4\frac{1}{2}$ - . .	$1\frac{1}{2}$ - . .	8 748
Dergleichen	108 - . .	11 - . .	$1\frac{1}{2}$ - . .	21 384
Querbrettern	14 - . .	13 - . .	$3\frac{1}{2}$ - . .	7 644
Dergleichen	13 - . .	12 - . .	3 - . .	5 616
Mast	35 - . .	5 - . .	5 - . .	10 500
Maststütze	6 - . .	12 - . .	4 - . .	3 456
Häuschen	200 - . .	12 - . .	$1\frac{1}{2}$ - . .	43 200
			Zusammen	304 496 C. Z.

oder 176 Cubikfufs Holz, den Cubikfufs zu 78 Pfd., thut . . 13 728 Pfd.
Anker, Winde, Taue und Segel wiegen . . . . . 472 -
Das Gewicht der Schiffs-Enden ist . . . . 1 250 -
Für den Boden werden $1\frac{1}{2}$ Z. Eintauchung hinzugerechnet, und noch aufserdem . . . . 660 -
Der Bretterbelag im Innern wiegt . . . . 2 000 -
Bei $1\frac{1}{2}$ Z. Eintauchung hat also das Schiff an Holz und aufserdem zu tragen . . . . 18 110 Pfd.

Die Fläche, welche das Schiff, $7\frac{1}{2}$ Z. tief eintauchend, im Durchschnitt im Wasser einnimmt, ist 14 F. breit und 39 F. lang, also 546 Quadratfufs grofs. Bei 6 Z. Einsenkung werden also 273 C. F. Wasser zu 66 Pfd. oder 17 918 Pfd. Wasser verdrängt. Also geht das Schiff leer ungefähr $7\frac{1}{2}$ Z. tief. Auf 18 Z. tief kann man die Länge und Breite zu ungefähr 42 F. und $14\frac{1}{2}$ F. annehmen, also zu 609 Quadratfufs; bei $10\frac{1}{2}$ Z. Einsenkung trägt demnach das Schiff ungefähr 35 178 Pfd. oder 9 Last. Also geht das Schiff mit 9 Last ungefähr 18 Z. tief. Sinkt das Schiff noch 12 Z., so kann man die Breite und Länge zu $15\frac{1}{4}$ F. und 44 F. anschlagen, also zu 671 Quadratfufs und die verdrängte Wassermasse auf 671 C. F., zu 66 Pfd., thut 44 286 Pfd. Das Schiff geht also *leer* $7\frac{1}{2}$ Z. tief.

Sinkt es noch $10\frac{1}{2}$ Z., so ladet es	35 178 Pfd.
Sinkt es ferner 12 Z., so trägt es noch	44 286 -
also trägt es bei 30 Z. Eintauchung	79 464 Pfd.
	oder 20 Last.
Von $7\frac{1}{2}$ bis zu 18 Z. sinkt es für jede Last ungefähr . . .	$1\frac{1}{5}$ Z.
- 18 - - 30 - - - - - - - - - - -	$1\frac{1}{12}$ Z.
Das Schiff ist 36 Z. hoch. Bis 30 Z. ladet es	20 Last.
Wird der Bord durch Aufsatzbretter erhöhet und das Schiff bis zu 36 Z. beladen, so trägt es noch mehr	6 -
also bis auf 36 Z.	26 Last.

Die Ausmessung ist nicht ganz genau, und es kann also auch die Berechnung nicht völlig genau stimmen.

Wir bemerken zu diesem hier wörtlich mitgetheilten Aufsatze des Schiffbaumeisters *Giefsler* Folgendes:

Der in der „Beschreibung" erwähnte Plan (Zeichnung) und der Kosten-Anschlag sind dem Verfasser nicht mitgetheilt worden. Er kann daher eine Vergleichung derselben mit der Beschreibung nicht anstellen; um so weniger, als er keines von den 1847 zu *Greven* erbauten Emsfahrzeugen gesehen oder ausgemessen hat. Der Verfasser enthält sich also seines näheren Urtheils über diese Emsfahrzeuge, erlaubt sich aber zu bemerken, dafs, nach der Aussage mehrer *Haaren*schen Schiffs-Eigenthümer, die *Giefsler*schen Fahrzeuge den erwarteten Erfolg nicht gehabt und keine Nachahmung auf der Ems gefunden haben; eben so wenig, wie die in neuester Zeit zu *Haaren* von den dortigen Schiffzimmerleuten erbauten Probeschiffe; was zu bedauern ist, da Versuche auf Kosten der Schiffer, Schiffrheder und Baumeister, immer löblich sind.

Wegen des von dem Herrn *Giefsler* zu *Greven* für sich und den Herrn *Fraling* gebauten *Seeschiffes,* zur unmittelbaren Verbindung der obern Ems mit den Küstenstädten an der Nordsee u. s. w., bemerken wir Folgendes nach öffentlichen Blättern.

Dies *Seeschiff,* von 75 F. lang und $3\frac{1}{2}$ F. tief gehend, sollte 30 Last tragen und damit bei gutem Wasserstande bis *Rheina* und *Greven* fahren können. Durch ein theilweises Kielwerk, Verdeck und verstärkte Segelkraft, sollte es sich auch zu kleineren Seefahrten, nach *Amsterdam, Hamburg,* auch wohl nach *England* eignen, indem es, mit seiner Länge von 75 F., 50 Schiffslasten oder 20 000 Pfd. zu tragen im Stande sei.

Die in der Extra-Beilage zu No. 27 der Ostfriesischen Zeitung vom 3. März 1848 enthaltene Nachricht aus dem Münsterlande vom 24. Februar 1848 sagt Folgendes: Das von *Giefsler* erbaute Seeschiff, „Die Stadt *Greven*" genannt, wurde am 20. Februar 1848 zu *Greven* vom Stapel gelassen. Die Bauart dieses Seeschiffs soll eigenthümlich sein, indem es einen Halbkiel hat, und dadurch sowohl auf Flüssen, wie im Meere gleichmäfsig fortsegeln und sehr schön im Wasser liegen soll. Die Unternehmer sind damit beschäftigt, es auszurüsten, um es in den nächsten Tagen beladen nach *Hamburg* gehen zu lassen. Man scheint davon Veranlassung zu nehmen, ein etwa 80 Lasten tragendes Seeschiff in Rhederei zu erbauen und den Schiffbauer *Giefsler* damit zu beauftragen.

Nachdem das Seeschiff „Die Stadt *Greven*" die Ems abwärts von *Greven* bis *Halte* gefahren war, wo die Grenze ist für die vom Meere aus die Ems aufwärts segelnden Seeschiffe, die, mit 70 bis 80 Last beladen, 7 bis 8 F. tief gehen und nur bei der vollen täglichen Fluth aus der See bis dahin kommen können, blieb es noch dort liegen, um die volle Ladung einzunehmen und noch vervollständigt zu werden.

Es hat sich aber dort bis jetzt gezeigt, dafs das Schiff *nicht* seefähig ist. Das Publicum sowohl, als einzelne mir bekannte Sachkenner behaupten Dies, und es soll Dies der Grund sein, weshalb das Schiff bis diesen Augenblick als unbrauchbarer Wrack bei *Halte* in einer Bucht der Ems am Ufer liegt und wieder auseinander genommen werden soll.

Für die Rheder und den Erbauer des Schiffs ist dies Mifsglücken sehr unangenehm, und auf die Handels-Marine von *Ostfriesland* und *Papenburg,* die zusammen etwa aus 500 Seeschiffen, von 18 bis 20 000 Lasten Tragfähigkeit besteht, ohne die Strom- und Wachtschiffe zu rechnen, von welchen die gröfsten auch seefähig sind, ist der Versuch ohne Einflufs geblieben.

Es wäre daher besser gewesen, wenn man zu *Greven* versucht hätte, Stromfahrzeuge für die obere Ems zu bauen, die nur 12 bis 24 Z. tief eintauchen, um damit, auch bei abwechselnden Wasserständen, eine hinreichende Ladung einnehmen zu können.

Zu der obigen Beschreibung der vom Herrn *Giefsler* zu *Greven* erbauten Emsfahrzeuge theile ich noch den vom Königl. Preufsischen Ober-Präsidio von Westphalen, zu Münster, mittels Rescripts vom 6ten April 1848 auf meine Bitte mir mitgetheilten Kosten-Anschlag von einem Lippe-Nachen von 110 F. lang und 19½ F. breit, nebst der beigefügten Zeichnung (Taf. V.) des Herrn Schiffbaumeisters *Leygraaf*, erhaltener Erlaubnifs gemäfs, mit.

Kosten-Anschlag von einem Lippe-Nachen (Taf. V.) von 110 F. lang und 19½ F. breit.

Erläuterung. Die Gröfse der Lippe-Nachen ist durch den Schleusenraum bedingt, welcher nach der Bestimmung des Oberpräsidii von Westphalen vom 7. September 1844, von *Lippstadt* bis *Lünen* nur Nachen von 75 F. lang und 14 F. breit, und von *Lünen* abwärts nur Nachen von 110 F. lang und 19½ F. breit aufnimmt. Hiervon hangt gewissermaafsen die Form ab, in welcher, nächst genügender Bewegbarkeit des Nachens innerhalb des begrenzten Raumes, die möglich-gröfste Ladungsfähigkeit zu erlangen ist. Die in der Zeichnung angegebene Form ist nach den auf der Lippe fahrenden Nachen, welche den Erfordernissen am meisten entsprechen, eingerichtet.

Die Vergleichung der Tragfähigkeit eines kleinen und eines grofsen Lippeschiffes wird zeigen, wie überwiegend der Vortheil ist, den die grofsen Schiffe vor den kleinen haben. Es laden nemlich:

Bei einer Eintauchung	Kleine Schiffe.	Grofse Schiffe.
von 12 Zoll . . .	87 Centner . . .	448 Centner.
- 15 - . . .	220 - - . . .	725 - -
- 18 - . . .	355 - - . . .	1008 - -
- 21 - . . .	492 - - . . .	1296 - -
- 24 - . . .	633 - - . . .	1588 - -
- 27 - . . .	775 - - . . .	1883 - -
- 30 - . . .	919 - - . . .	2180 - -

So ist es bei dem von mir gebauten Schiffe, und auch, mit geringer Abweichung, bei allen grofsen und kleinen Lippeschiffen. Zum Fortschaffen der grofsen Nachen ist durchschnittlich ein Pferd und ein Mann mehr als zu den kleinen nöthig: ein grofser Nachen aber hat weniger Verschleifs als zwei kleine, und leistet mehr als die zwei. Wenn alle Schiffe nach diesen gröfseren Maafsen gebaut werden könnten, so würde das zeitraubende und kostspielige Umladen zu *Recklingshausen* wegfallen und der Transport würde schneller und wohlfeiler sein.

A. Schiffzimmerer-Arbeit.

a. Arbeitslohn.

2035 Q. F. Boden, 110 F. lang, 18½ F. breit.
330 - - Niederborde, 2(110 F. × 1½ F.).
385 - - Oberborde, 2(110 F. × 1¾ F.).

2750 Q. F. zweizöllige Bohlen.
146⅝ Q. F. Remm.
133 - - Decke der Cajüte.
26 Q. F. Seitenwände der Cajüte oberhalb des Poddeckels.

305⅝ Q. F. 1½zöllige Bohlen.
133⅓ Q. F. einzöllige Bohlen zur Fütterung der Niederborde.
128⅛ Q. F. Poddeckel.
8 - - Kopfbretter.
28 Q. F. zum Mastkocher.

164⅛ Q. F. dreizöllige Bohlen.
35 Q. F. 2½zöllige Bohlen zum Steuerruder.
40 - - Saatholz, 20 F. lang, 2 F. breit, 4 Z. stark.

3428⅛ Q. F. eichene Bretter zu dem Nachen gehörig zu bearbeiten, zu passen und genau zusammenzusetzen, so dafs der Nachen angemessene Biegungen und eine gefällige Form bekommt, die Bretter zu befestigen, die Fugen an der Aufsenseite zu kalfatern und zu pichen, zu 1 Sgr. den Q. F., . . 114 Thlr. 8 Sgr. 4 Pf.

19½ F. 16 und 5 Z. starkes Holz zu dem Mastgebinde.
39 - 16 und 4 Z. desgleichen zu zwei Gebinden im Nachen.
39 - 16 und 3 Z. desgleichen zu zwei Gebinden in der Cajüte.
21 - Ruderspindel, 9 Z. im Durchmesser.
456 - zu 38 Paar 5 F. und 5 Z. starken Krümmern, das Paar durchschnittlich 12 F. lang.
54 - zu 9 Stück Krümmern, durchschnittlich von 6 F. lang, zur Befestigung des Mastgebindes und der Cajütengebinde u. s. w., 5 F. und 5 Z. stark.
511 - zu 28 Schwalben, von 18¼ F. lang, 5 F. und 5 Z. stark.
168 - zu 28 Paar Oplanger, von 3 F. lang, 5 F. und 5 Z. stark.

1314 laufende Fufs Eichenholz gehörig zu bearbeiten, genau zu passen, zu nageln und das Eisenwerk daran anzubringen, den laufenden Fufs zu 1 Sgr. 6 Pf., . . . 65 - 21 - — -

Bis hierher 179 Thlr. 29 Sgr. 4 Pf.

	Thlr.	Sgr.	Pf.
Bis hierher	179 Thlr.	29 Sgr.	4 Pf.
9 Cub. F. Eichenholz zu 8 Bolders. 20 - - - - zu 2 Klötzen in den Köpfen. 29 Cub. F. Eichenholz in die genaue Form zu bringen und mit dem nöthigen Eisenwerk zu befestigen, den Cub. F. zu 10 Sgr., ...	9	20	—
1603 Q. F. einzöllige Bedielung, 93mal 17⅔ F., weniger 40 Q. F. für das Saatholz. 279 - - Ausfütterung zwischen der Bedielung und dem Raum. 175 - - zu der hintern und vordern Wand der Cajüte, nebst Thür. 49 - - zur Laufplanke für den Steuermann, 2 Z. dick. 2106 Q. F. Tannenbohlen genau passend zu bearbeiten, zu befestigen und theilweise zu hobeln, den Brettern für die Cajütenwände Ruthen und Federn zu geben und eine Thür anzufertigen, den Q. F. zu 6 Pf., .	35	3	—
10 Tagelöhne für zweimaliges Theeren des Nachens innerhalb und aufserhalb, den Tagelohn zu 12 Sgr., ...	4	—	—
Für das Aufstellen und Umkanten des Nachens, und denselben ins Wasser zu bringen, einschliefslich der nöthigen Geräthschaften, ...	25	—	—

b_1. Eichenholz.

	Thlr.	Sgr.	Pf.
2750 Q. F. zweizöllige Bohlen, zu 3¼ Sgr., ...	297	27	6
305⅔ - - 1½zöllige Bohlen, zu 2½ Sgr., ...	25	14	2
133⅓ - - einzöllige Bohlen, zu 1¾ Sgr., ...	7	23	4
164⅓ - - dreizöllige Bohlen, zu 4¾ Sgr., ...	26	—	7
35 - - 2½zöllige Bohlen, zu 4 Sgr., ...	4	20	—
40 - - einzöllige Bohlen, zu 6¼ Sgr., ...	8	10	—
19½ laufende Fufs Mastgebinde, 16 und 5 Z. stark, wegen der nöthigen Krümmung, den Fufs zu 16 Sgr., . . .	10	12	—
39 C. F. zu Gebinden im Schiff, 16 und 4 Z. stark, mit Rücksicht auf die gebogene Form, den Fufs zu 11 Sgr., .	14	9	—
39 - - Gebinde zur Cajüte, 16 und 3 Z. stark, den Fufs zu 9 Sgr. 5 Pf., ...	12	7	3
21 - - 6 und 6zölliges Holz zum Ruderhelm und dem gekrümmten Verbindungsstück desselben mit dem Ruderlappen, mit Rücksicht auf die nöthige Form, zu 10 Sgr., ...	7	—	—
Bis hierher	667 Thlr.	26 Sgr.	2 Pf.

	Thlr.	Sgr.	Pf.
Bis hierher	667 Thlr.	26 Sgr.	2 Pf.
6½ C. F. Eichenholz, von 9 Z. im Durchmesser, zur Ruderspindel, den Fufs zu 7 Sgr., ...	1 -	15 -	6 -
85 Krümmer von 5 und 5 Z. stark und im Durchschnitt 6 F. lang, zu 29½ Sgr., ...	83 -	17 -	6 -
679 laufende Fufs 5 und 5 Z. starkes Holz zu Schwalben und Oplangern, zu 3 Sgr. 3 Pf., ...	73 -	16 -	9 -
29 C. F. Eichenholz zu Boldern und Klötzen, zu 18 Sgr., . .	17 -	12 -	— -
b₂. Tannenholz.			
2057 Q. F. einzöllige Tannenbohlen zur Bedeckung und Futterung, zu 1 Sgr., ...	68 -	17 -	— -
49 - - zweizöllige dergleichen zu Laufplanken, zu 2 Sgr., .	3 -	8 -	— -
c. Eisenwerk.			
114 Pfd. Eisen zu 228 Stück Hakenbolzen zur Befestigung der Krümmer an die Schwalben, auf jedes Paar Krümmer 6 Stück gerechnet, jeder Bolzen 8 Z. lang, ½ Z. im Durchmesser stark.			
48 - Eisen zu 2 Bändern um die Köpfe des Nachens, jeder 8 F. lang, 2½ Z. breit, 5/16 Z. stark.			
10 - Eisen zu 8 Bolderpinnen.			
30 - Eisen zu 12 Rosenbolzen, mit Klammern zur Befestigung der Gebinde.			
13 - Eisen zum Beschlag am Mastkocher.			
16 - Eisen zu 4 Püttingen für die Höfttaue.			
18 - Eisen zum Beschlag am Steuerruder.			
Zusammen 249 Pfd. Eisen, nach dem Maafs bearbeitet, zu 3½ Sgr.,	29 -	1 -	6 -
Für 2 Thürgehänge und 1 Schlofs.	1 -	— -	— -
- 5000 Stück Nägel, zu 5 Z. lang, das Hundert 1 Thlr., . .	50 -	— -	— -
- 500 - - - 4 - - - - - 20 Sgr., .	3 -	10 -	— -
- 4250 - - - 2¼ - - - - 5 Sgr., .	7 -	2 -	6 -
- 60 - - - 7 - - - - 3 Thlr., .	1 -	24 -	— -
Für 4 Pfd. Prisellingnägel, das Pfund zu 10 Sgr., ...	1 -	10 -	— -

B. Material zur Dichtung und zum Anstrich.

	Thlr.	Sgr.	Pf.
Für 20 Ellen festes Segeltuch, und für Prisellinge zur Dichtung der Cajütendecke, zu 8 Sgr., ...	5 -	10 -	— -
- 2½ Centner holländisches Schiffwerg, zu 12 Thlr., . . .	30 -	— -	— -
Bis hierher	1044 Thlr.	21 Sgr.	3 Pf.

	Thlr.	Sgr.	Pf.
Bis hierher	1044	21	3
Für 200 Pfd. Pech, zu 1 Sgr. 6 Pf.,	10	—	—
- 100 Bund Moos zur Fütterung der Niederborde, zu 1 Sgr.,	3	10	—
- $1\frac{1}{2}$ Tonne Theer, zum zweimaligen Anstrich, zu 10 Thlr.,	15	—	—

C. Ausrüstung. (Geräthschaften.)

	Thlr.	Sgr.	Pf.
Für den Mast von 50 F. lang, mit Zubehör, Beschlag, Block- und Höfttaue	20	—	—
- 3 Anker zu 40, 60 und 90 Pfd., zusammen 190 Pfd. schwer, zu $3\frac{1}{2}$ Sgr.,	22	5	—
- 3 Pferdeleinen von verschiedener Dicke, zu 200, 400 und 600 Pfd., zusammen 1200 Pfd. schwer, zu $5\frac{1}{2}$ Sgr.,	220	—	—
- eine vollständige Pumpe	2	—	—
- 2 Gänge, zu 2 Thlr.,	4	—	—
- 1 starke Winde	7	—	—
- 4 Setzhaken, zu 1 Thlr. 20 Sgr.,	6	20	—
- 1 Ofen mit Zubehör, Töpfe u. s. w.	8	—	—
- 1 kleinen Tisch	1	—	—
- 2 Stühle, zu 15 Sgr.,	1	—	—
- verschiedene kleine Geräthschaften	6	—	—
- 1 kleinen Fliegernachen	18	—	—
Für ein Verdeck aus leichten Tannenborden, kostet vollständig	150	—	—

D. Insgemein.

	Thlr.	Sgr.	Pf.
Für Ölfarbe, Flagge und Flaggenstock, Hebebäume, Bretter, vorräthige Tau-Enden, vorräthigen Theer, Pech, Pechtopf, Schwabber, Theerquasten u. s. w., so wie zu unvorhergesehenen Ausgaben	61	4	1
Zusammen	1600 Thlr.	— Sgr.	— Pf.

Drosten am 15. März 1848.

H. Leygraaf,
Schiffbaumeister.

In der Erläuterung dieses Kosten-Anschlages ist zweier Arten Lippe-Nachen gedacht, deren Gröfse verschieden und durch den Schleusenraum bedingt ist, nemlich Nachen, die von *Lippstadt* bis *Lünen* fahren, von 75 F. lang und 14 F. breit, und Nachen zur Fahrt von *Lünen* abwärts bis *Wesel* und in den Rhein, von 110 F. lang und $9\frac{1}{2}$ F. breit. Daran ist ihre Form geknüpft, um mit genügender Bewegbarkeit der Nachen innerhalb des begrenzten Schleusenraums die möglich-gröfste Ladungsfähigkeit zu erlangen, und die in der Zeichnung angegebene Form ist auch die der *Lippe*-Nachen, welche den Erfordernissen am meisten entsprechen.

Die in der Erläuterung des Kosten-Anschlages gegebene Vergleichung der Tragfähigkeit eines kleinen und eines grofsen Lippeschiffes, nach Maafsgabe seiner Eintauchung, hat zunächst unsere Aufmerksamkeit auf sich gezogen, indem die Länge des kleinen Lippeschiffs, von 75 F. Rheinl. und dessen Breite von 14 F. grade die sind, welche für die innere Länge und Breite der *Ems*schleusen mit hinreichendem Spielraum für die gröfsten Emsfahrzeuge passen, wie ich sie von Eisen zu bauen vorschlage, und die dann mit gleicher Ladung weniger tief eintauchen würden, als die auf der Lippe fahrenden, aus westphälischem *Eichenholze* gebauten *kleinern* Nachen.

Die *kleinen* Lippeschiffe können, ihrer Länge und Breite nach, auch jetzt schon die *Ems* und deren Schleusen bequem passiren, die *grofsen* Lippeschiffe, von 110 F. lang und 19½ F. Rheinl. breit, jedoch nicht; wiewohl es zu wünschen wäre.

Da es durch Erfahrung ausgemacht ist, dafs ein eisernes Schiff von gleicher Länge, Breite, Tiefe, Form und Ladung, fast nur halb und höchstens nur Zweidrittel so tief geht, wie ein gleich grofses Schiff von Eichenholz, so würde es sowohl für die *Lippe*- als für die *Ems*schiffahrt nützlich sein, wenigstens einen Theil der Fahrzeuge auf beiden Strömen, statt aus schwerem westphälischem Eichenholze, was sich mehr für Seeschiffe eignet, die ein hinreichend tiefes Fahrwasser haben, als für Flüsse, künftig von Eisen zu bauen. Wenn so, nach Beschaffenheit der Strombetten, aufser den gröfsten Fahrzeugen, welche für die untern, weitern und tiefern Strecken bestimmt sind, für die höhern Stromstrecken und Nebenflüsse Fahrzeuge von mittler und geringer Gröfse aus *Eisen* erbaut werden, so sind die Mittel vorhanden, den Schifffahrts- und Handels-Verkehr auf der *Lippe* und *Ems* ins Innere des Landes hinein möglichst zu erweitern.

Hiezu ist um so mehr Hoffnung vorhanden, da Preufsen und Hannover für die *Ems* die Förderung des Verkehrs durch den Staats-Vertrag vom 13. März 1843, Art. 14. beschlossen haben. Es heifst dort wörtlich.

„Sollte die Königl. Preufsische Regierung es für zweckmäfsig erachten, „die *Ems* künftig noch über *Greven* hinaus schiffbar zu machen, so ist sie berech- „tigt, nach vorgängiger Übereinkunft mit der Königl. Hannöverschen Regierung, „auch auf der alsdann oberhalb *Greven* schiffbar gemachten Strecke, eine der „Länge derselben und dem für den übrigen Theil der *Ems* entsprechende „verhältnifsmäfsige Abgabe zu erheben. Wie indessen für diesen Fall den „Hannöverschen Unterthanen dieserhalb eine völlig gleiche Behandlung mit den

„Preufsischen Unterthanen zugesichert wird, so bleiben auch für den Fall, dafs „die *Ems* demnächst einmal mit andern Gewässern verbunden werden sollte, „die im Art. 4. des Protocolls vom 26. April 1820 verheifsenen Vorrechte un- „geschmälert vorbehalten."

Dadurch ist die Aussicht vorhanden, dafs künftig einmal die obere *Ems*, oberhalb *Greven*, über *Telgte*, *Warendorf*, *Rheda* bis *Rötterg*, durch Aufräumung fahrbar gemacht werde; was auch nach der Überzeugung des Verfassers ganz ausführbar ist. Er wurde in den Jahren 1803 und 1804, als damaliger Preufsischer Bau-Conducteur zu *Minden*, von der dortigen Krieges- und Domainen-Kammer nach dem damals secularisirten Kloster *Clarholz* zur Vermessung desselben gesendet, und hat bei dieser Gelegenheit die *Ems* zwischen *Münster* und *Rittberg* genau kennen gelernt. Sie war zwar nicht schiffbar, aber doch flöfsbar, für Eichenstämme von 36 bis 40 F. lang, 1 bis 2 F. im Durchmesser, wie sie in den Kloster-Waldungen von *Clarholz* gefällt und von dort auf der *Ems*, theils in einzelnen Stämmen, theils in verbundenen Flöfsen, Ems-abwärts bis zur Stadt *Rheina* geflöfst, dort zu noch gröfseren Flöfsen verbunden und weiter nach *Ostfriesland* und *Holland* zum Schiffbau verkauft und versandt wurden. Da das frisch vom Stamm gehauene Eichenholz in der Regel specifisch schwerer als das Flufswasser der Ems ist, so mufsten die Flöfse an leere wasserdichte Tonnen befestigt werden, um sie so viel über den Stromboden zu heben, dafs sie flott blieben; weshalb sie auch stets Begleiter bei sich hatten. Mittels der Tonnen wurde ein Zwischenraum von 3 bis 6 Z. zwischen der untern Seite der Flöfse und dem Stromboden hervorgebracht, und die Ems hatte in jener obern Strecke durchschnittlich 1 bis 2 F. Tiefe, in den niedrigsten und tiefern Strecken aber weit mehr, und einen hinreichenden Wasser-Vorrath, um Mahlmühlen von mehreren Gängen zu treiben. Und da sie, von ihren Quellen an durch die *Senne* im *Paderbornschen*, stets durch Sandboden fliefst, so ist sie durch nicht gar zu grofse Kosten für Fahrzeuge von geringer Eintauchung und von nicht zu grofser Länge, Breite und Ladung auch recht wohl schiffbar zu machen und zu erhalten. Daher ist die Ausführung des Puncts im Art. 14. des Staats-Vertrages vom 13. März 1843 nicht allein für die Bewohner der dortigen Gegend von *Rittberg*, *Rheda*, *Warendorf*, *Münster*, *Greven* und *Rheina*, sondern auch für das ganze Stromgebiet der *Ems*, und zunächst für *Lingen*, *Meppen*, *Haselünne* und *Quakenbrück* an der *Hase*, *Haaren* an der Ems, *Papenburg*, *Halte*, *Wener*, *Leer*, *Emden* und ganz Ostfriesland möglich. Es ist zu wünschen, dafs die Ausführung zum Besten aller dabei betheiligten Gegenden und Strombewohner bald erfolgen möge.

In dem Vorworte haben wir erwähnt, dafs die Schiffbarmachung der bei *Meppen* in die Ems einmündenden *Hase*, die bis jetzt nur bis *Haselünne* für die Münsterschen Pünten schiffbar ist, auch höher hinauf, vorläufig bis *Quakenbrück* auf Hannöverschem Gebiete, ausgeführt werden soll; zufolge Dessen, was in den Jahren 1849 und 1850 in den Hannöverschen Landständen vorgeschlagen und von der Regierung günstig aufgenommen wurde. Die Schiffbarmachungskosten sind auf 80 bis 100 Tausend Thlr. angeschlagen, wenn der Flufs eine fahrbare Tiefe von 3 F. bekommen soll. Die Kosten der ersten Schiffbarmachung und nachherigen Erhaltung der Schiffbarkeit könnten aber bedeutend vermindert werden, wenn eiserne Frachtfahrzeuge von mittler Gröfse und geringerer Eintauchung, von nur $1\frac{1}{2}$ bis 2 F., so wie Schlepp-Dampfboote von Eisen, von 12 bis 15 Z. Eintauchung, zur Befahrung dieses Flusses benutzt würden; was die Folge haben würde, dafs mit der Zeit die *Hase* nicht allein bis *Quakenbrück*, sondern auch bis *Bramsche* und *Osnabrück* fahrbar gemacht werden dürfte; was der Verfasser seiner *Vaterstadt Osnabrück* von Herzen wünscht. Zu *Osnabrück* würden in der rühmlichst bekannten Dampfmaschinenfabrik des Herrn *Vofskühler* die eisernen Dampf- und Frachtboote für die *Ems* und *Hase* mit bestem Erfolge erbaut werden, und die Steinkohlen für dieselben würden aus dem der Stadt *Osnabrück* gehörigen Kohlenbergwerke, des *Piesberges* unweit *Bramsche*, erfolgen können.

Der Verbindung der *Leda*, welche bei *Leer* in die Ems mündet, mit der *Hunte* und *Weser* mittels des im Oldenburgischen jetzt wieder angeregten Hunte-Ems-Canals, haben wir ebenfalls im Vorworte gedacht. Wir kehren jetzt zur *Lippe* zurück.

Es wurde dieser Flufs in den Jahren 1817 und 1818, also in denselben Jahren wie die *Ems*, auf Hannöverschem Gebiete, wegen vorläufiger Aufräumung und nachheriger Schiffbarmachung, von *Lippstadt* abwärts bis *Wesel* untersucht. Die Schiffbarmachungs-Arbeiten wurden begonnen und 1830 vollendet. Sie sollen 345 000 Thlr. gekostet haben. Der damalige Oberpräsident von Westphalen, Herr *v. Vinke,* war der Urheber und eifrige Beförderer dieses für Westphalen so höchst nützlichen Werks. Ihm verdanken Westphalen und andere Gegenden, wo er wirkte, noch viele andere, dauernd nützliche Anlagen, und sein Andenken wird dankbar aufbewahrt. Schon in den Jahren 1817 und 1818 war es der Plan und Vorsatz des Herrn *v. Vinke,* die Lippe mit der Ems mittels eines *Canals* von *Hamm* nach *Münster* verbinden, den Münsterschen Canal von *Münster* bis *Clemenshaven* wiederherstellen und verbessern und ihn beim Dorfe *Mosum* oberhalb *Rheina* in die *Ems* münden zu lassen; wobei die *Ems* von *Rheina* bis zur Hannöverschen Grenze auf Preufsischem Gebiete schiffbar gemacht werden sollte; was auch in den Jahren 1843 bis 1848 geschehen ist. Der *Canal* ist nicht ausgeführt, sondern die *Ems* von *Rheina* bis *Greven* schiffbar gemacht worden; von da bis *Münster* ist eine Chaussée von etwa 2 Meilen lang, und von *Münster* bis *Hamm* nach der Rhein-Weserbahn eine Eisenbahn gebaut, so dafs auf diese dreifache Weise die Verbindung der *Ems* mit der *Lippe* und zugleich mit der Rhein-Weser-Eisenbahn bewerkstelligt ist. An eine Canalverbindung der *Ems* mit der *Lippe* ist jetzt nicht wohl mehr zu denken; besonders wenn in Folge der Tractate und fortwährenden Unterhandlungen zwischen Preufsen und Hannover, die Hannöversche West-Eisenbahn von *Preufs. Minden* über *Osnabrück* nach *Lingen, Rheina* und *Münster,* und von *Lingen* über *Meppen, Papenburg, Leer* nach *Emden* gebaut wird; was auch gewifs geschehen wird, indem nach den neuesten Beschlüssen der Regierung und der Landstände in Hannover, in diesem Jahre 1850 zwischen *Emden, Leer* und *Papenburg* schon der Anfang damit gemacht und in den nächsten Jahren fortgefahren werden soll.

Da nun kein Ems-Lippe-*Canal* mehr zu erwarten sein dürfte, so ist zu wünschen, dafs statt dessen die *Lippe,* oberhalb *Lippstadt* bis *Neuhaus* bei *Paderborn,* nach und nach aufgeräumt und für *eiserne* Schiffe von mittler Gröfse und mit $1\frac{1}{2}$ bis 2 F. Eintauchung fahrbar, so wie für Holzflöfse flöfsbar gemacht werden möge, wodurch der innere Schiffahrts- und Handels-Verkehr mit Landesproducten, namentlich mit Korn, Holz, Salz, Glas u. s. w. in der Provinz *Paderborn* bedeutend vermehrt und lebendiger werden und den dortigen Landesbewohnern ein grofser Nutzen geschaffen werden würde. Wenn ich nicht irre war dies auch der Plan des Herrn *v. Vinke.* Der Verfasser führte in den Jahren 1804 bis 1807, als damaliger Preufsischer Bau-Conducteur, die Aufsicht über die Bauten auf den Domainen-Klöstern im Paderbornschen und hatte das Glück, mit diesem seinem unvergefslichen Beschützer über jene nützliche Anlagen bei seinen Reisen in der Provinz zu sprechen. Dem Herrn *v. Vinke* verdanken die dortigen Bewohner auch die Chausséen, welche jetzt durch die von Cassel über Paderborn nach Lippstadt projectirten Eisenbahnen vervollständigt werden sollen.

Zweiter Abschnitt.

Vorschläge, die Stromfahrzeuge für die obere Ems künftig so zu erbauen, dafs die Schiffahrt bei den niedrigsten Wasserständen möglich ist.

---

§. 1.

Mittel zur Verbesserung der Fahrzeuge.

Um den oben gedachten Mängeln der bisherigen Stromfahrzeuge auf der *Ems* für die Zukunft abzuhelfen, was bis jetzt durch die zu *Haaren* und *Greven* seit einigen Jahren gemachten Versuche nicht gelungen ist, scheinen uns folgende Mittel zu dienen.

Es ist gewifs, dafs dem Übel nur dadurch am schnellsten und mit den mindesten Kosten für die Dauer abgeholfen werden kann, dafs

Erstlich nach und nach Fahrzeuge von geringer Eintauchung für Wasserstände von 12 bis 24 Z. eingeführt;

Zweitens, dafs sie nicht von schwerem westphälischen Eichenholze, und überhaupt nicht von Holz, sondern von *Eisen* erbaut, und

Drittens, dafs ihrer, nach Ladung, Wasserstand und sonstigen Zwecken, hinsichtlich der Länge und Weite *dreierlei Art* sind, um nicht allein den Hauptstrom, sondern auch dessen noch seichtere Nebenflüsse so hoch als möglich hinauf damit befahren und die Schleusen mit *mehreren Fahrzeugen zugleich* passiren zu können; wie wir dies weiterhin beispielsweise näher angeben werden.

Um die Maafse der Länge, Breite und Tiefe für Fahrzeuge anzugeben, die ihren Zweck für die *Ems* erfüllen würden, ist die Kenntnifs der Abmessungen des innern Raums der Ems-Canal- und Strom-*Schleusen* nothwendig. Zu dem Ende theilen wir die Zeichnung auf (Taf. VI.) von der zweiten, dritten und vierten Canalschleuse mit, wie sie im sogenannten *Ochsenbruche* zwischen *Meppen* und *Lingen* erbaut sind. Die Kosten einer Schleuse waren auf 57 377 Thlr. 13 Ggr. 1 Pf. veranschlagt.

Die Vorschleuse oder das Oberhaupt (Fig. 1, 2 und 3) ist im Boden von der äufsern Spundwand bis in die Wendehöhlen der Schleusenthorstiele	25 F.	— Z.	lang.
Die Schleusenkammer, von den Oberthoren bis zu den Unterthoren zwischen den Wendehöhlen, ist . . .	101 -	5 -	lang.
Die Unterschleuse (Fig. 1, 2, 3 und 4) ist bis zur äufsersten Spundwand des Flufsbettes	20 -	— -	lang.
Die lichte Weite der Schleusenkammer, so wie der beiden Thore, ist	19 -	— -	
Die Höhe der Seitenmauern am Oberhaupt ist . .	17 -	8 -	
Desgleichen im Oberhaupte	13 -	— -	
Unterschied	4 F.	8 Z.	
Die Kronenlinie der Oberfläche der beiden Seitenmauern liegt über dem gewöhnlichen Canalwasserspiegel .	3 F.	— Z.	hoch.
Dies beträgt an Höhe des Wasserspiegels über dem Drempel des untern Thores	11 -	6 -	
Und des obern Thores	5 -	- -	
Der Unterschied beider Wasserspiegel ist also	5 F.	6 Z.	

Die Höhe des Wasserspiegels ist nach diesen Zahlen für die jetzigen Fahrzeuge im Canal mehr als hinreichend.

Die lichte Länge der Schleusenkammer *b* (Fig. 1 und 2), in ihrer Mitte zwischen den geschlossenen Thoren des Unterhaupts und der innern Bodenlinie der Fallmauer des Oberhaupts, wo beide Thorflügel zusammenschlagen, ist . . . . 88 F.

Die übrigen Maafse lassen sich aus der Zeichnung entnehmen.

Nach diesen Maafsen des innern Raums der jetzigen Ems-Canalschleusen, und dem für die Durchfahrt der Stromfahrzeuge nöthigen Spielraum, werden wir für die gröfsten Fahrzeuge, welche die Ems nebst deren Canal und Schleusen von *Leer* bis *Greven* zu befahren im Stande sind, das Längen-, Breiten- und Tiefenmaafs ansetzen; wobei es sich dann von selbst versteht, dafs Fahrzeuge von geringerer Länge, Breite und Tiefe, nicht blofs einzeln, sondern mehre zusammen auf einmal müssen durchgeschleuset werden können, um nicht allein möglichst viele Güter auf einmal weiter zu befördern, sondern auch, um nicht durch unnöthige Wiederholung des Durchschleusens einzelner kleiner Fahrzeuge den Wasservorrath in den einzelnen, vorzüglich den kürzesten Canalhaltungen, unnöthig zu verschwenden; besonders in dürren Zeiten.

Wir nehmen diesemnach für die projectirten eisernen Emsfahrzeuge *drei* Classen von verschiedener Gröfse an: so lang und weit, dafs von der mittleren und kleinsten Art, jedoch nicht von der gröfsten, *mehrere* Fahrzeuge zugleich durchgeschleuset werden können.

Diejenigen Maafse des Schleusenraums im Lichten, welche in Beziehung auf Länge, Breite und Tiefe der projectirten Fahrzeuge besonders in Betracht kommen, sind folgende.

Die lichte Länge der Schleusenkammer zwischen den geschlossenen Thoren des Unterhaupts und der innern Bodenlinie der Fallmauer des Oberhaupts, wo beide Thorflügel in der Mitte zusammenschlagen. Sie beträgt 88 F.

Die lichte Weite der Kammer und der Thor-Öffnungen, von . . 19 -

Die Höhe der Fallmauer über dem Boden der Kammer, von . . 10 -

Und über dem Boden des Oberhaupts, von . . . . 5 F.

Der gewöhnliche Wasserspiegel des Canals steht über der Oberfläche der Fallmauer . . . . 5 F. hoch.

Und unter der Kronen-Oberfläche der Seitenmauern . . 3 F. hoch.

Die Maafse für die drei Classen der eisernen Fahrzeuge sind hiernach folgende.

Erste Classe.

Die Länge des Schiffrumpfs über den Steven, einschliefslich derselben, sei . . . . 75 F.

Die Länge des Steuerruders . . . . 5 -

Also die Länge des Fahrzeuges . . . . 80 F.

So ist das Fahrzeug 8 F. kürzer als die Kammer der Schleuse, und es bleibt 4 F. zu jedem der beiden Spielräume vor und hinter dem in der Schleuse liegenden Fahrzeuge.

Die lichte Breite des Fahrzeuges sei . . . . 14 F.

Und mit beiden Seitenborden . . . . $14\frac{1}{2}$ -

Wofür wir in runder Zahlen annehmen . . . . 15 F.

Dann ist die Schleusenkammer 4 F. breiter als die Fahrzeuge, und es bleiben 2 F. an jeder Seite Spielraum, so dafs ein Fahrzeug erster Classe, und zwar *einzeln,* die Emschleusen, welche sämmtlich einerlei Gröfse haben, passiren kann.

Zweite Classe.

Ein Fahrzeug *zweiter Classe* sei lang . . . . 50 F.

Oben im Lichten weit . . . . 14 F.

Und mit beiden Seitenborden . . . . $14\frac{1}{2}$ F.
Wofür wir setzen . . . . 15 F.
Die lothrechte Tiefe des Rumpfs sei $3\frac{1}{2}$ F., wie die der ersten Classe. Da nun der gewöhnliche Wasserspiegel des Canals über der Fallmauer der Schleusen 5 F. hoch gehalten wird, so können eiserne Fahrzeuge, die 1 bis 2 F. tief gehen sollen, den Canal, so wie die *obere* Stromstrecke der Ems, welche mittels Wehren und Schleusen aufgestauet wird, unbezweifelt befahren.

Dritte Classe.

Diese Fahrzeuge mögen 25 F. lang, 7 F. im Lichten weit, $7\frac{1}{4}$ F. mit 2 Seitenborden zwischen beiden Aufsenseiten breit und 3 F. im Rumpfe tief sein. So können sie, *zwei und zwei neben einander* liegend, mit hinreichendem Spielraum, die 19 F. weiten Schleusenthore und Kammern passiren.

Mit diesen für die drei Classen der Fahrzeuge angenommenen Maafsen kann nun auf einmal oder *zu gleicher Zeit* folgende *Zahl* derselben die Ems-Canal- und Strom-Schleusen passiren:

Eins allein von der ersten Classe, von 75 F. lang.

Eins von der zweiten Classe, von 50 F. lang, und *zugleich* mit demselben von der

Dritten Classe *ein Paar*, neben einander liegend, von 25 F. lang, weil diese drei Fahrzeuge 75 F. Länge und 15 F. Breite aufser dem nöthigen Spielraum einnehmen.

Von der dritten Classe, können *Sechs* Fahrzeuge, Paarweise neben-, also drei Paar hinter einander, *zugleich* in der Schleuse Raum finden und durchpassiren.

Auf diese Weise wird der Schleusenraum und Wasser-Vorrath möglichst ökonomisch benutzt werden.

Die drei Fahrzeuge dritter Classe, von zusammen 75 F. lang, haben ungefähr denselben Ladungsraum, wie ein einzelnes Fahrzeug erster Classe, und ersetzen also dasselbe. Da aber die 75 F. langen Fahrzeuge die vielen Krümmungen der Ems oft nur beschwerlich würden passiren können, besonders bei niedrigem Fahrwasser, so dürften in diesem Betracht die Fahrzeuge zweiter und dritter Classe besser sein.

Wir wollen beispielsweise annehmen, dafs zur schnellern und kräftigeren Fortbewegung einer angemessenen Zahl eiserner Frachtfahrzeuge ein eisernes *Dampfboot* dienen solle, welches über den Steven 50 F. lang, zwischen den beiden äufsern Seiten 15 F. breit, zwischen dem Boden und der Decke 6 F. tief ist, eine Hochdruckmaschine von 12 bis 16 Pferdekraft hat, 12, höchstens 15 Z. Rh. tief geht, und nicht allein zum Schleppen anderer Fahrzeuge, sondern auch als Personenfahrzeug für etwa 100 Personen tauglich sein wird. Dann läfst sich nach Maafsgabe der Zugkraft dieses Schleppdampfbootes, welches die Gröfse eines Fahrzeuges zweiter Classe hat, und mithin die Schleusen passiren kann, indem seine Räder in Einschnitten liegen und nicht aufserhalb des Bords vorspringen, etwa folgende Zahl von Fahrzeugen obiger drei Classen auf einmal, im Schlepptau, stromauf wenigstens $1\frac{1}{2}$ Meile und stromab 2 Meilen weit in der Stunde fortschaffen, statt dafs man durch Pferde in beiden Fällen etwa nur $\frac{1}{2}$ Meile in der Stunde weit fortkommt.

Die *Flotille* würde aus folgenden Fahrzeugen bestehen, die, wie folgt, in dreien Malen durchgeschleuset werden könnten:

Erste Durchschleusung. Der Dampfer von 50 F. lang, als Schlepp- und Personenboot; hinter sich 2 Frachtboote dritter Classe, von 25 F. lang; so dafs die ganze Länge hinter einander 75 F. ist.

Zweite Durchschleusung. 1 Frachtfahrzeug zweiter Classe von 50 F. lang, und dahinter 2 Fahrzeuge dritter Classe von 25 F. lang, neben einander; wie vorhin.

Dritte Durchschleusung. 1 Fahrzeug erster Classe von 75 F. lang, allein für sich.

Also würden zusammen 7 Fahrzeuge in dreien Malen hinter einander durchgeschleuset werden können, wenn der Wasser-Vorrath in den Canal- und Stromhaltungen zwischen je zwei Schleusen überall dazu hinreicht; was billig vorauszusetzen ist. Die 6 Frachtfahrzeuge wird der Dampfer, mit 12 bis 16 Pferdekraft, auf freiem Strome und Canale, mit gewöhnlicher Ladung und geringer Eintauchung, im Schlepptau ziehen können; so dafs auf diese Weise ein weit schnellerer Güter- und Personen-Transport zu bewerkstelligen ist.

Es ist aber zu beachten, dafs auf dem Canale nicht so schnell, wie auf dem offenen, freien Strome gefahren werden darf. Hier kann der Dampfer 2 bis $2\frac{1}{2}$ Meile stromab und 1 bis $1\frac{1}{2}$ Meile stromauf zurücklegen, auf dem Canale nur etwa 1 Meile in der Stunde; er darf nur so geschwind fahren, wie ein Pferd, z. B. in Holland vor Personenschiffen, den sogenannten *Trek-*

schuiten, die von Pferden gezogen werden, trabt, also etwa eine Meile von 2000 Ruthen in der Stunde. Führe man auf Canälen zu schnell, so würde das dem Fahrzeuge nachrollende Kielwasser, welches zu beiden Seiten des Schiffs sich herzuzudrängen sucht, die sandigen Böschungen und Deichfüfse angreifen und abspülen, wodurch das Canalbette veruntieft und die Seitendämme des Canals in die Gefahr des Absturzes und Durchbruchs gebracht werden würden. Im freien, offenen Strome dagegen wird die gröfsere Geschwindigkeit, von 2 bis $2\frac{1}{2}$ Meile in der Stunde stromab und $1\frac{1}{2}$ Meile stromauf, durch die schnellere Bewegung der Räder, so wie des bei dem Fahrzeuge schnell vorbeiströmenden Kielwassers, durch Mobilmachung des Sandes und anderer Sinkstoffe noch zur Vertiefung der Stromrinne, also zur Schiffbar-Erhaltung des Stromes beitragen.

Der Ems-Canal ist von ***Hannekenfähre,*** etwa 1 Meile oberhalb ***Lingen,*** bis zur Einmündung in die ***Hase,*** dicht unterhalb ***Meppen,*** 6852 Ruthen Rh. lang; ohne die Sperrschleuse an der ***Ems*** bei ***Hannekenfähre;*** nemlich:

Die erste oder höchste Canalhaltung von der Sperrschleuse bis zur ersten Canalschleuse unterhalb ***Lingen*** ist lang	4199	Ruthen.
Die zweite Haltung von der ersten bis zur zweiten Schleuse .	725	-
Die dritte Haltung bis zur dritten Schleuse	1500	-
Die vierte Haltung von der dritten bis zur vierten oder Kuppelschleuse vor der Einmündung des Canals in die ***Hase*** neben ***Meppen***	428	-
Thut zusammen	6852	Ruthen

oder etwa $3\frac{1}{2}$ Meilen. Diese Canalstrecke würde also von einem Dampfer, der in der Stunde 1 Meile zurücklegt, in $3\frac{1}{2}$ Stunden durchschifft werden können, wenn nicht 4 Schleusen, von welchen die letzte eine doppelte ist, also 5 Schleusen, und mit der Sperrschleuse bei ***Hannekenfähre*** 6 Schleusen zu passiren wären, und nicht jede Durchschleusung $\frac{1}{4}$ bis $\frac{1}{2}$ Stunde Zeit erforderte, so dafs zu der obigen Zeit zum blofsen Fahren, von $3\frac{1}{2}$ Stunden, zum Durchschleusen etwa noch $1\frac{1}{2}$ Stunde hinzukommen, also etwa zusammen 5 Stunden nöthig sind, um mit einem Dampfer, oder einem trabenden Pferde, wenn sie beide mit gleicher Geschwindigkeit von 1 Meile in der Stunde sich bewegen, die Canalfahrt von ***Meppen*** bis ***Hannekenfähre*** zu machen, wo die Ems *selbst* wieder befahren wird, die bis ***Rheina*** und ***Greven*** fast eben so viele Schleusen hat, als der Canal.

Die Länge der ***Ems*** selbst beträgt von ***Leer*** bis ***Greven,*** in runden Zahlen:

Von *Leer* bis *Meppen* etwa	15 Meilen.
Von *Meppen*, bei *Lingen* vorbei, bis *Hannekenfähre*, der Canal,	$3\frac{1}{2}$ -
Von *Hannekenfähre* bis *Rheina* etwa	$4\frac{1}{2}$ -
Von *Rheina* bis *Greven*, wo die Emsschiffahrt aufhört, .	4 -
Zusammen von *Leer* bis *Greven* etwa	27 Meilen.

Hiernach läfst sich, nach Maafsgabe der Geschwindigkeit, die man bei der Fahrt haben will, berechnen, wieviel Zeit die ganze Reise von *Leer* bis *Greven*, oder zwischen zwei sonstigen Orten erfordern würde; wobei für die Durchschleusungen ein bestimmter Zeitverlust hinzuzurechnen ist. Für Frachtfahrten ist nicht anzunehmen, dafs ein Zugpferd, bei mittler Tageslänge von 12 Stunden, in 10 Arbeitstunden durchschnittlich jede Stunde 1 Meile im *Trabe* zurücklegen werde, sondern nur $\frac{1}{2}$ Meile, im *Schritte;* was es viele Tage hinter einander aushalten kann, wenn es gut gefüttert wird. Ein Dampfboot dagegen kann täglich und stündlich 2 bis $2\frac{1}{2}$ Meilen in der Stunde Zeit fahren, je nachdem es sein mufs; was dann für Personen und Eilwaaren sehr wichtig und nützlich ist.

§. 8.

Von der Tragkraft der verbesserten Emsfahrzeuge.

Wir haben die Ladungsfähigkeit der projectirten eisernen Emsfahrzeuge nach den gewöhnlichen Regeln practischer Schiffbaumeister berechnet, und dabei angenommen, dafs der Rh. Cubikfufs süfses Flufswasser 64 Pfd. wiege und dafs 64 Cubikfufs 1 Last von 4000 Pfd., oder 40 Centner ausmachen.

Nach dieser Annahme in runden Zahlen habe ich Folgendes gefunden:

I. Das eiserne Fahrzeug *erster Classe,* von 75 F. lang, 14 F. oben, 12 F. im Boden im Lichten weit, $3\frac{1}{2}$ F. im Lichten tief und $6\frac{1}{2}$ Last oder 250 Centner im segelfertigen Stande ledig wiegend, hat folgende Tragfähigkeit.

Mit 6 Z. Einsenkung geht es ledig und trägt blofs sein eigenes Gewicht von	$6\frac{1}{2}$ Last.
Mit 12 Z. Einsenkung trägt es	$12\frac{1}{2}$ Last.
Bei 18 Z. Einsenkung trägt es	$19\frac{1}{2}$ Last.
Bei 24 Z. Einsenkung trägt es	28 Last.

Hiermit möge die Tragfähigkeit und die Einsenkung eines Lippeschiffs aus Eichenholz, von gleicher Länge und Weite, also von 75 F. lang, 14 F. weit, wie es der Schiffbaumeister *Leygraaf* in seinem, in (§. 6.) mitgetheilten Kosten-

Anschlage in der Erläuterung beschreibt, verglichen werden. Dieses Schiff hat eine Tragfähigkeit

Bei 12 Z. Einsenkung, von 87 Centner oder 2 Last 7 Centner.

Bei 18 Z. Einsenkung, von 355 Centner oder 8 Last 35 Centner.

Bei 24 Z. Einsenkung, von 633 Centner oder 15 Last 13 Centner.

Der Unterschied ist also zum Vortheile des eisernen Emsfahrzeuges folgender:

Bei 12 Z. Einsenkung . . . . 10 Last 23 Centner.

Bei 18 Z. Einsenkung . . . . 10 Last 25 Centner.

Bei 24 Z. Einsenkung . . . . 13 Last 17 Centner.

Hieraus folgt, dafs ein eisernes Fahrzeug von gleicher Gröfse und Einsenkung eine weit gröfsere Tragfähigkeit hat, als ein von Eichenholz erbautes Fahrzeug.

Gleiche Erfahrungen habe ich auch an andern, von Holz erbauten Fahrzeugen gemacht, die ich selbst projectirt und berechnet und mit eisernen Schiffen von gleicher Gröfse und Form verglichen habe.

II. Ein Fahrzeug zweiter Classe, von 50 F. lang, 14 F. oben, 12 F. im Boden im Lichten weit, $3\frac{1}{2}$ F. im Lichten tief, hat folgende Tragfähigkeit:

Mit 6 Z. Einsenkung trägt es sein eigenes Gewicht von . . $4\frac{3}{4}$ Last.

Mit 12 Z. Einsenkung . . . . $7\frac{5}{8}$ Last.

Mit 18 Z. Einsenkung . . . . 13 Last.

Mit 24 Z. Einsenkung . . . . 18 Last.

III. Ein Fahrzeug dritter Classe, von 25 F. lang, oben 7 F. im Lichten und im Boden 6 F. weit, 3 F. im Lichten tief, trägt mit 6 Z. Einsenkung sein eigenes Gewicht von . . . . $1\frac{1}{8}$ Last.

Mit 1 F. Einsenkung . . . . 2 Last.

Mit $1\frac{1}{2}$ F. Einsenkung . . . . 3 Last.

Mit 2 F. Einsenkung . . . . 4 Last.

Die Tragfähigkeit der drei Arten von Fahrzeugen ist also für 2 F. Einsenkung in runden Zahlen folgende:

Erste Classe . . . . 28 Last.

Zweite Classe . . . . 18 Last.

Dritte Classe . . . . 4 Last.

Zusammen 50 Last

oder 2000 Centner.

Für 1 F. Eintauchung:

Erste Classe	12½ Last.
Zweite Classe	7½ -
Dritte Classe	2 -
Zusammen	22 Last
	oder 880 Centner.

Nun können nach (§. 7.) mittels 3 Durchschleusungen folgende Fahrzeuge, welche eine Flotille für ein Dampfschleppschiff ausmachen, die dasselbe auf einmal zusammen fortziehen kann, durch die Schleusen gelangen, und zwar mit 2 F. Einsenkung und voller Ladung:

1 Dampfer mit	100 Personen.
1 Fahrzeug erster Classe mit	28 Last.
2 Fahrzeuge zweiter Classe, jedes mit 80 Last Fracht, thut	36 -
6 Fahrzeuge dritter Classe, jedes mit 4 Last, thut . .	24 -
Zusammen 100 Personen und	88 Last.

Nimmt man an, dafs die 100 Personen zu Lande auf Steinbahnen durch Omnibus, und die 88 Last Frachtgüter auf vierspännigen Frachtwagen fortgeschafft werden sollen, und dafs je 10 Personen in einen Omnibus, mit zwei Pferden bespannt, und 100 Centner oder 2½ Last auf einen vierspännigen Frachtwagen geladen werden, so ergiebt sich Folgendes:

100 Personen erfordern	10 Omnibus.
Und dazu	10 Kutscher.
Und	20 Pferde.
40 Last oder 3520 Centner Frachtgüter erfordern . . .	35 Wagen.
Wenigstens	35 Fuhrleute.
Und	140 Pferde.

Berechnet man hierfür die Kosten und vergleicht sie mit den Kosten für den Schifftransport durch einen Dampfer, so wird man finden, dafs die Wasserfracht durch ein Dampfboot *vielfach* geringer ist, als die des Transports auf der Achse zu Lande. In (§. 16.) findet sich eine Vergleichung der Land- und Wasserfrachten auf Chausséen, Eisenbahnen und Strömen; worauf wir uns beziehen.

§. 9.

Beschreibung eines der projectirten eisernen Fahrzeuge erster Classe.

In (§. 7. und 8.) sind Länge, Breite und Tiefe dieser Fahrzeuge und die Gründe angegeben, weshalb, wegen der Abmessungen der Schleusen und der gleichzeitigen Durchschleusung mehrer Fahrzeuge, diese Maafse nicht viel anders sein dürfen. In (§. 10.) finden sich die Maafse der einzelnen Stücke, aus welchen die Fahrzeuge zusammengesetzt sind, nebst deren Gewicht und Kosten in den einzelnen Kosten-Anschlägen.

Die Zeichnung (Taf. VI.) eines eisernen Fahrzeuges erster Classe zeigt die Hauptmaafse und die Form und Bauart des Fahrzeuges.

Da das Fahrzeug zweiter Classe, von 50 F. lang, die gleiche Weite und Tiefe im Lichten wie das Fahrzeug erster Classe hat, und blofs nur um Eindrittel kürzer, auch sonst ähnlich gebaut ist, so war von der zweiten Classe keine besondere Zeichnung nöthig.

Die Form der beiden Classen von Fahrzeugen ist so entworfen, dafs nicht allein ihrer mehrere zugleich durch Dampfboote im Schlepptaue doppelt und vierfach so schnell als mit Pferden, sondern dafs sie auch mittels Zugleinen durch Pferde einzeln, aber weniger geschwind als bis jetzt, fortgeschafft werden können. Der Vordersteven läuft deshalb nicht spitz zu, sondern stumpf und das Fahrzeug ist so eingerichtet, dafs ein Pferd vom Ufer oder vom Walle aus an Bord genommen werden kann, um da, wo der Leinenpfad von einem Ufer zum andern wechselt, quer über den Strom gesetzt zu werden, oder damit, wenn das Fahrzeug stromab nicht zu ziehen nöthig ist, wie z. B. in Ostfriesland vom ***Papenburger Syhl*** bis ***Leer,*** wo kein Leinenpfad vorhanden und gestattet ist, das Pferd an Bord bleiben könne.

Vermöge dieser Einrichtung und Form der Fahrzeuge werden die Schiffs-Eigner nicht ausschliefslich an die Anschaffung von Dampfbooten gebunden sein; wiewohl ihnen in vielen Fällen der Nutzen derselben einleuchten dürfte.

§. 10.

Berechnung der Baukosten der für die obere Ems projectirten eisernen Stromfahrzeuge von geringer Eintauchung.

Es folgen hier drei Kosten-Anschläge von den drei verschiedenen Arten der projectirten Emsfahrzeuge, aus welchen das nöthige Material, dessen Gewicht und Preis, im Einzelnen und Ganzen, nebst dem Arbeitslohn zu ersehen sind.

Bei diesen Kosten-Anschlägen haben wir die Erfahrung und practische Vorbilder zu Rathe gezogen, um bei hinreichender Stärke, Haltbarkeit und Dauer, den Hauptzweck, nemlich eine möglichst geringe Einsenkung, also auch ein zuläfslich geringes Gewicht des Fahrzeuges zu erzielen, unbeschadet der Ladungsfähigkeit und des dadurch für den Eigenthümer zu erwartenden Nutzens.

Der Anschlag No. 1. betrifft das Stromfahrzeug erster Classe (Taf. V.). Dasselbe hat in rheinländischem Maafs, den Schleusen und sonstigen Bauwerken an der Ems gemäfs, wie schon gesagt, eine Länge von . . 75 F.

Eine lichte Weite oben von . . . . 14 -

Desgleichen im Boden von . . . . 12 -

Eine lothrechte Tiefe im Lichten von . . . . $3\frac{1}{2}$ -

Sein Gewicht beträgt an Eisen 25 300 Pfd. und zusammen . 2650 Pfd.

Oder . . . . $6\frac{1}{2}$ Last.

Die Summe der Baukosten beträgt 2294 Thlr., oder in runder Summe . . . . 2300 Thlr.

Der Anschlag No. 2. betrifft das Fahrzeug zweiter Classe. Dasselbe ist ebenfalls 14 F. im Lichten oben, 12 F. im Boden weit, $3\frac{1}{2}$ F. im Lichten lothrecht tief.

Das Gewicht desselben beträgt an Eisen 18 600 und zusammen 19 500 Pfd.

Oder . . . . $4\frac{3}{4}$ Last.

Bis . . . . 5 Last.

Die Summe der Baukosten ist 1658 Thlr., oder rund . . 1700 Thlr.

Der Kosten-Anschlag No. 3 betrifft ein Fahrzeug dritter Classe, von 25 F. lang, oben 7 F., im Boden 6 F. weit und 3 F. tief. Es wiegt an Eisen 4300 Pfd. und zusammen . . . . 4600 Pfd.

Oder . . . . $1\frac{1}{8}$ Last.

Die Summe der Baukosten ist . . . . 390 Thlr.

Oder rund . . . . 400 Thlr.

Also sind die Bau- und Ausrüstungskosten in runden Summen:

Von einem Fahrzeuge erster Classe	2300 Thlr.
Von einem Fahrzeuge zweiter Classe	1700 -
Von einem Fahrzeuge dritter Classe	400 -
Zusammen	4400 Thlr.

In (§. 8.) ist beispielsweise berechnet, dafs die drei Classen zusammen, bei voller Ladung und 2 F. Einsenkung, 50 Last oder 2000 Centner tragen würden. Zu einer solchen Ladung sind also an Bau- und Ausrüstungskosten 4400 Thlr. nöthig.

In (§. 7.) nahmen wir an, dafs ein Dampfschleppschiff von etwa 16 Pferdekraft und 50 F. lang, 14 F. breit, 6 F. tief zwischen dem Deck und Boden und mit 12 bis 16 Z. Einsenkung folgende Fahrzeuge mit vollen Ladungen fortziehen könne:

1 Fahrzeug erster Classe, welches kostet	2300 Thlr.
1 Fahrzeug zweiter Classe, zu	1700 -
4 Fahrzeuge dritter Classe, zu 400 Thlr., ...	1600 -
Thut	5600 Thlr.

Der Dampfer, mit einer Hochdruck-Maschine von 12 bis 16 Pferdekraft, würde mit Maschine und Fahrzeug etwa kosten . . . . . . 5000 Thlr.

Die Flotille von 7 Fahrzeugen, welche nun 100 Personen und 50 Last oder 2000 Centner auf dem Strome fortbringt, würde also kosten . 10600 Thlr.

Darunter sind indessen die Betriebs-, Erhaltungs- und sonstige Kosten nicht mitbegriffen, die erst durch Erfahrung mittels Rechnungsführung ermittelt werden können.

Es würde übertrieben und unausführbar sein, wenn man verlangen wollte, dafs alle jetzt vorhandenen hölzernen Stromfahrzeuge auf der obern Ems, die von Pferden gezogen werden und zu tief gehen, auf einmal abgeschafft und durch eiserne Fahrzeuge, von Dampfbooten gezogen, in kurzer Zeit ersetzt werden sollen. Dies ist auch keineswegs die Meinung des Verfassers. Es ist jedoch nichts Unmögliches, wenn man annimmt, dafs seit der Schiffbarmachung der Ems, von 1828 bis 1850, in etwa 22 Jahren, alle, oder doch der gröfste Theil der hölzernen Frachtfahrzeuge auf der obern Ems, etwa 60 an der Zahl, von welchen in *Haaren* allein 50 und an einigen andern Orten an der *Ems* und *Hase* die übrigen zu Hause sind, durch eiserne Frachtfahrzeuge von geringer Einsenkung hätten ersetzt werden können und sollen, um den Verkehr auch bei geringen Wasserständen, die im Sommer alle Jahre gewöhnlich einige Monate lang vorkommen, und den dadurch bestehenden Brod-Erwerb zu erhalten, in wasserreichen Jahreszeiten aber den Transport der Waarenmassen zu vergröfsern und zu beschleunigen, indem alsdann die eisernen Fahrzeuge mehr als gewöhnlich laden können, da sie alsdann auch tiefer gehen können, als gewöhnlich.

Da der Nutzen der Veränderung allgemein ist, so wäre es billig, dafs die Last der Kosten der Anschaffung der verbesserten Fahrzeuge nicht auf Einzelne falle, die jetzt einzelne Fahrzeuge besitzen, sondern dafs sich Rhedereigesellschaften im Stromgebiete der Ems und deren Nebenflüsse bilden, die ein Interesse haben, den Handels-Verkehr auf der obern Ems, see- und landwärts, zwischen Ostfriesland und Rheinland-Westphalen, nicht allein zu erhalten, sondern auch zu vergröfsern.

Wir nennen dazu folgende Orte im und nahe am Stromgebiete der Ems stromaufwärts; nemlich *Emden, Leer,* bis wohin beladene Seeschiffe von 12 bis 14 F. Eintauchung und 150 Last Ladung gelangen. Ferner *Weener, Papenburg,* bis wohin stromauf- und abwärts Seeschiffe von 7 bis 8 F. Einsenkung mit etwa 70 Last Ladung mit der Fluth fahren können. Sodann *Haaren,* wo 50 sogenannte Pünten zu Hause sind, die jetzt den gröfsten Theil der Waarenmasse zwischen *Leer* und *Greven,* von etwa 10000 Last oder 400000 Centner stromauf- und ab transportiren. Weiter stromauf, *Meppen* an der Mündung der *Hase* in die *Ems,* an welcher stromaufwärts *Haselünne,* bis wohin die *Hase* schiffbar ist, und dann *Quakenbrück* u. s. w. liegt, bis wohin die Hase schiffbar gemacht werden soll; so wie weiter stromauf den Handelsort *Bramsche,* und endlich die Hauptstadt der Landdrostei und eine der gröfsten Handelsstädte in Westphalen, *Osnabrück,* wo die projectirte Westbahn berührt werden wird, die über *Lingen* und *Leer* nach *Emden* gehen soll. Dann am Emscanale *Lingen,* und endlich an der Ems, auf Preufsischem Gebiete, *Rheina,* wo die Schiffbarkeit der Ems aufhört, bis *Greven,* 2 Meilen von *Münster,* zwischen welchen Orten bis jetzt erst eine Chaussée vorhanden ist, aber die von *Hamm* bis *Münster* seit einigen Jahren vollendete Eisenbahn nun weiter bis *Emden* reichen wird.

Nicht allein die hier genannten Orte, unmittelbar oder ganz nahe an der bis jetzt schiffbaren *Ems,* sondern noch mehrere andere Handelstädte von Westphalen, auf Hannöverschem und Preufsischem Gebiete, zwischen der *Weser, Lippe, Ems* und Nordsee, und das Land überhaupt, haben ein grofses Interesse, den Handels-Verkehr see- und landwärts auf der *Ems* zu befördern und zu erhalten; wie dies auch durch die Westbahn beabsichtigt wird.

Es hat kein Bedenken, dafs die obengenannten, an der Ems und deren Nebenflüssen liegenden Handels-Orte und Theile von Hannover und Preufsen, eben wie ein bedeutendes Interesse, so auch mehr als hinreichende Mittel haben, Rhedereigesellschaften zu bilden, um nach und nach, wie es das Bedürfnifs erfordert, verbesserte eiserne Fracht-, Personen- und Dampfschleppschiffe von geringer Einsenkung einzuführen, die dann an der Ems und an deren Nebenflüssen, an dazu geeigneten Orten stationirt werden können; z. B. in *Leer, Haaren, Greven,* an den beiden Endpuncten und in der Mitte der Stromschiffahrt.

Wenn zum Anfange für jeden Stationsort erst eine Flotille von 7 Fahrzeugen von verschiedener Gröfse angeschafft würde, so würde sich zeigen, ob und wieviel Fahrzeuge weiter nöthig sind; was zum Theil davon abhangt, ob und wieviel hölzerne alte Stromfahrzeuge als dienstunfähig abgehen und durch verbesserte zu ersetzen sind, und was ferner von der Zunahme des Handels-Verkehrs von und nach der See abhangt; wozu eher günstige, als ungünstige Aussichten vorhanden zu sein scheinen; besonders wenn der Friede in Deutschland zurückkehrt, wie es zu wünschen und zu erwarten ist.

Kosten-Anschlag von einem eisernen Stromfahrzeuge erster Classe (Taf. VI.), von 75 F. lang, 14 F. oben zwischen den Seitenborden und 12 F. im Lichten im Boden weit, $3\frac{1}{2}$ F. im Lichten tief.

A. Materialien.

I. Geschmiedetes und gewalztes Stab-Eisen.

Zum innern Gerippe des Schiffs gehören 40 Gebinde-Winkel-Knieschienen quer durch das Fahrzeug, die auf dem Boden 12 F. lang und an jedem Seitenbord $3\frac{1}{2}$ F. hoch mit einem Knie oder Arm aufgehen, so dafs jede Knieschiene, in *einem* Stücke nach der Breite des Fahrzeuges durchlaufend, mit den beiden aufstehenden Armen 19 F. lang ist. Dies beträgt zusammen 760 laufende Fufs Eisen von 4 Z. breit und $\frac{1}{4}$ Z. dick, den Fufs zu $2\frac{3}{4}$ Pfd., ... 2850 Pfd.

Zu zwei wasserdichten Scheidewänden, quer durch das ganze Fahrzeug, eine beim Mast, die andere im Rücken der Cajüte, so wie zu 3 Quer-Ankerbalken zum Quer-Verbande der beiden Seitenborde, zu jeder Querwand 3 zu 12 F., 1 zu 15 F. und 1 zu 4 F. lang, thut 110 laufende Fufs Eisen, zu 2 Z. breit, $\frac{1}{2}$ Z. dick, den Fufs zu $2\frac{3}{4}$ Pfd., ... $412\frac{1}{2}$ -

Zur Seitenrahmenschiene, durch welche die obere innere Bordlinie des Fahrzeuges an beiden Seiten eingefafst und mit jeder Knieschiene mittels zweier Schraubenbolzen von $3\frac{3}{4}$ Pfd. schwer zweimal verbunden wird, 150 laufende Fufs Eisen, von 2 Z. breit und $\frac{1}{2}$ Z. dick, ... $562\frac{1}{2}$ -

Zu 3 Ankerbalken oben, quer durch das Fahrzeug, von einem Seitenrahmen bis zum andern, mittels daran befindlicher 6 Z. langer Haken zum Einhaken in die Augen der Schraubenbolzen, die durch die Knie- und Seitenrahmenschienen gehen, sind 3 Schienenstäbe, jeder von 15 F. lang, und zur Befestigung des Mastes und Steuerruders 45 F., also zusammen 100 laufende Fufs Eisen nöthig, von 2 Z. breit, $\frac{1}{2}$ Z. dick, thut . . . . 375 -

Bis hierher 4200 Pfd.

Bis hierher 4200 Pfd.

Über die Mittellinie oder Kiellinie des Bodens im Innern des Fahrzeuges mufs, damit sich der Boden unter schweren Frachten nicht durchbiege, eine doppelte Winkel-Kielschiene vom Hinter- bis zum Vordersteven sein und mit jeder Knieschiene verbolzt werden. Jede dieser beiden Kielschienen, von 8 Z. hoch und $\frac{1}{4}$ Z. dick, ist 75 F., also sind beide 150 F. lang. Beide werden über jede Knieschiene in Entfernungen von 2 F. mittels eines runden Schraubenbolzens von $\frac{1}{4}$ Z. dick mit einander verbolzt und auf die hohe Kante gelegt. Die Schienen von 150 F. lang wiegen, zu $7\frac{1}{2}$ Pfd. der laufende Fufs, ... 1125 -

Zum innern Rahmenwerk der Cajüte, von 8 F. lang, 8 F. breit, nach der Quere des Schiffs 6 F. im Lichten hoch, ist an 2 Z. breitem, $\frac{1}{4}$ Z. dickem Stab- oder Band-Eisen etwa 200 laufende Fufs nöthig, mithin, zu $3\frac{3}{4}$ Pfd. der laufende Fufs, ... 283 -

Zusammen an gewalztem Stab-Eisen 5608 Pfd.

100 Pfd. kosten 6 Thlr., ohne Schiff-Arbeitslohn, also die 5600 Pfd. . . . . 336 Thlr.

II. Gewalztes Eisenblech.

Zu 2 Seitenbekleidungen auswärts an den aufstehenden Armen der Winkel-Knieschienen, von $3\frac{1}{2}$ F. hoch, gehören an $\frac{1}{8}$ Z. dickem gewalztem Eisenblech für beide Seiten des Schiffrumpfes, von 75 F. lang, einschliefslich der zum Zusammenniethen der Tafeln und den Krempen des Oberbordes u. s. w. nöthigen Blechstreifen, 21 Tafeln, jede von 8 F. lang, 4 F. breit, thut . . . . 672 Q. F.

Zur Bekleidung der 5 äufsern Flächen der Cajüte, von 8 F. lang, 8 F. breit, 6 F. hoch, nebst Schornstein u. s. w. sind nöthig . 352 - -

Zur Bekleidung zweier wasserdichten Scheerwände, eine im Rücken der Cajüte, eine am Maste, jede oben 14 F., im Boden 12 F. quer durch das Fahrzeug lang, $3\frac{1}{2}$ F. hoch . . . . 64 - -

Zusammen 1088 Q. F.

Dazu sind nöthig, 34 Tafeln Eisenblech, jede von 8 F. lang, 4 F. breit, $\frac{1}{8}$ Z. dick, von welchen der Q. F. $5\frac{5}{8}$ Pfd. wiegt. Thut zu 1088 Q. F. 6120 Pfd., oder in runder Zahl 6100 Pfd., also, zu 4 Thlr. für 100 Pfd., ... 244 Thlr.

Zum Boden des Fahrzeuges, von 75 F. lang, 12 F. im Lichten weit, der an jeder Längenseite eine 6 Z. breite aufstehende Krempe bekommt, einschliefslich der zum Zusammennieten der Tafeln nöthigen Blechstreifen, sind zusammen an 8 F. langen, $3\frac{1}{2}$ F. breiten, $\frac{1}{4}$ Z. dicken Eisenblech-Tafeln 40 Stück nöthig, von 28 Q. F., thut zu 1120 Q. F. zu $11\frac{1}{2}$ Pfd., 12600 Pfd. zu 4 Thlr. für 100 Pfd., 504 -

Zusammen für 18700 Q. F. gewalztes Eisenblech, ohne Schiff-Arbeitslohn, 748 Thlr.

III. Rundes Stangen-Eisen.

Zur Befestigung und Zusammensetzung des ganzen innern und äufsern Fahrzeuges, sowohl des innern Gerippes, als der äufsern Seitenbekleidung, Cajüte, Mast, Steuerruder u. s. w. durch Bolzen, Schrauben, Nieten und Anker der wasserdichten Querwände, zum Beschlage des Mastes, um denselben niederlegen zu können, zu Ankern, Ankerketten, eisernen Winden, Pumpen und sonstigen zum Ausbau des Fahrzeuges nöthigem Eisen, auf 100 Pfd. ohne Schiff-Arbeitslohn 5 Thlr. gerechnet, thut für 1000 Pfd. 50 Thlr.

Zusammen.

I.	Für geschmiedetes und gewalztes Stab-Eisen, zu 6 Thlr. für 100 Pfd., ...	5 600 Pfd.	336 Thlr.
II.	Gewalztes Eisenblech	18 700 -	748 -
III.	Rundes Stangen-Eisen, zu 5 Thlr. für 100 Pfd., . .	1 000 -	50 -
	Überhaupt für Eisen	25 300 Pfd.	1134 Thlr.

IV. Für das Schiffsfleeth und sonstige Ausrüstungs-Bedürfnisse, einschliefslich Arbeitslohn.

Für einen Mast aus ostseeisch-greinem oder Kiehnenholze, unten 8 Z., im Top 6 Z. im Durchmesser, 36 F. lang; ferner für 1 Spreetstock, 1 Gick, Segel nebst Segeltuch und alles dazu nöthige Tauwerk, Pech und Theer, Bedeckung des Ladungsrumpfes u. s. w. 200 Thlr.

Für 3maliges Färben des Schiffrumpfes, nebst Cajüte u. s. w., mit gekochter Leinölfarbe inwendig und auswendig, die Grundfarbe roth mit Mennig, die Deckfarbe beliebig, einschliefslich der Farben, etwa . . . . 50 -

Für Schiffpumpen, Winden, Setzhaken, Tisch und Bänke in der Cajüte, Feuerheerd und sonstige Bedürfnisse etwa . . . . 25 -

Zu unvorhergesehenen Ausgaben . . . . 100 -

Thut 375 Thlr.

B. Arbeitslohn.

V. Schmiede-Arbeitslohn.

Für die besteckmäfsige Zusammensetzung des Schiffrumpfes, nebst Zubehör, bis zur segelfertigen Vollendung aller Schmiede-Arbeiten am Fahrzeuge, für 100 Pfd. im Durchschnitt aller vorher benannten Eisensorten 3 Thlr., thut für die runde Summe von 25 000 Pfd. . . . . 750 Thlr.

Übersicht.

I., II., III.	Für Eisenmaterial	1134 Thlr.
IV.	Für das Schiffsfleeth	375 -
V.	Für Schmiede-Arbeitslohn	750 -
	Zusammen	2259 -
	Oder in runder Summe	2300 Thlr.

Bemerkungen.

Das Gesammtgewicht des Fahrzeuges ohne Ladung beträgt:

An Eisen, in runder Summe, ...	25 300 Pfd.
Das Fleeth nebst sonstigen Schiffsbedarfs wiegt etwa	1 200 Pfd.
Mithin wiegt das segelfertige Fahrzeug etwa	26 500 Pfd.
Oder	6½ Last.
Bei einer Einsenkung von	6 Z.

Die bei diesem Fahrzeuge zum innern Gerippe vorgeschlagenen Winkel-Knieschienen, die, 2 F. von einander entfernt, quer durch das Fahrzeug gelegt und an welche der Boden und die beiden Seitenwände von 2 zu 2 Z. wasserdicht zu nieten sind, werden nach der englischen Art der Dampfboote geformt. Die Winkel-Knieschienen bestehen aus 4 Z. breiten, ¼ Z. dicken Streifen gewalzten Eisenblechs von solcher Länge, dafs sie über die Breite des Bodens und die beiden Höhen der Seitenwände im Innern des Schiffraums in einem Stücke reichen, nicht aus zwei oder mehreren Stücken zusammengenietet sind. In der Mittellinie werden die 4 Z. breiten platten Schienen der Länge nach in einem rechten Winkel so gebogen, dafs, wenn die eine Hälfte 2 Z. breit platt oder wasserpafs auf dem Boden liegt, auf welchem sie vernietet wird, die andere 2 Z. breite Hälfte lothrecht aufsteht, so dafs die ¼ Z. dicke, hohe Kante oben liegt. An den Seitenwänden ist es ähnlich. Die lothrecht oder schräg stehenden Knieschienen liegen mit ihrer breiten Hälfte von 2 Z. an, und werden durch dieselbe mit der äufsern Blechbekleidung von 2 zu 2 Z. vernietet.

Auf gleiche Weise bestehen die Kielbalken, oder hier Kielschienen, aus ¼ Z. dicken, 8 Z. breiten Streifen von gewalztem Eisenblech, die aber nicht in ihrer Mitte der Länge nach in einem rechten Winkel, sondern so gebogen werden, dafs der eine Streifen, welcher platt auf dem Boden vernietet wird, nur 2 Z. breit, der lothrecht aufstehende Streifen 6 Z. breit ist, um desto stärker gegen das Durchbiegen des Fahrzeuges unter sehr schwerer Fracht zu sein.

Solcher Winkelkielbalken oder Schienen werden zwei auf der Mittellinie des Bodens im Innern des Fahrzeuges, parallel, in Entfernungen von 4 Z. neben einander gelegt und sowohl mit der äufsern Bodenbekleidung, als mit den von 2 zu 2 F. quer unter den Kielbalken herlaufenden Knieschienen fest vernietet. Die 2 Z. breiten platten Streifen der Kielschienen berühren sich der Länge nach mit ihren ¼zölligen schmalen Kanten, wodurch der leere Zwischenraum zwischen den 6 Z. hoch lothrecht stehenden Streifen der Kielschienen gebildet wird, durch welchen dann über jede Knieschiene die beiden parallel neben einander herlaufenden, lothrecht aufstehenden Kielschienen mittels ½ Z. dicken, 6 Z. langen Schraubenbolzen nach der Breite des Fahrzeuges befestigt werden, wodurch sie, so vereint, noch mehr an Stärke gegen das Durchbiegen des Fahrzeuges nach unten oder oben gewinnen.

Da sich nicht gut mit Worten und ohne Zeichnung nach einem grofsen Maafsstabe ein genauerer Begriff von diesem Gegenstande geben läfst, jeder schiffbaukundige practische Dampfmaschinenbaumeister aber Dampfschiffe kennen wird, so ist nur noch zu bemerken, dafs Winkelknie- und Kielschienen, wie die vorhin bezeichneten, in den englischen Dampfbooten wirklich angewandt und hinreichend stark für ein Dampfboot befunden worden sind, welches 100 F. lang, 25 F. breit 6 bis 7 F. tief, mit einer Dampfmaschine von 24 Pferdekraft und niedrigem Druck, eine Ladung von 200 Personen u. s. w. mit gröfster Sicherheit bei stürmischem Wetter auf dem Emsstrome und in See führt. Dies beweiset das in England gebaute hiesige eiserne Dampfboot „*Erbprinz Ernst August*," nach welchem ich mich gerichtet habe. Ich habe dasselbe hier seit 5 Jahren täglich vor Augen.

Die Vortheile der eisernen Schienen von Blechstreifen sind folgende. Man spart bedeutend an Eisen, wenigstens Eindrittel des Gewichts, mithin auch der Kosten, im Vergleich mit eisernen Schienen von gewöhnlicher Art; wie ich dies durch Berechnung bei dem vorliegenden Fahrzeuge gewifs weifs. Das Gewicht der Knie- und Kielschienen von der obigen Art ist um etwa 3000 Pfd. geringer, als bei der Construction nach gewöhnlicher Art. Sodann sind die gewöhnlichen schwereren Knieschienen und Kielschienen nicht so kräftig, als die Winkel-Knieschienen von Eisen.

Kosten-Anschlag von einem eisernen Stromfahrzeuge zweiter Classe, von 50 F. lang, 14 F. im Lichten oben zwischen den Seitenborden, 12 F. im Lichten im Boden weit, 3½ F. im Lichten tief.

A. Materialien.

I. Geschmiedetes und gewalztes Stab-Eisen.

Zum innern Gerippe des Schiffs gehören 26 Winkel-Knieschienen, quer durch das Fahrzeug, die auf dem Boden 12 F. lang und an jedem Seitenborde 3½ F. hoch mit einem Knie oder Arm aufgehen, so dafs jede Knieschiene, in *einem* Stück nach der Breite des Fahrzeuges durchlaufend, mit den beiden aufstehenden Armen 19 F. lang ist. Dies beträgt zusammen 494 laufende Fufs Eisen von 4 Z. breit, ¼ Z. dick, zu 3¾ Pfd. schwer, ... 1852 Pfd.

Zu zwei wasserdichten Scheidewänden quer durch das Fahrzeug, eine beim Mast, die andere im Rücken der Cajüte, so wie zu 3 Quer-Ankerbalken zum Quer-Verbande der beiden Seitenborde, 3 zu Quer-Ankerbalken zum Quer-Verbande der beiden Seitenborde, 3 zu 12 F., 1 zu 15 F., 1 zu 4 F. lang, thut für 2 Quer-Ankerwände 110 laufende Fufs Eisen von 2 Z. breit, ½ Z. dick, den Fufs zu 3¾ Pfd., . . . 413 -

Zur Seitenrahmenschiene, durch welche die obere innere Bordlinie des Fahrzeuges von beiden Seiten eingefafst und mit jeder Quer- oder Knieschiene mittels zweier Schraubenbolzen zweimal

Bis hierher 2265 Pfd.

Bis hierher 2265 Pfd.

verbunden wird, gehören, vom Vorder- bis zum Hintersteven in gerader Linie, 108 laufende Fufs Eisen von 2 Z. breit, 1½ Z. dick, zu 3¾ Pfd., ... 406 -

Zu 3 Ankerschienen quer oben durch das Fahrzeug, von einem Seitenrahmen bis zum andern, nebst daran befindlichen, 6 Z. langen Haken zum Einhaken in die Augen der Schraubenbolzen, welche durch die Knie- und Seitenrahmenschienen gehen, und 3 Schienenstücke von 15 F. jeden, so wie zur Befestigung des Mastes im Rumpfe des Schiffs etwa 43 F., zusammen 80 laufende Fufs Eisen, von 2 Z. breit, ½ Z. dick, den laufenden Fufs zu 3¾ Pfd., . . . 330 -

Über die Mittellinie des Bodens im Innern des Fahrzeuges, also über die Kiellinie, mufs, damit sich der Boden nicht durchbiege, eine doppelte Winkel-Kielschiene vom Hinter- bis zum Vordersteven sein und mit jeder Winkel-Knieschiene vernietet werden. Jede Kielschiene ist 8 Z. hoch, ¼ Z. dick, 50 F. lang, und beide werden auf jeder Knieschiene in Entfernungen von 2 F. mittels eines runden Schraubenbolzens von 6 Z. lang, ½ Z. dick, mit einander verbolzt und auf die hohe Kante gelegt. Beide Schienen von 100 F. lang wiegen, zu 7½ Pfd. den laufenden Fufs, . . . 750 -

Zum innern Rahmenwerk der Cajüte, von 8 F. lang, 8 F. breit und 6 F. hoch, gehören 200 laufende Fufs 2 Z. breites, ½ Z. dickes Stab- oder Band-Eisen, der Fufs zu 3¾ Pfd., ... 750 -

Zusammen an gewalztem Stab-Eisen . . . . 4501 Pfd.

Oder in runder Summe . . . . 4500 Pfd.

Thut zu 6 Thlr. für 100 Pfd., ohne Schiff-Arbeitslohn, ... 270 Thlr.

II. Gewalztes Eisenblech.

Zu 2 Seitenbekleidungen auswärts an den aufstehenden Armen der Winkel-Knieschienen von 3½ F. hoch gehören an ⅛ Z. starkem gewalztem Eisenblech für beide Seiten des Schiffrumpfes von 50 F. lang, einschliefslich der zum Zusammennieten der Tafeln und der Krampen des Oberbordes nöthigen Blechstreifen, 14 Tafeln, jede 8 F. lang, 4 F. breit, ⅛ Z. dick, thut . . . . 448 Q. F.

Zur Bekleidung der 5 äufsern Flächen der Cajüte, von 8 F. lang, 8 F. breit und 6 F. hoch, nebst Schornstein u. s. w., sind nöthig . . . . 352 - -

Zur Bekleidung zweier wasserdichter Scheerwände, eine am Rücken der Cajüte, eine am Mast, jede oben 14, im Boden 12 F. quer durch das Fahrzeug lang, 2½ F. hoch, ... 50 - -

Thut 850 Q. F.

Dazu sind nöthig 27 Tafeln Eisenblech, jede von 8 F. lang, 4 F. breit, $\frac{1}{8}$ Z. dick, oder jede von 32 Q. F. Sie wiegen, der Quadratfufs $5\frac{5}{8}$ Pfd., also zusammen 4860 Pfd., oder in runder Summe	4800 Pfd.	
Zum Boden des Fahrzeuges, von 50 F. lang, 12 F. im Lichten weit, welcher an jeder Seite des Bordes eine aufstehende Krempe von 6 Z. hoch bekommt, und zum Zusammennieten der Tafeln nach der Quere und Länge des Schiffs noch Blechstreifen nöthig hat, gehören zusammen, auf 54 F. Länge, 14 F. Breite und $\frac{1}{4}$ Z. dick, 756 Q. F., zu $11\frac{1}{4}$ Pfd., thut 8915 Pfd. oder in runder Summe .	8900 -	
Zusammen	13700 Pfd.	
Zu 4 Thlr. für 100 Pfd. Eisenblech, ohne Arbeitslohn, ...		548 Thlr.

III. Rundes Stangen-Eisen.

Zur Befestigung und Zusammenfügung des innern Gerippes des Fahrzeuges mittels Schraubenbolzen, so wie der Seiten- und Bodenbekleidungen mittels Niete und Schraubenbolzen, wasserdicht an das Gerippe, zu festen Querverankerungen mittels Ankerbalken, Verfertigung eines Steuerruders am Hintersteven des Fahrzeuges, zum Beschlag des Mastes und Zubehör, um denselben niederlegen zu können, zu 2 Ankern, jeden von 75 Pfd., nebst Ankerketten, jede von 36 F. lang und sonstigen Eisenbedarf etwa sind nöthig, 400 Pfd. Eisen, zu 5 Thlr. für 100 Pfd., ohne Schiff-Arbeitslohn, thut . . . . . . 20 Thlr.

Z u s a m m e n.

I.	Für geschmiedetes und gewalztes Stab-Eisen, zu 6 Thlr. für 100 Pfd., ohne Arbeitslohn, ...	4500 Pfd.	270 Thlr.
II.	Gewalztes Eisenblech, zu 4 Thlr. für 100 Pfd., . . .	13 700 -	548 -
III.	Rundes Stangen-Eisen, zu 5 Thlr. für 100 Pfd.,. . .	400 -	20 -
	Überhaupt für Eisenmaterial	18 600 Pfd.	838 Thlr.

Die ganze Eisenmasse zum Fahrzeuge wiegt	18 600 Pfd.
Das Schiffsfleeth nebst sonstigen Schiffgeräthschaften wiegen etwa . .	900 -
Zusammen	19 500 Pfd.
	Oder $4\frac{7}{8}$ bis 5 Lasten.

IV. Für das Schiffsfleeth und sonstige Ausrüstungs-Bedürfnisse.

Für einen Mast von 30 F. lang, unten 8 Z., oben 6 Z. im Durchmesser stark, aus ostseeisch-greinem Holz, für Lauf- und Deckbretter zu dem Verdecke, für ein Segel von hanfenem Segeltuch, nebst Block und allem dazu nöthigen Tauwerk, Spreetstock und Gick u. s. w., Pech und Theer u. s. w., etwa . . . . 200 Thlr.

Bis hierher 200 Thlr.

Bis hierher 200 Thlr.

Für dreimaliges Färben des ganzen Schiffrumpfes, inwendig und auswendig, mit gekochter Leinölfarbe . . . . 25 -

Zu unvorhergesehenen Ausgaben . . . . 50 -

Thut 275 Thlr.

V. Schmiede-Arbeitslohn.

Für die besteckmäfsige Zusammensetzung des eisernen Schiffrumpfes, nebst allen dazu bis zur segelfertigen Vollendung des Fahrzeuges gehörigen Schmiede-Arbeiten, für 100 Pfd. im Durchschnitt von allen vorhin genannten 3 Eisensorten, 3 Thlr., thut für 18 600 Pfd. . . . . 558 Thlr.

Übersicht.

I. II. III.	Für Eisen	838 Thlr.
IV.	Für das Schiffsfleeth	275 -
V.	Für Schmiede-Arbeitlohn	558 -
	Zusammen	1671 Thlr.
	Oder in runder Summe	1700 Thlr.

Kosten-Anschlag von einem eisernen Stromfahrzeuge von 25 F. lang, oben zwischen den Seitenborden 7 F. im Lichten, im Boden 6 F. weit, 3 F. tief.

A. Materialien.

I. Geschmiedetes und gewalztes Stab-Eisen.

Zum innern Gerippe des Schiffs gehören 12 Gebinde Winkelknieschienen, die auf dem Boden 6 F. lang und an jedem Seitenbord 3 F. hoch mit einem Knie oder Arm aufgehen, so dafs jede Knieschiene quer durch das Fahrzeug 12 F. lang ist; thut für 114 laufende Fufs Eisen, von 4 Z. breit, $\frac{1}{4}$ Z. dick, den Fufs zu $3\frac{3}{4}$ Pfd., 540 Pfd.

Zu einer wasserdichten Scheerwand, quer durch das Fahrzeug, am Rücken der Cajüte, oben 7 F. und 6 F. lang, 3 F. hoch, gehören 1 Schiene von 8 F., 1 von 7 F., 2 von 9 F., zusammen 33 laufende Fufs Eisen, von 2 Z. breit, $\frac{1}{4}$ Z. dick, der Fufs zu $1\frac{7}{8}$ Pfd., . . . 62 -

Zur Seitenrahmenschiene, durch welche die innere obere Bordlinie des ganzen Fahrzeuges an beiden Seiten eingefafst und mit jeder Knieschiene mittels zweier Schraubenbolzen, einmal in der Mittel- oder Kiellinie des Bodens und einmal oben an der Bordlinie, also zweimal verbunden wird, 55 laufende Fufs Eisen, von 2 Z. breit, $\frac{1}{2}$ Z. dick. Der Fufs zu $3\frac{3}{4}$ Pfd., ... 206 -

Bis hierher 808 Pfd.

Bis hierher 808 Pfd.

Zu 2 Ankerschienen quer durch das Fahrzeug, von einem Bord zum andern, mit 2 Z. langen Haken, jede 8 F. lang, 16 laufende Fufs Eisen, von 2 Z. breit, $\frac{1}{4}$ Z. dick, der Fufs zu $1\frac{7}{8}$ Pfd., . . . 30 -

Zum innern Rahmenwerk der Cajüte, von 6 F. lang, 6 F. breit und 6 F. hoch, 9 Stiele von 6 F. lang, 8 Rahmenschienen von 6 F. lang, zur Verbindung der Stäbe und zur Thür. Thut 102 laufende Fufs Eisen, von 2 Z. breit, $\frac{1}{4}$ Z. dick, der laufende Fufs zu $1\frac{7}{8}$ F., . . . 191 -

Zum Kielbalken über die innere Mittellinie des Bodens, nach der Länge des Fahrzeuges, vom Vorder- bis zum Hintersteven, zur Absteifung des Bodens gegen das Durchbiegen, eine doppelte Winkel-Kielschiene von 8 Z. hoch, $\frac{1}{4}$ Z. dick, mit jeder Knieschiene vernietet, auch unter sich mittels $\frac{1}{4}$ Z. dicker Schraubenbolzen verbunden, im Vorder- und Hintersteven, 50 laufende Fufs Eisen, von 8 Z. breit, $\frac{1}{4}$ Z. dick, der Fufs zu $7\frac{1}{2}$ Pfd., ... 205 -

Zusammen an gewalztem Stab-Eisen 1234 Pfd.

Oder in runder Summe . . . . 1250 Pfd.

Zu 6 Thlr. für 100 Pfd., ohne Schiff-Schmiedelohn, ... 75 Thlr.

II. Gewalztes Eisenblech.

Zu 2 Seitenbekleidungen des Fahrzeuges, auswärts an den aufstehenden Armen der Knieschienen, von 3 F. hoch, gehören an $\frac{1}{12}$ Z. dickem Eisenblech, auf 25 F. Schiffslänge, einschliefslich der zum Nieten und zur Krempe nöthigen Streifen, 6 Tafeln, jede von 9 F. lang, $3\frac{1}{2}$ F. breit, $\frac{1}{12}$ Z. stark, zusammen . . . . . 189 Q. F.

Zur Bekleidung der Cajüte, von 6 F. hoch, lang und breit . . . . 180 - -

Zur Bekleidung der wasserdichten Scheerwand an der Cajüte . . . . 21 - -

Zusammen 390 Q. F.

Zu $3\frac{2}{3}$ Pfd., ... 1330 Pfd.

Zum Boden des Fahrzeuges, von 25 F. lang, 12 F. breit, sind nöthig an $\frac{1}{8}$ Z. dickem Eisenblech, 6 Tafeln von 9 F. lang, $3\frac{1}{2}$ F. breit, $\frac{1}{8}$ Z. dick, ... 189 Q. F.

Zu $5\frac{5}{8}$ Pfd., ... 1063 -

Zum Steuerruder gehören an $\frac{1}{4}$ Z. dickem Eisenblech 2 Blätter von $1\frac{1}{2}$ F. breit, 6 F. lang, oder von 18 Q. F., der Quadratfufs zu $11\frac{1}{4}$ Pfd., 203 -

Zusammen 2596 Pfd.

Oder in runder Summe . . . . 2600 Pfd.

Zu 4 Thlr. für 100 Pfd., ohne Schmiede-Arbeitslohn, ... 104 Thlr.

III. Rundes, gewalztes Stab-Eisen.

Zur Befestigung und Zusammenfügung des innern Gerippes des Fahrzeuges mit Schraubenbolzen und Nieten, zur wasserdichten Bekleidung der Seitenborde, des Bodens und der Cajüte, zu Querverankerungen und Scheerwänden, zu einem Steuerruder, zu dem Beschlag des Mastes, um ihn niederlegen zu können, zu 2 Ankern mit Ketten und zu sonstigen Schiffsgeräthen von Eisen, zusammen etwa 400 Pfd., zu 5 Thlr. für 100 Pfd., ohne Schiff-Arbeitslohn, thut . . . . 20 Thlr.

Z u s a m m e n.

I.	Für geschmiedetes und gewalztes Stab-Eisen	1250 Pfd.	75 Thlr.
II.	Für gewalztes Eisenblech	2600 -	104 -
III.	Für rundes Stangen-Eisen	400 -	20 -
	Zusammen	4250 Pfd.	199 Thlr.

Zum Gewicht des Eisens von . . . . 4250 Pfd.
Kommt das Gewicht des Fleeths und der Ausrüstung von . . . . . 300 Pfd.
Thut zusammen 4550 Pfd.
Oder $1\frac{1}{8}$ Last.

IV. Für das Schiffsfleeth und sonstige Ausrüstungs-Bedürfnisse.

Für 1 Mast von 18 F. lang, unten 6 Z., oben 4 Z. im Durchmesser dick, Gick und Spreetstock zum Segel, für das Segel nebst Tauwerk, Blöcken und Zuglinien, Pech, Theer u. s. w. . . . . 30 Thlr.

Für 3maliges Färben des Fahrzeuges, inwendig und auswendig, mit gekochter Lein-Ölfarbe, einschliefslich der Materialien, ... 10 -

Für 1 Schiffspumpe, 1 Winde, 1 Setzhaken, Bänke und Tisch in die Cajüte u. s. w. 10 -

Zu unvorhergesehenen Ausgaben . . . . 12 -

Thut 62 Thlr.

V. Schmiede-Arbeitslohn.

Für die besteckmäfsige Verfertigung aller Schmiede-Arbeiten, durchschnittlich für alle genannten Eisensorten zu 3 Thlr. für 100 Pfd., thut für 4300 Pfd. . . . 129 Thlr.

Ü b e r s i c h t.

I. II. III.	Eisen	199 Thlr.
IV.	Schiffsfleeth u. s. w.	62 -
V.	Schmiede-Arbeitslohn	129 -
	Zusammen	390 Thlr.
	Oder in runder Summe	400 Thlr.

§. 11.

Erfahrungen und Bemerkungen über die Vertiefung und das Reinhalten des Fahrwassers in den Strombetten; und deren Kosten.

Da man einen schiffbaren Strom nur selten oder gar nicht abdämmen kann, um einzelne Strecken auszugraben, oder zu verbreiten, falls nicht eine Umleitung des Wassers um die abgedämmte Strecke entweder vorhanden ist, oder neu gemacht wird, welches letztere grofse Kosten machen würde: so mufs man Mittel suchen, die Abdämmung und Trockenlegung der zu vertiefenden oder zu erweiternden Stellen zu ersparen. In quellenreichem Boden, in Sümpfen, Mooren und anderen losen, treibenden Boden, läfst sich auch öfters, wegen des zu starken Aufquellens des Wassers und des Auftreibens des Bodens, der Boden selbst nicht einmal mit Spaten ausgraben und wegkarren, sondern es sind andere Werkzeuge dazu nöthig.

Die ***Ems***, von ihren Quellen am ***Stapellager*** Berge im ***Paderbornschen*** an, fliefst durch die ***Senne***, über ***Rittberg, Wiedenbrück, Rheda, Warendorf, Telgte, Greven*** bis ***Rheina***, fast überall durch sehr flache, sandige, gröfstentheils uncultivirte Gegenden, wie es z. B. die ***Senne*** ist. Von ***Rheina***, kurz unterhalb ***Salzbergen***, bildet ein Kalksteinlager den Stromboden, worauf dann der Boden, wie die Gegend selbst, bis ***Hannekenfähre***, 1 Meile oberhalb ***Lingen***, wo der Emscanal anfängt und über ***Lingen*** nach ***Meppen*** durch das ***Ochsenbruch*** in die ***Haase*** ausmündet, gröfstentheils sandig und im ***Ochsenbruch*** zum Theil auch sumpfig und quellenreich ist. Die ganze Stromstrecke, von ***Meppen*** über ***Lathen, Rheda*** bis ***Halle*** und ***Drostensyhl*** bei ***Papenburg***, hat zwar streckenweise lehmigen oder mit andern Erd-Arten gemischten, gröfstentheils aber doch Sandboden. Der Boden ist mehre Fufs hoch mit den aus den obern Sandgegenden in grofsen Massen jährlich herabkommenden Trieb- oder Wellsande überzogen, welcher das Strombette fortwährend erhöhet und Sandbänke, Platen, scharfe Krümmungen der schiffbaren Fahrbahn oder Stromrinne, und Ufer-Anwüchse und zugleich Untiefen im Fahrwasser bildet, die, besonders bei niedrigem Wasser, so seicht sind, dafs die Schiffahrt beschränkt und beschwerlich, oft ganz unmöglich ist (wie es z. B. 1842, 1846 und 1847 im Sommer 4 bis 6 Monate lang der Fall war), worauf dann öfters der Frost eintritt, der die Schiffahrt völlig hemmt, so dafs nicht allein in den Sommermonaten, sondern auch im Spätherbste und Winter, keine und nur im Frühlinge, von Anfang März bis Ende Juni, also nur etwa Eindrittel des Jahres, die Schiffahrt offen ist, statt dafs sie wenigstens Zweidrittel des Jahres währen sollte.

Da die erste Classe der oben vorgeschlagenen verbesserten Fahrzeuge, statt wie jetzt 54 F., künftig 75 F. lang, also 20 F. länger werden soll, so würde es besonders dieserhalb nöthig sein, alle zu scharfen oder unter sehr spitzen Winkeln sich biegenden Stromkrümmen der Stromrinne in Bogen von gröfseren Halbmessern abzuflächen und die Fahrbahn in diesen Bogen auf die doppelte Breite aufzuräumen.

Zur Erhaltung und Verbesserung des Fahrwassers der Ems und des Canals würden daher fortwährend Werkzeuge nöthig sein, welche die zeit- und geldraubenden Abdämmungen und Trockenlegungen der zu vertiefenden Strom- und Canalstrecken ersparen, so dafs die Schiffahrt nicht unterbrochen werden darf, es sei denn, dafs die Schleusen so beträchtlicher Reparaturen bedürfen, dafs eine Abdämmung unumgänglich nöthig ist. Dies fällt dann aber nur selten vor: denn um neue Schleusenthore einzuhängen, um die alten zu repariren oder abzuschaffen, ist eine Schleuse nicht abzudämmen oder trocken zu legen nöthig, sondern man darf nur Reservethore bereit halten; wie es auch üblich ist, und die sich dann in einem Tage einhängen lassen. Falls wegen Reparatur des unter Wasser stehenden Mauerwerks eine Schleuse nothwendig abgedämmt und trocken gelegt werden mufs, darf die Schiffahrt auch noch nicht ganz aufhören; die Ladung mufs dann in ein anderes, jenseit der Schleuse liegendes Fahrzeug übergeladen werden; was freilich Zeit und Geld kostet.

Über die Mittel und die Werkzeuge, durch welche sich Strom- und Canalbetten ohne Abdämmung und Trockenlegung vertiefen lassen, habe ich im 18. Bande dieses Journals eine Abhandlung unter der Überschrift gegeben: „Practische Erfahrungen über die Wirkung von Baggermaschinen verschiedener „Art und über Ausbaggerungskosten von Strom- und Canalbetten."

In diesem Aufsatze habe ich viele Erfahrungen practischer Wasserbaukundiger im In- und Auslande, z. B. von ***Busch, Woltmann, Nietz, Cocheaux, Blanken, van der Poel*** u. s. w. gesammelt und die Abbildung eines eisernen Wasserpfluges oder Egge gegeben, deren man sich in Holland bedient. Dieselbe wird hinter einem, besonders dazu eingerichteten Boot, an Ketten bis auf den Stromboden herabgelassen, und man fährt dann damit stromab, um durch Aufrührung des Sandes die specifisch leichteren Sinkstoffe durch den Strom selbst fortschwemmen zu machen. Wahrscheinlich würde eine solche Maschine auch auf der obern *Ems* mit Nutzen anzuwenden sein, jedoch so, dafs sie von einem Pferde oder von einem Dampfboote gezogen würde, statt dafs es in Holland durch ein vor dem Fahrzeuge unter Wasser befestigtes Segel geschieht; was auf der obern Ems wegen des seichten Wassers und wegen Mangel an Geschwindigkeit des Wassers nicht angeht. In der genannten Abhandlung sind auch alle nöthigen Mittel und Werkzeuge angegeben, die sich für die *Ems* und deren Canal eignen würden.

Über die Kosten der Vertiefung eines schiffbaren Stroms oder Canals, der nicht abgedämmt und nicht trocken gelegt zu werden braucht, setze ich hier folgende Erfahrungen aus dem erwähnten Aufsatze her:

Das Ausbringen oder Baggern von Moder, Sand, Schlamm, Kies oder Grand und kleinen Steinen u. s. w., theils mit Hand-, theils mit Maschinen-Baggern, durch Menschen-, Pferde- und Dampfmaschinenkraft, kostet für 1 Pütt von 1600 Cubikfufs Rh. oder für $11\frac{1}{9}$ Sch. R. von 144 C. F.

Zu ***Arnheim*** in Holland, mit Handbaggern	10	Thlr.
Zu ***Amsterdam***, mit Modermühlen von Pferden bewegt . .	9	-
In der Elbe bei ***Hamburg*** und zwar:		
Mit dem Maschinenbagger, durch Menschen bewegt, . . .	12	-
Mit dem Handbagger	$8\frac{1}{2}$	-
Mit dem Maschinenbagger, durch Menschen bewegt (nach ***Büsch***),	$4\frac{3}{4}$	-
Mit der englischen Baggermaschine, durch Menschen bewegt (nach ***Woltmann***), ...	$6\frac{2}{3}$	-
Mit der Baggermaschine zu ***Berlin*** in der Spree, durch Menschen bewegt (nach *Nietz*), (M. s. die Beschreibung und Abbildung dieser Maschine im 4. Hefte 4. Bandes dieses Journals)	$7\frac{1}{3}$	-
Mit dem Dampfmaschinenbagger des Belgischen Ingenieurs ***Cocheaux*** in der ***Sambre*** und dem Canal von ***Brüssel*** .	2 Thlr.	$10\frac{1}{2}$ Sgr.

Dieser letzte Preis ist von allen der geringste.

Der Durchschnittspreis von obigen 8 Erfahrungssätzen beträgt 7 Thlr. 14 gGr. für 1 Pütt, oder 16 gGr. $4\frac{1}{2}$ Pf. für die Schachtruthe von 144 C. F.; wofür auch die ausgebaggerte Masse aus dem Strom- und Canalbette auf das Land gebracht wird.

Von der oben genannten Maschinenbaggerung bei Hamburg ist der Durchschnittspreis für das Pütt	7 Thlr.	9 gGr.
Von der Handbaggerung ist der Durchschnittspreis . .	9 Thlr.	6 gGr.
Also der letztere höher um	2 Thlr.	3 gGr.

Nach diesen Erfahrungen sind also die Maschinenbagger den Handbaggern vorzuziehen.

Von den Maschinenbaggerungen kostet am wenigsten die durch den Dampfmaschinenbagger von *Cocheaux:* das Pütt nur 2 Thlr. 10 Ggr. 6 Pf. Ein Dampfbagger hat zugleich den Vortheil, dafs er die meisten Erdmassen ausbringt, also Geld und Zeit erspart.

Es wäre daher rathsam, zur jährlichen, fortwährenden Aufräumung des *Ems*-Canals und der seichtesten Stromstrecken der Ems wenigstens zwei Dampfbagger, jeden von etwa 8 Pferdekraft, mit einem Eimerwerk, wie die Maschine des Herrn *Nietz* zu *Berlin,* nebst den nöthigen Prahmen anzuschaffen und arbeiten zu lassen; wodurch das Fahrwasser stets tief genug erhalten werden könnte. Auch das Fahrzeug, worin der Dampfbagger sich befindet, würde von Eisen zu bauen sein.

Zur Reinigung des Fahrwassers gehört auch noch ein sogenanntes Eisboot, wie man sie in Holland findet, um beim Anfange des Frostes, wenn das Eis erst wenige Zoll dick ist, die Fahrbahn so lange als möglich zu erhalten, so wie beim Anfange des Thauwetters, wenn das Eis schon hinreichend dünn und mürbe ist, sie früher zu eröffnen. Ein solches Eisboot müfste aber nicht von Holz, sondern von Eisen sein, um nicht von den Eisschollen beschädigt oder zerschnitten zu werden. Wenigstens müfste ein Boot von Eichenholz auswärts mit starkem Eisenblech beschlagen werden; was dann aber wieder fast eben so viel kosten würde, als ein ganz eisernes Boot. Am Vordertheile eines Eisbootes wird ein vorwärts geneigter Mast befestigt, an welchem ein nach der Länge des Bootes gerichteter Balken hangt, der am vordern Ende einen grofsen Hammer, am hintern Ende mehrere Stricke hat. Mittels dieses Balkens wird der Hammer gehoben und die Arbeiter, die ihn mit den Zugleinen in die Höhe gezogen hatten, lassen ihn plötzlich auf das Eis fallen, um es vor dem Boote zu zerbrechen. Die Einrichtung ist ungefähr wie die einer Ramme. Ist das Eis vor dem Vordersteven des Bootes möglichst in Stücke zerbrochen, so wird das Boot von Pferden oder Menschen vorwärts gezogen, und hinter demselben fahren einige gut bemannte starke Fahrzeuge nach, um das an den Seiten noch nicht zerbrochene Eis weiter zu zerstückeln, oder die einzelnen Schollen unter die übrig bleibende Eisdecke zu schieben. So gewinnt man eine offene Fahrbahn durch das Eis, die dann wenigstens so lange schiffbar bleibt, bis es gar zu stark friert und die Offenhaltung nicht mehr möglich ist.

Der grofse Nutzen und die Unentbehrlichkeit der eisernen Dampfbagger-Maschinen, so wie der Eisboote, zur Erhaltung der Schiffahrt, ist augenscheinlich; auch für die *Ems* und deren Zwischen-Canal. Wir wollen davon eine kleine Nutz-Anwendung auf die *Ems* machen.

Bei der hydrometrisch-nivellitischen Untersuchung der Ems, Hannoverschen Antheils, 1817 und 1818, fand man, nach Abschlufs aller Resultatstabellen über die Schiffbarkeit oder Unschiffbarkeit des Flusses beim niedrigen Sommerwasser von 3 F. am Pegel bei *Lingen,* auf eine Länge von 43 000 Ruthen Rh. oder 22 Meilen Folgendes.

Vom Syhle bei *Halte,* oder dem Anfangspuncte der Untersuchung, bis zum Dorfe *Rheda,* wo die tägliche Fluth und Ebbe noch $1\frac{1}{2}$ bis 2 F. beträgt, aber bei starken südlichen Winden und hohem Oberwasser, aufser der Zeit der Springfluthen gar nicht merkbar ist, war die Stromstrecke für die Haarenschen Pünten von

3 F. Eintauchung auf .	3 200 R. lang schiffbar,	
Von *Rheda* bis *Meppen,* am Einflufs der *Hase* in die *Ems,* war sie auf .	16 270 R. lang schiffbar, auf	5 430 R. lang unschiffbar.
Von *Meppen* bis *Lingen* war sie auf . . .	3 200 - - - - -	5 400 - - - -
Von *Lingen* bis zur Preufs. Grenze unterhalb *Rheina* war sie auf . .	4 190 - - - - -	5 510 - - - -
Also waren von den ganzen 43 200 R. zusam.	26 860 R. lang schiffbar, und	16 340 R. lang unschiffbar.

Dies war der Zustand der *Ems vor* deren Schiffbarmachung. In runden Zahlen gerechnet waren, mit 3 F. Fahrwasser, 3 Theile schiffbar und wegen geringerer Wassertiefe 2 Theile nicht schiffbar.

Statt der Stromstrecke von *Meppen* bis *Lingen,* von . .	8 600 R.
und von *Lingen* bis zur Einmündung des Ems-Canales in die Ems bei *Hannekenfähre* von etwa	3 400 -
Zusammen	12 000 R.

oder 6 Meilen Stromlänge, die nicht schiffbar gemacht worden sind, ist der *Ems-Canal,* von *Meppen* nach *Lingen* zu, bis *Hannekenfähre* gegraben worden, von . . . . 6852 R.
oder etwa $3\frac{1}{2}$ Meilen lang, so dafs die Fahrbahn kürzer wurde um . 5148 R.
oder etwa um $2\frac{1}{2}$ Meilen.

Die Länge der ganzen jetzt fahrbaren Strom- und Canalbahn auf Hannöverschem Gebiete beträgt daher jetzt etwa . . . . 38 252 R. oder $19\frac{1}{8}$ Meilen, welche in den 8 Jahren von 1820 bis 1828 schiffbar gemacht worden sind. Dafs diese grofsentheils, von ihren Quellen an bis zum Eintritt in den Kleiboden von Ostfriesland, durch Sandboden theils cultivirter, theils uncultivirter Gegenden sich ziehende Stromstrecke vermöge der jährlichen Stürme, hohen Fluthen, Eisgänge u. s. w. und bei der geringen Geschwindigkeit des wenig Gefälle habenden Wassers, streckenweise wieder unfahrbar wurde, ist sehr begreiflich und durch die Schiffer oft an Ort und Stelle erprobt geworden. Dafs daher diese unfahrbar gewordenen Strecken durch schnell wirkende Mittel wieder in fahrbaren Stand gesetzt werden mufsten, ist für den Schiffahrts- und Handels-Verkehr und für alle damit zusammenhangenden Erwerbs-Quellen dringend nothwendig.

Die bedeutenden jährlichen Kosten aber, welche durch die Aufräumung und Wiederfahrbarmachung der unschiffbaren Strecken aufgeopfert werden mufsten, wären bei weiten nicht zu dieser Höhe gestiegen und etwa um Eindrittel geringer als jetzt gewesen, wenn die jetzigen Haarenschen Pünten bei voller Ladung sämmtlich um einen Fufs, also Eindrittel weniger tief eingetaucht hätten; nemlich die gröfsten Pünten mit voller Ladung, von 15 Lasten, statt 3 F. nur 2 F. und die mittlern und kleinern, mit 8 bis 10 Lasten, statt 2 und $2\frac{1}{2}$ F., nur $1\frac{1}{2}$ bis 2 F.

Die Erhaltung der Fahrbarkeit der Ems soll durchschnittlich jährlich 10 000 Thlr. und die Schiffbarmachung der Ems 1 200 000 Thlr. gekostet haben; wie Dies aus den diesjährigen Verhandlungen der Landstände zu Hannover hervorgeht. Wenn nun auch obige Summe von 10 000 Thlr. nicht für die Vertiefungskosten des Strombettes ausschliefslich, sondern auch zum Theil für die Reparatur der Schleusen und Stauwehre, so wie der Uferbauwerke nöthig gewesen sein mögen, so ist doch gewifs ein bedeutender Theil, wenigstens die Hälfte davon, auf die Vertiefungskosten des Strombettes und auf die Erhaltung der an den beiderseitigen Ufern zur Einschränkung des Strombettes erbauten Werke, durch welche die Versandung des Stroms mit verhindert und die Vertiefung mit befördert wird, zu rechnen, so dafs also die *Vertiefungskosten* jährlich im Durchschnitt etwa 5000 Thlr. betrugen. Und ein bedeutender Theil dieser Summe hätte erspart werden können, wenn die Emsfahrzeuge mit voller Ladung statt 3 F. nur 2 F. tief gingen. Nimmt man nun an, dafs jährlich im Durchschnitt an den Vertiefungskosten nur der fünfte

Theil oder nur 1000 Thlr. erspart worden wären (was gewifs nicht übertrieben, sondern eher zu wenig als zu viel ist), so würden doch seit 1828 bis jetzt, 1850, in den 22 Jahren, seit die Ems schiffbar ist, schon etwa 22 000 Thlr. erspart worden sein, wenn gleich Anfangs bei der Schiffbarmachung der Ems, in den Jahren 1820 bis 1828, Fahrzeuge eingeführt worden wären, die nur 1½ bis 2 F. tief gingen. Obgleich nun dieser Verlust nicht zu ersetzen ist, so dient er doch zur Warnung und Belehrung für die Zukunft.

Die zu tiefe Eintauchung der Emsfahrzeuge, bei unverhältnifsmäfsig geringer Ladung, ist auch ferner hauptsächlich die Ursache, dafs die ersten Schiffbarmachungskosten etwas höher aufgelaufen sind, als erfahrene Sachverständige sie vorher schätzten. Sie schlugen die Kosten auf 800 000, bis höchstens 1 Million Thaler in runder Summe an und die Ausführung hat 1 2000 000 Thlr., also noch 200 000 Thlr. mehr gekostet, obgleich schon auf eine Mehr-Ausgabe von 200 000 Thlr., oder 20 p. C. gerechnet war; wie es wegen unvorhergesehener Mehr-Ausgaben bei so grofsen und schwierigen Wasserbauten nöthig ist.

Diese Erfahrung ist belehrend für Diejenigen, auf deren Kosten Ströme schiffbar gemacht und erhalten werden, so wie für Die, welche ihren Haupt-Broderwerb von der Schiffahrt haben, nemlich für die Schiffs-Eigenthümer und Schiffer; desgleichen für die Kaufleute, welche Waaren spediren, oder spediren lassen und durch zu langen Aufenthalt der Waaren bedeutenden Schaden leiden können. Wenn ihre Schiffe mit der Ladung zu tief gehen, so können sie in wasserarmen Sommern entweder nur einen Theil der Ladung einnehmen, wie es dem seichten Wasser angemessen ist, oder, wenn das Wasser gar zu niedrig ist, müssen sie unthätig still liegen. Im ersten Falle wird wenig und oft zu wenig gegen die Ausgaben, im andern Falle gar nichts gewonnen. Wir haben Beispiele an der *Ems*, dafs in anhaltend dürren Sommern die Schiffahrt 1 bis 2 Monate still stand, oder nur mit geringen Ladungen möglich war. Rechnet man hiezu, dafs wegen der Reparaturen an den Schleusen und andern Strombauwerken die zeitweise Sperrung des Canals und der obern Stromstrecke nöthig ist, zuweilen wohl auf 4 Wochen, so ist alle diese Zeit für die Schiffahrt verloren. Der Winter hemmt die Schiffahrt durch Frost oder durch hohe Fluthen oft 2 bis 3 Monate, und so geht die ***Hälfte*** des Jahres vorbei, wo nicht mit Erfolg, oder gar nicht gefahren, mithin auch nicht hinreichend oder gar nichts erworben werden kann. Von diesem Zeit-Verluste kann und sollte billig derjenige Theil erspart werden, welcher durch zu tief gehende Schiffe verursacht wird. Der Verlust, welchen seit 22 Jahren die Schiffs-Eigenthümer an der Ems auf diese Weise erlitten haben, ist zwar nicht genau zu ermitteln, mag aber im Durchschnitt und Ganzen etwa noch eben so viel betragen haben, als der Verlust an unnöthigen Vertiefungskosten.

Endlich ist die obige Erfahrung belehrend für Diejenigen, welche beabsichtigen, die *Ems* oberhalb *Greven*, höher hinauf auf Preufsischem Gebiete schiffbar zu machen, wie in Folge des Vertrags zwischen Preufsen und Hannover vom 13. März 1843 zu erwarten ist. Wie bemerkt, ist auch die Schiffbarmachung der *Lippe*, von *Lippstadt* stromaufwärts nach *Neuhaus* bei *Paderborn*, schon früher von der Preufsischen Regierung beabsichtigt, und würde auch jetzt noch sehr nützlich für jene Gegend sein. Sodann hat auf Hannöverschem Gebiete auf weitere Schiffbarmachung der von *Meppen* bis *Haselünne* schiffbaren *Hase*, stromaufwärts, die Stadt *Quakenbrück* im vorigen Jahre bei den Landständen angetragen; welche Schiffbarmachung 80 000 bis 100 000 Thlr. kosten soll.

Alle diese nützlichen neuen Werke, welche die Zukunft hoffen läfst, werden befördert werden, wenn die Bau- und Erhaltungskosten möglichst gering sind; und Dies zu erlangen sind eiserne Fahrzeuge von möglichst *geringer* Einsenkung ein wesentliches Mittel.

§. 12.

Erfahrungen über die Dampfschiffahrt auf der untern Ems in Ostfriesland.

Im Jahre 1843 errichtete die Kaufmannschaft zu Emden eine Dampfschiffahrtsgesellschaft auf Actien, unter dem Namen „*Concordia*", und wählte den Kaufmann *Isaac Bruns* zum Vorsitzer der Direction. Die Actiensubscription, jede ganze Actie zu 100 Thlr., ging so schnell von Statten, dafs in kurzer Zeit 12 000 Thlr. gezeichnet waren, und in England ein schon gebrauchtes hölzernes Dampfschiff mit einer Maschine von etwa 25 Pferdekraft angekauft und im Herbste 1843 nach *Emden* gebracht wurde. Es wurde dort „*Die Kronprinzessin Maria*" getauft.

Der Zweck der Gesellschaft besteht nach (§. 1) ihrer Statuten in der Begründung einer regelmäfsigen Dampfschiffahrts-Verbindung zwischen *Emden* und dem Holländischen Fort und Seehandelshafen *Delfzyhl*, nach Umständen verbunden mit Fahrten nach der Bade-Insel *Norderney*, nach *Leer*, und weiter die Ems hinauf, nach *Weener*, *Halte* und *Drostensyhl* bei *Papenburg*. Man wollte sich hauptsächlich mit dem Personen-Transport und dem Bugsiren von Schiffen, und nur so weit dieser Hauptzweck es zulasse, mit dem Transport von Waaren beschäftigen

Das Dampfboot wurde gegen Ende März 1844 in Dienst gestellt, machte seit der Zeit, bis Anfang November desselben Jahres, täglich regelmäfsig seine Fahrten zwischen ***Emden, Delfzyhl*** und ***Leer*** u. s. w., und diente nur mehr, Personen als Waaren zu transportiren und ein- und auslaufende Schiffe zu bugsiren. Es machte nur wenige Reisen nach ***Norderney*** und die Ems hinauf bis ***Papenburger Syhl.*** Zum eigentlichen Seedienst auf offener See, besonders bei unruhigem Wetter, ist weder das Schiff noch die Maschine grofs und kräftig genug. Es kann keine Reisen nach ***London, Amsterdam, Antwerpen, Hamburg*** u. s. w. mit Sicherheit machen, sondern mufs sich auf die untere und obere Ems beschränken.

Im November 1844 mufste diese Dampfschiffahrt wegen einer bedeutenden Beschädigung der Maschine, so wie des Schiffes selbst, eingestellt werden, und konnte erst im April 1845 wieder beginnen.

Die Direction der Gesellschaft liefs in der Ostfriesischen Zeitung vom 12. Novbr. 1844 das Ergebnifs der in demselben Jahre Statt gehabten Dampfschiffahrt bekannt machen. Es war folgendes:

Vom 20. März bis zum 3. Novbr. 1844 fuhren in 227 Tagen auf 418 Reisen (hin und her als *eine* Reise gerechnet) 15 847 Passagiere (ohne die auf Vergnügungsfahrten), und zwar auf dem ***Leerer*** Cours 10 131 und auf dem ***Delfzyler*** Cours 5716 Passagiere.

Nach der Einnahme und Ausgabe zu rechnen, welche die Gesellschaft in 6⅓ Monaten hatte, würde auf ein Jahr oder 9 Monate Fahrzeit im nächsten Jahre, für das Dampfboot Folgendes sich ergeben:

Ausgabe.

Für Kohlen	4721	Thlr.
An Gehältern	1436	-
Abgaben von der Fahrgerechtigkeit und den Schiffen	344	-
Assecuranzprämie	384	-
Schmiere	143	-
Bekanntmachungen	354	-
Zeitungen an Bord	34	-
Reparaturen an der Maschine und dem Schiff	1000	-
Verschiedene Ausgaben	150	-
Zusammen	8566	Thlr.

Einnahme.

Dieselbe würde verhältnifsmäfsig, nach der im Jahre 1844 in $6\frac{1}{3}$ Monaten Statt gehabten Einnahme zu rechnen, in 9 Monaten Fahrzeit von 1845 betragen:

An Personenfracht	9 265 Thlr.
Für Päckereien	420 -
Für Schlepplohn	450 -
Zusammen für ein Jahr	10 135 Thlr.

Also würde die Einnahme einen Überschufs über die Ausgabe von . . . . 1569 Thlr.
zur Deckung der Abnutzung des Schiffs und zu Zinsen des Anlage- und Betriebs-Capitals lassen. Das Anschaffungs-Capital des Schiffs, mit Einschlufs der nach Ankunft desselben aus England in Emden gehabten Kosten im März 1844, betrug 11 750 Thlr.

Nach dem Maafse der im Jahre 1844 in $6\frac{1}{3}$ Monat Fahrzeit gehabten Ausgaben und Einnahmen und der Ausdehnung derselben auf 9 Monat Fahrzeit, berechnet nun ferner die Direction die Ausgabe und Einnahme für 1845 für *zwei* Dampfschiffe und nimmt an, dafs eins derselben, *„Die Kronprinzessin Maria"* täglich von *Emden* über *Leer* nach *Halte* und *Drostensyhl* und zurück, das zweite noch anzuschaffende Schiff aber zwischen *Emden* und *Delfzyhl* täglich zweimal hin- und herfahren solle. Letzteres könne dann auch in der Badezeit (vom 1. Juli bis 1. Septbr.) nach *Norderney* und zurück fahren.

In der Voraussetzung, dafs der Kohlen-Verbrauch der *„Maria"* etwa so grofs wie bisher bleiben werde, dafs aber das zweite Dampfschiff etwa nur Zweidrittel so viel erfordern werde, würden Ausgabe und Einnahme folgende sein.

Ausgabe.

Für Kohlen	7 046 Thlr.
Gehälter	2 872 -
Abgaben	443 -
Assecuranzprämie	768 -
Schmiere	258 -
Bekanntmachungen	450 -
Bis hierher	11 837 Thlr.

Bis hierher	11 837 Thlr.
Zeitungen	68 -
Reparaturen	2 000 -
Verschiedenes	300 -
Administration	600 -
Zusammen für 1 Jahr von 9 Monaten Fahrzeit und für zwei Dampfschiffe	14 797 Thlr.

E i n n a h m e.

Für Personenfahrten	15 900 Thlr.
Für Päckereien	500 -
Für Schleppelohn	500 -
Wahrscheinliche Einnahme	16 900 Thlr.
Darnach wäre der Überschufs	2 103 Thlr.

Ob und in wie weit diese Rechnung zutreffen werde, hangt von Umständen ab, die Niemand herbeiziehen noch abhalten kann, und nur die Erfahrung kann darüber entscheiden.

Der in (§. 1) der Statuten ausgesprochenen Absicht gemäfs, fafste die Gesellschaft nach Beendigung der Fahrten im Novbr. 1844 den Beschlufs, ein *zweites* gröfseres und kräftigeres Dampfboot für das folgende Jahr 1845 anzuschaffen. Es wurden hierüber, so wie über den im nächsten Jahre auszuführenden Fahrplan u. s. w. im Winter von 1844 zu 1845 mehre Versammlungen der Actionnaire zu *Emden* gehalten, wovon aber das endliche Ergebnifs war, dafs man sich nicht vereinigen konnte, sondern in zwei verschiedene Gesellschaften sich theilte, und dafs aufser der Gesellschaft *Concordia* zu *Emden,* eine *Leer-Delfzyhler*-Emsdampfschiffahrts-Gesellschaft sich bildete, deren Statuten im Februar 1845 zu *Leer* Deutsch und Holländisch veröffentlicht wurden. Der Zweck der *Leer-Delfzyhler*-Emsdampfschiffahrts-Gesellschaft ist nach (§. 1) der Statuten die regelmäfsige Verbindung zwischen *Leer* und *Delfzyhl* und den zwischen liegenden Orten, zum Transport von Personen und Gütern; und nach (§. 2) soll es der Direction freistehen, das Schiff ihrer Gesellschaft zum Bugsiren anderer Schiffe und zu Lustfahrten nach den Inseln zu benutzen, so weit es der Hauptzweck gestattet u. s. w.

Nach (§. 4. 5. 6. u. s. w.) der Statuten und den sonstigen Beschlüssen der *Leer-Delfzyhler* Gesellschaft wurde bald darauf die Unterzeichnung von

250 Actien eröffnet, jede zu 100 Thlr. Gold, oder 200 Gulden Holländisch. Auch halbe Actien und, wo es nöthig war, Viertel-Actien, wurden ausgegeben. Der Ertrag der Actien-Unterzeichnung reichte sehr bald hin, um ein *eisernes* Dampfboot anzuschaffen, über welches man mit einigen Fabriken in Holland und England in Unterhandlungen trat.

Nach dem Erbieten der Herrn *van Vlifsingen & Comp.*, Besitzer einer Dampfmaschinen-Fabrik zu *Amsterdam*, wollten sie ein neues eisernes Dampfboot liefern, von wenigstens $90\frac{1}{2}$ F. lang, 14 F. breit und 7 F. tief, welches mit allen Bedürfnissen und etwa 30 Passagieren beladen, 3 F. 4 Z. tief ins Wasser gehen sollte. Die Maschine sollte niedrigen Druck und etwa 30 Pferdekraft, einen Röhrenkessel und einen einzigen Dampfcylinder ohne Oscillation, mit Balancier haben u. s. w. und so eingerichtet sein, dafs sie für die volle Arbeit in der Stunde Zeit nur 7 Pfd. Englische Steinkohlen für die Pferdekraft verbrauche.

Die Dampfmaschine hat nun zwar 30 Pferdekraft, ist aber keine doppelte Maschine, jede von 15 Pferdekraft; was sicherer und zum Stillhalten, Wenden und andern Bewegungen nöthig wäre, und nur wenig theurer ist. Auch verbraucht sie 10 statt 7 Pfd. Kohlen für die Stunde und Pferdekraft. Zu der Maschine sollten die üblichen Reservestücke und vollständige Maschinisten-Geräthschaften geliefert werden. Das Schiff selbst sollte Masten und Segel, Taue, Anker, Ketten, Compasse, Flaggen und alle Bedürfnisse, die für ein Seeboot nöthig sind, haben. Zur Sicherheit wegen das Sinken des Schiffs, wenn ein Leck entstände, sollte das Schiff 5 wasserdichte Quer-Scheidewände bekommen; ferner vordere und hintere Cajüte für Passagiere, einen Ladungsraum, ein Logis für das Schiffsvolk, Abtritte für beide Cajüten, eine Kammer zum Tabakrauchen für Herren an der hintern Cajüte, Schränke, eine kleine Küche mit Kochmaschine u. s. w., und bequem und elegant meublirt und verziert werden. Die Fabrik sollte ein Jahr für die Festigkeit und gute Bauart des Schiffs und der Maschine nebst Zubehör einstehen, und alle Stücke, die mangelhaft gefunden würden, sollten auf Kosten des Fabricanten durch neue ersetzt werden. Die Ablieferung sollte nach Auswahl, entweder zu *Amsterdam*, oder zu *Leer* geschehen, und die Transportkosten sollte die Gesellschaft tragen.

Für ein solches, vollständig eingerichtetes, reise- oder segelfertige eiserne Dampfboot, nebst der Dampfmaschine von 30 Pferdekraft, forderte der Fabricant: mit nur einer Maschine 35 000 Gulden Holl., mit einer doppelten, oder zwei Maschinen, jede von 15 Pferdekraft, 38 000 Gulden Holl., oder in

Gold 19 000 Thlr., wovon bei Unterzeichnung des Contracts Eindrittel, nach der Ablieferung und dem Gutbefinden wieder Eindrittel, und 3 Monate später das letzte Drittel bezahlt werden sollten.

Demnach kostete also dieses eiserne, reisefertige Dampfboot, mit Maschine und allem Zubehör, für *jede Pferdekraft* durchschnittlich zu *Amsterdam* 633⅓ Thlr. in Gold.

Das eiserne Dampfboot kam auch im Jahre 1846 von *Amsterdam* in *Emden* an und wurde Eigenthum der Gesellschaft „*Concordia*". Es wurde in Dienst gestellt und befindet sich noch jetzt in demselben. Es bekam den Namen „*Kronprinzessin Maria*"; das alte hölzerne Dampfschiff wurde dagegen nun *Emsstrom* genannt. Das letztere ist seit einiger Zeit dienstunfähig geworden und nicht mehr im Gebrauch.

Eine Dampfmaschinenfabrik zu *London* forderte für ein neues eisernes Dampfboot, von etwa 110 Englische Fufs lang, 15 F. ohne Räder und 28 F. mit denselben breit, 7½ F. tief, mit etwa 39 bis 40 Last oder etwa 200 Personen beladen, 4 F. und ledig etwa 3 F. ins Wasser gehend, mit doppelter Dampfmaschine, jede von 12, also beide von 24 Pferdekraft, und 9 bis 10 Pfd. Steinkohlen-Verbrauch auf die Stunde und Pferdekraft, einschliefslich eines vollständigen Schiff-Inventariums, 2675 Pfd. St., oder, das Pfund Sterling zu 6 Thlr. in Gold gerechnet, 16 050 Thlr. Gold; was für Schiff und Maschine zusammen durchschnittlich auf die Pferdekraft 535 Thlr. Gold, oder etwa 600 Thlr. Courant ausmacht; ohne die Kosten des Transports und sonstiger hier noch nöthigen Verbesserungen. Mit diesen zusammen kommt das Dampfboot auf 20 000 Thlr. Courant zu stehen, was, auf 24 Pferdekraft vertheilt, für eine Pferdekraft 800 Thlr. Courant beträgt.

Dieses eiserne Dampfboot, welches auch für die Küstenländer der Nordsee seefähig ist, wie es seine Reise von *London* bis *Emden* u. s. w. beweiset, wurde von der *Leer-Delfzyhler* Dampfschiffahrts-Gesellschaft angekauft, gelangte Anfangs October 1845 in der sehr kurzen Zeit von 33 Stunden von *London* nach *Leer*, und fand durch die zweckmäfsige Einrichtung der Maschine, so wie des Bootes, allgemeinen Beifall, den es sich auch bis jetzt, unter der zweckmäfsigen und guten Behandlung eines sehr fähigen Capitains und geschickten Maschinisten, erhalten hat. Die zum täglichen Dienste nöthige Schiffmannschaft besteht aus 1 Schiffscapitain, 1 Maschinisten, 1 Steuermann, 1 Heitzer und 2 Matrosen, zusammen in 6 Mann; aufserdem ist noch ein Geld-Empfänger und ein Restaurateur auf dem Schiff.

Das englische Dampfboot erhielt nach seiner Ankunft den Namen *„Erbprinz Ernst August"* und wurde von der *Leer-Delfzyhler* Gesellschaft sofort in Dienst gestellt. Es hat eine doppelte Maschine von niedrigem Druck, 2 oscillirende Cylinder, 2 Kessel und 24 Pferdekraft, die auf jede Hälfte der Maschine gleichmäfsig vertheilt sind. Die beiden Cylinder haben jeder 22 Z. im Durchmesser und sind 36 Z. hoch; die Luftpumpe ist 16 Z. weit. Der viereckige Kessel ist 10 F. hoch, 6 F. weit und 5 F. lang. Der Druck des Dampfs beträgt auf den Quadratzoll 1 Atmosphäre oder 15 Pfd. im Cylinder. In der Stunde werden für jede Pferdekraft 9 bis 10 Pfd. englische Steinkohlen verbraucht. Die Räder sind jedes 6½ F. breit in den Schaufeln, also zusammen 13 F. breit. Mit dieser Einrichtung hat die Maschine einen hinreichend kräftigen und gleichförmigen Gang, und man kann auf der Fahrt leicht und schnell auf der Stelle still halten, sich rasch rück- oder vorwärts bewegen, oder auch ganz wenden.

Das in *Amsterdam* erbaute eiserne Dampfboot der Gesellschaft *Concordia* in *Emden, „Die Kronprinzessin Maria"* hat eine solche Einrichtung der Maschine nicht. Seine Maschine hat zwar auch etwa 24 Pferdekraft, aber nur einen Kessel und nur einen Cylinder, der nicht oscillirt, und niedrigen Druck. Das Fahrzeug kann nur sehr mühsam und mit Zeitverlust still halten, rückwärts fahren und wenden, und fährt nicht so gleichförmig und ruhig, wie das englische Dampfboot. Indessen thut es fortwährend bis jetzt täglich seinen Dienst wechselweise mit dem Dampfboote der *Leer-Delfzyhler* Gesellschaft, welche sich mit der Gesellschaft *Concordia* zu *Emden* im Jahre 1847 vereinigte, worauf man dann beide Dampfboote im Dienst behielt, das alte hölzerne Dampfboot aber aufser Dienst setzte.

Mit den beiden Dampfbooten werden die täglichen Reisen zwischen *Leer, Emden, Delfzyhl* und *Papenburger Syhl,* sowohl mit Kaufmannsgütern, als mit Personen, deren etwa 200 Raum haben, gemacht; wie es die gedruckten Fahrplane und die Wochenblätter aussagen.

Das Dampfschiff *„Ernst August"* hatte 1849 7934 Thlr. 10 Ggr. 10 Pf. Einnahme und 4771 Thlr. 16 Ggr. 7 Pf. Ausgabe, also 3152 Thlr. 10 Ggr. 2 Pf. Überschufs. Wenn nun auch nicht alle Jahre ein so ansehnlicher Überschufs Statt gefunden haben mag, und auch früher die Gesellschaft *Concordia* zu *Emden* mit dem zuerst angeschafften Dampfboote keine so gute Einnahme hatte, ja sogar Verlust gehabt haben soll, so zeigt doch die Erfahrung, dafs die mit der Gesellschaft *Concordia* vereinigte *Leer-Delfzyhler* Dampfschiffahrts-

Gesellschaft ihr gutes Bestehen und im letzten Jahre 1849 beinahe die Hälfte der Einnahme als Überschufs gewann; welcher Überschufs noch gröfser gewesen sein würde, wenn nicht die Begebenheiten der letzten 4 Jahre den Schiffahrts- und innern Handels-Verkehr im In- und Auslande so sehr vermindert hätten; was auch zum Theil noch fortdauert, aber hoffentlich sich bald bessern wird, so dafs dergleichen nützliche Dinge immer ihr gutes Bestehen finden und zur weitern Vermehrung und Vervollkommnung aufmuntern werden.

Es darf kaum noch erwähnt werden, dafs die oben beschriebenen Dampfboote, wegen ihrer zu grofsen Länge, Breite und Eintauchung, die Ems-, Strom- und Canalschleusen von ***Meppen*** über ***Lingen, Rheina*** bis ***Greven*** nicht passiren können; denn die Schleusen sind kürzer und schmaler als die Boote, weshalb denn von ***Leer*** bis ***Greven*** kleinere, dem Strome und den Schleusen angemessene Dampf- und Frachtfahrzeuge, wie sie oben vorgeschlagen, nöthig sind.

10.

Inhalts-Verzeichnifs I.

der dritten zehn Bände des Journals für die Baukunst, Bd. 21. bis 30.; herausgegeben in den Jahren 1844 bis 1851 von A. L. Crelle.

Nach den Gegenständen geordnet.

Übersicht der Gegenstände.

Die Abhandlungen, bei deren Zahl kein Sternchen (*) steht, sind Original-Aufsätze. Die, bei welchen ein Sternchen (*) steht, sind meistens aus Französischen und Englischen Aufsätzen, entweder in Auszügen, oder wörtlich ins Deutsche übertragen und so, mit oder ohne Anmerkungen und Zusätze, dem Journale überliefert worden.

I. Land-Bau.

A. *Entwurf und Anordnung von Gebäuden.*

B. *Bau-Materialien.*

C. *Construction.*

a. *Fundamente und Wände.*

b. *Feuerungen.*

c. *Fufsboden und Decken.*

d. *Thüren, Fenster, Treppen und innerer Ausbau.*

e. *Gebälke und Dächer.*

D. *Verschiedenes und Allgemeines.*

II. Wasserbau.

A. *Canal- und Schleusenbau.*

B. *Hafen- und Meer-Uferbau.*

C. *Brunnen- und Wasserleitungen.*

D. *Schiffbau.*

E. *Verschiedenes und Allgemeines.*

III. Brücken- und Strafsenbau.

A. *Chausséen und Landwege.*

B. *Eisenbahnen.*

IV. Maschinenbau.

A. *Einzelne Maschinen.*

B. *Dampfmaschinen.*

Der Original-Abhandlungen sind 54 in den Bänden 21 bis 30 und 254 in allen 30 Bänden.
Der übertragenen Abhandlungen 15 in den Bänden 21 bis 30 und 69 in allen 30 Bänden.

11.

Inhalts-Verzeichnifs II.

der dritten zehn Bände des Journals für die Baukunst, Band 21 bis 30; herausgegeben in den Jahren 1844 bis 1851 von A. L. Crelle.

Nach alphabetischer Ordnung der Namen der Verfasser.

Anmerkungen. Wenn man die Zahlen dieses Verzeichnisses II. in dem Verzeichnifs I. aufsucht, so findet man die Titel der Abhandlungen und die Anzeige, wo in den dritten zehn Bänden des Journals sie stehen.

Bei der Zahl derjenigen Abhandlungen, welche aus dem Französischen oder Englischen übertragen sind, steht ein Sternchen (*). Bei denselben Zahlen, unter dem Namen Derjenigen, die auf solche Weise die mit (*) bezeichneten Abhandlungen geliefert haben, stehen zwei Sternchen (**).

Vor die Namen derjenigen Verfasser, von welchen dem Herausgeber bekannt ist, dafs sie sich jetzt nicht mehr am Leben befinden, ist ein † gesetzt.

Die vor die Namen der Verfasser gesetzten Zahlen beziehen sich zugleich auf diejenigen in den Inhalts-Verzeichnissen II. der ersten und zweiten zehn Bände dieses Journals am Schlusse des 10. und 20. Bandes.

Inhaltsverzeichniſs des vierten Hefts dreiſsigsten Bandes.

Berlin, gedruckt bei G. Reimer.

49.

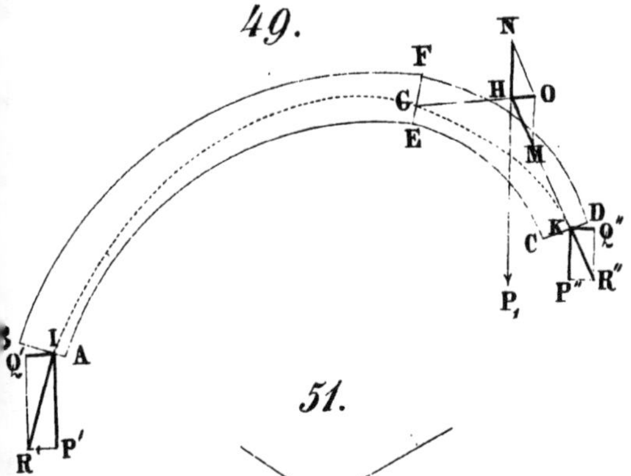

50.

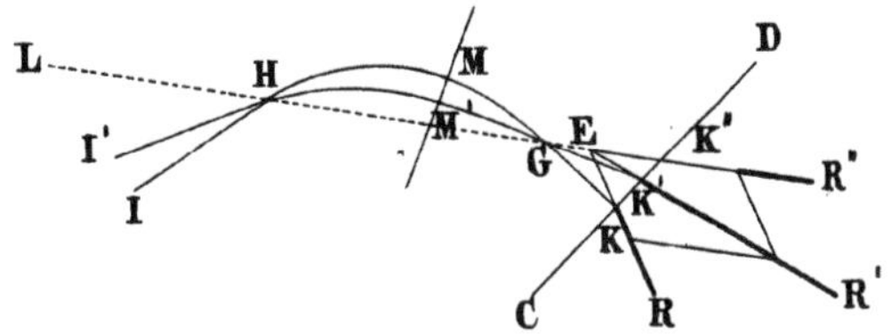

51.

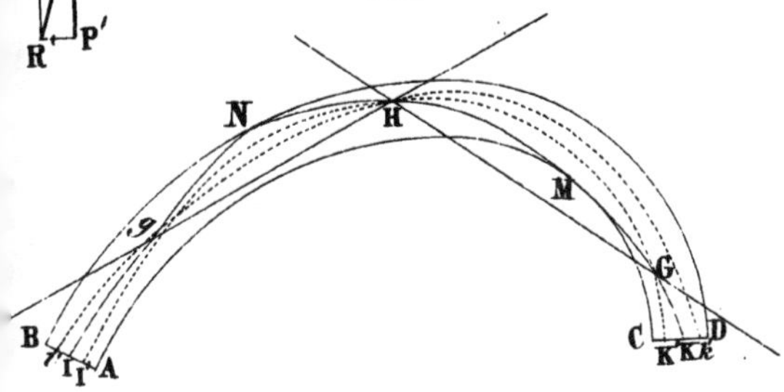

52.

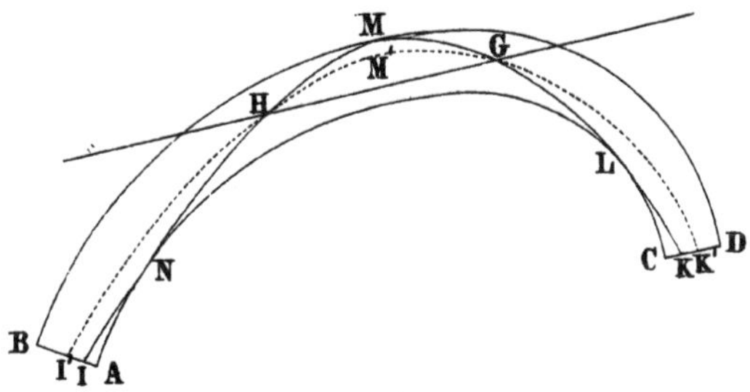

53.

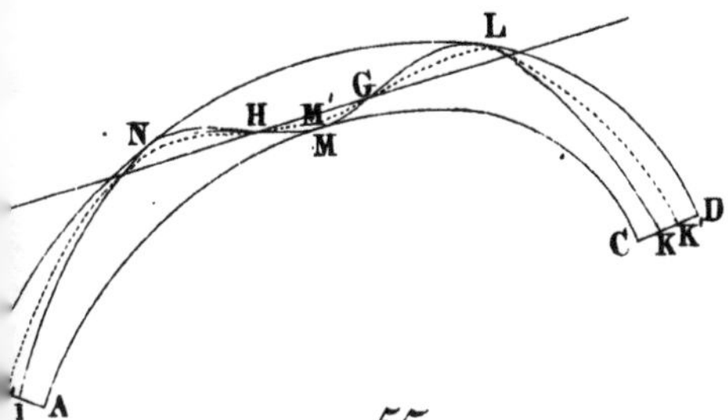

54.

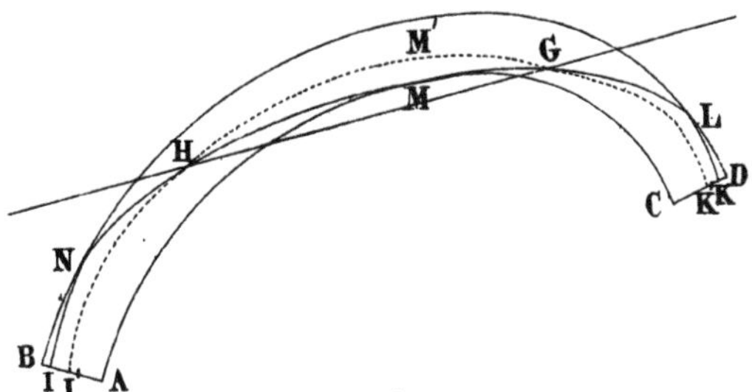

55.

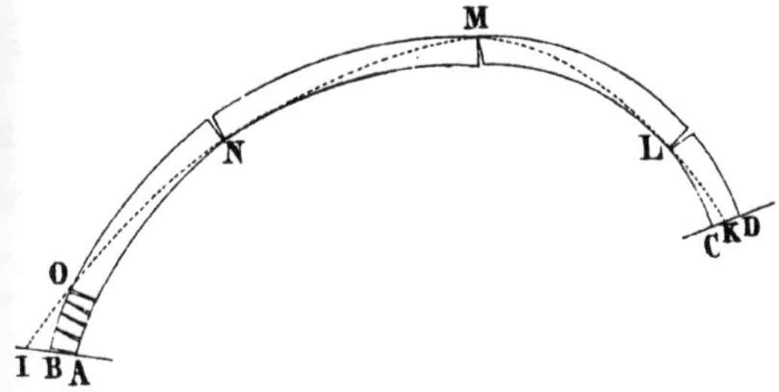

56.

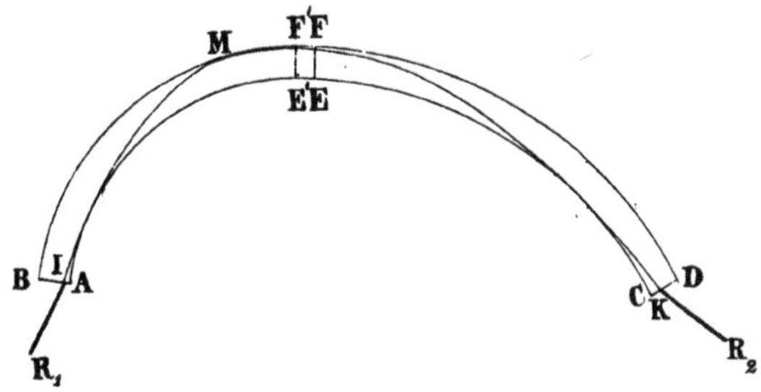

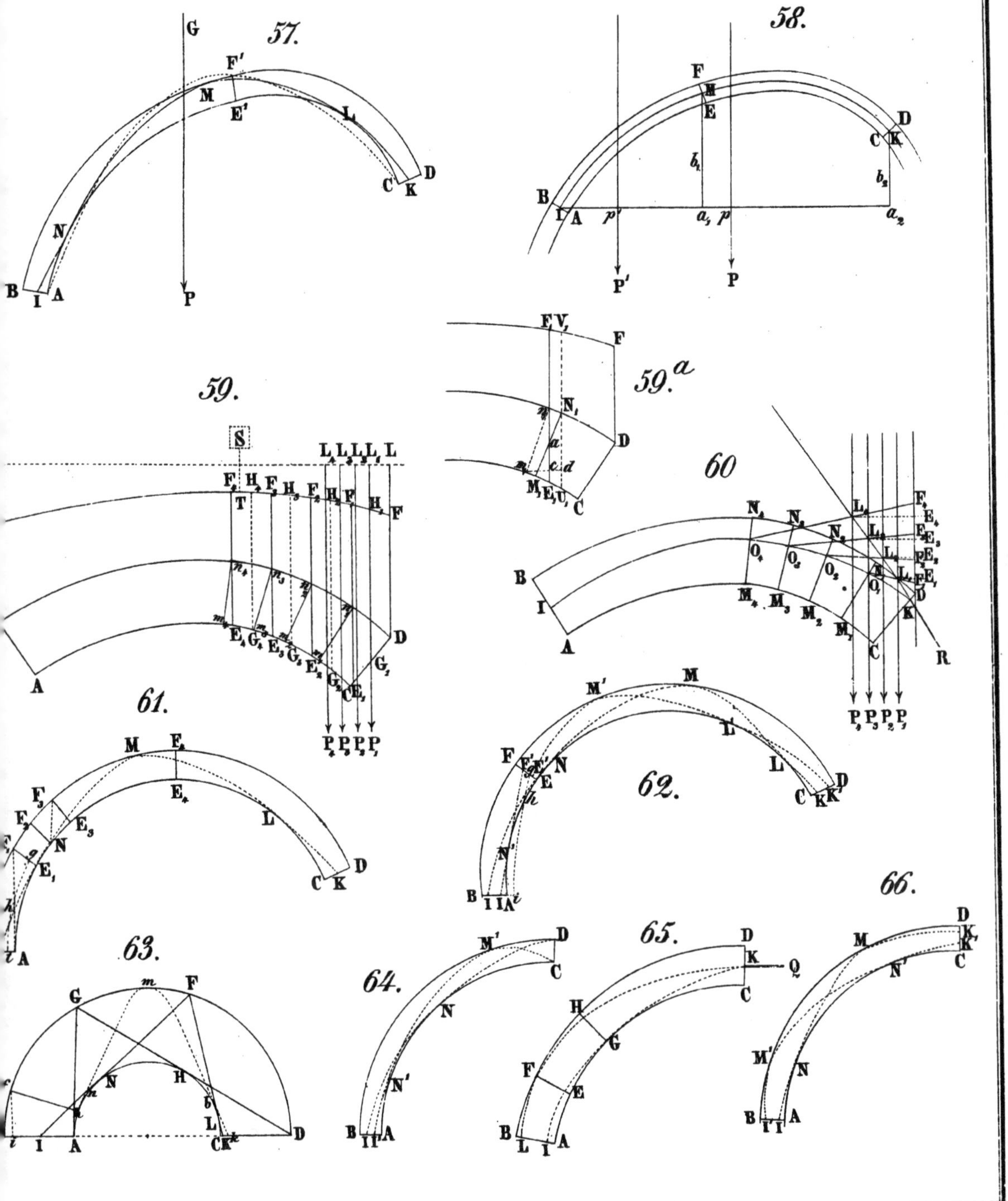
57.
58.
59.
59.a
60
61.
62.
63.
64.
65.
66.

67.

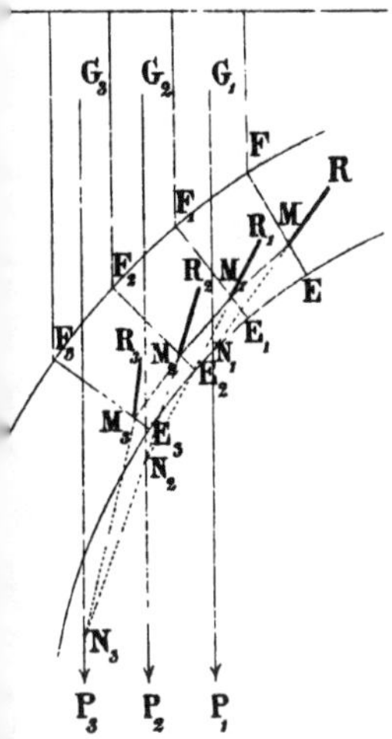

68.

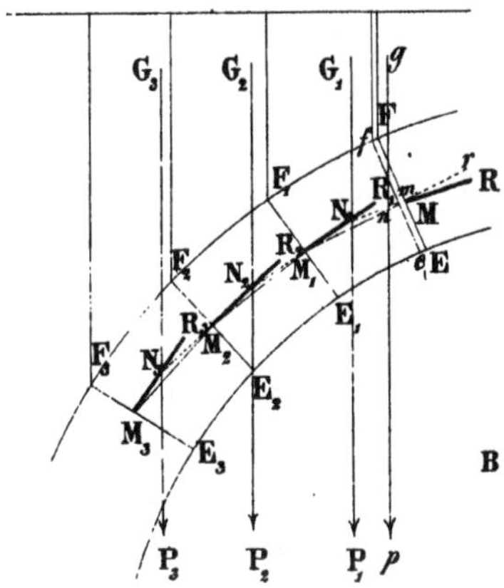

69.

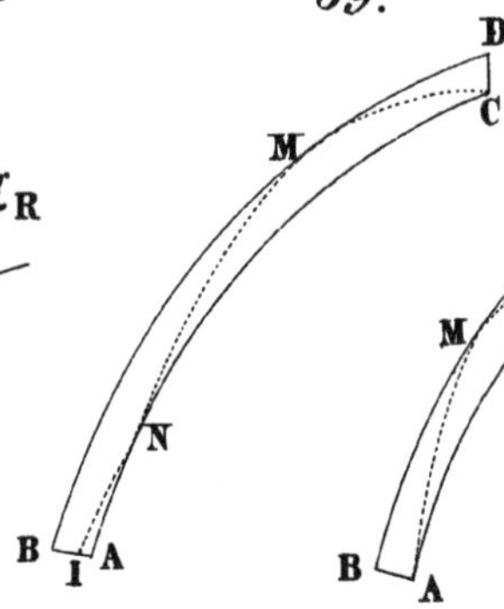

70.

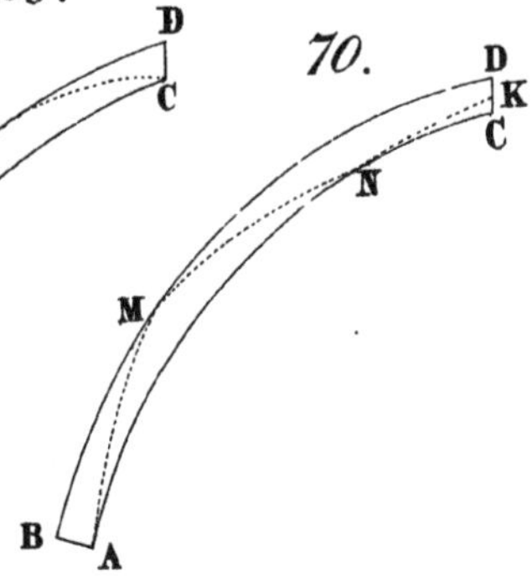

71.

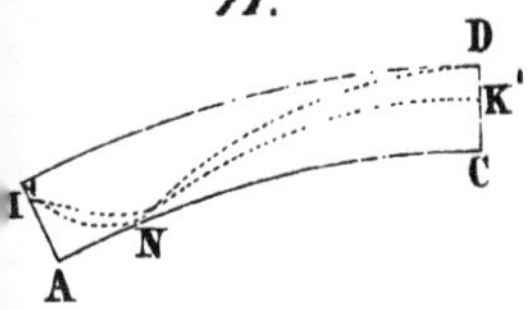

72.

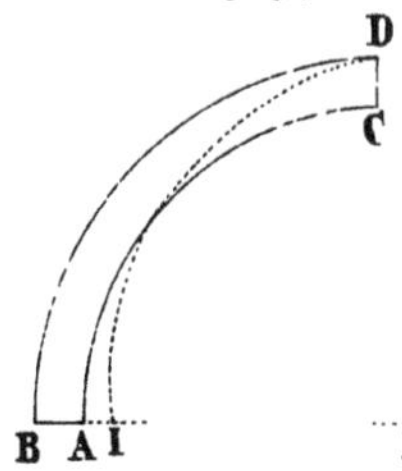

73.

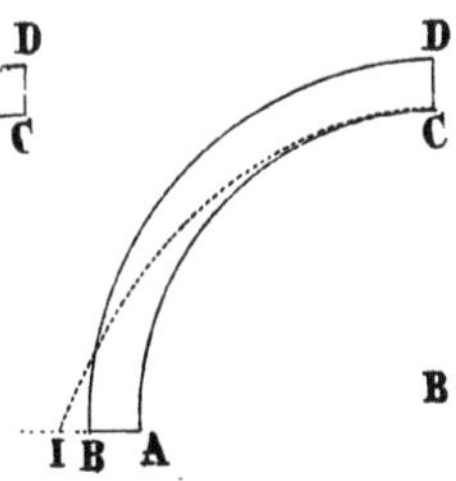

74.

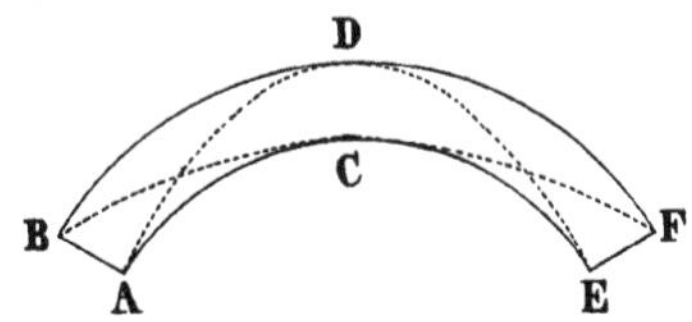

75.

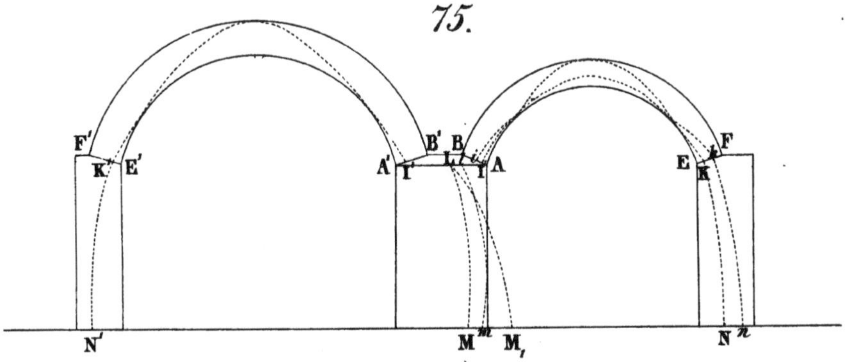

76.

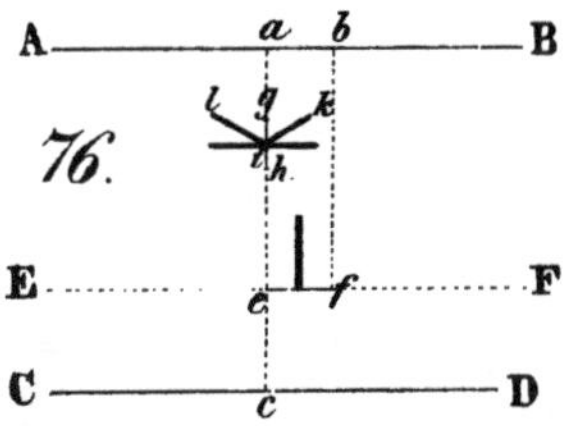

77.

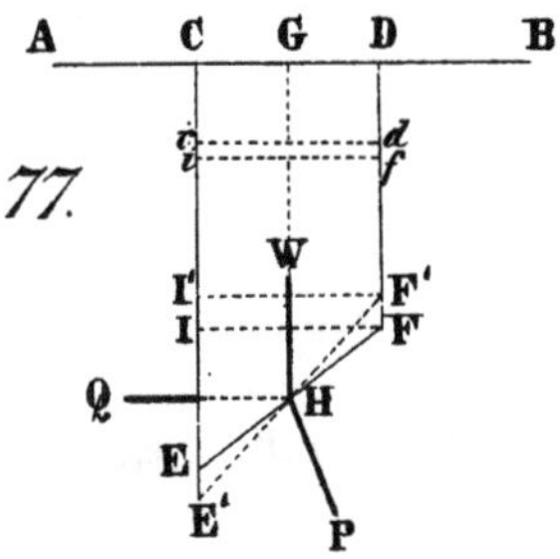

78.

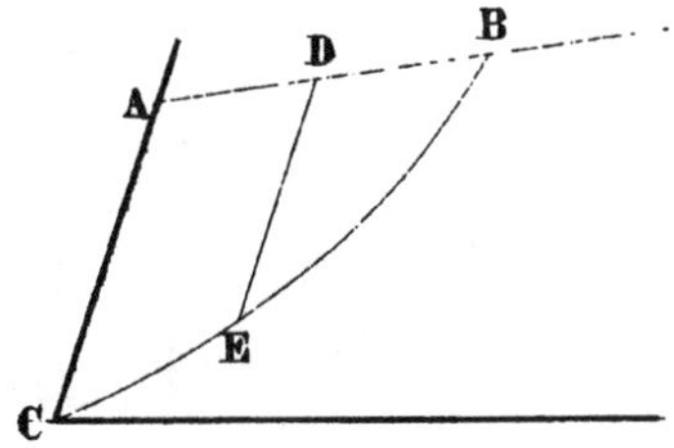

79.

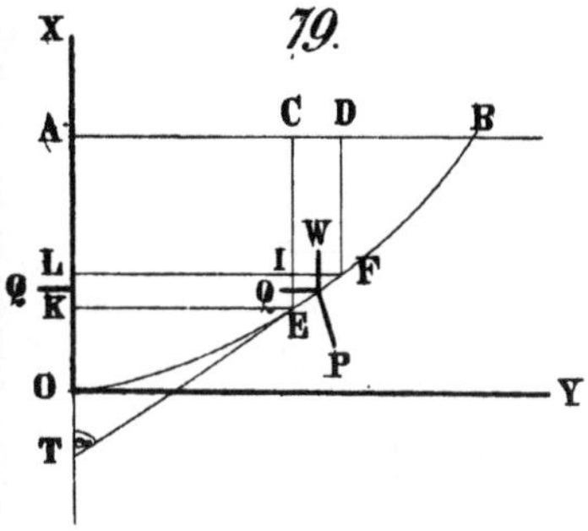

80.

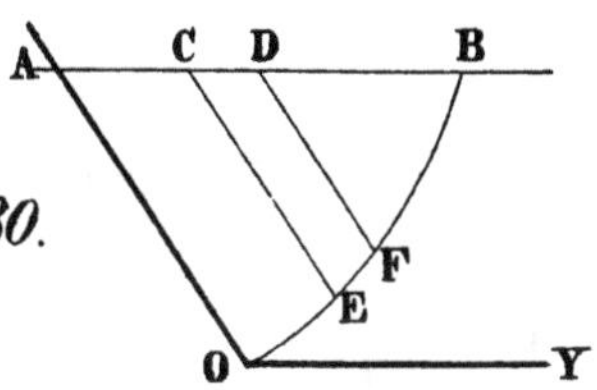

81.

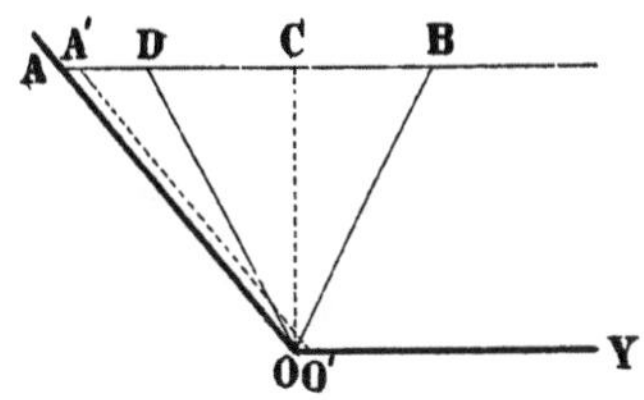

82.

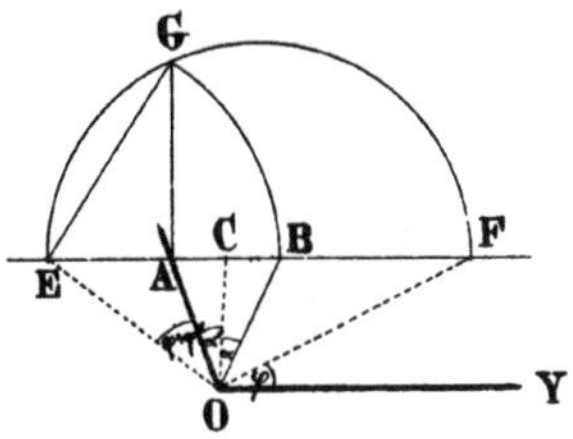

83.

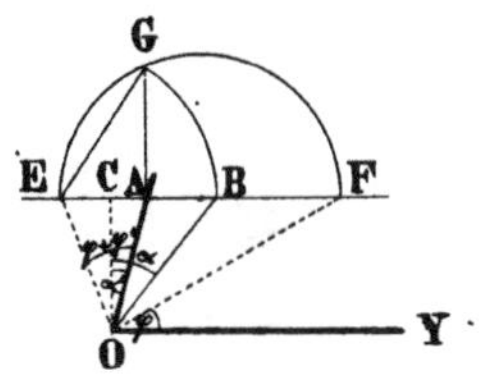

84.

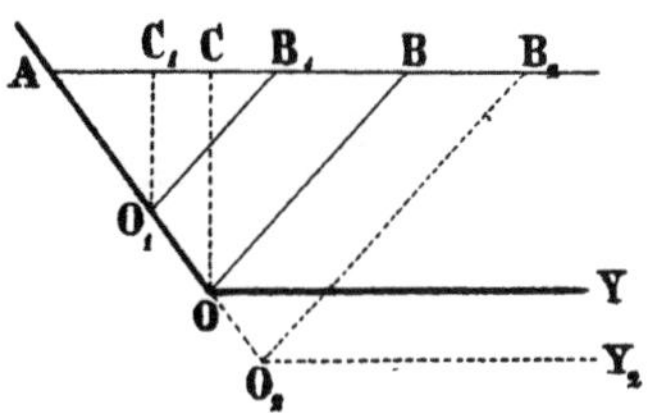

85.

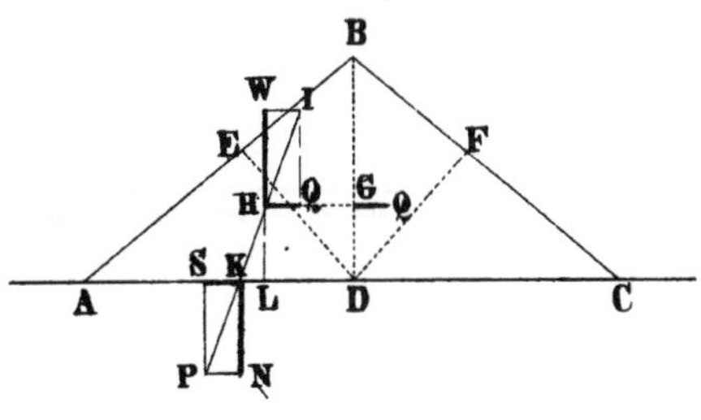

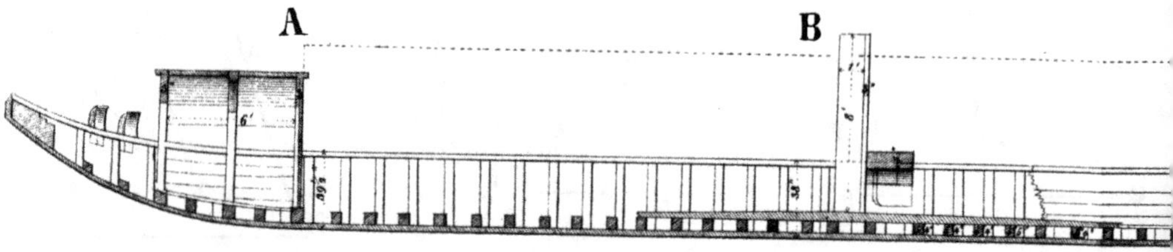

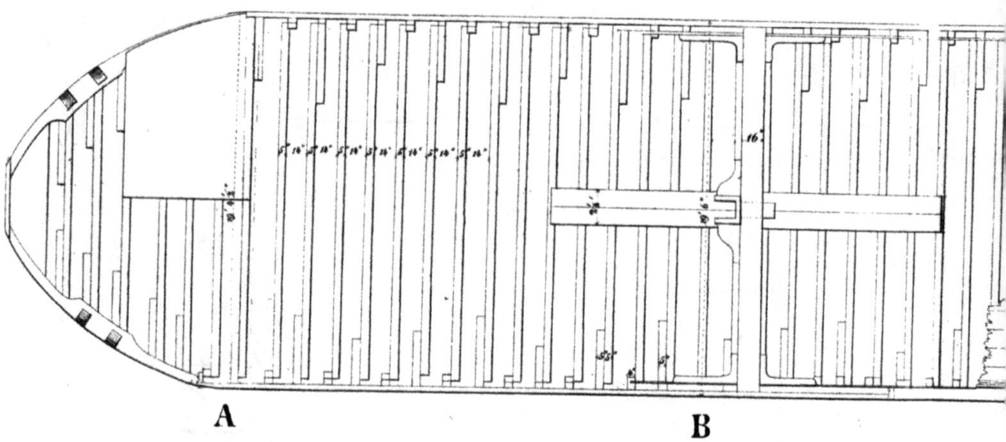

über AA. Querschnitt über BB.

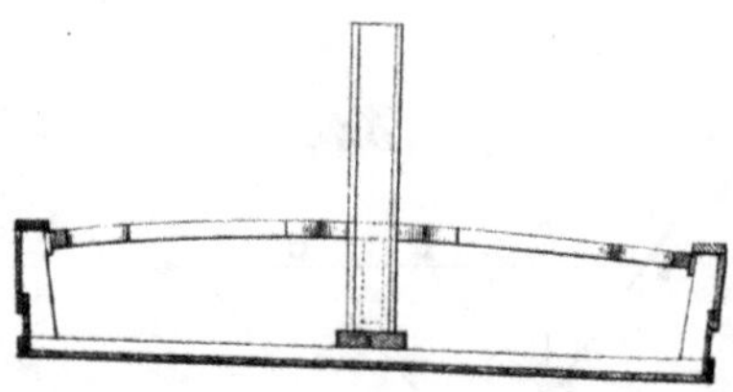

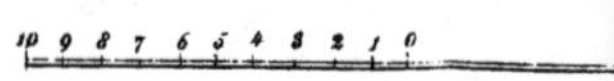

TAF. V.

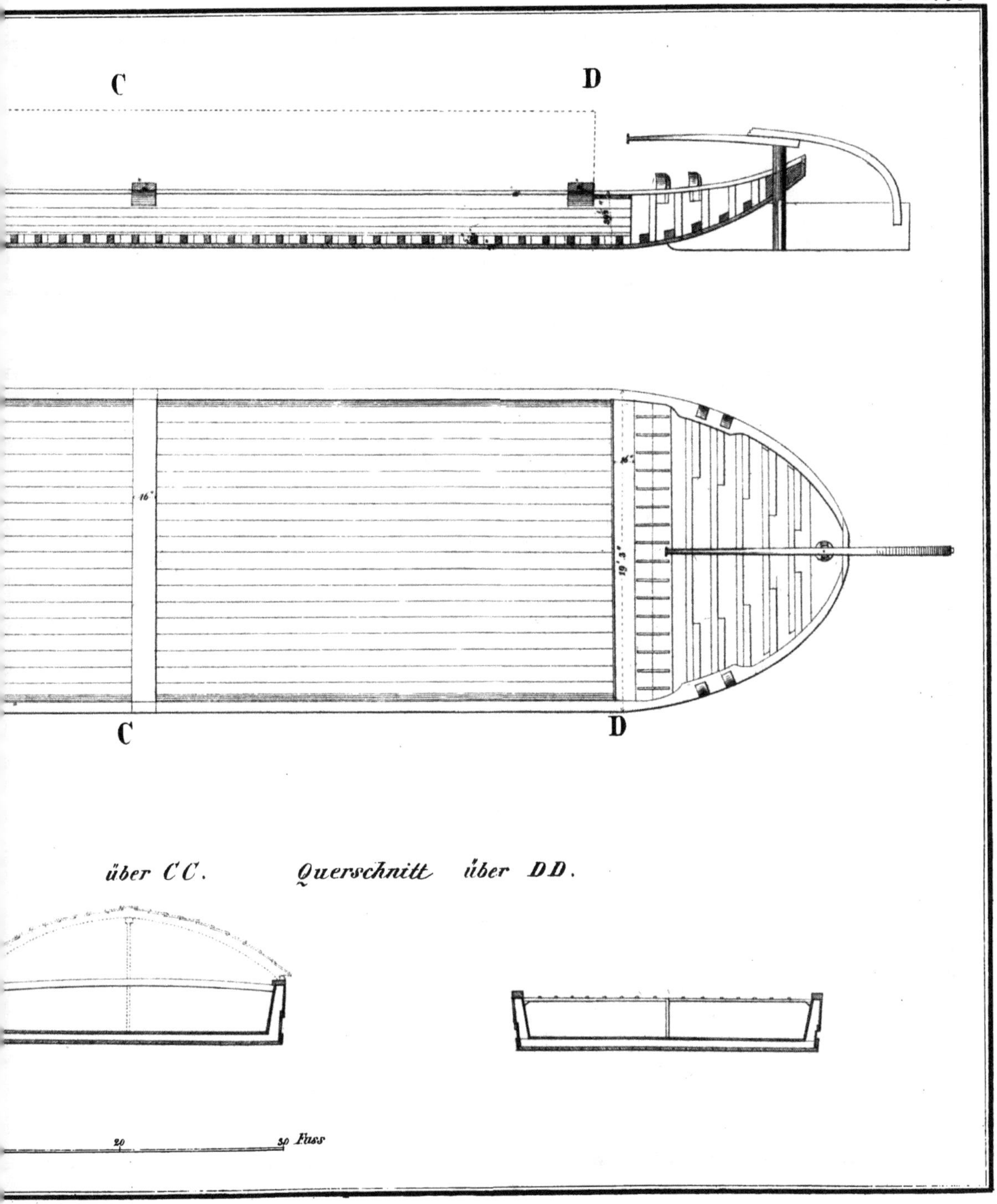

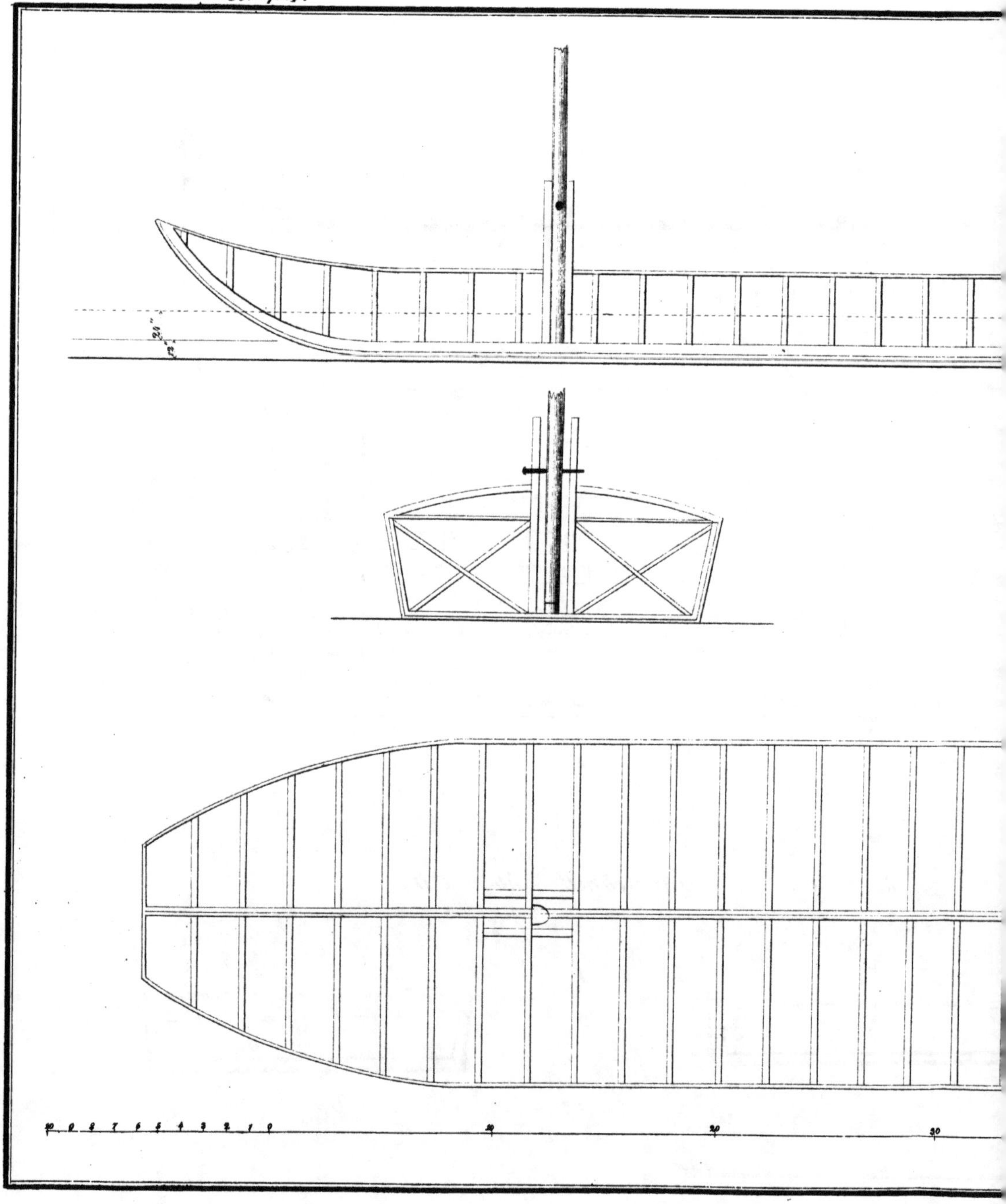

TAF. VI.

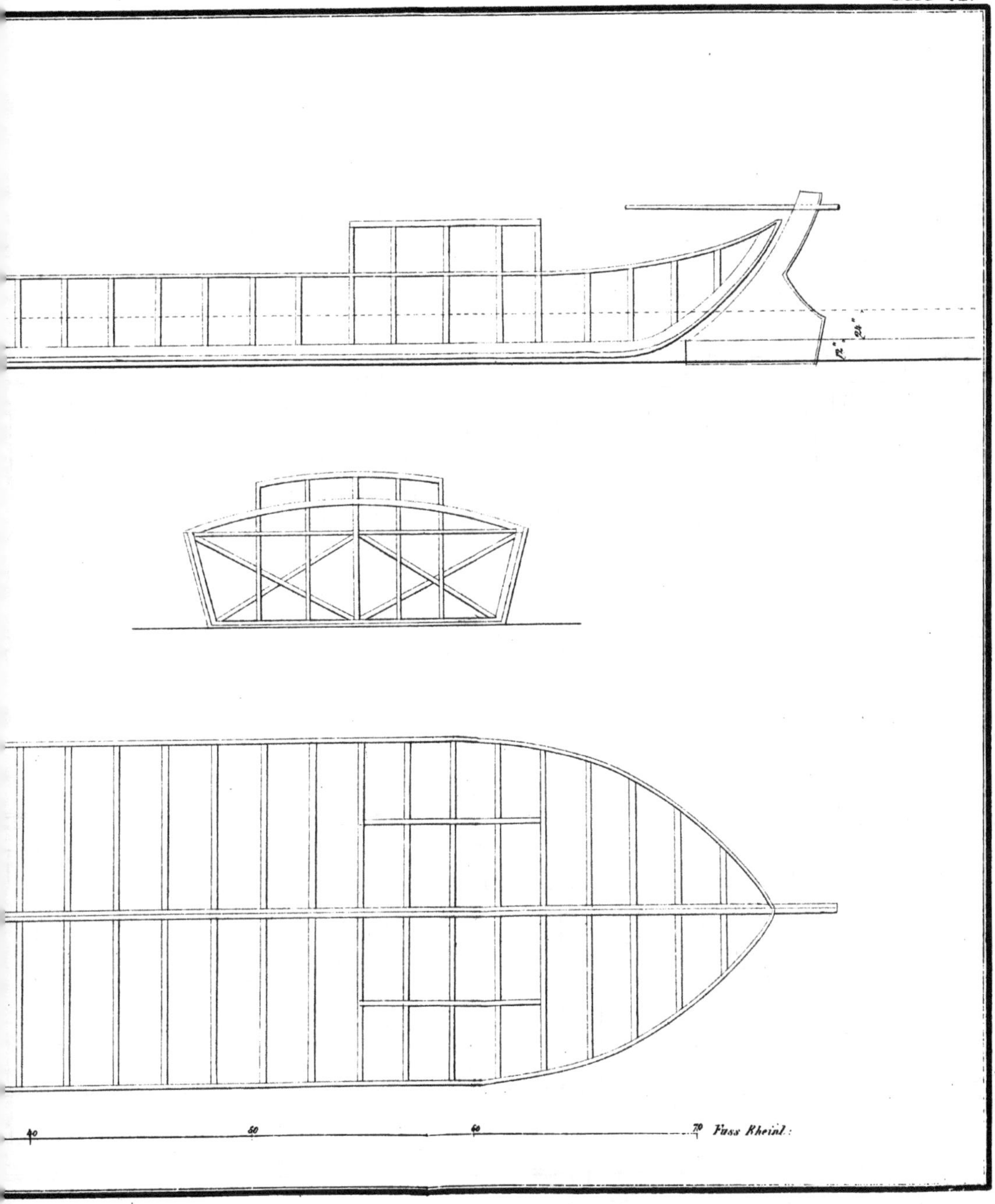

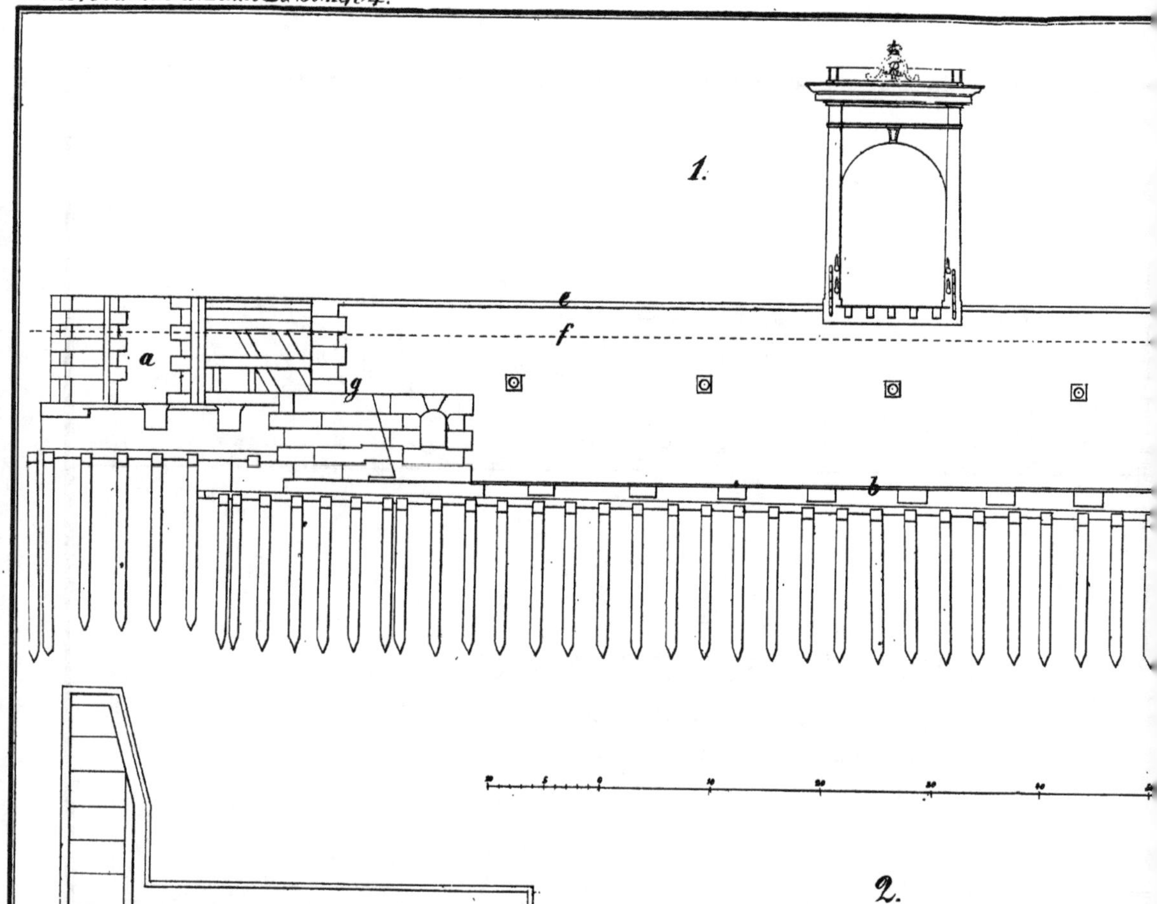
1.
e
f
a
g
b
2.
a
g
b

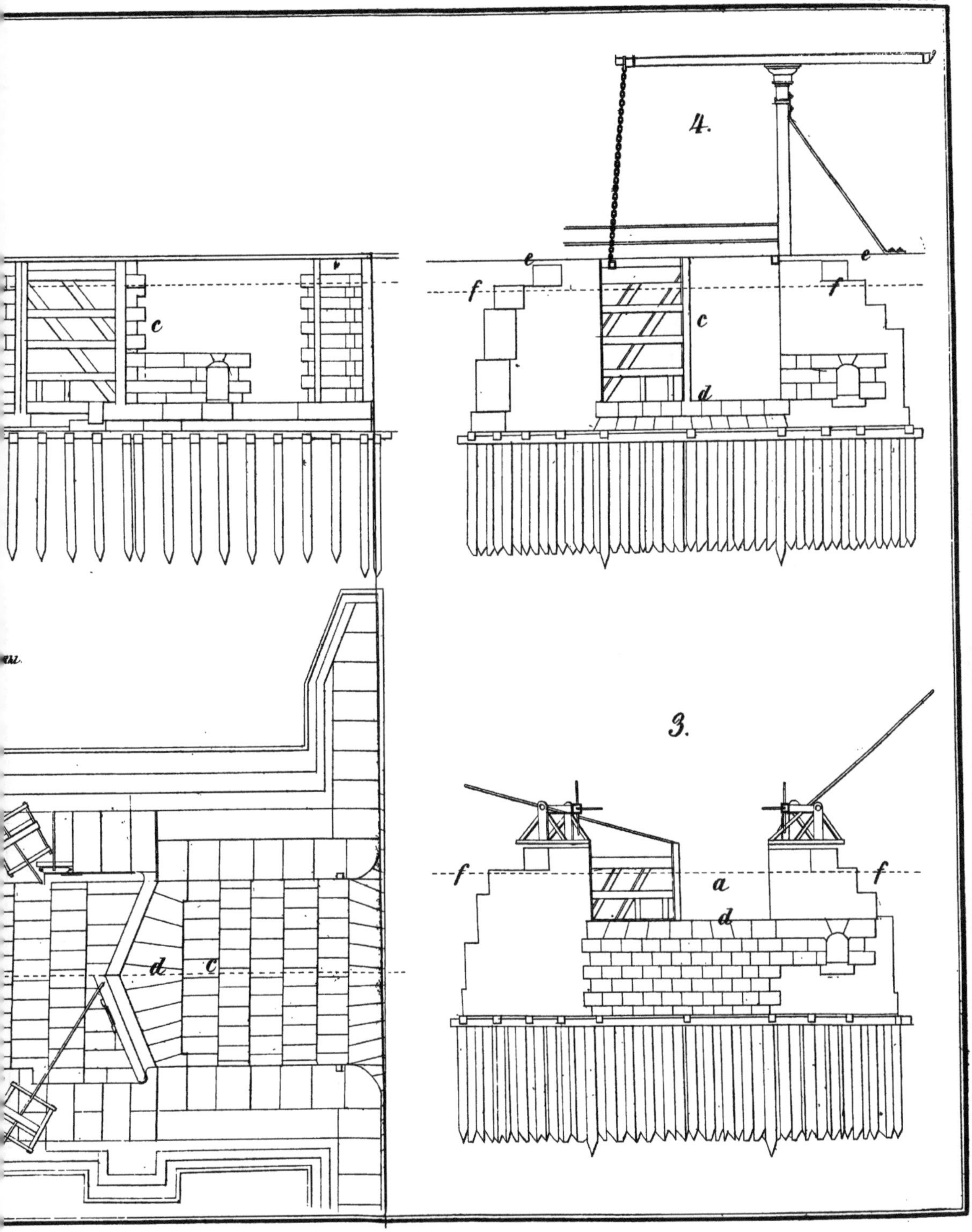
4.
e
e
f
f
c
d
c
3.
f
f
a
d
d
c

www.ingramcontent.com/pod-product-compliance
Lightning Source LLC
LaVergne TN
LVHW080745300926
849162LV00008BA/1755